KB179705

국내외 그린바이오 미래유망산업관련 기술동향분석 및 시장전망과 기업종합분석 2024개정판

(마이크로바이움, 대체식품, 메디푸드, 종자산업, 동물의약품)

저자 비피기술거래 비피제이기술거래

<제목 차례>

01

서론

1. 서론

1)

바이오기술은 그 기술의 사용 목적과 기술에 사용되는 소재에 따라서 레드바이오, 그린바이오, 화이트바이오로 분류되고 있다. 2017년 작성된 제3차 생명공학육성기본계획에 따르면 레드바이오는 질병극복과 건강증진을 위해 연구하는 생명과학기술 분야로, 화이트바이오는 환경변화에 대응한 관련 산업과 서비스를 창출하는 바이오 분야로 정의를 내리고 있다. 그린바이오는 안전한 먹거리 공급과 고부가 농생명 소재산업 육성을 위한 생명공학기반의 과학기술 분야로 정의하고 있으며 그 목적으로는 지속가능하고 환경 친화적인 식량자원 및 농림·축수산 생명자원의 안정적인 생산, 고부가가치 농생명 신소재 개발을 통한 신산업 창출, 그리고 건강하고 안전한 먹거리의 공급 및 국민건강·웰빙 실현 등을 목적으로 하고 있다.

그린바이오기술은 인구증가와 기후변화에 따른 인류 먹거리 해결과 함께 자원고갈에 따른 바이오에너지 생산, 고령화시대의 건강관리를 위한 영양개선 및 의약소재 생산 등 다양한 분야에서 활용되고 있다. 그린바이오기술은 예로부터 지속적으로 발전해 왔지만 생명공학기술의 접목으로 급진적인 발전이 이루어졌다. 고부가 생물소재와 관련된 그린바이오산업 또한 매우 중요하다. 생명공학종자나 생물소재산업의 경우 선진국 소재 글로벌 기업이 이미 선점하고 있다. 관련 기업이 상대적으로 열세인 우리의 경우 기술경쟁력에서 밀릴 수밖에 없다. 또 하나 중요한 역할은 4차 산업혁명 대응이다. 세계적으로 불어 닥친 4차 산업혁명의 주도권 선점을 위한 노력이 각 나라별로 치열하다.[2]

본 보고서에서는 그린바이오 산업의 핵심 기술인 마이크로바이옴, 대체식품, 메디푸드, 종자산업, 동물용의약품 산업을 통해 그린바이오 산업을 살펴보고자 한다.

---

1) LG화학
2) 그린바이오 국내 동향 및 시사점, 박수철, BioIN, 2019

02

마이크로바이옴

2. 마이크로바이옴
가. 마이크로바이옴 개요
1) 마이크로바이옴 등장 배경[3]

마이크로바이옴이 활발히 연구되는 중요한 배경에는 기술적인 발전이 있다. 과거에는 30억 쌍 인간 유전자를 분석하는 데 15년 동안 30억 달러가 들었다. 그러나 차세대 염기서열 분석기술(Next Generation Sequencing: NGS)[4]이 꾸준히 발달하여 하루 동안 1,000달러로 분석이 가능해졌으며, 이제 100달러로 분석 가능한 시대를 코앞에 두고 있다.

유전체 분석 기술의 비약적인 발전은 인간 게놈보다 수백 배 이상의 유전자를 가진 마이크로바이옴 분석을 초고속으로 진행하도록 힘껏 도와주고 있다. 게다가 발전한 오믹스[5] 기술도 결합하면서 마이크로바이옴 각각의 특성과 생태계 내 작동기전 분석까지 가능해졌다. 마이크로바이옴에 대한 새로운 기능 및 작용에 대한 정보가 축적되면서 식품과 제약 기업에 새로운 제품개발에도 큰 영향을 주고 있다.

이와 같이 인체에 중요한 역할을 수행하는 마이크로바이옴은 소화기, 호흡기, 구강, 피부, 생식기 등 모든 신체 부위에 다양한 종류와 구성으로 존재한다. 무엇보다 마이크로바이옴이 그동안 풀지 못했던 암을 포함한 많은 질병을 예방하고 치료할 수 있다는 기대감에 따라 마이크로바이옴은 단기간에 학계뿐만 아니라 산업계의 관심을 받기에 충분했다.

---

3) 마이크로바이옴이 몰고 올 혁명, 삼정 KPMG, 2020.01
4) 차세대 염기서열 분석법(NGS): 대량으로 한꺼번에 유전체의 염기 서열 정보를 얻는 방법(Massive parallel sequencing)으로 하나의 유전체를 작게 잘라 많은 조각으로 만든 뒤, 각 조각의 염기 서열을 읽은 데이터를 생성하여 이를 해독하는 것
5) 오믹스(Omics): 전체를 뜻하는 말인 옴(~ome)과 학문을 뜻하는 익스(~ics)가 결합한 합성어. 생물학을 총체적으로 이해하고 유전자, 전사물, 단백질, 대산물 등 각 부분들의 관련성으로부터 새로운 지식을 대량으로 창출하는 새로운 연구 방법론

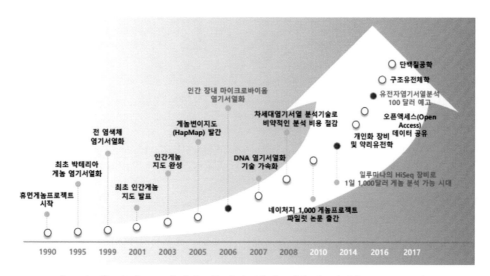

[그림 4] 마이크로바이옴 유전자 분석 기술의 발달(1990~2017)

특히 장내 마이크로바이옴의 불균형(Dysbiosis)은 여러가지 질병에 대한 위험성 증가와 관계가 높다. 장내 세균 불균형은 비이상적인 면역반응 및 대사반응을 발생한다. 관련 논문에 따르면 인간 질병의 90% 이상이 장내마이크로바이옴과 연관이 있다고 한다. 수많은 연구에 의해서 이 불균형이 염증성 장질환, 과민성장증후군 같은 소화기 질환뿐만 아니라 비만, 당뇨병, 파킨슨병, 자폐증 등 다양한 질병의 위험성을 높이는 것으로 밝혀 지면서 더욱더 장내 마이크로바이옴은 연구 주제로 주목을 받고 있다.

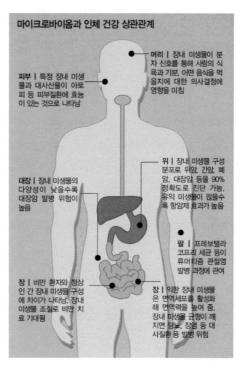

[그림 5] 마이크로바이옴과 인체 건강 상관관계

2) 마이크로바이옴의 개념[6)]

 사전적으로 마이크로바이옴(Microbiome)은 '미생물(Microbe)과 생태계(Biome)의 합성어'이다. 마이크로바이옴이라는 용어는 노벨 생리의학상 수상자인 컬럼비아대학의 레더버그(Lederberg) 교수와 하버드의대의 맥크레이(McCray) 교수의 2001년 사이언스지 기고를 통해 최초로 정의되었다. 논문에서는 "마이크로바이옴은 인체에 존재하며 우리 몸을 함께 공유하며 살고 있지만, 그동안 건강이나 질병의 원인으로 거의 간과되어 온 상재균·공생균·병원균[7)]등 모든 미생물들의 총합"이라고 정의한다. 현재 마이크로바이옴은 광의적으로 인간뿐만 아니라 동물과 식물의 세균, 바이러스, 곰팡이 등 미생물을 포괄하는 용어로 사용하고 있다.

 2015년 구글 벤처스의 설립자인 빌 마리스는 "마이크로바이옴은 헬스케어의 가장 큰 게임체인저(game-changer)가 될 것이다"고 강조했다. 또한 2018년 JP모건 헬스케어 컨퍼런스에서 마이크로소프트 창립자인 빌 게이츠는 "세계를 바꾸게 될 세 가지는 마이크로바이옴, 치매 치료제 그리고 면역항암제"라고 말했다. 많은 글로벌 기업은 이미 마이크로바이옴을 10년 후 먹거리로 보고 있다.

 2019년 바이오 인터네셔널 컨벤션(바이오USA)에서도 이런 니즈가 반영돼 별도 세션이 열렸다. 마이크로바이옴은 바이오산업 중 얼마 남지 않은 미개척 분야로 식습관의 작은 일상부터 신수종 사업 개발, 인류 건강 증진 등 사회·경제에 혁신적 기여가 기대되는 분야로 잠재력이 무궁무진한 분야이다. 물리적으로 마이크로바이옴은 인간 체중의 1~3%를 차지한다. 마이크로바이옴의 유전자 수로는 인간 유전자의 수백 배로 존재하며 다음과 같은 매우 중요한 역할을 수행한다.

역할	설명
영양분 흡수	마이크로바이옴의 종류와 구성에 따라 같은 영양분도 사람에 따라 흡수 양상이 다르다.
약물대사조절	인체 내에 들어온 약물이나 발암 물질로부터 보호하는 기능을 수행한다.
면역작용 조절	인체의 면역체계와 상호작용을 하면서 외부의 병원성 미생물로부터 인체를 보호한다.
발달 조절	마이크로바이옴에서 생성된 물질이 뇌 발달 및 신경에 영향을 주어 인간 행동까지도 영향을 준다.

[표 1] 마이크로바이옴의 역할

---

6) 마이크로바이옴이 몰고 올 혁명, 삼정 KPMG, 2020.01
7) 상재균은 숙주에 정상적으로 존재하는 세균, 공생균은 숙주에 질병을 유발하지 않고 함께하는 미생물, 병원균은 동식물에 기생해서 병을 일으키는 능력을 가진 세균

특히 마이크로바이옴이 의미가 있는 것은 기존에 개별적인 미생물 분석연구에서 확장하여 기주 생물과 미생물 간의 상호작용을 유전체학에 기반하여 연구하기 때문이다. 이를 통해 인간 마이크로바이옴의 경우 95%가 장 등의 소화기관에 존재함을 밝히면서 장내 마이크로바이옴은 인간에게 주는 영향과 미생물 군집의 복잡성을 이해하는 핵심으로 부상했다. 이로 인해 장내 마이크로바이옴은 '제 2의 장기'라는 별명과 함께 건강한 장내 미생물이 곧 건강한 신체라는 인식을 만들며 새로운 소비 트렌드로 부상했다.

3) 휴먼 마이크로바이옴

휴먼 마이크로바이옴, 즉 인체 마이크로바이옴은 영양소의 흡수·대사, 면역계·신경계의 성숙 및 발달, 다양한 질환의 발생과 예방에 영향을 미치는 등 인체에서 주요 기능을 담당하고 있다. 휴먼 마이크로바이옴은 체중의 1~3%를 차지하며 중요한 면역·약물반응 조절 등 인체 대사에 큰 영향을 주어 '가상의 장기(virtual organ)'라 불린다.

가) 장내 마이크로바이옴[8]

장내 마이크로바이옴은 휴먼 마이크로바이옴 분야에서도 가장 많은 연구가 이루어지고 있는 분야다. 인간의 장 유형이 3가지로 구분된다는 보고가 나오면서 장내 마이크로바이옴을 조절하여 건강증진과 질병치료에 적용해 보자는 연구들이 진행되고 있다.

인간의 3가지 장유형에 대해 살펴보면 다음과 같으며, 이는 식습관과 관련성이 매우 높다.

① 박테로이스(Bacteroides) 타입
식이섬유를 많이 섭취하지 않고 고지방식을 하는 사람들에게서 주로 나타나는 타입으로 탄수화물 소화효소를 잘 만들 수 있어 탄수화물 소화를 잘 시키며, 비타민 B7(biotin)을 생산하여 피부병이나 우울증을 예방한다.

② 프리보텔라(Prevotella) 타입
식이섬유를 많이 섭취하고 지방을 적게 먹는 사람들, 채식주의자들에게서 많이 나타나며, 비타민 B1(thiamine)을 생산하여 각기병을 예방하고 뮤신을 생산하여 장내 점액을 분해한다.

③ 루미노코크스(Ruminococcus) 타입
고지방식이를 하는 사람에게서 많이 나타나며, 이 타입의 경우 당분(glucose) 흡수가 잘 이루어져 비만이 되기 쉽다.

이처럼 장내마이크로바이옴은 인간이 분해할 수 없는 영양소의 분해를 도와 소화되어 흡수할 수 있도록 도와주는 역할을 하고 있으며, 물질대사나 면역체계에도 관련되어 있는 것으로 보고되고 있다. 또한 인체 내에서 소화계, 심혈관계, 면역계, 심지에 뇌질환까지도 연계되어 있다는 보고들이 나오면서 장내마이크로바이옴과 인간의 건강과의 밀접한 관계에 대해 관심도가 높아지고 있다.

---

8) 장내미생물의 재발견 :마이크로바이옴, 생명공학정책연구센터, 2019.10

(1) 장내 마이크로바이옴 분석9)

장내 마이크로바이옴 연구를 위해서는 미생물을 분리, 배양하지 않고, 대변과 같은 인체 시료에서 직접 DNA를 추출한다. 추출한 DNA 시료에는 모든 미생물의 DNA가 혼합되어 있는데, 이를 NGS 실험법으로 염기서열을 확인하여 유전자 수준에서 직접 전체 유전자를 분석한다. 이러한 접근법을 통해 시료 내에 존재하는 전체 미생물 군집을 파악할 수 있으며, 공생 미생물들이 군집 내에서 어떤 대사과정과 기능에 관여하는지를 밝힐 수 있다.

미생물 군집분석을 통해 어떤 미생물이 존재하는지를 알고 싶을 때는 종 동정을 위한 표지 유전자(marker gene)만을 선택적으로 증폭한 후 그 증폭산물의 염기서열을 분석하는 앰플리콘 시퀀싱(amplicon sequencing) 방법을 사용함으로써 분석에 필요한 비용과 시간을 줄일 수 있다. 이 중에서 세균의 군집분석을 하기 위해서는 16S rRNA 유전자를 표지 유전자로 사용하는데, 이 유전자는 모든 세균에 존재하며 보존영역과 변이영역(v1-v9)을 적절히 포함하고 있어 계통 분석과 생태 연구에 적합하다. NGS 기법을 활용한 미생물 군집 연구에서, 어떤 시퀀싱 장비를 사용할 것인지에 따라, 실험 과정 중에 활용하는 프라이머(primer)가 달라진다.

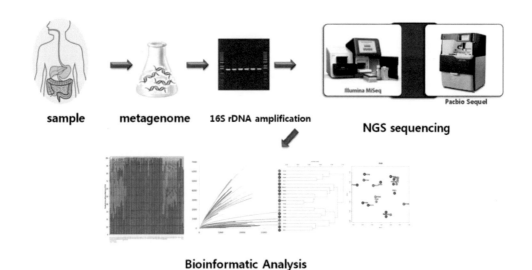

sample   metagenome   16S rDNA amplification   NGS sequencing

Bioinformatic Analysis

[그림 6] NGS 시퀀싱을 활용한 장내 마이크로바이옴 분석과정 모식도

기존 NGS 장비보다 매우 긴 염기서열을 해독할 수 있는 Pacific Bioscience사의 장비가 다양하게 활용되고 있는데, 16S rRNA 유전자의 일부가 아닌 전체 영역을 해독할 수 있게 되어 미생물 군집 조성의 해상도를 이전 기술들 보다 높일 수 있게 되었다. 최근에는 Oxford Nanopore사의 MinION 장비나 Illumina iSeq과 같은 초소형

---

9) 마이크로바이옴 연구 시작하기:연구 현황 및 방법, 김병용, 천랩, 한국간재단

NGS 장비들이 출시되어 일반 연구자들의 NGS 활용이 한층 더 편리해졌다.

(2) 장내 마이크로바이옴과 인체 질병과의 연관성[10]

마이크로바이옴은 인체 내에서 여러 부위에 존재하나, 이 중 가장 많고 다양한 종류의 미생물을 보유하고 있는 곳은 위장관이다. 위장관 내에 존재하는 미생물의 무게는 대략 0.5~1.5 kg에 이르는 것으로 알려져 있으며, 대략 500~1,000종의 세균이 서식하고 있다. 인간의 장내 미생물은 태어날 때부터 유전, 식습관, 생활 습관 등에 따라 개인별로 다양한 군집 구조를 갖는다. 16S rRNA 유전자 분석에 기반한 NGS 분석을 통해 장내 미생물 군집구조를 살펴보면, 장내에는 다양한 박테리아 문(phylum)이 존재하며 가장 많은 것은 Firmicutes, Bacteroidetes, Actinobacteria, Proteobacteria 등이다. 이들 주요 문(phylum)들은 위장관 부위마다 다른 조성과 농도로 분포한다. 위 내용물은 1g당 10^3~10^4 정도로 가장 적게 존재하는 반면, 대장에서는 1g당 10^{11}정도로 가장 많은 미생물이 존재한다.

장내에 존재하는 마이크로바이옴은 인간유전자의 150배 이상의 많은 유전자를 보유하고 있으며, 인체가 만들 수 없는 광범위한 효소들을 생산한다. 이러한 사실은 장내 미생물이 인체가 분해할 수 없는 영양소를 흡수 할 수 있도록 도와주는 것을 의미한다. 특히 식물성 다당류나 섬유소의 대부분은 소장에서 흡수되지 않고 대장까지 그대로 전달되어 대장에 서식하는 미생물들에 의해서 분해된다.

장내미생물은 복잡한 탄수화물이나 섬유소의 분해, 흡수뿐만 아니라, 장내에서 acetate, propionate, butyrate와 같은 짧은사슬지방산(SCFA)도 생산한다. 이 대사물들은 면역 시스템 조절, 비타민 생성, 병원균으로부터 장 점막 보호 등 매우 중요한 역할을 한다. 인체가 섭취한 약물의 대사과정에도 장내미생물은 중요한 역할을 한다. 다양한 대사작용과 효소작용을 바탕으로 체내에 유입된 약물이나 독성물질을 분해하거나 변형시킨다. 장내미생물에 의한 탈수산화, 탈카르복실화, 탈알킬화 그리고 탈아미노화 반응과 같은 대사작용 등이 논문을 통해 보고된 바 있고, 옥실산(oxalate)의 대사에 영향을 끼치거나, 지방대사 과정에서 사용되는 답즙산의 생성과정에도 관여하는 것으로 확인되었다. 이러한 영향은 항암제나 심혈관제와 같은 많은 약물의 대사작용이 장내미생물에 의해서 활성화 또는 불활성화 될 수 있음을 제시한다. 즉, 같은 약물이라도 장내미생물 차이에 의해 환자들 간에 서로 다른 반응을 일으킬 수 있고, 복용량도 달라질 수 있다.

장내 마이크로바이옴은 사람마다 조성이 다르지만, 한 개인에서는 장내미생물의 분포가 균형을 이루며 안정적인 군집을 유지하고 있다. 정상적인 마이크로바이옴은 장

---

10) 마이크로바이옴 연구 시작하기:연구 현황 및 방법, 김병용, 천랩, 한국간재단

내 점막 면역계의 발달과 성숙에 필수 요소로서, 특정 미생물군은 면역 세포의 분화와 활성화를 유도하여, 면역관용과 면역자극간의 균형을 조절한다. 항체나 면역세포가 미생물의 기능과 개체 수를 조절하기도 하며, 반대로 장내미생물이 비장이나 흉선과 같은 림프계의 발달에 중요한 역할을 하여 면역세포의 기능에도 영향을 준다. 실제로 신생아 시기에 장내에 마이크로바이옴이 제대로 조성되지 않으면 면역관용이 형성되지 않아 알레르기질환이 발생할 가능성이 높다는 것이 널리 알려져 있다. 만약, 항생제 복용과 같이 외부요인에 의해 장내 마이크로바이옴의 균형이 파괴되면 장내 방어벽 기능이 약해지고, 장관 점막이 손상된다.

결국, 장관 내에 존재하던 병원균과 독소, 항원 등이 혈류로 유입되어 면역체계를 자극함으로써, 감염성 질환이나 자가면역질환 등을 초래한다.

장내 마이크로바이옴은 또한 비반, 심혈관 질환, 제2형 당뇨와도 깊은 관련성을 가지고 있는데, 실제로 장내미생물 군집조성은 숙주의 체중이 변함에 따라 달라진다. 비만쥐는 정상쥐에 비해 Bacteroidetes의 비율이 적고 Firmicutes는 높은 비율로 존재한다. 정상쥐에게 고지방식 식이를 통해 비만을 유도하면 장내유형도 비만형으로 변화하며, 무균의 쥐에 비만쥐의 장내 마이크로바이옴을 이식하면 체내 지방이 증가한다. 이와 유사한 변화가 사람의 장내미생물에서도 관찰되었으며, 식이 요법을 통해 체중이 감소했을 때 Bacteroidetes가 증가하는 경향을 보였다.

나) 피부 마이크로바이옴[11][12]

피부 마이크로바이옴은 인체와 환경의 상호작용에서 핵심적 역할을 담당하고 있는 피부에 존재하는 미생물과 그 유전정보 전체를 뜻한다. 과거 피부 마이크로바이옴은 상대적으로 장 마이크로바이옴보다 연구나 상용화에 있어서 제약이 많은 분야였다.

분변이 장내 미생물총을 통합하는 샘플의 역할을 해온 반면 피부의 경우 위치에 따라 미생물총이 달라져 피부 미생물총을 통합하는 샘플이 존재하지 않는다. 또한 피부 표면에서 미생물이 차지하는 비중이 매우 적어 분석을 위한 미생물 DNA를 수집하기 어려웠다. 하지만 최근 미생물을 배양할 필요 없이 유전자 수준에서 그대로 분석하는 메타지노믹스(metagenomics) 분석이 도입되면서 적은 양의 미생물 샘플도 분석이 가능해졌다.

최신 유전체 분석기술을 바탕으로 한 마이크로바이옴 연구가 활성화되면서 인체 피부의 정상적 기능과 건강, 질병 발생에 있어서 피부 마이크로바이옴의 역할이 밝혀지

---

11) 피부 마이크로바이옴 기반 화장품 및 치료제 산업 동향, 한국바이오협회, 2020.11
12) 한국의과학연구원

고 있다. 피부 미생물은 인체의 면역체계를 교육하고 염증반응에 중요한 역할을 담당하며 병원균을 방어한다. 실제로 인체 피부는 미생물의 상호작용이 일어나는 가장 큰 면적의 상피조직으로 미생물총을 보호하는 놀라운 능력을 진화시켰다. 따라서 피부 마이크로바이옴 연구를 통해 피부의 건강과 질병에 대한 이해에 혁신적 변화가 일어나고 있다.

그동안 미생물이 감염(infection)을 일으키는 병원균(pathogen)으로만 인식되었다면 이제는 그 역할의 범위가 확장되어 피부 건강과 질병의 기작에 있어서 핵심 요소로 여겨지기 시작했다. 우선 피부 질환을 감염이 아닌 세균총 불균형(dysbiosis)으로 보는 인식의 전환이 일어났다. 기존에는 피부질환을 1) 없어야 할 미생물(유해균)이 존재하는 문제로만 보았다면 마이크로바이옴 관점을 통해 2) 있어야 할 미생물(유익균)이 부재(不在)하는 문제나 더 나아가 3) 미생물 간의 불균형(특정 미생물을 유해균이나 유익균으로 규정하기보다는 미생물 간의 적정 비율 혹은 적정 상호작용 즉 균형상태를 가정하는 것)의 문제로 보게 되었다.

이에 따라 건강한 피부를 위한 피부 관리나 피부 질환의 예방과 치료에 대한 접근방법도 변하고 있다. 기존에는 소독 혹은 살균이 피부 질환 예방과 치료에 있어서 긍정적으로만 여겨졌다면 마이크로바이옴 관점을 통해 유익균의 사멸이나 미생물 간의 불균형 초래 등 부작용이나 위험성의 문제가 대두되고 있다. 관련하여 화장품과 같은 피부 관리 제품들도 피부 미생물의 균형에 대한 영향이 중요한 고려사항으로 인식되기 시작했다. 무엇보다 마이크로바이옴 관점을 통해 유용 미생물을 증대시키거나 인위적으로 추가(섭취 혹은 도포)하는 접근방법이 피부 관리 및 치료제의 제품 및 서비스로 빠르게 확산되고 있다.

특정 신체 부위에 서식하는 미생물 군집의 특징은 개인의 생애 동안의 피부 건강과 질병의 균형에 대한 정보를 제공한다. 피부 미생물 군집에 대한 연구는 그것이 건강한 피부에서 역할을 한다는 것을 보여준다. 건강한 피부에는 손상되지 않은 피부 장벽과 균형 잡힌 미생물이 있으며, 이는 일반적으로 높은 수준의 미생물 군집의 다양성을 의미한다. 그러나 아토피성 피부염이나 건조하고 가려운 피부의 경우에는 피부 장벽이 약하고 변형되어 있으며 미생물의 균형이 깨져있는 경우가 많다. 피부 부위마다 각각 자생하는 미생물이 다르기 때문에 피부 항상성이 깨질 경우, 부위마다 발생하는 질환에 특이성을 보인다. 지방질이 많은 피부에는 여드름, 습한 피부에는 아토피성 피부염, 건조한 피부에는 건선이 대표적으로 나타난다.

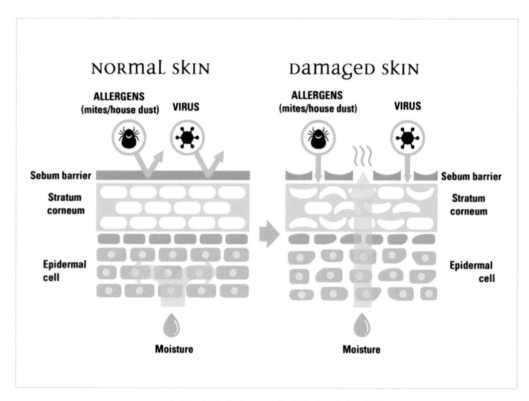

그림 7 피부마이크로바이옴과 피부 질환

피부 장벽은 피부 표면의 가장 바깥층이며 세포, 지질 및 수분으로 구성되어 있다. 피부 장벽의 필수 특성(지질, 물 및 전해질)이 피부 표면에서 증발하지 않도록 유지되어야 한다. 또한 항균성 펩타이드와 단백질을 생성하여 유해한 미생물에 대한 보호막 역할을 해야 한다. 무엇보다도 피부 장벽의 무결성과 기능은 피부의 면역력을 유지하고 표피 염증을 조절하는데 도움이 된다. 따라서 피부 장벽과 마이크로바이옴을 모두 고려하는 것이 중요하다. 마이크로바이옴의 변화는 피부의 장벽 완전성의 붕괴와 관련될 수 있으며, 이는 피부 민감성 및 심지어 질병의 가시적인 징후를 야기할 수 있다. 피부 장벽과 마이크로바이옴 사이에 균형이 잘 맞아야 하며, 이들 사이의 균형이 깨지면 피부 장애 및 감염을 초래할 수 있기 때문이다. 피부에 필수 성분을 공급하고 피부 마이크로바이옴에 대한 부정적인 환경 영향을 피함으로써 피부 장벽 완전성을 복원 및 유지할 수 있다.

피부 마이크로바이옴 상용화 제품이나 치료제 파이프라인의 접근방법은 크게 ①미생물의 유익한 영향을 증대시키느냐, ②유해한 영향을 억제하느냐, ③미생물총의 균형을 해치지 않느냐(microbiome-safe)로 나눌 수 있다.

미생물의 유익한 영향을 증대시키는 접근방법에는 유익한 미생물의 성장 및 활성을 강화할 수 있는 섬유소 같은 식품 내 비소화성(non-digestible) 조합물을 사용하는 프리바이오틱스(prebiotics)와 유익한 미생물 자체를 사용하는 프로바이오틱스(probiotics), 인체에 유익한 작용을 하는 미생물의 구성물질이나 대사물질(metabolite)을 사용하는 포스트바이오틱스(postbiotics)가 있다.

미생물의 유해한 영향을 억제하는 접근방법에는 유해한 미생물을 억제하는 저분자화합물이나 미생물 유래 항균물질을 사용하거나 유해한 미생물을 제거하는 박테리오파지를 이용하는 방법이 있다.

또한 피부 문제를 피부 미생물총의 불균형(dysbiosis)으로 보는 인식의 확산에 따라 피부 미생물총의 건강한 균형 상태를 해치지 않는 즉, 미생물총 무영향(microbiome-safe) 스킨케어 제품 및 세정제가 개발되고 있다.

다) 구강 마이크로바이옴[13]

(1) 구강 마이크로바이옴 분석 기술

마이크로바이옴 연구는 배양이 불가능한 미생물까지 분석이 가능한 NGS 기술을 이용하며, 특정 환경에 존재하는 모든 미생물군의 유전체를 분석하는 메타지노믹스 방법론이 주를 이루고 있다. 메타지놈 분석에 주로 사용되는 방법은 앰플리콘 염기서열 분석법(amplicon sequencing)과 샷건 염기서열분석법(shotgun sequencing)이 있다. 전자는 특정 환경에 존재하는 미생물의 종류와 개체수에 대한 정보를 가장 빠르고 저렴하게 얻을 수 있는 방법이라면, 후자는 이들의 기능까지 분석해 이들이 속한 환경이나 숙주와 어떤 상호작용을 하는지 밝혀낼 수 있는 방법이다.

RNA 서열분석은 전사체(transcriptome)에 대한 정보를 얻게 해주며, 메타지노믹스 분석에 적용해 미생물군의 메타전사체(metatranscriptome)를 분석할 수 있고, 미생물의 기능에 더해 현재의 상호작용 상태를 알 수 있게 해준다. 최근에는 메타전사체 분석에서 한 걸음 더 나아가 미생물군의 단백질을 분석하는 메타프로티오믹스(metaproteomics)와 대사산물을 분석하는 메타대사체(metabolomics) 연구도 활발히 진행되고 있다. 이상의 분석법들은 각자 장단점이 있으며, 실험의 목적과 가용한 방법에 따라 선택해서 적용하면 된다.

박테리아의 앰플리콘 염기서열분석은 16S rRNA에서 종이나 속의 차이를 주는 고변이부위(hypervariable region, V1-V9)중 V1-V2, V3-V4 또는 V4만 증폭 시켜 비교하는데, 최소 97%정도 일치하는 염기서열군을 하나로 묶은 조작분류단위(OTU)를 기

---

13) 구강 마이크로바이옴 연구 동향, BRIC View 동향, 2021

준으로 종이나 속의 다양성과 빈도수를 구분한다. 곰팡이나 효모와 같은 진균류 (mycobiome)는 주로 ITS 부위를 이용해 분류한다. OTU 분석용 프로그램은 QIIME ('차임'으로 발음), Mother, DADA2, Deblur, PICRUSt, Tax4Fun, phyloseq (R 패키지), microbiome (R 패키지) 등이 많이 쓰이고 있다.

앰플리콘 염기서열분석은 16S rRNA만으로는 적절한 분류학적 해상도(taxonomic resolution)를 확보하지 못하는 경우도 있기 때문에 rpoB와 같은 상재유전자 (housekeeping gene)를 이용하는 방법도 제시되고 있다. 그러나 rpoB 자체도 명확한 한계가 있어 16S rRNA와 함께 분석하거나, 다양한 일상유전자를 분석하는 방법이 제시되기도 한다. 그럼에도 불구하고 현재까지는 16S rRNA를 이용하는 방법이 표준으로 자리 잡고 있는데, 데이터의 축적에 따른 정보 요구 수준이나 분석 기술의 발달과 비용의 변화에 따라 향후 충분히 다른 방식으로 바뀔 수 있다.

	Amplicon seq	Shotgun seq	RNA seq
대상	• 박테리아: 16S rRNA • 곰팡이: ITS1, ITS2, 18S rRNA, CO1 등	• 유전체(whole genome)	• Messenger RNA (transcriptome)
방법	• DNA 추출 → PCR amplification → sequencing → OTU 분석	• DNA 추출 → DNA fragmentation → sequencing → assembly, 유전자 판독 → 유전자 비교 분석	• mRNA library → shotgun sequencing
장점	• 저비용 • 정량 분석	• 높은 해상도 • 상호작용(기능) 분석 가능	• 상호작용(기능)과 현재 상태 분석 가능
단점	• 기능 분석 불가 • 낮은 해상도	• Assembly 오류 • 정량 분석 불가	• 분석 난이도

[그림 8] 메타지노믹스 분석 방법 비교

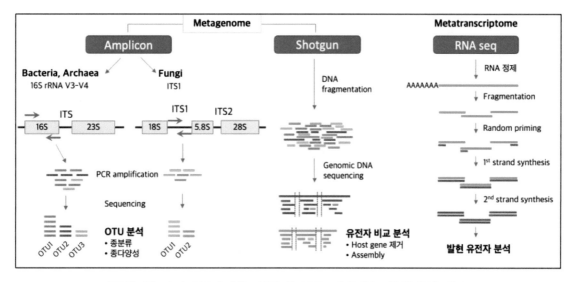

[그림 9] 마이크로바이옴 연구에 주로 사용되는 분석법의 개요

(2) 구강 마이크로바이옴 연관 질병

구강에 성공적으로 안착해 서식하는 60억 개의 박테리아는 타액을 통해 타인에게 전파되며, 지역 공동체 구성원의 건강에 영향을 미친다. 대표적인 구강 질환으로는 치주염, 치은염, 치아
우식(충치), 구강암 등이 있는데, 모두 구강 마이크로바이옴과 연관이 있는 것으로 알려져 있다. 최근엔 구강과 연관이 없을 것으로 여겨지던 질병도 구강 마이크로바이옴과 연관된 것으로 밝혀지고 있는데, 구강은 호흡기와 위장을 비롯한 인체 여러 내장기관의 입구로서 인체의 전반적인 건강에 중대한 영향을 끼치고 있음을 알 수 있다.

질병	증가한 미생물	억제된 미생물
치주염 (periodontitis)	• 문: Spirochaetes, Synergistetes and Bacteroidetes • 강: Clostridia, Negativicutes and Erysipelotrichia • 속: *Prevotella, Fusobacterium* • 종: *Porphyromonas gingivalis, Treponema denticola, Tannerella forsythia, Filifactor alocis, Parvimonas micra, Aggregatibacter actinomycetemcomitans* • 고세균: *Methanobrevibacter oralis, Methanobacterium curvum/congolense, Methanosarcina mazeii*	• 문: Proteobacteria • 강: Bacilli • 속: *Streptococcus, Actinomyces, Granulicatella*
임플란트 주위염(peri-implantitis): 치태 검체	• 문: Bacteroidetes • 속: *Prevotella (P. denticola, P. multiformis, P. fusca), Filifactor, Mogibacterium, Propionibacterium, Acinetobacter, Staphylococcus, Paludibacter, Bradyrhizobium, Porphyromonas* • 종: *P. gingivalis, P. endodontalis, T. forsythia, F. nucleatum, Fretibacterium fastidiosum, P. intermedia, T. denticola*	-
임플란트 주위염: 치은구액(crevicular fluid) 검체	• 속: *Acinetobacter, Micrococcus, Moraxella*	• 속: *Vibrio, Campylobacter, Granulicatella*
치아 우식 (dental caries)	• 속: *Neisseria, Selenomonas, Propionibacterium* • 종: *Streptococcus mutans, Lactobacillus* spp., *Candida albicans* (진균)	• 종: non-mutans *Streptococci, Corynebacterium matruchotii, Capnocytophaga gingivalis, Eubacterium IR009, Campylobacter rectus, Lachnospiraceae sp. C1*
구강암(oral cancer): 타액 검체	• 종: *P. gingivalis, C. gingivalis, T. denticola, Prevotella melaninogenica, Streptococcus mitis*	• 종: *Granulicatella adiacens*
구강암: 구강 린스액 검체	• 속: *Fusobacterium, Bacteroidetes, Filafactor, Streptococci, Prevotella,*	-
구강암: 치주 치태 검체	• 종: *P. gingivalis, Fusobacterium nucleatum*	-
구강암: 종양 조직 검체	• 속: *Streptococcus* • 종: *P. gingivalis, F. nucleatum, T. denticola, Peptostreptococcus stomatis, Streptococcus salivarius, Streptococcus gordonii, Gemella haemolysans, Gemella morbillorum, Johnsonella ignava, Streptococcus parasanguinis*	-
식도암 (esophageal cancer)	• 종: *T. forsythia, P. gingivalis*	• 속: *Neisseria* • 종: *Streptococcus pneumoniae*

질병		
구내염 (stomatitis)	• 종: *Gemella haemolysans, S. mitis, P. gingivalis, Parvimonas micra, T. denticola, F. nucleatum, Candida glabrata* (진균)	-
1차성 쇼그렌증후군 (primary Sjögren's syndrome)	• 문: Firmicutes • 속: *Gemella*	• 문: Proteobacteria • 속: *Streptococcus*
대장암 (colorectal cancer)	• 속: *Lactobacillus, Rothia* • 종: *F. nucleatum*	-
췌장암 (pancreatic cancer)	• 속: *Leptotrichia* (발병 후기) • 종: *P. gingivalis, A. actinomycetemcomitans* (발병 초기)	• 속: *Leptotrichia* (발병 초기) • 종: *P. gingivalis, A. actinomycetemcomitans* (발병 후기)
낭포성 섬유증 (cystic fibrosis)	• 종: *Streptococcus oralis, S. mitis, S. gordonii, Streptococcus sanguinis*	• 종: *S. oralis* (환경에 좌우됨)
심혈관 질환 (cardiovascular disease)	• 종: *C. rectus, P. gingivalis, Porphyromonas endodontalis, Prevotella intermedia, Prevotella nigrescens*	-
류마티스성 관절염 (rheumatoid arthritis)	• 속: *Veillonella, Atopobium, Prevotella, Leptotrichia* • 종: *Rothia mucilaginosa, Rothia dentocariosa, Lactobacillus salivarius, Cryptobacterium curtum*	• 속: *Haemophilus, Neisseria* • 종: *P. gingivalis, Rothia aeria*
알츠하이머병 (Alzheimer's disease)	• 문: Spirochaetes • 속: *Treponema, Moraxella, Leptotrichia, Sphaerochaeta, Abiotrophia* (APOE ε4(+)), *Desulfomicrobium* (APOE ε4(+)) • 종: *P. gingivalis, Tanneralla fortsythia, F. nucleatum, P. intermedia, Candida albicans* (진균), *C. glabrata* (진균)	• 속: *Rothia, Actinobacillus* (APOE ε4(+)), *Actinomyces* (APOE ε4(+))
당뇨 (diabetes melitus)	• 속: *Aggregatibacter, Neisseria, Gemella, Eikenella, Selenomonas, Actinomyces, Capnocytophaga, Fusobacterium, Veillonella, Streptococcus*	• 속: *Porphyromonas, Filifactor, Eubacterium, Synergistetes, Tannerella, Treponema*

[그림 11] 다양한 질병과 연관된 구강 마이크로바이옴

4) 식물 마이크로바이옴[14)]

 식물 마이크로바이옴이란 식물, 환경 그리고 식물과 연관되어 있는 생물군집의 총합으로 정의할 수 있다. 식물 마이크로바이옴에는 식물 내생·엽권·근권 등에 존재하는 미생물(바이러스, 세균, 진균 등), 동물(절지동물, 곤충, 선충 등), 기·공생식물 등 모든 생물체 군집이 포함된다. 즉, 식물 마이크로바이옴은 식물과 연관된 생물군집에 영향을 주는 물리·화학적 환경(토양, 공기, 물 등), 기후를 포함하는 개념이라고 할 수 있다.

[그림 12] 식물 마이크로바이옴 구성

 식물 마이크로바이옴을 구성하는 각 요소 간 역동적(dynamic) 상호작용은 토양과 식물 그리고 농업생태계에 결정적 요소로 작용된다. 식물 마이크로바이옴과 직접 연관된 범위는 작물, 토양 및 야생 생태계를 포함하며 영양학적 가치, 식품 안정성까지 매우 넓은 범위를 포함한다.

 식물 마이크로바이옴은 식물 내부와 주변에 미생물이 서식하면서 식물의 생육에 큰 영향을 미치고 있다. 뿌리, 줄기, 잎, 꽃, 과실, 종자 등 모든 식물 기관에서 발견되며 부위마다 미생물의 종류가 다르고 역할도 제각각인 것으로 알려져 있다.
 식물과 밀접한 관계에 있는 미생물에는 대표적으로 세균(bactera), 진균(fungi), 바이러스(virus) 등이 있으며 식물과 공생한다. 세균은 가장 다재다능한 능력을 보여주는 생물체로 항생 물질과 호르몬 생산, 면역과 스트레스 조절 등의 기능이 있다. 식물의 근권에는 토양 1그램당 1만 종 이상의 세균 군집이 있으며 세포 수로는 100억

---

14) 마이크로바이옴 연구개발 동향 및 농식품 분야 적용 전망, 농림식품기술기획평가원, 2017.12

개 이상이 존재하는 것으로 알려져 있다. 보통 곰팡이를 의미하는 진균류는 뿌리이자 줄기 역할을 하는 균사(mycelium)를 땅속으로 뻗어 식물의 영역을 넓혀주는 역할을 해준다. 즉 긴 실모양의 균사를 통해 식물뿌리가 닿지 않는 곳까지 확장하여 양분, 무기질, 물을 흡수하여 식물을 돕는 것이다. 뿌리 주변 토양, 뿌리 표면과 내부까지 서식하며 세포 수로는 토양 1그램당 10만~100만 개 이상 존재하는 것으로 알려져 있다. 바이러스는 지구상에서 가장 개체 수가 많은 생물체로, 모든 생물은 최소 하나 내지는 여러 바이러스와 같이 살고 있다. 병원성 바이러스가 많이 알려져 있으나 생태계에서는 오히려 식물의 스트레스를 줄여주는 역할도 담당한다.

마이크로바이옴의 영역은 뿌리의 영향을 받는 주위의 토양을 일컫는 근권(rhizosphere), 식물체 내부인 내권(endosphere), 잎의 표면을 말하는 엽권(phyllosphere)으로 나뉜다.

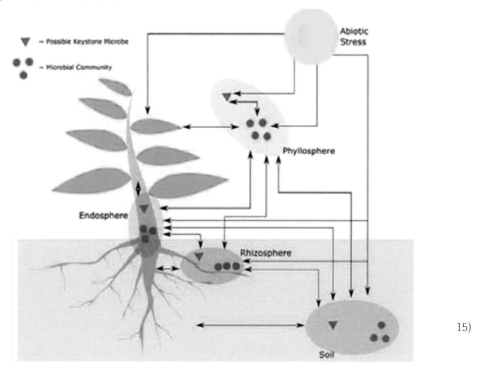

15)

[그림 13] 식물바이옴 상호작용

식물 뿌리와 함께 살아가야 하는 근권 미생물은 생존을 위한 그들만의 특수한 전술을 구사하는 것으로 알려져 있다. 첫째, 뿌리혹박테리와 같은 미생물들은 생존을 위해 식물과 한 몸으로 협동하여 같이 사는 방법을 터득하였다. 콩과식물 뿌리에 혹을 형성하여 식물로부터는 먹이 (탄소)를 얻고, 공중질소를 식물이 이용할 수 있는 형태로 만들어 공급하는 역할을 하는 것으로 알려져 있다. (예 : Rhizobium, Bradyrhizobium 등). 둘째, 다른 미생물과 양분 혹은 서식지 경쟁에서 이길 수 있도록 도와주는 항생물질을 만들어 식물의 병저항성을 높여주는 전략을 갖는 근권 미생물도 존재한다. 항

---

15) 출처 : Front in Plant Sci <2019>

생물질 생산에 흔히 쓰이는 Pseudomonas, Bacillus, Streptomyces 등이 대표적인 미생물이다. Pseudomonas, Bacillus 등은 토양과 강하게 결합하여 식물이 흡수할 수 없는 영양분을 이용할 수 있게 바꾸어 준다. 즉 뿌리 근처에 살면서 흙 알갱이와 화학적으로 강하게 결합된 인산(P) 같은 양분을 식물이 이용하기 쉬운 형태로 바꾸어 주는 것이다. 세계 각국에서 비료 대신 사용할 목적으로 연구 중인 미생물로 인산가용화균을 비롯한 다양한 명칭이 있으며 생물 비료라 불리기도 한다.

내권이란 식물체 내부를 의미하며 내권에서 서식하는 미생물을 내생미생물(endophytes)이라 한다. 식물 내부에서 전체 생활사의 일부 또는 전부를 지내는 미생물로 눈에 띄는 해를 입히지 않는 것이 특징이다. 이들 미생물은 자신의 생활사를 완성하기 위해 다양한 방법으로 식물 조직에 침투하는 방법을 발달시켜왔으며, 일부 내생미생물은 식물을 병원균으로부터 지켜주거나 생육에 도움을 주기도 한다. 내생미생물이 존재하는 식물의 경우 그렇지 않은 식물에 비해 병원균에 대한 저항성 및 내성이 높은 것으로 알려져 있다. 전신유도저항성 (induced systemic resistance, ISR)이라고 하여 특정 물질을 생성해 기주식물이 스스로 방어체계를 형성할 수 있도록 유도하는 것이 가장 대표적이다. 에틸렌과 자스몬산은 식물이 실제로 어려운 상황에 빠진 것처럼 착각하게 하여 병원균의 공격에 미리 대비하도록 하는 일종의 '예방주사'와 같은 역할을 해주는 식물호르몬이지만, 어떤 내생미생물은 기주식물을 외부 스트레스로부터 보호하는 다양한 2차 대사산물 (생리활성물질)을 만드는 경우가 많은 것으로 알려져 있다.

엽권이란 주로 잎에 사는 미생물의 서식지를 뜻하며 이곳에 서식하는 거주자가 엽권미생물이다. 식물 잎 표면에 있는 미세 통로에 집중적으로 분포하는데, 유기물과 무기물의 흡수•배출 통로이기 때문에 대부분은 비병원성으로 식물과 밀접한 상호 관계를 이루고 있으며, 외부자극에 이겨내기 위한 필수 생존전략을 보유하고 있다. 주로 대기 중에 노출되어 있어 영양이나 수분 부족 등 다양한 스트레스 상황에 적응할 수 있는 다양한 생존능력을 보유하기도 한다.

나. 유전체 분석
1) 유전체 분석 개요[16]

유전체학은 특정 생물체의 개별유전자들 총합인 유전체 및 관련정보를 체계적으로 연구하는 학문으로서, 특정한 생명현상이 수많은 유전자들의 변화 및 상호관계를 이해하여야만 해석이 가능하며, 이를 기반으로 질병과 관련된 유전체 정보를 얻을 수 있다. 특히, 인간유전체의 정보를 완전히 해독하고 이를 이용하여 모든 질병의 원인을 모두 파악하게 된다면, 질병 예방 및 진단, 치료신약 그리고 치료기술의 개발에 대한 획기적인 전기가 마련될 수 있을 것이라는 기대감을 가질 수 있다.

유전체학과 단백질체학은 공통적으로 유전자 기능연구를 목표로 하고 있다. 다만 방법론적으로 서로 달라 유전체학은 유전자 차원에서, 단백질체학은 유전자의 산물인 단백질 차원에서 상호 보완적인 연구를 수행하고 있다.

유전체학	단백질체학
• 생물체의 단일 유전체를 다룸 • 유전자에서부터 시작해서 단백질의 기능을 추정	• 유전체에서 발현된 단백질체를 다룸 • 기능적으로 변형된 단백질로부터 시작해서 그 유전자 규명을 거꾸로 접근
차이점	
• 동일세포의 DNA로부터 결정된 정보는 변화가 없음	• 약물처리에 따라 달라짐 • 조직의 본질에 따라 발현도가 달라짐 • 발단단계, 건강상태, 질병유무에 따라 발현도가 달라짐

[표 2] 유전체학과 단백질체학의 비교

유전체 연구는 그 성격에 따라 기반형 연구와 기능분석 연구로 나눌 수 있다.

① 기반형 연구
기기, 시설, 인력 등 유전체 연구를 위한 인프라[17] 구축이나 대규모 유전체 정보 생산, 분석, 가공, 서비스 또는 새로운 유전체 및 오믹스 분석 기술 개발 등의 기반구축 또는 원천기반기술[18] 개발형 연구를 의미한다.

---

16) 유전체 연구 및 활용기술, BT기술동향보고서, 2007
17) 인프라 : 유전체학 관련 R&D를 수행할 때 활용하게 되는 자원, 생물정보학적인 도구, 기술적인 지원 조직 등(예 : 조직은행, microarray core 등)
18) 원천기반기술 : 유전체학의 여러 응용 R&D를 수행함에 있어서 공통적으로 활용되는 기술(예 : DNA chip 제작기술)

② 기능분석 연구

 유전체/오믹스 기술을 이용한 개별 연구대상 생물체의 개별 유전자/단백질의 기능 및 상호작용에 대한 분석 및 이를 활용한 신소재 또는 신약 개발 등의 목표 지향적 산업기술개발형 연구를 총칭한다.

2) 유전체 정보분석
가) 단일세포 유전체 분석기술[19]

　세포는 유전 정보를 담고 있는 생물의 생명작용의 기본적이며 핵심적인 단위체이며, 인간은 단일 세포로부터 시작하여 세포가 다양한 형태로 분화함으로서 인체를 구성하는데, 이를 위해서는 수천 번의 분화 과정을 거치게 된다. 세포 분화를 거칠 때 마다 낮을 확률로 유전적 변이가 생길 수 있기 때문에 세포분화를 거치면서 동일한 세포로부터 분화한 세포들이라도 동질성 세포가 아니고 세포 분화 동안 다양한 유전 변이를 가지는 개별 세포로 분화를 하게 된다. 이러한 유전적 변이를 지니는 세포의 수가 축적이 될 경우 암이나 노화, 신체기능의 장애와 같은 다양한 형태의 질환으로 나타날 수 있다.

　기존의 질병과 유전적 변이의 상관관계를 밝혀내는 연구들의 경우 많은 세포로 이루어진 조직단위에서 유전적 변이를 찾아내는 방향으로 이루어졌다. 하지만 최근 이러한 가정이 잘못 되었으며 조직안의 대다수의 세포는 질환과 관련이 없고 몇몇 특정 세포가 가지고 있는 변이가 질환과 관련이 있다는 것이 밝혀졌다. 따라서 정확한 질병의 진단과 치료에 single cell genomics를 기반으로 한 접근 방법의 필요성이 대두되었다.

　Single cell genomics는 암과 세포의 유전자 변이와 연관성은 물론, 숨어있는 희귀한 유전자 변이로 인해 발생하는 질병과의 연결고리를 세포 단위에서 관찰하여 명확하게 밝힘으로써 세포의 분화 과정에 대한 연구 및 정확한 질병 원인 규명에 따른 치료약 개발 등에 큰 역할을 할 수 있다.

　단일 세포 유전체 분석 기술의 단계를 살펴보면, 세포 분리, DNA/RNA의 증폭, 시퀀싱, 시퀀싱 결과의 분석 4단계로 나눌 수 있다.

① 세포 분리
　세포 분리는 serial dilution, micromanipulation, flowcytometer-sorting, microfluidics, laser capture micros-section 등의 방법을 사용할 수 있으며, 혈액에 존재하는 순환 종양세포처럼 희귀한 세포를 골라내야할 경우 항체를 이용한 selection 방법을 사용하기도 한다.

② DNA/RNA의 증폭
　DNA 혹은 RNA의 증폭은 PCR 방식을 가장 많이 사용하고, DNA의 경우 random priming 방식의 DOP-PCR, MDA (multiple displacement amplification),

---

19) 단일세포 유전체 분석기술 특허분석 보고서, KPIPC, 2017.11

19) 단일세포 유전체 분석기술 특허분석 보고서, KPIPC, 2017.11

MALBAC(multiple annealing and looping based amplification cycle) 방법 등이 있고, RNA의 증폭은 cDNA 합성후 이루어지며 template switching oligo를 사용하는 SMART-seq 방식이 주로 사용된다.

③ 시퀀싱

단일세포 유전체 시퀀싱은 기존의 Bulk 시퀀싱 방법을 사용하되, 하나의 시퀀싱 batch에 수천, 수만개에 해당하는 세포 데이터를 생산하므로 바코드 사용이 필수적이며 그 숫자와 종류가 다양하다.

세포별 바코드 혹은 인덱스는 DNA의 경우 시퀀싱라이브러리 제작단계에서, RNA는 lowthroughput의 경우 시퀀싱라이브러리 제작 단계에서 high-throughput의 경우 역전사 과정에서 세포 인덱스를 삽입한다.

④ 분석

DNA 시퀀싱 결과의 분석은 Bulk 데이터 분석과 같은 분석파이프라인을 적용하고 있으며 quality filtering, reference genome에의 alignment, 여러 가지 변이에 대한 calling, annotation 과정을 수행하게 되며 주로 종양이질성에 대한 분석이 수행되어 왔다.

RNA 시퀀싱 데이터의 분석은 종양뿐 아니라 다양한 정상시스템과 질병 모델의 subpopulation 분석에 초점이 맞추어져 있는데, Bulk 데이터 분석과 유사한 quality filtering, alignment, mapping 과정을 수행하여 gene/tran 발현을 평가한다.

(1) 연구 동향[20]

최근 차세대염기서열분석 기술 발달로 인해 단일세포 유전체 분석관련 논문 출판이 지난 수년간 급증하고 있다.

분야	연구 내용
신경학	허혈성 심부전 모 델에서 single cell real time RT-PCR 방법을 이용한 시상하부 세포의 전압의존성 K채널의 발현 변화양상 조사
	Single-cell transcriptomics 기반 치과 통증질환 제어기술 개발
면역학	신개념의 신약 스크린 기술

---

20) 단일세포 시퀀싱 분석 기술, NRF R&D Brief, 2020.12.14

	면역학과 암 연구에 적용한 다중 단일 세포 프로테오믹스를 위한 마이크로칩 플랫폼
	췌장암 마커 검출을 위한 혈액 세포 다중 분석 시스템 개발
	약물 연구 및 개발을 위한 단일세포 분석도구
조직학	오믹스 데이터 통합 분석을 통한 인트론 내재 기능서열 및 질병 연관 변이 동정연구
	단일 세포 전사체 기반 폐암 전이-치료예측 기술개발
	단일 세포 전사체 기반 유방암 subtype 재정립 및 조기진단 subtype-specific 바이오마커 발굴
줄기세포	가임력 증진을 위한 원시난포활성화 기전 연구
	단일 세포 전장전사체 서열 분석을 통한 연골조직으로의 줄기세포분화 최적화 배양 조건에 관한 연구
응용기술	단일세포 수준의 다중오믹스 분석 응용
	단일세포 수준의 공간 네트워크 분석 기술

[표 3] 단일세포 시퀀싱 분석 기술 관련 연구 현황

나) 차세대 염기서열 분석[21]

DNA의 염기서열에는 개인의 형질 및 질병과 관련된 유전적 정보가 저장되어 있으며 이를 분석하는 것은 생물학적 현상 및 질병의 발생 기전을 이해하고 진단 및 치료에 활용하는 데 중요하다. 염기서열을 분석하는 데에는 1970년대 Sanger에 의해 개발된 직접염기서열분석 방식이 전통적으로 널리 쓰였고 이는 DNA 복제효소(polymerase)가 DNA를 합성하는 과정에서 DNA 가닥을 계속 합성되도록 하는 디옥시뉴클레오티드(deoxynucleotide, dNTP)와 DNA 가닥이 합성 도중 중단되도록 하는 디디오식뉴클레오티드(dideoxynucleotide, ddNTP)를 적절한 비율로 섞어주어 무작위적으로 다양한 길이의 DNA 합성 조각(fragment)들이 만들어지도록 하여 이를 전기영동(electrophoresis)으로 조각의 크기를 구분하는 방식이다. 근대식 장비는 ddNTP 염기에 형광을 붙여 미세관에 전기영동(capillary electrophoresis)을 하여 레이저로 검출하는 기능을 갖추어 더욱 정교하고 정확한 염기서열 분석이 가능하게 하였다.

---

21) Next Generation Sequencing 기반 유전자 검사의 이해(심화), 식품의약품안전평가원

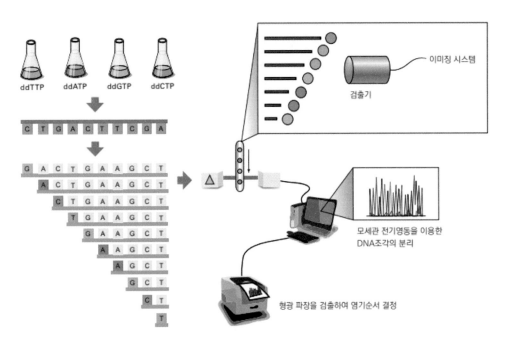

[그림 14] 직접염기서열분석법의 원리

 이러한 직접염기서열분석 방식은 수십년 동안 염기서열의 표준 방식으로 이용되었으며, 1990년 초에 시작하여 2000년 초에 완성된 인간 게놈 프로젝트(Human genome project)에 사용되기도 하였다. 그러나 이 방식은 분석하고자 하는 부위를 PCR 증폭해야 하기 때문에 여러 타겟을 분석할 경우 많은 시간과 노력 및 비용이 소요되어 효율이 낮은 문제점이 있었다. 이러한 단점을 극복하고자 차세대 염기서열분석(Next generation sequencing; NGS) 법이 개발되었으며 이것은 DNA 가닥을 각각 하나씩 분석하는 방식으로 기존의 직접 염기서열분석법에 비해 매우 빠르고 저렴하게 염기서열 분석이 가능하다는 장점을 가지고 있다.

3) 차세대 염기서열 분석(NGS) 기술[22]

　기존의 직접염기서열분석법(direct sequencing)은 분석하고자 하는 부위를 PCR 증폭해야 하기 때문에 여러 타겟을 분석할 경우 많은 시간과 노력 및 비용이 소요되어 효율성이 낮은 문제점이 있었다. 이러한 단점을 극복하고자 차세대 염기서열분석(next generation sequencing; NGS) 법이 개발되었으며 이것은 DNA가닥을 각각 하나씩 분석하는 방식으로 기존의 직접 염기서열분석법에 비해 매우 빠르고 저렴하게 염기서열이 가능하다는 장점을 가지고 있다.

　NGS는 DNA를 일정한 조각(fragment)으로 분절화시키고 장비가 인식할 수 있는 특정 염기서열을 가진 올리고뉴클레오티드(oligonucleotide)를 붙여주는 라이브러리(library) 제작, 각 라이브러리 DNA 가닥의 염기서열을 장비에서 읽는 단계, 그리고 장비에서 생성된 데이터를 가공하여 알고리즘으로 분석하는 단계로 구성된다.

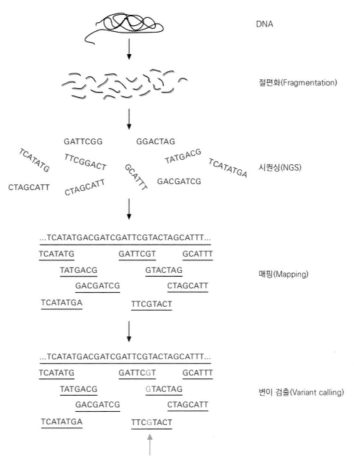

[그림 15] NGS의 개념 및 단계

---

22) Next Generation Sequencing 기반 유전자 검사의 이해(입문), 식품의약품안전평가원

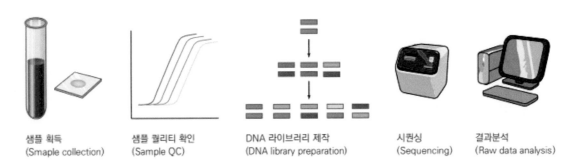

샘플 획득	샘플 퀄리티 확인	DNA 라이브러리 제작	시퀀싱	결과분석
(Smaple collection)	(Sample QC)	(DNA library preparation)	(Sequencing)	(Raw data analysis)

[그림 16] NGS 진행 과정(workflow)

가) NGS 전처리 과정

NGS 전처리 과정은 샘플 DNA 혹은 RNA가 NGS 장비에서 인식하여 염기서열분석을 할 수 있도록 가공하는 과정이다. NGS 장비가 인식하기 위해서는 보통 샘플 DNA 혹은 RNA를 적당한 크기로 자른 후 양 끝에 특정한 염기서열을 가진 올리고뉴클레오티드(oligonucleotide)를 붙여준다. 이렇게 만들어진 산물을 라이브러리(library)라고 부른다.

(1) 라이브러리 제작

라이브러리 제작은 분절화(fragmentation), 말단수리(end-repair), 3′-말단 아데닌 추가(A-tailing), 어댑터 부착(adapter ligation), 라이브러리 증폭(library amplification)으로 나누어진다. 샘플에서 추출된 핵산은 NGS 장비에서 분석 가능한 크기로 적절하게 절단시켜야 한다. 이것을 분절화(fragmentation)라 부르고 이은 물리적 또는 효소적인 방법으로 무작위로 절단을 일으킨다. 분절화가 끝난 핵산은 불완전한 말단을 수선해주고(end-repair) 3′-끝에 아데닌(adenine) 염기를 추가하여 어댑터 부착이 쉽게 만든다.

어댑터(Adapter)란 NGS 장비가 인식할 수 있는 고유한 염기서열을 가진 올리고뉴클레오티드로서, DNA에 어댑터를 붙여주는 작업은 보통 리게이즈(ligase) 효소를 이용한다. 어댑터가 붙은 라이브러리는 NGS 검사를 하기에 양이 충분하지 않기 때문에 PCR 증폭 과정을 거치고 마지막으로 예기치 않은 부산물 등을 제거하는 정제(clean-up) 과정을 거친다.

(2) 타겟 선별

만들어진 라이브러리를 추가 작업 없이 NGS 분석을 하여 모든 DNA의 데이터를 얻는 것을 whole genome sequencing(WGS)이라 하고, 모든 RNA의 정보를 분석하면 whole RNA sequencing이 된다. 원하는 유전자 부위만 보고자 한다면 분석하고자 하는 부분의 DNA 혹은 RNA를 선별해야 하며 이것을 타겟 선별(target enrichment)이라 하고 이렇게 NGS 분석을 하는 것을 타겟 패널 시퀀싱(targeted sequencing)이라 부른다.

타겟 선별은 PCR 프라이머(primer)로 증폭을 하는 앰플리콘(amplicon) 방법과 프로브(probe)를 이용하여 교합(hybridization)하는 캡쳐(capture) 방법으로 나뉜다.
PCR 앰플리콘 방식은 검사 소요시간이 더 짧고, 상대적으로 적은 양의 DNA를 필요로 하여 잘 디자인된 작은 수의 유전자 패널에 대한 검사에 유용하지만, 패널의 유전자 수가 많아지거나 엑솜 시퀀싱(exome sequencing)을 수행하는 경우에는 프로브방식이 유리하다.

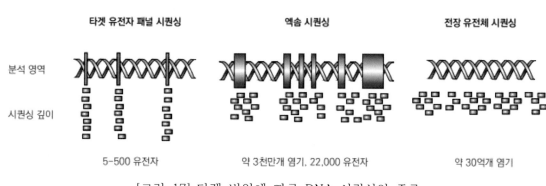

[그림 17] 타겟 범위에 따른 DNA 시퀀싱의 종류

① 전장 유전체 시퀀싱
유전체 전체를 분석하는 방법으로서 타겟 선별 단계가 필요 없으나 인트론(intron)을 포함한 광범위한 영역을 분석하므로 시퀀싱 비용은 크게 증가하며 상대적으로 각 영역별 시퀀싱 깊이(depth)는 낮아지기 때문에 분석정확도가 낮아진다. 대신 인트론과 비번역 부위(untranslated region)을 분석할 수 있기 때문에 구조적(structural) 변이나 유전자 발현 조절과 관련된(regulatory) 변이를 검출할 수 있는 장점이 있다.

② 엑솜 시퀀싱
인간의 유전자는 약 22,000개 이상이 존재하며 엑손(exon) 부위는 단백질을 직접 코딩하는 부위로 전체 유전체의 유전체의 1~2% 정도를 차지한다. 대부분의 질환 연관 돌연변이는 이 위치에 존재하므로 엑솜 시퀀싱으로 효과적으로 돌연변이를 검출할 수 있다. 엑솜 시퀀싱은 중간 정도의 시퀀싱 깊이를 얻을 수 있으며 전장 유전체 시퀀싱에 비하여 비용이 저렴하고 분석에 소요되는 시간이 줄어들어 효율적이다.

③ 타겟 패널 시퀀싱

타겟 패널 시퀀싱은 특정 질병이나 증상의 원인이 되는 유전자들로만 구성된 패널을 구성하여 검사하는 방법으로서 하나의 질환과 관련된 유전자가 여러 개인 경우 유용하다. 이 방법은 몇 개의 유전자를 선택적으로 검사하므로, 엑솜 시퀀싱이나 전장 유전체 시퀀싱에 비하여 높은 시퀀싱 깊이(depth)를 얻을 수 있어 정확도가 높고 비용이 저렴하기 때문에 현재 임상 검사로 가장 많이 사용되고 있다.

나) NGS 분석 알고리즘

① NGS 데이터 정도관리

NGS는 기술적 한계와 실험적 원인에 의한 다양한 오류(error)의 가능성이 있다. NGS 염기서열분석 결과에서는 추정 오류 확률을 수치로 나타내며 Phred 점수가 각 염기의 품질을 나타내는 지표로 활용되며 일반적으로 Q30 이상의 Phred 점수를 보이는 염기는 시퀀싱 품질이 우수하다고 판단하여 분석에 활용된다. 각 시퀀싱 리드(read)의 염기서열과 Phred 점수를 같이 표시한 것을 FASTQ 파일이라 부른다.

② 매핑

FASTQ 파일의 시퀀싱 리드(read)가 어떤 염색체에 어느 위치에 있는 DNA 인지에 대한 정보를 표준 유전체(reference genome)에서 위치를 찾아주는 작업을 매핑(mapping)이라 부르며 현재 BWA 라는 프로그램이 가장 널리 이용된다. 매핑이 완료되면 각 시퀀싱 리드 별로 표준유전체에서의 염색체 번호 및 위치가 기록되는데 이것을 BAM(binary alignment map) 파일이라 부른다.

③ 변이 검출

BAM 파일의 각 시퀀싱 리드를 분석하여 특정 위치에서 표준 유전체 서열과 다른 변이(variation)가 있는지 찾아내는 작업을 변이 검출(variant calling)이라 부른다. 이것은 여러 개의 시퀀싱 리드를 종합하여 확률적으로 판단하여 에러를 배제하고 진양성(true positive) 변이를 추정하는 통계적 알고리즘들이 이용되며 미국 Broad 연구소에서 개발한 GATK 프로그램이 가장 널리 사용된다. 검출된 변이는 variant call format(VCF) 형식의 파일로 저장이 되며 이 파일에는 변이의 위치와 관찰된 변이의 종류 등이 기록된다.

유전 변이는 크게 생식세포(germ-line) 및 체세포(somatic) 변이로 나눌 수 있으며 생식세포 변이는 보통 아버지와 어머니에게서 각각 물려받은 2개의 유전자 중 하나

(이형접합자, heterozygote) 혹은 2개 모두(동형접합자, homozygote)에서 변이가 관찰될 수 있기 때문에 전체 시퀀싱 리드 중 약 50% 혹은 100%로 변이가 관찰된다. 반면 체세포 변이는 후천적으로 발생하는 것으로 일부 조직 혹은 일부 세포에서만 변이가 관찰되기 때문에 변이의 비율이 1% 미만에서 99% 이상까지 다양한 비율로 관찰될 수 있다.

④ 유전자 복제수

인간의 세포는 2개의 유전자를 가지고 있으므로 대부분의 유전자 복제수(gene copy)는 2개이지만 이러한 복제 수가 늘어나거나(중복, duplication) 줄어들(결손, deletion) 수 있으며 이것을 유전자 복제수 변화(copy number variation, CNV)라 부른다. NGS 데이터에서도 복제수 또는 구조적 변화를 검출하는 데에는 여러가지 원리의 알고리즘이 사용될 수 있다. 시퀀싱 리드의 깊이(depth of coverage)의 차이를 비교하여 중복 혹은 결손을 추정할 수 있다.

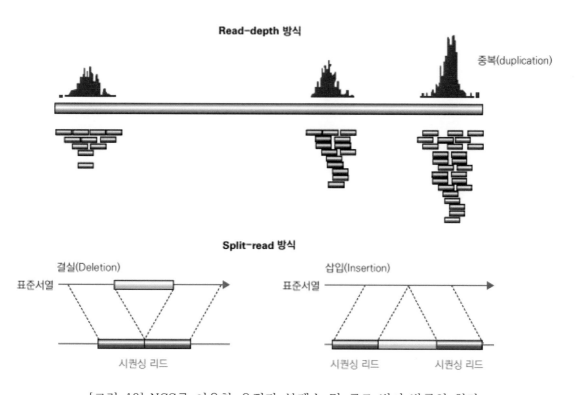

[그림 18] NGS를 이용한 유전자 복제수 및 구조 변이 발굴의 원리

⑤ NGS 분석 서버 및 프로그램

NGS 원데이터(raw data)는 용량이 큰 텍스트(text) 파일의 일종으로서 분석에 많은 시간이 소요되는 만큼 이것을 쪼개서 여러 개의 CPU 코어에 할당하여 나누어 분석하도록 하는 병렬 연산(parallel computing)을 한다. 일반 분석자가 이러한 고용량 컴퓨터를 구매하고 관리하는 것이 어렵기 때문에 클라우드 컴퓨팅(cloud computing)을

이용하여 리소스를 이용하는 것도 늘고 있다. NGS 분석 프로그램 중에는 무료로 공개된 오픈소스(open-source) 프로그램과 상업적 목적으로 개발하여 유료 프로그램이 있으며, 오픈소스 프로그램은 보통 명령어 형태로 되어 있는 경우가 많아 프로그래밍에 대한 지식이 필요하다. 상용화 프로그램은 그래픽 인터페이스(graphic user interface) 기반에 자동화되어 편리한 반면 최신 알고리즘에 대한 업데이트가 느리기 때문에 사용자가 원하는 사항을 모두 만족시키기 어려운 단점이 있다.

⑥ 유전체 데이터베이스 및 주석

 NGS에서 변이가 검출되면 이 변이가 어느 데이터베이스에 등재되어 있는 변이인지 등을 확인해야 한다. 이 과정을 컴퓨터 알고리즘으로 자동화하는 것이 필요하며 이것을 주석(annotation)이라 부른다. 데이터베이스에는 정상인의 변이 빈도를 기록한 것이 있고(예. ExAC, gnomAD 등), 질환과 관련되어서 생식세포 돌연변이 위주로 구성된 데이터베이스(ClinVar, HGMD, LOVD 등)와 암 돌연변이 위주의 데이터베이스(COSMIC, TCGA, ICGC 등)가 있다.

⑦ 컴퓨터 시뮬레이션 알고리즘

 염기서열의 변화가 단백질의 구조나 기능에 어떤 영향을 줄 것인지를 컴퓨터 시뮬레이션(in silico) 알고리즘으로 예측해볼 수 있다. 그러나 이러한 알고리즘의 정확도와 특이도는 대략 60~80% 정도 되기 때문에 이 예측만을 가지고 변이의 분류에 사용하거나 임상적 결정을 내리는 것은 지양해야 한다.

⑧ 데이터 시각화

 NGS 데이터를 눈으로 직접 확인이 가능하게 해주는 프로그램들이 있으며, 미국 Broad 연구소에서 개발한 Integrated Genome Viewer(IGV) 프로그램이 많이 사용된다.

4) 기타
가) 초고속유전자염기서열분석[23]

초고속유전자염기서열분석(NGS, Next Generation Sequencing, High-throughput sequencing)은 A(아데닌), T(티민), C(시토신), G(구아닌)로 구성된 DNA 염기를 빠르게 판독하고 서열화하여 분석하는 기술로 하나의 유전체를 작은 조각으로 나누어 정보를 읽은 후, 얻어진 염기서열 조각을 조립하여 전체 유전체의 서열을 분석하는 방법이다.

개인의 유전특성을 확인하여 질병 예방과 치료에 NGS 기술을 기반으로 쓸 수 있는데, 예를 들면 단일염기다형성(SNP, Single Nucleotide Polymorphism)의 탐색, 후성유전학적인 DNA 메틸화(Methylation) 확인, 종양지표유전자 검사, 특정유전자에 대한 변이로서 삽입, 결실, 구조 변이 등이 있다. 2005년 차세대염기서열분석 기술이 처음 소개된 이후 다양한 분석 원리를 기반으로 하는 NGS 장비가 개발되었고, 2013년 미국 FDA에서 일루미나사(Illumina)의 MiSeqDx가 최초의 의료용 NGS 장비로 승인받은 이후 NGS 기술은 가장 혁신적인 유전자검사용 기술로 활용되고 있다.

본 기술은 인간 게놈(Genome) 데이터를 기반으로 하는 정밀의료(Precision Medicine)에 활용이 높아 기업과 병원, 보험회사, 국가 등 다양한 곳에서 유전체 DB 구축을 추진하고 있으며, 의료의 패러다임이 치료에서 예방으로 변화하고 있기 때문에, 중요도가 커질 것으로 보인다. 현재 상용화되어 있는 NGS 분석 장비의 기본 원리는 서로 비슷하지만, 사용하는 화학 반응이나 염기서열 검출 원리 등 세부 기술에 따라 고유의 특성 및 장단점을 가지고 있으며 전세계적으로 가장 널리 사용되는 것은 일루미나의 플랫폼으로, 공공데이터베이스인 Genebank에 등록된 염기서열의 90%가 이를 이용해 분석된 것이다.

3세대 염기서열분석인 Next NGS는 시퀀싱 전의 PCR 증폭 과정을 생략하고 DNA 단일분자를 그대로 시퀀싱할 수 있는 기술이다. 이전의 NGS는 증폭과정 중 중합효소에 의한 에러(단일 가닥 염기서열을 모두 분석하기 때문에 발생) 등을 모두 검출하므로, 이를 보정하고자 동일한 샘플을 반복적으로 분석하여 오차를 줄이는 추가적인 분석이 필요한 것과 달리 DNA 증폭 단계를 생략함으로써 오류를 방지하고 비용 및 시간 절감 효과를 얻을 수 있다. 또한 Next NGS에는 Programmable-Real-Time Targeted Sequencing 개념이 도입되었는데, 이는 전처리 과정 없이 특정 유전체 중 원하는 부분을 실시간으로 분석할 수 있는 기법이며 원하는 유전자 서열을 실시간으로 비교하여 분석할 수 있다.

---

23) 천랩, 한국IR협의회, 2020.04.09

2014년 일루미나는 기존 Hiseq 제품을 개선하여 인간유전체 분석에 최적화 된 HiseqX10을 개발하였고, 이는 인간 게놈 분석 비용을 1,000달러까지 낮추는데 기여하였으며 2024년에는 분석비용이 100달러 수준으로 떨어질 것으로 전망되고 있으며, 이에 따라 NGS 서비스 이용자와 시장규모가 커질 것으로 보인다. 이에 따라 유전체 분석전문기업은 　　생물정보학(Bioinfomatics)서비스를 　　아웃소싱하거나 　　새로운 In-House(자체분석) 역량을 갖춤으로써 염기서열분석과 정보의 처리 및 해석을 함께 제공하는 전략을 취할 것으로 전망된다.

　　정밀의학, 맞춤의학 시대가 다가오는 것을 대비하여 NGS 분석장비 업체들이 인공지능 등 첨단 기술과 융합을 위해 협업을 계획 중이며 동사는 Illumina HiSeq/MiSeq 와 Roche GS-FLX/Junior 및 Ion Torrent PGM 등의 장비를 구비하고 독자 개발한 전용프로그램 CLcommunity software와 데이터베이스 그리고 분석 파이프라인을 이용하여 장내 미생물 유전체 분석을 수행하고 있다.

다. 마이크로바이옴 시장 동향[24)25)]

1) 국내·외 시장 동향

가) 해외 동향

글로벌 마이크로바이옴 시장은 2022년 1001억 달러에서 2026년까지 5년간 연평균 7.6% 성장하여 1,352.5억 달러(약 176조 원)가 될 것으로 전망된다.

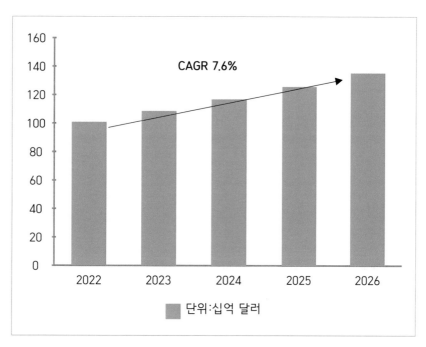

[그림 20] 글로벌 마이크로바이옴 시장 전망

마이크로바이옴 시장은 주요 기술, 활용 산업 등으로 구분된다. 마이크로바이옴의 시장 내 주요 기술에는 프로바이오틱스(Probiotics), 프리바이오틱스(Prebiotics), 표적 항균제(Targeted Antimicorbials)가 있다.

프로바이오틱스는 적당한 양 섭취 시 인체에 도움을 주는 살아있는 세균을 총칭하는 말로, 쉽게 말해 유익균이다. 대표적으로 락토바실러스균, 비피더스균, 엔터로콕쿠스 균이 있다. 미국 시장조사업체 MarketandMarket에 따르면 세계 프로바이오틱스 시장규모는 2021년 614억 달러에서 연평균 8.3% 성장하여 2026년에는 915억 달러 규모가 될 것으로 전망된다. 세계 프로바이오틱스의 시장은 사용 목적에 따라 크게 기능성 식음료, 식이 보충제, 동물사료, 화장품 시장으로 분류된다. 2021년 기준 기능성 식음료 시장규모는 497억 달러로 가장 큰 시장을 형성하고 있으 며, 식이보충제 시장

---

24) 마이크로바이옴이 몰고 올 혁명, 삼정 KPMG, 2020.01
25) 한국과학기술정보연구원 ASTI MARKET INSIGHT 2022-053

규모는 66억 달러, 동물사료용 시장규모는 44억 달러, 화장품 시장규모는 2억 7,520만 달러로 분석되었다.

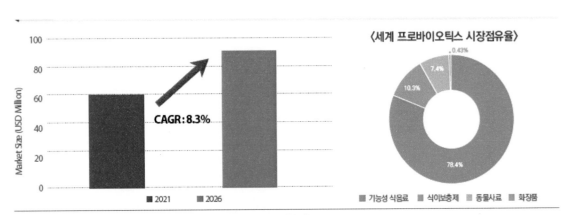

출처 : PROBIOTICS MARKET GLOBAL FORECAST TO 2026, MarketsandMarkets, (2021)
PROBIOTICS FOOD&COSMETICS MARKET GLOBAL FORECAST TO 2026, MarketsandMarkets, (2021), KISTI 재가공

[그림 21] 세계 프로바이오틱스 시장규모 및 전망

세계 프로바이오틱스의 시장은 아시아-태평양, 유럽, 북미지역을 중심으로 형성되어 있다. 가장 큰 시장은 아시아-태평양 지역으로 2021년 281억 달러에서 연평균 9.8% 성장하여 2026년 448억 달러 규모가 될 것으로 전망된다. 해당 지역에서는 중국과 일본이 가장 큰 시장을 형성하고 있으며, 호주와 뉴질랜드는 가장 빠르게 성장하는 시장이다. 한국은 아시아-태평양 지역에서 세 번째로 큰 시장규모를 가지고 있으며, 2021년 43억 달러에서 연평균 13.2% 성장하여 2026년에는 80억 달러 규모가 될 것으로 전망된다. 이외에 동남아시아, 인도 등의 개발도상국들도 인구증가와 건강 및 웰빙트렌드의 확산으로 시장이 가파르게 성장할 것으로 예상된다.

유럽지역은 2021년 기준 135억 달러의 시장규모로 두 번째로 큰 시장을 형성하고 있다. 세계적인 식품용 종균을 판매하는 기업은 대부분 유럽에 집중되어 있으며, 식료품점, 슈퍼마켓, 약국 및 건강식품 매장에서 쉽게 프로바이오틱스 제품을 접할 수 있다.

유럽 식품시장의 중심 화두로 부상한 건강 추구 트렌드는 지속될 전망이며, 면역력에 좋은 프로바이오틱스는 계속해서 주목받을 것으로 예상된다. 북미지역은 세 번째로 큰 시장을 형성하고 있으며, 미국의 시장규모는 2021년 기준 90억 달러로 북미지역 시장 대부분을 점유하고 있다. 미국은 건강에 대한 관심의 증가와 프로바이오틱스 이점에 대한 인식의 향상으로 프로바이오틱스 식이보충제의 판매가 증가하고 있다. 프로바이오틱스 시장의 주요 국가로는 중국, 미국, 일본, 러시아, 한국, 브라질 등이 있다. 상위 6개국은 2021년 기준 전체시장의 65.7%의 높은 점유율을 가지고 있다. 중국, 미국, 일본이 전체시장의 45%를 점유하고 있으며, 러시아, 한국, 브라질 순으로 시장을 형성하고 있다.

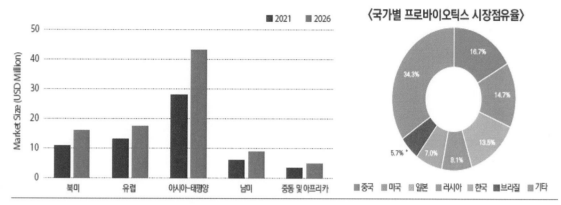

[그림 22] 세계 프로바이오틱스 지역 및 국가별 시장규모 및 전망

프리바이오틱스는 프로바이오틱스의 영양분으로서 장내 환경 개선에 도움을 주는 것을 의미한다. 프리바이오틱스는 대부분 식이섬유 형태나 올리고당류의 탄수화물로 이루어져있으며, 대표적으로 이눌린이 있다. 이와 관련, 2021년 19억 3,000만 달러 규모를 형성한 글로벌 프리바이오틱 원료 시장이 연평균 6.1% 성장을 거듭해 오는 2026년이면 25억 9,650만 달러 볼륨에 도달할 수 있을 것으로 전망된다.

표적 항균제는 항미생물제라고도 한다. 이는 미생물의 성장과 생존을 억제할 수 있는 천연·합성 화합물로, 유익균에 해가 되지 않으면서 명확하게 병원성 미생물만 목표로 삼는 기술이 핵심이다. 표적 항균제 시장은 2021년 77.8억 달러에서 2025년 119.2억 달러로 연평균 11.2%에 달하는 성장이 전망된다.

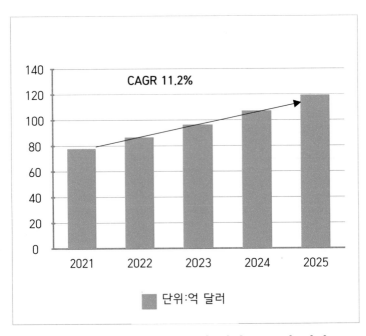

[그림 24] 세계 표적 항균제 시장규모 및 전망

마이크로바이옴 기술은 다양한 산업에서 응용이 확장되고 있으며, 그 중 프로바이오틱스와 프리바이오틱스가 높은 매출 잠재력을 가진 것으로 분석된다.

나) 국내 동향[26][27]

2022년 기준 대한민국 마이크로바이옴 시장 규모는 아직 정확한 수치가 발표되지 않았지만, 미래창조과학부 바이오산업 보고서에 따르면 2020년 국내 마이크로바이옴 시장규모는 약 1,200억 원으로 추정되고 있다. 연평균 약 23% 성장률로 2025년 시장 규모는 3,376억 원 으로 예상된다. 이는 다양한 분야에서 마이크로바이옴 연구와 제품 개발이 이루어지고 있으며, 건강기능식품, 의약품, 화장품, 동물용 의약품 등 다양한 산업 분야에서 응용 가능성이 높은 기술로 평가되고 있기 때문이다. 국내 마이크로바이옴 시장에서는 건강기능식품과 의약품 분야가 가장 큰 비중을 차지하고 있으며, 미래에는 화장품과 농업 분야에서도 더욱 활발한 성장이 예상된다.

정부는 마이크로 바이옴을 미래유망기술로 선정하고 각 부처에서 총 242억 원 규모로 투자를 진행한다. 한국은 이미 2011년부터 EU 주도의 국제 인간마이크로바이옴 컨소시엄(IHMC, International Human Microbiome Consortium) 에 동참하고 있다. 2017년 과학기술정보통신부의 제3차 생명공학육성기본계획(바이오경제 혁진전략 2025)에서 마이크로바이옴을 미래유망기술 분야로 선정하였으며, 9개 부처가 합동으

---

26) 식의약 R&D 이슈 보고서 2022.07
27) 과기정통부, 제36회 생명공학종합정책심의회 개최|작성자 국무조정실 규제혁신

로 국가 차원의 추진방향을 정립하고 발전기반을 마련하기 위해 국가 마이크로바이옴 혁신전략을 수립하였다.

 농림축산식품부는 마이크로바이옴 자원센터 구축을 추진해 실물 자원의 수집, 보존, 분석을 통해 데이터 기반 융복합 기술 개발에 활용할 수 있도록 지원할 계획이다. 2021년 8월 착공을 시작한 마이크로바이옴 자원센터는 실물 자원의 수집, 보존뿐 아니라 미생물 군집의 유전체 정보를 분석하여 데이터기반 융복합 기술 개발 등에 활용할 수 있도록 지원하는 전문 기관으로 '23년 상반기 완공하여 하반기부터 운영할 계획이다. 센터 내에는 미생물 유전체 등 분석 장비 및 초저온 보존시설, 동물실험실 등 연구 설비와 함께 기업·연구소 등이 입주할 수 있는 공간과 회의실, 전시·홍보실 등이 구축될 예정이다. 또한 '23년까지 토양·식물, 동물 분변, 식품 등에서 3,500점 이상의 미생물 시료를 수집하고 유전체 및 특성 정보를 분석해 마이크로바이옴 기초 데이터베이스를 구축하고 이후 매년 1천 점 이상 확대해 나갈 계획이다. 센터 건립 이후 이러한 자원 및 데이터를 바탕으로 유용한 기능을 지닌 미생물을 발굴해 산업계에 분양하고, 데이터 공유 및 분석 도구 제공, 데이터 활용 방법 교육 등을 통해 데이터 기반 마이크로바이옴 융복합 기술 개발을 지원할 계획이다.

▌조감도

[그림 25] 마이크로바이옴 자원센터 조감도

● Sample Information

Code	so1	Type	토양
제품명	황토 시료 1	지역	전라도

● Alpha-diversity

Target reads	OTUs	Shannon	Simpson	Phylogenetic diversity	Good's coverage of libraries (%)
70168	6691	7156.48	7.53	6864	98.27

Taxonomic composition (Krona)

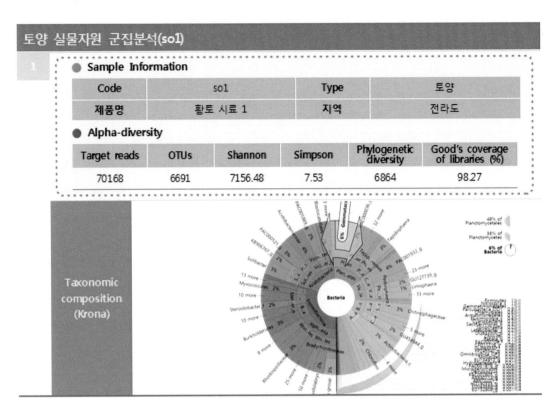

[그림 26] 마이크로바이옴 시료 군집 분석(DB) 예시

2) 산업별 시장 동향[28]

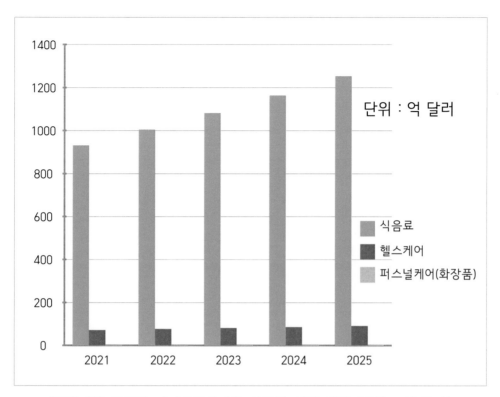

[그림 27] 글로벌 마이크로바이옴 산업별 시장 전망 (단위 : 억 달러)

가) 식음료

식음료 시장은 2021년 931억 달러로 가장 큰 시장 규모를 형성하고 있었으며, 연평균 7.7%의 성장률을 보이며 2025년에는 1,253억 달러 규모로 성장할 것으로 예상된다. 미국, 유럽을 중심으로 프로바이오틱스를 직접 생산하고 1차 가공하여 판매·유통하는 형태로 산업이 발전했다. 현재는 기능성 식음료, 식품보조제 등에 프로바이오틱스를 첨가한 제품을 위주로 식음료 시장이 형성되어 있지만 타 영역까지 확장하며 전체 시장을 견인할 것으로 전망된다.

BioGaia(스웨덴), Lifeway foods(미국), Probi(스웨덴), Nebraska Cultures(미국) Probiotics International(영국)과 같은 중소기업은 독자적 기술개발을 통해 유익 미생물 특허를 확보하고 프로바이오틱스 시장 진출을 시도하고 있다. (네슬레) 2011년 '네슬레건강과학연구소' 설립 후 건강과 질병 이해를 위한 기초연구 및 인체 장내 마이크로바이옴 정보 기반의 건강 기능 식품 개발 추진 중이다. (* `21년 기준 세계특허기관에 출원된 마이크로바이옴 관련 특허 중 가장 많은 출원을 기록한 기업이며, 균총 분석 및 보조식품 등에 대한 특허가 다수이다. 사업 범위를 헬스케어까지 확장

---

28) 식의약 R&D 이슈 보고서 2022.07

하여 '21년 7월에는 미국의 세레즈 테라퓨틱스의 마이크로바이옴 기반 재발성 감염증 (CDI) 치료제 후보물질인 'SER-109'의 미국 및 캐나다 상업화 권리를 매입했다.)

한국은 마이크로바이옴을 통해 장 케어 등을 위한 유산균음료, 주류 등의 다양한 제품을 출시했다. (국순당, 한국야쿠르트, 뉴라이프헬스케어)

나) 헬스케어

헬스케어 분야의 경우 2021년 70.3억 달러에서 2025년 90억 달러로 연평균 6.1%로 성장하면서 글로벌 제약사와 북미와 유럽의 바이오벤처들의 대규모 투자가 가장 활발히 이어지고 있다. 마이크로바이옴 기반 치료제 시장의 경우 2021년 3억 2,158만 달러 규모에서 2028년도 약 13억 3,882만 달러 규모로 증가하여 연평균 22.6%의 성장률을 나타낼 것으로 전망된다. 마이크로 바이옴 치료제 산업은 2010년 이후 급속히 발달되어 왔으며, 암, 비만, 제2당뇨, 궤양성 대장염, 크론병 등 치료제 개발이 주를 이루고 있다.

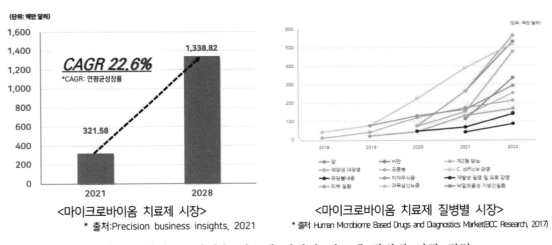

[그림 28] 마이크로바이옴 치료제 시장과 치료제 질병별 시장 전망

기업	치료영역	세부분야
AOBiome	피부(dermatology)	여드름(acne vulgaris)
Osel	비뇨생식계 및 성호르몬(genito urinary system and sex hormones)	요로감염(urinary tract infections)
OxThera	비뇨생식계 및 성호르몬(genito urinary system and sex hormones)	원발성 과옥살산뇨증(primary hyperoxaluria)
Rebiotix (Ferring Pharmaceuticals)	감염질환(infectious disease) / 위장(gastrointestinal)	C. difficile 감염(Clostridium difficile infections) / 감염성 설사(infections)
Seres Therapeutics	감염질환(infectious disease)	C. difficile 감염 (Clostridium difficile infections)

[표 4] 마이크로바이옴 치료제 시장 세부분야

 마이크로바이옴에 대한 이해와 깊이의 폭이 넓어지면서 이를 기반으로 치료제의 스펙트럼이 확장되는 추세이다. 현재 다수의 글로벌 기업들은 감염질환, 피부질환, 위장관질환, 암, 희귀질환, 신경질환, 대사질환 등에 관련 연구를 지속적으로 추진하고 있으며, 시장선점을 위한 제품군 영역을 확대하고 있다. 최근 제약사들은 오픈이노베이션 전략을 이용하고 스타트업과의 파트너십을 통해 마이크로바이옴 치료제를 개발 중이다. 이는 대형제약사에서 마이크로바이옴 치료제 분야의 신규 사업으로 영역을 확장하기보다, 자사의 제품에 타사의 기술을 활용해 보완 또는 개선을 하는 방식의 접근이 활발하게 이루어지고 있다.

<글로벌 주요기업 마이크로바이옴 활용 치료제 개발 현황>
* 출처: BCC Research, Frost&Sullivan, 한국바이오경제연구센터 재구성

[그림 29] 글로벌 주요기업 마이크로바이옴 활용 치료제 개발 현황

미국 uBiome사는 일반인을 대상으로 장내 마이크로바이옴 정보 기반 SmartGut(the first sequencing-based clinical microbiome screening test) 서비스를 시작하였다.

*분변 시료로부터 시퀀싱을 수행하여 배탈, 변비, 설사, 염증성 장 질환, 과민성 대장 증후군과 같은 일반적인 장 관계 증상들과 관련된 장내 미생물을 검출하며, 마이크로바이옴 다양성 등 다양한 지표에 대한 정보제공

국내는 스타트업을 중심으로 마이크로바이옴 관련 기술개발이 진행되고 있다.

- 제노포커스(GenoFocus)는 백신, 농약 균주, 의약용/산업용 맞춤형 효소의 개량 생산 전문기업으로 최근 균주개량을 통해 장에서 항산화효소를 분비 발현시키는 치료제를 개발 하였으며, 미국 FDA의 안전원료 인증을 받았다.

- 고바이오랩(KoBioLabs)은 자가면역질환, 대사질환, 신경질환, 신장질환을 타깃으로 하는 단일 균주로 구성된 치료제 후보물질을 개발 중이며 임상 준비 단계이다.

- 지놈앤컴퍼니(Genome&Company)는 2021년 586억 원 규모의 Series A 투자를 받았으 며 면역항암제 분야를 비롯해 폐암, 결장암, 위암, 유방암, 췌장암 치료제 후보물질을 개 발 중이다.

- 우리바이옴은 중증감염질환과 암, 기타질환을 적응증으로 마이크로바이옴을 통해 질병을 진단할 수 있는 qPCR분자진단키트(체외진단기기)를 개발 중이다.

또한, 마이크로바이옴 관련 연구에 관한 대기업의 적극적인 투자도 본격화되고 있다.

- CJ제일제당은 마이크로바이옴 앵커기업인 천랩을 인수하였으며, CJ바이오사이언스를 출범하여 마이크로바이옴 빅데이터 플랫폼으로서 분석·진단 서비스와 질병 치료 솔루션을 제공

- 종근당은 프로바이오틱스와 마이크로바이옴 관련 생산시설을 갖추는 데 285억 원을 투자했으며, 87개 연구개발 파이프라인을 가동해 혁신적인 신약 개발에 몰두 중

- 일동제약은 정신질환 치료제를 개발하기 위한 기초연구를 시작하고 신약개발을 위한 공동 연구소를 건립

다) 화장품

가장 빠른 성장률을 보이는 것은 화장품을 포함한 퍼스널케어로 고령화와 웰빙의 소비 트렌드와 맞물려 2022년 3.8억 달러에서 2025년 6.7억달러로 연평균 19.6% 성장이 예상된다. 마이크로바이옴은 노화방지, 피부 및 모발관리 등에 도움이 되어 많은 신규 화장품 회사나 기존의 대형 화장품 회사의 신제품 개발에 적극 활용되고 있다. 또한, Frost & Sullivan에 따르면 마이크로바이옴 기반 퍼스널케어 시장(피부와 모발, 두피 관리 시장으로 구성)의 규모는 2022년 3억 7385만 달러에서 연평균 20.1%로 성장해 2025년 6억 7,488만 달러에 이를 것으로 예상된다.[29]

마이크로바이옴이 차세대 유망한 스킨케어 화장품 소재로 주목받으면서 뷰티업계는 스킨케어뿐만 아니라 헤어케어와 바디케어등 전 분야에서 마이크로바이옴 연구기술을 활용한 신제품을 출시했다.

- (랑콤) 전 세계 연구센터와 함께 마이크로바이옴을 연구하고 있으며 '19년 6월 프랑스 파리에서 '스킨케어 심포지엄'을 개최하여 환경오염과 노화가 마이크로바이옴에 미치는 영향에 대한 연구 결과 등을 발표

*일본 와세대 대학교의 하토리 교수와의 협업에서 마이크로바이옴이 나이에 따라 변화한다는 것을 발견, 나이가 들수록 38개의 다른 박테리아 종이 발견되는 연구결과 발표

*홍콩시티대학(City Univ, of Hongkong)의 패트릭 리(Patrick Lee) 교수와의 협업을 통해 환경오염은 피부 노화를 가속하는 대표적인 요소이며, 환경오염이 심한 곳에 거주하게 되면 '큐티박테리움(Cutibacterium)' 박테리아가 줄어들고 바이크로바이옴이 변형될 수 있다는 것을 발견

[표 7] 국외 마이크로바이옴 화장품 시장

---

29) 피부 마이크로바이옴 기반 화장품 및 치료제 산업 동향, 한국바이오협회, 2020.11

- 국내에서는 마이크로바이옴을 활용한 노화 억제 화장품 다수 출시하였다.

- 프로바이오틱스와 관련된 제품이 증가하고 있으며, 국내 업체가 세계 최초로 마이크로바이옴 화장품 개발
· **(코스맥스)** 노화를 억제하는 마이크로바이옴 항노화 유익균을 세계 최초로 발견하여 국제학술지에 게재(2018, Nature Communication Biology), 해당 연구결과를 바탕으로 마이크로바이옴 화장품을 개발
  *'22년 3월 코스맥스는 실제 피부 환경 시스템을 모사한 새로운 배양법을 통해 '2세대 피부 마이크로바이옴'을 발견하고, 이를 활용한 제품 출시 예정

· **(다모생활건강)** 마이크로바이옴을 활용한 샴푸 개발을 통해 일반적인 샴푸에 기능성을 추가한 새로운 영역의 건강관리제품 출시
  *천연소재 물질 추출에 미생물을 이용하여 생체온도 36.5도에서 신속한 분배 배양이 가능하고, 분해과정에서 인터페론과 같은 생리활성대사물질이 만들어지는 과정을 통해 상피세포 손상이 최소화되는 마이크로바이옴 샴푸를 개발

- 이외에도 아모레퍼시픽, LG생활건강, 한국콜마, 리더스코스메틱 등 국내 기업에서 마이크로바이옴을 활용한 화장품 연구개발 및 출시가 활발
-
· **(아모레퍼시픽)** '10년 제주 유기농 녹차로부터 식물성 녹차 유산균주를 발견하는 연구 성과를 얻었으며, '20년 2월 자사의 기술연구원에 녹차유산균 연구센터를 신설하여 마이크로바이옴을 활용한 제품 개발을 지속할 예정
· **(LG생활건강)** 엘라스틴, 닥터그루트 등 기존 제품 라인에 기능성 마이크로바이옴을 추가해 혁신 제품으로서 출시했으며, 글로벌 시장에서의 경쟁력 제고를 위해 '22년 5월 일본 훗카이도에 마이크로바이옴 화장품 연구개발 센터 설립
· **(한국콜마)** '20년 8월 종합기술원에 바이옴 연구소를 신설해 관련 연구를 진행하고 있으며, 유산균 사균체에 리포좀 기술을 적용한 제품 출시
· **(리더스코스메틱)** 포스트바이오틱스의 배합을 통해 유익균의 대사산물로 체내 흡수율을 높이고 피부의 균형을 맞추는 기능성 화장품 출시

[표 8] 국내 마이크로바이옴 화장품 시장

④ 기타
공기정화기술은 좋은 공기에 대한 소비자의 니즈가 증가하면서 부상하고있는 분야로 프로바이오틱스를 이용한 친환경 기술이 주목을 받고 있다.

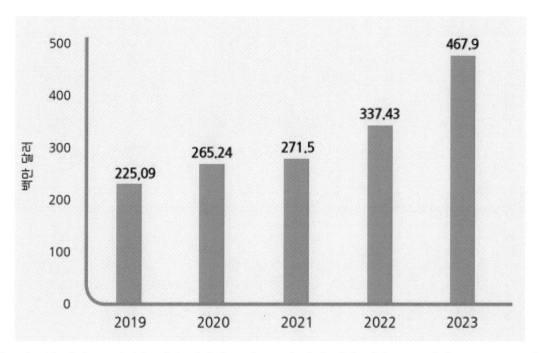

[그림 30] 마이크로바이옴 기반 피부와 모발, 두피 관리 세계 시장 규모 전망, 2019-2023년

한 예로서 독일 프리미엄 차량관리 브랜드 소낙스(SONAX)가 유산균으로 차량의 에어컨/히터 시스템을 깨끗하게 정화시키는 신개념 탈취제, '소낙스 프로바이오틱스 에어컨/히터 탈취제'를 국내 출시했다. 소낙스 프로바이오틱스 에어컨/히터 탈취제는 시중에 나와있는 기존 제품과 달리 화학적이 아닌 생물학적인 접근으로 인체에 미칠 수 있는 악영향을 최소화 한 기술로, 유산균(프로바이오틱스) 성분이 차량의 에어컨/히터 시스템에 서식하여 악취를 생성하는 곰팡이와 박테리아를 제거할 뿐만 아니라, 공기 중에 머무르는 미세먼지에 함유된 수 많은 유해 세균이 다시 생성하지 못하도록 억제한다. 자동차 에어컨/히터 시스템은 세균과 박테리아가 번식하기 쉬운 습한 공간으로 심한 경우 인체에 알레르기를 유발하여 운전자의 건강을 위협하기도 한다. 따라서 정기적으로 에어컨/히터 필터를 교체해줘야 할 뿐만 아니라, 유해 세균과 박테리아가 번식하지 않도록 꾸준한 관리가 필요하다. 30)

---

30) 소낙스 신제품 에어컨/히터 탈취제 출시…"프로바이오틱스로 공기도 건강하게" / 파이낸스 투데이

3) 지역별 시장 동향

지역별 시장 규모를 살펴보면, 북미 시장은 2021년 약 24억 달러에서 연평균 19%로 성장해 2028년까지 78억 달러로 전망된다. 북미 지역 시장은 세계에서 가장 큰 규모로 세계 시장을 지속적으로 리딩하고 있다. 소비자들이 건강한 라이프스타일에 대한 관심이 높아지면서 마이크로바이옴 제품 수요가 크게 증가하고 있기 때문이다. 또한 식품 및 음료 산업에서의 마이크로바이옴 활용이 확대되면서 이 시장의 성장세가 더욱 가속화 되고 있다.[31]

그 다음으로 유럽은 2021년 기준 약 14억 달러에 이르며 2028년까지 연 평균 19%의 성장률로 51억 달러까지 성장할 것으로 전망된다. 이 지역에서도 건강에 대한 관심이 높아지며 지속적으로 제품수요가 증가하고 있다. 유럽 지역에서는 식물성 기반 식품 제품군에서의 마이크로바이옴 활용이 더욱 확대될 것으로 보인다.[32]

아시아 지역 마이크로바이옴 시장 규모는 2021년 기준으로 약 6억 달러에 이르며, 2028년까지 연평균 약 19%의 성장률로 24억 달러까지 성장할 것으로 예측되고 있다. 특히, 일부 아시아 국가에서는 마이크로바이옴 제품에 대한 관심이 높아지면서 해당 시장이 큰 폭으로 성장하고 있다.[33]

---

31) "North America Microbiome Market by Product (Consumables, Instruments, Sequencing & Services), Application (Therapeutic, Diagnostic), Disease (Infectious Disease, Cancer), Technology (Sequencing, Microbial Culturing), Country - Forecast to 2028"
32) Mordor Intelligence, "Europe Microbiome Market - Growth, Trends, COVID-19 Impact, and Forecasts (2021 - 2026)"
33) "Asia-Pacific Microbiome Market Forecast to 2027 - COVID-19 Impact and Regional Analysis by Product ; Application ; Type ; Disease ; Research Type, and Country"

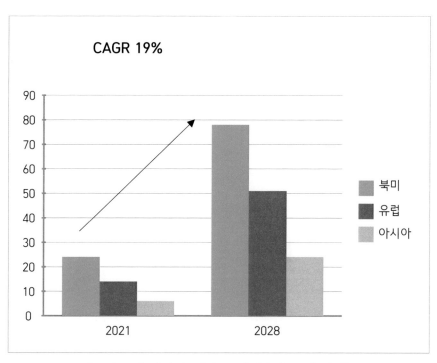

[그림 32] 지역별 시장 동향 (단위 : 억 달러)

4) 마이크로바이옴 시퀀싱 시장 동향[34]

마이크로바이옴은 특정 환경에 존재하는 모든 미생물들의 총합으로 정의되며, 마이크로바이옴 시퀀싱(sequencing, 염기서열분석)은 이러한 미생물 군집의 DNA 염기서열을 분석하는 것을 의미한다.

2000년대 이후 차세대 염기서열 분석기법(NGS; Next-Generation Sequencing)을 통해 메타게놈(metagenome)[35]을 연구하는 메타게노믹스(metagenomics)가 가능해졌다. 이를 통해, 각 미생물을 분리 배양해서 파악하는 것이 아니라 유전자 수준에서 미생물 군집을 분석할 수 있게 되면서 마이크로바이옴 시퀀싱이 가능해졌다.

마이크로바이옴 치료에 대한 관심 증가, 국가적 차원의 노력 증가, 마이크로바이옴 연구에 대한 많은 자금 지원 및 조기 질병 진단을 위한 연구 프로그램 증가로 인해 마이크로바이옴 시퀀싱 시장이 성장하고 있다. 최근에는 COVID-19 치료를 위한 임상시험에서 마이크로바이옴 시퀀싱 기술이 사용되고 있다.

BCC Research에 따르면 마이크로바이옴 시퀀싱 시장규모는 2021년 8억 5,940만 달러 규모로 집계되었고 2031년도에는 34억 1,709만 달러 규모에 이를 것으로 예상된다. 2022년부터 2031년까지 연평균 14.8% 성장할 것으로 예상된다.

마이크로바이옴 시퀀싱 시장(8억 8,500만 달러)을 지역별로 나누어 보면, 북미가 3억 7천만 달러(41.8%)로 가장 높은 시장 점유율을 차지하고 있고 유럽과 아시아·태평양이 각각 2억 1,900만 달러(24.7%), 1억 8,300만 달러(20.6%)를 차지하고 있어 3개 지역이 전체 세계시장의 7억 7,200만 달러(87.1%)를 차지한다.

---

34) 마이크로바이옴 시퀀싱 (Microbiome Sequencing) 산업 현황, 한국바이오경제연구센터, 2017.06
35) 미국의 Handelsman 박사가 처음 사용한 용어로 '환경 시료에 존재하는 모든 유전체의 집합'을 일컬음

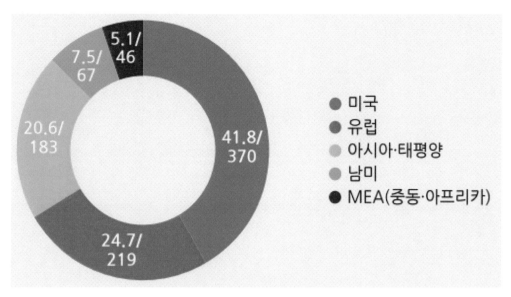

[그림 33] 마이크로바이옴 시퀀싱 지역별 시장점유율/시장가치
(단위: %/ 백만 달러(USD))

마이크로바이옴 시퀀싱(Microbiome Sequencing) 시장의 사용자는 학술연구기관, 바이오·제약회사, CRO, 그 외(식품·음료)부분으로 구성된다.

사용자(End User)	2017	2018	2023	CAGR(%) 2018-2023
학술연구기관 (Academic centers and research institutes)	287	336	769	18
바이오·제약 회사 Pharmaceutical and biotechnology	234	276	653	18.8
CRO (Contract Research Organizations)	166	195	455	18.5
그 외(식품·음료)	68	78	163	15.9
총	755	885	2,040	18.2

[표 9] BIO 한국관 참가기업/기관 품목 (단위: 백만 달러(USD))

가) 학술연구기관

학술연구센터와 연구기관은 마이크로바이옴 기술의 성장에 적극적으로 기여하고 있다. 마이크로바이옴을 연구하는 대표 연구기관 중 하나는 1989년에 설립된 National Human Genome Research Institute(NHGRI, NIH의 일부)다. 이 기관은 인간 유전체의 30억개 DNA 염기쌍의 분석을 목적으로 Human Genome Project를 수행했고 2003년 4월에 완수했다.

기관명	위치
The University of Chicago	Chicago, Ill. U.S.
The American Microbiome Institute	Mass. U.S.
Baylor College of Medicine	Texas. U.S.
Janssen Human Microbiome Institute	Mass. U.S.
Stanford University	Calif. U.S.
J. Craig Venter Insitute	Calif. U.S.
Lawson Health Research Insitute	Ontario, Canada
Karolinska Institute	Sweden, Europe
European Bioinformatics Institute(EMB-EBI)	Cambridgeshire, UK
APC Microbiome Institute	Cork, Ireland
TNO (Netherlands Organization for Applied Scientific Research)	The Hague, Netherlands
Radboud University	Nijmegen, Netherlands
The University of Sydney	New South Wales, Australia
St. George & Sutherland Medical Research Foundation	New South Wales, Australia
Chinese University of Hong Kong	Hong Kong, China
CSIR-Institute of Microbial Technology(ImTech)	Chandigarh, India
Pondicherry University	Puducherry, India

[표 10] 마이크로바이옴 사용자(End User)별 글로벌 시장

나) 바이오·제약회사 마이크로바이옴 프로젝트 파트너십

마이크로바이옴 기업과 제약사 간의 마이크로바이옴 시퀀싱에 대한 파트너십이 마이크로바이옴 시퀀싱 시장에 영향을 주고 있다.

연도	회사1	회사2	파트너십 설명
2018년 6월	Genentech Inc.	Microbiotica Ltd.	Genentech Inc.와 Microbiotica Ltd는 IBD를 위한 미생물 기반 치료법 및 바이오 마커를 발견, 개발 및 상업화하기 위해 협력. 파트너십 하에, Microbiota는 Genentech의 IBD 치료 후보자 임상 시험의 환자 샘플을 분석
2018년 5월	Lodo Therapeutics Corporation	Genentech Inc.	Genentech Inc. 와 Lodo Therapeutics Inc. 는 독점적인 게놈 마이닝 및 생합성 클러스터 어셈블리 플랫폼을 사용하여 파트너십 구축. Genentech Inc.는 암 치료 및 약물 내성 치료에 잠재적 치료법으로 새로운 화합물을 확인할 수 있게 됨
2017년 7월	Nestle Health Science	Enterome SA	Nestle Health Sciences는 Enterome SA 와 협력하여 마이크로바이옴 기반 진단법을 개발하고 상품화함. 이 제휴는 간 질환 및 IBD와 같은 광범위한 건강 문제에 대한 치료 방법 변형을 목표로 함. Enterome SA사와 공동개발한 Microbiome Diagnostics Partners(MDP)사는 손상된 점막을 진단하고 관리하는 장내 미생물 기반 바이오 마커 'IBD 110'과 비알코올성 지방간염(NASH)의 생체지표인자들을 진단하는 'MET210' 바이오 마커를 보유하고 있음
2016년 2월	AbbVie Inc.	Synlogic Inc.	Synlogic Inc.는 IBD를 위한 새로운 치료법을 개발하기 위해 AbbVie Inc.와 파트너십을 체결함. 이 협약은 IBD와 관련하여 생물학적 후보 물질을 설계하기 위해 체결. 이를 통해 AbbVie Inc.는 궤양성대장염(Ulcerative Colitis)과 크론병(Crohn's disease)을 대상으로 하는 환자의 미생물로 만들어진 경구용 약물을 개발할 수 있게 됨
2014년 5월	Second Genome	Pfizer	Second Genome 은 Pfizer Inc. 와 파트너십을 맺어 신진 대사 및 비만 질환에 대한 새로운 통찰력을 얻기 위한 관찰 연구에서 광범위한 미생물 연구를 수행 했음.

[표 11] 바이오텍 및 제약회사의 마이크로바이옴 프로젝트 파트너십 주요 사례

다) CRO

마이크로바이옴 시퀀싱 CRO 시장 현황을 살펴보면, 2021년 3억 2,300만 달러 규모로 집계된 마이크로바이오 시퀀싱 시장규모는 2027년도에는 8억 8,800만 달러 규모에 이를 것으로 예상된다.

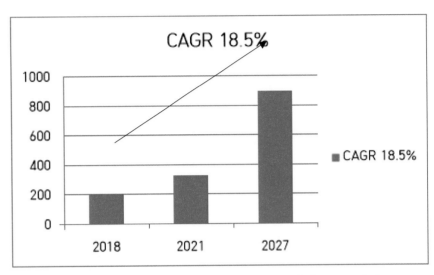

[그림 34] 마이크로바이옴 시퀀싱 CRO 시장 규모 전망
(단위 : 백만 달러(US)

라) 그 외(식품·음료 회사)

식품·음료 회사는 장내 마이크로바이옴의 균형을 유지하고 보조제를 통해 면역계를 개선했다. 대표적으로 Microbiome Therapeutics, LLC는 2018년 4월 임상을 마친 보조식품 BiomeBliss를 출시했다. 이 제품은 건강한 위장관(GI) 마이크로바이옴 형성을 도와주는 것으로 나타났다.

라. 마이크로바이옴 기술 동향

먼저 마이크로바이옴 연구 동향을 살펴보자면, 다양한 컨소시엄을 통해 크고 작은
마이크로바이옴 프로젝트가 전 세계적으로 진행되었다.[36]

국가	프로젝트&컨소시엄	연도(규모)	목적
미국	Human Microbiome Project -Phase I (HMP1)	2007-2013	• 참조 유전체 서열 데이터베이스 구축 (portal.hmpdacc.org) • 연구 방법론 개발 및 공개
	Integrative Human Microbiome Project (iHMP)	2014-2016	• 코호트 연구를 중심으로 메타데이터, 오믹스 데이터베이스 구축
	American Gut Project(AGP)	2012-	• 개인이 키트(BBL, $99)를 구매해 검체 채취 후 우편으로 연구소로 배달하는 최대 규모의 시민 참여 연구 • BGP와 함께 The Microsetta Initiative에 포함
	National Microbiome Initiative(NMI)	2016-	• 다양한 생태계의 미생물 유전체 지도 작성과 미생물이 인체에 미치는 영향 연구
	MicroBiome Quality Control (MBQC) project	2013-	• 16개 팀의 주도로 검체 수집과 분석에 관한 표준 프로토콜 수립
유럽·중국	METAgenomics of the Human Intestinal Tract (METAHIT)	2008-2012	• 8개국 15개 연구기관 참여, 330만 개 의 세균 유전자 카탈로그 제작, 3가지 인체 장유형(enterotype) 정립 • 염증성 장질환(IBD)과 비만 연구
유럽 (Horizon 2020)	MyNewGu	2013-2017	• 장내 마이크로바이옴과 인체 건강, 식 습관과의 관계 연구
	MetaCardis	2012-2017	• 장내 마이크로바이옴과 인체 건강, 심 장질환 영향 연구
	MicrobiomeSupport project	2018-2022	• 1,500개 연구기관과 8,000여개 마이 크로바이옴 프로젝트 B 구축 및 정보 교환
	ONCOBIOME	2019-2023	• 암 연관 장내 마이크로바이옴 코호트 연구
	MICROB-PREDICT	2019-2025	• 간 질환 연관 장내 마이크로바이옴 데 이터 연구
	GEMMA	2019-2023	• 혈액, 분변, 소변, 타액 검체은행 설 립, 장내 이크로바이옴 분석을 통한 자폐 범주성 장애(ASD) 연구

[표 12] 국가별 주요 마이크로바이옴 연구

---

36) 구강 마이크로바이옴 연구 동향, BRIC View 동향, 2021

국가	프로젝트&컨소시엄	연도(규모)	목적
캐나다	Canadian Microbiome Initiative (CMI)	2007-2014	• 12개 연구팀 1년 파일럿 연구 지원 • 7개 연구팀 5년 전향적 연구 지원
	Canadian Microbiome Initiative 2 (CMI2)	2019-2024	• 예방과 치료, 인과 관계 연구
	Integrated Microbiome Platforms to Advance Causation Testing and Translation (IMPACT)	2020-	• 다학제 간 마이크로바이옴 인과 관계 연구와 중개 연구
일본	Human MetaGenome Consortium Japan (HMGJ)	2005-	• 인체와 포유류 마이크로바이옴 데이터 수집, 분석, 공유 • MicrobeDB.jp 데이터베이스 운영
	Japanese Consortium for Human Microbiome (JCHM)	2014-	• 일본인 고유의 장내 마이크로바이옴과 질병 마커 연구
프랑스	MicroObes	2008-2010	• 장내 마이크로바이옴과 비만 연구
	MetaGenoPolis (MGP)	2012-2019	• 비감염성 질환과 장내 마이크로바이옴의 상관 관계 연구
오스트레일리아	Australian Urogenital Microbiome Consortium	2008	• 오스트레일리아인 비뇨기 관련 마이크로바이옴 연구
	Australian Jumpstart Human Microbiome Project	2009-	• 오스트레일리아인 고유의 장내 마이크로바이옴 분석
중국	Meta-GUT	2008-	• HIMC 프로젝트의 일환. 장내 마이크로바이옴 연구
싱가포르	Human Gastric Microbiome Project	2008-	• HIMC 프로젝트의 일환. 장내 마이크로바이옴 연구
영국	British Gut Project (BGP)	2013-	• 미국의 AGP와 동일한 방식으로 진행 • The Microsetta Initiative에 포함
	Quadram Institute (QI)	2018	• 마이크로바이옴 중점 연구기관 설립 후 바이오기술 및 과학연구위원회 (BBSRC), 식품연구소(IFR), 노포크, 노르위치종합병원(NNUH)의 투자 유치
아일랜드	ELDERMET	2008-2013	• 노인 대상 식습관, 장내 마이크로바이옴과 건강 상관성 분석
한국	Korean Microbiome Diversity Using Korean Twin Cohort Project	2010-2015	• 인체의 질병 연관 마이크로바이옴과 한국인 고유의 마이크로바이옴 연구
	Korean Gut Microbiome Project		• 한국인 장내 마이크로바이옴 연구

[표 13] 국가별 주요 마이크로바이옴 연구

국가	프로젝트&컨소시엄	연도(규모)	목적
국제	International Human Microbiome Consortium (IHMC)	2008	• 캐나다의 주도로 한국을 포함한 13개 국 참여 • HMP와 METAHIT 데이터 공유, 연구 표준화 논의
	Million Microbiome of Humans Project (MMHP)	2019-	• 중국, 스웨덴, 덴마크, 프랑스, 라트비아 • 백만 개 이상의 검체를 분석해 세계 최대 규모 인체 마이크로바이옴 DB 구축
	Earth Microbiome Project (EMP)	2010-	• 전 세계적으로 160개 이상의 기관, 500개 이상의 연구팀이 모여 지구의 미생물 지도를 작성 • 데이터베이스 구축(Qitta)

[표 14] 국가별 주요 마이크로바이옴 연구

1) 휴먼 마이크로바이옴[37]
가) 구강 마이크로바이옴[38]

구강에서 발견된 미생물은 현재까지 약 700종 이상으로 파악되고 있다. 구강 마이크로바이옴은 주로 부위별(타액, 입술, 혀, 점막, 치은열구(gingival sulcus), 치아 표면, 잇몸, 입천장, 치은연하치태(subgingival plaque), 치은연상치태(supragingival plaque) 또는 구강액 전체를 이용해 메타지놈 연구를 수행한다. 구강과 연결된 확장 부위로써 편도, 목구멍, 인두(pharynx), 유스타키오관(Eustachian tube), 중이(middle ear), 기도(trachea), 폐, 콧구멍, 부비강(sinuses)을 포함하기도 한다.

The Forsyth Institute는 구강 마이크로바이옴 유전 정보 축적을 위해 NIH의 지원으로 Human Oral Microbiome Database (HOMD)를 구축했으며, 2015년도부터는 Harvard Catalyst의 추가 지원을 통해 구강의 확장된 부위를 포함한 expanded HOMD (eHOMD)를 운영하고 있다. 이 외에도 특별한 목적의 크고 작은 데이터베이스를 구축하고 있는 여러 기관들이 있다.

데이터베이스	호스트(기관)	설립	내용
Expanded Human Oral Microbiome Database (eHOMD)	The Forsyth Institute	2008	• 687종 미생물(HOMD) + 88(expanded version) • 상기도와 일부 하기도 검체
Core Oral Microbiome (CORE)	Ohio Supercomputer Center	2011	• 구강 상주 주요 마이크로바이옴을 종(species)과 속(genus) 수준의 계통발생학 중심으로 분류
MicrobiomeDB	University of Pennsylvania (PennVet)	2017	• VEuPathDB 프로젝트의 일부로 종간 공유, 종특이적 구강 마이크로바이옴 DB 구축
Human Oral Genomic and Metagenomic Resource (Oralgen)	Los Alamos National Lab	2019	• 구강 마이크로바이옴의 메타지놈 서열 • The Forsyth Institute의 파일럿 그랜트 지원
Forensic Microbiome Database (FMD)	J. Craig Venter Institute	2016	• 구강 부위별 16S rRNA 서열 데이터 포함
Microbiome Database (MDB)	China National GeneBank	2021	• 인체 부위별 미생물 핵산서열정보와 메타지노믹 데이터 • 인체 구강 미생물유전체 DB

[표 15] 구강 마이크로바이옴 데이터베이스

---

37) 프로바이오틱스의 진실과 허구, BRIC View, 2020
38) 구강 마이크로바이옴 연구 동향, BRIC View 동향, 2021

eHOMD에 의하면 건강한 구강에 상주하고 있는 것으로 밝혀진 미생물 문(phyla)은 Firmicutes, Bacteroidetes, Proteobacteria, Fusobacteria, Actinobacteria 등이 있으며 속(genera)으로는 Streptococcus, Prevotella, Veillonella, Neisseria, Haemophilus 등이 있다. 현재까지 발견된 구강 박테리아의 57% 정도만 공식적인 명칭을 부여받았고, 13%는 배양이 되었으나 아직 명명되지 않았으며, 30%는 배양이 불가능한 것으로 밝혀졌다.

중국의 BGI Group은 대규모 메타지놈 데이터를 이용한 구강 마이크로바이옴 분석 결과를 발표했다. 이들은 3,346개의 메타지놈 분석 샘플과 808개의 출간된 샘플을 이용해 56,213개의 메타지놈 유래 유전체를 모은 결과 새로운 과(family)를 찾아냈고, 기존에 알려진 Porphyromonas속과 Neisseria 속의 다양한 유전자 변형체들 (strains)을 찾아냈으며, 류마티스성 관절염이나 대장암과 연관된 새로운 바이오마커를 발견할 수 있었다. 이들 결과는 Microbiome Database (MDB)에 공개되어 있다.

나) 피부 마이크로바이옴[39]

피부 마이크로바이옴 기반 퍼스널케어 산업의 경우 일찍부터 피부에 유익한 미생물의 산물을 활용하는 포스트바이오틱스 제품이 개발되어 판매되었으며 최근 인체 상재 미생물을 중심으로 살아있는 미생물을 활용하는 프로바이오틱스 제품이 출시되고 있다. 프로바이오틱스 제품에는 미생물이 첨가된 로션이나 크림과 같이 피부에 도포하는 유형과 미생물로 구성된 기능성 식품과 같이 섭취하는 유형이 있다.

기업	제품 유형 및 관리 영역	접근방법				
		프리바이오틱스	프로바이오틱스	포스트바이오틱스	유해영향 억제	미생물총 무영향
La Roche Posay (L'Oreal 소유)	- Prebiotic Thermal Water라는 온천수를 피부 미생물총 구성을 변화시키고 다양성을 증대시켜 피부 민감성을 경감하고 피부 보습 및 장벽을 개선하는 성분으로 사용	■				
The Beauty Chef	- 박테리아 발효 과정인 FloraCulture™의 생성물을 피부 자극이나 염증, 민감성을 경감하는 성분으로 사용	■				
Gallinée	- 특허등록된 프리바이오틱스와 프로바이오틱스, 포스트바이오틱스를 통해 피부의 유익균을 증대시키는 목욕용품 제조	■	■	■		■
Yun Probiotherapy	- 유해한 박테리아를 억제하는 유익한 박테리아를 여드름 등 피부 관리 성분으로 사용 - 피부 미생물총의 균형을 해치지 않는 성분을 사용 - 자체 개발한 마이크로캡슐포장(micro-encapsulation) 기술로 살아있는 박테리아가 첨가된 수분 크림 제조		■			■
S-Biomedic	- 자체 플랫폼 기술을 활용해 유익한 박테리아 혼합물을 피부 미생물총의 건강한 균형을 회복시켜 여드름 등 피부를 관리하는 성분으로 사용		■			■
SK-II (P&G의 소유)	- PITERA 라인이 발효 효모 추출물을 습도 유지 및 항노화 성분으로 사용			■		
Ganaden (Kerry Group)	- Bonicel이라는 GanedenBC30(바실러스 코아귤런스)의 발효 생성물을 항노화 성분으로 사용			■		
Clinique (Estée Lauder)	- 특허등록된 Lactobacillus 추출물을 피부 장벽의 재생 및 피부 자극 경감 성분으로 사용			■		
Micreos	- 네덜란드 바이오기업으로 황색포도상구균(*S. aureus*)을 제거하는 엔도라이신인 Staphefekt를 개발해 Gladskin 제품으로 시판중				■	
JooMo	- 천연 성분을 통해 피부 마이크로바이옴 균형을 해치지 않는 목욕용품 제조					■

출처: Frost & Sullivan, 각 기업 웹사이트 및 관련 기사

[그림 36] 피부 마이크로바이옴 퍼스널케어 주요 기업 제품별 접근방법

피부 마이크로바이옴 기반 헬스케어 산업의 경우 질병의 완화 혹은 치료를 목적으로 야생형(wild-type) 균주 혹은 유전자변형(engineered) 균주를 활용하는 프로바이오틱스 접근방법이 우세하다.

---

39) 피부 마이크로바이옴 기반 화장품 및 치료제 산업 동향, 한국바이오협회, 2020.11

MatriSys Biosciences의 경우 Staphylococcus hominis라는 인체 상재균주를 활용해 아토피피부염 환자의 피부에 증식해있는 Staphylococcus aureus를 억제하는 아토피 치료제를 개발하고 있다.

Naked Biome의 경우 Cutibacterium acnes 라는 상재균의 균주 간 차이를 활용하여 유익한 C. acnes 균주를 활용해 여드름을 유발하는 유리 지방산(free fatty acid)을 많이 생산하는 C.acnes 균주를 억제하는 여드름 치료제를 개발하고 있다.

DermBiont의 경우 양서류에서 분리해낸 항곰팡이성 세균인 Janthinobacterium lividum을 무좀치료제로 개발하고 있다. 해당 세균은 양서류에서 분리했으나 인체 피부의 주요 상재균이기도 하다.

기업	자금조달 (백만 달러)	치료영역	제품유형 (특징)	주요 임상 파이프라인 현황
AOBiome	31.5	여드름(acne), 습진(eczema), 만성피지선염증(rosacea)	Nitrosomonas eutropha 상재균 (적응증별 효능 차별화)	- AOB101: 여드름, 임상 2상 완료 - AOB102: 습진, 임상 2상 참가자 등록
Azitra	19.15	항암제 연관 발진(CTAR, cancer therapy-associated rashes), 니트레토 증후군(Netherton syndrome), 여드름	Staphylococcus epidermidis 상재균 (야생형 혹은 단백질 생산 관련 유전자변형형)	- ATR-04: 상재균, CTAR, 임상 1상 - ATR-02: 유전자변형균, 니트레토증후군, 전임상 - ATR-01: 유전자변형균, 필라그린(filaggrin)발현, 전임상
BiomX	56	여드름	박테리오파지 혼합물	- BX0001: 여드름, 박테리오파지 혼합물, 임상 1상
DermBiont	8	곰팡이 질환	Janthinobacterium lividum	- DBI-001: 무좀, 손발톱진균증(onychomycosis), 아토피피부염, 임상 2상
MatriSys Bioscience	1.5	치료 및 미용 적응증, 자가면역, 감염성종양	Staphylococcus hominis A9 균주 상재균	- MSB-01: 아토피피부염, 습진, 임상 2a상 - MSB-02: 감염, 전임상 - preclinical for infection - MSB-03: 만성피지선염증, 임상 1상; 건선 및 니트레토증후군, 전임상
Naked Biome	8.5	여드름, 습진, 건선(psoriasis), 만성피지선염증, 지루성피부염(seborrheic dermatitis)	건강한 피부에서 분리한 C. acnes	- NB-01: 여드름, 임상 1상
Phi Therapeutics	1.5	피부	박테리오파지와 유익균	소비자 직접 판매
S-Biomedic	비공개	여드름	건강인 유래 C. acnes 혼합물	소비자 직접 판매
Lactobio	비공개		Lactobacillus plantarum	소비자 직접 판매

출처: Charlie Schmidt, "Out of your skin," Nature Biotechnology Vol. 38, 2020.

[그림 37] 피부 마이크로바이옴 치료제 주요 기업 사례 및 접근방법

Azitra의 경우 유전자변형 균주를 항암제 연관 발진(CTAR, cancer therapy-associated rashes)의 치료제로 개발하고 있으며, 이를 통해 피부 건강을 유지하고 면역시스템과 소통할 수 있는 인체 상재균인 Staphylococcus epidermidis 를 활용해 항암제에 의해 과증식하는 S. aureus를 억제하고자 한다.

기업		제품 및 기술	
		현황	분류
아모레퍼시픽	화장품 기업	· 일리윤 프로바이오틱스 스킨 배리어: 피부장벽 강화를 위한 락토스킨콤플렉스TM라는 유산균 발효용해성분 함유한 스킨케어 제품 · 라보에이치: 두피장벽 강화를 위한 녹차 유래 유산균 발효용해성분 15종을 함유한 두피케어 제품	화장품
LG생활건강	화장품 기업	· 닥터그루트 마이크로바이옴 제네시크7: 두피생태계 개선을 위한 7가지 프리바이오틱스와 파라프로바이오틱스 캡슐을 함유한 두피케어 제품	
토니모리	화장품 기업	· 아토바이오틱스(ATOBIOTICS™): 피부장벽케어 및 유수분 밸런스, 진정 케어를 위한 프리바이오틱스와 모유 유래 유산균 발효물을 함유한 스킨케어 제품. 자회사인 마이크로바이옴 기업 에이투젠과 공동 개발	
코스맥스 (해브앤비 유통)	화장품 ODM기업	· 닥터자라트 솔라바이옴™: 피부 보호 및 진정 작용을 하는 마이크로코쿠스 용해물과 바실러스 발효물을 함유한 자외선 차단용 화장품. 미 항공우주국(NASA)이 발견한 자외선과 방사선에 강한 미생물 균주를 활용해 화장품 성분 개발	
SK바이오랜드 (現현대바이오랜드)	화장품 및 의약품 원료기업	· 더마 바이오틱스 큐비솜(Cubisome): 발효취를 발생시키는 유산균 세포질 단백질과 세포벽 성분을 제거하고 핵심 성분인 뉴클레오티드를 고농도 생산하는 제조 기술	
쎌바이오텍	프로바이오틱스 전문 기업으로 화장품에 진출	· 락토클리어 안티에이징: 피부 장벽 강화를 위한 MICROBIOME CBT 5-complexTM라는 5가지 유산균 성분을 함유한 스킨케어 제품. · 락토클리어 블레미쉬 클리어: 여드름균인 P.acnes의 사멸에 작용하는 Enterococcus faecalis CBT SL5라는 유산균 특허 발효 진정 성분을 함유한 스킨케어 제품.	
종근당건강	건강기능식품 기업으로 화장품 사업 확대 중	· 클리덤 닥터라토: 유산균 발효 및 용해 결과로 얻은 7가지 성분의 복합물인 락토-세븐 배리어(Lacto-7 Barrier)'를 함유한 스킨케어.	
동아제약	제약사로 화장품에 진출	· 파티온 아쿠아 바이옴: 피부 진정 및 수분 장벽 개선을 위한 쿠티박테리움 아비둠발효추출여과물을 함유한 스킨케어 제품	
지놈앤컴퍼니	마이크로바이옴 기업으로 치료제와 퍼스널케어 사업 동시 개발	· GENS-502: 건강한 사람의 피부상재균을 활용한 여드름 관리 화장품 원료로 임상개발 완료	치료제
		· GEN-501: 건강한 사람의 피부상재균을 활용한 아토피피부염 및 항암발진 치료제 파이프라인. S. aureus의 생장을 억제하고 피부손상 면역인자를 회복시킴. IND 신청 예정	
고바이오랩	마이크로바이옴 기업으로 치료제와 퍼스널케어 사업 동시 개발	· KBLP-001: 아토피성피부염 및 건선 등 자가면역질환 치료제 파이프라인으로 호주 임상1상을 완료했으며 미국 식품의약국(FDA) 임상2상 승인 획득	
한국야쿠르트	식품기업	· 피부 보습 및 주름 개선을 위한 L. plantarum HY7714 균주를 개발해 특허 등록 및 식약처의 개별인정형 원료 승인 획득. 개발된 균주는 현재 ㈜뉴트리의 프로바이오틱스 제품인 마스터바이옴 스킨마스터에 활용됨	식품
일동제약	제약사로 건강기능식품 사업 확대 중	· 면역과민반응에 의한 피부 상태 개선을 위한 RHT3201균주를 개발해 식약처의 개별인정형 원료 승인 획득. 최근 미국 식품의약국(FDA)의 NDI(New Dietary Ingredient, 신규식이원료) 인정 획득	

출처: 각 기업 웹사이트 및 관련 기사

[그림 38] 피부 마이크로바이옴 관련 국내 주요 기업 제품 및 기술 현황

국내에서도 피부 마이크로바이옴 기술을 활용한 퍼스널케어 및 헬스케어 제품의 개발이 활발히 이뤄지고 있다. 화장품의 경우 화장품의 제조법과 규제 등의 이유로 현재 미생물의 추출물 혹은 용해물을 성분으로 활용하는 포스트바이오틱스 중심으로 제품이 개발 및 출시되고 있다.

마이크로바이옴 전문 바이오기업들이 아토피피부염 등 피부질환 치료제 파이프라인의 전임상 및 임상을 진행하고 있다. 식품기업과 제약사의 화장품 사업 진출이나 마

이크로바이옴 기업의 의약품 및 화장품 사업 동시 개발 등 피부 마이크로바이옴 분야에서 화장품 및 식품, 의약품 산업의 경계가 허물어지고 있다.

글로벌 헬스케어 및 퍼스널케어 기업들이 피부 마이크로바이옴 상용화에 투자하기 시작했다. 2020년 1월 독일의 제약사인 Bayer와 마이크로바이옴 기반 피부 치료제 기업 Azitra가 민감성피부 및 습진성 피부를 위한 피부 마이크로바이옴 기반 스킨케어 제품 개발을 위한 파트너십을 체결했다.

네덜란드의 다국적 건강기능식품 기업 DSM은 피부 건강과 트러블에 관련된 상재균에 대한 임상연구를 바탕으로 유익균 증식을 통해 피부균형을 회복시키거나 유해균을 억제하는 제품들을 개발했다.

피부 마이크로바이옴 기반 프로바이오틱스 기능성 식품의 경우 미용 목적의 기능성 식품이 확대되는 화장품 산업의 경향과 맞물려 지속적으로 성장할 것으로 예상된다. 아직 허가받은 마이크로바이옴 치료제가 없고 국가별 규제가 명확하지 않은 가운데 Azitra와 S-biomedic의 경우처럼 마이크로바이옴 치료제를 개발하고자 하는 바이오 기업들이 규제가 좀 더 유연한 화장품이나 건강기능식품으로 먼저 개발 및 출시하고 이를 통해 치료제 개발의 자금을 획득하는 한편 임상 근거를 축적하면서 치료제 개발을 이어가는 투트랙(two track) 상용화 전략을 실행하는 것으로 나타난다.

2) 식물 마이크로바이옴[40]

국내 식물 마이크로바이옴 연구는 벼, 고추 등의 작물 중심으로 16s RNA 염기서열 분석을 통한 미생물 군집 및 다양성 분석 중심으로 산발적 수행되었다. 국내 작물 관련 미생물 유전체 연구는 '프론티어 사업단'과 '차세대 바이오 그린 21 사업단' 등에서 비교적 활발히 수행되었으며, 현재 식물 마이크로바이옴 연구는 '벼 근권 미생물 군집분석', '작물 근권 메타유전체 비교를 통한 작물 품종별 마이크로바이옴 상관관계 분석' 연구가 대부분을 차지하고 있다.

'Bacillus spp', 'Burkholderia spp.' 등 미생물유전체 분석을 통한 식물 생육촉진 및 작물 병해충 방제 연구는 활발히 진행되고 있다. 네덜란드 연구팀은 '병 억제형 토양(suppressive soil)'을 병유도형 토양에 혼합하여 처리한 결과, Rhizoctonia solani 균주의 발병 조건에서도 사탕무의 '모잘록병' 발병이 억제된다는 사실을 토대로 병 억제 토양에서 마이크로바이옴을 분석하고 병 억제형 토양의 핵심 미생물을 동정했다. 이와 달리, 작물과 마이크로바이옴의 통합 유기체 개념의 홀로바이옴 연구는 미미한 수준이다.

기주식물	분석유형	특징
애기장대	16S rRNA, ITS	ABC 변이체 근권에 미생물 군집 변화함
참나무	16S rRNA	근권에 특정 미생물 증가
사탕무	16S rRNA, phylochip	병 억제 토양에 특정 미생물 군 증가함
애기장대	16S rRNA	토양 미생물이 식물 잎의 대사체 변화 유도함
옥수수	16S rRNA	포장실험, 미생물 군집 다양성은 토양과 근권에 의한 차이임, 품종차이 미미함
벼	Metaproteome	메탄 생성 미생물, 메탄올 이용 미생물, 질소고정 미생물이 근권과 엽권에 풍부함
밀, 귀리, 완두	Metatranscriptome	작물별로 근권 미생물 다양함

[표 16] 차세대 유전체 분석 기술로 분석한 식물 연관 미생물 군집

---

40) 마이크로바이옴 연구개발 동향 및 농식품 분야 적용 전망, 농림식품기술기획평가원, 2017.12

기주식물	분석유형	특징
애기장대	16S rRNA	내생, 근권, bulk soil, lignocellulose의 미생물 군집을 2종의 토양에서 비교함
애기장대	16S rRNA	2종의 토양에서 8개의 순계라인으로 근권과 bulk soil의 미생물 군집 비교
완두	18S rRNA, ITS	병든 완두의 근권과 내생의 진균의 군집을 비교 분석함

[표 17] 내생 미생물 군집

기주식물	분석유형	특징
가시참나무	18S rRNA, ITS	엽권의 진균 군집을 분석함
56종의 관목	16S rRNA	엽권 미생물 군집의 형성에 지리적 차이보다 관목 종류의 차이가 더 역할을 함
위성류	16S rRNA, 18S rRNA, ITS	염을 분비하는 위성류가 지리적인 차이에 의해 주변 미생물의 군집에 차이가 있음
상추	16S rRNA	엽권에 핵심미생물 군들의 밀도차이를 계절별로 분석함
벼	Shotgun metagenome	메탄 생성 미생물, 메탄올 이용 미생물, 질소고정 미생물이 근권과 엽권에 풍부함
사과꽃	16S rRNA	시간별로 사과꽃에서 미생물 상의 변화를 분석함

[표 18] 내생 미생물 군집

  식물 마이크로바이옴 연구는 국외에서도 대부분 품종 및 토양별 미생물 상에 대한 마이크로바이옴의 분석 자체를 목적으로 수행되고 있었으나, 작물과 미생물간 상호작용을 마이크로바이옴 수준에서 설명할 수 있는 작물 홀로바이옴[41] 연구가 2014년 코넬대학 연구팀에 의해 수행되었다. 이 결과, 옥수수 품종의 낮은 유전력(heritability) 차이와 마이크로바이옴의 연관성을 분석하여 토양 특성이 미생물군집 형성에 중요한 요인임이 확인되었다.

  최근 벼의 뿌리와 관련된 마이크로바이옴을 식물영양, 생장촉진, 병 억제 측면에서 분석하면서 미생물 군집구조와 형성과정에 대한 연구가 활발히 진행 되고 있다. 또한, 토양 등 농업환경에서 배양이 가능한 미생물은 전체 미생물의 0.1%에 불과하여 다양한 미생물을 활용하기 위한 메타유전체(metagenome) 연구가 활발히 진행되고 있다.

---

41) 작물을 한 개의 생물체로 보지 않고 작물과 주변 미생물 군집의 연합체로 간주해 연합체의 유전체정보 간 상호작용을 통해 작물의 기능이 조절될 수 있다는 개념

3) 산업별 기술 동향
가) 식음료

마이크로바이옴은 식품 산업에 가장 먼저 상용화가 이루어지고 있다. 넓게는 전통식품인 김치, 치즈, 요구르트 등 미생물이 함유된 식품부터 좁게는 많은 현대인이 건강기능식품으로 복용하고 있는 프로바이오틱스를 예로 들 수 있다.

현재 마이크로바이옴의 식음료에서의 활용은 건강기능식품에 집중되고 있다. 특히 인간 마이크로바이옴은 영양(Nutrition)과 약품(Pharmaceutical)의 중간적 개념인 '뉴트라슈티컬(Nutraceutical)'의 떠오르는 성분으로 다양한 연구가 집중되고 있다. 마이크로바이옴 불균형이 비만, 당뇨, 류마티즘, 염증성 장질환, 자폐증까지 연관성이 있다는 연구결과가 줄을 이으며 앞으로 마이크로바이옴을 활용하여 콜레스테롤을 경감하거나 노화를 늦추고, 당뇨 및 치매와 같은 질병을 관리하는 건강기능식품이 점차 확대될 것으로 전망된다.

또한 식품 시장도 점점 타깃이 세분화됨에 따라서 마이크로바이옴은 특정 소비자(노인, 영·유아 등)에 더 효과적인 건강기능식품 발전에 기여할 것으로 예상된다. 예를 들면, 개인의 장내 미생물 유전자 분석을 통해서 개인 맞춤형 영양 계획을 설계하여 어떤 식품이 개개인의 혈당 조절에 이롭거나 해로운지 예측하여 줄 수 있는 제품을 생각해 볼 수 있을 것이다.

구체적으로 식음료 시장에서 가장 널리 적용되고 있는 것은 프로바이오틱스다. 프로바이오틱스는 장내와 소화건강 개선을 목적으로 하는 수많은 제품에 포함된 '친구 같은 박테리아'로 인간 마이크로바이옴 산업에서 가장 잘 알려진 제품이다. 프로바이오틱스는 장 기능뿐만 아니라 복용 시 장내 마이크로바이옴의 불균형을 해결해줌으로써 신진대사 및 면역체계에도 도움이 되는 것으로 밝혀지면서 그 활용 폭이 더 늘어날 것으로 전망된다. 식음료 산업에서 프로바이오틱스는 현재 유아용 조제유, 다양한 형태의 식이보충제, 시리얼, 피클, 일부 육류 등 많은 부분에 응용되고 있다.

글로벌 식음료 기업들은 마이크로바이옴 원재료 개발에 적극적으로 투자하고 있다. 각 기업은 대학교, 연구기관, 마이크로바이옴 전문 스타트업과의 파트너십뿐만 아니라 기술력과 특허권을 보유한 업체를 인수하는 등 다양한 방식을 도입하고 있다.

글로벌 식품 기업들의 마이크로바이옴 투자는 장기적이고 규모가 큰 데 반해 국내 식품 기업은 몇몇 기업을 제외하고 움직임이 크게 눈에 띄지 않고 있다. 또한 국내에서는 식음료 기업보다는 제약업체에서 프로바이오틱스 건강보조제를 중심으로 시장이 카니발리제이션되고 있는 양상을 보인다. 무엇보다 식음료 영역에서 프로바이오틱스 등의 마이크로바이옴의 원재료 개발은 건강기능식품뿐만 아니라 치료제, 진단 등으로 사업 확장이 가능해 글로벌 식품 대기업들이 미래성장동력으로 집중하고 있다.

나) 화장품

마이크로바이옴은 퍼스널케어 시장 내에서도 기능성 화장품 트렌드와 맞물려 차차 두각을 나타낼 것으로 전망된다. 기능성화장품은 화장품과 의약품의 중간 개념으로 고령화, 환경오염, 성형미용시술의 증가로 인해 그 수요가 더 증가하고 있는 세그먼트다.

화장품 기업에서는 마이크로바이옴이 장기적이고 근본적 피부개선을 해 줄 수 있을 것이라는 대전제하에 '스킨바이옴'이라는 키워드를 내걸며 다양한 R&D를 수행하고 있다. 아직까지 기능성 화장품에 있어 마이크로바이옴의 효과는 걸음마 수준이지만 여러 가지 피부 건강과의 연관성에 대한 논문들이 발간되고 있다.

네이처리뷰 마이크로바이올로지(Nature Review Microbiology)에서는 건강한 피부와 건강하지 못한 피부를 대조하고 분석하여 건강한 피부에서 마이크로바이옴의 균형은 필수적이라는 것을 밝혀냈다. 또한 다른 논문에서는 마이크로바이옴이 항노화, 아토피, 여드름과 연관이 있다고 말한다. 예를 들면, 아토피피부염 환자의 피부에서 특정 미생물이 더 존재하거나 장내 미생물의 다양성과 상재균이 감소한다는 것이다. 이처럼 피부 및 장내 미생물이 피부 건강과 유기적으로 연결되어 상호작용한다는 가설의 실마리들이 하나씩 밝혀지면서 향후 기능성 화장품 시장에서 마이크로바이옴은 지속적인 연구대상이 될 것으로 전망된다.

더불어 마이크로바이옴은 안티폴루션 및 맞춤형 화장품과도 잘 결부된다. 미세먼지와 중금속의 심각성에 대한 소비자의 우려가 커지면서 안티폴루션 시장은 점차 확대되고 있다. 환경적 요인인 자외선, 미세먼지 등이 마이크로바이옴의 불균형을 가져온다는 연구는 역설적으로 피부 미생물의 균형을 찾고 '피부장벽'을 만듦으로써 외부환경으로부터 피부 건강을 지켜줄 수 있는 신소재가 개발 될 수 있을 것이라는 기대를 받고 있다. 또한 개개인마다 보유한 마이크로바이옴이 모두 다르다는 것에 착안해 맞춤형 화장품에 대한 혁신적인 소재로도 주목을 받는다. 이렇게 마이크로바이옴은 화장품을 포함한 퍼스널케어 시장에서 앞으로 많은 응용이 있을 것으로 전망된다.

글로벌 화장품 기업인 영국의 유니레버, 미국의 로레알과 P&G는 모두 마이크로바이옴 투자와 R&D에 적극적인 양상을 보이며, 국내 기업 역시 최근 신제품 개발 및 출시와 함께 프로모션에 사용하면서 기능성 화장품 위주로 마이크로바이옴을 응용하기 시작하는 모습을 보이고 있다.

다) 헬스케어

 최근 많은 질병들이 마이크로바이옴과 연관성이 높다는 것이 밝혀지면서 향후 5년 내에 마이크로바이옴을 기반으로 하는 치료제 시장이 크게 성장할 것으로 전망된다. 시장조사기관 글로벌데이터(GlobalData)에 따르면 2019년까지 개발중인 치료제는 180여 개로 소화기, 감염, 대사질환뿐만 아니라 신경계질환과 암까지 다양한 질환 영역에 있어서 활발히 개발이 진행 중이다.

 Nature Reviews Drug Discovery에 따르면 2005년부터 2015년까지 10년간 약 30여 개의 마이크로바이옴 업체의 R&D 투자비용은 약 16억 달러이다. 마이크로바이옴 치료제 개발은 다음과 같은 두 가지 특성을 가진다.

① 박테리아 종류의 범위에 대한 제한이 없어졌다.
 최근 마이크로바이옴 치료제의 근간이 되는 신물질 발굴에 있어, 한 번도 분리해내거나 사용해보지 않은 새로운 균주가 개발되고 있다. 일명 '차세대 프로바이오틱스'라는 별명을 가진 이러한 새로운 물질들이 최근 활발히 개발되며 박테리아 종류의 범위에 대한 제한이 사라졌다.

② 치료제의 적응증이 지속적으로 확대된다.
 마이크로바이옴이 장내 마이크로바이옴을 중심으로 그동안 비만과 당뇨 등의 대사질환이나 소화기질환과의 연관성 연구로 시작했다면 이제는 자폐증, 우울증, 알츠하이머와 같은 신경계질환과의 연관성까지도 그 영역을 뻗어나가고 있다. 특히 신경계질환의 경우 사회적으로도 큰 비용을 소모하고 있으므로 마이크로바이옴 치료제가 개발될 경우 나비효과도 기대해 볼 수 있다는 조심스런 관망도 나오고 있다.

 이처럼 마이크로바이옴 치료제는 각 적응증별로 폭넓은 스펙트럼의 파이프라인을 형성하고 있으며, 그 중에서도 클로스트리듐 디피실균 감염(Clostridium Difficile)을 포함한 소화기질환 영역이 마이크로바이옴 치료제 시장을 견인하고 있다.

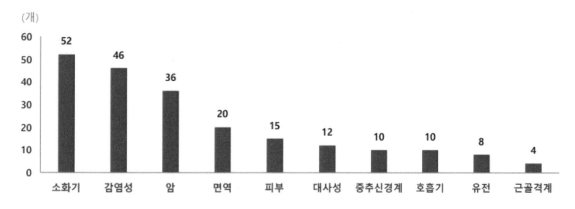

[그림 39] 치료 영역별 글로벌 마이크로바이옴 치료제 파이프라인 수 (2018)

마이크로바이옴을 활용한 치료제의 개발에는 크게 다섯 가지 방법으로 요약할 수 있다.

① 천연·인공 세균 기반 치료제(Bugs as Drug)

천연·인공 세균 기반 치료제는 프로바이오틱스를 포함한 우리 몸에 이로운 작용을 하는 살아있거나 만들어낸 (engineering) 유익균으로 목표한 질환을 치료하는 방법이다. 전체 마이크로바이옴에 대한 투자 중 가장 큰 비율로 43%가 이 분야에 투자할 정도로 천연·인공 세균 기반 치료제는 마이크로바이옴 치료제 중 가장 큰 관심을 받고 있는 분야다.

최근 클로스트리듐 디피실균(Clostridium Difficile) 감염과 같은 면역질환부터 궤양성 대장염, 크론병 등의 소화기질환뿐만 아니라 암 세포 생성에 관련 있는 세균과 면역을 활성화하는 세균을 연구하여 암을 치료하는 방법 등이 개발중에 있다.

② 프리바이오틱스·콘트라바이오틱스(Pre·Contrabiotics)

프리바이오틱스와 콘트라바이오틱스는 장내 미생물군집의 종류 및 구조를 바꿔주도록 필요한 미생물을 증가시키거나 또는 그렇지 못한 것을 차단하는 방법이다. 대부분은 유익균을 강화하고 유해균을 줄이는 방법으로 진행된다. 마이크로바이옴 전체 투자 중 33%가 이 분야에 투자되었으며, 이 방법은 소화기장애, 궤양성대장염, 크론병, 과민성대장염, 클로스트리듐 디피실균 감염뿐만 아니라 당뇨병과 비만 치료제로도 활발하게 연구 중이다.

③ 마이크로바이옴 상호작용경로(Host Microbiome Interaction Pathway)

마이크로바이옴 상호작용경로는 미생물이 활성화되는 메커니즘을 연구하여 작용기전 자체에 개입할 수 있는 저분자 물질을 통해 질병을 컨트롤 하는 방법이다. 예를 들면, 특정 화합물(small molecule)이 타깃 통증이나 감염에 반응하는 마이크로바이옴의 메커니즘에 억제제로 작용한다. 또는 특정 화합물이 미생물의 독성을 제거하거나 부작용을 일으키는 미생물의 효소를 억제한다. 이 방법에는 전체 마이크로바이옴 투자 비용 중 16%가 쓰이고 있다.

④ 차세대 항생제(Next-generation Antibiotics)

차세대 항생제 분야는 내성 균주를 목표로 하고 있어 내성 균주를 선택적으로 제거할 수 있는 유전자 조작 기술이 필요하다. 따라서 마이크로바이옴 자체에 대한 분석과 함께 유전자 편집 도구를 개발해 유전적으로 조작된 박테리오파지를 개발하고 있다. 전체 투자 중 7%가 이 기술에 투자되었다.

⑤ 분변 미생물 이식술(FMT, Fecal Microbiota Transplant)

FMT는 건강한 개인의 분변 속의 미생물을 질환이 있는 사람의 장에 이식하는 방법이다. 전체 마이크로바이옴 투자 중 5%가 FMT에 투자되었다.

[그림 40] 질환별 마이크로바이옴 치료제 개발 현황

라) 진단

마이크로바이옴은 진단 분야에서도 그 활약이 기대된다. 헬스케어는 이미 발병 전에 미리 병을 막기 위해 치료에서 예방으로 패러다임이 바뀌었다. 연구자들은 병이 있는 환자의 장내 마이크로바이옴이 건강한 사람에 비해 불균형하며 질환별로 구성에 차이가 있음에 착안하여 다양한 바이오마커42)를 개발하고 있다. 이를 통해 향후에는 장내 마이크로바이옴 정보와 함께 환자의 임상, 식생활 습관, 유전 정보를 포함하는 데이터를 종합적으로 분석하여 건강관리를 하는 서비스도 기대해 볼 수 있다.

현재까지 마이크로바이옴은 진단보다는 치료분야에 많은 투자와 진전이 있으나, 장기적으로는 마이크로바이옴 정보 분석을 바탕으로 조기진단에서의 활약이 기대된다. 진단 분야에서의 마이크로바이옴의 활용은 다음과 같이 네 가지로 요약된다.

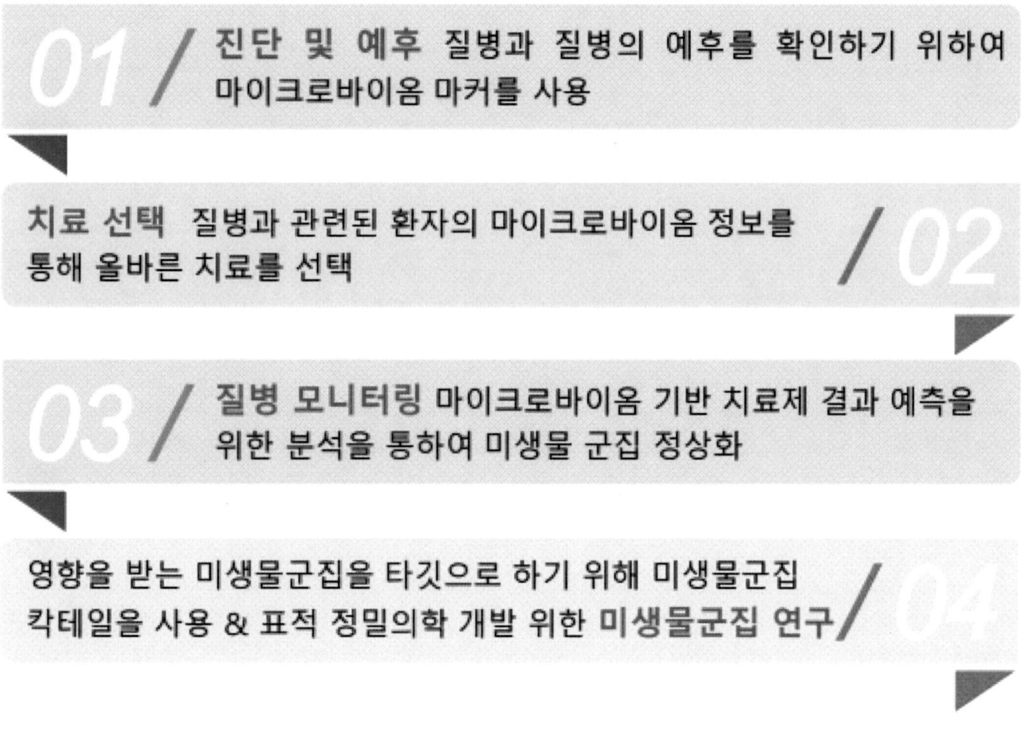

01 / **진단 및 예후** 질병과 질병의 예후를 확인하기 위하여 마이크로바이옴 마커를 사용

치료 선택 질병과 관련된 환자의 마이크로바이옴 정보를 통해 올바른 치료를 선택 / **02**

03 / **질병 모니터링** 마이크로바이옴 기반 치료제 결과 예측을 위한 분석을 통하여 미생물 군집 정상화

영향을 받는 미생물군집을 타깃으로 하기 위해 미생물군집 칵테일을 사용 & 표적 정밀의학 개발 위한 미생물군집 연구 / **04**

[그림 41] 마이크로바이옴의 진단 산업에서의 활용

마이크로바이옴 진단 분야의 R&D에서 가장 중요한 것은 유전자 염기서열 분석 기술이다. 마이크로바이옴 진단 개발은 질병과 관련된 개인의 메타게놈을 특징 짓는 총 미생물 유전자 정보에 대한 전체 서열 분석 및 매핑을 기본으로 하기 때문이다. 과거와 달리, 최근 유전자 염기서열 분석의 비용 감소와 발전으로 더욱 방대한 양의 데이

---

42) 바이오마커(Biomarker): 소위 단백질, DNA(유전체) RNA(전사체), 대사물질 등을 이용해 신체 내의 변화를 알아낼 수 있는 지표로 많은 과학 분야에 이용됨. 의약품에서 바이오마커는 건강과 장기의 기능을 검사하는 데 사용되는 추적 가능한 물질을 의미함

터 세트를 보유할 수 있게 되어 향후 더욱 연구가 활발히 이루어질 전망이다.

현재까지 진단 분야에서의 산업적 활용은 염기서열분석에 기반하며 다음과 같이 다섯 가지 차세대 플랫폼으로 요약할 수 있다.

플랫폼	기업명	증폭 방법론 (Amplification)	기반 화학 기술 (Chemistry)	분석 속도 (Highest Average Read Length)
454 GS FLX	로슈 (스위스)	유탁액 증폭 (Emulsion PCR)	파이로시퀀싱 (Pyrosequencing)	700bp
하이섹 (HiSeq)	일루미나 (미국)	브릿지 증폭 (Bridge PCR)	SBS (Sequencing by Synthesis)	300bp
팍바이오 (Pac Bio)	퍼시픽 바이오사이언스 (미국)	N/A	SBS (Sequencing by Synthesis)	8,500bp
솔리드 (SOLiD)	써모피셔 사이언티픽 (미국)	유탁액 증폭 (Emulsion PCR)	SBL (Sequencing by Ligation)	75bp
아이온 프로톤 (Ion Proton)		유탁액 증폭 (Emulsion PCR)	SBS (Sequencing by Synthesis)	400bp

[표 19] 차세대 염기서열 분석(NGS)의 주요 플랫폼

상용화된 차세대 염기서열 분석(NGS, Next Generation Sequencing) 플랫폼은 염기서열 분석 단계 중 유전자 증폭(Amplification) 및 서열화(Sequencing)하는 방법에 따라서 나누고 있다. 차세대 염기서열 분석은 스위스 제약·진단 기업인 로슈에서 가장 먼저 시작했지만, 현재는 미국의 바이오 기업인 일루미나가 전세계 NGS 시장의 70%를 점유하며 시장 및 기술을 선도하고 있다. 일루미나는 경쟁사였던 퍼시픽 바이오사이언스를 2018년 11월 12억 달러에 인수하여 유전체 분석 업계의 선두를 확실히 자리매김했다고 평가 받고 있다.

마이크로바이옴 진단은 DNA(Genomics, 유전체), RNA(Transcriptomics, 전사체), 단백질(Proteomics), 대사체(Metabolomics)의 사슬에 의거한 모든 학문과 연관되어 있다. 다시 말해 메타유전체학, 메타전사체학, 메타단백질학, 메타볼로믹스와 연계되

어 있다. 해당 모든 학문에는 차세대 염기서열 분석 기술이 필요하며 방대한 양의 유전자, 전사체, 단백질 및 대사체 분석을 위해서는 생물정보학과 디지털 기술 또한 긴밀히 협력해야 하는 분야로 분석된다.

글로벌 빅파마들은 마이크로바이옴의 꿈틀대는 잠재력을 일찌감치 알아채고 여러 형태로 마이크로바이옴 신약 개발에 동참하고 있다. 간단히 마이크로바이옴 신약 개발 업체는 크게 몇몇 글로벌 대형 제약사와 수많은 마이크로바이옴 스타트업 양 진영으로 나누어 볼 수 있다.

마이크로바이옴 치료제 시장은 민간 투자가 큰 역할을 하고 있다. 주요 대형 제약사들은 마이크로바이옴을 주요 투자 관심 영역으로 선정하고 있거나 신약 개발 초기부터 직접 전략적으로 유망한 바이오벤처에 투자하거나 라이센싱계약, 인수합병, 전문화된 벤처캐피털 투자 등 다양한 방식의 투자 양상을 보여주고 있다. 대부분의 투자는 의학적 활용성에 중점을 두고 이루어지며 특정 질환 및 기술에 선택과 집중을 함으로써 경쟁 우위 선점을 하려는 명확한 흐름이 보인다.

무엇보다도 가장 두드러지는 양상은 제약사와 바이오테크 기업 간 활발한 '파트너십'이다. 글로벌 대형 제약사 중에서도 특히 마이크로바이옴에 적극적인 플레이어는 존슨앤존슨 얀 센 (J&J Janssen), 화이자 (Pfizer), 다케다(Takeda), 에브비(Abbvie), 아스트라제네카(AstraZeneca) 등이 있다.

마. 마이크로바이옴 기업 동향
1) 해외기업
가) 다논(프랑스)[43]

[그림 42] 다논

다논은 프랑스 파리에 본사를 둔 다국적 식음료 기업으로, 우유와 유산균 및 발효유 등의 낙농제품과 생수를 전문으로 하는 그룹이다. 다논은 2012년부터 북미지역에서 장내 미생물과 프로바이오틱스에 관련하여 선정된 프로젝트당 연간 2만 5,000달러의 연구장학금을 지원하고 있다.

또한, 다논은 식품, 장내 미생물, 건강과 관련된 다양한 프로젝트를 진행해오고 있다.

년도	프로젝트
2012년	UC데이비스대학과 식품 통한 유익균 전달 벡터 연구
2013년	노스캐롤라이나대학과 우유 발효 미생물의 적용 연구
2014년	플로리다대학과 인간 마이크로바이옴 단백질 발효와 프로바이오틱스 섭취 유무에 따른 변화 연구
2015년	텍사스기독대학교와 프로바이오틱스와 정신적·신체적 스트레스 감소 연구
2016년	오하이오대학과 프로바이오틱스 화학 반응 분석 및 일리노이대학과 프로바이오틱스 섭취에 따른 모유의 면역과 미생물 분포, 신생아 장내 미생물 연구
2017년	버지니아텍과 임산부의 장내 미생물이 태아 신경발달에 미치는 영향, 버지니아대학과 장내 미생물과 음식이 뇌발달에 미치는 영향 연구

[표 20] 다논 마이크로바이옴 프로젝트

---

43) 마이크로바이옴이 몰고 올 혁명, 삼정 KPMG, 2020.01

나) 네슬레(스위스)[44]

[그림 43] 네슬레

네슬레는 스위스의 식품 제조기업으로 1866년에 설립되었으며, 본사는 스위스 브베에 위치해있다. 네슬레는 스위스 상장사 중 시가총액 1위의 대기업이며 네스퀵, 마일로, 돌체구스토, 네스프레소, 네스카페 등의 제품 및 브랜드를 보유하고 있다.

2011년 네슬레는 '네슬레건강과학연구소'를 설립하여 건강 및 질병의 이해를 위한 기초과학 연구와 인간 마이크로바이옴 기반의 건강 기능식품 개발을 추진하고 있다. 이후 2016년 장내 미생물을 기반으로 건강과 영양의 관계에 대한 연구(식이섬유 소화를 돕는 장내 미생물 역할에 대한 연구 포함)를 위해 Imperial College of London과 파트너십을 체결했다.

또한, 2016년 마이크로바이옴의 리딩기업으로 자리매김하기 위해 클로스트리듐 디피실 및 IBD(염증성 장질환) 파이프라인을 보유한 미국의 Seres Therapeutics와의 전략적 협업 진행과 새로운 종류의 마이크로바이옴 치료제(Ecobiotics)에 대한 독점 계약을 체결했다.

2017년 Nestlé Health Science와 Enterome은 마이크로바이옴 진단 개발 및 상용화를 위한 합작회사인 Microbiome Diagnostics Partners(MDP)를 설립하며 2,000만 유로를 투자했다. MDP는 손상된 점막을 진단하고 관리하는 장내 미생물 기반 바이오마커 'IBD 110' 및 비알코올성 지방간염의 생체지표인자들을 진단하는 'MET210' 등을 보유하고 있다.

이후 2022년 프랑스의 엔터롬(Enterome)과 마이크로바이옴-기반 치료제 발굴 및 개발 협력을 위한 라이선스 제휴를 체결했다. 이에 네슬레 헬스 사이언스는 엔터롬의 엔도미믹스(EndoMimics) 제제인 EB1010을 공동 개발하기로 합의했다. 이는 식품 알

---

44) 마이크로바이옴이 몰고 올 혁명, 삼정 KPMG, 2020.01

레르기 및 염증성 장질환(IBD) 치료를 위한 IL-10 타깃 국소 유도제로 2023년 임상 시험에 들어갈 예정이다. 즉, 국소적으로 항염 사이토카인 IL-10의 분비를 강하게 유도해 경구 치료제로 개발하면 장에 알레르기 반응에 강도를 줄이거나 막을 수 있을 것으로 기대된다.

다) 유니레버(영국)[45]

[그림 44] 유니레버

유니레버는 영국과 네덜란드에 본사를 두고 있는 다국적 기업으로, 식품, 음료, 세제, 퍼스널 케어 제품 등을 판매하고 있다.

유니레버는 2018년 벤처캐피털 자회사인 유니레버벤처스를 통하여 프랑스 스킨케어 업체로 마이크로바이옴와 피부질환을 접목한 제품을 가지고 있는 갈리니(Gallinee)에 비공개 금액의 투자를 실행했다. 갈라니는 2016년 프랑스 약사 출신 마리 드라고(Marie Drago)가 설립했으며, 드라고 자신 오랜 기간의 자가면역 질환 경험을 바탕으로 피부 유익균을 이용한 스킨케어 제품을 개발한 브랜드 스토리가 특징이다. 갈리니는 피부의 여드름과 습진과 관련 있는 마이크로바이옴 기술력을 보유하고 있으며, 2018년 유니레버의 투자금으로 마이크로바이옴 전문가 영입과 R&D 강화로 신제품 개발에 속도를 내고 있다.

또한, 2018년 유니레버 산하 MIF(Material Innovation Factory)에서 구강 미생물 연구를 기반으로 한 Fristto-market innovation 제품인 'Zendium 치약'을 출시했다.

최근 유니레버는 생명공학 기업인 이노바 파트너십스와 합작사 '펜러스 바이오'를 설립하고, 해조류에서 나오는 '락탐'(Lactam)이란 유기물질을 활용해 자체 세정(self-cleaning) 기술을 상용화하기로 발표하기도 했다.[46]

---

45) 마이크로바이옴이 몰고 올 혁명, 삼정 KPMG, 2020.01
46) [Mint] 미끌거려 오염물질 안묻는 미역에서 아이디어 "자체 세정 기술 상용화", 조선일보, 2021.02.05

라) 로레알(프랑스)[47]

L'ORÉAL

[그림 45] 로레알

　로레알은 프랑스의 화장품으로 랑콤, 헬레나 루빈스타인, 조르조 아르마니, 비오템, 더바디샵 등 고가 명품에서 대중 브랜드에 이르기까지 다양한 브랜드를 보유하고 있다. 로레알은 2006년부터 마이크로바이옴에 대한 논문을 50개 이상 출간하여 미생물, 피부장벽, 면역반응 및 노화에 따른 마이크로바이옴의 진화를 연구해오고 있다.

　로레알은 2013년 마이크로바이옴의 연구에 따른 라로슈포제 및 비치 브랜드가 포함된 'Active Cosmetic Division'을 창설했다. 이후 2019년 미생물 유전체 전문 업체인 미국의 uBiome과 공동 연구 파트너십 체결로 피부의 세균 생태계 연구를 기반으로 한 신제품 개발에 착수 했다.

　2019년 랑콤은 프랑스 파리에서 '스킨케어 심포지엄'을 개최해 마이크로바이옴에 대한 연구 성과를 발표했다. 랑콤은 전 세계 연구센터와 함께 5억 개가 넘는 실험 데이터와 57회의 임상연구, 50명 이상의 연구원, 18개의 과학지 저널 등 통합적이고 전문적인 실험 및 연구개발을 통해 결과를 도출해 냈다.

　또 랑콤은 일본 와세다 대학의 하토리 교수와 협업을 통해 마이크로바이옴이 나이에 따라 변화한다는 것을 알아냈고, 나이가 들수록 38개의 다른 종의 박테리아 종이 발견되는 등 마이크로바이옴의 종류가 다양해 진다는 것도 발견했다. 이는 노화와 마이크로바이옴이 밀접한 상관관계를 맺고 있다는 것을 의미한다.

　이와 더불어 자외선이나 미세먼지, 호르몬, 식단 등 각종 생활습관과 환경적 요인들이 마이크로바이옴의 균형을 무너뜨리는 원인이 될 수 있다는 점도 알아냈다. 그 중 환경 오염은 피부 노화를 가속화 시키는 대표적인 요소로, 홍콩의 패트릭 리 교수에 의하면 환경 오염이 심한 곳에 거주하게 되면 '큐티박테리움(Cutibacterium)' 박테리아가 줄어들고 마이크로바이옴이 변형될 수 있다는 것을 발견했다.[48]

---

47) 마이크로바이옴이 몰고 올 혁명, 삼정 KPMG, 2020.01
48) 랑콤이 15년간 연구했다는 '마이크로바이옴', 의학계+뷰티 업계가 주목하는 키워드, 마켓뉴스, 2019.08.14

마) Johnson&Johnson(미국)[49]

[그림 46] Johnson&Johnson

Johnson&Johnson은 1886년 설립된 미국의 제약회사로, 특히 마이크로바이옴에 적극적인 플레이어로 손꼽힌다. Johnson&Johnson 산하의 얀센은 2015년 초 얀센 휴먼 마이크로바이옴 연구소(JHMI)를 설립하고 국제 협력을 통해 마이크로바이옴에 기반한 헬스 솔류션 개발에 집중하고 있다. 이외에도 Johnson&Johnson은 다양한 협업과 투자를 통해 마이크로바이옴에 대한 개발을 진행하고 있다.[50]

연도	협업·투자	내용
2015	-	얀센 인간 마이크로바이옴 연구소(Janssen Human Microbiome Institute)를 설립하여 폐암, 1형 당뇨병, 저등급 만성 염증 등에 대해서 자체 연구
2015	Vedanta (미국)	염증성 장질환 마이크로바이옴 치료제(VE-202)에 비공개 계약금을 지불하였으며, 추가 개발 및 상용화 시 최종 2억 4,100만 달러 지불 라이센싱 계약
2016	Xycrobe (미국)	염증성 피부질환 치료제 개발 파트너십 체결
2017	Caelus (네덜란드)	인슐린 저항성 낮추고 2형 당뇨병 발병을 예방하는 마이크로바이옴 개발에 270만 달러 투자
2018	BiomX (이스라엘)	마이크로바이옴 기반 바이오마커 개발 플랫폼으로 염증성 장질환 환자 계층화에 활용할 수 있는 Xmarker 개발 협업 발표
2018	Vedanta (미국)	공동 개발한 VE-202의 임상 1상 진입하여 1,200만 달러 지불
2019	Holobome (미국)	장내마이크로바이옴과 뇌간 연결 연구를 통한 수면 장애 등의 신경계질환 치료제 파트너십 체결
2019	Locus Bioscience (미국)	호흡기 및 기타 감염성질환의 잠재 치료제인 CRISPR-Cas3-enhanced bacteriophage에 2,000만 달러 Upfront Fee)와 7,980만 달러 라이센싱 계약

[표 21] Johnson&Johnson 마이크로바이옴 협업·투자

---

49) 마이크로바이옴이 몰고 올 혁명, 삼정 KPMG, 2020.01
50) '마이크로바이옴'에 관심 보이는 제약사들···'잠재력' 살펴보니, 메디파나뉴스, 2019.03.23

바) 화이자(미국)[51]

[그림 47] 화이자

화이자는 1849년 설립된 미국의 제약회사로 마이크로바이옴 기반 치료제 개발 기업인 세컨드 게놈(Second Genome)에 투자하는 등 마이크로바이옴 기술 개발을 위해 다양한 투자를 진행하고 있다.[52]

연도	협업·투자	내용
2014	Second Genome (미국)	비만 및 대사 장애 관련 마이크로바이옴 치료제 공동 R&D 협약
2014 ~ 2019	Lodo Therapeutics & Synlogic (미국)	Pfizer Ventures는 49개의 Active Portfolio Company 리스트를 가지고 있으며, 이 중 Second Genome(미국), Lodo Therapeutics(미국), Synlogic(미국)의 3개의 미국 마이크로바이옴 업체가 포트폴리오에 구성
2021	MERCK (미국)	면역항암제 개발을 위한 두 번째 공동개발 계약 체결

[표 22] 화이자 마이크로바이옴 협업·투자

최근 국내 기업인 지놈앤컴퍼니가 마이크로바이옴 면역항암제 GEN-001 개발을 목표로 독일머크·화이자와 두번째 공동연구개발 계약(CTCSA)을 맺었다. 이번에 진행되는 임상시험(Study 201)은 기존 면역항암제가 잘 듣지 않는 위선암 및 위식도접합부암에 대해 GEN-001과 바벤시오® (성분명: 아벨루맙(Avelumab), 이하 바벤시오)에 병용투약 효능을 연구하는 시험이다. [53]

---

51) 마이크로바이옴이 몰고 올 혁명, 삼정 KPMG, 2020.01
52) 글로벌 제약사 '마이크로바이옴' 치료제 개발 임박…국내 현황은?, 이코노믹리뷰, 2018.11.19
53) 지놈앤컴퍼니, 독일머크•화이자와 마이크로바이옴 면역항암제 'GEN-001' 두번째 공동개발, 프리미어비즈니스포털, 2021.03.09

사) Takeda(일본)[54]

[그림 48] Takeda

다케다 약품공업은 일본 최대의 제약기업이며, 매출액 기준 세계 9위 규모의 다국적 제약기업이다. 다케다 약품공업은 항암제, 위장관질환, 중추신경계, 백신 분야에 집중하고 있다. 다케다 약품공업은 다양한 기업과 협업 및 투자를 진행하며 마이크로바이옴에 대한 연구를 지속하고 있다.

연도	협업·투자	내용
2016	Entrome (프랑스)	염증성 장질환과 장운동 장애를 포함한 소화기질환 신약 공동 개발을 협의하여 비공개 금액으로 초기 투자
2017	Finch Therapeutics (미국)	염증성 장질환 합성 마이크로바이옴 치료제인 FIN524에 대한 라이센싱 계약으로 다케다의 소화기 질환에 대한 전문성과 핀치의 엔지니어링 기술결합 Upfront Fee 1,000만 달러 지불 후 개발, 규제 및 상용화에 따른 로열티 및 추가 투자 계획
2017	NuBiyota (미국)	NuBiyatoa의 소화기관질환 적응증 마이크로바이옴 플랫폼을 활용한 구강 마이크로바이옴 컨소시엄 제품 개발을 위하여 라이센싱 계약 체결
2018	Entrome (프랑스)	크론병 치료제 후보인 EB8018 개발을 위하여 5,000만 달러 추가 투자
2019	Finch Therapeutics (미국)	2017년 계약 이후 FSM(Full Spectrum Microbiota)의 치료제로 개발된 'FIN-524'의 전임상 단계 진입으로 추가 계약을 체결함. 이로 인해 다케다는 크론병 치료제로 개발되는 해당 제품 판매 독점권 보유

[표 23] 다케다 약품공업 마이크로바이옴 협업·투자

하지만 최근 다케다가 2017년부터 진행된 핀치와의 마이크로바이옴 치료제 개발파트너십을 중단한다. 세계 최초의 마이크로바이옴 약물이 미국 식품의약국(FDA) 시판허가 결정을 앞두고 있지만 최근 마이크로바이옴 치료제를 둘러싼 주변환경은 어려워지고 있는 실정이다.

---

54) 마이크로바이옴이 몰고 올 혁명, 삼정 KPMG, 2020.01

2) 국내기업
가) CJ제일제당

[그림 49] CJ 제일제당

CJ제일제당은 2007년 9월 CJ주식회사에서 기업 분할되어 식품과 생명공학에 집중하는 사업회사로 출발한 국내 최고 수준의 식품회사다. 사업부는 크게 식품과 바이오 부문으로 구분된다. 2019년 미국 전국적 사업 인프라를 확보한 냉동식품 가공업체 Schwan's Company를 인수, 글로벌 회사로 도약 하고 있으며, 바이오 사업으로는 미생물 자원을 이용한 균주 개량 및 발효기술을 기반으로 사료용, 식품용 아미노산을 생산 및 판매한다.[55]

CJ제일제당은 2021년까지 식품·바이오 분야 '오픈 이노베이션'에 200억 원을 투자하겠다는 계획을 2019년 발표하며 마이크로바이옴, 의료바이오, 산업바이오, 푸드테크 등 신기술 및 아이디어 공모전으로 3년간 3억 원 투자를 진행하고 있다. 또한, 이후 2019년 국내 마이크로바이옴 업체 '고바이오랩'과 마이크로바이옴 기반의 면역 항암제 신약 개발을 위해 40억 원을 투자했다.[56]

CJ제일제당은 유전자진단업체 이원다이에그노믹스(EDGC)와 가장 먼저 MOU를 체결하며 맞춤형 건강기능식품 시장 진출을 선언했으며, 이후 CJ제일제당은 2020년 바이오 벤처 HEM과 최근 업무협약(MOU)을 체결했다. HEM은 장내 미생물과 대사체 연구 서비스 및 공정에 대한 분석 등과 관련해 품질 경영 시스템(ISO) 인증을 취득하는 등 장내 미생물 분야 연구의 선도 기업으로 꼽힌다. CJ제일제당 관계자는 HEM의 장내 미생물 분석 기술과 CJ제일제당의 균주 개발 기술의 노하우가 만나 개인 맞춤형 유산균 솔루션을 제공할 것이라고 밝히기도 했다.[57]

2022년 1월에는 CJ바이오사이언스를 출범하고 마이크로바이옴에 기반한 신약개발에 출사표를 던졌다. CJ바이오사이언스는 CJ제일제당이 기존에 보유한 제약 관련 자원과

---

55) CJ제일제당, NH투자증권, 2021.01.04
56) 마이크로바이옴이 몰고 올 혁명, 삼정 KPMG, 2020.01
57) CJ제일제당 '마이크로바이옴' 탑재...5조 건기식 시장 포문, 서울경제, 2020.12.02

2021년 인수한 마이크로바이옴 연구개발기업인 천랩을 통합한 자회사다.

 CJ바이오사이언스는 2025년까지 마이크로바이옴 기반 파이프라인 10건과 기술수출 2건을 확보해 세계적인 마이크로바이옴기업으로 도약한다는 계획이다. CJ제일제당은 천랩과 작년 1월 신약개발 업무협약(MOU)을 체결하는 파트너 관계였지만 천랩이 보유한 마이크로바이옴 관련 기술의 시장성이 크다고 판단, 인수를 결정한 것으로 알려지고 있다.[58]

 CJ제일제당 바이오 부문은 업황 개선 및 높은 원가 경쟁력을 기반으로 영업이익 두 자릿수 증가율이 유지될 전망이며, 라이신, 트립토판 등 사료첨가제 아미노산의 판가와 판매량이 각각 두 자릿수로 상승할 것으로 예상된다.[59]

---

58) '마이크로바이옴 의약품'… 제약사 미래 먹거리로 '요리 중' / 메디소비자뉴스
59) CJ제일제당, NH투자증권, 2021.01.04

나) 아모레퍼시픽

AMOREPACIFIC

[그림 50] 아모레퍼시픽

아모레퍼시픽은 화장품의 제조 및 판매, 생활용품의 제조 및 판매, 식품(녹차류, 건강기능식품 포함)의 제조, 가공 및 판매사업을 영위하며, 화장품과 생활용품, 녹차 사업부문(Daily Beauty&Sulloc)으로 구분된다. 화장품 사업부문의 주요 제품으로는 설화수, 헤라, 아이오페, 이니스프리, 에뛰드 등이 있으며, Daily Beauty&Sulloc 사업부문의 제품으로는 미쟝센, 해피바스, 덴트롤, 려, 송염, 설록차 등이 있다.[60]

아모레퍼시픽은 1997년 미생물 연구를 시작해 2008년부터 아이오페가 이를 활용한 화장품을 출시한 바 있다. 최근엔 일리윤 '프로바이오틱스 스킨 배리어 라인', 이니스프리 '그린티 프로바이오틱스 크림' 등 제품을 잇달아 출시하면서 계보를 이어가고 있다. 아모레퍼시픽은 마이크로바이옴이 개인 맞춤형 화장품 개발에도 활용될 수 있다고 판단다고 있다. 즉 화장품 과학의 또 다른 가능성을 여는 영역이라고 보는 것이다.

아모레퍼시픽은 최근 글로벌 업체 지보단과 피부 미생물 공동 연구를 위한 협약에 나서는 등 관련 연구를 강화하고 있다. 이번 연구는 한국과 프랑스 여성의 '피부 미생물 생태계'에 관한 것으로, 피부 건강 유지 방법을 찾는 게 목표다. 지보단은 마이크로바이옴 등 피부 미생물 관련 분야에서 15년 넘게 연구를 이어오고 있다.[61]

최근 아모레퍼시픽은 녹차유산균 연구센터를 개소하고, 제주 유기농 차 밭에서 발견한 새로운 유산균 소재를 연구하고 이를 제품에 접목하는 데 집중하고 있다. 아모레퍼시픽 프리미엄 기능성 스킨케어 브랜드 라네즈는 최근 5세대 `워터 슬리핑 마스크 EX`를 출시했다. 2002년 출시 후 라네즈 글로벌 베스트셀러로 자리 잡은 `워터 슬리핑 마스크`를 업그레이드한 제품이다.

새롭게 선보인 워터 슬리핑 마스크 EX에는 외부 자극으로 손상받고 흐트러진 피부 균형을 바로잡아주는 `슬리핑 마이크로바이옴` 기술을 처음 적용했다. 녹차 유산균 발효 용해물인 238억마리 프로바이오틱스 유래 성분을 담은 `프로바이오틱스 콤플렉스`

60) 잡코리아
61) "100조 시장 잡아라"…뷰티업계 '菌의 전쟁', 이윤재, 매일경제, 2019.12.02

는 피부 방어력을 강화해주고 지친 피부를 맑고 투명하게 가꿔준다.

 아모레퍼시픽의 두피 스킨케어 브랜드 라보에이치도 탈모 증상 완화 효능을 인정받은 카페인과 특허받은 프로바이오틱스 성분을 담은 신제품 `더 프리미엄9 샴푸`를 출시했다.
 식물 유래 카페인을 주성분으로 사용한 이 제품에는 아모레퍼시픽 기술연구원이 마이크로바이옴 연구를 통해 두피장벽 강화 효능을 확인한 프로바이오틱스 성분도 담겼다. 특허를 받은 프로바이오틱스(락토바실러스 발효 용해물)와 프리·포스트 바이오틱스 성분을 함께 사용해 모근을 강화하고 진정·보습 효과를 통해 두피를 가꿔준다.[62]

---

62) "유산균, 이젠 피부에도 바르세요", 이영욱, 매일경제, 2021.02.01

다) 코스맥스

[그림 51] 코스맥스

코스맥스는 1992년 설립된 화장품 연구개발 생산 전문 기업으로 화장품 ODM 전문 기업이다. 코스맥스는 국내 외 600여개 브랜드에 화장품을 공급하는 한편, 해외 고객으로 세계 최대 화장품 그룹을 비롯하여 100여개 이상의 브랜드에 제품을 공급하고 있다. 또한, 전체 인력의 약 25% 정도를 연구 개발 인력이 차지하고 있으며, 복합 연구 조직인 코스맥스 R&I 센터를 운영하는 등 업계 최고 수준의 R&D 능력 또한 보유하고 있다.[63]

코스맥스 소재 랩(Lab)은 지난 2011년부터 다양한 미생물들이 사람의 피부에 공생하면서 많은 역할을 수행할 것이라고 예측하고 특히 항노화와 관련된 미생물을 찾아 연구를 진행했다. 그 결과 코스맥스는 2019년 세계 최초로 항노화 마이크로바이옴 화장품을 개발했다. 코스맥스가 찾아낸 코드명 'Strain CX' 계열의 상재균은 젊은 연령의 여성의 피부에서 많이 확인됐다. 즉, 'Strain CX' 계열의 상재균이 나이가 들면서 점차 사라지는 사실을 코스맥스가 발견했고 피부 노화에 직접적인 영향을 준다는 사실을 세계 최초로 밝혀낸 것이다.[64]

이후 코스맥스는 '스킨 마이크로바이옴의 기능성 물질과 피부 노화와의 상관성 규명'(Spermidine-induced recovery of dermal structure and barrier function by skin microbiome) 논문을 네이처 커뮤니케이션 바이올로지에 등재했다고 밝혔다. 코스맥스는 'Strain CX' 계열의 미생물을 'Strain-COSMAX'로 명명하고 안티에이징 기능을 밝혀내기 위해 GIST와 전체 유전자의 역할을 추적할 수 있는 전장 유전자(whole genome analysis) 분석을 진행했다.

분석 결과 이 미생물은 다양한 피부대사를 조절해 노화 현상에 영향을 준다는 사실을 밝혔다. 대사 과정에서 생성되는 '스퍼미딘' 물질이 피부 안티에이징에 직접 영향

63) 코스맥스, NH투자증권, 2020.05.28
64) 코스맥스, 세계 최초 항노화 마이크로바이옴(Microbiome) 화장품 개발, 코스맥스, 2019.04.08

을 준다는 사실 역시 찾아냈다. 스퍼미딘은 피부의 콜라겐 합성과 지질 분비를 활성화시켜 피부의 보습은 물론 탄력, 안티에이징 효능을 나타낸다는 것도 확인했다.

 최근 코스맥스가 '2세대 피부 마이크로바이옴'을 발견하는데 성공하면서 신규 '과(family)' 수준의 발견으로 화장품 업계는 물론 생물학계에도 큰 반향을 불러올 전망이다. 인간 피부에서 피부 장벽을 구성하는 성분과 유사한 성질을 지닌 신규 미생물 그룹을 발견했다. 앞선 Strain CX' 계열의 상재균 발견의 후속 연구로 한국인 약 1000여 명을 대상으로 피부 마이크로바이옴을 분석하고 종균을 확보했다. 이 과정에서 피부 탄력 및 장벽 치밀도가 높은 영유아 그룹에서도 신규 미생물 그룹 발견에 성공했다. [65]

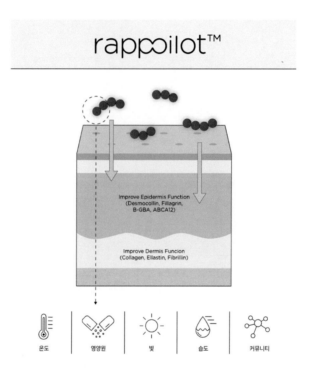

코스맥스는 2세대 피부 마이크로바이옴의 명칭을 '라포일럿(Rappoilot™)'으로 정하고 상표 출원 및 제품화에 나선다. 이르면 오는 5월 고객사에서 라포일럿을 적용한 제품을 출시할 예정이다. 아울러 국제 미생물 연구 학술지인 '계통분류학회지(IJSEM)'에도 게재할 예정이다.

코스맥스는 피부 마이크로바이옴 활용 분야를 다양한 제품 개발로 연결, 해당 영역을 넓혀나갈 예정이다. 코스맥스는 항노화 화장품, 탈모방지 샴푸, 가글 제품, 구강 건강 기능식품 등으로 제품화해 시장에 선보이겠다는 계획도 구체화하고 있다.[66]

---

65) 코스맥스, '2세대 피부 마이크로바이옴' 발견…세계 최초 이어간다 / 팜뉴스
66) 코스맥스, 마이크로바이옴-피부 노화 상관성 첫 규명, 허강우, 코스모닝, 2021.02.23

라) 동아제약

[그림 53] 동아제약

동아제약은 소비자들이 처방전 없이 살 수 있는 일반의약품, 의약외품, 건강기능식품, 화장품의 사업을 영위하고 있다. 대표적인 제품으로는 박카스, 판피린, 써큐란, 가그린, 모닝케어, 템포 등이 있다.

동아제약은 크게 일반의약품, 헬스케어, 건기식 제품을 개발하고 있다. 일반의약품 부문에서는 독점성분의 임상개발을 통한 신약연구, 브랜드 제품의 지속적인 성장을 위한 제품력 강화연구, 신시장 창조와 대형시장 진출을 위한 효능형 제품연구를 수행하고 있다. 헬스케어 부문에서는 구강청결제 브랜드인 '가그린'을 중심으로 오랄케어 분야에 대한 연구개발을 진행하고 있다. 또한 구강건강 외에도 중국, 미국 등으로 진출할 수 있는 제품 연구를 수행 중이다. 건기식 제품 부문에서는 다기능성, 고기능성의 독점가능한 신소재를 발굴하여 인체적용시험을 통해 차별화된 제품을 개발하고 있다. 또한 국내개발 건기식제품에 대해 국제규격에 부합하는 허가자료와 임상자료를 확보하여 글로벌 시장 진출을 목표로 하고 있다.

동아제약은 2019년 지놈앤컴퍼니와 Health&Beauty 제품 공동개발 업무협약을 체결했다. 이번 협약은 지놈앤컴퍼니의 마이크로바이옴 기술을 활용해 일반의약품, 건강기능식품, 확장품 등 신규 제품을 개발하기 위한 취지다. 이에 따라 양사는 지놈앤컴퍼니가 보유한 마이크로바이옴 기반 기술과 노하우를 활용해 공동연구와 상업화를 추진할 방침이다.[67]

최근 마이크로바이옴 성분을 함유한 '하이-시카 바이옴 카밍 컨디션 패드'를 출시했다. 피부 진정 핵심 성분인 병풀추출물 46% 등 시카 성분 6종과 동아제약에서 개발한 특허 마이크로 바이옴, 판테놀 성분을 함유하여 건강한 피부 컨디션을 위한 진정 케어, 피부 pH밸런스 케어, 수분 장벽 케어 3가지 솔루션을 제공한다[68]

---

67) 동아제약, 마이크로바이옴 기술로 시장 개척 나선다, 양영구, 메디컬옵저버, 2019.08.19
68) 동아제약 파티온, 리뉴얼 '하이-시카 바이옴 카밍 컨디션 패드' 출시 / 메디소비자뉴스

마) 유한양행

[그림 54] 유한양행

유한양행은 의약품, 화학약품, 공업약품, 생활용품 등을 생산하는 국내 1위 제약회사다. 유한양행은 과거 복제약으로 외형 성장을 해왔지만, 최근 도입품목보다 수익성이좋은 개량신약 비중을 늘리고 있다. 개량신약은 기존 약품을 활용하기 때문에 개발비용과 시간이 적게 들고 성공확률도 더 높다. 그리고 2020년부터는 대웅제약과 손잡고위궤양 치료 개량신약을 개발중이다.

유한양행은 2019년 마이크로바이옴 연구·개발 기업 지아이이노베이션과 신약 공동개발을 위해 업무협약(MOU)를 체결했다. 본 MOU를 통해 유한양행은 지아이이노베이션이 보유한 SMART-Selex(스마트셀렉스) 플랫폼 기술을 활용해 신약 개발에 박차를 가할 계획이다. 스마트셀렉스는 신약개발 단계에서 난관으로 꼽히는 안정적 단백질 선별과정의 속도와 생산성을 높일 수 있는 것으로 알려져 있다.[69]

이후 유한양행은 2020년 11월 마이크로바이옴 위탁생산 기업인 메디오젠의 지분30%를 확보했는데, 이는 비처방의약품 및 생활건강사업 실적에 긍정적인 영향을 줄것으로 전망된다.[70] 메디오젠은 프로바이오틱스 OEM(위탁생산)·ODM(위탁개발) 전문기업이다. 바이오 벤처로는 드물게 매출이 발생하는 기업이다. 차별화된 프로바이오틱스 기술(균 원료 안정 원천기술, 장 증식률을 높이는 SP코팅기술)을 보유하고 있다.[71]

또한 유한양행은 약 1조원에 육박하는 시장성을 가진 프로바이오틱스 소재 및 새로운 치료제 패러다임을 가져올 마이크로바이옴 치료제 분야를 미래성장을 위한 주요동력사업으로 점 찍고, 2021년 9월 에이투젠을 인수했다. 2022년 에이투젠이 호주지사를 통해 마이크로바이옴 치료제 LABTHERA-001에 대한 호주 임상 1상 시험 투약을개시했다고 밝혔다. 이번 임상은 건강한 성인 여성을 대상으로 LABTHERA-001의 안전성과 수용성을 조사하고 건강한 질내 세균총의 회복을 통해 LABTHERA-001의 세균성 질염의 재발 예방 효과를 탐색하는 것을 목표로 한다. 향후 임상의 토대를 마련하기 위해서다. 임상 완료 목표 시점은 2023년 5월이다.[72]

---

69) 유한양행, 마이크로바이옴 연구기업 '지아이이노베이션'과 MOU 체결, 뉴스핌, 2019.08.26
70) "유한양행, 마이크로바이옴·렉라자로 성장 기대", 한국경제, 2021.02.25
71) 유한양행이 선택한 메디오젠, 가치 증명할까?, 이데일리, 2021.02.26

바) GC 녹십자

[그림 55] GC 녹십자

GC녹십자는 혈액제제, 백신제제, 일반의약품 등 의약품을 제조 및 판매하는 제약 기업으로, 업계에서는 국내 백신·혈액제제 분야 강자로 손꼽힌다. GC녹십자는 WHO 산하 기관향 공급계약 체결을 완료했으며, 대표 제품으로 면역글로불린 IVIG-SN, 헌터 증후군 치료제 헌터라제, 혈우병 치료제 그린진에프 등을 보유하고 있다.[73]

GC녹십자는 2019년 천랩과 마이크로바이옴 치료제 생산 및 연구개발에 대한 업무협약을 체결했다. 이번 협약을 통해 양사는 마이크로바이옴 치료제 생산 및 치료제 후보 물질 연구개발을 위해 상호협력하기로 했다.

특히 천랩의 마이크로바이옴 치료제의 CMO(Contract Manufacturing Organization, 위탁생산), CDMO(Contract Development and Manufacturing, 위수탁 개발·생산) 분야의 기술적 협력을 우선 추진한다. 또한 양사 간 상호 관심 질환에 대한 치료제 연구개발에 시너지를 창출한다는 계획이다.

천랩은 마이프로바이옴 정밀 분류 플랫폼(Precision Taxonomy Platform)을 기반으로 신약을 개발하고 있다. 이 플랫폼 기술은 유전체학(Genomics) 기반의 분류 시스템과 메타지놈 프로파일 기술을 기반으로 질병과 연관된 신종 또는 알려진 종에서 새로이 분리된 균주를 정밀하게 동정해 진단제품 및 치료제 개발에 활용할 수 있다.[74]

또한, 2021년 유전자 분석업체 GC녹십자지놈은 최근 마이크로바이옴 검사 서비스 '그린바이옴 Gut'를 선보였다. 차세대 염기서열 분석방법(NGS)을 활용해 장내 전체 미생물을 확인하고 전체적인 다양성과 유익균·유해균 비율, 균형 지표 등에 대한 정보를 제공한다. GC녹십자지놈은 이 서비스를 통해 각종 질환 발생 위험도와 식이요법 등 맞춤 가이드라인을 제공할 계획이다.[75]

---

72) 유한양행 투자사 에이투젠, 마이크로바이옴 치료제 호주 임상1상 개시 / 이데일리
73) 녹십자, NH투자증권, 2020.10.14
74) 천랩, GC녹십자와 '마이크로바이옴 신약 개발' 가속도, 바이오스펙테이터, 2019.07.05
75) 대변 검사로 질병 위험 예측한다…헬스케어 산업 꿈틀, 뉴시스, 2021.01.14

사) 종근당바이오

[그림 56] 종근당바이오

종근당바이오는 종근당에서 분사된 국내 1위 원료의약품 수출기업이다. 주요제품은 Potassium Clavulanate(PC), Acarbose 등의 항생제 및 당뇨병치료제 원료이며, 발효기술을 바탕으로 건강기능식품(프로바이오틱스) 원료를 종근당건강에 납품하고 있다.[76]

종근당바이오는 2020년 1분기까지 마이크로바이옴 원료의약품(API)를 생산할 수 있는 GMP 수준의 공장을 구축하는 것을 목표로 하고 있다. 이를 통해 균주 분리부터 배양, 생산, 제형화까지 수행할 수 있는 원스톱 프로세스를 제공할 예정이며, 또한 향후 마이크로바이옴 위탁생산(CDMO) 서비스 제공을 목표로 한다.

종근당바이오는 마이크로바이옴 연구를 위해 서울대 평창 캠퍼스와 협력해 장내미생물 은행을 설립했으며, 2019년 기준 1500균주를 라이브러리 형태로 보유하고 있다. 종근당바이오는 이 균주들을 활용해 프로바이오틱스 식품, 치료제를 개발할 예정이다.[77]

종근당바이오는 2016년부터 프로바이오틱스 시장에 뛰어들었다. 2016년 7월 건강기능식품 GMP 승인을 받았고 2017년 8월 프로바이오틱스 고시형 품목 승인을 완료했다. 종근당바이오는 '내추럴프롤린 배양공법'과 '실크 피브로인 코팅공법'이라는 프로바이오틱스 특허기술을 보유하고 있다. 두 가지 특허기술을 접목해 유산균의 안정성을 향상시키고 장까지 잘 정착하도록 하는 기법이다.

프롤린공법은 균주 생존력 강화를 위해 유산균 제조 과정에서 프롤린을 첨가하는 공법이다. 다중코팅 없이도 위산과 담즙산으로부터 유산균의 생존율을 높이는 특허기술이다. 프롤린은 식물과 미생물이 외부환경으로부터 자신을 보호하기 위해 내뿜는 천연물질이다.

---

76) 종근당바이오, 한국투자증권, 2019.10.18
77) 마이크로바이옴 약 개발 위한 종근당의 야심, 히트뉴스, 2019.09.21

실크피브로인 코팅공법은 실크피부로인을 유산균에 코팅해 장내 정착성을 향상시키는 공법이다. 유산균의 내산성, 내담즙성 뿐만 아니라 장 상피세포 부착능을 증가시키는 특허 기술이다. 실크피브로인은 살아이는 누에고치에서 추출한 아미노산 복합유기체를 말한다.

최근에는 연세의료원과 공동으로 서울 서대문구 세브란스병원에 마이크로바이옴 연구센터를 열었다. 연구센터에는 인체 유래 마이크로바이옴 기반 후보물질을 도출하고 평가할 수 있는 자동화 분석기기를 포함한 최신식 설비를 구축했다고 회사는 설명했다.

종근당바이오 관계자는 "최근 국내외에서 대사성 질환, 신경계 질환 등을 중심으로 마이크로바이옴 치료제 개발이 활발하게 진행되고 있다"며 "CYMRC를 통해 마이크로바이옴 치료제 개발에 박차를 가하겠다"고 말했다.[78]

---

78) 종근당바이오, 세브란스에 마이크로바이옴 공동연구센터 열어 / 연합뉴스

[그림 57] 고바이오랩

고바이오랩은 2014년 설립된 기업으로 마이크로바이옴 신약 및 기능성 프로바이오틱스로 사업을 영위하고 있다. 고바이오랩은 국내 상장사 중 마이크로바이옴 치료제 개발 단계가 가장 앞서있는 기업으로, 건선 치료제 KBL697는 글로벌 임상 2상 미국 FDA IND 승인을 받은 상황이다. 고바이오랩은 건선 치료제 외 천식, 아토피 피부염, 염증성 장질환, 간 질환 치료제 등 다양한 파이프라인을 보유하고 있으며, KBL693 아토피/천식 치료제의 경우 호주 임상1 상을 진행 중이다.

과제	KBLP-001 (면역 피부질환 치료제)	KBLP-002 (알레르기 질환 치료제)
개발 제품	KBL697	KBL693
치료 요법	생균의약품(단일균주, 경구투여)	생균의약품 (단일균주, 경구투여)
작용 기전	Gut-Skin Axis Th17/Th2 cytokine 조절, 면역조절cytokine 증가	Gut-Lung (Skin) Axis / Th2, ILC2 염증반응 억제, 면역조절 cytokine 증가
목표 적응증	건선, 아토피피부염	천식, 아토피피부염
개발 단계	글로벌 임상2상 미국 FDA IND 승인	임상1상

[표 24] 고바이오랩 주요 후보물질

글로벌 마이크로바이옴 전문업체인 세레스 테라퓨틱스(Seres Therapeutics)는 SER109(재발성 클로스트리디움 디피실 감염(CDI) 치료제)에 대한 긍정적인 임상 3상 결과를 발표했으며, 2021년 FDA 허가 신청을 앞두고 있다. 클로스트리디움 디피실은 항생제에 내성이 있어 대변이식으로 치료되고 있으나, 대변이식은 바이러스 감염 관련된 안전성 문제가 있기 때문에 안정성이 높은 경구용 마이크로바이옴 치료제에 대한 니즈가 존재한다. SER-109 임상 3상 결과는 FDA 가 요구한 조건을 크게 초과한 수치라고 세레스 측은 발표했으며, 세계 최초 마이크로바이옴 치료제 허가가 날 경우 국내 마이크로바이옴 전문업체들에 대한 가치도 높아질 것으로 판단된다.

---

79) 고바이오랩, SK중소성장기업분석팀, 2021.01.04
80) [BioS]고바이오랩, '마이크로바이옴' UC "국내 2상 IND 제출" / 이투데이

2020년 8월 고바이오랩은 중등도 건선 환자 대상으로 계획한 임상 2 상 FDA IND 승인을 받았으며, 1H20 임상 2 상을 개시할 것으로 예상한다. 2017년 기준 건선 치료제 시장은 약 163억 달러(약 18 조원)이며, 중등도 환자 대상으로 PDE4 저해제(아프레밀라스트)가 치료제로 사용되고 있다.

고바이오랩의 KBL697 건선 치료제는 기존 치료제 보다 효능, 비용, 안전성과 편의성 측면에서 우수한 편이기 때문에 시판될 경우 원활한 시장점유율 확보가 가능할 것으로 판단되며, 비임상 시험에서 KBL697 투여 시 건선 유도피부 조직의 IL-17, IL-23 등 알레르기 관련 면역 지표들의 유전자 발현 혹은 조직 내농도가 유의하게 감소된 것을 확인된 상황이다. 임상 1 상 시험에서는 위약군 대비 부작용 발생 빈도가 낮고 경도 증상으로 보고되었으며, 우수한 안전성 및 내약성이 확인됐다. 임상 2상 시험은 미국, 호주, 한국에서 진행될 예정이다.

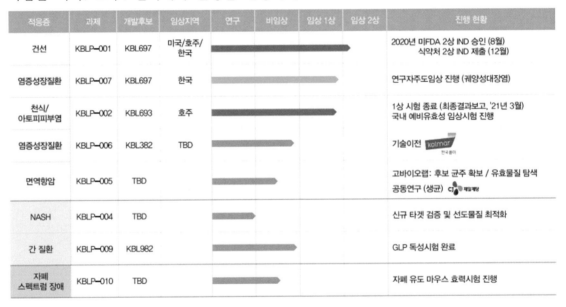

적응증	과제	개발후보	임상지역	연구	비임상	임상 1상	임상 2상	진행 현황
건선	KBLP-001	KBL697	미국/호주/한국					2020년 미FDA 2상 IND 승인 (8월) 식약처 2상 IND 제출 (12월)
염증성장질환	KBLP-007	KBL697	한국					연구자주도임상 진행 (궤양성대장염)
천식/아토피피부염	KBLP-002	KBL693	호주					1상 시험 종료 (최종결과보고, '21년 3월) 국내 예비유효성 임상시험 진행
염증성장질환	KBLP-006	KBL382	TBD					기술이전 kolmar 한국콜마
면역항암	KBLP-005	TBD						고바이오랩: 후보 균주 확보 / 유효물질 탐색 공동연구 (생균) CJ제일제당
NASH	KBLP-004	TBD						신규 타겟 검증 및 선도물질 최적화
간 질환	KBLP-009	KBL982						GLP 독성시험 완료
자폐 스펙트럼 장애	KBLP-010	TBD						자폐 유도 마우스 효력시험 진행

[그림 58] 고바이오랩 신약 파이프라인 현황

최근에는 궤양성대장염(UC) 치료제 후보물질 'KBLP-007(성분: KBL697)'의 임상2상 시험 지역에 국내를 포함하고자 식품의약품안전처에 임상시험계획(IND)을 제출했다.

고바이오랩은 국내 임상의들과 논의에 따라 KBLP-007 임상을 한국 지역을 추가해 진행하기로 결정했다. 식약처가 '생균치료제 임상시험시 품질 가이드라인'을 새롭게 마련함에 따라, 마이크로바이옴 기반 생균치료제의 국내 임상 진행이 가능해진 제도적 기반을 고려한 결정이다. 앞서 지난 2022년 7월 고바이오랩은 미국 식품의약국(FDA)에 KBLP-007의 임상2a상 디자인에서 약물 투여전(pre-treatment) 반코마이신 항생제 처리절차를 제외하는 시험계획 변경신청한 바 있다. 고바이오랩은 FDA로부터 임상2a상을 승인받고 현재 호주에서 환자 모집을 진행하고 있다.

KBL697(면역질환용 미생물소재)는 항염증 작용을 가진 미생물 단일균주 물질 (Lactobacillus gasseri)로 이를 궤양성대장염과 건선 등 여러 자가면역질환에 적용하고 있으며, UC 대상 임상 프로젝트명은 KBLP-007이다. 고바이오랩은 임상1상에서 KBL697 투여시 중대한 부작용이 없는 우수한 안전성과 내약성을 확인했다.

자) 천랩[81]

[그림 59] 천랩

천랩은 유전체 생물정보기술(Bioinfomatics)과 인간 장내미생물모니터링 기술을 보유한 기업으로 NGS를 이용한 정보서비스와 미생물 데이터베이스를 활용한 헬스케어 서비스를 영위하고 있다. 천랩 기술의 근간은 정밀 분류(Precision Taxonomy)라고 할 수 있다. 정밀 분류는 미생물의 전체 게놈 정보를 활용하여 종(species)과 균주(strain)에 가까운 수준에서 미생물을 동정하고 분류할 수 있는 차세대 분류 체계이며 이를 통해서 분류학적 해상도가 낮은 기존의 방법으로 발견하지 못한 대다수의 박테리아를 동정하고 분류하여 진단용 바이오마커나 치료제 후보 물질을 발굴할 수 있는 기회를 제공할 수 있다.

현재 천랩은 독자적으로 개발한 마이크로바이옴 후보 균주를 효율적으로 발굴할 수 있는 미생물 정밀 분류 플랫폼(Precision Taxonomy Platform)과 12만개 이상의 인간 마이크로바이옴 데이터베이스 및 신종 70 여종을 포함한 5,000균주 이상의 미생물 자원을 보유하고 있다. 또한 장 질환과 간 질환 치료제 및 면역항암제와의 병용 치료제 개발을 진행 중에 있으며 간암과 대장암에 대해 종양형성 억제 효과를 보이는 신종 균주 'CLCC1'의 전임상(동물실험 모델 효능) 데이터를 확보하고 있는데 후속 비임상실험을 거쳐 2021년 임상 1상에 진입할 예정이다.

천랩은 2017년 5월 일동제약과 마이크로바이옴 공동연구소를 출범시켰는데 일동제약의 프로바이오틱스 라이브러리와 생산기술 및 제품상용화 솔루션과 천랩의 기술을 융합하여 마이크로바이옴 치료제와 건강기능식품을 개발하는 것을 목적으로 한다. 이후, 2018년 12월 명선의료재단 사과나무치과병원과 ㈜닥스메디와 손잡고 구강 마이크로바이옴 데이터뱅크 설립을 위한 협약을 맺었으며, 2019년 3월 분당서울대병원과 한국생명공학연구원 생물자원센터와 협력하여 건강한 한국인 800명의 대변을 분석하여 한국인 장내 표준 마이크로바이옴 뱅크를 2024년까지 구축하기 위한 첫발을 내딛었다.

천랩은 자체 구축한 최신 분류학과 유전체 기반의 정밀 분류 플랫폼(Precision

81) 천랩, 한국IR협의회, 2020.04.09

Taxonomy Platform)을 활용하여 미생물 생명정보를 분석하는 EzBioCloud 플랫폼과, 감염진단 제품인 TrueBac ID에 적용하여 서비스를 제공하고 있다.

최근 CJ제일제당은 인수 금액 약 983억 원에 달하는 생명과학정보 기업 천랩을 인수하고 마이크로바이옴 기반 차세대 신약 기술 개발에 나선다고 밝혔다. CJ제일제당은 천랩의 기존 주식과 유상증자를 통해 발행되는 신주를 합쳐 44%의 지분을 확보하게 된다.

① 미생물 생명정보 플랫폼 및 솔루션

천랩은 유전체 기반의 정밀 분류 플랫폼(Precision Taxonomy Platform)을 근간으로 연구 목적에 따라 서로 다른 데이터베이스를 유의미하게 연동하여 다양한 결과를 도출할 수 있는 환경과 산업적으로 이용할 수 있는 솔루션을 함께 제공한다.

② 마이크로바이옴 기반 헬스케어 - 스마일바이오미(Smilebiome)

출생과 더불어 정착하는 장내 미생물의 건강한 균형 상태는 식습관과 항생제 남용 등으로 불균형 상태로 바뀔 수 있다. 이러한 불균형 상태는 식습관 개선이나 치료로 건강한 상태로 돌아갈 수 있으므로 장내 미생물 모니터링은 마이크로바이옴 헬스케어를 위해서 반드시 선행되어야 하는 단계이다. 이 모니터링을 위해 천랩이 개발한 스마일바이오미는 차세대 염기서열 분석법(NGS; Next Generation Sequencing)을 이용한 장내 미생물 모니터링 서비스로, 간편한 분변 검사키트로 장내 미생물의 건강상태를 분석하면 연계된 의료진이 결과를 확인하고 상태 개선 또는 유지 방법에 대해 상담을 진행한다.

천랩은 유전체 데이터베이스를 구축하기 위해서 군집 내 미생물의 다양성과 타군집과의 비교 또는 여러 환경요인과의 통계 분석도 수행하고 있으며, 현재 13,000종 이상의 진단용 유전체 정보를 보유하고 있는데 이는 타기업의 대표적인 진단 제품들이 보유한 종의 수보다 약 4배 이상 많은 양이다.

과제명	기간	목표
한국인 정상인의 마이크로바이오 메타게놈 분석법 표준화 기술개발	2016.11~ 2024.08	한국인 장내 마이크로바이옴 분석에 활용할 수 있는 생물정보 시스템 최적화 및 표준화
만성간질환 치료용 파마바이오틱스 개발을 위한 장내마이크로바이옴 비교 분석 및 데이터베이스 구축	2018.04- 2022.12	장내 미생물과 간질환 간의 상관관계를 규명하고 간질환 치료에 효능이 있는 신규 파마바이오틱스 발굴

[표 25] 진행중인 국가 연구개발 내용

특허명	등록일
남조류의 유전자 증폭용 프라이머 및 이를 이용한 남조류의 탐지방법	2015.01.13
마이크로시스티스속 균주이 유전자 증폭용 프라이머 및 이를 이용한 마이크로시스티스속 균주의 탐지 방법	2015.03.31
전장 리보솜 RNA 서열정보를 얻는 방법 및 상기 리보솜 RNA 서열정보를 이용하여 미생물을 동정하는 방법 (PCT, 미국, 유럽 특허 출원 중)	2017.11.09
테트라뉴클레오타이드 빈도를 이용한 미생물 정보를 얻는 방법 (PCT, 미국, 특허 출원 중)	2019.07.10

[표 26] 천랩이 보유 중인 국내 특허

차) 지놈앤컴퍼니[82]

[그림 60] 지놈앤컴퍼니

지놈앤컴퍼니는 유전체 분석을 기반으로 건강증진과 긴밀하게 연관있는 마이크로바이옴의 임상적 효능을 연구개발하고 기술이전 등을 통해 사업화하는 신약 개발 전문기업이다. 지놈앤컴퍼니는 기술이전 등을 통한 사업화를 기본 비즈니스 모델로 하고 있다.

지놈앤컴퍼니는 Bed-to-Bench (임상 현장 정보를 기반으로 실험실 연구 개발로 이어지는) 전략의 GNOCLE™ 플랫폼을 구축했다. 또한, 공동 연구 관계를 맺고 있는 국내 유수의 연구 중심병원에서 환자 관련 데이터를 확보하였고, 이후 1) 환자 분변 유전체/대사체 분석을 통해 마이크로바이옴 발굴 2) 암환자의 암조직 유전체 분석을 통해 알려지지 않은 신규 약물 표적을 발굴하고 있다.

마이크로바이옴 파이프라인 GEN-001은 머크·화이자와의 협업으로 비소세포폐암, 두경부암, 요로상피암에서 바벤시오주(Avelumab)와 병용 1/1b상 임상을 미국, 한국에서 진행하고 있다 (STUDY 101). 또한, 해당 글로벌 제약사로부터 약 100억원 상당의 바벤시오주를 무상지원 받고 있으며 2021년 중반 안전성 데이터 공유를 목표로 하고 있다.

다음으로, 한국인 호발 암종(위암 등) 타겟 임상인 STUDY 102는 글로벌회사에 협업 막바지 단계이며 2021년 상반기내 구체적으로 소개할 예정이다. 결과를 기반으로 한 우선검토권을 머크·화이자에 부여하여 글로벌 L/O로 자연스럽게 넘어갈 수 있는 계약을 체결하였으며, LG화학과는 동아시아 권역에 대한 개발 및 상업화 L/O를 체결한 상황이다.

또한, 암조직에 발현하는 신규타겟 물질인 GICP-104를 공략하는 GENA-104 개발로 면역항암제를 개발하고 있다. First-in-Class 면역항암제 개발도 동사 파이프라인의 한 축을 이루고 있는데, 현재 물질 최적화 및 전임상 진행중이며, 빠르면 2021년 1분

---

82) 지놈앤컴퍼니, 키움증권, 2021.01.26

기 내 이미 계약한 삼성바이오로직스와 협업하여 생산공정개발 들어갈 예정이다.

미국 자회사 Scioto Biosciences의 마이크로바이옴 자폐증 치료제는 FDA 임상 1상 IND 승인을 완료했으며, 아토피 및 항암 발진의 주원인인 황색포도상구균 (Staphylococcus aureus)을 선택적으로 억제하는 연고 제형 GEN-501은 2021년 말 전임상 완료 및 임상 1상 진입을 목표로 하고 있다.

지놈앤컴퍼니는 마이크로바이옴 면역항암제 파이프라인을 보유하고 있는데, 중요한 사실은 회사가 직접 신규 약물-표적(신규 타깃)을 발굴한다는 점이다. 지노클 (GNOCLE™) 신규 약물-표적 발굴 플랫폼을 통해 항체 신약을 개발 중이다. 2022년 4월 미국 뉴올리언스에서 열린 AACR에서 GENA-104, GENA-105, GENA-111 등 신규타깃 항암제 파이프라인의 연구성과를 발표했다.

GENA-104는 T세포의 활성을 저해하는 신규 타깃 CNTN-4를 억제해 인체 내 T세포 활성을 유도해 암세포를 사멸시키는 신규 타깃 면역항암제 파이프라인이다. 현재 삼성바이오로직스와 협업해 생산 공정개발을 진행 중이며 내년 2023년 1분기 임상 1상에 진입하는 것을 목표로 하고 있다.

GENA-105, GENA-111은 전임상 초기 단계의 파이프라인으로 전해진다. GENA-105는 신규 타깃 GICP-105를 억제해 인체 내 T세포 활성을 유도할 수 있다. 회사 측에 따르면, 향후 후보물질을 선정해 본격 개발에 착수할 예정이다.

ADC(항체-약물 접합체) 후보물질인 GENA-111은 해외 바이오텍과 공동개발 중이다. 서 대표는 "GENA-111은 지놈앤컴퍼니에서 발굴한 항체 GENA-111과 스위스 디바이오팜(Debiopharm)의 ADC 기술(Multilink)을 결합해 도출한 것"이라며 "동물 실험에서 우수한 항암 효능이 나왔다. 지놈앤컴퍼니와 디바이오팜이 지속적으로 협업해 전임상을 거친 후 임상까지 진행하는 계획을 목표로 현재 공동연구개발을 진행하고 있다"고 덧붙였다.[83]

---

83) "FIPCO 꿈꾸는 지놈앤컴퍼니, 마이크로바이옴·항체 신약개발 도전" / 히트뉴스

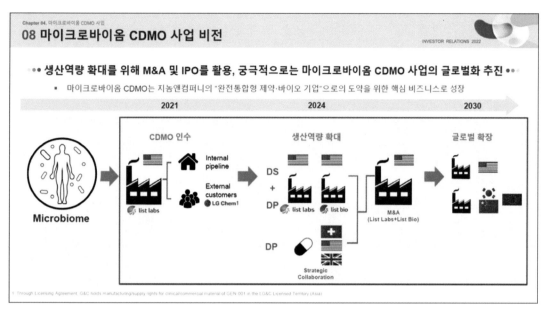

[그림 61] 지놈앤컴퍼니 IR 자료집

카) 쎌바이오텍[84]

[그림 62] 쎌바이오텍

쎌바이오텍은 1995년 2월에 설립되어 2002년 12월에 코스닥 시장에 상장되었다. 쎌바이오텍은 미생물 전문가 집단으로 구성되어 프로바이오틱스와 관련한 건강기능식품 제조업을 주요 사업으로 영위하고, 자사 브랜드 제품 생산뿐만 아니라 OEM(Original Equipment Manufacturer, 주문자상표부착생산)/ODM(Original Design Manufacturer, 제조자설계생산)생산으로 매출이 발생하고 있다. 또한, 프로바이오틱스 발효 기술을 기반으로 기능성 화장품 브랜드를 론칭하여 화장품 제조 사업을 함께 영위하고 있으며, 대장암 치료제의 개발로 의약품 제조업까지 사업을 확장함으로써 기업경쟁력을 강화하고 있다.

쎌바이오텍은 '듀오락'을 대표 브랜드로 설정하고, 여기서 확장한 제품 포트폴리오를 구축하고 있으며, 이를 위해 연구개발을 지속적으로 추진하고 있다. '듀오락'은 동사의 20년 이상의 노하우를 기반으로 개발된 브랜드로, 제품의 연령별 맞춤형 프로바이오틱스 라인업과 다양한 기능별 프로바이오틱스 라인업을 보유하고 있다.

쎌바이오텍은 World Class 300, 파마바이오틱스 부문, 임상팀 및 공정분석 팀의 전문화된 연구·개발 조직을 보유하고 있다. World Class 300 부문은 유산균 약물전달체, 세포 내 작용 메커니즘, 비임상 시험 및 분리/정제 등의 연구를 수행하는 파트로 세분화되어 있고, 파마바이오틱스 부문은 cGMP 공정 최적화, 균주 관리 및 기능개선, 분석, 정부 과제/특허 및 기능성 연구, NGS(Next Generation Sequencing, 차세대 염기서열 분석)를 이용한 마이크로바이옴(장내 미생물 유전정보) 등 유전자 탐색과 같은 분야로 세분화되어 있다. 또한, 임상팀은 자사 제품의 임상시험을 총괄하는 역할을 하고, 공정분석 팀은 제품의 기능/성분 분석 및 화장품 개발을 진행하고 있다.

또한, 쎌바이오텍은 사업의 다각화를 위해 프로바이오틱스를 이용한 의약품 개발에 참여하였고, 난치성 장 질환의 치료를 위한 항암 치료제를 개발하고 있다. 유산균 및

---

84) 쎌바이오텍, 한국IR협의회, 2020.12.03

인체에서 궤양성 대장염, 대장암 치료 단백질(P8, P14, Cystatin, IL-10)을 분리하고, P8 단백질 유전자를 표적 단백질 전달체인 김치유산균(Pediococcus pentosaceus)에 주입한 유전자 치료제를 개발하여 항암 치료 효과에 대한 데이터를 확보하고 있다. 현재 임상 1상 IND 신청 준비 중이며, 2021년 임상 1상, 2023년 임상 2상 진입과 함께 적응증 확대를 위한 추가 연구를 기획하고 있다.

쎌바이오텍은 지난 20여 년간 프로바이오틱스를 전문적으로 연구하여 유산균의 체내 생존율 및 안전성을 현저하게 높이는 이중코팅 기술을 개발하였다. 쎌바이오텍의 이중코팅 기술은 공기, 수분과의 직접적인 반응을 억제하고, 생리활성 기능을 유지하면서 내열성, 내담즙성을 강화함으로써 생균 안정성 및 가공 안정성을 증대시켰다. 또한, pH 의존성 방출 시스템을 구현하여 위에서 유산균을 보호하고 장에서 활성화되도록 하였고, 이와 관련한 특허를 한국, 미국, 유럽, 일본, 중국 등에서 출원 및 등록하여 쎌바이오텍이 개발한 이중코팅 기술의 독점적 권리를 확보했다.

또한, 후속 연구를 진행하여 이중코팅 유산균에 나노입자를 추가 코팅한 삼중코팅 기술, 이에 식용유지 코팅을 추가한 멀티코팅 기술을 개발하였고, 이를 통해 경쟁사 기술에 대한 압도적 우위를 확보하였다.

쎌바이오텍은 모유 수유를 받은 아기와 건강한 한국인으로부터 분리한 균주, 우리나라 전통 발효음식에서 분리한 균주 등 100% 한국산 유산균 라이브러리를 확보하여 제품을 생산하고 있다. 본 균주를 한국인 대상으로 인체 시험을 수행하여 해당 균주의 안전성을 입증하고, NGS 장비를 활용하여 균주의 WGS(Whole Genome Sequencing, 전장유전체)를 분석, 관리함으로써 균주 안전성을 유지하기 위한 노력을 기울이고 있다.

또한, 쎌바이오텍의 균주는 임상시험/비임상시험을 통해 과학적으로 입증된 특허 받은 것으로, 균주의 안전성을 확보하고 동일한 품질로 제품에 적용하기 위해 미생물 공인기관에 기탁 하였다. 이에 더하여, 쎌바이오텍은 균주별 성장 속도를 고려하여 균주를 과학적으로 배합하여 맞춤형 균주 배합을 설계하고 이를 바탕으로 최적의 제품을 생산하고 있다.

쎌바이오텍은 2015년 World Class 300 기업으로 선정되어 정부 과제 '난치성 장질환 치료제 개발'을 수행하여 대장암 치료제를 개발하고 있다. 유산균 유래 자체 개발 항암 단백질 후보물질인 P8을 동정하고 이의 대장암 치료 효과를 확인하였다. 유산균에 P8 단백질을 코딩하는 유전자를 도입한 PP-P8 균을 제조하였다. 그 결과 PP-P8 균 투여 일수에 따라 대장암 종양 증식이 억제되었고, 시판되는 대장암 치료제(5-Fu)와 비교 시 일부 종양에 대해 유사한 효과를 갖는 것으로 관찰되었다. 다만,

이는 동물 모델을 이용한 실험 데이터로, 인체 적용 시 차이를 보일 수 있기 때문에 인체 실험을 통한 검증이 필요한 것으로 파악된다.

쎌바이오텍은 유산균에서 유래한 P8 단백질 및 이의 대장암 치료 용도에 관련된 기술을 특허 등록하여 기술경쟁력을 확보하고 배타적 독점권을 확보하였다. 2020년 11월 기준 이와 관련된 국내 특허 5건 등록, 국내 출원 4건 진행 중, 해외 특허 1건 등록, 9건 진행 중이다.

출원번호(출원일)	발명의 명칭	등록번호(등록일)
10-2016 0159479 (2016.11.28.)	유산균 유래 P8 단백질 및 이의 항암용도	10-1910808 (2018.10.17.)
10-2018-0003002 (2018.0.09.)	유전자 발현 카세트 및 그를 포함하는 발현벡터	10-1915949 (2018.11.01.)
10-2018-0003005 (2018.01.09.)	시스타틴을 발현 및 분비하는 위장관 질환 치료 약물 전달용 미생물 및 그를 포함하는 위장관 질환 예방 또는 치료용 약제학적 조성물	10-1915950 (2018.11.01.)
10-2018-0003008 (2018.01.09.)	P8 단백질을 발현 및 분비하는 위장관 질환 치료 약물 전달용 미생물 및 그를 포함하는 위장관 질환 예방 또는 치료용 약제학적 조성물	10-1915951 (2018.11.01.)
10-2019-0100347 (2019.08.16.)	영양요구성 마커를 포함하는 재조합 플라스미드 이를 포함하는 항암 약물 위장관 전달용 미생물 및 그를 포함하는 항암 약제학적 조성물	10-2052108 (2019.11.28.)
10-2018-0060702 (2018.05.28.)	유산균 유래 단백질의 활성 단편 펩타이드 및 이의 용도	-
10-2018-0060703 (2018.05.28.)	유산균 유래 단백질과 대장암 타겟팅 펩타이드를 포함하는 융합 단백질 및 이의 용도	-
10-2018-0060704 (2018.05.28.)	유산균 유래 단백질과 항암 펩타이드를 포함하는 융합 단백질 및 이의 용도	-
10-2019-0112682 (2019.09.11.)	유산균 유래 P8 단백질의 발현 컨스트럭트를 포함하는 대장 질환의 치료 또는 예방용 조성물	-

[표 27] 쎌바이오텍 국내 특허 출원 상황

타) 제노포커스[85]

[그림 63] 제노포커스

제노포커스는 2000년 4월에 효소, 발효물질, 단백질 개량 신약 등의 개발과 생산 및 판매를 목적으로 설립되어 2015년 5월 코스닥 시장에 상장되었다. 제노포커스는 효소 개발 및 제조를 수행하는 기업이다.

효소란 생물체 내에서 각종 화학반응을 촉매하는 단백질로, 생체촉매제 역할을 한다. 효소를 사용한 반응은 기존 화학합성 방법 대비 정밀하고 친환경적이며, 약 108~1,014배 이상의 효율을 나타낸다. 대량생산이 어려워 활성화되지 못하던 과거와 달리 최근 유전공학(유전자 조작기술, 단백질공학기술 등)의 발전으로 효소의 대량생산이 가능해지면서 글로벌 효소업체들이 상업적 성공을 통해 시장을 확장하고 있다. 제노포커스의 주요 매출을 이끄는 제품은 Acetylphytosphingosine, Lactase, Catalase이며, 이 중 Lactase와 Catalase는 제노포커스가 개발한 효소 제품이다.

제노포커스는 효소 생산을 위한 전주기 기술을 보유하고 특별히 동사만의 차별화된 두 가지 기술을 확보하고 있는데 그 첫 번째 기술은 '미생물 디스플레이 기술'이다. 미생물 디스플레이 기술은 목적 단백질이 세포 표면에 노출되어 있고, 해당 유전자가 세포와 물리적으로 결합 되어 있는 생물학적 원리에 따라, 효소의 초고속 개량에 유용하게 활용되는 기술이다. 제노포커스는 박테리아와 포자를 기반으로 한 다양한 디스플레이 기술의 포트폴리오를 보유하고 있어 용도에 따라 최적의 디스플레이 기술을 선택하여 응용 분야에 활용할 수 있는 등 기술적 우위를 가지고 있다. 이는 효소의 개량을 신속하고 정확하게 하도록 하는 효소제조의 핵심기술이다.

제노포커스의 두 번째 핵심 기술인 재조합 단백질 분비발현 기술은 효소의 경제적인 대량생산을 가능하게 하는 기술이다. 현재 상업화된 산업용 효소의 80% 이상이 바실러스와 곰팡이를 이용하여 생산되고 있으며, 제노포커스는 바실러스와 곰팡이를 통한 분비발현 기술을 모두 확보한 기업으로 이는 세계에서 제노포커스와 3개 기업

85) 제노포커스, 한국 IR협의회, 2021.03.04

(Novozymes, DuPont, DSM)만이 보유하고 있는 기술이다. 제노포커스는 본 기술을 통해 목적 단백질을 미생물 세포 밖으로 분비 생산하여 세포의 파쇄나 분리정제 없이 고순도의 효소를 대량으로 생산하고 있으며, 이는 제노포커스의 제품이 시장에서 원가 경쟁력을 확보하는데 기여하고 있다.

제노포커스의 주요제품인 Lactase(이하 Lactazyme-B)와 Catalase(이하 KatalaseTM)는 제노포커스만의 기술경쟁력을 가지고 시장점유율을 확장하고 있다. Lactazyme-B는 세계에서 두 번째로 고효율의 GOS를 제조하는 Lactase 효소로, 현재 세계에서 제노포커스와 Amano(일본)만이 제조할 수 있는 효소이다. GOS는 모유 내 주요 면역 증강물질이자 병원균 감염과 식중독, 아토피, 알러지 등을 예방하는 효능이 있어 프리미엄 분유나 기능성 식품에 사용되고 있다.

한편, 제노포커스의 매출 서열 3위를 차지하고 있는 KatalaseTM는 경쟁사의 제품에 대비하여 수질의 pH가 산성 혹은 알칼리성인 조건에서 경쟁기업의 효소 대비 활성도가 높고 고온에서도 안정적인 특성이 있다. 이처럼 pH나 온도 등 극한 환경에서 활성을 유지하는 특성을 활용하여 KatalaseTM는 반도체 생산 공정에 쓰이고 있으며, 원가 경쟁력이 뛰어나 2013년 Catalase 세계 효소 시장점유율 3위를 차지한 바 있다.

제노포커스 SOD 기반 의약품 후보물질		
후보물질	특징	연구 단계
GF-101	건강기능식품 소재	연구자 임상 통한 효능 검증 및 신규 적응증 탐색
GF-103	고순도 단백질 의약품	IBD, AMD 치료제로 글로벌 임상 진행 예정
GF-203	효능 강화 미생물 의약품, SOD 및 치료 기작이 서로 다른 유효물질 장내 생산	치료 효과 극대화
GF-303	SOD 탑재 세포외 소포(EV), 체내 흡수	호흡기 치료제로 개발 중

[표 28] 제노포커스 SOD 기반 의약품 후보물질

파) 비피도[86]

[그림 64] 비피도

비피도는 1999년 10월 12일 [(C10797)건강 기능식품 제조업]을 주된 사업 목적으로 설립되었으며, 2018년 12월 26일 코스닥 시장에 기술특례로 신규 상장되었다. 비피도는 한국 유아의 장에서 발견하고 대량 배양에 성공한 Bifidobacterium bifidum BGN4 (이하 'BGN4)와 Bifidobacterium longum BORI (이하 'BORI'), AD011 등 Bifidobacterium spp. 균주를 기반으로 프로바이오틱스 원말과 완제품을 제조하여 판매 중이다.

비피도는 배양이 어려운 Bifidobacterium 균주의 대량생산과 제품화에 강점을 보유하고 있다. 특히 비피도는 균주의 분리, 배양, 기능성 및 안정성 평가, 제품화까지 모두 가능한 독자적 기술인 'BIFIDO-Express Platform'을 구축하고 있다. 이는 기술집약적 산업화 프로세스로, 난배양성 비피더스 및 장내 미생물 배양기술, 비피더스 선택적 배양기술, 기능성 균주의 고농도 배양기술, 유전공학을 이용한 기능성 균주 개량기술, 기능성 균주 대량생산과 안정화 기술 및 제품화 기술이 포함된다.

비피도는 보유하고 있는 주요 기술과 관련하여 국내/외 33건의 특허를 확보하여 기술을 보호하고 있다. 또한 비피도는 보유한 핵심 균주인 BGN4, BORI 등을 이용한 임상연구에서 다수의 유의미한 연구결과를 도출하였는데, 설사를 동반하는 63명의 과민성 장 증상 환자를 대상으로 자체 균주 기반의 프로바이오틱스를 투여해 이중맹검법(투약하는 자와 투약 받는자가 어떤 것이 시험약이고 위약인지 모르고 진행하는 실험)으로 연구한 결과 프로바이오틱스 투여 환자군에서 배변횟수 및 배변만족감이 유의적으로 개선되었다.

비피도는 BGN4, BORI, AD011등 Bifidobacterium spp. 균주를 비롯한 다양한 프로바이오틱스 균주를 확보하고 있다. 균주 중에서도 인체에 이로운 대표적인 장내 세

---

86) 비피도, 한국 IR협의회, 2020.06.18

균은Bifidobacterium과 Lactobacilli로 알려져 있으며, 해당 균주는 프로바이오틱스로 가장 많이 사용되고 있다. Lactobacilli는 호기성으로, 배양이 수월한 반면 Bifidobacterium은 배양이 까다로편인데, 향후 프로바이오틱스 산업에서는 장관면역의 대부분이 대장에서 이루어지는 만큼 사람의 대장환경에 적합한 human origin(인체 유래)의 Bifidobacterium이 주를 이룰 것으로 전망되고 있다.

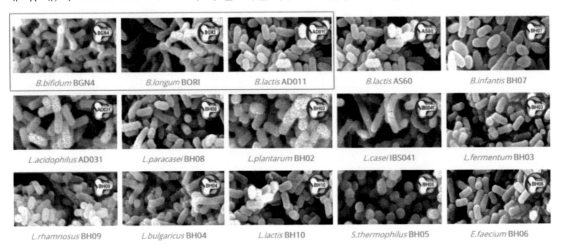

[그림 65] 비피도 보유 균주의 종류

비피도는 Bifidobacterium 균주를 기반으로 한 마이크로바이옴 파마바이오틱스(의약품)를 연구 중이다. 현재 류마티스관절염, 아토피 피부염, 과민성 장 증후군 등의 면역질환 연구를 진행 중이며, 면역관문억제제의 효능을 높이는 연구도 진행 중이다. 특히 비피도는 류마티스관절염 치료제 개발에 가시적인 성과를 보이고 있다. 동사는 류마티스관절염 치료용 파마바이오틱스의 독성시험·실험동물 전임상을 2019년 말 마치고, 2020부터 제형화 임상시험에 돌입했다.

비피도는 2019년 9월 「비피도박테리움을 함유한 류마티스관절염 개선용, 치료용 또는 예방용 조성물」에 대한 국내 특허를 획득하기도 하였다. 특허의 주요 내용은 비피도가 보유한 Bifidobacterium ATT(이하 'ATT') 균주가 관절염 자극원에 의해 과발현된 사이토카인인 IL-8의 발현을 과발현 이전의 수준으로 감소시켜 류마티스관절염 예방 또는 치료에 효능을 보인다는 것이다.

또한 세계 최초로 세레스테라퓨틱스 마이크로바이옴신약 임상3상에 성공해 올해 품목허가(BLA) 신청 예정이라는 소식에 비피도의 마이크로바이옴 신약 파이프라인이 부각되면서 강세를 보이고 있다. 의료계 일각에서는 마이크로바이옴 치료제 유효성에 의문을 제기하고 있으나 세레스테라퓨틱스(SERES Therapeutics)의 마이크로바이옴 치료제 SER-109가 세계 최초로 임상3상에 성공하면서 논란이 불식됐다. SER-109는 3상에서 재발성 장질환(CDI)의 재발률을 위약 대비 30.2% 감소시켰다.

한편 비피도는 가톨릭대와 공동으로 개발 중인 류마티스관절염 치료제가 우수한 치료 효과를 확인했다고 밝힌 바 있다. 연구팀은 지난 5년간 비피도와 마이크로바이옴을 이용한 류마티스관절염 파바바이오로직스 치료제 공동 개발을 추진해왔다. 최근 가톨릭대학교는 비피도에 기술이전을 통해 류마티스관절염 혁신신약 개발을 위한 특허권을 이전했다. 또 비피도 주관으로 임상실험을 조속히 추진하기 위해 미국 식품의약국(FDA)과 미팅을 진행하고 있으며, 임상 연구 수행을 위한 준비 중이다.[87]

---

87) 세계최초 마이크로바이옴신약 임상3상 성공...마이크로바이옴 파이프라인 주목↑ / 파이낸셜 뉴스

바. 마이크로바이옴 정책 동향[88]

1) 해외동향[89]

가) 미국

미국은 2007년부터 10년간 미국국립보건원(NIH, National Institutes of Health) 주관으로 인간 마이크로바이옴 프로젝트(HMP, Human Microbiome Project)를 국가적으로 투자하였다. HMP에는 10억 달러 이상의 연구비가 투입되었다.

프로젝트는 1기(HMP 1)와 2기(HMP 2)로 구성되었다. 프로젝트의 목표는 다음과 같았다.

마이크로바이옴 프로젝트의 목표
첫째, 인체 마이크로바이옴의 참조 유전체(Reference Genome)를 인체 다양한 곳의 미생물 구조 및 유전체 서열을 통해서 구축한다.
둘째, 마이크로바이옴 연구 기술 및 분석 방법을 개발하여 공개함으로써 세계 연구자들을 지원한다.
셋째, 인체 마이크로바이옴 변화에 따른 질병과의 연관성을 찾는다.

[표 29] 마이크로바이옴 프로젝트 목표

결론적으로 보자면, 위의 세 가지를 통하여 인간 질병과 건강에 대한 숙제를 푸는 것이 HMP의 최종 목표라고 할 수 있다.

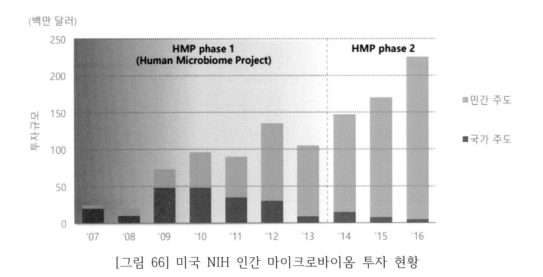

[그림 66] 미국 NIH 인간 마이크로바이옴 투자 현황

88) 마이크로바이옴이 몰고 올 혁명, 삼정 KPMG, 2020.01
89) 식의약 R&D 이슈 보고서 / nifds 2022.07

HMP1은 2007부터 2013년까지 진행되었다. 본 프로젝트에서는 구강, 비강, 질, 소화기, 피부 등 다양한 신체 부위에 서식하는 미생물 집단의 구조 분석과 균주들의 유전체서열 결정을 통해 '참조 유전체 서열 데이터베이스'를 구축했다. 또한 연구된 모든 유전체 시퀀싱 데이터를 관련 메타데이터(Metadata)와 함께 HMP(www.hmpdacc.org)의 데이터브라우저에 공개하여 세계 모든 연구자들이 참고할 수 있도록 했다. 이 결과는 2012년 네이처(Nature)지에 2편의 논문을 기고하면서 마무리 되었다.

HMP2는 iHMP(Integrative HMP, 통합적 HMP)라는 속칭과 함께 2014년부터 2016년까지 수행되었다. 본 프로젝트에서는 1기에서 구축한 인체 마이크로바이옴 집단 구조 및 참조 유전체 데이터를 바탕으로 다양한 멀티오믹스(Multi-omics) 데이터들과 통합적으로 분석하였다. 인간 미생물의 분류학적 구성만으로는 질병에 대한 지표가 될 수 없기 때문에 미생물과 숙주간의 더욱 통합적인 분석이 필요했기 때문이다. 그리하여 iHMP에서 주요 연구주제는 임신 및 조산, 염증성 장질환, 2형 당뇨병과 마이크로바이옴의 상관관계였다.

2016년 미국 오바마 정부는 국가 마이크로바이옴 이니셔티브(NMI, National Microbiome Initiative)라는 대형 프로젝트 계획을 발표한다. 이 프로젝트는 2017년부터 2019년까지 진행했으며, NMI의 세 가지 목표는 다음과 같다.

국가 마이크로바이옴 이니셔티브 목표
첫째, 다양한 마이크로바이옴 간의 협업을 위한 다학제적 연구 지원을 한다.
둘째, 물리적, 생화학적 생태계 내 마이크로바이옴 기초 연구를 추진한다.
셋째, 생물학, 기술, 컴퓨테이션 관련 다학제적 스킬을 보유한 인재를 양성한다.

[표 30] 국가 마이크로바이옴 이니셔티브 목표

NMI에는 연방기관의 1억 2,000만 달러 투자와 민간기금, 기업, 대학 등 이해 관계자들로부터 4억 달러 이상 투자가 활발히 지원되었다. 미국에서는 처음에는 국가 주도적으로 마이크로바이옴 R&D의 인프라를 구축하였지만 현재는 민간이 주도를 해 나가는 양상을 보이고 있다.

부처	내용
농무부(USDA)	토양미생물이 작물과 동물에 미치는 영향 연구
국립보건원(NIH)	미생물이 감염병, 비만, 정신건강에 미치는 영향 연구
과학재단(NSF)	다양한 마이크로바이옴 연구
에너지부(DOE)	바이오 연료 생산

[표 31] 국가 마이크로바이옴 이니셔티브(NMI), 2016

나) 캐나다

캐나다보건연구원(CIHR, Canadian Institutes of Health Research)은 일찌감치 2008년에 총 50만 달러를 마이크로바이옴에 투자했다. 이후 각 프로젝트는 매년 최대 10만 달러까지 지원 받도록 하여 총 12개 프로젝트를 진행하였다. 해당 프로젝트들은 캐나다보건연구원 내 영양신진대사당뇨연구소, 순환계 및 호흡계 건강연구소, 성과건강연구소, 윤리사무국 등과 연결되어 프로젝트 예산을 지속적으로 확대하였다.

캐나다 식품검사국(CFIA)에서 마이크로바이옴을 포함한 식품 원료에 대한 안전성 검사를 강화하고 있다. 국가 미생물 모니터링 프로그램(NMMP)과 표적 조사 프로그램을 운영하는데 두 프로그램 모두 다양한 국내•외 제품이 무작위로 선택되어 조사한다. 프로그램의 목표는 다음과 같다.[90]

- 캐나다 규정 및 식품 안전 표준 준수 평가 및 홍보
- 다양한 식품 안전 통제
- 새로운 위험요소 식별 및 특성화
- 추세 분석 정보 제공 및 건강 위험 평가 촉진 및 개선

또한 2009년 캐나다보건연구소 전염 및 면역연구소에서 캐나다 마이크로바이옴 이니셔티브를 발족하며, 2010년부터 2012년까지 총 1,330만 달러의 예산을 투입했다.

다) 일본

일본은 2016년 경제산업성 산하 바이오소위원회를 설립하여 바이오기술을 5차 산업혁명으로 규정하고 의료, 에너지, 제조, 농업 등 다양한 분야와의 융합을 통해 중장기 대책을 마련하여 추진 중이다.[91] '20년 12월 [바이오기술이 열어가는 포스트 4차 산

---

90) https://inspection.canada.ca/food-safety-for-industry/food-chemistry-and-microbiology
91) 日, '제5차 산업혁명' 추진… 주목받는 바이오산업. 바이오인

업혁명]을 발표하며 마이크로바이옴 제어기술 개발을 중점 연구과제로 선정했다. 새로운 의약품, 의료기기 분야의 조기 실용화를 지원하기 위해 임상연구, 치료, 심사, 안전대책, 보험적용, 해외진출까지 지원하는 사키가케전략패키지를 추진중이다.

고베 지역에 최대 규모의 바이오 클러스터를 운영 중이며, 다케다, 후지필름, 이화학연구소(RIKEN) 등 340여 개 기업과 연구소가 모여 공동연구를 수행중이다. 신경 관련 병 치료의 임상연구 전 단계의 줄기세포 이용기술 개발, 줄기세포 관련 생물학과 다른 첨단공학의 융합에 의한 새로운 실용기술의 개발, 생활습관병 치료법 개발을 위한 포괄적인 연구를 진행중이다. 핵심 연구기관으로 첨단의료센터, 발생재생 과학종합연구센터, 교토대학, 고베대학 등이 있고, 참가 연구 기관으로는 오사카대학, 국립순환기병센터연구소, 고베시립중앙시민병원 등이 존재한다.[92]

라) EU

유럽의 경우 2008년 전 세계 과학 커뮤니티에서 데이터를 자유롭게 공유하도록 국제 인간마이크로바이옴 컨소시엄(IHMC, International Human Microbiome Consortium)을 발족했다. 이 컨소시엄에는 EU 및 타 지역의 총 13개국이 가입하여 데이터 공유와 표준화의 중요성을 제고했다. 한국도 이곳에 가입되어 있다.

또한 2008년부터 2012년까지 유럽을 중심으로 인간 장내 메타게놈 프로젝트(MetaHIT)가 진행됐다. 본 프로젝트에는 2,100만 유로의 예산이 들어갔으며, 8개국(네덜란드, 독일, 덴마크, 이탈리아, 영국, 스페인, 중국, 프랑스)의 14개 정부 및 기업 연구소와 50명 이상의 연구 책임자가 참여했다. MetaHIT 프로젝트에서는 인간의 건강과 장내 마이크로바이옴의 연관성을 밝히는 데 주안점을 두었다.

그 결과 장내 마이크로바이옴 구성 미생물 유전자의 참조 카탈로그를 만들고, 개인별로 유전자 비율이 얼마나 차이나는지 보는 분석법을 개발했다. 나아가 건강한 사람과 아픈 사람의 장내 마이크로바이옴의 유전자 구성이 어떻게 다른지도 분석했다. 또한 마이크로바이옴의 데이터를 통합·관리하는 생물정보학적 방법론을 개발 및 공개했다. 무엇보다 괄목할 만한 성과는 장내 마이크로바이옴의 염기서열 분석을 통해서 장내 마이크로바이옴의 구성 유전자는 330만 개 이상이며 최소 1,000여 종 이상의 미생물이 살고 있다는 것을 밝힌 것이다. 그리고 이 수는 다른 신체 부위에 사는 모든 미생물의 수를 합친 것보다 많다고 분석했다. 따라서 네이처지에 기고된 논문에서는 장내 마이크로바이옴의 중요성을 다시 한번 강조하면서 '인간의 두 번째 게놈'이라는 용어를 언급한다.

---

92) 오사카·고베·교토에'재생의료클러스터'…산-학-병-연손잡고기초연구에임상까지", 한국경제

본 프로젝트는 마이크로바이옴이 만성 질환의 조기 진단, 개인 맞춤형과 생애 주기별 약품개발, 특정 질환 치료 대상 영양제 개발의 가능성을 제시했다. 이후 2013~2017년에 유럽에서는 'Horizon 2020 프로그램'을 통해 펀딩을 지원하기 시작했다. 5년 동안 1,200만 유로 예산이 투입되었다. 이 기간의 주요 프로젝트는 MyNewGu, MetaCardis 등 이 있었으며 장 내 마이크로바이옴이 인체 건강에 미치는 영향과 메커니즘 및 식습관과의 관련성에 대해서 집중적으로 연구되었다.

결론적으로 미국과 유럽의 대표적 국제 대형 프로젝트인 HMP 및 MetaHIT으로 마이크로바이옴과 인간 건강의 연관성이라는 긴 연구 항해의 큰 돛을 올리게 된 것이다. 즉, 마이크로바이옴의 구조의 데이터베이스와 장내 마이크로바이옴의 참조 유전자 카탈로그 연구가 시작되었다. 연구자들은 1,000여 종의 미생물 유전체 서열을 분석했고 건강한 사람과 그렇지 않은 사람 간 미생물이 어떻게 다른지도 알아내었다. 더 나아가 이 모든 관련 데이터와 개발한 생물정보학적 분석 방법론을 공개함으로써 전 세계 수많은 연구자들이 인간 마이크로바이옴 연구에 박차를 가하고 있다.

마) 프랑스

프랑스는 2013년부터 2017년까지 공공과 민간이 함께 시험 프로젝트를 운영했다. 프랑스국립농업연구소(INRA, National Agricultural Research Institute)는 프랑스 미래투자이니셔티브와 함께 공동 펀딩을 통해 받은 1,990만 유로로 마이크로바이옴 치료제를 개발하는 메타제노폴리스(MGP, MetaGenoPolis)를 추진했다. 본 프로젝트의 목표는 인체 장내 마이크로바이옴과 건강 및 질병의 상관관계를 밝히는 것으로 총 80명의 연구원으로 구성되었다. 또한 장내 미생물의 중개 연구에 초점을 두어 생물자원은행 (바이오뱅크), 시퀀싱의 효율화, 기능성 메타지노믹스(Metagenotmics) 및 빅데이터 저장과 분석뿐만 아니라 윤리센터까지 다각도의 연구 플랫폼을 운영하고 있다.

바) 영국

영국은 2018년 Quadram Institute(QI) 라는 마이크로바이옴 연구소를 설립했다. 투자금은 바이오 기술 및 과학 연구위원회(BBSRC)와 식품연구소(IFR), 노포크 및 노르위치종합병원(NNUH)에서 수백만 파운드를 유치했다. 이에 주요 의과 대학의 위내시경 전문가들이 연구에 투입하여 장내 마이크로바이옴에 대한 연구를 이어나가고 있다.

사) 아일랜드

바이오 선진국인 아일랜드에서는 2003년 코크대학 내 공공주체와 민간이 함께 영양 APC(Alimentary Pharmacobiotic Centre)라는 아일랜드 마이크로바이옴 연구소를 설립했으며, 2013년부터 총 7,000만 유로의 예산으로 소화기 장애를 일으키는 만성질환에 대한 치료제 개발을 중점으로 연구를 지속하고 있다. 또한 2008년부터 2013년까지 아일랜드 정부는 'ELDERMET'이라는 노인 대상 메타지노믹스 연구 프로젝트를 추진하며 65세 이상 노인 그룹의 식습관과 장내 마이크로바이옴의 상관성 분석을 추진하였다.

아) 독일

최근 독일 경제정책의 큰 틀과 차세대 산업육성방안 등을 담은 '국가산업전략 2030 (Industriestrategie 2030)'을 발표하였다. 세계 식량문제, 기후변동, 환경문제에 대응하기 위한 바이오 및 에너지 전략을 입안했다. 지속가능한 바이오경제로의 전환을 위해 화석원료를 바이오 기반의 플라스틱과 천연섬유를 활용한 하이브리드 재료로 대체하고자 한다. 동식물 및 유기물질을 비롯한 생물자원을 활용하여 효율적으로 자원을 사용하고 지속가능한 생산 공정을 구축함으로써 바이오경제를 실현하고자 한다.

2) 국내 동향

한국은 2011년부터 EU 주도의 국제 인간마이크로바이옴 컨소시엄(IHMC, International Human Microbiome Consortium)에 동참하고 있다. 또한 2017년 과학기술정보통신부의 제2차 생명공학육성기본계획(바이오경제 혁신전략 2025)에서 마이크로바이옴을 미래유망기술 분야로 선정하기도 했다.

하지만 아직까지 한국은 마이크로바이옴 관련 체계적인 투자 및 연구 체계와 관련 인·허가 제도가 마련되어 있지 않다. 2016년 정부는 마이크로바이옴 관련 R&D비로 약 242억 6,500만원을 투자한다고 발표했다. 하지만 인간 마이크로바이옴 연구만을 위한 대대적인 규모를 가진 사업과 투자는 아직까지 없었다.

현재는 각 정부 부처 26 곳에서 123개 과제로 분산되어 있는 실정이다. 또한 2019년 10월 식약처의 설명자료에 따르면 마이크로바이옴 유래 의약품에 대해 국내 허가를 받고자 할 경우, 일반적인 의약품 허가절차에 따라 임상시험 및 품목허가를 신청할 수 있도록 하고 있다. 이에 따라 정부는 2019년 말을 목표로 '마이크로바이옴 산업 육성을 위한 가이드라인' 등 법률을 제·개정 중이라고 2019년 5월 발표했다. 특히 미생물 기반 의약품 인허가 제도는 개발 및 제조 등 각 단계에서 필요 요건을 제시하는 것을 목표로 한다.

또한 임상시험 승인과 품목 허가·심사에 대한 제출자료 리스트와 제조·품질관리기준 자료요건이 포함될 예정이다. 더불어 식약처는 미생물기반 의약품 안전관리 및 산업 지원을 위한 연도별 정책 로드맵을 만들고, 해당 명칭과 제제를 정의하고 약사법에 따른 안전관리 체계를 갖추도록 아직까지 준비하고 있는 중이다.

2020년 9월 21일 정부는 '그린바이오 융합형 신산업 육성 방안'을 팔요했다. 그린바이오 5대 유망산업을 2030년까지 2배 이상 성장시키기 위한 체계적인 전략 및 이행계획을 담고 있다. 그린바이오 산업의 자율적 성장 토대를 구축하기 위해 핵심기술개발, 빅데이터, 인프라, 그린바이오 사업화 전주기 지원, 그린 바이오융합 산업생태계 구축을 중점과제로 추진중이다.
이를 토대로 마이크로바이옴, 대체식품•메디푸드, 종자, 동물용 의약품, 기타 생명 소재(곤충, 해양, 산림)를 5대 유망산업 분야로 육성해 나간다는 계획이다. 마이크로바이옴은 프로바이오틱스, 생물농약•비료•사료첨가제 및 환경 분야를 중점적으로 육성한다. 한국인 표준 장내 미생물 정보, 식품용 미생물 유전체 DB를 구축하고, 맞춤형 식품설계 기술(AI 등 활용), 유익균(대사산물 포함) 소재 발굴, 효과 검증 등 산업화를 지원한다. 마이크로바이옴에 기반을 둔 생물비료•농약, 사료첨가제, 난분해성 폐기물(폐비닐 등) 처리제 등의 개발을 지원하고 제도를 개선 중이다.

마이크로바이옴 육성방안은 아래와 같다.

• **마이크로바이오 육성방안 : '19 국내 산업규모 2.9조 원 → '30 7.3조 원(연평균 8.9%)**

 - 마이크로바이옴 빅데이터 수집·개방을 통한 식품산업 고도화

  * 한국인 장내 미생물 정보, 식품용 미생물 유전체 데이터베이스(대사산물 정보 포함) 구축 및 개인 맞춤형 식품설계 기술(AI 등 활용) 기반 강화

  * 유익균 및 대사산물 소재 발굴, 효과 검증 등 산업화 연구개발 지원

 - 동식물에 사용되던 화학제제(농약,비료,사료첨가제 등)를 미생물제제로 전환

  * 마이크로바이옴 기반 생물비료·농약, 사료첨가제 등 개발 연구개발 확대

  * 미생물 배양, 시제품 생산 등 상용화 지원 및 제도 개선

  * 미생물 효능평가·배양, 제형화·안전성평가(최종 제품화 단계) 등 지원

  * [농약관리법], [비료관리법] 상 등록 절차 간소화, 심사 기간 단축, 수수료 인하 등 추진

 - 수질오염·폐기물 등 환경 개선을 위해 마이크로바이옴 기술 적극 활용

  * 수질 개선제, 난분해성 폐기물(폐비닐 등) 처리제, 화학 살균·소독제 대체재, 적조 유발 플랑크톤 제어, 잔류농약 저감 등 기술개발 강화

[표 33] 마이크로바이옴 육성방안

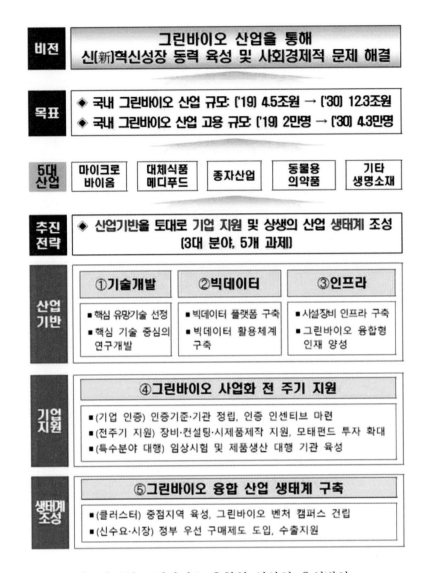

[그림 67] 그린바이오 융합형 신산업 육성방안

2020년 11월 18일에는 바이오헬스 산업 사업화 촉진 및 기술역량 강화를 위한 전략을 발표했다. 미래 바이오산업의 경쟁력을 확보하기 위해 '바이오산업 사업화 촉진 및 지역기반 고도화 전략'과 '바이오 연구개발 고도화 전략'을 포함한 정책을 제시했다. 이종 분야 간 연구협력 강화, 미래 파급력이 있는 핵심기술 확보, 원천기술-응용·실증과 연계체제 구축, 연구시설·자원 확충 및 공유 등 추진 중이다.

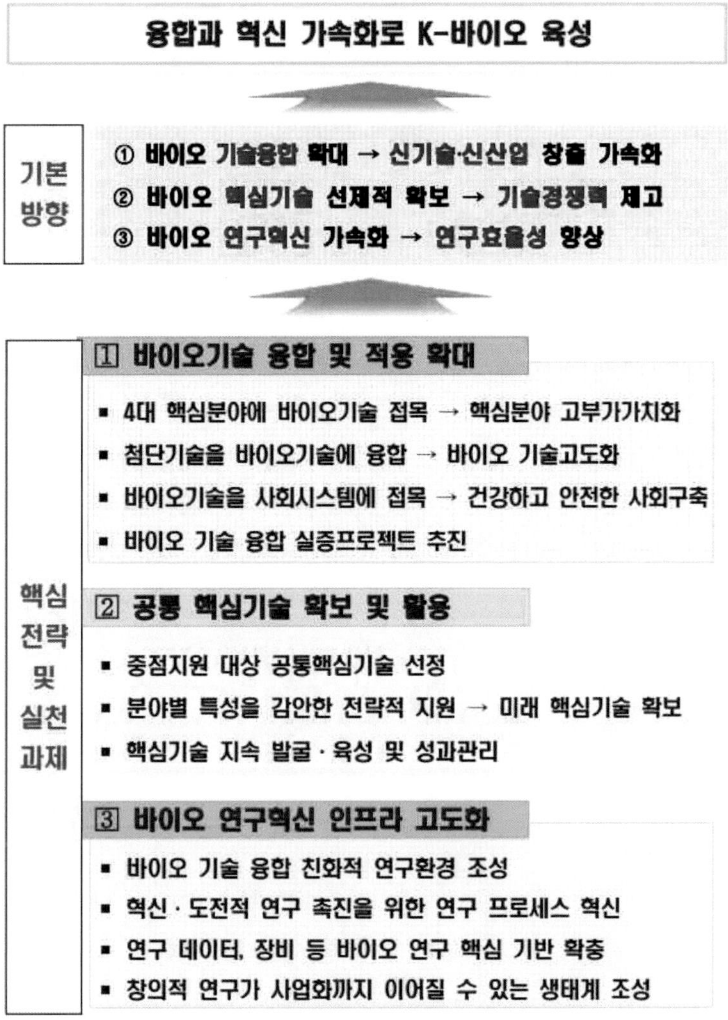

용합과 혁신 가속화로 K-바이오 육성

| 기본 방향 | ① 바이오 기술융합 확대 → 신기술·신산업 창출 가속화
② 바이오 핵심기술 선제적 확보 → 기술경쟁력 제고
③ 바이오 연구혁신 가속화 → 연구효율성 향상 |

| 핵심
전략
및
실천
과제 | **① 바이오기술 융합 및 적용 확대**
■ 4대 핵심분야에 바이오기술 접목 → 핵심분야 고부가가치화
■ 첨단기술을 바이오기술에 융합 → 바이오 기술고도화
■ 바이오기술을 사회시스템에 접목 → 건강하고 안전한 사회구축
■ 바이오 기술 융합 실증프로젝트 추진

② 공통 핵심기술 확보 및 활용
■ 중점지원 대상 공통핵심기술 선정
■ 분야별 특성을 감안한 전략적 지원 → 미래 핵심기술 확보
■ 핵심기술 지속 발굴·육성 및 성과관리

③ 바이오 연구혁신 인프라 고도화
■ 바이오 기술 융합 친화적 연구환경 조성
■ 혁신·도전적 연구 촉진을 위한 연구 프로세스 혁신
■ 연구 데이터, 장비 등 바이오 연구 핵심 기반 확충
■ 창의적 연구가 사업화까지 이어질 수 있는 생태계 조성 |

[그림 68] 정책 비전 및 전략

[바이오산업 사업화 촉진 및 지역기반 고도화 전략]과 [바이오 연구개발 고도화 전략] 세부 내용은 아래와 같다.

가) 바이오 산업 사업화 촉진 및 지역기반 고도화 전략

- 의약품·의료기기·디지털 헬스케어 분야 별 기업의 사업화 및 시장진출 촉진 지원 강화
- 지역 클러스터의 전략적 육성 및 기업 지원 역량을 강화해 바이오헬스 지역 기업 의 성장 촉진 **(바이오 공통핵심기술 확보 및 활용)**

나) 바이오 연구개발 고도화 전략

- 바이오 기술의 융합확대를 통한 신기술, 신산업 창출 활성화, 핵심기술의 선제적 확보를 통한 기술 경쟁력 제고 및 연구 인프라 고도화 추진

- 선제적 지원을 통해 마이크로바이옴, 합성생물학, 유전자편집 등의 대표 기술에 대한 원천기술과 응용기술의 동시 확보 및 우수 연구 집단 육성 **(바이오 공통핵심기술 확보 및 활용)**

다) 공통사항

- 바이오의 공통핵심기술을 확보하는데 있어 중점 지원 대상 공통핵심기술을 우선 선정해 분야별 특성을 감안한 전략적 지원 예정

*범용플랫폼 기술 : 마이크로바이옴, 합성생물학, 유전자편집 등
*분석·공정 기술 : 바이오 이미징, 오가노이드, 단일세포 분석 등
*미래유망 융합기술 : 바이오칩, 유전자·단백질 합성, 인공세포 제작 등

마이크로바이옴은 국가 전략의 큰 테두리 안에서 정부·민간 협력이 필수적인 분야이다. 따라서 한국의 경우 국가 차원에서 마이크로바이옴 연구진흥을 위한 마스터플랜이 필요하다. 또한 장내 미생물의 특성상 국가별로 상이한 차이가 있으므로 한국인 장내 미생물 참조 유전체 정보 확립이 선행되어야 한다. 이를 기반으로 전 세계적인 연구에 동참하고 교류해야 할 것이다.

지금 한국의 마이크로바이옴은 공공과 민간이 긴밀하게 협력하여 체계적이고 장기적인 투자와 R&D를 해야 하는 상황으로 분석된다. 공공성을 기반으로 하는 R&D 인프라 시스템이 구축되고 특별히 질환과 치료에 중점을 둔 산학간의 체계적인 연구추진이 필요하다. 이렇게 될 때에 마이크로바이옴 관련 대한민국의 국제 경쟁력이 높아질 것이다.

03

대체식품

3. 대체식품

가. 푸드테크 개요

1) 푸드테크 정의

푸드테크(Food Tech) 산업은 식품(Food)와 기술(Technology)이 접목된 신산업으로 식품의 생산, 유통, 판매 등 관련 분야의 기술적 발전을 의미한다. 푸드테크를 광의적 개념과 협의적 개념으로도 살펴보자면, 먼저 광의적 개념으로는 농업(Agriculture)과 신기술이 접목된 의미로 애그테크(AgTech)를 포함하며, 전통농업과 식품산업의 생산부터 보관, 유통 그리고 판매까지 식품산업 전반에 걸친 기술적 발전을 의미하기도 한다. 다음으로 협의적 개념으로는 농업과 기술을 결합한 팜테크(Farm Tech)나 음식의 주문, 포장, 배달 등에서의 O2O(Online to Offline, 온라인 오프라인 연계)만을 포함하는 개념으로 사용되기도 한다.

아직 푸드테크에 대한 정확한 정의는 없지만 국내외 선행연구에서 가장 많이 인용되고 있는 것은 푸드테크연구소(Institute of Technology: IFT)의 정의로서 음식의 주문, 선택, 저장, 가공, 유통, 포장 등에 사용되는 기술로서 정의한다.

푸드테크 산업은 특징에 따라 농작물의 생산에 관련된 스마트 농업, 식품가공의 안전성과 자동화에 관한 스마트 식품가공, 농작물의 유통에 관한 스마트 식품 유통, 미래에 대응할 수 있는 미래 대체식품, ICT 융복합 등의 5가지로 구분할 수 있다.

영역	세부 영역
스마트 농업	스마트팜, 애그테크, 스마트 농기계, 바이오 소재
스마트 식품가공	협동로봇, 식품안전, 스마트 가공기기
스마트 식품유통	O2O, 옴니채널, 스마트식품 유통
미래 대체식품	식용곤충, 식물성 고기, 배양육
ICT 융복합	3D 푸드 프린터, 스마트 키친, 키오스크

[표 34] 푸드테크 산업의 구분

2) 푸드테크 발전 배경[93]
가) 환경적 배경

2022년 UN이 발표한 세계인구전망보고서에 따르면 세계 인구는 80억 명을 넘어섰다. 2050년에는 97억 명을 돌파, 2100년에는 전 세계 인구가 109억 명이 될 것으로 예상하고 있으며 2050년에 이르면 지금보다 두 배 이상의 식량이 필요할 것이라고 유엔식량농업기구(FAO)는 전망했다.

더욱이 인구 증가로 인한 식량 부족 문제를 넘어 식량 생산을 위한 환경 파괴 가능성도 심각하게 부각되고 있는 상황이다. 가축을 사육할 때 발생하는 분뇨 등이 직접적으로 환경을 오염시키기도 하고, 소, 양고기 등을 1그램 생산할 때 콩류를 재배할 때보다 수 백 배 높은 수치인 221.63gCOe의 온실가스가 배출되기 때문이다.

가축을 기르면서 발생하게 되는 각종 질병도 우려된다. 전 세계적으로 광우병, 구제역, 조류독감 등이 발생하여 먹거리 시장에 큰 혼란을 야기했었고 한국에서도 2017년 계란 살충제 문제로 계란을 먹지 않는 상황이 벌어지기도 했다.

푸드테크는 인구 증가 및 환경오염 문제들을 해결하기 위한 신산업이다. 그 방법으로는 식물성 고기, 세포 배양육, 곤충 등 새로운 단백질 공급원을 찾는 것부터 친환경 음식물 처리 방법까지 매우 다양하다.

나) 기술적 배경

스톡앱스(Stockapps)가 제공한 데이터에 따르면, 2021년 7월에 휴대폰 사용자들의 수는 거의 53억 명에 이르렀으며 이는 세계 인구의 67%에 해당한다.[94] 모바일 사용자의 증가는 O2O(Online to Offline) 인프라를 활성화시켰으며 그 결과 푸드테크는 개인의 삶 속에 더욱 깊숙이 들어오게 되었다. 특히 스마트폰 보급률이 96%까지 확대되면서 소비자들은 다양한 애플리케이션을 실생활에 이용하고 있으며 소비자의 생활 방식 변화와 함께 사회적 산업 변화를 주도하고 있다.

현재 푸드테크 산업은 범위가 날로 확대되고 있다. 자율주행 차량이나 드론 등을 활용해 유통 혁신을 꾀하기도 하고, 햄버거를 만들거나 피자를 굽는 로봇, 3D 프린터를 통해 만드는 코스 요리, 인공지능과 빅데이터를 이용한 마케팅 까지 그 범위의 한계를 알 수 없을 정도이다. 기술의 발전이 기존의 산업을 변화시킴과 동시에 새로운 산업도 창출하고 있다.

---

93) 세계 푸드테크 산업의 동향과 전망, 장우정, Journal of the Korea Convergence Society Vol. 11. No. 4, pp. 247-254, 2020
94) 세계 스마트폰 사용자 53억명 돌파...세계 인구의 67%, Korea IT TIMES

다) 사회 경제적 배경

정보통신기술의 발달, 식품산업의 성장과 더불어 인구구조학적, 사회.경제적 변화도 푸드테크 산업의 성장을 이끌고 있다. 통계청의 발표에 따르면 맞벌이 부부 비중은 2021년 46.3%에 달한 이후로도 꾸준한 상승세를 유지하고 있다. 1인 가구가 급속도로 증가하고 있고, 이전보다 훨씬 더 많은 여성들이 사회로 진출했으며, 통신과 기술의 발달로 퇴근 후에도 업무에 매달리거나 야근이 생활화 될 정도로 바쁜 현대인의 삶은 가족의 식생활을 외부로 돌리는 역할을 했다.

편리함과 현재의 만족을 추구하는 소비자의 트렌드가 욜로족(YOLO : YOU ONLY LIVE ONCE)이라고 불리는 세대와 합쳐져 자신의 경제적, 시간적 여유에 맞춰진 소비를 가능하게 해 주는 배달앱 분야의 푸드테크를 확장시킨 것이다.

3) 푸드테크 현황[95]
가) 해외 동향
(1) 미국

미국에서는 2014년부터 푸드테크 스타트업이 활성화되었다. 2019년 한 해에만 25억 달러에 육박하는 투자가 푸드테크 분야에 이루어지는 등 기업들은 푸드테크의 성장 잠재력을 높게 평가하면서 투자를 아끼지 않고 있다.

미국은 푸드테크 창업을 지원해주는 육성기관인 '키친 인큐베이터(kitchen incubator)'가 160여개에 이르고 있으며 특히 미래 먹거리 개발에 많은 투자가 이루어지고 있다. 푸드테크 유니콘 기업에 미국 업체들이 가장 많은 것을 보더라도 미국 내에서 푸드테크에 대한 관심과 투자가 상당하며 안정적으로 발전하고 있다는 것을 짐작할 수 있다.

그 중에서도 유전공학의 결과물인 대체육이 맛과 식감에 있어서도 실제 고기와 구별하지 못할 정도의 품질로 흥행을 주도하고 있다. 최근 아프리카 돼지 열병으로 대체육에 대한 소비자들의 관심이 폭증하여 관련 주가까지 상승하는 결과를 낳았다. 시장조사업체 유로모니터는 미국의 대체육 시장이 2020년 49억 4,000만 달러에서 2023년 60억 4,000만 달러로 커질 것으로 예상하고 있으며 전 세계 대체육 시장은 2023년 212억 달러에서 2025년 321억 달러로 성장할 것으로 전망하고 있다.

미국 푸드테크 산업에서 투자가 집중되고 있는 또 다른 영역은 푸드 로봇이다. 로봇이 햄버거, 피자 및 커피도 만들고 직접 서빙도 한다. 미국은 높은 임대료와 인건비로 인해 최근 푸드 로봇에 대한 활용이 증가하고 있으며 이를 통해 효율성을 향상시키고 있다.

(2) 중국

모바일 기반의 O2O 서비스는 전 세계에서 중국이 가장 앞서가고 있다. 연간 20%의 규모 성장은 물론 사용자 수도 연간 18%씩 증가하고 있다. BAT라고 불리는 중국 3대 인터넷 기업 바이두(Baidu), 알리바바(Alibaba), 텐센트(Tencent)는 세계 제1의 인구수와 탄탄한 경쟁력을 앞세워 빠르게 사업 다각화를 추진하면서, O2O, 신선식품 및 이커머스 스타트업에 대한 투자를 진행했다.

알리바바가 최대 주주인 어러머는 O2O 서비스를 통해 음식을 배달한다. 어러머는 '식당관리 시스템(NAPOS)'을 구축하고 회원 가입비로 수익 모델을 개선하여 소상공인의 수수료 불만을 줄이는 것과 동시에 영세 식당들의 경영 시스템을 교육하는 등의 관계 커뮤니케이션을 실행하였다. 단순히 '배달 대행'을 하는 업체에서 벗어나 음식의 주문부터 배달을 확인하는 전 과정을 시스템화하였고 위기를 극복하고 상생을 모색하였다.
중국 대표 공동구매 사이트인 메이투안디엔핑은 배달 플랫폼 다종디엔핑과세 합병하면서 볼

95) 세계 푸드테크 산업의 동향과 전망, 장우정, Journal of the Korea Convergence Society Vol. 11. No. 4, pp. 247-254, 2020

료를 키웠고 텐센트의 투자를 받게 되어 현재 중국 O2O 배달시장 점유율 1위까지 성장했다. 바이두의 와이마이는 유일하게 전 자동화 스마트 물류시스템을 운영하고 있어 도착예정시간을 실시간으로 전달하는 경쟁력 있는 회사이다. 메이투안디엔핑, 어러머 등 배달앱은 또한 많은 일자리를 창출했다. 배달앱의 성장으로 배달원이 많이 필요하게 됨으로써 메이투안디엔핑의 70퍼센트가 넘는 배달기사가 도시 이외 지역 출신이며 이 중 절반 정도가 빈곤지역에서 나와 직장을 구할 수 있었다. O2O 서비스를 중심으로 급성장한 푸드테크 산업이 중국의 빈곤 퇴치에 중요한 역할을 한다고 볼 수 있다.

(3) 영국

영국 푸드테크의 강점은 단순한 아이디어에서 유니콘 기업이나 Just Eat 및 스타트업 장려기업까지 많은 신생 기업들이 다양하게 존재한다는 것이다. 또한 각 단계에 맞는 많은 투자자들의 수와 다양성이 산업 발전의 중요한 주된 키라고 할 수 있다.

멀터스미디어 (Multus Media)는 영국의 식품생산 연구 스타트업으로, 세포 배양을 통해 농축산물을 생산하여 인간에 필요한 다양한 단백질, 지방 및 탄수화물 등을 만든다. 멀터스미디어는 기존 방식의 농축산업으로 발생했던 토지 낭비와 온실 가스 배출을 감축하는 것을 목표로 식품산업 선도를 모색하고 있다.

채식주의자가 증가하면서 인기를 얻게 된 잭앤브라이(Jack & Bry)는 비건 푸드를 개발하는 푸드테크 스타트업이다. 더 건강한 먹거리를 찾는 소비자가 증가하는 추세에 맞춰 맛있는 비건 푸드를 슬로건으로 내세운 뒤, 과일이 원료인 페퍼로니를 개발해 피자 등에 활용하고 있다.

대체감미료 회사 스템은 식물에서 천연 저칼로리 설탕 성분을 정제 방법을 특허 출원했다. 영국은 비만방지를 위해 '설탕세'를 도입하자는 요구가 나올 정도로 설탕 대체식품에 대한 강한 요구가 있는 나라이다. 스템의 대체 감미료는 쿠키, 케이크 및 사탕을 자연 재료를 이용해 만들 수 있어 인기를 끌고 있다.

미미카(Mimica)는 신선도 측정기를 제조했다. 소비자들은 측정기를 이용해서 식품을 직접 측정하고 오염 여부를 확인하여 섭취할 수 있는지 여부를 결정할 수 있다. 단순히 기재된 유통기한이 지나면 먹을 수 있는 음식임에도 버려지는 것이 많다는 생각으로부터 출발한 이 회사는 과도한 음식물 쓰레기를 줄여 환경을 지키는데 이바지하고 있다.

(4) 프랑스

유럽 최대 국가이자 제 1의 농업국가인 프랑스도 미국과 마찬가지로 미래 인류 식량난을 대비하여 대체 식량을 연구하고 개발하는데 초점을 맞추고 있다. 초기에는 다른 나라들처럼 배달 및 소매분야의 투자가 가장 활발했으나 2018년부터 어그테크와 푸드 서비스 분야로 투자의 중심이 변화하고 있다.

어그테크는 농업(Agriculture)과 기술(Technology)의 합성어로, 드론, 사물인터넷, 인공지능 등을 이용한 스마트팜, 도시농업, 대체식품산업 등이 포함된다. '미모사(Miimosa)'는 2015년 만들어진 대표적인 어그테크 스타트업으로 프랑스에서 최초로 선보인 농업 분야 펀딩 플랫폼이다.

'에킬리브르(Ekylibre)'는 농업 전문 앱으로 토지부터 농업관련 법적 규제는 물론 회계 관리까지 가능하게 해 준다. '위낫(Weenat)'은 토양, 날씨분석, 결빙 등 농업에 필요한 전문적이고 기술적인 정보를 제공하는 앱으로 농업을 하며 발생하는 의사결정사항을 도와준다. 한편 음식 낭비 방지를 위해 제작된 애플리케이션들도 큰 인기를 끌고 있다. '투굿투고'는 빵집부터 호텔 조식 식당까지 당일 판매되지 못해 폐기되어야 하는 재고식품을 폐점 시간에 매우 저렴한 가격으로 이용할 수 있도록 업체와 소비자를 연결해 주는 앱이다. 음식에 대한 자부심이 높은 프랑스는 전통적인 식재료에 대한 관심이 많아 식재료 생산자와 소비자의 직거래가 가능한 애플리케이션도 인기를 끌고 있다.

4) 국내 동향

한국에서도 다양한 분야에서 푸드테크 바람이 거세게 불고 있다. 배달음식 주문 서비스로부터 시작해 최근 생산과 유통 분야에도 다양한 스타트업이 등장하고 있으며 대기업의 투자도 확대되고 있다. 그러나 미국, 유럽 등과 비교해 보면 산업의 범위나 투자의 양에서 볼 때 상대적으로 활발하다고 보기 힘든 상황이다.

실제로 현재 스타트업 네트워크 로켓펀치에 등록된 푸드테크 업체는 94개이다. 블록체인 스타트업이 488개, 인공지능 스타트업 357개, O2O 스타트업이 621개인 것과 비교하면 푸드테크 업체들이 현저히 적은 편이다. 또 94개 업체들 중 상당수는 유통업체 이거나 음식에 관한 정보를 제공하는 서비스에 그치고 있어 음식에 기술을 직접 적용하고 있는 곳은 더 적다.

가) 식품배달

모바일쇼핑 거래액 중 배달음식 주문 등 음식서비스 거래액은 9조 145억 원으로 2015년에 비해 90.5%나 급증하였다. 여성의 사회적 진출로 인한 맞벌이 가정과 1인 가구의 증가는 배달앱의 수요를 더욱 가속시키고 있다. 식품 배달앱 사업의 성장세는 매우 가파르다. 2013년 3,347억 원 규모였던 시장이 2018년 3조원으로 성장하였으며 관련 이용자도 87만 명에서 2,500만 명으로 큰 폭의 성장세를 보였다.

'우아한 형제들'이 운영했던 '배달의 민족'은 유니콘 업체가 되었으며 이들의 기업 가치는 3조 원으로 평가받았다. 배달앱 사용자는 바쁜 생활에서 적은 시간과 노력 투자로 손쉽게 다양한 음식을 접할 수 있게 되었고, 마케팅 역량이 부족한 영세 외식 사업자들도 고객유치와 매출 극대화를 위해 배달앱을 적극적으로 활용하고 있다.

한국에서 음식배달이 활성화된 이유는 한국 시장 특유의 환경 영향도 있다. 업계 전문가들은 한국에는 인구가 과밀하고 밤늦도록 일하는 문화가 있으며 야식을 즐겨먹기 때문에 배달시스템이 성장하는 데 큰 역할을 했다고 분석하고 있다.

나) 스마트팜

통계청의 2022년도 자료에 따르면 2021년에 비해 농가는 0.8%, 농가인구는 1.8%가 감소했다. 전체 농가인구 역시 65살 이상의 고령 인구 비율도 49.8%로 높아졌다. 이에 정부는 청년들의 농촌 유입을 독려하고, 수출산업으로서 농업경쟁력을 확보하는 등 농업 현안을 해결하기 위해 ICT를 기반으로 하는 기술적 선진 농업을 국가의 핵심 선도 사업 중 하나로 선정하여 스마트팜을 도입하는 정책을 추진하고 있다.

스마트팜은 농림축산물을 생산하고 가공하며 유통하는 전 단계에 정보통신기술(ICT)을 각각 융합한 것으로 사물 간 통신(M2M) 기술을 이용해 농작물에 최적화된 온도, 습도, 이산화탄소, 토양 등을 자동으로 유지하고 원격으로 점검 관리 할 수 있는 시스템이다.

2021년 서울 지하철 7호선 상도역에 생긴 메트로팜은 스마트팜의 선두주자로 알려진 농업회사 팜에이트와 서울시 그리고 서울교통공사가 함께 만든 수직 실내농장이다. 메트로팜을 통해 도심에서 날씨와 병충해로 인한 피해 걱정 없이 신선하고 안전한 채소를 기를 수 있고, 물류비와 유통비가 절감되어 소비자들은 더 저렴하게 농산물을 제공받을 수 있다.

다) 인공지능과 로봇

대기업에서는 인공지능과 빅데이터를 통해 신제품 개발과 마케팅에 활용할 스타트업 투자 펀드를 조성하고 있다. 식품업계의 대기업인 CJ제일제당은 150억 원 규모의 푸드테크 스타트업 펀드를 출자해 산업을 육성할 계획이다.

롯데제과는 최근 트렌드 예측 시스템 엘시아를 도입하였다. '엘시아'는 인공지능(AI)를 통해 소비 패턴 및 각종 자료 등을 종합적으로 판단하고 식품에 대한 미래 트렌드를 예측하여 신제품을 추천해준다. 식당 '육그램'에서는 인공지능을 활용한 에이징룸에서 고기를 숙성시켜 손님들에게 제공하고 고기가 가장 맛있어지는 온도를 데이터화하였다.

푸드테크 산업에 서빙로봇이나 로봇쉐프 등도 등장하고 있다. '달콤커피', '티로보틱스', '상화' 등이 차례로 바리스타 및 카페 봇을 선보였으며 LG전자는 요리하는 로봇 '클로이 셰프봇'을 개발해 등촌점 '빕스'에 설치했다. 또한 '우아한형제들'이 렌탈하고 있는 자율주행 서빙로봇 '딜리플레이트'는 2022년 기준 전국적으로 식당 750곳에서 1200대가 운영되고 있다.

배달앱으로 시작한 국내 푸드테크 산업은 현재 스마트팜, 푸드로봇, 인공지능 시스템 등으로 그 범위를 확장하고 있으며 이에 따라 새로운 일자리도 늘어나고 있다. 한국푸드테크협회는 향후 10년간 새로운 일자리가 약 30만개 정도 창출될 수 있다고 예상하고 있다. 국내 시장 점유율 67% 이상을 차지하는 '배달의민족'의 경우 2018년 1월에는 1,800만 건이던 월간 주문 수가 2019년 2,700만 건까지 늘더니 올해 1월에는 4,000만 건에 달했으며 운영기업 '우아한형제들'의 직원 수도 2018년 700여 명에서 2020년 1,400여 명에서 2023년 현재 2,010명으로 증가했다.

배달앱 시장의 폭발적 성장 가능성에도 불구하고 실제 국내에는 제도적인 어려움이 많다. 안병익 식신 대표에 따르면 온라인에 맞지 않는 오프라인용 규제들로 인해 신생 푸드테크 스타트업들이 원활한 서비스를 제공하기 쉽지 않아 관련 산업이 크게 위축되고 있다.

5) 푸드테크와 코로나19[96)97)

푸드테크는 신종 코로나 바이러스 감염증(코로나 19) 사태로 불거진 4가지 식품 이슈의 해결 대안으로 떠올라 더욱 주목받고 있다. 4가지 식품 이슈를 살펴보면 다음과 같다.

가) 식량안보

세계 인구 증가로 육류 소비가 늘어날 것으로 예상되는데, 자원이 유한하다보니 육류 생산으로 인한 환경부하가 상당할 것으로 예상된다. 게다가 코로나19 이후 농식품 교역도 원활하지 않아 식량난에 대한 우려가 더욱 커졌다. 전문가들은 식용곤충·배양육 등 대체단백질로 육류 소비를 일부 대체하고, 스마트팜이나 스마트 식물재배기를 활용한다면 식량난과 식량안보를 해결할 수 있을 것으로 기대한다.

식량안보 문제를 조금 더 자세히 살펴보면, 곡물 가격의 동향을 먼저 살펴보아야 한다. 곡물 가격은 대두를 중심으로 2020년 8월 이후 가파른 가격 상승세를 보이고 있다. 이유는 기상이변이 빈번해지고, 미국, 남미 등의 작황 전망의 불확실성이 높아지고 있는데다가, 중국의 미국산 곡물 수입 확대, 코로나로 인한 수확철 인력난 등도 상승 요인으로 작용하고 있다. 또한, 라니냐 등 기상이변이 빈번해지며, 미국 남미 등의 작황 전망의 불확실성이 가중되고 있다.

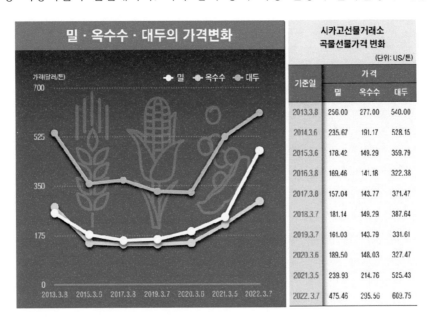

[그림 70] 주요 곡물 가격 동향

이에 더해 중국의 미국산 곡물 수입 확대, 코로나로 인한 수확철 인력난, 물류비 인상 등도 상승 요인으로 작용하고 있다. 홍수에 따른 작황 부진, 아프리카돼지열병 이후 급감했던 돼지 사육두수 회복, 미국산 농산물 구매합의 이행 등으로 중국 수입수요가 확대하고 있다. 세계

---

96) [전문가의 눈] 식품산업 신성장동력 푸드테크 육성을, 농민신문, 2020.07.27
97) [지식정보] 푸드테크 산업, 리테일온, 2021.02.04

전체 곡물 수요에서 중국수요가 차지하는 비중은 24.1% 수준으로, 중국의 영향으로 가격이 상승하고 있다. 중국 돼지사육 두수는 2018년 말 4.3억 마리에서 아프리카돼지열병 발생 후 3.1억 마리까지 급감하였으나 2020년 3/4분기 3.7억 마리까지 회복되었다.

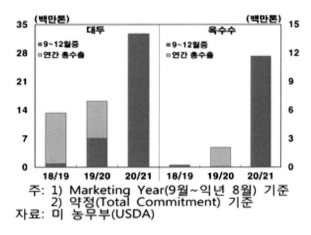

주: 1) Marketing Year(9월~익년 8월) 기준
   2) 약정(Total Commitment) 기준
자료: 미 농무부(USDA)

[그림 71] 미국산 곡물 대 중국 수출량

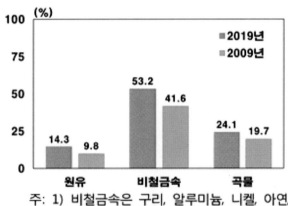

주: 1) 비철금속은 구리, 알루미늄, 니켈, 아연,
   곡물은 소맥, 옥수수, 대두의 단순평균
   2) 곡물은 19/20년, 08/09년(maketing year)
자료: BP, WBMS, USDA, Bloomberg

[그림 72] 중국 수요 비중

곡물 가격은 수요가 경기변동에 비교적 덜 민감하지만, 공급은 기상이변, 병충해 등으로 예측이 어렵고 수확량도 조절이 비탄력적이어서 작황 등 개별 요인의 영향이 크다. 곡물은 물가와 상관성이 높다. 세계기상기구가 2020년 10월 라니냐 발생 발표에는 곡물 주산지인 남미(20.8~12월)와 미 남부지역(20.10~21.4월)에 건조한 날씨가 이어진다는 내용이 포함되어 있다.

나) 비대면 소비트렌드

코로나19 사태로 비대면 거래가 늘어나면서 농식품 온라인 거래가 급증했다. 이 과정에서 배달 애플리케이션이나 O2O(Online to Offline·온라인 구매 후 오프라인에서 상품을 받는 방식) 서비스 등의 역할이 중요했다. 더 나아가 외식업체에서 식품제조·서빙·배달 등에 로봇이 활용되고 있다.

또한, 정부는 2021년부터 '농촌공간정비프로젝트'의 일환으로, 지역 푸드플랜의 성공적 정착과 식재료의 안정적 수급관리를 목표로 공공급식 통합 플랫폼을 구축했다.

분야	항목	내용
사회·복지 분야	공공급식 통합 플랫폼 구축	지역 학교급식 외에 유치원·어린이집·군대·사회복지시설·공공기관 등으로 공공급식 영역을 확대하기 위해 공공급식 통합 플랫폼을 구축했다. 플랫폼 구축을 통해 수요·공급자 간 수발주, 계약은 물론 정산 정보에서부터 급식지원센터별 계약량·재고량 등 국내 식재료 유통 현황에 대한 체계적 관리가 가능해졌다. 또한, 플랫폼을 통해 국민들에게 급식 농산물의 산지정보·지역특산·식품안전·식단레시피 등 다양한 정보를 제공하고있다. 2021년 구축이 완료되었고 2022년부터 서비스가 제공되고 있다.
농식품분야	농산물 도매유통 온라인 거래 확대	농산물 유통비용 절감과 물류 효율화를 도모하기 위해 추진하는 사업이다. 2020년 시범적용을 시작한 양파, 마늘, 사과에 이어 올 하반기부터 주요 채소·과수로 대상품목을 늘려나간다. 사진·영상 등 디지털 정보를 활용해 상품 확인 후 온라인에서 거래를 체결하고 상품은 구매자가 원하는 장소로 직배송된다.
농산업 분야	스마트팜 혁신밸리 운영	농식품부 주도하에 2022년까지 4개 거점 선정지 대상 혁신밸리가 조성되었다. 2018년 1차 스마트팜 혁신밸리 4개소(경북 상주, 전북 김제, 경남 밀양, 전남 고흥), 2019년 2차 지역(전남 고흥, 경남 밀양)가 순차적으로 완공돼 운영되고 있다. 혁신밸리 내 청년창업보육센터에서는 청년들을 대상으로 스마트팜에 특화된 실습 중심의 현장교육(20개월)을 실시하고, 청년들이 보육센터 수료 후 혁신밸리 내 임대형 스마트팜에서 적정 임대료를 내고 창농할 수 있도록 지원하고 있다. 스마트팜 실증단지에는 스마트팜 관련 기술의 실증을 위한 온실 및 시설·장비를 구축하고, 스마트팜 기자재 기업·연구기관 등을 위한 지원센터를 구축해 입주기업에게 사무 편의를 제공하고 있다.
	디지털육종 전환 지원	농식품부가 데이터 기반 육종 핵심기술 고도화와 데이터 연계 디지털 육종 활용 시스템 등 '디지털 육종 전환 지원 사업'을 추진하고 있다. 2021년부터 2025년까지 총 100억 원을 투자할 예정인데, 앞으로 종자 기업 디지털 육종 컨설팅, 맞춤형 분석서비스 지원, 디지털 육종 플랫폼 구축 등을 이어갈 계획이다.[98] 디지털육종은 유전체 및 다양한 형질(오믹스)의 디지털화된 데이터를 활용해 맞춤형 종자 품종을 개발하는 기술이다. 본 사업은 농업기술실용화재단 종자산업진흥센터에서 시행되며, 공모를 통해 선정된 종자 기업 20개소에는 사업내용에 따라 디지털육종에 필요한 생물정보기업 전문 컨설팅, 대용량유전자분석, 병리검정, 기능성 성분 분석 등의 서비스가 제공된다.

[표 35] 농촌공간정비프로젝트

분야	항목	내용
축산 분야	축산물 도매시장 온라인 경매 플랫폼 구축	축산물 도매시장 거래는 그동안 대면으로 이뤄져 가축 전염병 발생 등에 따라 도매시장이 폐쇄될 경우 차질이 불가피했다. 이에 온라인으로 축산물(소·돼지) 영상, 등급 판정 등 정보를 제공하고 중도매인과 매참인 등 구매자는 온라인으로 경매에 참여할 수 있는 비대면 거래 시스템을 구축했다. 2021년 농협나주축산물공찬장에 온라인경매시스템을 적용하고 1년간 시범사업 후 지난해 7월 온라인 경매 사업을 본격 시행했다. 올 상반기 3개 도매시장에 추가 적용을 준비 중이며 하반기에는 도매시장 및 도축장 3개소를 신규 선정, 온라인 경매 인프라를 지원한 계획이다. [99]
R&D 분야	스마트팜 기술고도화 및 현장실증 연구개발 지원	스마트팜 융합·원천기술 개발·확산을 위해 '스마트팜다부처패키지혁신기술개발(R&D)' 사업이 신규 추진됐다. 농업분야 및 ICT 분야 산·학·연 연구자가 지원대상이다. 온실·축사 등을 스마트팜으로 한정해, 2세대 스마트팜의 현장 적용과 확산을 위한 기술고도화 및 현장 실증연구, 지능형 3세대 스마트팜 구현을 위한 융합·원천기술 개발 등 119개 세부과제에 대해 집중 지원하고 있다.

[표 36] 농촌공간정비프로젝트

다) 식품안전

정부가 일반 식품의 기능성 표시제도를 도입하면서 일반 식품도 과학적 근거를 갖춘 경우, 기능성을 표시할 수 있게 됐다. 이 제도는 기능성의 검증 방법 및 시기에 따라 3단계로 나눠 운영된다.

---

98) 차세대융합기술연구원 네이버 블로그 '글로벌 종자 시장 이제 K-종자가 접수한다!'
99) 올 상반기 3개 축산물도매시장에 온라인경매시스템적용, foodnews

단계	일반 식품의 기능성 표시제도
1단계	• 홍삼, EPA·DHA 함유 유지 등 이미 기능성이 검증된 건강기능식품 기능성 원료 30종을 사용하는 경우다. • 이들 30종을 사용해 제조한 일반 식품은 고시 제정과 동시에 기능성을 즉시 표시할 수 있다.
2단계	• 새로운 원료에 대해 기능성을 표시하고자 하는 경우다. • 건강기능식품 기능성 원료로 새롭게 인정받은 후, 일반 식품에 사용하면 기능성 표시를 할 수 있도록 한다는 계획이다.
3단계	• 과학적 근거자료 사전신고제를 도입하는 것이다. • 법 개정을 통해 식약처가 과학적 근거자료를 사전에 검토할 수 있도록 할 예정이다.

[표 37] 일반 식품 기능성 표시제도

기능성 식품표시 제도의 활성화와 발전을 위해서는 관련 법 개정 등 제도의 지속적인 개선이 필요하다. 정부는 식품 기능성 평가지원사업을 통해 건강기능식 원료 인정에 필요한 안전성 시험, In vivo, In vitro, 인체 적용시험 등을 지원해야 한다.

또한, 식약처, 농진청, 한식연 등이 모여 국산 소재 기능성 규명 협의체를 구성, 체계적 문헌 고찰(SR)을 통해 식약처 원료 등록 가능성 높은 국내산 기능성 소재 발굴을 추진해야 한다. 기능성 식품에 특화된 R&D 교육과정을 개설하고 산학 간 계약을 통해 산업계 수요를 반영한 프로그램을 운영, 기능성 식품 전문인력을 양성해야 한다. 이와 함께 국내 농식품기업의 기능성 식품 해외 진출 확대를 위해 수출 컨설팅, 현지화 지원, 해외인증 등록, 국제박람회 참가 등을 지원해야 한다.

라) 면역력과 영양균형에 대한 소비자들의 높은 관심

면역력을 높이기 위해 발효기술, 프리·포스트 바이오틱스 등 건강기능식품시장의 급성장이 전망된다. 고령층의 영양균형을 위해 3D 식품프린팅을 활용하는 방안도 고려되고 있다.

이 가운데 가장 주목받는 푸드테크는 단연 대체식품이다. 미국에서는 코로나19 사태 이후 타이슨푸드·스미스필드푸드 등 육가공 업체들의 공장 폐쇄로 육류 공급량이 부족해지자 비욘드미트, 임파서블 푸드 등 대체식품 생산업체들이 반사이익을 얻었다. 하지만 국내에서는 대체식품에 대한 소비자와 기업의 관심이 부족해 시장이 제대로 형성되지 않았다.

나. 대체식품 개요

1) 대체식품 정의[100]

대체 단백질 식품(대체식품)이란 전통적 방식으로 생산되어 온 식품 대신에 첨단 기술과 다양한 대체 단백질 소재를 기반으로 기존의 육류·해산물·유제품 등과 유사한 맛과 식감이 나도록 가공한 식품이다.[101] 동물 단백질을 대체한 식품으로, 식물성대체식품, 곤충단백질 대체식품, 배양육 등이 있다. 대체식품은 식물단백질 기반 제품, 곤충단백질 기반 제품, 해조류단백질 기반 제품, 미생물단백질 기반 제품, 배양육 총 5개 유형으로 구분할 수 있다.

가) 식물성 대체식품

식물성 대체식품은 식물에서 추출한 단백질을 이용하여 제조한 육류 유사식품(meat analog)으로 현재 대체육류 시장에서 가장 큰 비중을 차지하고 있다. 밀 글루텐 및 대두단백질이 식물성 대체육의 주요 원료이며 그 외에도 완두콩, 콩, 깨, 땅콩, 목화씨, 쌀, 곰팡이 등을 이용하고 있다.

식물성 단백질	원료
베타 콘글리시닌	대두
글리시닌, 비실린	콩
레구민, 알부민, 글로불린, 글루텔린	씨앗 기름
글루텐	밀, 호밀, 보리
마이코프로테인	곰팡이

[표 38] 주요 식물성 단백질 및 원료

예로부터 식물성 대체식품을 이용한 역사를 살펴보면, 1950년대 이전에는 밀 글루텐을 이용하여 식물성 대체식품을 제조하여 왔고 1950년대 후반에는 대두단백질을 이용하였으나 제조된 상품의 조직감이 기존 육류와 차이가 커 상업적인 성공을 거두진 못하였다. 하지만 그 이후 식물성 단백질 조직화와 관련한 연구가 지속됨에 따라 1970년대부터 여러 가지 모양과 조직감, 맛을 내는 식물성 대체식품의 생산이 가능해진 상황이다. 한편, 1964년 영국에서 곰팡이(Fusarium graminearum)를 이용하여 전분 부산물로부터 유래된 식물성 단백질을 개발하였으며 1985년부터 Quorn이라는 상품으로 시판하고 있다. 현재 Quorn 외에도 임파서블 푸드, 비욘드 미트, 에이미 키친, 컬드론푸드 등 여러 기업에서 다양한 종류의 식물성 대체식품을 생산하고 있고 소비자들에게 긍정적 반응을 얻고 있다.

식물성 대체식품을 원하는 소비자는 크게 종교적 신념 및 건강을 이유로 육류의 대체를 원하

---

100) 세계 대체육류 개발 동향, 세계 농식품산업 동향, 2018
101) 미래 먹거리 주목된 대체식품 투자동향, ceonews, 2022.04.08

는 채식주의자와 보다 경제적인 가격의 단백질 공급원을 원하는 소비자로 분류된다. 따라서 식물성 대체식품을 이용할 때 동물성 단백질 섭취 없이도 인체에 필요한 영양소를 공급하는 것이 중요하다.

현재 설계되어 시판되고 있는 식물성 대체식품은 단백질 함량이 높고 지방 및 포화지방산의 함량이 비교적 낮다. 특히 대두단백질의 경우 필수 아미노산 함량 및 단백질 소화율 보정 아미노산 점수(protein digestibility corrected amino acid score)를 기준으로 비교해 보았을 때 소고기와 비슷한 수준의 단백질가를 가지는 것으로 사료된다.

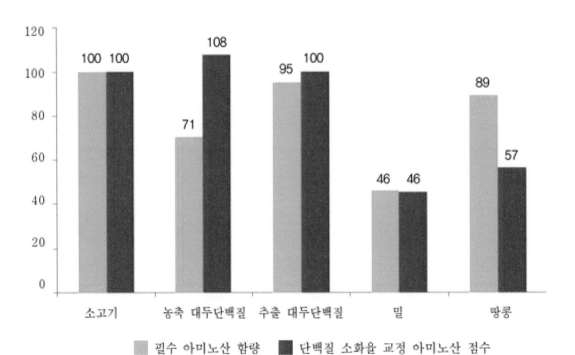

[그림 73] 소고기 대비 식물성 대체식품의 필수 아미노산 함량 및 단백질 소화율 보정 아미노산 점수 (단위: %)

또한 식물성 대체식품 생산 시 식물성 단백질이나 예로부터 식품의 소재로 활용해 온 부재료가 주를 이루기 때문에 그 안전성이 입증되어 있고 제조 중 생산비가 낮아 경제적인 것이 큰 장점이다.

나) 곤충 대체식품

곤충이란 절지동물 곤충 강에 속하는 소동물 모두를 총칭하며 몸이 머리, 가슴, 배로 나눠지고 6개의 발이 있는 구조적 특징을 가진다. 곤충의 종류는 크게 천적 곤충, 화분 매개 곤충, 환경 정화 곤충, 식용곤충, 약용곤충, 학습·애완 곤충, 사료용 곤충 등으로 나눌 수 있으며, 이 중 식용곤충이란 식용이 가능한 모든 곤충류를 의미한다.

현재까지 추산한 바로는 곤충은 지구상 약 130만 종이 존재하는 지상 최대 자원이며 이 중 약 1,900여 종이 식용으로 이용되고 있다. 갈색거저리, 흰점박이꽃무지 유충, 장수풍뎅이 유충, 귀뚜라미 등이 대표적인 식용곤충이며, 주로 딱정벌레목, 나비목, 벌목, 메뚜기목, 노린재목, 흰개미목, 잠자리목, 파리목 등이 이용되고 있다.

곤충과 관련한 역사적 기록을 살펴보면 인간이 곤충을 섭취해온 것은 기원전 1400년경으로 최소한 3,000년 이상일 것으로 예상되며 약 5,000년 전 고대 중국에서 곤충을 섭취한 기록들도 있어 이는 인류가 생겨난 이래 지속적인 식량자원으로 이용되어 왔으리라 생각된다. 비록 아직까지 곤충에 대해서 혐오식품으로 인식하는 소비자가 대부분이지만 최근 들어 미래 식량자원으로 식용곤충이 급부상함에 따라 이에 대한 관심 또한 점차 증가하고 있는 추세이다. 현재 곤충을 섭취하는 인구는 세계적으로 약 20억 명에 달한다고 하며, 2050년 단백질 수요의 약 5%를 곤충으로 대체하면 관련 시장의 매출이 약 57조 원에 도달할 것으로 예상하고 있다.

과거 대부분의 곤충들은 자연에서 수렵, 채집 등의 활동을 통하여 확보되었으나, 향후 미래 식량자원으로 활용하기 위해서는 보다 지속적인 공급원의 마련이 필요한 실정이며 이에 따라 사육을 통하여 곤충을 생산하기 위한 노력들이 지속되고 있다. 곤충은 '변온성' 또는 '외온성' 동물로 체온의 유지에 별도의 에너지가 들지 않아 사육 시 가축에 비해서 사료의 소비가 적고, 소요되는 토지 및 물 등 자원의 소모와 환경오염 등의 위험이 비교적 낮으며 번식률도 좋아 사육 시 효율이 높고 그 활용 가능성이 크다.

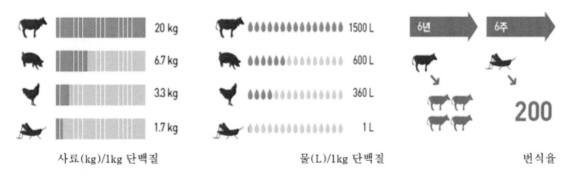

[그림 74] 곤충(귀뚜라미) 사육 시 식량자원으로서의 가치 비교

또한 곤충의 사육은 기존 가축의 사육에 비해 쉽고 적은 자본으로 시작 가능하여 누구나 참여할 수 있어 보다 쉽게 생계의 수단을 제공할 수 있으며, 가축의 분뇨를 이용한 사육도 가능하여 향후 축산 폐기물을 처리하는 좋은 수단이 되어줄 수 있다. 그 외에도 곤충은 지방의 함량이 적고 양질의 단백질과 미네랄 및 비타민은 풍부하여, 식육 단백질 대체 시 인간에게 필요한 영양소 공급이 충분히 가능할 것으로 보고되고 있다.

	갈색거저리	귀뚜라미	닭고기	돼지고기	소고기
단백질(g)	18.1 ~ 22.1	13.2 ~ 20.3	18.0 ~ 22.0	18.6 ~ 21.5	19.2 ~ 21.6
지방(g)	11.2 ~ 15.4	3.5 ~ 6.1	4.0 ~ 13.9	4.0 ~ 16.2	5.1 ~ 15.0
칼슘(mg)	42.9	49.8 ~ 287.0	6.8 ~ 12.0	6.0 ~ 10.0	5.0 ~ 8.3
철분(mg)	1.6 ~ 2.5	2.5 ~ 8.0	0.7 ~ 1.0	0.7 ~ 0.8	1.5 ~ 2.3
티아민(mg)	12.0	-	0.1	0.6 ~ 1.0	0.1
리보플라빈(mg)	0.8	3.4	0.1 ~ 0.2	0.2 ~ 0.3	0.2 ~ 0.3
니아신(mg)	4.1	3.8	4.9 ~ 7.7	4.9 ~ 6.9	4.1 ~ 5.3

[표 39] 가축 및 식용곤충 간의 영양성분 함량 비교

다) 배양육

배양육(cultured meat 또는 in vitro meat)은 살아있는 동물체로부터 채취한 세포를 증식하여 생산하는 가장 대표적인 대체육류로서 주로 줄기세포들을 이용하여 동물의 조직을 배양한다. 2018년까지는 임신한 소를 도살하거나 유산시켜야 얻는 소태아혈청(FBS)이 사용되어 윤리적으로도 문제 있고, 경제적으로도 일반 고기보다 비쌌다. 하지만 2019년 이후 무혈청 배양액이 도입되어 윤리적 문제가 해결되었고, 경제적으로도 저렴해졌다.[102]

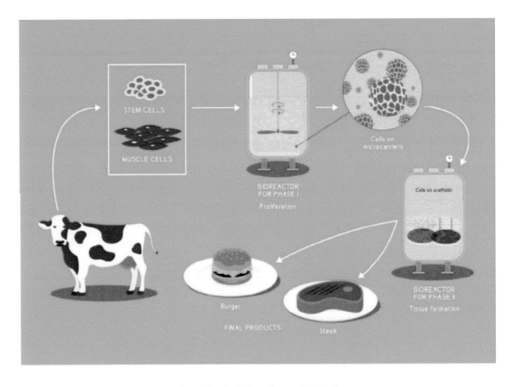

[그림 75] 배양육 제조 과정[103]

---

102) 배양육 역사, 나무위키

종류	분화방향	복제 가능 횟수
전능	모든 체조직 및 배아발달 세포	매우 높음
만능	대부분의 체조직 세포 (예: 배아줄기세포)	세포에 따라서 다양함 (예: 배아줄기세포 - 무제한)
다능	유래한 종류의 조직 (예: 성체줄기세포)	동물의 나이에 따라 다양함 (예: 성체줄기세포 - 50~60회)
단능	단일 조직	나이에 따라서 감소

[표 40] 분화능에 따른 줄기세포 종류 및 특징

1932년 영국의 총리였던 윈스턴 처칠은 그의 저서를 통하여 배양육의 가능성에 대해 처음 언급했다. 배양육과 관련한 역사를 살펴보면 1912년 닭 염통의 배양을 시도한 기록이 처음으로 확인되었으며, 이후 1971년 첫 배양이 성공한 사례가 보고된 바 있다. 또한 1999년 네덜란드 암스테르담 대학교의 빌렘 반 엘런 박사는 배양육 관련 이론으로 첫 국제 특허를 출원한 후 2002년 금붕어 배양에 성공하였으며, 2001년 미항공우주국에서 칠면조 고기를 배양하는 등 전 세계적으로 여러 연구진이 배양육과 관련한 연구를 진행하고 있다.

(a) 햄버거　　　(b) 미트볼　　　(c) 프라이드 치킨　　　(d) 오리고기

[그림 76] 배양육 제조 사례

그러나 먼저 언급한 식물성 대체식품과 곤충에 비해 배양육은 싱가포르에서 2020년 12월에 치킨너겟 형태의 세포배양육 시판을 승인한 전례를 제외하면, 국내는 물론 전세계적으로도 본격적인 상용화 단계에 이르지 못한 상황이다.[104] 2013년 네덜란드 마스트리치대학의 마크 포스트 박사가 배양육을 이용하여 만든 햄버거를 공개하였으며 미국의 멤피스 미트가 2016년 미트볼을, 2017년 프라이드 치킨 및 오리고기 등을 제조하여 시연한 사례가 있다. 공개 당시 햄버거 가격이 3억 3,800만 원, 미트볼은 113만 원이었던 것에 비해 현재 생산 시 소요되는 비용은 100G당 2000원까지 절감된 상태로 마크 포스트 박사의 모사미트 등 일부 기업에선 배양육의 상용화를 목표하고 있다.

배양육은 지속적 생산이 가능하여 세계적으로 급증하고 있는 인구 모두의 수요를 충족할 수 있을 뿐만 아니라 다른 대체육과 달리 실제 동물성 단백질을 공급할 수 있어 대체육류 중 가장 관심 받고 있는 소재이다. 배양육 생산은 조직의 배양을 기반으로 함으로서 생산공정 중

---

103) 우주식량 '배양육'을 아시나요? [우리가 몰랐던 과학 이야기] (248), 세계일보
104) 세포배양 식품의 세계 현황과 발전 방안, 식품음료신문

가축의 사육을 배제하여 동물복지·윤리 및 환경문제 등을 최소화할 수 있다. 또한 모든 공정들을 무균환경에서 실시할 뿐만 아니라 GMP(Good Manufacturing Practice), HACCP(Hazard Analysis, and Critical Control Points) 등 기존 식품품질관리 시스템의 적용이 가능해 외부 오염이나 항생제 오남용을 방지하고 인수공통전염병, 식중독 등 여러 질병의 발생을 현저히 감소시킬 수 있어 보다 안전한 제품의 생산이 가능하다.

한편, 아직 연구단계지만 조직 배양 중 배지 조성 및 배양조건 등 환경에 따라서 생산되는 식육 내 성분의 조절이 가능하여 인체에 유익한 성분은 가미하고 해로운 성분은 다른 성분으로 대체하는 등 보다 우수한 품질의 식육을 더 빠른 시간 내 생산할 수 있다. 더욱이 배양육은 식물성 대체육이나 식용곤충 등 다른 소재보다 그 맛과 조직감이 우수하여 소비자의 영양 및 관능적 기호를 모두 만족시킬 수 있다는 장점이 있다.

		일반 육류	식물성 대체식품	식용곤충	배양육
정의 및 생산방법		전통적인 가축의 사육을 통한 식육 생산	식물성 단백질 또는 곰팡이를 이용하여 제조	식용이 가능한 모든 곤충	조직의 배양을 이용한 식육 생산
지속 가능성	자원 사용	많음	매우 적음	적음	매우 적음
	온실가스 배출	높음	감소	감소	감소
영양가		변화 없음	높은 단백질 함량	높은 단백질 및 무기질 함량	지방산 조성 및 철분 함량 조절 가능
안전성		검증	검증	검증 진행 중	검증 필요
시장 적용 가능성	대량생산	가능	가능	가능	현재 제한적임 (기술 개발 중)
	가격	상승 중	낮음	보통	매우 높음
동물복지 문제		있음	없음	없음	없음
기존 육류 유사도		-	다소 낮음	낮음	유사함
한계점		미래 식육 수요 충적 불가	맛과 조직감 부족	소비자 혐오감	새로운 것에 대한 두려움

[표 41] 일반 육류와 비교한 대체육의 특징

2) 대체식품 기술[105]

 대체식품 개발과 관련하여 식물성 단백질의 추출·분리 및 발효, 식용곤충 단백질과 지방의 추출·분리, 그리고 줄기세포 추출·분리 및 세포배양과 관련된 기술이 이용된다. 식물성 대체식품에 주로 사용되는 식물 기반 단백질은 대두단백질(대두분리단백질과 조직화대두단백), 밀글루텐, 완두단백질, 곰팡이단백질인 퀀(Quorn)5) 등임. 대두단백질, 곰팡이단백질 등 단백질 소화능력을 고려한 아미노산점수가 소고기 등 육류에 비해 낮지 않아 대체식품의 소재로 많이 활용된다.

 해외 식물성 대체식품은 실제 육류와 유사한 조직감·맛·풍미 구현을 목적으로 한 소재 발굴 및 가공기술 개발로 다양한 제품을 출시 중이다. 하지만 국내는 한정적인 단백질 소재를 사용하고 있으며, 실제 육류의 조직감·맛·풍미 등 육류 특성 모방 기술 및 다양한 제품이 부족한 실정이다. 한국비건인증원에 따르면 시장에서 공급 가능한 150여 종의 식물체 중 약 2% 수준만 단백질 소재로 사용되고 있다.

 하지만, 최근 국내 바이오 기업을 중심으로 대체식품의 원천기술 특허 출원 사례가 증가하고 있다. 최근 생물학적 공정을 통한 헴 복합체 제조기술 및 콩뿌리혹의 육즙 모사 성분 추출기술 등을 미국 특허 출원하거나 대체육류의 주원료인 식물성 단백인 BTVP6) 개발, 식물성 피 개발, 식물성 지방, 천연첨가물 개발 등의 기술 및 특허를 출원한 기업도 있다.

 해외 배양육은 2013년 기술개발에 성공하였으나 생산비가 높아 제품 출시가 안 되고 있는 실정이었다. 2013년 기준 배양육을 이용한 햄버거 패티의 생산 비용은 100g당 37만 5천 달러였으며, 2017년에는 1,986달러였다. 하지만 2022년에는 배양육 햄버거 가격이 약 9.8달러까지 떨어졌다. 가격 저하 요인은 생산의 대규모화와 원자재 가격 저하, 배양기술의 발전이다. 배양육이 여전히 식료품점이나 식당에서 살 수 있는 햄버거보다 훨씬 비싸지만 조만간 가격은 더 떨어질 것으로 기대된다. [106]

 지난 2021년 10월 12일 전문 조사기관 럭스 리서치가 발간한 '배양육 시장 규모 및 주요 시장의 대략적 규제 상황'에 관한 보고서에 따르면 2016년 배양육 시장은 극소수 신생 기업으로 구성돼 있었다. 그러나 5년 후인 2021년 현재 배양육 시장에는 기술적 과제 해결에 도전하는 기업부터 최종 제품을 출시해 시장 공략에 나선 기업까지 약 80개의 스타트업들이 존재하고 있다. 2016년 배양육이 농식품 시장에 진입한 이래, 총액 8억 달러라는 놀라운 규모의 자금이 이 분야에 투입됐다. 많은 스타트업은 시험 규모 제조에 성공하거나, 상품을 판매할 수 있는 단계까지 성장했다.

 올해 4월 20일 이스라엘의 식품 기술 회사인 '알레프 팜스(Aleph Farms)'는 첫 번째 제품 브랜드인 '알레프 컷(Aleph Cuts)'의 출시를 발표했다. 이 회사는 알레프 컷 브랜드로 올해 말 싱가포르와 이스라엘에서 세계 최초의 재배 스테이크인 '프티 스테이크(Petit Steak)'를 판

---

105) 세계 대체육류 개발 동향, 세계 농식품산업 동향, 2018
106) 배양육 값 대폭 하락, 아이티데일리

매할 예정이며, 규제 승인이 진행 중이다.[107]

 국내에서는 식물성 스캐폴드를 생산한 기업이 있으며, 벤처기업과 서울대·세종대 연구팀이 돼지 근육줄기세포의 분화능 등에 대하여, 스타트업에서는 닭 근육세포 배양기술에 대하여 연구개발을 추진하고 있다.

 또한 올해 5월, 연세대학교 최범규 연구진은 기존 배양육 대비 1/4 가격의 분말 형태 배양육을 만들었다. 단백질 밀도는 기존 고기보다도 높다. 가루 형태여서 조미료로 사용할 수 있으며, 우주식에도 적합하다. [108]

구분		기술 현황	시장 및 업체 현황	투자 현황	지속가능성
식물성 고기	해외	고기와 유사	시장 빠르게 성장 임파서블푸드, 비욘드미트 등 선도기업	투자 활발	채식주의자 증가 추세 건강과 지속가능성으로 관심 증대 글루텐, 콩, 견과류 알레르기 비싼 가격, 고기 용어 규제
	국내	고기와 유사	시장 빠르게 성장 CJ제일제당, 농심, 신세계푸드 등 선도기업	투자 활발	
식물성 계란	해외	미국 선도	미국, 홍콩, 중국, 일본 등 판매	투자 활발	저렴한 가격
	국내	벤처기업	온라인, 채식주의 대상	벤처투자 시작단계	
식용곤충	해외	벨기에, 중국 발달	미국, 유럽, 태국 등 다양한 업체	일부 국가 활발	벨기에 관련법 있음.
	국내	세계 선도	에너지바, 분말형태, 환자식 이용	국가 투자	국내 관련법 제정으로 식용곤충산업 지원 혐오감·안전성 우려
배양육	해외	기술개발 성공 대량생산 준비	네덜란드, 이스라엘, 미국, 일본 기업 발달	투자 활발	비싼 가격 대량생산기술 한계
	국내	기술개발 성공	대학·벤처기업	투자 활발	

[표 42] 대체식품의 국내외 산업 현황 비교

---

107) 실험실서 태어난 '배양육' 서서히 상용화로 접어들어, 뉴스튜브
108) 배양육, 나무위키

구분		기존육류	식물성 고기	식물성 계란	식용곤충	배양육
생산방법		가축 사육·도축 후 식용	식물성 단백질가공	식물성 재료 사용	고효율	줄기세포 배양생산
가격	대량생산 가능성	높지만 한계 존재	높음	높음	높음	기술적 장벽 존재
	생산비	상승 중	저렴	저렴	하락 중	고가
환경	자원 사용량	높음	매우 적음	매우 적음	매우 적음	매우 적음
	온실가스 배출량	높음	감소	감소	감소	잠재적 감소
윤리	동물복지 문제	상존	없음	없음	없음	없음
건강	건강 효과	변화 없음	단백질 증가 콜레스테롤 감소	콜레스테롤 감소	단백질 증가 지방 감소	지방산 조성 개선, 철분 감소
	안전성	변화 없음	식중독 감소	식중독 감소	알레르기 우려	검증된 제품 없음
선호	소비자 기호도	수요 증가	낮은 식미 문제	낮은 식미로 타 식품 재료로 이용	모양 혐오감	두려움과 과학기술 공포증

[표 43] 일반 육류와 대체 축산식품의 특징 비교

3) 대체식품 소비자 인식[109]

소비자 1,000명을 대상으로 설문조사한 결과, 대체식품에 대한 인지도는 5점 만점 기준으로 식물성 고기(3.31점)가 가장 높았고, 곤충식품(2.88점), 배양육(2.45점), 식물성 계란(2.44점) 순서로 나타났으며, 채식을 더 많이 하는 소비자일수록 대체식품에 대한 인지도가 높은 것으로 나타났다.

대체식품 섭취 경험이 있는 소비자는 응답자의 46.9%였으며, 섭취 경험은 식물성 고기(44.5%), 식물성 계란(12.4%), 곤충식품(6.3%) 순으로 나타났다. 취식 경험이 있는 대체식품에 대한 만족도는 곤충식품(3.27점), 식물성 고기(3.21점), 식물성 계란(2.98점) 순으로 나타났다.

대체식품 섭취 경험에 불만족한 응답자를 대상으로 각 제품의 불만족 이유를 조사한 결과, 맛과 식감에 대한 불만족 정도가 높게 나타났다. 곤충식품은 맛과 모양(외관)에 대한 불만족 정도가 높았으며, 식물성 계란은 맛과 식감 외에도 향(냄새)에 대한 불만족 정도가 높게 나타났다.

구분		사례수 (명)	맛	식감	모양 (외관)	색상	향 (냄새)	위생 (안전성)
전체		128	55.5	29.7	3.1	0.8	10.2	0.8
섭취한 경험이 있는 대체 식품	식물성 고기	80	61.3	28.8	1.3	1.3	6.3	1.3
	배양육	3	66.7	33.3	0.0	0.0	0.0	0.0
	곤충식품	10	50.0	10.0	30.0	0.0	10.0	0.0
	식물성계란	35	42.9	37.1	0.0	0.0	20.0	0.0

[표 44] 섭취 경험이 있는 대체식품 불만족 이유 (단위: %)

대체식품에 대한 관심도는 5점 척도로 식물성 고기(3.28점)가 가장 높고, 식물성 계란(3.01점), 배양육(2.78점), 곤충식품(2.41점) 순으로 나타났다. 식물성 고기와 식물성 계란은 관심이 있다는 응답자의 비중이 각각 45.8%, 32.7%인 것으로 나타나 비채식주의자도 관심을 가지는 품목임을 알 수 있었다.

한편, 채식주의자 여부에 따른 대체식품에 대한 관심도는 전반적으로 채식을 더 많이 하는 소비자일수록 높은 것으로 나타났지만, 준채식주의자(3.49점)가 채식주의자(3.39점)보다 식물성 고기에 대한 관심이 더 높은 것으로 나타났다.

---

109) 세계 대체육류 개발 동향, 세계 농식품산업 동향, 2018

조사 결과 신식품 섭취 시 위생(안전성), 향(냄새), 맛, 식감, 모양, 색상 순으로 만족도에 영향을 주는 것으로 나타났다. 특히 채식주의자, 남자, 저연령층이 상대적으로 새로운 식품에 대해 적극적인 성향을 보였다.

구분		사례수 (명)	성향 (적극성)	민감도					
				맛	식감	모양	색상	향 (냄새)	위생 (안전성)
전체		1,000	2.84	3.60	3.58	3.46	3.34	3.92	4.11
채식 주의자 여부	채식주의자	51	3.10	3.51	3.51	3.29	3.20	3.71	3.82
	준채식주의자	260	2.77	3.56	3.60	3.47	3.34	3.90	4.17
	비채식주의자	689	2.84	3.62	3.57	3.47	3.35	3.94	4.11
성별	남자	497	2.87	3.52	3.51	3.36	3.22	3.76	4.01
	여자	503	2.80	3.68	3.64	3.55	3.45	4.07	4.21
연령대	만19~29세	198	2.91	3.71	3.66	3.56	3.35	3.94	4.04
	만30~39세	204	2.93	3.61	3.55	3.54	3.39	4.04	4.13
	만40~49세	245	2.81	3.58	3.51	3.45	3.31	3.87	4.07
	만50~65세	353	2.75	3.54	3.59	3.36	3.32	3.87	4.16

[표 45] 신식품에 대한 소비자 성향과 요인별 민감도(5점 척도) (단위: 점)

대체식품 소비 의향 결정 요인 분석 결과, 향후(5년 후) 대체식품 소비 의향에 영향을 미치는 요인은 제품별로 차이가 있지만, 윤리적 소비와 동물복지에 대한 관심도가 주요 요인인 것으로 나타났다.

대체식품의 소비를 향후 현재보다 증대하려는 이유는 "건강 증진을 위해(34.1%)"가 가장 높고, "자원·에너지 절약과 환경보호를 위해(25.3%)", "생명체 도축의 윤리성 또는 동물복지 문제 때문에(20.4%)" 순서로 나타났다.

식물성 고기는 건강에 대한 관심도가 높은 소비자의 소비 의향이 높게 나타났고, 곤충식품과 식물성 계란은 식감에 민감하고 자원과 환경에 대한 관심도가 높은 소비자의 소비 의향이 높게 나타났다.

맛과 모양에 민감한 소비자는 곤충식품에 대한 향후 소비 의향이 감소하는 것으로 나타나 곤충식품은 맛과 모양을 고려한 상품의 개발이 필요한 것으로 판단된다.

구분		사례수 (명)	건강 증진을 위해	비위생적인 사육·도축 환경 때문에	윤리성 또는 동물 복지 문제 때문에	자원·에너지 절약과 환경 보호를 위해	가족 중에 채식주의자가 있어서	기타
전체		495	34.1	14.9	20.4	25.3	1.6	3.6
채식 주의자 여부	채식주의자	26	50.0	7.7	26.9	15.4	0.0	0.0
	준채식주의자	150	38.0	18.7	20.0	15.3	4.0	4.0
	비채식주의자	319	31.0	13.8	20.1	30.7	0.6	3.8

[표 46] 대체(축산)식품 소비를 현재보다 증대하려는 이유 (단위: %)

4) 대체식품 당면과제[110]
가) 원천기술 개발

국내는 해외에서 개발된 원천 소재 및 기술을 단순 배합하는 수준의 식물성 대체육이 대부분이며, 아직까지는 미성숙 상태이다. 그러나 코로나19를 거치면서 롯데푸드, CJ, 풀무원 등 대기업 식품업체들이 적극적으로 대체육 시장에 진출하고 있다. [111]

또한 배양육은 현재 셀미트, 다나그린, 씨위드, 노아 바이오텍 등의 스타트업체가 배양육 기술을 개발하고 있으며, 현재 기술 수준은 초기 단계로 파악된다. 식품의약품안전처는 배양육 제품을 식품원료로 인정하는 등 배양육의 제도적 기반이 점차 확립되고 있다.[112]

대체식품 사업화 과정상 애로사항은 기술 개발·확보(26.5%), 시장정보 획득(20.6%), 대체식품에 대한 소비자 인식 부족(14.7%), 전문인력 부족(11.8%), 관련 규격 및 기준 규제(11.8%) 순으로 나타났다.

구분	기술 개발·확보	시장 통합·전망 정보와 시장성 파악	대체식품에 대한 소비자 인지 부족	전문인력 부족	관련 규격 및 기준 규제	마케팅	자금조달 (금융·투자)	합계
사례수 (명)	9	7	5	4	4	3	2	34
비중	26.5	20.6	14.7	11.8	11.8	8.8	5.9	100.0

[표 47] 대체식품 관련 사업 추진상 애로사항(1+2순위) (단위: %)

나) 전문 연구인력 및 자금 부족

대체식품기업은 선순환 운영구조를 위한 자금 조달 및 연구인력 채용에 어려움을 호소하고 있다. 국내에서도 롯데 액셀러레이터, 농심 퓨처플레이 등 벤처투자회사가 생기면서 식품 스타트업에 대한 투자가 발생하고 있다. 그러나 아직까지 자금 조달이 원활하지 못해 연구인력 채용 및 기술 개발에 어려움을 겪고 있으며, 기술을 개발하더라도 제품 개발 및 판매로 연결될 수 있는 생태계 조성이 미흡하다.

다) 관련 기준 및 규격 미비

알레르기 유발 성분을 함유한 대체식품에 대한 기준·규격 및 라벨 표시, 배양육의 세포배양액 등 신식품의 안전관리를 위한 규격 및 기준, 상표 및 광고문구의 규정이 미비하다.

---

110) 세계 대체육류 개발 동향, 세계 농식품산업 동향, 2018
111) 미래 축산과 대체육 국내외 현황, 축산경제신문
112) 식물기반 단백질 배양육 시장의 현황과 미래 전망, 한국농촌경제연구원

라) 대체식품의 생산 및 수출입 파악을 위한 통계자료 미비

대체식품은 한국표준산업분류(KSIC) 및 HS(관세 및 통계 통합품목분류)에 품목 구분이 없다.

마) 소비자 수용성 논란과 관리감독 관할권 문제

세포배양방식의 육류 생산에서 요구되는 안전 조건 및 지침이 없으며, 관리감독기관이 따로 정해져 있지 않다. 배양육은 동물세포에서 근육 줄기세포를 채취하여 배양한 식품으로 세포배양액의 품질을 높이기 위해 일부에서는 유전자편집기술을 쓰고 있어 GMO 및 안전성 논란이 있다.

배양육의 경우 비동물성 소재인 녹조류, 버섯 추출물, 식물유래 단백질로 세포 배양액을 만드는 연구가 진행 중이나, 대부분 세포 배양과정에 소 태아혈청을 이용하고 있다.

바) 시장정보 및 소비자 인지 부족

식품제조업체와 소비자 모두 대체식품 시장에 대한 정보가 부족하고, 소비자 입장에서는 대체식품이 가지는 영양 정보와 자원절약 및 환경저감 효과 등을 인지하지 못해 시장 형성에 어려움이 있다.

사) 용어 논란

대체식품의 국내 시장규모가 아직 협소하기 때문에 식물성제품에 기존 동물성 제품의 용어를 사용하는 것에 대한 사회적 논란이 없지만, 시장규모가 확대되면 이해관계자인 기존 축산업계와의 갈등이 예상된다.

다. 대체식품 시장 동향[113)

1) 세계 동향

세계 대체식품 시장 규모는 2018년 기준 96억 2,310만 달러이며[114), 2019년부터 연평균 9.5%씩 성장하여 2025년에는 178억 5,860만 달러에 이를 것으로 전망된다. 대체식품의 핵심 기술은 식물이나 곤충에서 단백질을 추출(분리)·발효·가공하는 기술이며, 식재료와 혁신기술 발전이 융합하여 대체식품 시장규모가 확대될 것으로 전망된다.

구분	2017년	2018년	2019년	2025년	CAGR(%)
세계 대체식품 시장규모	8,989.0	9,623.1	10,345.7	17,858.6	9.5

[표 48] 세계 대체식품 시장규모(2017~2025) (단위: 백만 달러)

세계 대체식품 제품유형별 시장규모는 식물단백질 기반 제품(식물성 고기, 식물성 계란, 식물성 우유 및 음료 등), 곤충단백질 기반 제품, 해조류단백질 기반 제품 순으로 크며, 특히 식물단백질 기반 대체식품 시장은 전체 시장규모의 87.2%로 압도적인 비중을 차지했다.

2019년에서 2025년까지 제품 유형별 시장규모의 연평균 성장률은 곤충단백질 기반 제품(22.7%), 배양육(19.5%), 해조류단백질 기반 제품(8.3%), 식물단백질 기반 제품(8.1%), 미생물단백질 기반 제품(5.0%) 순서로 높게 나타났다.

구분	2017년	2018년	2019년	2025년	CAGR(%)
식물 단백질	7,890.8	8,395.8	8,962.5	14,319.8	8.1
곤충 단백질	514.8	607.5	722.9	2,470.1	22.7
해조류 단백질	485.1	517.6	553.8	894.0	8.3
미생물 단백질	98.2	102.2	106.5	143.1	5.0
배양육	0.0	0.0	0.0	31.6	19.5

[표 49] 세계 대체식품 시장규모(2017~2025) (단위: 백만 달러)

세계 대체식품 시장에서 지역별 점유 비중은 북미(44.6%), 유럽(28.8%), 아시아·태평양(18.1%), 기타(8.5%) 순으로 선진국이 대부분을 차지했다. 현재까지 북미, 유럽 등 선진국에서 투자, 기술개발, 소비가 모두 활성화되고 있는 추세이다. 그러나 대체식품 시장의 향후 성장률은 아시아·태평양(12.2%), 기타(11.0%), 유럽(8.7%), 북미(8.6%) 등의 순으로 특히 아시아·태평양 지역에서 높을 것으로 전망된다.

---

113) 세계 대체육류 개발 동향, 세계 농식품산업 동향, 2018
114) 대체식품 현황과 대응과제, KREI 농정포커스

2) 국내 동향

국내 푸드테크 시장규모는 '17년~'20년 연평균 31.4% 성장하며 약 61조원('20년기준) 수준이다. CJ제일제당, 신세계푸드 등 식품 대기업들이 신성장 동력 사업으로 푸드테크, 대체식품을 선정하고 국내외 스타트업과 파트너십을 체결하고 투자 확대 중이다.

식물성 단백질은 만두, 떡갈비, HMR 제품 개발 관련 사업을 추진하고 있으며, 배양육 기술개발은 대학교 및 국가연구기관 이외에도 수입곡물업체 및 스타트업에서 추진 계획을 가지고 있다. 곤충식품 중에서는 곤충분말을 이용한 고령친화식품, 암환자식, 쿠키 등 간식, 펫푸드 등을 개발 중인 것으로 나타났다.

국내 식물단백질 기반 제품의 유형별 시장규모는 미트볼이 32%로 가장 많고, 버거패티(21.5%), 너겟류(17.8%), 소시지(12.0%) 등의 순서로 조사되었다.

구분	2016	2017	2018	2019	2026	CAGR(%)
버거패티	9.7	11.8	13.8	27.3	42.7	15.4
미트볼	14.4	17.6	21.3	42.6	65.6	15.7
낫토	4.3	5.1	6.1	12.1	18.2	15.1
소시지	5.5	6.6	7.9	15.7	23.8	15.3
너겟류	7.9	9.8	11.7	23.9	39.0	16.6
전체	47.6	58.0	70.1	140.5	216.0	15.7

[표 50] 국내 대체식품(식물단백질 기반 제품) 유형별 시장규모 (단위: 백만 달러)

국내 식물단백질 기반 제품의 유통 채널별 시장규모를 살펴보면, 소비자에게 전달되는 B2C가 49.3%이고, B2B가 33.7%다. B2C 유통채널은 온라인 소매가 가장 크고, 직수입이 다음으로 높다. 국내는 채식주의 인구 비중이 낮고 식물단백질 기반 제품이 다양하지 못해 세계 생산 기반을 가지고 있는 제품을 직수입하여 소비하고 있다.

구분		2016	2017	2018	2019	2026	CAGR(%)
B2B		15.6	19.0	22.9	46.1	70.8	15.8
B2C		23	27.8	33.2	65.7	100.9	15.4
	편의점	3.1	3.7	4.4	8.7	13.6	15.5
	식료품점	3.0	3.6	4.4	8.7	13.3	15.7
	직수입	4.6	5.6	6.7	13.2	20.0	15.3
	대형마트	3.7	4.5	5.2	10.4	16.3	15.4
	온라인소매	6.4	7.8	9.3	18.3	28.0	15.3
	전통가게	2.2	2.6	3.2	6.4	9.7	15.7
전체		47.6	58.0	70.1	140.5	216.0	15.7

[표 51] 국내 대체식품(식물단백질 기반 제품) 유통 채널별 시장규모 (단위: 백만 달러)

2017년 기준 국내 식물단백질 기반 제품의 최종 소비자별 시장규모를 살펴보면, 호텔·식당·카페 등 외식업 비중이 54.2%로 가장 높고, 식품제조업(30.5%), 가계(10.3%) 순서로 조사되었다.

3) 산업별 동향[115]
가) 식물성 대체식품

한국농수산식품유통공사(aT)에 따르면 2020년 기준 국내 식물성 대체육 시장 규모는 1740만 달러(한화 약 216억 원)로 2016년 1410만 달러(한화 약 185억 원) 대비 23.7% 증가했다. aT는 오는 2025년에는 2260만 달러(한화 약 296억 원) 규모까지 성장할 것으로 전망했다. [116] 식물성 고기 시장은 채식주의자를 위한 제품으로 시작하였으나, 푸드테크 기술의 발전과 함께 식물성 고기가 지속 가능한 미래 먹거리로 떠오르면서 스타트업을 비롯하여 기존 대형 식품회사들이 앞다퉈 식물성 고기에 투자하고 있다.

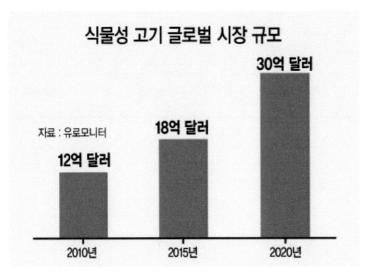

[그림 77] 식물성 고기 세계시장 규모

회사에 따라 식물, 미생물(곰팡이), 해조류 등 다양한 성분과 고유의 배합 비율을 통해 식물성 고기를 생산하고 있다.

회사명	제품 구성 및 특징
Beyond Meat	• 완두단백, 쌀단백, 녹두단백 등 다양한 식물성 단백질을 혼합함 • 코코넛 오일을 통해 지방을 구현함 • 육류의 선홍빛 색상을 내기 위해 비트 추출물을 사용함
Impossible Food	• 대두단백, 감자단백질을 혼합하여 생산함 • 코코넛 오일, 해바라기 오일을 통해 지방을 구현함 • 콩식물 뿌리에 있는 레그모글로빈(leghemoglobin)을 사용하는 것이 가장 큰 특징으로 해당 성분이 선홍빛과 육류 특유의 맛을 구현함

[표 52] 해외 식물성 고기 주요 회사 및 제품 현황

---

115) 대체육(代替肉), 기술동향브리프, 2021
116) 214조 원 '식물성 식품 시장' 놓고 선점 경쟁, 식품외식경제

회사명	제품 구성 및 특징
Good Catch	• 6개 콩과 식물 단백질을 혼합하여 참치 맛·식감을 구현함 • 조류 오일을 통해 해산물 풍미 구현 및 오메가-3를 공급함
Odontella	• 미세조류·해조류 추출 성분을 활용하여 식물성 연어를 개발함 • gluten-free 특징을 지님
Marlow Foods	• Fusarium venenatum 곰팡이 에서 추출한 mycoprotein(Quorn)을 주성분으로 생산함 • 단단하게 고정을 하기 위해 계란단백질이나 감자단백질을 이용함

[표 53] 해외 식물성 고기 주요 회사 및 제품 현황

세계 주요 대형 식품회사인 PepsiCo, Tyson Foods, Nestle, JBS USA, Kraft Heinz는 식물성 고기를 핵심 품목으로 설정하여 관련 제품을 연구 및 출시하고 있다.

회사명	제품 구성 및 특징
PepsiCO	• 식물 기반 식음료를 네 가지 핵심 분야 중 하나로 선정함
Tyson Foods	• 식물-동물 혼합 제품과 고기 없는 너겟의 자체 라인인 Rauged & Rooted 출시함 • New Wave Foods의 식물 기반 새우, MycoTechnology의 균사체 기반 성분 등 대체 단백질 스타트업에 투자함
Nestle	• 식물 기반 식품 브랜드 Sweet Earth를 확대함 • 맥도날드 유럽매장에 식물 기반 패티 공급을 확대함 • 2019년 청정 라벨 어썸 버거를 출시함 • 2019년 식물 기반 제품이 두 자릿수로 성장하면서, "필수" 품목으로 간주함
JBS USA	• JBS는 세계 최대 육류 생산회사이지만 지속가능성 및 혁신 전략의 일환으로 식물성 고기 산업에 진출함 • 2019년 브라질에 식물성 고기 버거를 선보였으며, 미국 내 벤처기업에 투자함
Kraft Heinz	• 2000년에 식물성 육류의 초기 개척자인 BOCA[117]를 인수함

[표 54] 해외 식물성 고기 주요 회사 및 제품 현황

식물성 고기의 재료가 되는 TVP 산업도 성장하고 있으며, TVP 개발 및 시장 점유율 확대를 위한 경쟁이 치열한 상황이다. 주요 업체로 Crown Soya Protein Group, Puris Proteins, Roquette Frères, MGP Ingredients, Cargill Inc. 등이 존재하며 Plantible Foods(좀개구리밥), InnovoPro(병아리콩) 등 신생업체들이 등장했다.

---

117) 2019년 미국 내 식물성 고기 판매 2등 업체(소매점 기준, 1등 Beyond Meat)

국내 식물성 고기 시장은 채식주의자를 위한 중소기업 제품 위주로 이루어졌으나, Beyond Meat의 등장으로 소비자의 관심이 확대됨에 따라 대형식품 회사들이 진출했다.

■ 국내 주요 식품 대기업 식물성 식품 관련 사업 현황

기업	브랜드	내용
CJ제일제당	플랜테이블	해외 시장 공략·식물성 소재 TVP 개발.
농심	베지가든	독자적인 HMMA 공법으로 대체육 제조, 비건 냉동식품, 소스, 양념, 식물성 치즈 출시. 비건 레스토랑 '포리스트키친' 운영.
풀무원	식물성 지구식단 플랜튜드	식물성 단백질 전담부서 신설. '식물성 지구식단' 론칭으로 식물성 HMR 제품 출시. 비건 레스토랑 '플랜튜드' 운영.
신세계푸드	베러미트	돼지고기 대체육 브랜드 '베러미트' 론칭. 식물성 정육점 델리 '더 베러' 오픈. 최근 식물성 런천 캔 햄 출시. 미국에 자회사 '베러푸즈' 설립.
현대그린푸드	베지라이프	비건 식단형 식품 브랜드 '베지라이프' 론칭.
롯데제과	제로미트	2019년 국내 최초 대체육 브랜드 '제로미트' 출시.
SPC그룹	저스트	푸드테크 기업 잇 저스트(Eat Just)와 파트너십 체결. 4월 식물성 대체 달걀 '저스트 에그' 출시 후 SPC그룹 계열사에 공급 확대.
대상	청정원 미트제로	단체급식, 식자재 공급처 대상 대체육 냉동만두 2종 출시. 푸드테크 기업 '엑셀세라퓨틱스'와 파트너십 체결.
동원F&B	비욘드미트	미국 대체육 기업 '비욘드미트'와 국내시장 독점 공급계약 체결.
오뚜기	헬로베지	영국 비건 소사이어티로부터 인증받은 비건 제품 출시.

[표 54] 국내 식물성 고기 대표 기업 사업 현황[118]

하지만, 식물성 대체단백질 식품의 소재가 되는 조직 단백(Texturized Vegetable Protein, TVP)은 해외에 대부분 의존하며, 후가공을 통한 상품화에 대체육 개발에 초점을 두고 있다. 이외에도 익스트루더 등 분리대두단백 등 소재의 조직화를 위한 설비 또한 높은 해외 의존도를 보이고 있다. 대체육 개발에 활용되는 작물인 대두, 밀 등의 국내 자급률 또한 각각 6.6%, 0.5% 수준으로 매우 낮아 소재화에도 어려움을 겪고 있다.[119] 현재 호경테크가 국내 유일의 섬유상 조직 콩단백을 생산하여 공급하고 있다.

---

118) 214조 원 '식물성 식품 시장' 놓고 선점 경쟁, 식품외식경제
119) "대체단백질=식품업계 반도체"…핵심 소재로 산업화를, 식품음료신문(

나) 곤충 대체식품

세계 식용곤충 시장 규모는 2019년 기준 144백만 달러이며, 연평균 45.0% 성장하여 2025년 1,336백만 달러에 이를 것으로 예상된다.

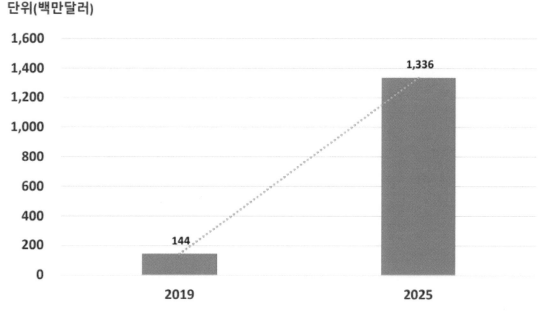

[그림 79] 식용곤충 세계시장 규모

현재 미국, 유럽을 중심으로 곤충 대량사육 회사, 분말 위주의 식용곤충 회사가 주를 이루고 있으며, 분말 위주의 식용곤충 회사는 동물사료(물고기 포함), 식물비료 생산에 중점을 두고 대량의 곤충 사육시스템을 도입했다. 프랑스의 Entomo Farm은 세계 최초로 대량 곤충사육 시스템을 도입했으며, 프랑스의 Ynsect는 세계 최대 규모의 수직농장 건설을 추진하고 있다.

기업명	국가	특징
Chapul	미국	• 귀뚜라미 식품 전문회사로 2015년 미국 에너지바 시장 선두를 차지
Exo	미국	• 귀뚜라미 단백질 바를 제조하며, 전 세계 클라우드 펀딩 사례로 유명
Ynsect	프랑스	• 29개의 특허를 가지고 독점기술을 구현할 수 있는 세계최대 수직 농장을 건설 • 세계 최초 유기곤충기반 비료 시판승인을 획득했으며 2021년 식용곤충의 식품화에 대한 EU허가를 목표로 함 • 양식업, 애완동물용 곤충사료 제조 판매

[표 55] 식용곤충 주요 회사 및 특징

기업명	국가	특징
Protix	네덜란드	• 지속가능한 육류, 생선 및 계란을 위한 곤충을 생산하는 스타트업 회사 • 식품잔류물을 원료로 사용하면서 곤충 기반 성분을 효율적으로 생산하는 완전 자동화된 생산공정을 개발하여 2020년 네덜란드 혁신상을 수상

[표 56] 식용곤충 주요 회사 및 특징

또한 최근들어 소비자의 혐오감으로부터 벗어나기 위해 분말 외의 신규소재의 제품을 개발하는 기업들이 등장하기 시작했다. 이러한 기업들은 햄버거 패티, 파스타, 초콜릿, 맥주, 두부 등 신규소재의 제품을 개발 및 출시했다.

기업명	국가	신규소재 제품
Entomo Farm	프랑스	햄버거 패티
Goffard Sisters	벨기에	파스타
Beesect	벨기에	맥주
Entis	핀란드	초콜릿
Protifarm	네덜란드	두부

[표 57] 신규소재 제품 개발 업체 동향

국내는 식품 의약품 안전처에서 지정한 10종 곤충을 중심으로 개발이 진행되고 있으며, 소비자들의 인식전환을 위한 다각도의 노력을 기울이고 있다. 대표기업으로 케일(KEIL), 퓨처푸드랩 등이 있으며 소비자 인식 전환을 위해 최근에는 가공된 형태인 젤리, 바, 쿠키 및 시리얼 제품 등 곤충의 형태를 제거한 제품을 개발했다.

회사명	제품 구성 및 특징
케일(KEIL)	• 아시아 최초 식용곤충 대량 사육 자동화 스마트팜 구축에 성공 • 2020년 10월 프랑스 Ynsect 사와 MOU체결 • 국내 최초 밀웜 유래 단백질 상용화에 성공
퓨처푸드랩	• 이더블버그로 시작해 식용곤충을 이용한 스낵, 프로틴바, 시리얼, 건조유충 등을 개발·판매 • 곤충을 이용해 식사 대용, 간식거리의 제품 위주로 개발

[표 58] 식용곤충 주요 회사 및 제품 현황

다) 배양육

세계 배양육 시장은 2025년 214백만 달러에서 2032년 593백만 달러에 이르기까지 연평균 15.7% 증가할 것으로 예상된다. 특히 배양육은 출시가 이루어지는 2021년부터 매출이 발생하여 시장이 형성되는 2025년부터 본격적으로 시장 규모가 확대될 것으로 예상된다.

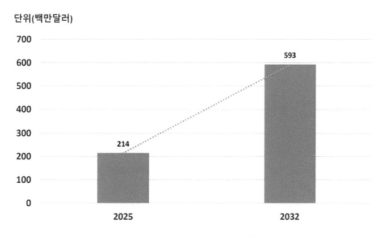

[그림 80] 배양육 세계시장 규모

배양육 시장을 선점하기 위해 매년 더 많은 배양육 회사가 새로 생기고 있으며, 벤처캐피털(VC)도 배양육 산업에 대한 투자를 확대하고 있다. 2019년 기준 총 54개의 회사가 설립되어 있으며, 미국에 31.5%(17개), 영국·이스라엘·독일에 각 9.3%(5개), 네덜란드·중국·캐나다에 각 5.6%(3개) 분포되어 있다. 이중 19개(18.5%)가 2019년에 새로 설립되었다. 또한 배양육 생산 이외에 배지, 지지틀, 생물반응기 연구와 개발을 전문적으로 하는 회사도 존재한다.

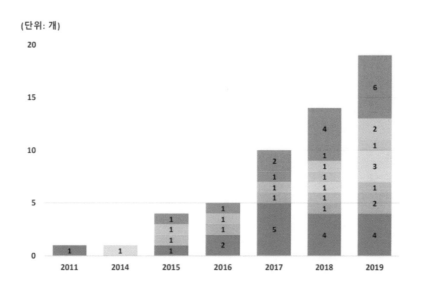

[그림 81] 해외 배양육 회사 설립 추이 및 국가별 분포

벤처캐피탈의 투자는 2016년부터 2019년까지 166만 달러(58건)가 이루어졌으며, 2019년에만 77.1만달러(21건)의 투자가 이루어졌다. 2019년의 투자 금액은 전체 금액의 47%를 차지하며, 2018년보다 63% 증가했다.

국가	기업명	설립년도	R&D 중점 분야	투자 유치 금액
미국	JUST	2011년	배양육 생산(닭)	372.53백만달러
	Memphis Meats	2015년	배양육 생산(소, 닭, 오리)	22백만달러
	BlueNalu	2017년	배양육 생산(생선)	24.5백만달러
이스라엘	SuperMeat	2015년	배양육 생산(닭)	4.22백만달러
	Aleph Farms	2016년	배양육 생산(소)	14.4백만달러
네덜란드	Mosa Meat	2015년	배양육 생산(소)	9.09백만달러
일본	Integriculture	2015년	배양육 생산(닭, 푸아그라), 배지, 배양 시스템	2.73백만달러
싱가포르	Shiok Meats	2018년	배양육 생산(갑각류)	5.11백만달러

[표 59] 해외 배양육 주요 회사 및 투자 유치 현황

국내 배양육 산업은 아직 걸음마 단계로 배양육 관련 연구·개발을 진행 중인 회사가 극히 적고 초기 단계 투자를 유치하고 있다.

회사명	제품 구성 및 특징
셀미트	• 2021년 새우 시제품을 선보였으며, 갑각류를 시작으로 소와 돼지고기의 목살, 삼겹살 등의 개발 계획 • 저렴한 세포 배양액을 자체 개발 중, 소를 죽여 얻는 소태아 혈청 없이 배양액을 만드는 기술 보유[120]
다나그린	• 2017년 중소벤처기업부 민간투자주도형 기술창업지원 프로그램(TIPS) 선정 • 2020년 산업부 산업기술 알키미스트 프로젝트 신규과제[121] 선정 • 3차원 세포배양 지지체 Protinet™1 개발
씨위드	• 2020년 중소벤처기업부 민간투자주도형 기술창업지원 프로그램(TIPS) 선정 • 해조류를 이용하여 자체 배양액과 3차원 지지체 생산 • 배양육 'C MEAT' 생산 원천기술 개발 및 상용화 진행
노아바이오텍	• 3D 프린터 기술을 활용한 배양육 생산 기술을 중점적으로 연구

[표 60] 국내 배양육 대표 기업 및 특징

---

120) 한국 배양육 개발 스타트업 7, 현직자의 푸드테크 시장 분석
121) 도전적이고 혁신적인 기술 개발을 지원하는 사업(1단계(최대 2억원 이내/년), 2단계(5억원 이내/년), 3단계(50억원 이내/년) 지원)

4) R&D 투자동향[122]

2020년 기준 대체육에 대한 정부 R&D 투자 규모는 4,570백만원으로 2016년부터 2019년까지 투자 규모가 꾸준히 증가했다가 2020년에 들어 소폭 감소했다. 대체육에 대한 정부 R&D 투자는 최근 5년(2016~2020) 기준으로 2016년 식용곤충을 시작으로 식물성 고기(2017년), 배양육(2018년)에 대해 순차적으로 이루어졌다.

2016년부터 2019년까지 대체육 관련 투자규모 및 과제 수가 꾸준히 증가했으나, 2020년 들어 투자 규모는 6%, 과제 수는 26% 감소했다. 분야별 투자 규모는 연평균 배양육 75.9%(2018~2020), 식물성 고기 23.7%(2017~2020), 식용곤충(2016~2020) 12.4%의 성장을 보였다.

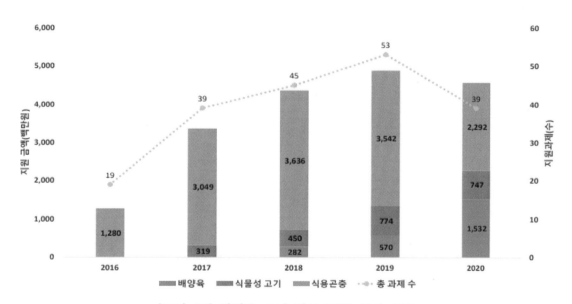

[그림 82] 대체육 국내 정부 R&D 투자 규모

분야	정부연구비(백만원)				
	2016	2017	2018	2019	2020
배양육	-	-	282	570	1,532
식물성 고기	-	319	450	774	747
식용곤충	1,280	3,049	3,636	3,542	2,292
과제 수(개)	19	39	45	53	39

[표 61] 대체육 국내 정부 R&D 투자 규모

연구수행주체별 투자규모(2016~2020)를 살펴보면, 대학과 중소기업 위주의 R&D가 수행되고

---

122) 대체육(代替肉), 기술동향브리프, 2021

있으며, 대기업과 출연(연)의 참여는 거의 전무한 상황이다. 배양육과 식물성 고기는 대학의 수행 비중이 66%로 가장 높았으며, 식용곤충은 중소기업이 43%로 가장 많은 비중을 차지했다. 식용곤충 분야에서는 국공립연구소의 수행 비중이 전체의 23%를 차지했다.

분야	수행 주체	2016	2017	2018	2019	2020	합계	
							예산	비중
배양육	대학	-	-	187	347	1,032	1,565	66
	중소기업	-	-	95	223	500	818	34
	소계	-	-	282	570	1,532	2,383	100
식물성 고기	대학	-	208	360	478	538	1,584	66
	중견기업	-	52	90	90	120	352	15
	중소기업	-	59	120	206	89	474	20
	소계	-	319	570	774	747	2,410	100
식용곤충	국공립연구소	382	811	788	594	562	3,136	23
	대학	313	958	1,032	880	355	3,538	26
	대기업	23	78	50	-	-	150	1
	중견기업	20	110	120	100	-	350	3
	중소기업	542	963	1,426	1,768	1,175	5,874	43
	기타	-	130	220	200	200	750	5
	소계	1,280	3,049	3,636	3,542	2,292	13,798	100

[표 62] 대체육 연구수행주체별 정부 R&D 투자 규모 (단위: 백만원, %)

연구개발단계별 R&D 투자규모(2016~2020)를 살펴보면, 세 분야 모두 개발연구가 가장 높은 비중을 차지한다. 배양육에서는 개발연구(49%) 다음으로 기초연구의 비중이 44%로 높게 나타났으며, 식물성 고기는 개발연구(74%) 다음으로 응용연구의 비중이 22%로 높게 나타났다. 마지막으로 식용곤충의 경우 개발연구(57%) 다음으로 응용연구의 비중이 31%로 높게 나타났다.

분야	연구단계	2016	2017	2018	2019	2020	합계	
							예산	비중
배양육	기초연구	-	-	-	8	972	1,052	44
	응용연구	-	-	67	67	-	133	6
	개발연구	-	-	215	383	560	1,158	49
	기타	-	-	-	40	-	40	2
	소계	-	-	282	570	1,532	2,383	100
식물성 고기	기초연구	-	-	-	-	100	100	4
	응용연구	-	78	130	221	70	499	22
	개발연구	-	241	320	553	577	1,691	74
	소계	-	319	450	774	747	2,290	100
식용곤충	기초연구	67	75	340	209	385	1,076	8
	응용연구	250	1,304	1,306	1,339	89	4,287	31
	개발연구	836	1,523	1,864	1,915	1,781	7,919	57
	기타	127	147	127	79	37	515	4
	소계	1,280	3,049	3,636	3,542	2,292	13,798	100

[표 63] 대체육 연구개발단계별 정부 R&D 투자 규모 (단위: 백만원, %)

사업별로는 식용곤충 관련 과제를 수행한 국가R&D 사업이 가장 많은 것으로 분석된다. 배양육 관련 투자규모 상위 3개 사업은 이공학학술연구기반구축, 고부가가치식품기술개발, 창업성장기술개발사업이며, 교육부(35%, 8억원)의 투자 비중이 가장 높았다.

부처	사업	2018	2019	2020	합계	
					예산	비중
교육부	이공학학술연구기반구축	-	67	762	829	35
농식품부	고부가가치식품기술개발	215	260	260	735	31
중기부	창업성장기술개발	-	40	300	340	14
해수부	해양바이오전략소재개발 및 상용화지원	-	123	100	223	9
과기정통부	개인기초연구	-	80	110	190	8
농식품부	농림축산식품연구센터지원	67	-	-	67	3
합계		282	570	1,532	2,383	100

[표 64] 배양육 사업별 정부 R&D 투자 규모 (단위: 백만원, %)

식물성 고기 관련해서는 과반의 비중을 차지하는 고부가가치식품기술개발 사업과 더불어 상위 3개의 사업을 모두 농식품부(94%, 21억원)에서 지원했다.

부처	사업	2017	2018	2019	2020	합계	
						예산	비중
농식품부	고부가가치식품기술개발	450	260	390	380	1,480	65
농식품부	미래혁신형식품기술개발	-	-	384	-	384	17
농식품부	맞춤형혁신식품 및 천연안심소재기술개발	-	-	-	267	267	12
과기정통부	개인기초연구	-	-	-	100	100	4
농진청	농업실용화기술R&D지원	-	59	-	-	59	3
합계		450	319	774	747	2,290	100

[표 65] 식물성 고기 사업별 정부 R&D 투자 규모 (단위: 백만원, %)

식용곤충 관련 과제를 수행한 국가R&D 사업 중 농생명산업기술개발사업이 가장 높은 비중을 차지하며, 농식품부(57%, 78억원)와 농진청(20%, 27억원) 사업을 통해 중점적으로 지원되었다.

부처	사업	2016	2017	2018	2019	2020	합계	
							예산	비중
농식품부	농생명 산업기술개발	443	815	788	488	618	3,150	23
농식품부	수출전략기술	-	132	450	450	428	1,460	11
중기부	지역특화산업육성	-	382	-	723	-	1,105	8
농진청	농업과학기반 기술연구	67	275	420	240	304	1,306	10
농진청	농업첨단핵심 기술개발사업	-	265	265	375	-	905	7
농식품부	기술화사업지원	-	200	300	300	-	800	6
농식품부	고부가가치식품 기술개발	290	320	110	35	-	755	6
농식품부	지역특화산업육성	-	-	663	-	-	663	5
농식품부	첨단생산기술개발	280	238	-	94	-	612	5
농식품부	농축산물안전 유통소비기술개발	-	-	-	200	400	600	4
해양수산부	수산실용화 기술개발	200	289	-	-	-	489	4
기타		-	133	402	638	543	1,716	13
합계		1,280	3,049	3,398	3,542	2,292	13,560	100

[표 66] 식용곤충 사업별 정부 R&D 투자 규모 (단위: 백만원, %)

라. 대체식품 기술 동향
1) 식물성 대체식품[123][124][125]

식물성 대체식품을 섭취하는 주요 목적은 동물성 식품인 육류의 대체에 있으나 그 맛과 조직 감이 기존의 육류에 비해 여전히 부족하다. 개발 초창기의 식물성 대체식품이 실패한 이유는 육류의 조직감과 차이가 큰 것이 주요 원인이었으며, 이에 따라 식물성 대체식품의 조직화와 관련한 연구는 지금까지도 계속 진행되고 있다.

식육 섭취 시 느껴지는 조직감은 주로 식육 내 치밀하게 구조화된 근섬유와 결합조직에서 유래하는데 식물성 대체식품 내 단백질은 대부분이 무결정성 조직을 가지고 있으므로 제조 시 조직화 공정이 반드시 필요하다. 지금까지 식물성 대체식품의 조직화를 위한 방법으로 방사법 (spinning process), 압출 성형공정(thermoplastic), 증기법(steam texturization) 등이 연구 되어 왔다. 이 중 가장 대표적인 것은 압출성형공정이다.

식물성 대체식품은 콩과 밀에서 단백질과 글루텐 등을 추출해 제조한다. 추출한 식물성 단백 질을 물과 혼합 후 압출기 내에서 가열하며 높은 압력으로 압출하면 압력, 열 및 기계적 전단 력 등의 복합적인 작용에 의해서 가소성과 신축성을 갖게 되고 단백질의 분자들은 방향성을 가지면서 응고되어 식육과 비슷한 조직감을 만들 수 있다.

이렇게 제조된 식물성 단백질을 식물조직단백(textured vegetable protein)이라 하며, 제조 공정이 경제적이고 다양한 모양과 크기로 제조할 수 있어 다양한 제품의 제조에 활용되고 있 다. 다만 압출성형공정 시 식물성 단백질 조직화를 위해 원료는 반드시 50% 이상의 단백질과 6~7% 수준의 지방을 함유해야 하고, 섬유소나 지방, 탄수화물은 적어야 한다.

[그림 83] 압출성형공정으로 제조한 식물성 단백질

123) 세계 대체육류 개발 동향, 세계 농식품산업 동향, 2018
124) 식육 및 육가공 산업에서의 육류 대체 식품 및 소재의 활용, 축산식품과학과 산업, 2018
125) 대체육(代替肉), 기술동향브리프, 2021

또한 전분 부산물로부터 F.graminearum을 이용하여 생산하는 단백질은 식육 내 근섬유와 비슷한 구조와 직경을 가지고 있어서 그 조직감이 거의 동일한 것으로 알려지고 있다. 식육의 풍미는 주로 식육 내 유리아미노산, 유리지방산, 핵산관련물질, 환원당 등 풍미관련물질에서 유래되며 식육 내 비타민 B1 및 마이오글로빈 또한 식육의 풍미에 영향을 미친다.

미국의 Beyondmeat을 비롯한 세계 식물성 고기 업체들은 고수분 압출성형공정 관련 특허를 보유하고 있으며, 국내의 경우 호경테크에서 전단응력을 응용하여 일정 방향으로 정렬된 섬유 상이 형성되도록 가공하는 기술을 보유하고 있다. 네덜란드의 Wageningen 대학에서는 전단 세포 기술(Shear cell technology)을 통해 육류의 중요한 특성 중 하나인 명확한 계층 구조를 포함하는 섬유질 구조를 형성하는 새로운 공정법을 개발했다.

식물성 단백질은 대표적으로 밀, 대두, 완두로부터 추출하고 있으며, 새로운 원료를 찾기 위한 연구가 진행되고 있다. 일환으로 렌틸콩, 병아리콩 등 콩류로서부터 해조류, 미생물 등 다양한 원료 이용을 시도하고 있다.

기업명	국가	원료
Beyondmeat	미국	완두, 녹두, 파바콩, 현미
Good Catch	미국	대두, 완두, 렌틸콩, 병아리콩, 파바콩, 감색콩
Marlow foods	영국	영국, 곰팡이에서 추출한 마이코프로테인
Odontella	프랑스	미역 등 갈조류, 완두

[표 67] 세계 주요 식물성 대체식품 기업의 원료

식물성 단백질 원료	장점	단점
밀	식감이 실제 고기와 제일 유사	일부 소비자들이 글루텐 성분을 기피
대두	역사가 오래되어 가장 일반화된 원료	GMO가 많아 소비자들이 기피
완두	GMO, 글루텐으로부터 자유로움	식감이 떨어짐
버섯(균류)	단백질 함량이 매우 높고 저지방	생산 과정 및 조건이 까다롭고 오래 걸림
조류	영양성분이 매우 우수	냄새와 맛이 좋지 않음

[표 68] 식물성 단백질 대표 원료 및 특징

최근의 개발된 모조육은 마이코프로테인(mycoprotein) 기반의 퀀(Quorn)과 조직화 대두단백(textured soybean protein)을 사용하여 생산되고 있다. 마이코프로테인은 진균류(Fusarium venenatum)에서 생산되는 단백질의 일종으로 약 40여년 전에 발견되어 1985년부터 식품에 이용되고 있다.

육류 단백질과는 달리 마이코프로테인은 콜레스테롤이 없고 지방함량이 적은 것이 특징으로 건물량(dry weight) 기준으로 25% 수준의 식이섬유를 함유하고 있다. 마이코프로테인의 제조는 발효조에 포도당과 물을 넣고 진균류(Fusarium venenatum)를 접종하여 배양하기 시작하면서 칼슘, 마그네슘, 인산염 등의 미네랄을 첨가한다. 호흡과 단백질 생산에 필요한 산소와 질소를 공급하기 위해서 공기와 암모니아도 주입해 주면, 단백질 고형물이 형성되는데 평균 5~6시간 후부터 연속적인 배출이 이루어진다. 이 고형물들의 핵산을 분해하고 원심분리하여 건조하면 반죽상의 단백질을 제조하게 된다.

마이코프로테인을 사용하여 제조한 것이 퀀(Quorn)제품인데, 결착제로서 난백을 사용하고 식물성 향신료를 첨가하여 제조한다. 이렇듯 미생물 발효를 통해 얻어진 마이코프로테인을 사용한 대표적인 제품이 퀀(Quorn)인데, 닭가슴살, 스테이크, 소시지 등 다양한 형태로 판매되고 있으며, 영국에서 2017년 상반기에만 8,260만 파운드에 달했으며, 전년도 동기 대비 19% 이상 증가한 규모였다. 퀀(Quorn) 제품의 성장세는 육류의 과도한 섭취에 따른 건강문제와 동물복지 및 채식에 대한 수요가 증가된 것으로 판단된다.

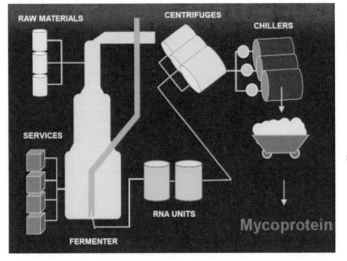

[그림 84] 마이코프로테인(mycoprotein) 제조과정

Quorn 닭가슴살	Quorn 스테이크	Quorn 소시지

[표 69] 다양한 퀀(Quorn) 제품들

한편, 모조육(imitation meat)의 또 다른 제조방식은 대두를 기반으로 한 조직화 대두단백(textured soybean protein)을 주원료로 동물성 육류를 대체하는 것이다. 육류 섭취를 줄이기 위한 노력에도 불구하고, 육류에 대한 높은 기호성 때문에 식물성 원료를 사용하여 육류와 유사한 맛과 식감을 구현한 제품으로 널리 판매되고 있다. 다만, 기존의 육류에 비해 관능적으로 기호성이 낮고 맛과 풍미가 차이가 있었기 때문에 일부 채식주의 소비자들을 위한 '콩고기' 수준의 식품으로 여겨져 왔다.

최근에는 이러한 식물성 대체육의 문제를 해소하는 차원을 넘어 상업적으로 성공하여 각광을 받고 있는 식품이 '임파서블 버거(Impossible Burger)', '비욘드 미트(Beyond Meat)'이다. 스탠퍼드대학교 교수였던 패트릭 브라운(Patrick O. Brown)이 몇 년간의 노력 끝에 2011년 설립한 임파서블 푸드(Impossible Foods)는 지난 2016년 식물성 패티를 대량생산하여 뉴욕, 캘리포니아, 시카고 등지의 식당에 공급하여 임파서블 버거를 팔고 있고, 아시아권에도 진출을 모색하고 있다.

임파서블 버거의 패티의 재료는 물(water), 조직화 밀단백질(textured wheat protein), 코코넛 오일(coconut oil), 감자 단백질(potato protein), 천연향료(natural flavors), 레그헤모글로빈(leghemoglobin from soy), 효모 추출물(yeast extract), 소금(salt), 곤약검(konjac gum), 잔탄검(xanthan gum), 분리 대두단백(soy protein isolate), vitamin E, vitamin C, thiamin(vitamin B1), zinc, niacin, vitamin B6, riboflavin(vitamin B2), vitamin B12를 기본 재료로 하고 각종 아미노산류, 설탕, 우육에 존재하는 것으로 알려진 각종 미량 성분들을 혼합한 소위 'Magic Mix'를 160℃로 가열하여 혼합함으로써 기존 우육의 풍미와 맛을 갖도록 고안된 제품이다. 특히, 우육 풍미(beefy flavor)를 생성하고 실제 우육 패티와 유사하게 제조하기 위해 전구물질(precursor)로 사용한 Magic Mix와 대두에서 추출한 레그헤모글로빈(leghemoglobin)을 이용한 것이 주요기술이다.

임파서블 푸드에 따르면, 기존에 소를 사육하여 햄버거를 만드는 방식과 비교하여 임파서블 버거는 경작면적을 95%, 물 사용량을 74% 적게 사용하고, 온실가스를 87% 적게 배출한다. 임파서블 버거에 레그헤모글로빈을 넣은 이유는 육류를 넣지 않고 우육과 유사한 풍미(beefy flavor)를 생성하기 위해서는 철분을 함유한 단백질(hemecontaining protein)과 풍미 전구물질들(flavor precursors)과 반응이 매우 중요하였기 때문이다. 사실, 철분을 함유한 단백질은 동물, 식물, 미생물 등 다양한 공급원이 있지만, 레그헤모글로빈은 두류 작물(legume crops)에서 폐기되는 부산물을 이용할 수 있고, 미국 전체의 두류 작물 뿌리 중의 레그헤모글로빈은 미국내 소비되는 적색육 중의 마이오글로빈(myoglobin) 함량을 초과할 만큼 풍부하다.

[그림 88] 임파서블 버거

[그림 89] 레그헤모글로빈(Leghemoglobin)

이처럼 실제 육류와 같은 풍미를 구현하는 것은 식물성 고기의 대중화를 위해 가장 중요한 요소로, 식물성 고기 특유의 향을 제거(off-flavor, itch masking)하고, 육류 맛(joy-flavor)을 구현하기 위한 연구가 진행되고 있다. 외국의 경우 식물성 고기 특유의 향에 대한 거부감이 적어 관련 연구를 중점적으로 수행하지 않으나, 국내의 경우 거부감이 상당하여 이에 대한 연구가 중점적으로 수행되고 있다.

스테이크 형태의 육류 맛으로 대표되는 피 맛(blood-taste)을 구현하기 위해 피 맛의 주요 요소인 헴(heme) 성분을 대체할 식물성 소재를 찾기 위한 연구가 진행되고 있으며, 대표적인 예로 미국의 임파서블 푸드에서 앞에서 살펴보았던 레그헤모글로빈을 개발했다.

또 다른 육류 맛으로는 삼겹살 형태의 육류 맛으로 대표되는 지방 맛이 있으며, 이를 구현하기 위한 연구가 진행되고 있다. 국내의 롯데중앙연구소에서는 삼겹살 수요가 많은 우리나라의 특성을 바탕으로 이에 대한 연구를 수행하고 있다. 국내는 식물성 조직 단백 생산 업체가 거의 전무하여 수입에 의존하고 있고, 공정기술 수준이 선도국가 대비 뒤처지고 있다. 또한 풍미 구현을 위한 기술도 초기 단계에 위치한다.

2) 곤충 대체식품[126][127][128]

곤충이 기존의 식육을 대체할 좋은 단백질 자원이란 것은 잘 알려져 있으나, 미래 보편화를 위해서는 곤충의 섭취에 대한 소비자 혐오증 극복이 가장 큰 과제이다. 현재 약 65% 이상의 곤충이 원형 그대로의 모습으로 판매되며 그 외 분말, 에너지바 등의 제품으로 소비되어 육류처럼 완성도가 높은 요리로서 제공되고 있는 사례들은 많지 않다. 이는 곧 곤충의 섭취에 익숙하지 않은 소비자의 거부감 유발로 이어질 수 있으며 향후 이러한 문제의 극복을 위해서는 소비자 인식의 개선을 위한 꾸준한 노력과 함께 보다 다양한 품종의 확보 및 가공기술 개발이 필요한 실정이다.

미래 식량자원으로서의 곤충 개발을 위해서 연구되고 있는 기술들은 ① 원재료 가공 ② 단백질 가공 및 ③ 오일류 가공 등이 있다. 원재료 가공기술이란 건조 및 분말화를 통해 곤충을 식품에 적용하는 방법으로 현재 가장 많이 이용되고 있다. 곤충을 건조 후 분말화하여 가공할 경우 원물에 비하여 제품의 부피가 작아 운반이 간편할 뿐 아니라 제품 내 수분활성도가 낮아 장기간 보관할 수 있다. 또한, 식품에 적용 시 향미 등의 품질 특성 향상을 기대할 수 있다.

단백질 및 오일류 가공기술은 곤충 내 단백질과 오일을 추출해 외형적 특성에서 오는 부정적 영향은 줄이면서 곤충의 성분을 이용하기 위해 연구되고 있다. 아직 개발 초기단계이나 이를 통한 다양한 제품의 생산이 가능하여 미래 식량자원부터 바이오디젤의 제조까지 식용곤충의 활용분야를 넓혀줄 것으로 기대하고 있다. 국내에서는 식용곤충 종류 확대와 더불어 원재료 가공기술을 활용한 제품 출시가 이루어졌으나, 단백질 가공기술, 오일류 가공기술을 활용한 신규 소재의 제품 개발은 아직 이루어지지 않았다.

[그림 90] 곤충 대체식품 생산 과정

---

126) 세계 대체육류 개발 동향, 세계 농식품산업 동향, 2018
127) 식육 및 육가공 산업에서의 육류 대체 식품 및 소재의 활용, 축산식품과학과 산업, 2018
128) 대체육(代替肉), 기술동향브리프, 2021

최근 식용곤충 종류를 확대하기 위해 식품 원료로 등록할 수 있는 곤충 소재 발굴과 함께, 외형적 특성에서 오는 부정적 인식을 없애고 영양성분을 유지하는 방향의 가공기술을 중심으로 연구가 진행되고 있다.

곤충을 식품원료로 등록받기 위해 식품원료의 특성, 영양성, 독성평가를 비롯해 최적의 제조 조건 확립을 위한 연구를 진행하고 있다. 이 일환으로 식품 제조 시 원재료로 적용이 용이하도록 일부 지방을 제거하는 등의 연구가 진행되고 있으며, 국내에서는 2020년 1월 아메리카 왕거저리 유충과 2020년 9월 수벌번데기를 식용 곤충으로 신규 등록하였다. 또한 중금속 4종 (납, 카드뮴, 비소, 수은)과 병원성 미생물 대장균, 살모넬라균 검사와 식품공전 규정에 따른 식중독균 검사를 통해 안전성을 입증했다.

3) 배양육[129][130][131]

배양육의 상용화를 위해서는 제조공정 개발부터 제조 시 필요한 세포주, 배지, 바이오리액터, 제품 품질 개선 등 다양한 방면의 연구가 필요하며, 실제 상용화된 이후에도 계속해서 관련 연구들이 지속될 것으로 사료된다.

먼저, 배양육 생산은 지지틀 기술(scaffolding)과 자가 조직화 기술(self organizing)을 이용한다. 지지틀 기술은 가축 내 근원세포(myoblast) 또는 위성세포(satellite cell) 등을 분리하여 바이오리액터에서 성장하게 만드는 기술로 근육세포의 분화와 증식을 위해 필수적이다. 이때 이용되는 지지틀은 세포의 부착과 성장을 위해 표면적이 넓고 수축하기 유연해야 하며 향후 손쉽게 분리될 수 있어야만 한다. 가장 좋은 것은 식용으로 섭취할 수 있고 단단한 조직을 가진 천연 소재이며 최근들어 3D 프린팅 기술과 접목하여 연구되고 있는 추세이다.

지지틀에 부착된 세포는 먼저 근관(myotube)으로 전환되고 특정 조건 하에 근섬유(muscle fiber)로 분화되며 이 근섬유를 수확하여 식육제품으로 가공한다. 다만 지지틀 기술만으로는 고도의 구조를 가진 제품의 생산은 어렵고 분쇄육 또는 뼈가 없는 정육의 생산에 적합하다.

반면, 자가 조직화 기술은 근섬유 및 실제 근육 내 존재하는 모든 종류의 세포를 포함한 조직을 외식(explant)하여 배양육을 제조하는 기술이다. 이 기술을 이용하면 지지틀 기술에 비해 보다 고도의 근육질 구조를 가진 배양육을 제조할 수 있다. 이 기술을 통하여 2002년 금붕어 조직을 배양한 사례가 있으나 아직까지 조직의 생장에 필요한 충분한 영양소를 공급하는 방법이 확립되지 않았으며 이를 해결하기 위해 인공 모세혈관 등 여러 가지 방안들이 제시되고 있다.

이와 같이 만들어진 배양육은 아직까지 색 및 외관, 맛, 조직감이 기존의 식육과 조금 다르기 때문에 보다 '고기다운' 제품의 생산을 위한 연구들이 필요하다. 2013년 마크 포스트가 세계 최초로 선보인 배양육 또한 더 고기답게 만들기 위해 비트즙 및 사프란 등을 첨가하여 육색을 재현하였으며, 시식 결과 조직감 자체는 기존의 육류와 비슷하나 지방의 함량이 적고 맛이 부족하단 평가를 받았다. 현재 이를 개선하기 위해 근섬유 외에도 실제 피, 뼈, 지방 등을 함께 생산하는 연구들이 병행되고 있다.

---

129) 세계 대체육류 개발 동향, 세계 농식품산업 동향, 2018
130) 식육 및 육가공 산업에서의 육류 대체 식품 및 소재의 활용, 축산식품과학과 산업, 2018
131) 대체육(代替肉), 기술동향브리프, 2021

[그림 91] 마크 포스트가 제조한 배양육

또한 미래 상용화를 위해서는 대량생산체계 마련이 반드시 필요하며 이를 위해 현재 주로 이용되고 있는 부착세포배양 외 부유세포배양 방법 등이 연구되고 있을 뿐만 아니라 배지 조성 등 제조비용 및 품질적인 측면에서 더욱 더 우수한 배양육을 생산하기 위해 노력하고 있다.

현재 Cargill이나 Tyson Foods와 같은 세계 선도 농식품 기업들과 Bill Gates와 같은 IT 업계의 큰 손들이 앞다투어 투자하고 있으며, 대표적인 회사로는 네덜란드의 Mosa Meat, 미국의 Memphis Meat, 그리고 중국 회사가 크게 투자한 이스라엘의 배양육 생산 회사가 있다. 상업적 규모의 생산은 2021년으로 예상된다.

최근 많은 회사들은 소, 닭 등 일반적으로 소비량이 많은 동물을 대상으로 배양육 연구를 진행하고 있으며, 일부 회사들은 돼지, 푸아그라, 생선, 갑각류, 캥거루 등을 이용한 배양육 생산을 연구하고 있다.

기업명	국가	연구항목
Just Eat	미국	닭
Memphis Meats	미국	닭, 오리, 소
Super Meat	이스라엘	닭
Aleph Farms	이스라엘	소
Mosa MEat	네덜란드	소
Integriculture	일본	소, 푸아그라
Blue Nalu	미국	생선
Shiok	싱가포르	갑각류
VOW Food	호주	캥거루
Higher Steaks	영국	돼지

[표 70] 세계 주요 대체육 기업의 연구항목

또한 대상 동물이 확장됨에 따라 다품종 배양육 생산을 위해 cell library 구축을 추진하는 회사도 등장했다. 호주의 VOW Food는 cell library 구축을 통해 사자, 야크, 거북이 등 일반적으로 소비되지 않는 육류를 활용할 계획이다.

배양육 생산의 필수 요소인 세포와 관련해서는 근위성세포[132](Myosatellite cell)를 일반적으로 사용하고 있으며, 배아줄기세포(Embryonic stem cell), 유도만능줄기세포(Induced pluripotent stem cell) 등을 이용한 배양육 생산 방법에 대한 연구도 진행되고 있다. 네덜란드의 Mosa Meat과 미국의 Eat Just 등 대다수의 업체가 근위성세포를 사용하여 시제품 또는 정식 제품을 출시했으며, 영국의 Higher Steaks는 유능만능줄기세포를 이용한 시제품을 공개했다.

배지의 주요 성분 중 하나인 소태아혈청(FBS, fetal bovine serum)은 보편적으로 사용되는 필수 성분이나, 높은 단가로 인해 이를 대체하기 위한 연구가 수행되고 있다. 무혈청 배지 개발을 위해 많은 회사가 연구를 진행하고 있다. 호주의 Heuros는 유전자 조작 없이 재조합 단백질을 합성하여 항생제, 호르몬 및 혈청이 함유되지 않은 배지를 연구하고 있으며, 네덜란드의 Mosa Meat과 이스라엘의 Super Fields 등의 회사도 무혈정 배지 개발에 착수했다.

또한 최근 성장 인자를 첨가하지 않고 주변에 다른 세포를 배양하여 필요한 성장 인자를 공급받는 방법을 연구하는 회사도 등장했다. 일본의 Integriculture는 범용 대규모 세포 배양 기술인 CulNet System을 개발했다.

지지체는 세포의 증식과 분화를 위해 필요한 요소로 마이크로캐리어(미세담체)와 스케폴드 유형이 존재하며, 배양육 형태를 비롯해 질감, 풍미 등에 영향을 미친다. 마이크로캐리어는 다진 고기 형태이며, 스캐폴드는 덩어리 형태의 배양육 생산에 주로 사용한다. 현재 식용이 가능한 콜라겐과 같은 biomaterials를 이용한 3차원 지지체 개발이 진행 중이며, 지지체 개발에 3D 바이오프린팅 기술을 활용하기 시작했다. 미국의 Matrix Meats는 3D 나노섬유를 이용하고 있으며, 미국의 Excell은 균사체, 한국의 다나그린은 콩단백을 이용한 제품을 개발했다.

생물반응기는 조직공학적 측면에서 필수적인 구성 요소로, 배양육의 종류에 따라 다양한 형태의 생물반응기가 필요하다. 전통적으로 회전생물반응기(rotating bioreactor)를 주로 사용하며, 생물반응기와 3D 바이오프린팅을 접합하여 생산하는 회사가 등장했다. 이스라엘의 MeaTech는 원심분리기로 농축한 줄기세포를 바이오잉크[133]와 혼합하여 원하는 조직 형태로 가공하는 기술을 보유하고 있다.

한국은 현재 실험실 단계에서 소와 닭의 근위성세포를 이용하여 배양육을 만들 수 있는 기술 수준을 보유하고 있지만, 상업화를 위한 단가절감 및 대량생산을 위한 기술은 선도업체 대비 미약한 수준으로 2023~2025년 쯤 시제품 출시가 예상된다.

---

132) 근육위성세포로, 근육줄기세포 등으로도 불린다.
133) 세포, 성장 인자 등 각종 생체 재료가 함유된 젤 형태의 잉크

마. 대체식품 특허 동향
1) 식물성 대체식품

1	곡물고기 조성물 및 그 제조 방법		
특허번호	1020080090169	**발명자**	장해영
출원인	홍춘자	**최종권리자**	주식회사 지구인컴퍼니
출원일	2008.09.12	**등록일**	2011.02.10

요약

본 발명은 글루텐을 이용하여 일반 육류와 거의 같은 식감을 제공할 수 있도록 하는 곡물고기 조성물 및 그 제조 방법에 관한 것이다.

본 발명은 곡물고기 조성물의 식감을 동물성 육류와 거의 동일한 수준으로 개선함과 아울러, 조리시 절단된 조성물의 내층까지 양념이 침투되도록 한 것이다. 이를 위하여 본 발명은 부드러우면서도 질긴 동물성 육류의 질감을 얻도록 함과 아울러 영양의 균형을 맞추며, 곡물고기 조성물 내부에 미세 공극을 무수히 이를 탈수 시켜 공극 내부의 유분을 제거하여 소스 수용 능력을 최대화하고, 소스의 침투가 효과적으로 이루어 지도록 함으로써 소스와 조성물이 어우러지는 풍미를 제공할 수 있도록 한 것이다.

이와 같이 하여 본 발명은 부드러우면서도 질긴 질감을 주어 식감이 동물성 육류와 유사하도록 함과 아울러, 콜리스테롤을 전혀 함유하지 않으면서 식물성 지방에 의하여 영양의 균형을 맞춘 이상적인 곡물고기 조성물을 제공할 수 있으며, 곡물고기의 내층까지 양념이 고루 침투하도록 하여 우수한 풍미를 지닌 불고기맛 곡물고기 조성물을 제공할 수 있게 되는 유용한 효과가 있다.

특허번호	1020180129793	**발명자**	조영재, 최미정, 김홍균, 배준환, 위기현
출원인	건국대학교 산학협력단	**최종권리자**	건국대학교 산학협력단
출원일	2018.10.29	**등록일**	2021.02.05

요약

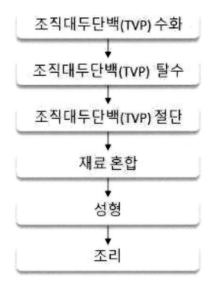

본 발명은 식물성 지방이 첨가된 식물성 고기 및 이의 제조방법에 관한 것이다. 본 발명은
식물성 지방을 에멀전화하여 식물성 고기에 추가 시 기존의 식물성 고기 대비 다즙성이
월등히 높아져 고기와 비슷한 식감을 얻을 수 있으며, 따라서 기존 식물성 고기의 식감에
불만을 갖던 많은 사람들의 관심을 얻을 수 있는 효과가 있다.

특허번호	1020160117605	**발명자**	이수혁
출원인	이수혁	**최종권리자**	(주) 진주물산
출원일	2016.09.12	**등록일**	2016.11.30

요약

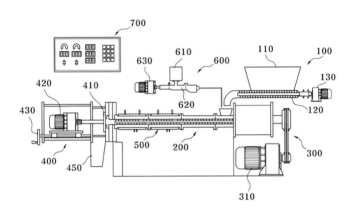

본 발명은 재료의 혼합, 가압 및 가열이 동시에 수행되어 혼합재료를 호화 및 팽화시켜 식물성 콩고기를 연속으로 제조할 수 있는 이축 압출기를 이용한 식물성 콩고기 제조장치에 관한 것이다.

상기의 과제를 해결하기 위하여 본 발명에 따른 이축 압출기를 이용한 식물성 콩고기 제조장치는 원료를 공급하는 공급부; 상기 공급부에서 공급되는 원료를 혼합하고 압출하여 팽화시키는 혼합 압출부; 상기 혼합 압출부를 구동시키는 구동부; 상기 혼합 압출부에서 연속적으로 배출되는 팽화된 원료를 절단하는 커팅부; 상기 혼합 압출부의 외측면에 설치되어 상기 혼합 압출부를 가열시키거나 냉각시키는 가열냉각부; 및 상기 혼합 압출부로 공급되는 원료에 물을 공급하는 물 공급부 를 포함하여 구성되되, 상기 혼합 압출부는 내부에 이축 스크루 수용공이 길이방향으로 구비되고, 일측은 폐쇄되며 타측은 개구된 구조로 이루어진 하우징; 상기 하우징의 폐쇄측 상부에 설치되어 상기 공급부에서 공급되는 원료를 상기 하우징의 내부로 안내하는 유입호퍼; 상기 하우징의 이축 스크루 수용공에 회전가능하게 설치되고, 상기 구동부에서 인가된 동력에 의해 회전되는 한 쌍의 스플라인; 상기 스플라인 각각에 삽입되어 설치되고, 상기 유입호퍼를 통해 유입된 원료를 상기 하우징의 개구측으로 이송하면서 압출시키는 압출 스크루; 상기 하우징의 개방측에 설치되어 상기 하우징을 지지하는 하우징 지지판; 상기 하우징 지지 플레이트에 면접되어 설치되고, 다이 안착통공이 구비되는 압출 다이판; 및 상기 압출 다이판의 다이 안착통공에 설치되어 상기 압출 스크루에 의해 이송 압출된 원료를 팽화시켜 배출시키는 압출 다이를 포함하여 구성되는 것을 특징으로 한다.

특허번호	1020190151073	발명자	노은정
출원인	노은정	최종권리자	노은정
출원일	2019.11.22	등록일	2020.01.20

요약

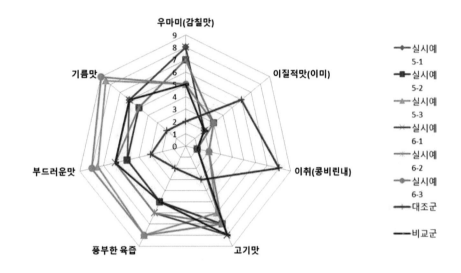

본 발명은 식물성 대체육에 첨가되어 관능학적으로 고기맛을 부여하고, 이취를 감소시키며, 영양학적으로 진세노사이드 및 철분이 보강된 식물성 대체육 첨가물을 제공한다.

특허번호	1020130020473	발명자	노소영진, 김정
출원인	지리산맑은물춘향골영농조합법인 서남대학교 산학협력단 (재)전북바이오융합산업진흥원	최종권리자	지리산맑은물춘향골영농조합법인 서남대학교 산학협력단 (재)전북바이오융합산업진흥원
출원일	2013.02.26	등록일	2014.10.10

요약

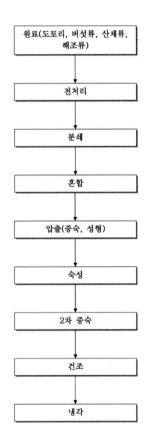

쌀, 도토리, 식이섬유 또는 산채 등의 농수산물을 건식 또는 습식으로 분쇄하는 단계와, 쌀가루, 도토리가루, 전분류, 견과류, 콩단백질, 해조류, 버섯류, 산채류를 1~2분간 혼합하는 단계, 상기의 혼합물에 소금을 녹인 정제수 20.0~60.0중량부를 넣고 반죽하는 단계; 상기의 반죽을 40~90℃로 압출 증숙 및 숙성시키는 단계, 상기의 성형물을 70~99℃의 스팀으로 2차 증숙하는 단계; 상기의 2차 증숙된 성형물을 30~50℃로 수분 13~30%로 건조시키는 단계: 건조된 도토리 고기를 냉각시키는 단계를 포함하는 것을 특징으로 하는 도토리를 포함한 식물성고기 및 그의 제조방법에 관한 것이다.

본 발명의 도토리불고기는 식물성 육류대용의 다이어트식으로 만든 건조묵 형태이므로 소화흡수율이 높고, 성인병의 예방에 좋다. 또한 수분함량이 낮으므로 저장유통이 용이하다.

특허번호	1020200068531	발명자	김태완, 김성수
출원인	김성수 주식회사 네이처센스	최종권리자	김성수 주식회사 네이처센스
출원일	2020.06.05	등록일	2021.04.13

요약

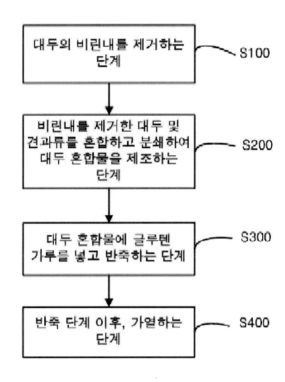

본 발명은 항균, 항바이러스 및 항염 활성을 나타내는 식물성 고기에 관한 것으로, 콩 또는 밀로부터 분리한 단백질을 이용하여 제조한 식물성 고기로, 상기 단백질에 소, 돼지 또는 닭의 혈액 또는 상기 혈액에서 분리한 헤모글로빈을 혼합하여, 기호성을 향상시킨 식물성 고기를 제공할 수 있다.

또한, 육류와 동등한 수준의 질감과 맛을 제공할 수 있고, 필수 아미노산을 제공할 수 있는 체중 조절용 식물성 고기로의 제공을 가능하게 한다.

특허번호	1020160078807	**발명자**	박상규
출원인	남부대학교산학협력단	**최종권리자**	남부대학교산학협력단
출원일	2016.06.23	**등록일**	2018.03.08

요약

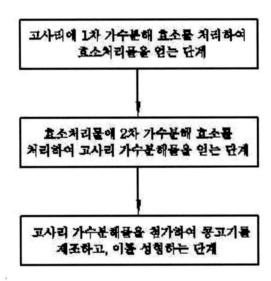

본 발명은 섬유질 분해효소가 처리된 고사리를 포함하는 식물성 고기의 제조방법 및 이로부터 제조된 콩고기에 관한 것으로, 보다 상세하게는 고사리에 섬유질 분해효소를 혼합 처리하여 만들어진 기능적 성질이 향상된 고사리 가수분해물로 식물성 고기를 제조하는 방법 및 상기 식물성 섬유질을 포함하는 콩고기에 관한 것으로, 식물성 고기를 제조하는 방법의 구성은, (a) 고사리에 1차 탄수화물 가수분해 효소인 엔도-1.4-글루카나제 (endo-1.4-glucanase. EC. 3.2.1.4)를 혼합 처리하여 효소처리물을 얻는 단계; (b) 상기 (a) 단계의 효소처리물에 2차 탄수화물 가수분해 효소인 엑소-베타-1.4-글루칸셀로비오하 이드라아제(exo-1.4-β-glucancellobiohydrolase. EC. 3.2.1.91) 및 셀로비아제 (cellobiase. EC. 3.2.1.21) 복합 활성 효소를 혼합 처리하여 고사리 가수분해물을 얻는 단계; (c) 상기 (b) 단계의 고사리 가수분해물을 열처리하여 멸균하는 단계; 및 (d) 상기 (c) 단계를 거친 고사리 가수분해물을 통상의 콩고기 재료에 첨가하여 콩고기를 형성하고, 이를 원하는 형상으로 성형하는 단계로 이루어진다.

특허번호	1020160172641	**발명자**	장한수, 서향임, 김영아, 김미나
출원인	(재)전북바이오융합산업진흥원	**최종권리자**	(재)전북바이오융합산업진흥원
출원일	2016.12.16	**등록일**	2017.06.12

요약

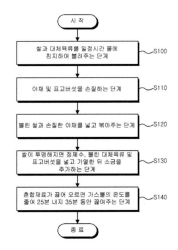

본 발명의 제 1 실시예에 따른 육류대체소재를 활용한 죽 제조방법은, (a) 쌀과 육류대체소재를 일정시간 물에 침지하여 불려주는 단계; (b) 야채 및 표고버섯을 손질하는 단계; (c) 불린 쌀과 손질한 야채를 넣고 볶아 주는 단계; (d) 쌀이 투명해지면 정제수, 불린 육류대체소재 및 표고버섯을 넣고 가열한 뒤 소금을 추가하는 단계 및 (e) 혼합재료가 끓어 오르면 가스불의 온도를 줄여 25분 내지 35분 동안 끓여주는 단계를 포함하며, 상기 육류대체소재는 대두단백, 유청단백, 우유단백 중 하나를 포함하며, 상기 야채는 당근, 양파, 애호박을 포함하는 것을 특징으로 한다.

본 발명의 제 2 실시예에 따른 육류대체소재를 활용한 죽 제조방법은, (a) 쌀과 육류대체소재를 일정시간 물에 침지하여 불려주는 단계; (b) 야채, 표고버섯, 김치, 해산물을 손질하는 단계; (c) 불린 쌀과 손질한 야채를 넣고 볶아 주는 단계; (d) 쌀이 투명해지면 육수, 불린 육류대체소재, 표고버섯, 김치, 해산물을 넣고 가열한 뒤 소금, 고춧가루, 표고버섯추출액 및 후추를 추가하는 단계 및 (e) 혼합재료가 끓어 오르면 가스불의 온도를 줄여 25분 내지 35분 동안 끓여주는 단계를 포함하며, 상기 육류대체소재는 대두단백, 유청단백, 우유단백 중 하나를 포함하며, 상기 해산물은 새우 및 바지락살을 포함하고, 상기 야채는 당근, 양파, 애호박을 포함하는 것을 특징으로 한다.

이를 통해, 제조된 육류대체소재를 활용한 죽은, 육류섭취를 꺼리는 채식주의자 또는 무슬림 등의 사람들도 섭취할 수 있는 장점이 있으며, 식사대용으로 섭취 시에도, 균형잡힌 영양소 공급이 이루어 질 수 있는 특징이 있다.

2) 식용곤충

1	식용곤충을 이용한 고단백질 식품의 제조방법

특허번호	1019803230000	**발명자**	문영실, 최영희
출원인	문영실, 최영희	**최종권리자**	문영실, 최영희
출원일	2017.07.07	**등록일**	2019.05.14

요약

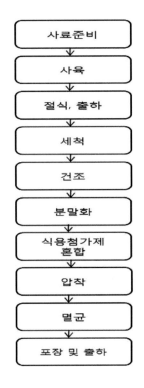

본 발명은 식용 곤충을 이용한 고단백질 식품의 제조방법에 관한 것으로서, 고단백질 식품인 식용곤충을 효율적으로 섭취하기 위해서 a) 식용곤충의 사료를 위생적 관리하여 확보하는 단계; b) 사육용 식용곤충의 애벌레를 상기 단계에서 확보된 사료에 첨가하여 사육하는 단계; c) 사육된 식용곤충의 애벌레를 출하 전 48 ~ 120시간 동안 절식시킨 후 수확하는 단계; d) 수확된 곤충을 세척하는 단계; e) 세척된 곤충을 건조하는 단계; f) 건조된 곤충을 1200 ~ 2000 mesh로 분쇄하여 분말화 하는 단계; g) 상기 곤충분말에 식물성 식용첨가제를 혼합하는 단계; h) 상기 혼합 분말화 곤충을 5 ~ 20 배로 압착하여 고농축 하여 타블렛 형식으로 제형화하는 단계; i) 타블렛 형식으로 제형화된 농축 곤충을 121℃에서 5 ~ 30 분 동안 멸균시키는 단계; 및 j) 멸균된 농축 곤충 타블렛을 포장하는 단계;를 포함하는 것이 특징이다. 본 발명에 의해, 식용곤충은 소비자의 곤충 섭취에 관한 거부감을 감소시키고 고단백질의 식용곤충을 단백질 식품으로 이용함으로써 환경오염을 줄이고, 소화흡수율이 높아 경제적이면서도 건강 증진에 큰 도움이 되는 식용곤충의 제조방법이 제공된다.

특허번호	1020190018798	**발명자**	원광희
출원인	원광희	**최종권리자**	원광희
출원일	2019.02.18	**등록일**	2021.02.04

요약

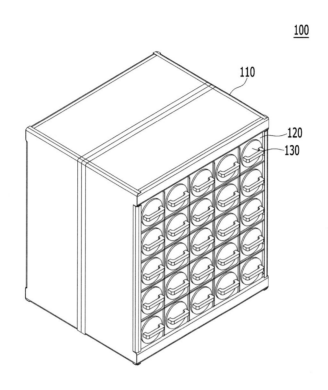

식용곤충 사육 장치가 개시된다. 본 발명의 일 실시예에 따르면, 복수의 보관부를 갖는 본체 프레임, 보관부에 배치되며, 내부에 식용곤충을 사육 가능한 공간이 형성되는 케이지 (cage), 케이지에 개폐 가능하도록 결합되는 도어, 케이지의 내부에 설치되어 식용곤충의 활동을 위한 이동 경로를 제공하는 활동유도 구조물, 본체 프레임에 설치되어 케이지 내부의 온도, 습도 및 오염도를 조절하는 공조 유닛, 및 공조 유닛의 작동을 제어하는 제어 유닛을 포함하는 식용곤충 사육 장치가 제공된다.

특허번호	1020190012264	**발명자**	이봉학
출원인	주식회사 반달소프트	**최종권리자**	주식회사 반달소프트
출원일	2019.01.30	**등록일**	2021.03.15

요약

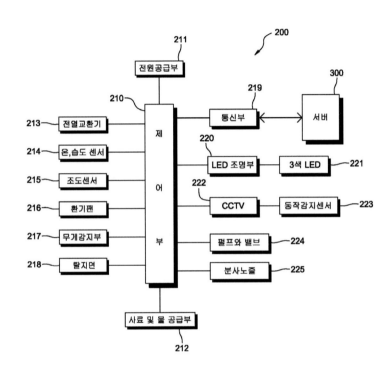

본 발명은 곤충 사육을 위한 스마트팜 시스템 및 운용방법에 관한 것이다.

본 발명은 이를 위해 적어도 하나 이상의 곤충사육장치(100); 곤충사육장치(100)에 구비되며, 곤충의 성장환경을 실시간 감지하여 성장에 효율을 극대화시킨 데이터베이스를 토대로 곤충이 성장하는데 특정 목적으로 가장 잘 성장하기 위한 환경을 제공해주는 스마트팜 시스템(200); 스마트팜 시스템(200)과 유,무선으로 연결되어 데이터를 주고받고, 학습기계와 데이터베이스가 포함된 서버(300); 및 스마트팜 시스템(200) 또는 서버(300)를 외부에서 실시간 제어하는 단말기(400);가 포함된다.

상기와 같이 구성된 본 발명은 식용 곤충의 성장환경을 감지하여 성장에 효율을 극대화시킨 데이터베이스를 토대로 빛과 물 등을 제공함으로써 식용 곤충이 성장하는데 특정 목적으로 가장 잘 성장하기 위한 환경을 제공하게 되고, 이로 인해 스마트팜 시스템의 품질과 신뢰성을 대폭 향상시키므로 사용자인 소비자들의 다양한 욕구(니즈)를 충족시켜 좋은 이미지를 심어줄 수 있도록 한 것이다.

특허번호	1020180161373	**발명자**	박보람, 장현욱, 최한석, 박신영, 여수환, 정석태, 이미연, 정우수
출원인	대한민국(농촌진흥청장)	**최종권리자**	대한민국
출원일	2018.12.13	**등록일**	2020.11.24

요약

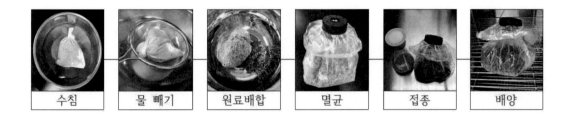

| 수침 | 물 빼기 | 원료배합 | 멸균 | 접종 | 배양 |

미생물 발효를 통한 식용곤충의 이취제어 방법에 관한 것으로,

본 발명의 일 측면에서 제공되는 식용곤충의 이취 저감방법은, 이취로 인해 소비자의 기호도를 충족하지 못하던 식용곤충의 특이한 이취를 현저히 저감시킬 수 있는 효과가 있으며, 그중에서도 특히, 식품원료로 가장 최근에 인정된 장수풍뎅이 유충에 대하여도 이취를 현저히 저감시킬 수 있다.

5	식용곤충의 유충을 이용한 기능성 젓갈, 이의 제조방법, 그리고 이를 포함하는 건강기능식품

특허번호	1020180029064	**발명자**	윤은영
출원인	세종대학교산학협력단	**최종권리자**	세종대학교산학협력단
출원일	2018.03.13	**등록일**	2020.05.28

요약

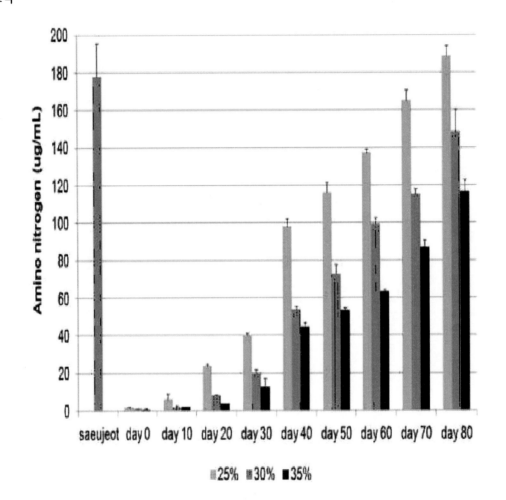

본 발명은 식용곤충의 유충을 이용한 기능성 젓갈, 이의 제조방법 및 이를 포함하는 건강기능식품에 관한 것으로, 미래식량부족 문제를 해결하기 위한 대체식량자원으로의 가치가 있으며, 식용곤충을 가공한 식품을 개발함으로써 다양한 먹거리 및 부가가치를 제공하고 농가소득에 기여하는 효과가 있고, 항산화 활성에 의해 예방 또는 개선될 수 있는 각종 질병, 상태 등을 예방 또는 개선시킬 수 있는, 식용곤충의 유충을 이용한 기능성 젓갈, 이의 제조방법 및 이를 포함하는 건강기능식품에 관한 것이다.

특허번호	1020190057010	발명자	정승관
출원인	주식회사 친한에프앤비 정승관	최종권리자	주식회사 친한에프앤비 정승관
출원일	2019.05.15	등록일	2019.09.23

요약

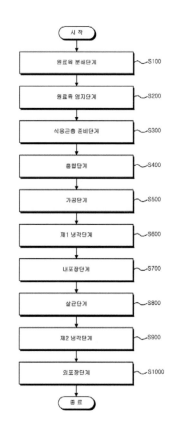

본 발명은 식용곤충을 이용한 간식 제조방법에 관한 것으로, 보다 상세하게는 원료육을 분쇄하는 원료육 분쇄단계; 상기 분쇄된 원료육을 염지하여 가공원료육을 제조하는 원료육 염지단계; 가공식용곤충을 준비하는 식용곤충 준비단계; 상기 가공원료육, 가공식용곤충 및 부재료를 혼합하여 혼합육을 제조하는 혼합단계; 상기 혼합육을 가공하는 가공단계; 상기 가공된 혼합육을 1차 냉각하는 제1 냉각단계; 상기 1차 냉각된 혼합육을 내포장하는 내포장단계; 상기 내포장된 혼합육을 살균하는 살균단계; 상기 살균된 혼합육을 2차 냉각하는 제2 냉각단계 및 상기 2차 냉각된 혼합육을 외포장하는 외포장단계를 포함하고, 상기 원료육은, 돼지고기, 닭고기, 소고기, 양고기, 오리고기, 캥거루고기, 말고기 중 하나를 포함하는 구성으로 형성되는 식용곤충을 이용한 간식 제조방법에 관한 것이다.

또한, 식용곤충을 이용한 간식은, 가공원료육, 가공식용곤충 및 부재료를 포함하고, 상기 부재료는, 치즈, 천연조미료, 천연향신료, 곡물류, 산도조절제를 포함하는 식용곤충을 이용한 간식에 관한 것이다.

특허번호	1020160178964	**발명자**	최윤상, 김영붕, 전기홍, 구수경, 박종대, 김은미, 최현욱, 김민정, 최희돈, 성정민
출원인	한국식품연구원	**최종권리자**	한국식품연구원
출원일	2016.12.26	**등록일**	2018.11.21

요약

본 발명은 식용곤충이 함유된 유화형 식육제품 및 이의 제조방법에 관한 것으로 (A) 식용곤충을 1 내지 2일 동안 절식시킨 후 분쇄하는 단계; (B) 분쇄된 식용곤충 분말을 볶는 단계; (C) 볶은 식용곤충 분말을 탈지하는 단계; (D) 분쇄된 원료육과 지방에 (C)단계에서 제조된 탈지 식용곤충 분말 및 얼음을 첨가하여 유화함으로써 유화물을 제조하는 단계; (E) 제조된 유화물을 케이싱에 충진하는 단계; 및 (F) 케이싱에 충진된 유화물을 가열한 후 냉각시키는 단계를 포함함으로써, 원료육의 함량을 낮추더라도 식용곤충을 사용하지 않은 유화형 식육제품과 유사한 품질을 보이며, 인체에 유익한 성분을 함유하는 식용곤충을 이용함으로써 몸에 이로운 유화형 식육제품을 제공할 수 있다.

특허번호	1020180013509	**발명자**	이은정, 이일남, 정호준
출원인	사단법인 맥널티 공동연구법인	**최종권리자**	한국맥널티 주식회사
출원일	2018.02.02	**등록일**	2018.11.15

요약

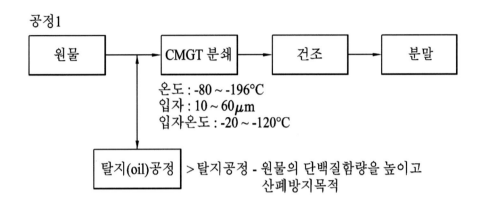

공정1

온도 : -80 ~ -196℃
입자 : 10 ~ 60μm
입자온도 : -20 ~ -120℃

>탈지공정 - 원물의 단백질함량을 높이고
산폐방지목적

본 발명은 극저온 초미세 분쇄법(Cryogenic Micro Grinding Technology: CMGT)을 이용하여 귀뚜라미, 갈색거저리와 같은 곤충류를 분쇄하여 분말화 하였을 때, 영양성분의 파괴를 최소화하여 영양성분 함량을 그대로 유지시키고 체내 소화율을 향상시키는 방법에 관한 것이다. 본 발명에 따르면 단백질 함량이 많은 식용 곤충을 -196 내지 -80℃의 극저온에서 10 내지 60μm의 초미세 크기로 분쇄하는 과정을 거치면서 영양성분의 파괴를 최소화 함으로써 성분을 최대한 유지되고, 체내 소화율이 향상되는 효과가 있다.

3) 배양육

	버섯농축액과 배양액을 이용한 패티 제조 방법

특허번호	1020170120431	**발명자**	임동표, 임경준, 김창현, 강계원, 이승열
출원인	주식회사 엠비지 임동표 임경준	**최종권리자**	주식회사 엠비지 임동표 임경준
출원일	2017.09.19	**등록일**	2018.04.18

요약

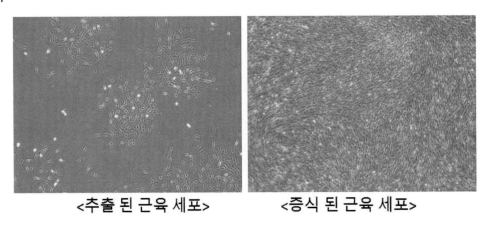

<추출 된 근육 세포>   <증식 된 근육 세포>

본 발명은 버섯농축액과 배양액을 이용한 패티 제조 방법에 관한 것이다.

본 발명의 버섯농축액과 배양액을 이용한 패티 제조 방법은, 소의 근육 조직으로부터 추출된 근육 위성 세포를 배양하여 증식시킨 배양액을 유동층코팅조건하에서 바텀스프레이(bottom spray) 형태로 분무하면서 반복적인 유동화를 통해 1500-2,500 μm 입자크기의 씨드를 제조하는 씨드제조단계와; 버섯농축액을 코팅분무액으로 준비하고, 상기 씨드를 유동층코팅기 내부에 투입한 후, 상기 코팅분무액을 유동층코팅조건하에서 바텀스프레이(bottom spray) 형태로 분무하면서 반복적인 유동화를 통해 씨드에 코팅하여 쇠고기분말 함량비율이 30 내지 70중량%가 되는 구형 과립을 제조하는 과립제조단계와; 상기 구형과립에 액상의 식용 지방을 혼합 및 교반하여 패티조성물을 제조하는 혼합단계와; 상기 패티조성물을 패티용 틀에 투입하여 성형한 후 경화시켜 패티를 제조하는 성형단계;를 포함하여 구성된다.

본 발명에 의해, 일반적으로 햄버거 등에 사용되는 패티의 경우 분쇄육으로 이루어져 있고 소비자들은 이에 대한 거부감이 없는 것에 착안하여, 소의 근육세포에서 추출된 근육 위성 세포를 배양한 배양액이나, 배양액을 증식시켜 근육세포로 분화시켜 배양육을 형성하되 근섬유 형성 이전 단계의 배양육을 활용하여 양질의 식감과 맛을 내는 패티가 제공된다.

특허번호	1020190170537	**발명자**	이희재, 금준호, 장하림, 김민영, 송상현, 정태근
출원인	주식회사 씨위드	**최종권리자**	주식회사 씨위드
출원일	2019.12.19	**등록일**	2020.08.27

요약

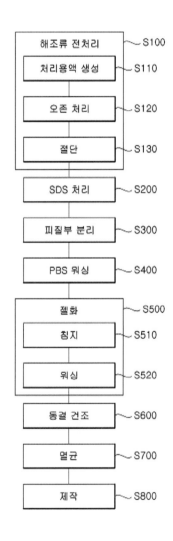

본 발명은 세포 배양용 지지체에 대한 것으로 해조류의 탈세포화를 통해 추출한 알지네이트(alginate)와 셀룰로오스(cellulose)로 복합 조성된 하이드로젤 구조를 가지며 제조가 간단하면서도 저비용으로도 세포를 안정적으로 성장시킬 수 있는 세포 배양용 지지체가 제공된다.

바. 대체식품 기업 동향

1) 해외 기업

가) Beyond Meat[134]

[그림 108] Beyond Meat

Beyond Meat(이하 '비욘드미트')는 2009년 미국에서 설립되어 식물성 대체육 생산, 판매 사업을 영위하는 기업이다. 비욘드미트는 2013년부터 식물성 닭고기 제품을 판매했으며, 2014년에 식물성 소고기를 개발했다. 이후 식물성 고기에 대한 소비자 수요의 증가와 지속적인 R&D를 통해 실제 고기와 같은 맛과 형태를 구현하는 제품 경쟁력을 가진 푸트테크 기업으로 자리잡으면서 2019년 5월 나스닥 시장에 상장했다.

비욘드미트는 크게 식물성 기반의 소고기, 돼지고기, 닭고기 제품을 핵심으로 하여 생고기 형태 혹은 냉동고기 형태로 판매하고 있다. 비욘드미트의 제품은 100% 식물성 기반의 제품이나 포장 형태는 일반 육고기와 비슷한 모습이며, 그 중 소고기 패티 형태로 되어있는 'Beyond Burger'가 매출의 64%를 차지하는 플래그십 제품이며, Beyond Sausage가 전체 매출의 약 23%로 2위 제품이다.

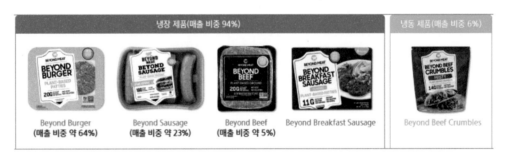

[그림 109] 주요 제품 소개

비욘드미트의 제조 공정은 크게 3단계로 나누어져 있다. 첫 번째로, 식물성 단백질이 포함되어있는 원재료를 추출기에 넣고 물과 증기를 첨가하여 가공할 수 있도록 섬유화한다. 두 번째로는, 섬유화된 단백질을 잘라서 냉동하여 모든 제품의 기본 재료를 생성한다. 마지막 세 번째로는 이를 바탕으로 향과 다른 첨가물을 입혀 최종 완제품을 생산한다. 1~2단계는 자체 공정을 통해 생산하고, 3단계는 계약된 제3자가 생산하는 방식으로, 제 3자가 제품을 완성하면 창고로 가거나, 소비자가 구매할 수 있는 채널로 배송된다.

---

134) Beyond Meat, 삼성증권, 2020.07.10

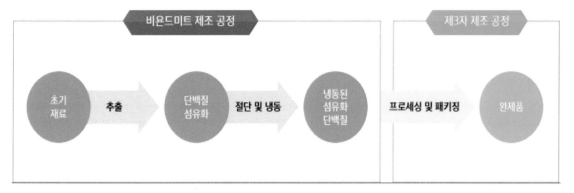

[그림 110] 비욘드미트 제조 공정

비욘드미트의 강점은 크게 제품 경쟁력과 시장 초기 진입자 우위로 요약할 수 있다.

① 제품 경쟁력

비욘드미트의 대체육은 '맛', '질감', '영양' 측면에서 전통적 사업자, 그리고 현재의 경쟁사 대비 우위를 보이며 일반 고기와의 격차를 상당히 줄였다는 평가를 받고 있다. 특히 기존에 전통적 사업자들이 냉동 형태로 포장하여 공급하던 방식과 다르게 신선 식품에 공급하는 방식은 식물성 고기 산업에서 혁신적인 변화를 가져왔다.

비욘드미트의 대표 제품이자 100% 식물성 버거인 비욘드버거(Beyond Burger)는 노란 완두 콩(yellow pea)이 주성분이며, 카놀라유, 코코넛오일, 녹두, 해바라기씨, 쌀, 비트즙 등을 섞어 만든다. 이때, 맛을 구현하는 데 가장 중요한 요소는 메틸셀룰로오스(식물 단백질을 고기 형태로 형성하는 데 사용), 단백질 원료, 코코넛 오일(구웠을 때 고기 느낌과 육즙 구현)을 이용하여 구현한다. 이러한 식물성 기반의 대체육은 일반 고기 패티와 비교하였을 때 열량과 단백질 함량에서 우위를 점하며 포화지방은 적고, 콜레스테롤은 없다는 영양적 측면의 장점을 보유하고 있다.

특히, 경쟁업체와의 차별 요인 역시 존재한다. 바로 비욘드미트의 제품은 무항생제, 호르몬프리, non-GMO, 글루텐프리라는 점이다. 직접 경쟁사인 '임파서블푸드'는 주성분이 대두(soy)이며 글루텐이 함유되어있고, 고기 맛을 내기 위하여 육류에 있는 미오글로빈과 유사한 구조를 가진 콩에 함유된 레그헤모글로빈을 핵심적으로 사용한다. 이 과정에서 유전자조작, 즉 GMO 가능성을 배제할 수 없다.

② 시장 초기 진입자 우위

비욘드미트는 제품 경쟁력을 바탕으로 향후 대체육 시장에서 first mover로서 이점을 가져 갈 수 있을 것이다. 비욘드미트는 2009년 설립 이후 미국 대체육 시장(리테일 기준)에서 2013년 0.1% 점유율에 불과했으나, 2019년 기준 14.5%까지 빠르게 점유율 확대를 이어가고 있다.

비욘드미트의 약점은 낮은 진입장벽, 사회적 가치 추구 기업의 휘발성, 가격 경쟁력으로 요약할 수 있다.

① 낮은 진입 장벽

최근 대체육 시장의 고성장에 따른 글로벌 식음료 기업의 적극적인 진출이 지속되고 있다. 개별 기업의 기술력이나 맛을 구현하는 능력은 차별화 요인이겠으나, 일단 식물성 단백질로 고기를 만들어 낸다는 생산의 측면에서 진입 장벽은 낮은 편이다.

이러한 상황에서 소비자의 선택을 받기 위해서는 진짜 고기 같은 느낌, 영양학적으로도 안정적인 제품 경쟁력, 소비자에게 각인되는 브랜딩이 요구된다. 따라서 비욘드미트는 자신들의 'Go Beyond'라는 브랜딩에 대한 경쟁력을 높이기 위한 제품 리뉴얼 및 마케팅에 초점을 두고 있는 상황이다.

② 사회적 가치 추구 기업의 성장 영속성에 대한 고민

대체육 소비자는 기본적으로 환경, 동물 복지, 웰니스 등 사회적 가치 기반의 소비 성향이 높다. 사회적 가치는 당대 사회상을 반영하는 경우가 많고, 추구하는 가치가 휘발성이 강하며 소수의 소비자에게만 가치가 설득되는 경향이 있다. 채식 문화가 과거 오랜 기간 동안 존재했으나 의미 있게 성장하지 못한 이유 중 하나도 이 때문이다.

다만, 앞서 언급한 것처럼 소비 세대의 교체, 그리고 대체육 맛을 구현하는 기술의 발달 등이 혼합되어 현재 대체육 시장에는 기회요인으로 작용될 것이라는 판단이다.

③ 가격 경쟁력

가격 경쟁력은 앞으로 대체육이 소비자 스펙트럼을 확실히 넓힐 수 있느냐 없느냐의 열쇠가 될 것이다. 매출 확대, 이익성 확보는 기업 존속을 지속 할 수 있는 동력이기 때문이다. 현재 비욘드미트는 최소 2024년까지 일반 고기와 가격 경쟁력을 맞추는 것을 목표로 하고 있는 상황이다.

고기 가격 변동이 없다고 단순하게 가정하고, 현재 파운드 당 일반 고기 대비 30% 가량 비싼 비욘드미트의 리테일 가격을 낮추기 위해서는 두 가지 방법이 존재한다. 첫 번째는 유통사, 브로커의 마진을 일부 협상하여 소폭 낮추는 것이고(현재 50% 수준), 두 번째는 매출 원가를 절감하는 것이다. 소비자 수요 확대 과정에서 현재 일반 육류 업체보다 높은 유통사 마진이 중장기적으로 추가 협상될 가능성 존재하고, 매출 원가 측면에서는 대량 생산을 통한 규모의 경제 효과와 이익률이 높은 냉장 대체육 판매 비중을 높이는 방법으로 대응이 가능할 전망이다.

비욘드미트는 최근 비욘드버거, 비욘드 소시지와 같은 핵심 제품 이외에 전략적으로 라인업 확대를 추구하고 있다. 2019년 Beyond Beef, Beyond Breakfast Sausage, Beyond Fried Chicken, Beyond Meatball 4가지 신제품을 출시했으며, 향후에도 고객사 및 소비자의 선호 다양화에 맞춰 제품 파이프라인을 구축하고 개발할 것으로 전망된다.

현재 소고기, 돼지고기 대체육에 국한된 제품 라인업에서 확장하여 Beyond Hotdog, Beyond Ham, Beyond Tuna, Beyond Crab 등 다양한 단백질 공급원의 대체제가 제품화 될 것으로 기대된다.

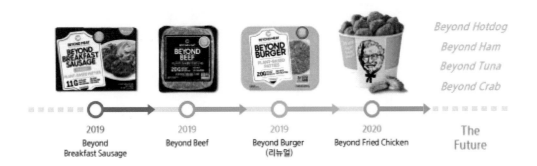

[그림 111] 2019년 이후 신제품

나) Impossible Food[135][136]

IMPOSSIBLE™

[그림 112] Impossible Food

Impossible Food(이하 '임파서블 푸드')는 스탠퍼드대학교 생화학과 교수 패트릭 브라운이 2011년에 설립한 대체 육류 회사로 설립 당시 2035년까지 일반 고기를 식물성 고기로 완전 대체한다는 목표를 발표하며 큰 주목을 받았다. 주요 투자자로는 구글벤쳐스, UBS, 호라이즌 밴쳐스, 테마섹홀딩스, 빌 게이츠, 제프 베조스가 있으며 비욘드미트 상장 후 최근 장외에서 3억달러 자금 유치에 성공하면서 기업가치는 20억달러로 평가받고 있다.

임파서블 푸드는 2011년 설립돼 2016년 7월 식물성 고기 패티를 사용한 햄버거 Impossible Burger(패티)를 선보였다. 경영진은 육류를 사용한 버거보다 토양 사용량을 95%, 온실가스 배출량을 87%, 물 소비량을 87% 감소시켰다고 발표했다. 뿐만 아니라 육류 버거보다 단백질 함량이 높고 콜레스테롤과 트랜스지방이 0%로 건강하다.

[그림 113] 임파서블 버거

임파서블 푸드는 식물성 고기 패티를 제조 및 판매한다는 점에서 비욘드미트와 흡사하지만 생산 방식과 사업 전략은 확연히 다르다. 우선 임파서블 버거는 결정적으로 헴(Heme)을 사용한다. 헴은 진한 붉은색 액체로 혈액의 헤모글로빈(hemoglobin)의 색소를 구성하는 물질이다. 사람과 동물의 혈액이 붉은 이유는 결국 헴 때문이며 고기맛을 결정하는 큰 역할을 담당한다.

---

135) [밥상 위 혁명 푸드테크②] 대체육 바람~ 임파서블 푸드.비욘드미트는 어떻게 성공했나, 푸드투데이, 2020.05.28
136) 한투의아침, 한국투자증권, 2019.05.28

임파서블푸드 창업자 브라운은 식물에도 이러한 헴이 존재한다는 것을 발견했다. 콩의 경우 뿌리 부분에 레그헤모글로빈(leghemoglobin)이란 헴이 포함된 단백질이 존재한다. 처음에는 콩 뿌리에서 레그헤모글로빈을 추출하는 방법을 시도했으나 비용 부담이 컸으며 이산화탄소가 방출되는 문제가 발생했다. 이러한 이유로 임파서블푸드는 대신 콩이 보유한 레그헤모글로빈 유전자를 효모에 주입하여 배양하는 기술을 사용하여 헴을 대량 생산하는데 성공했다. 다만 이는 일종의 유전자변형생물(GMO)로 출시 당시 FDA는 먹을 수는 있지만 안전할 수는 없다는 소견을 발표하며 크게 논란됐다. 그러나 2018년 7월 FDA는 임파서블 버거가 인체에 무해하다고 최종 판정했다.

헴을 통해 육류의 맛과 색상을 재현하는데 성공하면서 임파서블푸드는 2017년 3월 캘리포니아 오클랜드에 임파서블 버거를 대량 생산할 공장을 처음으로 설립했다. 이후 뉴욕에 위치한 수제버거 체인 Bareburger, 캘리포니아에 위치한 버거체인 Umami Burger등 일부 버거 체인을 통해 판매를 시작했다. 그해 7월 구글은 3억달러를 제시하며 기업인수를 시도했으나 실패했다. 2018년 4월 임파서블푸드는 미국 내 380여개 패스트푸드 체인을 보유한 White Castle과 파트너십을 체결하면서 제품 판매 지역을 크게 확대했다.

2019년 1월 7일 임파서블푸드는 라스베가스에서 개최된 CES에서 Impossible Burger 2.0을 공개했다. 식감 향상, 맛 개선. 글루텐프리(gluten-free)를 위해 주 재료를 밀 단백질에서 콩 단백질로 교체했으며 기존 첨가 재료 일부를 조절하면서 나트륨 및 포화지방 함량은 전보다 30%, 40% 감소했다. 뿐만 아니라 생산비용도 크게 낮췄으며 구워도 부서지지 않을 정도로 내구성도 크게 개선했다.

버거킹은 임파서블푸드의 식물성 고기 패티를 활용한 임파서블 와퍼(Impossible Whopper)를 출시하여 세인트루이스에 위치한 59개 매장에서 판매하기 시작했다. 일반 와퍼보다 1달러 비싼 5.49달러에 판매됨에도 불구하고 제품판매가 대대적으로 성공을 거뒀다. 그리고 미국 피자 체인 Little Caesars는 임파서블푸드와의 파트너십 체결을 발표했다. 그리고 뉴멕시코, 플로리다, 워싱턴주에 위치한 58개 매장에서 12달러에 임파서블푸드의 식물성 소시지를 토핑으로 만든 Impossible Supreme Pizza 판매를 시작했다. 해당 소시지는 헴을 사용함으로써 생산방식은 기존 식물성 패티 생산방식과 유사하다. 다만 탄력성을 더욱 높이기 위해 감자단백질을 제외했다. 이렇게 생산된 식물성 소시지는 콜레스테롤이 0%며 기존 소시지 대비 칼로리 함량은 20% 낮고 포화지방량도 8분의 1 수준이다.

또한 홍콩, 마카오 등 아시아 시장에도 진출해 2018년 11월 기준 100개 매장에서 판매되고 있다. 2019년 4월부터 체인점 버거킹에 진출해 버거킹에 공급하는 임파서블 와퍼의 가격은 일반 와퍼보다 1달러 더 높은 12달러(약 1만 3000원)이다. 임파서블 푸드는 아시아 시장 진출을 위해 마파두부용 고기요리, 상추 쌈, 중국식 만두에 이용 가능한 제품을 개발하고 있다. 아시아는 전 세계 육류 수요의 44%를 차지하고 있으며 소비 증가율이 타 대륙보다 빠르기 때문이다.

다) BlueNalu[137]

[그림 114] BlueNalu

BlueNalu(이하 '블루날루')는 2018년 캘리포니아 샌디에이고에 설립된 세포배양 해산물 제조 기업으로, 수년 안에 세포배양 해산물을 대량 생산, 상용화 하는 것을 목표로 하고 있다. 블루날루는 세포배양 방식으로 생선을 만드는 기술을 보유하고 있다.

블루날루는의 배양 생선살 제조과정을 살펴보면, 먼저 부시리의 근육 조직에서 줄기세포를 채취한 후, 이를 효소 단백질로 처리한 다음 각종 영양물질이 들어 있는 배양액에 넣고 키운다. 이후 세포 수가 늘어나면 원심분리기에 넣고 돌려 세포만 따로 뽑아낸다. 농축 세포를 다시 영양물질이 들어 있는 바이오 잉크와 섞어 3D 프린터에 넣은 후, 마지막으로 요리사가 원하는 모양대로 3D 프린터가 생선살을 찍어낸다.

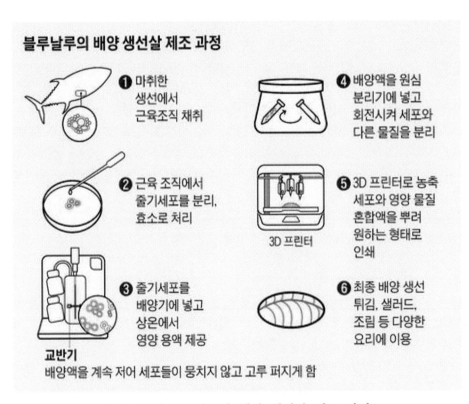

[그림 115] 블루날루의 배양 생선살 제조 과정

---

137) [IF] 배양육만 있나? 배양생선도 있지!, 조선일보, 2020.06.04

블루날루는 부시리가 다양한 요리에 활용되는 점에서 부시리를 첫 번째 배양 대상으로 선택했다. 블루날루는 2019년 12월 투자자들을 모아놓고 배양생선 요리 시식 행사를 진행했다. 본 행사에서 블루날루의 음식을 맛 본 참가자들은 일반 생선과 차이가 없다고 입을 모아 말했다.

[그림 116] 블루날루의 배양 부시리 살을 곁들인 요리

블루날루는 2020년 풀무원을 비롯해 시리즈 A라운드를 통해 2000만 달러 투자를 받았고, 지난 2018년 초에는 시드라운드(Seed Round) 통해 450만 달러를 투자 받았다. 블루날루는 이번 투자를 기반으로 약 3716㎡ 규모의 파일럿 생산 시설을 열고, 첫 번째 제품에 대한 미국 식품의약국(FDA) 규제 검토를 완료한다. 또 미국 전역의 다양한 식품 서비스 기관에서 시장 테스트를 시작할 예정이다.

블루날루는 2020년 미국 샌디에이고에 연면적 3만8000㎡(1만1495평)에 달하는 생산라인을 비롯해 R&D센터, 사무시설 등 대규모 시설을 건설하기로 했다. 블루날루는 새로운 시설 구축과 직원 확충을 통해 2021년 하반기 상업용 제품 출시를 목표로 하고 있다.[138]

---

138) '풀무원 베팅' 美 스타트업 블루날루, 6000만 달러 투자 유치, The GURU, 2021.01.21

라) Ynsect[139)

[그림 117] Ynsect

Ynsect는 천연 곤충 단백질 및 비료 생산 분야의 세계적 선도기업으로 2011년 파리에서 설립되었다. Ynsect는 곤충을 반려동물, 물고기, 식물 및 사람을 위한 고급 성분으로 변신시킨다. Ynsect는 최첨단 농장에서 전 세계적으로 약 300건의 특허로 보호받는 독자적이고 선구적인 기술을 이용해 수직 농장 형태로 몰리터 밀웜과 버펄로 밀웜을 생산하고 있다.

갈색거저리를 수직으로 쌓아올린 'Farm Hill'에서 사육하여 생산된 갈색거저리 유충은 Casting과정을 거쳐 일부는 농작물을 위한 비료가 되고 일부는 생산을 위해 사용되며 나머지는 일련의 과정을 거쳐 단백질, 오일, 키토산으로 분류된다. [140)

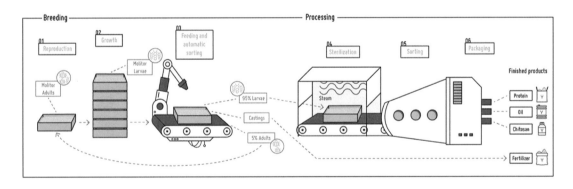

[그림 118] Ynsect의 식용곤충 생산과정

최근 Ynsect는 인간 식품용 밀웜(갈색거저리 유충) 성분 분야의 글로벌 선도기업인 Protifarm을 인수했다. Ynsect는 증가하는 단백질 소비에 대해 건강하고 지속가능한 솔루션을 제공하고자 장기적인 전략을 시행하고 있다. 유럽식품안전청(European Food Safety Authority)이 밀웜 섭취가 인체에 무해하다는 판단을 내린 후, Ynsect는 식용 곤충 성분에서 추출한 식품 시장으로 확장을 도모하고 있다.

---

139) [PRNewswire] Ynsect, 네덜란드 농업기술 기업 Protifarm 인수로 국제적 확장 도모, 연합뉴스, 2021.04.13
140) Ynsect.com

Ynsect는 프랑스 시설 외에, 암스테르담에서 동쪽으로 한 시간 거리에 있는 에르멜로 기반의 네덜란드 생산시설 Protifarm의 통합으로 국제적인 확장을 단행하고 있다. Ynsect는 이를 통해 세계 최대의 곤충 식품 및 사료 업체라는 회사의 입지를 강화하고 있다.

Ynsect와 Protifarm은 밀웜에 대한 과학과 기술에 접근하는 방식부터 품질과 운영 우수성에 이르기까지 이미 여러 가지 공통점이 있다. Protifarm은 곤충 배양 부문에서 약 40년 동안 경험을 쌓았으며, 10개 부문에서 37건의 특허를 보유하고 있다. 이로써 Ynsect가 보유하는 총특허 수는 거의 300건에 달한다.

독일, 네덜란드, 잉글랜드, 덴마크 및 벨기에서 안정적인 식품 고객을 보유한 Protifarm의 Novel Food 애플리케이션은 Ynsect와 마찬가지로 조만간 EU 승인을 받을 전망이다. Protifarm의 버펄로 밀웜(Buffalo mealworm)과 Ynsect의 몰리터 밀웜(Molitor mealworm)이 상호 보완적으로 수요를 충족하면서 호환성 식품과 사료 성분 플랫폼을 제공하는 한편, 두 가지 유형의 밀웜에서 발생하는 서로 다른 고급 용도에 대한 수요도 충족할 수 있게 됐다.

또한, Ynsect는 최근 추가 자금조달을 통해 총 자금조달 규모 4억2천500만 달러를 달성했다. 이는세계 곤충 단백질 부문에서 지금까지 조달한 자금의 합계액보다 많은 금액이다. 새로 조달된 자금은 Astanor Ventures (시리즈 C 주요 투자자), LA 기반 Upfront Ventures, 로버트 다우니 주니어의 FootPrint Coalition, Happiness Capital, Supernova Invest 및 Armat Group에서 투자되었다.

Ynsect는 조달된 자금을 바탕으로 세계 최대의 곤충 농장(현재 프랑스 파리 북부에서 건설 중인 탄소 네거티브 프로젝트)을 완공하고, 자사의 제품 라인을 확대하며, 북미로 확장할 계획이다.[141]

---

141) [PRNewswire] Ynsect, 시리즈 C 자금조달 라운드로 3억7천200만 달러 유치, 연합뉴스, 2020.10.09

마) Memphis Meats[142]

[그림 119] Memphis Meats

Memphis Meats(이하 '멤피스 미트')는 세 명의 과학자가 설립한 스타트업으로 배양육을 생산한다. 멤피스 미트는 2016년 쇠고기 배양육으로 만든 미트볼을 공개했으며, 5년 이내에 배양육을 상용화하는 것을 목표로 했다.

멤피스 미트의 강점은 사람들이 좋아하는 제품을 다른 방식으로 만든다는 것이다. 재생이 가장 잘 되고, 맛과 영양 등 면에서 뛰어난 세포를 채취해 동물의 몸안에서 키우는 것이 아니라 컬티베이터라는 기계 안에서 세포에 영양분을 공급하며 배양한다. 맥주 공장에서 사용하는 기계와 같다고 보면 된다. 아미노산이나 당분 등 여러 영양성분을 세포에 바로 주입해서 일정 크기로 자라나면 이것을 고기로 이용한다.

멤피스 미트는 2016년 초반에 미트볼을 처음 만들었으며, 그것이 월스트리트 저널에 보도되면서 세계에 회사를 알리게 되었다. 이후 그로부터 1년 정도 지난 후 세포를 기반을 한 가금육을 발표했다. 이는 가금을 이용하지 않고 가금육을 만드는 것으로, 이를 이용하여 남부의 후라이드 치킨을 만들었다. 이 후라이드 치킨은 예상대로 미국에서 인기가 매우 높았고, 그 여세를 몰아 멤피스 미트는 가금육을 오리고기까지 확장했다. 오리고기는 현재 미국보다 해외에서 더 많이 소비되고 있다.

[그림 120] 멤피스 미트의 미트볼

---

142) [FI창간1주년특집Ⅱ-미래식량: 배양육]② 멤피스 미트(Memphis Meats)-세포 기반 배양육 만들어 2016년 미트볼 첫 선, 푸드아이콘, 2018.12.04

바) Mosa Meat[143)144)

[그림 121] Mosa Meat

　30년간 배양육을 연구한 마크 포스트 교수는 배양육의 아버지로 불리고 있으며 배양육 개발의 권위자다. 마크 포스트 교수와 연구팀은 상업적으로 판매 가능한 배양육 패티를 시장에 내놓기 위해 Mosa Meat(이하 '모사미트')라는 회사를 설립하고 연구를 계속하고 있다.

　모사미트는 2013년 세계 최초로 세포배양육 개발에 성공한 네덜란드 기업으로 가축에서 추출한 줄기세포를 소 태아 혈청으로 증식해 햄버거 패티 형태의 고기로 배양하는 기술을 보유하고 있다. 실제 고기보다 토지 사용은 99%, 물 사용은 96% 감소시킬 수 있어 환경 오염과 자원 낭비가 거의 없다는 게 모사미트 측 설명이다.

　개발 단계에서 세포배양육 버거 패티는 한 장에 25만유로(약 3억2300만원)에 달했지만 모사미트 측은 기술 혁신과 대량생산이 가능해지면 9유로(약 1만1600원)대에 판매가 가능해질 것으로 내다본다. 2030년 이후엔 개당 1유로(1293원)에 판매한다는 계획이다.

[그림 122] 모사미트 배양육

143) 대체 단백질, 배양육 소재의 최신 연구 동향, 최정석, 식품산업과 영양 24(2), 15 ~ 20, 2019
144) 고기없는 육식시대…3~4년 내 '실험실 고기 버거' 팔린다, 매일경제, 2020.05.18

2) 국내 기업
가) 동원F&B[145)]

Dongwon 동원F&B

[그림 123] 동원 F&B

동원 F&B는 1981년 동원산업 내 동원식품으로 시작했다. 1982년 '동원참치'를 출시하고 1989년 동원산업이 상장하면서 2000년 동원산업에서 분리되어 동원산업의 주요 자회사로 자리매김했다. 동원 F&B는 조미식품 제조업체인 동원홈푸드와 배합사료 전문업체인 동원팜스를 소유하고 있다.

동원 F&B는 이미 해외에서 상품성이 입증된 제품을 단독 수입하는 방식으로 국내 대체육 시장을 공략하고 있다. 동원 F&B는 2018년 12월 미국의 비욘드미트와 독점 공급 계약을 맺은 뒤, 2019년 3월부터 비욘드 버거 패티를 수입하고 있다. 현재 동원몰, 마켓컬리 등 온라인몰과 이태원 비건 레스토랑 몽크스부처, 하얏트 호텔 등 오프라인 매장에 납품하고 있다. 수입 후 3개월 여 기간 동안 기록한 판매량은 2만 4,000개에 달한다.[146)]

2020년 4월부터 제품 라인업을 늘려 상품성이 높은 '비욘드 비프'와 '비욘드 소시지'를 출시했다. 비욘드 비프는 잘게 간 식물성 쇠고기로 버거 패티 대비 사용도가 높다. 특히 비욘드 소시지의 경우 국내 소시지 소비가 증가하고 있으며 건강과 환경에 관심이 많은 밀레니얼 세대에게 크게 어필할 수 있을 것으로 기대된다.

[그림 124] 비욘드비프와 비욘드소시지

145) 대체육 코로나19로 소비자 접점 확대는 성장 기회, 교보증권, 2020.05.13
146) [변화를 주목하라] 부상하는 글로벌 '대체육' 시장…한국은?, 이코노믹리뷰, 2019.06.27

2021년 동원 F&B는 프리미엄 디저트 카페 '투썸플레이스'와 손잡고 식물성 대체육 샌드위치 '비욘드미트 파니니' 2종(비욘드미트 더블 머쉬룸 파니니, 비욘드미트 커리 파니니)을 선보인다고 발표했다. '비욘드미트 파니니' 2종은 동원F&B가 2019년부터 미국에서 수입해 국내에 독점 판매하는 식물성 대체육 브랜드 '비욘드미트(Beyond Meat)'의 '비욘드비프' 제품을 넣은 샌드위치다.[147]

[그림 125] 비욘드미트 파니니

최근 동원 F&B는 식물성 대체식품 '마이플랜트'를 개설하고 비건(채식) 참치와 만두 7개 제품을 선보였다. 이번에 출시한 식물성 참치와 만두 제품 모두 100% 식물성 원료로 만들어 콜레스테롤 함량이 0%다. 식물성 참치인 '동원참치 마이플랜트 오리지널'의 경우 참치 특유의 결은 살리면서 식이섬유 함량은 높이고 칼로리는 기존 살코기 참치 제품 대비 최대 31%로 낮췄다고 동원F&B는 설명했다.

	2018년 12월	2019년 12월	2020년 12월	2021년 12월	2022년 12월
매출액 (십억원)	2,803	3,030	3,170	3,490	4,023
영업이익 (십억원)	87	101	116	130	128
OP 마진(%)	3.1	3.3	3.7	3.2	3.3
순이익 (십억원)	57	66	78	69	91
EPS (억원)	14,699	17,015	20,194	18,009	23,534
PER(배)	19.56	13.28	8.86	10,80	6,67
PCR(배)	42.45	6.50	4.42	3.4	3.4
PBR(배)	1.75	1.28	0.92	0,94	0,69
EV/EBITDA(배)	11.65	8.58	6.66	0.00	7,36
ROE(%)	9.26	10.00	10.91	8.99	10.80

[표 89] 동원 F&B 재무분석

---

147) 동원F&B·투썸플레이스, 식물성 대체육 샌드위치 2종 선봬, 이투데이, 2021.02.24

나) 롯데푸드[148]

[그림 126] 롯데웰푸드

롯데푸드는 1977년 롯데그룹이 인수한 후, 2013년 4월 1일부로 '주식회사 롯데삼강'에서 '롯데푸드 주식회사'로 상호를 변경했고, 2023년 올해 56년간 유지했던 사명을 '롯데웰푸드(Lotte Wellfood)'로 변경했다. 수익성 좋은(Well) 식품(Food) 영역으로 사업을 확장하겠다는 목표다.

롯데웰푸드(당시 롯데푸드)는 2019년 4월 국내 최초로 자체 개발·생산한 식물성 대체육 브랜드 '제로미트'를 론칭했다. 2019년 제로미트로 매출 50억원을 달성하고 먼저 출시한 너겟과 커틀릿 외 스테이크, 햄, 소시지 등으로 제품군을 확대할 계획이었다.
하지만 기대와 다르게 제로미트는 출시 이후 1년동안 누적 판매량 6만개를 기록하며 목표 매출에 도달하지 못했다. 2020년 제로미트 함박스테이크를 출시한 후 추가적인 신제품 출시도 없었다. 현재 제로미트의 누적 판매량은 약 25만개다.[149]

롯데웰푸드는 2022년 7월 롯데푸드를 합병해 간편식, 육가공, 유가공 등 다양한 사업을 영위할 수 있는 역량을 확보했다. 2022년 1월엔 헬스앤웰니스(health&wellness) 부문을 신설했다. 롯데그룹이 헬스앤웰니스를 '4대 미래 성장동력' 중 1개로 설정·육성함에 따라 롯데웰푸드의 대체식품 사업엔 힘이 실릴 예정이다.

롯데웰푸드가 사업보고서를 통해 새 성장 동력으로 삼은 것은 무엇보다 '건강식'이다. 고부가가치 시장이자, 가파른 성장세를 보이는 건강식 사업으로 수익성을 끌어올린다는 전략이다. 시장에서 제로(Zero·무가당) 트렌드와 케어푸드, 비건푸드, 고단백 식품 등이 인기를 끄는 만큼 이 부분에서 경쟁력을 확보하겠다는 목표다.

롯데웰푸드는 신사업으로 '대체육'을 낙점했다. 지난해 12월엔 비건푸드 브랜드로 '비스트로(Vistro)'란 이름의 상표권을 출원했다. 롯데웰푸드는 2019년 국내 최초로 식물성 대체육 브랜드 '제로미트'를 론칭했으나, 대체육 수요가 제대로 형성되지 않아 목표 매출에 도달하지 못했다. 이제는 상황이 다르다. 2019년 82억원 규모에 불과하던 대체육 시장은 코로나19를 기점으로 가치소비 인식이 확산하며 2022년 212억원으로 확대됐다. '비스트로'와 '제로미트'의 지정상품은 거의 동일하다. 신규 브랜드 출시로 시장에서 재도약을 노린다는 전략이다.

---

148) 사명 바꾼 롯데푸드, 뉴스웨이, 2023.04.07
149) 롯데웰푸드, 새 브랜드 '비건푸드' 재도약 발판될까, the bell, 2023.04.05

우선 식물성 대체식품 제품군을 햄, 소시지, B2B 전용 패티 등으로 다양하게 확장할 계획이다. 롯데웰푸드의 제품은 대부분 그룹 식품사 R&D를 담당하는 롯데중앙연구소와 협업을 통해 만들어진다. 올해 초 조직 개편을 통해 롯데중앙연구소에 헬스앤웰니스 부문이 신설되면서 신제품 개발에도 속도가 붙을 전망이다.

이를 위한 그룹 차원의 지원도 예정되어 있다. 지난해 롯데그룹은 식품 사업군에 총 2조1000억원을 투자해 신제품 개발과 관련 사업을 위한 생산 설비확보 등을 추진하겠다고 밝혔다. 롯데웰푸드에 투입될 금액은 공개되지 않았지만 미래 식품 개발과 글로벌 시장 확대 등에 사용될 전망이다.[150]

롯데웰푸드는 해외 진출도 본격화한다. 올해 인사에선 '해외통'으로 알려진 이창엽 LG생활건강 부사장을 영입, 롯데제과(사명 변경 전) 대표로 앉혔다. '롯데맨'이 아닌 외부 인사가 대표가 된 것은 사상 처음 있는 일이다. 그만큼 변화가 절실했던 것으로 풀이된다. 롯데웰푸드는 지난해 4분기 기준 해외 매출 비중이 22.1%로 오리온(70%)이나 CJ제일제당(49.6%) 등 경쟁사에 비해 한참 낮았다.

해외 사업 비중을 50%까지 확대한다는 방침이다. 지난 1월엔 인도 자회사 '하브모어'에 700억 투자를 집행하는 등 '글로벌' 종합식품기업으로 도약을 준비하고 있다. 인도에 생산공장을 완공하면 롯데웰푸드의 빙과류를 인도 전역에 공급할 수 있다.

[151]	2018년 12월	2019년 12월	2020년 12월	2021년 12월	2022년 12월
매출액 (십억원)	1,811	1,788	1,719	16,078	16,619
영업이익 (십억원)	68	49	44	38	–
OP 마진(%)	3.8	4.6	5.4	5.1	3.5
순이익 (십억원)	43	38	70	-10	36
EPS (억원)	37,584	33,238	62,047	-894	31,810
PER(배)	18.86	12.43	5.34	N/A	9.78
PBR(배)	0.95	0.53	0.42	0.45	0.35
EV/EBITDA(배)	8.39	6.53	5.12	6.18	3.43
ROE(%)	6.31	5.41	4.53	-0.14	4.53

[표 90] 롯데푸드 재무분석

---

150) 롯데웰푸드, 새 브랜드 '비건푸드' 재도약 발판될까, the bell, 2023.04.05
151) 네이버 증권

다) 셀미트

[그림 127] 셀미트

셀미트는 줄기세포를 이용하여 배양육 (Cultured meat 또는 Lab-grown meat)을 생산하기 위한 기술을 개발하는 회사로 전남대학교 이경본 교수 연구실에 R&D 센터를 두고 있다. 2019년 3월 창업한 셀미트는 초기투자를 유치한 이후 국내에서 배양육 기술개발에 노력하고 있고, 2019년 12월에 팁스(TIPS)[152]에도 선정된 바 있다.[153]

2020년 셀미트는 미국계 벤처캐피털 등으로부터 4억여원의 투자를 유치했다. 셀미트는 미국계 벤처캐피털 스트롱벤처스와 국내 스타트업 액셀러레이터인 프라이머, 프라이머 사제 파트너스 등 3곳으로부터 투자를 받아 살아있는 소나 돼지의 줄기세포를 이용해 배양육 생산기술 개발에 착수했다.[154]

2021년 들어 셀미트는 50억원 규모의 프리 시리즈 A 투자를 유치했다. 나우아이비캐피탈이 리드한 이번 투자에는 BNK 벤처투자, 디티앤인베스트먼트, 유경PSG 자산운용, 전남대학교 기술지주, 연세대학교 기술지주, 그리고 미국의 놀우드 인베스트먼트 어드바이저가 참여하였고, 기존투자사인 스트롱벤처스, 프라이머사제, 프라이머도 다시 동참했다.

또한 올 2023년, 세포배양 독도새우를 선보였던 배양육 스타트업 셀미트는 174억원의 투자금을 확보하고 시리즈 A를 마감했다.

셀미트 관계자는 "배양육 산업에서 핵심이라 불리는 비동물성 무혈청 세포배양액을 자체 개발했고 상품의 경제성을 갖추기 위해 필수적인 대량세포배양 기술을 갖췄다"고 했다. 이를 기반으로 셀미트는 배양세포 식품을 대량 생산, 상품으로 출시할 수 있도록 준비하고 있다. 대량 생산을 위한 경기 구리 소재 셀미트의 지식산업센터는 현재 구축 중으로, 6월 중 문을 열 예정이다.[155]

---

152) 중소벤처기업부에서 지원하는 민간투자주도형 기술창업지원 프로그램
153) 줄기세포 배양육 '셀미트', 프라이머 등에서 투자유치.. "비켜!! 식물성 대체육", wowtale, 2020.01.10
154) 셀미트, 4억여원 투자 유치... 배양육 생산기술 개발 착수, 전자신문, 2020.01.10
155) 독도새우 배양육 만든 셀미트, 투자금 총 174억원 확보, 헤럴드경제, 2023.05.24

셀미트는 2021년 말 독도새우 시제품을 선보인 이후 최근 전통적인 캐비아의 대안인 세포 기반 캐비아의 시제품을 개발하는데 성공했다.

[그림 128] 셀미트의 캐비어 프로토타입

관련업계에 따르면 셀미트의 재배 프로토타입은 고급 식품의 가장 인기있는 품종 중 하나인 오세트라(Osetra) 캐비어를 기반으로 한다. 완제품은 다양한 모양과 크기로 제공돼 기존 캐비어보다 '비린내가 덜 나는' 풍미와 더 나은 질감을 제공한다.

셀미트는 세포 기반 캐비아가 맛이나 질감을 손상시키지 않으면서 전통적인 캐비아에 대한 보다 윤리적이고 지속 가능한 대안을 제공한다고 강조했다. 오염과 남획으로 위협받는 해양 환경에도 유익하다.

셀미트 관계자는 "우리의 기술이 세포 기반 캐비어의 대량 생산을 가능하게 해 전통적인 캐비어 생산이 환경에 미치는 영향을 줄이는 데 도움이 될 수 있다"고 말했다. [156]

셀미트는 배양육 생산을 위해서 필수적인 세포배양기술, 경제적인 세포배양액 개발을 위한 원천기술을 갖고 있고, 공학적 기술을 이용해서 부위별 고기 고유의 물리적 질감을 구현할 수 있는 기술을 완성도 있게 개발하고 있다.[157]

---

156) 셀미트, 독도새우 이어 '캐비아' 배양육도 개발 성공, 뉴스웨이브
157) 배양육 생산기술 개발 회사 '셀미트', 50억원 규모 프리 A 투자 유치, platum, 2021.01.25

라) 다나그린

[그림 129] 다나그린

 2017년 설립 이후 글로벌 배양육 스타트업으로 성장 중인 다나그린은 모든 생명들의 건강한 미래를 위해 의생명공학 연구를 통한 다양한 기술을 개발하고 있다. 다나그린의 생체 내와 비슷한 환경에서 세포를 배양할 수 있도록 하는 3차원 입체배양 원천기술로 고효율 저비용의 3차원 세포 조직배양을 할 수 있다. 다나그린은 현재 동물실험을 대체할 수 있는 다기능 인간화 3차원 세포조직모듈과 근육 및 지방조직 배양을 통한 배양육 개발에 주력하고 있다.

 다나그린의 원천기술을 제품화한 3차원 세포배양 키트 '프로티넷(Protinet)'은 상호 침투가 가능한 다공성 및 생분해성으로 세포 영양액을 완벽히 통과시켜 세포 부착, 성장 및 증식을 위한 완벽한 환경을 제공하는 스펀지 형태의 다공성 네트워크 지지체(Scaffold)다. 다나그린에 의하면 자체 개발한 프로티넷은 약간의 점성, 탄성력, 신축성을 가지고 있으며, 용도에 따라 크기와 두께를 다양하게 제작할 수 있다.

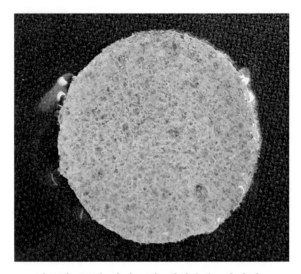

[그림 130] 다나그린 배양육용 지지체

 또한, 프로티넷 안에서 세포는 스스로 조직(tissue)을 형성하며 효율적인 성장과 세포 간 상호 작용이 이뤄진다. 연구자들이 기존 배양액으로 세포의 3차원 배양이 용이하고 암세포 및 줄기세포 연구, 기본 생명과학 연구, 신약 개발, 배양육 등 많은 분야에 적용할 수 있는 제품이다. 특히 기존 3차원 세포배양 기술 대비 세포 무게에 의한 압력을 받지 않아 세포에 가해지는 물리적 손상이 적다. 이러한 요인으로 세포 형태의 변형 및 괴사를 막을 수 있는 것이다.

　또 기존의 배양법보다 세포의 주입이 용이하고 세포배양액 공급이 원활하다. In vivo의 ECM 환경과 가장 유사한 성분과 환경으로 구성되어 있어 저비용-대량생산-대량배양이 가능한 것이 특징이다.

　최근 다나그린은 16억 원 규모의 프리 시리즈 A 투자 유치에 성공해 총 누적 투자금 20억 원을 달성했다. 현재 총 5건의 세포배양 관련 특허를 보유하고 있으며, PCT 2건을 포함해 3건의 특허가 출원 중이다. 뿐만 아니라 다나그린은 2018년 TIPS 프로그램에 선정된 데 이어 싱가포르 엑스파라로부터 해외투자를 유치했다. 2019년 바이오헬스케어 창업경진대회(한국바이오협회) 최우수상을 수상했으며 최근 알키미스트 프로젝트(산업통상자원부) 배양육 분야에 협성대학교와 함께 선정되기도 했다.

　다나그린은 2020년 3월 내부 배양육 시식회를 유튜브에 공개한 바 있으며, 오는 2023년 배양육 상용화를 목표로 하고 있다.[158)159)]

---

158) [인터뷰] 다나그린 "푸드테크 '배양육' 분야의 마켓리더 될 것", 바이오타임즈, 2020.08.25
159) [푸드테크]다나그린, 배양육으로 글로벌 푸드테크 '게임 체인저' 될까.., 식품외식경영, 2020.05.15

마) 지구인컴퍼니

지구인컴퍼니
ZIKOOIN COMPANY

[그림 131] 지구인 컴퍼니

2017년 설립된 지구인컴퍼니는 1년 6개월에 걸쳐 현미, 귀리, 견과류로 만든 식물성 고기 '언리미트'를 선보였다. 지구인컴퍼니의 언리미트는 식감이나 질감, 육즙, 맛과 향이 '진짜 고기'와 흡사하다. 철두철미한 '비건'(vegan·채식주의자)보다는 고기를 좋아하는 이들이나 유동적으로 채식을 하는 '플렉시테리언'(flexitarian·flexible과 vegetarian의 합성어)이 이 회사의 타깃이다. 실제로 언리미트 구매자의 60% 이상이 육식주의자라고 한다. 고기를 좋아하는 이들이 식도락을 포기하지 않고도 채식을 할 수 있도록 만드는 게 지구인 컴퍼니의 목표다.[160]

지구인컴퍼니는 자체 보유하고 있는 특허 기술인 '단백질 성형 압출술'을 사용해 고기의 식감과 질감을 구현하고 폐기처리물도 0%로 시스템화 했다. 이 제품은 현재 한국비건인증원의 비건 제품 인증을 획득한 상태다.[161]

[그림 132] 언리미트

160) [라이징 스타트업]'육식주의자'의 식탁을 바꾸는 지구인컴퍼니, 블로터, 2021.04.03
161) 식물성 대체육 '주목'...지구인컴퍼니, '언리미트' 론칭 "글로벌 진출 목표", 위키리스크한국, 2019.10.17

현재 지구인컴퍼니의 언리미트는 미국 뉴욕 슈퍼프레시 마트에 입점이 되어있다. LA에는 60개 마트에서 언리미트 만두가 판매중이며, 샌프란시스코에서는 플로마라는 이커머스에서 판매되고 있다. 2021년 7월에는 언리미트 패티가 국내에 정식 출시될 예정이며, 글로벌 프랜차이즈에서도 런칭할 예정이다.

지구인컴퍼니는 이에 그치지 않고 소고기의 각 부위의 맛을 재현하는 다양한 R&D를 시도하고 있으며, 향후 슬라이스 햄, 햄버거 패티에 이서 차돌박이 개발을 목표로 하고 있다.[162]

2021년 지구인컴퍼니는 100억원 규모의 시리즈B 투자를 유치했다. IMM인베스트먼트가 리드한 이번 라운드에는 농협캐피탈, 디티앤인베스트먼트, 패스파인더스에이치가 합류했고, 기존 투자자인 프라이머사제파트너스, 옐로우독, 에이벤처스도 참여했다.

[그림 133] 지구인 컴퍼니의 식물성 페퍼로니, 프랑크소시지, 떡갈비

최근, 지구인컴퍼니는 그간 개발해온 신제품들을 출시했다. 식물성 페퍼로니, 프랑크소시지, 떡갈비, 크림치즈, 식물성계란(난백, 난황) 등 식물성 고기부터 HMR, 유제품까지 소비자의 선택의 폭을 넓힐 수 있게 되었다.
BBQ나 브런치 메뉴 등에 다양하게 활용할 수 있는 식물성 프랑크소시지는 100g당 20g의 단백질이 함유되어 있으며, 최근에 한국식 콘도그로 유명한 미국 프랜차이즈 투핸즈(Twon Hads)의 비건 핫도그를 출시해 미국에서도 주목 받고 있다고 밝혔다.
식물성 한입 떡갈비는 전자레인지에 2~3분 돌리거나 프라이팬에 구워서 바로 취식 할 수 있는 식물성 간편식으로 좀 더 간편하게 식물성 푸드를 즐기고 싶은 소비자를 위해 출시했다고

---

162) [FFTK2020 인터뷰] 민금채 지구인컴퍼니 대표 "비건 시장 지속 확대…'언리미트'로 지구를 건강하게", 메트로신문, 2020.06.29

밝혔다. 대두단백질을 베이스로 개발했으며 양파, 마늘, 대파 등의 채소로 맛을 더하고 단짠단짠한 소스로 감칠맛을 더했다.

그 외 크림치즈, 식물성 계란(난백, 난황) 등의 개발을 마치고 출시를 준비하고 있다. 언리미트의 식물성 달걀은 녹두에서 추출 단백질을 주 원료로 하는 100% 식물성 제품이다. 난백&난황을 기본으로 달걀 요리 특유의 폭신한 질감을 살린 스크램블 에그, 한식 메뉴에 활용하기 좋은 달걀찜과 지단, 샌드위치 속재료로 활용 가능한 에그 샐러드 등 여러 종류의 달걀 대체품을 갖추어 다양한 HMR 제품 출시 및 외식 브랜드와의 협업 가능성을 높였다.[163]

또한 지구인컴퍼니는 세계 최초로 영국 정부의 글로벌 스타트업 유치 프로그램(GEP)에 선정됐다. GEP는 영국 국제통상부가 해외 혁신 스타트업의 현지 및 글로벌 진출을 지원하는 프로그램이다. 선정된 스타트업은 특별 비자 패스, 전문가 멘토링, 투자자와의 교류 기회 제공, 법률 자문 등 현지 정착을 위한 다양한 지원을 받는다.

GEP는 현재까지 1000곳 이상의 전 세계 스타트업을 발굴해 영국 진출을 도왔다. GEP에 선정되기 위해서는 △독자적인 기술 기반의 혁신적인 제품 또는 서비스 △영국에 본사를 둔 비즈니스 확장 계획 △시장에 이미 출시됐거나 출시 준비가 된 제품 △글로벌 시장 진출에 관한 명확한 사업적 비전 등 4가지 조건을 갖춰야 한다.

지구인컴퍼니는 독보적인 혁신성과 기술력을 높이 인정받았다. 한국을 비롯한 아시아, 미국 시장에 진출해 UNLIMEAT 브랜드로 아시아의 식물성 고기 시장 점유율을 확대하고 있다. 구예림 GEP 딜메이커는 "한국에서 선도적으로 대체육 기술력을 확보하고 영국을 거점으로 유럽 시장 확대에 있어 차별화된 경쟁력이 있다고 판단했다"고 밝혔다.

지구인컴퍼니는 GEP 선정과 함께 영국 법인 설립 준비를 진행할 예정이다. 또한 영국 정부의 지원을 받아 사업 영역을 넓혀갈 계획이다.
[164]

---

163) 언리미트, 식물성 페퍼로니·프랑크소시지·떡갈비 등 신제품 출시, 한국경제TV, 2023.06.08
164) 지구인컴퍼니, 대체육 분야 최초 英 GEP 선정, 이데일리, 2023.05.23

사. 대체식품 정책 동향[165]
1) 세계 동향
가) 미국

미국은 정부 주도의 여러 프로그램을 통해 농식품의 주요 혁신을 위한 기초 및 응용 연구를 진행하고 있으며, 2019년 배양육에 대한 제도 마련을 합의했다. 미국에서는 국립과학재단 (National Science Foundation, NSF), 농무부(U.S. Department of Agriculture, USDA)에서 지원하는 다양한 프로그램을 통해 대체육 관련 연구를 수행할 수 있다. 가장 큰 규모의 지원은 GCR 프로그램(Growing Convergence Research)을 통해 이루어지고 있으며, Laying the Scientific and Engineering Foundation for Sustainable Cultivated Meat Production 과제에 2020년부터 5년간 총 350만달러를 지원한다. 이외에도 전 분야를 대상으로 하는 그랜트 형태의 23개의 프로그램을 통해 지원이 가능하다.

기관	프로그램명	연구분야	금액
NSF	Gen-4 Engineering Research Centers	배양육, 식물성 고기	6백만 달러
	Sustainable Regional Systems Research Networks	배양육, 식물성 고기	3백만 달러
	Sustained Availability of Biological Infrastructure	배양육, 식물성 고기	1.5백만 달러
	Coastlines and People Hubs for Research and Broadening Participation	배양육, 식물성 고기	1백만 달러
	Plant Genome Research Program	식물성 고기	1백만 달러

[표 91] 미국 대체육 지원 가능 정부 R&D 투자 프로그램

미국 농무부(USDA)와 식품의약국(FDA)는 2019년 배양육에 대한 공동 규제 및 감독에 관련한 제도 마련을 합의했다. FDA는 세포의 채취과정, 세포주 및 배양액 성분 등의 안전성 검토, 세포주 은행 및 배양 시설 요건, 생산 기술을 감시하는 방법 마련을 논의하고 있다. USDA는 세포 채취과정 이후 식품으로 생산 및 유통 과정을 담당하기로 하였으며, 연방 육류검사법(FMIA), 가금제품검사법(PPIA)에 따라 배양육을 감독할 예정이다.

또한 2022년 11월, 미국 식품의약국(Food and Drug Administration, 이하 FDA)는 세계에서 두 번째로 배양육 제품을 허가한다. 시장에 내놓아도 된다는 '완전한 허가'가 아니라, 식품 안전 규제 기관의 입장에서 식품으로 섭취하여도 위험하지 않다는 의견을 낸 것이다. 앞으로 시장에 판매되기 위해서는 미국 농무부(United Stated Department of Agriculture, 이하 USDA)의 허가가 남았다. 참고로 미국에서 배양육을 판매하기 위해서는 다른 나라와 달리 FDA와 USDA 양측의 허가가 필요하다. [166]

---

165) 대체육(代替肉), 기술동향브리프, 2021

나) EU

EU는 2018년에 'Supranational Protein Strategy'를 발표하였으며, 2020년 'Farm to Fork Strategy'를 통해 식물성 단백질 및 육류 대체물을 포함한 대체 단백질의 가용성과 공급원을 확대하는데 초점을 두고 있다.

EU는 Horizon2020(2014~2020) 자금 지원 프로그램을 통해 사용 가능한 자금을 두 배로 늘려 식물성 단백질의 경쟁력 있고 지속 가능한 생산을 유도하고 있다. 특히 Protein2Food 프로젝트를 통해 개인 맞춤영양, 대체단백질, 건강을 위한 가공기술, 식물 영양 증진 등 4개 과제를 지원하고 있다. 또한 Horizon Europe(2021~2027) R&I 지원 프로그램에 사용할 수 있는 농식품 예산을 두 배(38.5억 유로에서 100억 유로로 증가)로 늘리고 EIP-AGRI 프로그램을 통해 경쟁력을 확보했다.

EU는 2020년 "Farm to Fork Strategy'를 통해 지속 가능한 식량 시스템을 위한 방안을 제시하면서, 식물성 단백질 및 육류 대체물을 포함한 대체 단백질의 가용성과 공급원을 확대하는데 초점을 두고 있다. 본 전략을 통해 EU는 식물, 조류, 곤충 등의 대체 단백질 분야의 연구개발을 지원하고 있다.

최근 EU 연구 개발 자금을 지원하는 호라이즌 2020(Horizon 2020)은 배양육 연구 프로젝트에 270만 유로를 출자했다. [167]

다) 일본

일본은 최근 발표하고 있는 정책들을 통해 식품, 농·수산업 발전을 위한 신시장창출 및 경쟁력 강화 방안을 발표하였으며, 식량안보와 소비자의 거부감을 고려하여 대체육 산업의 연착륙을 위한 규제와 제도 개선을 추진하고 있다.

일본은 2020년 7월 발표한 '경제 재정 관리 및 개혁 2020 기본 정책'과 '성장 전략 실행 계획'을 통해 대체 단백질 관련 기술을 포함한 식품 기술 개발을 장려하고 있다. 일본은 최근 코로나-19 등 감염병이 식량안보에 영향을 미침에 따라, 푸드테크 등 신기술을 활용하여 새로운 식량 공급 틀을 구축할 수 있는 국내 기술 기반 확보를 검토하고 있다.

또한, '차기 식료·농업·농촌 정책 기본계획'(2020~2024, 2020년 3월 수립)을 통해 식품 분야 신시장창출 및 경쟁력 강화를 위한 기술 분야를 선정하고 연구개발을 추진하고 있다. 특히 일본은 신규 가치 창출을 위해 식물 단백질을 이용하는 대체육 연구개발 등 푸드테크 기술개발을 산·학·관 협력을 통해 추진하고 있다.

---

166) 배양육 연구 동향:FDA의 최근 행보와 시사점, Bioin
167) 우리나라 기업, 대체육 시장 선도할 수 있을까?, 헬스조선, 2023.06.01

농림수산성(MAFF)은 2020년 4월 100여 개 이상의 식품기업으로 구성된 식품 기술 연구 그룹을 구성하여 향후 정책 마련에 도움이 될 수 있도록, 기업의 최신 발전 상황과 기업이 직면하고 있는 구조적 과제 등을 논의하고 있다. 이를 통해 농림수산성은 대체육 제품에 대한 규제의 논의, 식품 안전, 품질 및 국제 수출용 표준 개발, 라벨링 및 제품 인증에 대한 지침 제안과 더불어 정부와 협력하여 규정 및 표준 (예 : 대체 육류에 대한 일본 농업 표준(JAS))을 설정했다.

일본의 규칙제정전략센터(Center for Rule-making Strategy, CRS)[168]는 세포농업협회(Japan Association for Cellular Agriculture)를 통해 산·학·정부 간 규제프레임워크를 논의하고 있다.

또한 일본의 경제산업성 산하 NEDO[169](New Energy and Industrial Technology Development Organization)는 PCA[170](제품 상업화 연합) 프로그램을 통해 2020년 Integriculture에 2억 4천만엔을 지원했다.

라) 싱가포르

싱가포르는 식량안보 및 미래식품 강화를 위해 2030년까지 현지에서 생산된 식품으로 국가 영양 요구의 30%를 충족한다는 목표를 가지고 '30X30 전략'을 발표하였으며, 세계 최초의 배양육 판매를 승인했다. 싱가포르는 현재 대체육의 세가지 축인 식물육, 발효육, 배양육의 시판을 모두 허용한 유일한 국가다.

싱가포르는 대체육 분야에 2016년부터 2020년까지 최대 1억 4,400억 달러의 자금을 할당하였으며, Singapore Food Story(SFS) R&D 프로그램을 통해 2020년 1st Alternative Protein Seed Challenge[171]를 공모했다. 이를 통해 Microbial Protein, Cultured Meat, Plant-Based Alternative to Animal Products, Insect Protein, Side Stream Valorisation을 중점적으로 지원하고 있다.

2020년 11월 싱가포르 규제 당국은 Eat Just의 배양육을 이용한 치킨 너겟의 판매를 허가했다. 이를 위해 식품 독성학, 생물 정보학, 영양학, 역학, 공중보건 정책, 식품과학 및 식품기술 분야의 7명의 전문가 패널을 구성하여 최종 제품뿐 아니라 제품 생산의 모든 단계의 안전성을 평가했다.

---

168) 일본 사회에 구현될 새로운 기술과 중요한 개념에 대한 규칙(법률, 산업 표준, 자율 규제 지칭 등)을 설계하는 싱크탱크
169) 현대 사회 문제 해결을 목표로 고위험, 혁신적인 기술을 개발하여 혁신을 촉진하는 국가 연구 개발 기구
170) 3년 이내에 지속가능한 수익을 달성하는 사업 계획, 탄탄한 재무 계획, 목표를 달성할 수 있는 조직 능력을 갖춘 기업을 지원
171) 기술 수준(TRL)이 1~3인 연구를 대상으로 지식 생성을 촉진하고 초기 단계의 혁신 촉진을 목표로 하며, 유망기술과 상업적 잠재력이 높은 프로젝트는 다른 프로그램에 후속 참여를 하여 지속 개발을 장려

2022년에는 싱가포르 식품청(SFA)이 핀란드 기반의 푸드테크 기업 솔라푸드(Solar Foods)사가 개발한 대체 단백질 솔레인(Solein)의 판매를 허가했다. 한국농수산식품유통공사(aT)에 따르면, 솔레인 제품은 2024년도부터 싱가포르 내 판매가 시작될 것으로 전망되며, 솔라푸드는 현재 미국 및 유럽에서도 판매 허가 신청을 진행 중이다. 상용시에는 아이스크림, 육류 등 기존 식품의 단백질 함량을 높이는 역할로 활용될 것으로 보인다.[172]

마) 네덜란드

최근 네덜란드는 미래 먹거리로 이른바 '대체육'으로 불리는 식물성 단백질을 선택했다. 현지에서는 축산업의 대전환이라고 할 만큼 변화가 두드러진다. 네덜란드에는 '푸드밸리'라는 생태계가 구축돼 있다. 푸드밸리(Food Valley)는 대체식품의 요람으로, '녹색 실리콘 밸리'로도 불린다. 인구 4만5000명 규모의 와헤닝언 시(市)를 중심으로 식물성 단백질과 관련된 기업·연구소만 260곳이 넘는다.[173]

네덜란드는 'AgirFood 2030'을 통해 육류, 생선 및 유제품에 대한 맛있고 건강한 식물 기반 대안 제품 도입을 추진하고 있다. 네덜란드는 국제 식품기업, 연구 기관, Wageningen 대학 및 연구센터를 집적한 Food Valley를 통해 2030년까지 2020년 대비 식물성 단백질 소비 30% 증가를 목표로 제시했다. 또한 네덜란드는 Protein Shift 프로그램을 통해 전 세계의 식물 단백질 스타트업과 기업을 연결하는 단백질 클러스터를[174] 운영하고 있다.

6) 인도

인도는 증가하고 있는 인구와 식량안보를 해결하기 위해 배양육 연구를 국가적으로 지원하고 있으며, 전문적으로 배양육을 연구할 세포 농업 우수센터(Center of Excellence in Cellular Agriculture) 설립 계획을 발표했다. 인도는 2019년 세포분자생물학센터(CCMB)와 육류에 과한 국립연구센터(NRCMeat)에 64만 달러의 보조금을 지급했으며, 그 결과 연구센터는 2년간 양고기의 조직 샘플에서 줄기세포를 배양하는 최적의 방법을 연구·개발했다. 또한 인도는 세포 농업 우수센터 건설에 50억 달러 상당의 자금을 투자할 예정이며, 배양육 식품 규제 및 라벨링을 위한 식품 안전 및 표준에 대한 당국의 논의를 시작했다.

7) 중국

중국은 지구 온난화 등 환경 문제를 해결하기위해 2030년까지 육류 소비량을 50%로 줄이는

---

172) 싱가포르, 공기로 만든 대체 단백질 판매 허가, 헤럴드, 2022.11.20
173) 네덜란드는 어떻게 대체육 산업의 선봉장이 됐나, chosun Media
174) Food Valley Business Network로 플랫폼 역할을 수행

것을 목표로 하는 '규정식 권고안(2016)'을 발표하였고, 부족한 단백질 섭취량 증대를 위해 식물성 고기 중심의 대체육 개발을 지원하고 있다. 중국은 중국과학원을 통해 식물성 고기 중심의 대체육 개발 및 보급 확산을 지원하고 있다.

2) 국내 동향
가) 식용곤충

우리나라는 식용곤충과 관련해서 과거부터 곤충산업 활성화의 일환으로 농림축산식품부에서 중점적으로 정책을 추진하고 있다. 농림축산식품부는 2010년 「곤충산업의 육성 및 지원에 관한 법률」을 제정하고, 2011년 「제1차 곤충산업육성 5개년 종합계획('11~'15)」을 발표했다. 제1차 곤충산업육성 5개년 종합계획'에서는 곤충자원을 한시적 식품원료 및 단미사료로 공정서[175]에 추가하여 산업적 활용범위를 확장했다. 이후 2016년까지 세계 최초 과학적 근거에 의한 곤충 식품원료 등록, 곤충자원의 식의약 소재화 연구, 곤충자원의 대량사육 기술 및 산업화기술 등의 성과를 이뤘다.

이어 「제2차 곤충산업육성 5개년 계획('16~'22)」을 발표하고, 2017년에는 핵심기술 투자 전략으로 곤충 산업 창출 지원을 위한 제품 다양화 및 산업기반 구축을 지원했으며, 이를 통해 소비.유통체계 고도화, 新시장 개척, 생산 기반 조성, 산업인프라 확충을 추진했다.

또한 농림축산식품부에서 2022년 곤충산업 육성을 위한 공충산업화지원사업, 곤충유통사업지원사업 대상자를 최종 선정했다. 곤충산업화지원산업은 산업의 규모화를 위한 곤충 생산 및 가공시설을 구축하는 사업으로 총 5개소를 대상으로 2년간 총사업비 50억원을 투입한다.
곤충유통사업지원사업은 지역 곤충농가단체 조직화 및 균일화, 곤충제품 유통 및 홍보를 위한 사업으로 총 2개소에 총사업비 4억 8,000만원을 투입한다. 앞으로 곤충 유래 원료 및 제품개발, 교육 등 유통 활성화를 위해 각 지자체를 대상으로 1개소를 추가로 선정할 계획이다.[176]

나) 대체육

우리나라는 대체육을 주요 유망 산업 중 하나로 선정하고 대체육 산업 활성화를 위한 정책을 잇달아 발표하고 있다. '제3차 농림식품과학기술 육성 종합계획(2020~2024)(안)'에서 농업 혁신성장·삶의 질 연구개발 강화를 위해 수요 트렌드에 맞는 고품질 농식품 개발·유통을 포함한 5대 중점 연구 분야를 선정했는데, 건강증진 식품 신소재, 메디푸드, 고령친화식품, 3D 식품 프린팅, 식물성 대체단백질 및 마이크로바이옴 기반 포스트 바이오틱스 등 차세대 식품을 선정했으며 중점 연구개발 분야 중 배양육, 식물성 고기, 식용곤충의 핵심기술을 선정하여 기술개발을 지원한다.

또한, 제3차 혁신성장전략회의 안건인 '그린바이오 융합형 신산업 육성방안(관계부처 합동, 2020)'에서 5대 그린바이오 산업 지원 핵심기술 및 유망제품 중 하나로 대체식품을 선정했다. 이에, 대체식품 제조를 위한 최적원료 발굴 및 함량 증진, 육류 모사 가공 기술, 세포 배양 기술 등 R&D 중점의 투자가 진행될 예정이며 대체식품 안전관리 기준 및 식품첨가물 사용 기준을 마련할 예정이다.

---

175) 밀웜, 슈퍼밀웜, 귀뚜라미, 메뚜기, 동애등에 유충, 번데기, 장구벌레, 파리유충
176) 2022년 곤충산업 육성 지원사업 대상자 최종 선정, 한국농수산식품유통공사

04

메디푸드

4. 메디푸드

가. 메디푸드 개요

1) 메디푸드의 정의[177)178)]

메디푸드는 한국에서는 특수의료용도등식품으로, 미국에서는 medical foods로, 유럽에서는 FSMPs[179)], 특정의료용도식품으로, 일본에서는 특수용도식품으로 정의되어 사용되고 있다. 이처럼 메디푸드는 세계 여러 나라에서 서로 다른 용어로 정의되고 있지만, 공통적으로 장관의 기능은 정상이나 경구로 충분한 식사를 공급하기 어려운 환자의 영양상태를 증진시키기위한 제품을 뜻한다.

환자용 영양식품은 의료인의 감독하에서만 사용하여야 하고, 일반 식품 또는 특정 영양소를 함유한 식품의 섭취, 소화, 흡수, 대사 능력이 제한되거나 일반적인 식이의 변형 또는 다른 특수용도식품 또는 이들의 조합으로는 식이관리가 불가능한 사람의 식사를 단독 또는 부분적으로 대신하는 식품으로 정의된다.

한국에서의 메디푸드 정의에 대해 조금 더 살펴보자면, 메디푸드는 한국에서 특수의료용도등식품으로 정의되어있으며, 식품공전 기준 특수의료용도등식품은 특수용도식품의 하위 품목에 포함되어 있다. 우선 특수용도식품의 정의를 살펴보면, 영·유아, 병약자, 노약자, 비만자 또는 임산·수유부 등 특별한 영양관리가 필요한 특정 대상을 위하여 식품과 영양성분을 배합하는 등의 방법으로 제조·가공한 것으로, 조제유류, 영아용 조제식, 성장기용 조제식, 영·유아용 곡류조제식, 기타 영·유아식, 특수의료용도등식품, 체중조절용 조제식품, 임산·수유부용 식품을 말한다.

---

177) 2020 해외 우수 식품특허 트렌드북I, 농업기술실용화재단, 2020
178) 2018 가공식품 세분시장 현황, 특수의료용도등식품 시장, 농림축산식품부, 2018
179) Food for special medical purposes, 특정의료용도식품

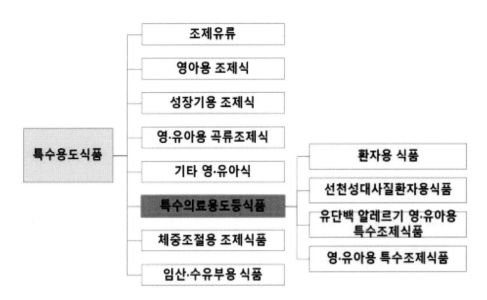

[그림 135] 식품공전 기준 특수의료용도등식품 구분

특수의료용도등식품의 식품유형은 식품공전이 개정되면서 2018년 1월 1일부터 새로운 유형분류로 적용되었다. 개정 이전에는 9개의 유형으로 분류하였으나, 개정 과정을 통해 환자용균형영양식, 당뇨환자용식품, 신장질환자용식품, 장질환자용 가수분해식품, 연하곤란환자용 점도증진식품, 열량 및 영양공급용 의료용도식품을 '환자용식품'으로 통합하고, 선천성대사질환자용 식품, 유단백 알레르기 영·유아용 특수조제식품, 영·유아용 특수조제식품은 그대로 유지되었다. 6개의 식품유형을 1개의 환자용식품으로 통합한 이유는 주요 질환 이외에 다양한 질환별 환자용식품이 제조되어 판매될 수 있도록 하기 위함이다.

구분	개정 전 (2017년 12월 31일까지)	개정 후 (2018년 1월 1일부터 적용)
대분류	19. 특수용도식품	10. 특수용도식품
중분류	19-5. 특수의료용도등식품	10-6. 특수의료용도등식품
식품유형	(1) 환자용균형영양식 (2) 당뇨환자용 식품 (3) 신장질환자용 식품 (4) 장질환자용가수분해식품 (5) 연하곤란자용 점도증진식품 (6) 열량 및 영양공급용 의료용도식품 (7) 선천성대사질환자용 식품 (8) 유단백 알레르기 영·유아용 특수조제식품 (9) 영·유아용 특수조제식품	(1) 환자용식품 <삭제> <삭제> <삭제> <삭제> <삭제> (2) 선천성대사질환자용 식품 (3) 유단백 알레르기 영·유아용 특수조제식품 (4) 영·유아용 특수조제식품

[표 92] 특수용도식품 주요 개정 내용

① 환자용 식품

 환자용 식품은 환자에게 필요한 영양성분을 균형 있게 제공할 수 있도록 영양성분을 조정하여 제조·가공한 것으로 환자의 식사 일부 또는 전부를 대신할 수 있는 제품을 말하며, 선천성 대사질환자용 식품, 유단백 알레르기 영·유아용 조제식품, 영·유아용 특수조제식품에 속하는 것은 제외된다.

② 선천성대사질환자용 식품

 선천성대사질환자용 식품은 질환자를 위하여 체내에서 대사되지 않는 성분을 제거 또는 제한하거나 다른 필요한 성분을 첨가하여 제조·가공한 제품을 말하며, 여기서 선천성대사질환이라 함은 유전자의 이상으로 태어날 때부터 생화학적 대사결함이 있어 물질대사효소의 불능 또는 물질의 이송결함 등으로 유해물질이 축적되거나 필요한 물질이 결핍되는 질환을 말한다.

 그 예로는 페닐케톤뇨증, 갑상선기능저하증, 갈락토오스혈증, 호모시스틴뇨증, 단풍당뇨증, 선천성 부신 과형성증 등의 아미노산, 유기산, 탄수화물, 지방 및 지방산, 무기질 등 대사이상 질환 등이 있다

③ 유단백 알레르기 영·유아용 조제식품

 유단백 알레르기 영·유아용 조제식품은 우유단백질에 과민하거나 알레르기 질환 가족력이 있는 고위험군 영·유아를 대상으로 모유 또는 조제 유류를 대신하기 위해 제조·가공된 것으로, 유단백가수분해물 또는 아미노산만을 단백질 원료로 사용하여 무기질, 비타민 등 영양성분을 첨가하여 만든 조제식을 말한다. 다만, 조제유류, 영아용 조제식, 성장기용 조제식, 영·유아용 곡류조제식, 기타 영·유아식 및 선천성대사질환자용식품으로 분류되는 것은 제외된다.

④ 영·유아용 특수조제식품

 영·유아용 특수조제식품은 정상적인 영·유아용(0~36개월)과 생리적 영양요구량이 상당히 다른 미숙아 또는 조산아 등을 위하여 영양공급을 목적으로 조제된 것을 말한다. 다만, 조제유류, 영아용 조제식, 성장기용 조제식, 영·유아용 곡류조제식, 기타 영·유아식, 선천성대사질환자용식품 및 유단백 알레르기 영·유아용 조제식품으로 분류되는 것은 제외된다.

 영·유아용 특수조제식품은 일동후디스, 남양유업 등과 같은 조제분유를 만드는 회사에서 주로 생산하고 있어, 일반적으로 환자용 식품으로 보는 특수의료용도등식품과는 다소 차이가 있다.

2) 환자용 식품 특징[180]

 환자용 식품의 종류는 크게 경구섭취용(입으로 먹는 종류)과 경관급식용(관을 통해 주입하는 종류) 두 가지로 나누어 볼 수 있다. 경구섭취용은 식사 섭취는 가능하지만 식사를 대신하거나 식사량이 부족할 때 충분한 영양섭취를 위해 활용 할 수 있는 식품으로, 일반적으로 액체, 분말, 젤리 형태 등으로 제품이 출시되고 있다.

 경관급식용은 환자의 의식이 없거나 씹고 삼키는 능력이 떨어져 입으로 음식물 섭취가 불가능하거나 또는 많이 부족한 경우, 소화기관(위장관)에 연결된 급식관(튜브)을 통해 영양을 공급해야 할 때 사용할 수 있는 식품으로 액체 및 분말형태의 제품으로 많이 출시되고 있다.

구분	경구섭취용	경관급식용
특징	• 필수적인 영양소의 일부 또는 전부 함유 • 액상, 분말, 젤리 등 형태가 다양하여 기호에 따라 선택 가능	• 필수적인 영양소의 대부분 함유 • 위장관에 연결된 급식관을 이용하여 제공 • 질환(당뇨, 신장질환 등), 영양소의 조성(농축, 섬유소 조절 등) 및 형태(캔, 분말, 팩 등)에 따라 제품 구분
준비순서	1) 적합한 제품 고르기 2) 얼마나 먹을지 결정하기 • 식사대용 : 개인의 한끼 열량요구량만큼 환자용식품으로 섭취, 성인의 경우 한끼에 2~4캔(1일 6~12캔) 정도 • 식사보충용 : 부족한 식사량만큼 환자용식품으로 섭취, 식사를 1/3정도 남긴 경우 1캔 정도 • 영양보충용 : 특정 영양소(예를 들어, 단백질)를 추가 섭취하고자 하는 경우, 필요한 영양소 함량을 계산하여 섭취량 결정, 예를 들어 단백질 보충식품 1포 섭취 시 단백질 8g 섭취 가능	1) 경관급식에 필요한 준비물 확인(일회용 위생장갑, 계량기구, 경관급식 환자용식품, 주입용기, 급식관, 세척할 물 등) 2) 손 소독제로 손을 깨끗하게 건조 3) 건조시킨 손에 위생장갑을 착용 4) 제품 개봉 전 충분히 흔들어 내용물 혼합 5) 경관급식 환자용식품 종류에 따라 주입용기에 준비 • 캔 또는 분말의 경우 : 내용물과 함께 주입용기를 사용하여 주입 • 포장된 팩(RTH[181]) : 용기없이 바로 주입 가능 6) 주입용기 또는 RTH 제품을 행거에 검 7) 클램프 롤러를 조절하여 주입속도 맞춤 8) 경관급식 환자용 식품의 주입 시작하고 주입 전, 후에는 정수기물 또는 실온의 생수 30~50mL를 이용하여 관 세척

[표 93] 경구섭취용, 경관급식용 비교

180) 2018 가공식품 세분시장 현황, 특수의료용도등식품 시장, 농립축산식품부, 2018

	경구섭취용	경관급식용
섭취 전 준비사항	• 제품의 상태(찌그러진 곳, 유통기한 등)를 반드시 확인 • 섭취 전 손을 반드시 씻고, 기구는 청결한 상태로 준비 • 제품(특히 캔) 개봉 시 날카로운 부분 주의 • 1회 섭취량을 확인하고, 알맞은 양만큼만 개봉하여 제조 • 포장된 제품을 직접 중탕하거나 전자레인지에 데우지 않기(성분이 변질되거나 터질 염려)	• 제품의 상태(찌그러진 곳, 유통기한 등)를 반드시 확인 • 주입 전 손을 반드시 씻고, 기구는 청결한 상태로 준비 • 식품이나 영양소에 대한 알레르기가 있는 경우, 제품의 원료성분 확인 • 제품(특히 캔) 개봉 시 날카로운 부분 주의 • 1회 섭취량을 확인하고, 알맞은 양만큼만 개봉하여 제조 • 포장된 제품을 직접 중탕하거나 전자레인지에 데우지 않기(성분이 변질되거나 터질 염려)
섭취 시 확인사항	• 섭취 분량이 맞는지 확인 • 위생을 위해 컵에 따라 마실 것을 권장 • 모든 제품은 실온상태로 천천히 섭취	• 주입 분량이 맞는지 확인 • 환자용식품은 정맥으로 투여해서는 안됨 • 경관급식용 환자용식품을 주스, 요구르트 등 산미가 있는 음료와 혼합하면 안됨(단백질 성분 응고로 인해 급식관이 막히는 문제 발생) • 경관급식 전에 약 30~50mL의 물(정수기 또는 생수)로 급식관 세척 확인 • 모든 제품은 실온상태로 천천히 공급
섭취 후 고려사항	• 섭취 후 불편감이 발생하는 경우 전문가와 반드시 상의(구토, 메스꺼움, 설사, 변비, 복부팽만감, 식도역류, 복부통증 등) - 개봉하고 남은 제품은 보관환경에 따라 쉽게 변질 가능 • 섭취 시 이용했던 그릇, 도구 등 깨끗하게 세척 • 개봉하지 않은 제품은 상온(15~25℃ 실내온도)에서 보관하고, 온도가 높거나(40℃ 이상) • 습도가 높은 곳의 보관 제한	• 경관급식 후 약 30~50mL의 물(정수기 또는 생수)로 급식관 세척 • 주입 후 불편감이 발생하는 경우 전문가와 반드시 상의(구토, 메스꺼움, 설사, 변비, 복부팽만감, 식도역류, 복부통증 등) • 개봉하고 남은 제품은 보관환경에 따라 쉽게 변질 가능 • 섭취시 이용했던 그릇, 도구 등 깨끗하게 세척 • 개봉하지 않은 제품은 상온(15~25℃ 실내온도)에서 보관하고, 온도가 높거나(40℃ 이상)습도가 높은 곳의 보관 제한

[표 94] 경구섭취용, 경관급식용 비교

---

181) RTH: Ready To Hang의 약어로 세균오염을 최소화하기 위해 멸균 처리된 포장된 제품을 그대로 주입하는 방법을 의미함

나. 메디푸드 시장 동향
1) 세계 동향[182)183)]

글로벌 리서치 그룹인'Grand View Research'사에 따르면 2015년 123억 달러, 2018년 172억 달러, 2022년 197억 달러 수준으로 2026년 295.4억 달러까지 커질 것으로 관측된다. 이러한 시장 규모의 성장 원인으로는 질병으로 인한 영양 부족 증가, 만성 질환의 유행 증가, 전 세계적인 노인 인구 증가, 당뇨병, 알츠하이머, 집중력 결핍 장애(ADHD) 등 질병의 치료 요법의 일환으로 환자의 영양 요구 사항을 지원하는 데 있어서 의료용 식품의 중요성이 커지고 있기 때문이다.

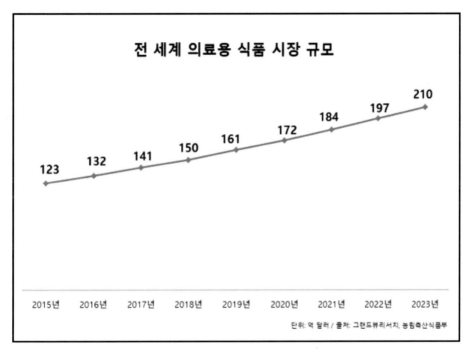

[그림 136] 세계 의료용 식품 시장 규모 (단위: 억 달러)

세계 의료용 식품(Medical Food) 시장은 북미, 유럽, 아시아태평양 지역이 주요 시장을 구성하며, 2018년 기준 북미와 유럽이 전체 시장 매출의 약 64%를 차지하고 있고, 이들 지역의 의료용 식품시장은 매년 3.5% 이상의 성장을 기록하고 있다.

---

182) 2022 가공식품 세분시장 현황, 특수의료용도등식품 시장, 농림축산식품부, 2022
183) 2021 해외 우수 식품특허 트렌드북I, 농업기술실용화재단, 2021

가) 국가별 동향[184][185]

(1) 일본

일본은 환자, 영유아, 노인 등 정상적인 식사가 어려운 사람들을 위한 특별한 목적의 식품을 특별용도식품이라고 하며, 이러한 특별용도식품에는 의료용 식품에 해당하는 병자용식품(Foods for patient)과 연하곤란자용 식품 등이 포함되어 있다.

일본의 병자용식품은 저나트륨, 저단백질식품, 알레르겐제거식품, 무유당식품, 종합영양식품(유동식)으로 구분할 수 있으며, 섭취하기 쉽게 음료형, 분말형으로 판매되고 있는 것이 특징이다. 연하곤란자용 식품은 고령자용 식품으로도 불리지만, 대상은 고령자에 한하지 않고 여러 가지 질병에 의한 장애가 있는 사람도 연하곤란자용 식품의 대상이 된다.

시장 조사·컨설팅 회사인 SEED PLANNING에 따르면, 병자용식품 시장 규모는 2020년 약 395억 엔에서 2025년에는 464억 엔에 이를 것으로 전망된다.

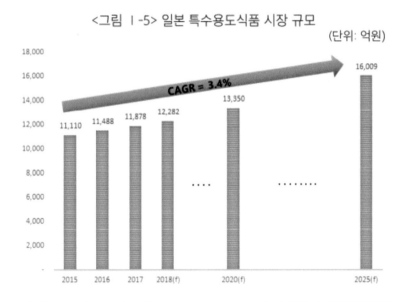

<그림 Ⅰ-5> 일본 특수용도식품 시장 규모

(단위: 억원)

* 출처: http://news.heraldcorp.com/view.php?ud=20181026000156

[그림 137] 일본 특수용도식품 시장 규모

일본은 다른 나라에 전례 없는 속도로 고령화가 진행되고 있다. 2015년 9월 65세 이상 인구는 3,384만 명으로 총인구에서 차지하는 65세 이상 노인 비율(고령화율)은 26.7 %로 사상 최고를 기록하였다. 총무성 통계국에 따르면 이 비율은 앞으로도 계속 상승해 베이비붐 세대(1971~74년생)가 노인이 되는 2040년의 고령화율은 36.1%

184) 2022 가공식품 세분시장 현황, 특수의료용도등식품 시장, 농립축산식품부, 2022
185) 2021 해외 우수 식품특허 트렌드북I, 농업기술실용화재단, 2021

가 될 전망이다. 이러한 시대 배경을 토대로 고령자 및 병자용식품의 수요는 해마다 높아지고 있어 시장은 연간 3~5% 내외의 성장을 계속하고 있다.

〈 일본 총인구의 추이 〉

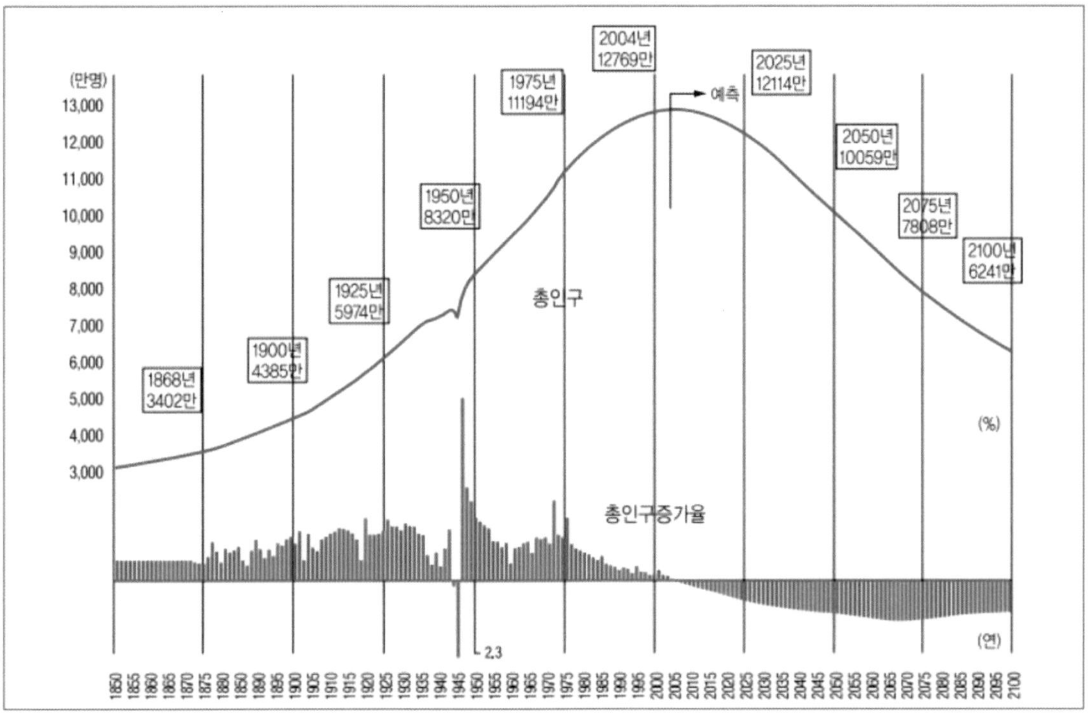

[그림 138] 일본의 저출산·고령화대책과 시사점, 재정포럼 현안분석

미국과 유럽에서 의료용 식품이 약품과 식품의 중간단계 관리체계 하에 독립된 영역으로 관리되는 것과는 달리, 일본에서는 식품과 약품 두 가지 형태로 관리된다. 환자용 식품이지만 의약품일 경우 입원·외래환자에게 의사의 처방으로 약제과를 통해 영양과를 거쳐 유통되고, 식품일 경우 의사의 처방과 지시 없이 영양과에서 곧바로 환자에게 공급되거나 소매업자를 통해 소비자에게 공급된다. 의약품인 경우에는 입원환자 및 외래 환자에게 의료보험이 적용되나, 식품인 경우에는 입원환자에 한하여 식사요양비가 적용된다.

일본의 병자용식품은 저나트륨, 저단백질식품, 알레르겐제거식품, 무유당식품, 종합영양식품(유동식) 으로 구분할 수 있으며, 섭취하기 쉽게 음료형, 분말형으로 판매되고 있는 것이 특징이다. 일본 내 주요 기업으로는 탈수환자용 제품 등을 제조·판매하는 오츠카제약, 무유당 제품 등을 제조·판매하는 메이지 등이 있다.

제조사	대표제품명	제품 설명	제품 이미지
닛신오일리오그룹	레나케어 칼로리믹스	단백질이 전혀 함유되지 않은 에너지 보충식품. 비타민, 철, 아연 등을 보충할 수 있는 환자용음료	
오츠카제약	OS-1파우더	물에 녹여서 사용하는 파우더 타입으로, 전해질과 당질의 배합밸런스를 고려한 경구보수액 분말. 경도~중도의 탈수상태 환자가 수분, 전해질을 보충, 유지하는데 적합한 환자용식품	
유키지루시빈스토크	펩디에트	알레르겐, 유당 제거식품. 유키지루시빈스토크가 개발한 효소분해 기술을 사용해 알레르기의 원인인 단백질을 분해한 식품	
메이지	미르피HP	무유당 식품. 유청단백질을 효소분해하고 유당을 함유하지 않아 지방질, 탄수화물, 비타민, 미네랄을 섭취할 수 있는 식품	
기린 홀딩스	하쓰가오무기	위장성대장염 환자용 식품. 발아한 보리로 조제한 경증~중증 위장성 대장염 환자를 위한 식품으로 변의 상태를 개선해줌	

[표 95] 병자용식품 대표 제조사 및 제품

 연하곤란자용식품의 시장 규모는 2012년 215억 엔, 2013년 228억 엔, 2014년 235억 엔, 2015년 244억 엔, 2016년 254억 엔으로 꾸준히 증가하여 2012년 대비 2016년 18.1% 성장률을 보이고 있다. 동일한 성장률을 적용하면, 향후 일본의 연하곤란자용식품의 시장 규모는 2024년 354억 엔의 규모로 성장할 것으로 전망된다.

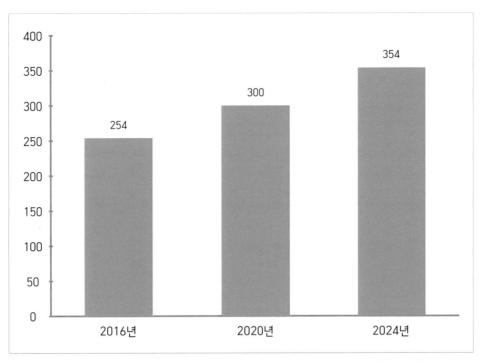

[그림 144] 일본 연하곤란자용식품 시장 규모 전망 (단위: 억 엔)

연하곤란자용식품의 성장은 앞서 병자용식품과 마찬가지로 고령인구 증가와 연관이 있는데, 이는 연하곤란환자용식품 뿐만 아니라 저작곤란자식품, 농후유동식, 영양보충식품의 시장규모가 향후도 안정적으로 확대될 것이라는 것을 의미하기도 한다. 일본 연하식의 성장은 10~15년은 계속될 것이라는 견해가 많은데, 이는 연하식의 인지도가 낮지만, 연하곤란자에 대한 이해도가 상승하고 있기 때문이다.

연하곤란자용 식품은 연하곤란자를 위해 삼키기 쉬운 제품이나 삼키기 쉽게 만든 가공식품으로 점성 증가식품(점도조정식품, 젤화제), 디저트 기반식품, 수분보충 젤리가 있다.

제조사	대표제품명	제품 설명	제품 이미지
네슬레 일본	아이소칼젤리HC	에너지 보충이 주 목적으로, 단백질과 필수 아미노산 섭취를 위한 연하식	

[표 96] 연하곤란자용 식품 대표 제조사 및 제품

제조사	대표제품명	제품 설명	제품 이미지
주식회사 류가쿠산	라쿠라쿠 후쿠야쿠 젤리	연하곤란환자들이 약을 복용할 때 약을 넣어서 삼킬 수 있도록 도와 주는 연하보조식품	
뉴트리 주식회사	아이소토닉 젤리	연하곤란자용 식품마크를 취득한 수분보충용 젤리	
오츠카제약	엔게리도	에너지와 탄수화물을 포함한 부드 럽고 삼키기 쉬운 제품으로 연하 곤란자가 취급하기 쉬운 제품	
메이지	매이밸런스 소프트 젤리	단백질, 비타민, 식이섬유, 칼슘, 아연 등 10종류의 미네랄을 섭취 할 수 있는 에너지 젤리	

[표 97] 연하곤란자용 식품 대표 제조사 및 제품

특정보건용식품은 신체의 생리학적 기능 등에 영향을 미치는 보건기능성분을 포함하고 있는 제품으로, 주로 음료형, 분말형, 고체형으로 판매되고 있다.

제조사	대표제품명	제품 설명	제품 이미지
네슬레일본(주)	밀로	프락토올리고당으로 튼튼한 뼈를 만들어 주는 칼슘 흡수를 촉진시 키는 분말청량음료	
오츠카제약	화이브미니	식생활에서 부족하기 쉬운 식물섬 유를 쉽게 섭취하여 장 운동에 도 움을 주는 식물섬유음료	

[표 98] 특정보건용 식품 대표 제조사 및 제품

제조사	대표제품명	제품 설명	제품 이미지
아사히마쓰식품(주)	오나카 낫토	낫토균 K-2 작용으로 장내 비티더스균을 늘리고 장 운동에 도움을 주는 제품	
㈜메이지	메이지리카르덴트 TM밀크	충치의 원이이 되는 탈회 부분의 재석회화를 증강시키는 CPP-ACP를 배합하여 건강한 치아를 만드는데 도움을 주는 우유	
피브로제약(주)	젤리쥬스 이사골	과도한 콜레스테롤 섭취를 억제하고 장 운동을 도와주는 식물섬유가 풍부하게 함유된 사이리움종피를 원료로 하는 젤리쥬스. 혈청콜레스테롤을 저하시킬 수 있으므로 높은 콜레스테롤 수치가 고민인 사람, 장 건강이 걱정인 사람의 식생활 개선에 도움이 되는 제품	

[표 99] 특정보건용 식품 대표 제조사 및 제품

(2) 미국

미국의 특수의료용도등식품은 의료용식품(Medical Food)으로 '특정 질환자의 식이 조절을 위한 목적과 과학적 원칙을 토대로 설계하고 의학적 평가를 거쳐, 제정된 영양소 요구량에 따라 가공한 식품'으로 정의된다.

Medical Food는 의사의 감독 아래에서 섭취하거나 장관으로 투여되도록 가공된 식품으로 최소 네 가지 조건을 만족해야한다.

① 일상적인 상태에서 사용되는 자연식품과 대조적으로, 기존의 식사를 부분적으로 보완하거나 완전히 대체하기 위해 특별히 조제되고 가공된 식품으로서 경구로 섭취하는 음식이거나 관을 통한 경관용 식품이어야 한다.
② 치료 또는 만성질환 때문에 일반식품을 섭취하거나 영양소의 소화, 흡수, 또는 대사 능력이 제한되거나 손상되어 일반적인 식단의 변형만으로 식이관리를 할 수 없는 경우 식이 관리를 목적이어야 한다.
③ 의학적 평가에 따라 특별한 질병으로 인해 발생하는 독특한 영양요구량의 관리를 위해 특별히 변형된 영양을 지원해야한다.
④ 의사의 관리 하에 사용되도록 고안되었으며, 환자에게는 환자용식품의 사용에 대한 반복적인 지도가 필요하다.

Medical Food는 섭취, 소화, 흡수, 신진대사 등의 작용 장애가 있는 사람들을 위한 식품으로, 단순한 증상이나 질병 예방을 위해 추천되는 식품이 아니다. 또한, 임신은 질병으로 여겨지지 않으며, 당뇨 역시 일반적 질병으로 분류되어 이와 관련된 식품은 Medical Food로 분류하지 않는다.

의료용 식품(메디푸드) 시장은 2021년 기준 64억 달러의 규모를 형성하고 있으며 2016년 17억 5천만 달러 대비 266% 성장하였다. 이후 2021년부터 2028년까지 연평균 4.3%의 성장률을 보이며 성장할 것으로 전망된다.

의료용 식품 카테고리 중 가장 큰 점유율을 차지하는 품목은 신진대사장애환자 식품인데, 미국 의료용 식품 시장의 약 40%(6억 6천만 달러)를 차지하고 있으며 연 평균 10.0%의 성장세를 나타내고 있다.

세계 의료용식품(Medical Food) 시장은 북미, 유럽, 아시아태평양 및 나머지 세계(RoW)로 구분되는데, 북미 및 유럽이 대부분의 시장을 차지하고 있다. 북미는 전체시장의 37.6%를 차지한다. 북미 지역 중 미국은 북미 시장에서 상당한 시장 비율을 차지하고 있으며, 2017년~2023년의 예측 기간 동안 우세를 유지하는 것으로 추산된다.

미국 내 의료용식품(Medical Food) 기존 제조사들은 거대한 소비자 기반이 확보되어 있으며, 유명인들의 제품 홍보 또한 중요한 역할을 하고 있어 이 시장을 활성화시키고 있다.

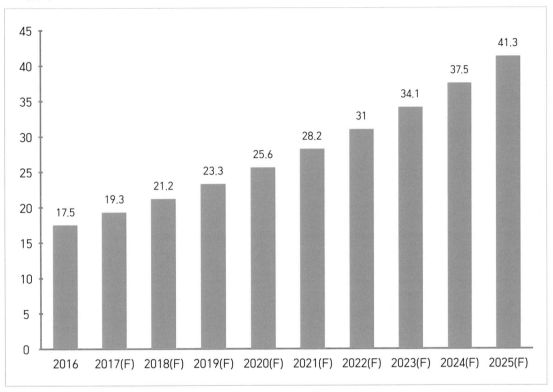

[그림 155] 미국 의료용식품 시장 규모 전망 (단위: 억 달러)

미국 내 주요기업으로는 Nestle Healthcare Science, Abbott Laboratories 등이 있으며, 유질환자를 대상으로 한 제품군 및 노약자를 대상으로 한 영양 보충용 제품군 등을 주로 판매하고 있다.

(3) 유럽(EU)

유럽연합(EU)에서의 특수의료용도등식품은 특정의료용도식품 (Foods for Special Medical Purposes(FSMPs))으로 볼 수 있으며, Regulation (EU) No 609/2013 of the European the parliament and of the council의 지침에 따라 정의되고 있다.

특정의료용도식품(FSMPs)는 유아를 포함한 환자의 식이 관리를 위해 특별히 가공 또는 제조된 특수영양식품의 한 종류로, 의료 감독 하에 사용되는 식품이다. 따라서 일상적인 식사나 특정 영양소를 섭취하고 소화 및 흡수, 대사 또는 배설하는 능력이 제한 혹은 손상되거나 장애가 있는 환자, 특별히 의학적으로 필요한 영양요구량을 가진 자, 영양요구량이 일반적인 식사의 변형, 다른 특수영양식품 또는 이들의 조합으로 얻을 수 없는 자의 단독 혹은 부분적인 영양급원으로 사용하는 식품이다.

특정의료용도식품은 영아를 포함한 환자의 영양관리를 위해 가공하거나 조제한 식품을 의미하며 반드시 의료진의 관리 하에서 사용해야한다. 특정의료용도 식품에 대한 지침(Commission Directive 1999/21/EC on dietary foods for special medical purposes)에 의하면 특별용도식품을 식사대용 일반 영양식, 영양성분이 개조된 식사대용 질환별 영양식, 부분영양 보충식으로 분류할 수 있다.

구분	적용범위
식사대용 일반 영양식	환자가 본 식품만을 섭취하였을 때 영양적인 요구량을 충족할 수 있는 식품임
영양성분이 개조된 식사대용 질환별 영양식	환자가 본 식품만을 섭취하였을 때 영양적인 요구량을 충족할 수 있는 식품임
부분영양 보충식	환자가 본 식품만을 섭취하였을 때 영양적인 요구량을 충족하지 못하는 식품임

[표 100] 특정의료용도식품(FSMPs)의 분류

전 세계적으로 북미와 서유럽은 전체 의료식품 시장 매출의 64%를 차지하고 있다. 이들 지역의 의료비 지출은 2%에 불과하지만, 의료 식품 시장은 매년 3.5% 이상의 성장을 기록하고 있다.

유럽의 의료 식품 시장 규모는 2017년에 2.5%의 연평균 성장률을 달성하기 전 2008년에서 2012년 사이 감소 추세를 보이기도 하였으나 의료식품 시장 규모는 2021년 약 56억 달러로 2022년부터 2030년까지 연평균 2.9%의 성장률을 보이며

2030년에는 72억 달러의 규모를 가질 것으로 예상된다.

 이는 노령인구 증가와 발전된 의료 인프라로 인한 것인데, 유럽 연합(EU)은 28만 5천만 명이 넘는 노령 인구가 잠재적인 최종 사용자이며, 더 많은 의료 지출과 함께 잘 구축된 의료 편의시설로 인해 시장은 더욱 성장할 것으로 전망된다.

 유럽연합(EU)에는 다양한 FSMPs 제조 회사들이 있는데, 특히 영국 특수영양협회인 British Specialist Nutrition Association(BSNA)에서 소개한 대표 제조회사 중 유럽에서 가장 큰 영양식 제조사인 'Danone Nutricia', 글로벌 식음료 및 의료용식품 제조회사인 Nestle Health Science가 인수한 의료용식품 전문 제조업체인 'Vitaflo', 영국 및 아일랜드 지역에서 2012년 이후 빠르게 성장하고 있는 'Nualtra'가 대표적이라고 할 수 있다.

2) 국내 동향[186][187][188]

국내 메디푸드 시장 규모는 2019년 779억원에서 2021년 1648억원으로 2배 넘게 성장했다. 인구 고령화와 규제 완화로 개발에 뛰어드는 기업도 계속 늘고 있어 시장은 더욱 커질 전망이다.

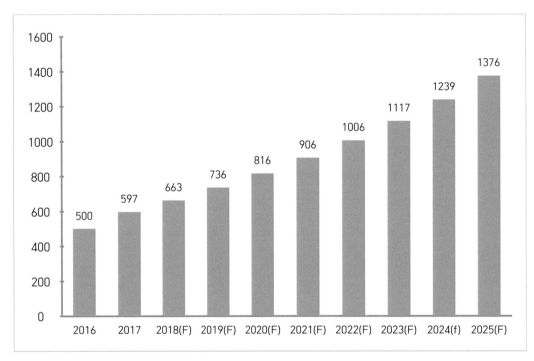

[그림 156] 국내 메디푸드 시장 전망

우리나라의 경우, 초고령화 사회의 도래와 건강에 관한 관심의 증가로 메디푸드 산업이 꾸준한 성장세를 보이고 있으나, 글로벌 경쟁력 확보를 위해서는 품질 및 기술 경쟁력 제고가 시급한 것으로 지적되고 있다. 이에, 식품의약품안전처는 2020년 6월, 맞춤형·특수식품 분야 식품산업 활력 제고 대책의 일환으로 환자의 식품 섭취에 도움을 주는 특수의료용도식품을 독립된 식품군으로 상향하고, 다양한 식품유형을 신설함과 동시에 본격적인 개발 지원에 나설 것을 발표했다.

구체적으로, 영양관리가 중요한 만성질환자가 도시락 또는 간편조리세트 형태의 환자용 식품으로 가정에서 식단을 관리할 수 있도록 '식단형 식사관리식품' 유형을 신설하였다. 또한, 당뇨환자용과 신장질환자용 식품유형과 제조기준을 새로 만들어 질환별로 세분화하였으며, 향후에는 고혈압 등 시장 수요가 있는 다른 질환에 대해서도 제품 유형을 확대해 나갈 예정이다.

---

186) 2018 가공식품 세분시장 현황, 특수의료용도등식품 시장, 농림축산식품부, 2018
187) 2020 해외 우수 식품특허 트렌드북I, 농업기술실용화재단, 2020
188) aTFIS와 함께 읽는 식품시장 뉴스레터, 특수의료용도등식품 , 2021

가) 생산 규모

메디푸드 생산량은 2020년 45,762톤에서 2021년 48,872톤으로 전년 대비 6.8% 증가하였으며, 같은 기간 생산액은 824억 원에서 982억 원으로 19.2% 증가하였다.

2021년 메디푸드 생산량 및 생산액은 최근 5개년 기준 최고치를 기록했으며, 이는 2017년 24,087톤, 443억 원 대비 102.9%, 121.7% 증가하였다. 이는, 수술이나 질환 치료를 위해 입원한 환자들이 병원 또는 요양병원에서 메디푸드를 많이 소비하고 있고, 고령사회로 진입하면서 노인 인구가 증가하고 만성질환자가 계속 늘면서 영양 관리를 간편하게 하려는 수요가 증가했기 때문이다. 또한, 2019년 12월 4일 농림축산식품부는 식약처, 해수부가 선정한 5대 유망 식품으로 메디푸드가 선정되어 시장육성 계획이 수립되는 등 정부의 지원도 영향을 미친 것으로 보인다.

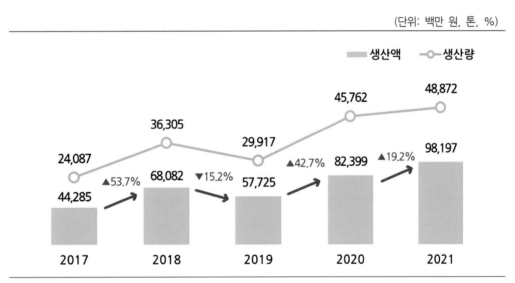

[그림 157] 메디푸드 생산 현황

2021년 품목별 생산량 중 환자용 식품은 2020년 45,702톤 대비 6.6% 성장한 48,732톤으로 전체 메디푸드 생산량의 99.7%를 차지하고 있으며, 생산액은 2020년 812억 원 대비 18.8% 성장한 965억 원이다. 환자용 식품은 2019년 생산량이 감소했으나 다시 회복하여 2021년에는 2017년 생산량 24,075톤 대비 102.4%, 생산액 439억 원 대비 120.0% 증가하였다. 이는, 2021년 메디푸드가 독립된 식품군으로 분류되고 각 질환별 맞춤형 제품이 출시되어 제품에 대한 환자 선택권이 확대되었기 때문이다.

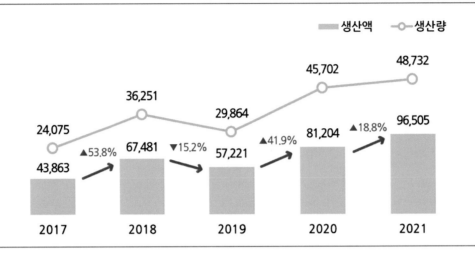

※ 식품의약품안전처(2017년~2021년). 식품 등의 생산실적
 1) 원천 자료의 합계를 백만 원 단위로 반올림했으므로 합계의 일의 자릿수에서 다소 오차가 발생할 수 있음
 2) 환자용식품 : 환자용식품(멸균) + 환자용식품(살균) + 환자용식품(비살균)

[그림 158] 환자용식품 생산 현황

선천성대사질환자용 식품의 2021년 생산량은 전체의 0.3%인 140톤, 생산액은 전체 메디푸드 생산량의 1.7%인 17억 원을 차지 했으며, 이는 2020년 생산량 60톤 대비 133.3%, 생산액 12억 원 대비 41.7% 증가한 값이다.

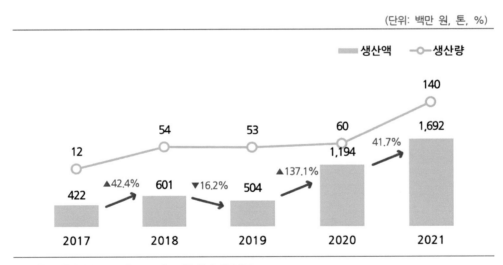

※ 식품의약품안전처(2017년~2021년). 식품 등의 생산실적
 1) 원천 자료의 합계를 백만 원 단위로 반올림했으므로 합계의 일의 자릿수에서 다소 오차가 발생할 수 있음
 2) 선천성대사질환자용 식품 : 선천성 대사질환자용 식품(살균) + 선천성대사질환자용 식품(비살균)

[그림 159] 선천성대사질환자용 식품 생산 현황

2021년 선천성대사질환자용 식품은 2017년 생산량 12톤 대비 1,066.7% 증가했으며, 생산액은 4억 원 대비 301.0% 증가했다. 하지만, 선천성대사질환자용 식품은 다양한 질환을 아우르는 환자용식품과 달리 유전적으로 해당 질환을 앓고 있는 환자만 취식하고 있어 수요 및 생산규모가 작게 나타났다.

나) 출하 규모

메디푸드의 출하량은 2020년 43,998톤에서 2021년 47,715톤으로 전년 대비 8.4% 증가하였으며, 같은 기간 출하액은 1,076억 원에서 1,535억 원으로 47.7% 증가하였다. 2021년 메디푸드 출하액 및 출하량 또한 생산과 마찬가지로 최근 5개년 기준 최고치를 기록했다. 이는 2017년 출하량 27,430톤 대비 74.0%, 출하액 598억 원 대비 156.9% 증가한 값이다.

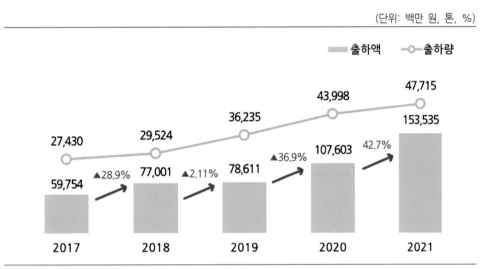

(단위: 백만 원, 톤, %)

※ 식품의약품안전처(2017년~2021년). 식품 등의 생산실적, 각 연도별 특수영양식품 매출실적 자료로 재구성함
  1) 원천 자료의 합계를 백만 원 단위로 반올림했으므로 합계의 일의 자릿수에서 다소 오차가 발생할 수 있음
  2) 메디푸드 : 환자용식품(멸균) + 환자용식품(살균) + 환자용식품(비살균) + 선천성 대사질환자용식품(살균) +
     선천성 대사질환자용식품(비살균)

[그림 160] 메디푸드 출하 현황

2021년 환자용식품 출하량은 47,656톤으로 2020년 43,942톤 대비 8.5% 증가하였으며, 같은 기간 출하액은 1,068억 원에서 1,527억 원으로 43.0% 증가하였다. 이는 2017년 출하량 27,417톤, 출하액 592억 원 대비 각각 73.8%, 157.8% 증가한 값이다. 출하 현황도 생산 현황과 마찬가지로 환자용 식품이 전체의 대부분을 차지한다.

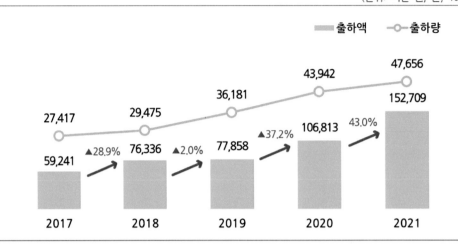

[그림 161] 환자용 식품 출하 현황

선천성대사질환자용 식품의 2021년 출하량은 전체의 0.1%인 59톤, 생산액은 전체의 0.5%인 8.3억 원을 차지했으며, 이는 2020년 출하량 56톤 대비 5.4%, 출하액 7.9억 원 대비 4.4% 증가한 값이다. 2021년 선천성대사질환자용 식품은 2017년 출하량 13 톤, 출하액 5.1억 원 대비 각각 353.8%, 40.9% 증가하였으며 2018년 급격히 성장한 뒤 꾸준히 증가하였다.

(단위: 백만 원, 톤, %)

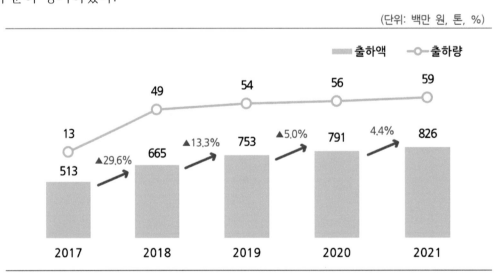

[그림 162] 선천성대사질환자용 식품 출하 현황

국내 인구 구조가 초고령 사회로 빠르게 진입하면서 당뇨병, 신부전증과 같은 만성 질환, 암환자와 같은 중증환자가 함께 증가하고 있어, 정상적인 섭취·소화·흡수 능력이 제한된 환자 및 고령자를 위한 메디푸드의 생산 및 출하가 전반 증가하였다. 국내 전체 질환자 수를 파악하는 것은 다소 어려움이 있어, 주요 질환으로 많이 언급되는 위암, 대장암, 폐암과 만성질환인 당뇨, 만성 신장병 환자 수와 메디푸드의 생산 및 출하 규모를 비교해서 살펴보았다.

고령인구 및 주요 질환 환자 수 추이와 출하실적을 비교해 보면, 고령 인구수는 2017년 736만 명에서 2021년 885만 명으로 20.3% 증가하였으며, 같은 기간 주요 질환 환자 수는 947만 명에서 1,128만 명으로 19.0% 증가하였다. 같은 기간 메디푸드의 출하 규모도 598억 원에서 1,535억 원으로 156.9% 증가하였다.

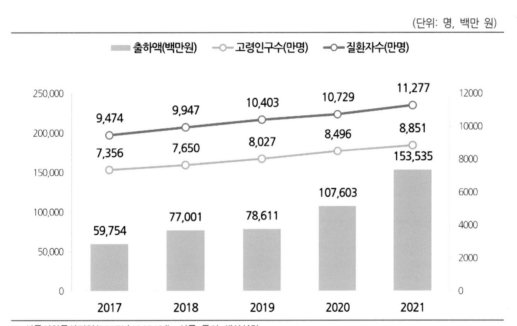

※ 식품의약품안전처(2017년~2021년). 식품 등의 생산실적
　고령인구수 : 주민등록인구현황, 통계청
　주요 질환자 수 : 보건의료빅데이터개방시스템
1) 고령인구수는 65세 이상 인구수임
2) 암은 수술이 많이 이루어지는 질병 중 하나로, 통계청 데이터에서 환자수가 많은 상위 4대 암(갑상선암, 폐암, 위암, 대장암) 중, 상대생존률 100%에 달하는 갑상선 암을 제외한 암종을 도출하여 작성함

[그림 163] 고령인구 및 주요 질환자 수와 출하액 추이 비교

(단위: 명)

구분		2017	2018	2019	2020	2021
고령 인구수		7,356,106	7,650,408	8,026,915	8,496,077	8,851,033
(증감률)		-	(4.0)	(4.9)	(5.8)	(4.2)
주요 질환자 수	고혈압	6,026,151	6,274,863	6,512,197	6,710,671	7,018,552
	당뇨	2,847,160	3,028,128	3,213,412	3,334,989	3,357,601
	만성 신부전증	203,978	226,877	249,283	259,116	277,252
	위암	158,617	164,328	165,421	161,962	165,905
	대장암	153,694	159,388	162,030	159,498	167,905
	폐암	84,298	92,953	100,371	102,843	110,376
	합계	9,473,898	9,946,537	10,402,714	10,729,079	11,276,768
	(증감률)	-	(5.0)	(4.6)	(3.1)	(5.1)

※ 고령인구수 : 주민등록인구현황, 통계청
　　주요 질환자 수 : 보건의료빅데이터개방시스템

1) 고령인구수는 65세 이상 인구수임

2) 암은 수술이 많이 이루어지는 질병 중 하나로, 통계청 데이터에서 환자수가 많은 상위 4대 암(갑상선암, 폐암, 위암, 대장암) 중, 상대생존률 100%에 달하는 갑상선 암을 제외한 암종을 도출하여 작성함

[그림 164] 연도별 고령인구 및 주요 질환자 수

　앞서 언급한 대로 메디푸드는 질환 및 수술 환자들이 주로 많이 먹는 식품이지만 병원에서의 수요 외에도 요양병원에서 장기 입원하는 환자들의 수요 또한 존재한다. 실제로 요양병원 수가 증가하면서 메디푸드 출하규모도 증가하였다. 하지만 2021년 현재 요양병원 수는 1,464개소로 전년인 1,582개소 대비 7.5% 감소했는데 메디푸드 출하액은 같은 기간 1,076억 원에서 1,535억 원으로 42.7% 증가하였다. 2018년부터 포화상태에 이른 요양병원 수가 2021년도에 들어서며 COVID-19로 인한 경영난, 구인난 등을 겪으며 구 수가 줄어들고 있는 것으로 추측된다.

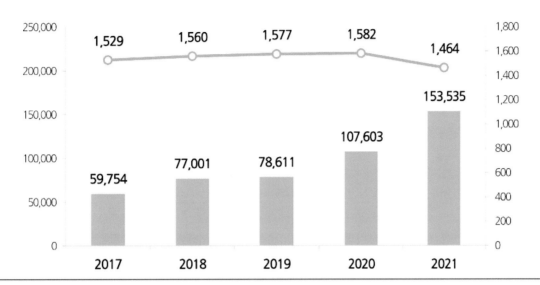

(단위: 개소, 백만 원)

※ 요양병원 수(각 연도별 4분기 수치 기준) : 건강보험통계, 국민건강보험공단(통계청)

[그림 165] 연도별 출하액과 요양병원 수

(단위: 개소, 백만 원)

구분	2017	2018	2019	2020	2021
요양병원 수	1,529	1,560	1,577	1,582	1,464
출하액	59,754	77,001	78,611	107,603	153,535

※ 요양병원 수(각 연도별 4분기 수치 기준) : 건강보험통계, 국민건강보험공단(통계청)

[그림 166] 연도별 출하액과 요양병원 수

다) 소비자 인식

특수의료용도등식품에 대하여 2019년 11월 1일부터 2020년 10월 30일까지의 블로그 데이터를 분석한 결과를 통해 국내 특수의료용도등식품에 대한 소비자 인식을 살펴보도록 하자.

① 특수의료용도등식품에 대한 인식

특수의료용도등식품에 대한 인식으로는 긍정이 99.8%, 부정이 21.2%로 대부분의 소비자들은 특수의료용도등식품에 대해 긍정적으로 인식하고 있는 것을 알 수 있다.

	키워드	주요 의견
긍정	다양함	• 환자용 식품의 종류가 다양해져서 목적에 따라 먹기 편하다. • 환자식품이 점점 다양해지고 있는 것 같아 선택의 폭이 넓어져서 좋다.
	맛	• 이 식품은 맛과 포만감이 있어서 만족한다.
	권장	• 목 넘김이 어려운 어르신들에게 권장한다.
	성장	• 특수의료식품이 성장하여 고령층과 환자들에게 도움이 되었으면 한다.
	영양 섭취	• 어느 한쪽에 치우쳐지지 않는 영양을 섭취할 수 있어서 좋다.
부정	가격	• 기존 일반 제품보다 가격이 비싸 부담된다.
	식감	• 환자식이다 보니 맛과 식감, 풍미 등이 부족하다고 느껴질 수 밖에 없는 것 같다.

[표 101] 특수의료용도등식품에 대한 인식

② 특수의료용도등식품의 정보 탐색 시 고려요인

특수의료용도등식품을 구매할 때 고려하는 요인은 영양 54%, 안전성 39.3%, 가격 34.6%, 품질 26.3% 순으로 높게 나타났다. 또한, 특정한 요인 하나보다 복수로 고려하는 경우가 많은 것으로 추측된다.

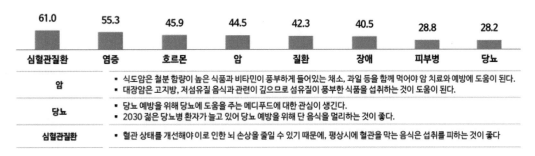

[그림 167] 특수의료용도등식품의 정보 탐색 시 고려요인 (단위: %)

③ 특수의료용도등식품과 관련된 질병

특수의료용도등식품과 관련된 질병은 심혈관질환 61%, 염증 55.3%, 호르몬 45.9%, 암 44.5%, 질환 42.3% 순으로 높게 나타났다. 또한, 전반적인 질병 카테고리에 관심이 높은 것으로 추측된다.

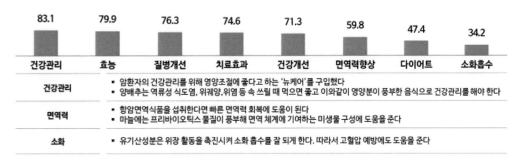

[그림 168] 특수의료용도등식품과 관련된 질병 (단위: %)

④ 특수의료용도등식품의기대요인

특수의료용도등식품에 대한 기대요인은 건강관리가 83.1%, 효능 79.9%, 질병개선 76.3%, 치료효과 74.6%, 건강개선 71.3% 순으로 높게 조사되었다. 또한 전반적인 건강 및 면역증진 관련 키워드가 높게 나타났다.

83.1	79.9	76.3	74.6	71.3	59.8	47.4	34.2
건강관리	효능	질병개선	치료효과	건강개선	면역력향상	다이어트	소화흡수

건강관리	• 암환자의 건강관리를 위해 영양조절에 좋다고 하는 '뉴케어'를 구입했다 • 양배추는 역류성 식도염, 위궤양,위염 등 속 쓰릴 때 먹으면 좋고 이와같이 영양분이 풍부한 음식으로 건강관리를 해야 한다
면역력	• 항암면역식품을 섭취한다면 빠른 면역력 회복에 도움이 된다 • 마늘에는 프리바이오틱스 물질이 풍부해 면역 체계에 기여하는 미생물 구성에 도움을 준다
소화	• 유기산성분은 위장 활동을 촉진시켜 소화 흡수를 잘 되게 한다. 따라서 고혈압 예방에도 도움을 준다

[그림 169] 특수의료용도등식품의 기대요인 (단위: %)

⑤ 특수의료용도등식품을 섭취 시 병행 행태

특수의료용도등식품을 섭취 시 병행하면 좋다고 생각하는 행태는 운동 80.1%, 스트레스 관리 62.4%, 식이요법이 19.8% 순으로 높게 나타났다.

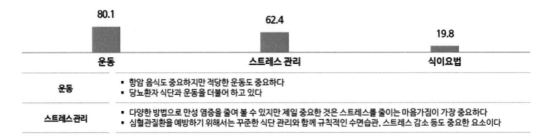

[그림 170] 특수의료용도등식품 섭취 시 병행 행태 (단위: %)

다. 메디푸드 기술 동향
1) 원료 동향[189]

특수의료용도등식품의 주요 판매 제품을 분석해 본 결과, 말토덱스트린, 카제인나트륨, 분리대두단백, 카놀라유가 주요 원료로 나타났다. 말토덱스트린은 탄수화물의 주요 공급 원료이며, 카제인나트륨과 분리대두단백은 단백질 공급, 카놀라유는 지방의 주요 공급 원료다. 특수의료용도등식품의 주요 원재료는 대부분 수입산을 이용하고 있는 것으로 나타났다. 특히 특수의료용도등식품에 쓰이는 원료의 대부분은 메디컬푸드 선진국인 유럽과 미국에서 수입되고 있다. 이는 해당 국가에서 생산한 원료의 품질, 안정성 등이 우수하기 때문이다.

구분		제품명	제조사	주원료
환자용 식품	균형영양식/ 환자 영양식/ 환자용식품	메디웰 구수한맛	엠디웰	말토덱스트린, 카제인나트륨, 분리대두단백
		완전균형 영양식 뉴케어	대상웰라이프	말토덱스트린, 분리대두단백
		그린비아 플러스 케어	정식품	말토덱스트린, 분리대두단백, 옥수수유
	당뇨 환자용식품	뉴케어 당플랜	대상웰라이프	말토덱스트린, 카제인나트륨, 분리대두단백, 고올레산해바라기유
		이엔 당뇨식 300	(주)한국메디칼푸드	말토덱스트린, 카놀라유, 분리대두단백
		그린비아 플러스 케어 당뇨식	정식품	말토덱스트린, 카제인나트륨, 분리대두단백
	신장질환자용 식품	뉴케어 케이디	대상웰라이프	정제수, 덱스트린, 카제인나트륨
	장질환자용 가수분해 식품	모노웰	(주)한국메디칼푸드	말토덱스트린

[표 102] 특수의료용도등식품 주요 제품 원료

---

189) 2018 가공식품 세분시장 현황, 특수의료용도등식품 시장, 농림축산식품부, 2018

구분		제품명	제조사	주원료
환자용 식품	열량 및 영양 공급용 의료용도식품	멀티칼	(주)한국메디칼푸드	말토덱스트린, 카놀라유
	연하곤란환자용 점도증진식품	연하케어	(주)한국메디칼푸드	덱스트린, 산탄검
선천성 대사질환 자용식품	선천성 대사 질환자용 식품	앱솔루트 유시디-2 포뮬러	매일유업	고화방지분당, 혼합식물성유지
		햇반 저단백밥	CJ제일제당	멥쌀, 젖산

[표 103] 특수의료용도등식품 주요 제품 원료

2) 영양소별 특징[190]

가) 탄수화물

상업적 환자식에는 탄수화물 보급원으로 복합 당질인 콘시럽(또는 말토덱스트린)을 사용한다. 특히 과민성 대장 질환(inflammatory bowel disease, IBD) 환자의 경우 최근 포드맵(FODMAP)으로 통칭되는 탄수화물에 의한 대사 질환에 문제가 제기되고 있어 복합 당질인 콘시럽(또는 말토덱스트린)이 적정하다. 글루코스의 중합체 형태인 말토덱스트린은 일반적으로 옥수수의 스타치(starch)에서 정제하여 만드는데, dextrose equivalent(DE)에 따라 다양한 물성적 특성을 보이고, 삼투압 280~300mOsm/kg인 인체의 삼투압에 맞추기 위해 DE=11~18 분포를 가진 말토덱스트린을 사용한다.

나) 단백질

주요한 대량 영양소(macro nutrient)로서 단백질은 대량으로 생산이 가능하며, 안정적인 공급이 가능한 단백질인 우유에서 유래한 단백질과 콩 단백질을 소화하기 쉽도록 정제, 가공한 원료들을 사용한다.

우유에는 카제인(casein)과 유청(whey)이라는 두 가지 형태의 단백질이 약 80:20의 비율로 함유되어 있는데 소화 흡수 속도 및 열안정성, 아미노산 조성 및 맛 등에 차이가 있어, 단백질의 종류 및 비율, 유당 및 지방의 함량을 조절하여 정제 가공한 뒤, 환자식뿐만 아니라 유가공 식품의 원료로 사용한다.

카제인나트륨과 카제인칼슘은 단백질 함량이 90% 이상으로, 우유 가공단백질 중 가장 단백질 함량이 높고, 열안정성과 유화력이 좋아 지방 원료와 함께 사용해야 하는 액상 타입의 상업적 환자용 영양식에 주요 단백질 원료로 가장 많이 사용되며, 이 외에도 맛이 뛰어난 농축 유단백(milk protein concentrate)과 소화흡수속도는 높지만 멸균 시 열안정성이 떨어지는 유청단백질류(whey protein concentrate/whey protein isolate)가 분말용 환자식의 원료로 사용된다.

콩에서 유래한 분리대두단백(isolated soy protein, ISP)이란 원료도 상업적 환자용 영양식의 단백질 급원으로 많이 사용되는데 식물성 단백질임에도 단백질 소화율 교정 아미노산 점수(protein digestibility corrected amino acid score, PDCAAS)[191] 수치가 1이상으로 정제한 완전 단백질로서, 특히 글루타민과 아르기닌의 함량이 높고,

---

190) 2018 가공식품 세분시장 현황, 특수의료용도등식품 시장, 농림축산식품부, 2018
191) 인간의 아미노산 필요와 소화하는 능력 모두에 기초하여 단백질의 품질을 평가하는 방법으로 1의 PDCAAS 값이 가장 높고, 0이 가장 낮다.

최근 문제가 되는 탄소배출량도 적어 미래 단백질로 각광받고 있다. 특히, 상업적 환자용 영양식에 ISP와 우유 유래 단백질을 섞어서 사용할 경우에 아미노산 조합이 보다 풍부해지며, 포만감의 시간을 늘려줄 수 있는 등 다양한 이점이 보고되고 있다.

다) 지방

또 다른 대량 영양소인 지방은 주로 대두유, 옥배유, 유채씨유, 올리브유 등 불포화지방산 함량이 높은 식물성 유지를 주요 원료로 사용하며 일가불포화지방산(monounsaturated fatty acid, MUFA)과 다가불포화지방산(polyunsaturated fatty acid, PUFA), 포화지방산(saturated fatty acid, SFA)의 적절한 비율에 맞춰 조성물을 만든다.

지방은 불포화지방산의 급원이자 열량을 내는 영양소이지만, 소화가 잘 되지 않는다는 단점이 있으나 Medium Chain Triglyceride(MCT) oil의 경우 간문맥으로 흡수되므로 일반적인 식이 지방보다 흡수가 빠르고 에너지 효율(8.3 kcal/g)이 좋아 지방흡수불량 환자들에게 효과적으로 열량을 공급할 수 있으며, 케톤 식이 요법이 필요한 환자와 질병 등으로 대사량이 높아진 환자(외상, 화상, 암 등 이화상태 환자)에게 주요 열량 급원으로 사용되기도 한다.

라) 식이섬유

식이섬유는 비영양소(non-nutrient)로 분류되나, 장내 융모 기능을 개선시키고, 체내 콜레스테롤 및 지질을 낮추며, 설사 및 변비 개선, 혈당개선, 무기질 흡수 촉진 등 다양한 건강상의 이점으로, 일반적인 환자용 영양식 제품에 질환 개선 효과를 주는 기능성 원료다.

전통적으로는 수용성과 불용성 식이섬유로 분류하였으나, 최근에는 식품 가공 기술의 발달로 경계가 무너져 두 가지 식이섬유의 특징과 기능성 효과를 가진 원료들이 개발되어 경관 급식 시 발생하는 설사 및 변비 개선에 도움을 주고 있다.

환자용 영양식에 가장 많이 사용하는 수용성 식이섬유는 치커리에서 추출한 이눌린, 스타치에서 합성한 폴리덱스트로스 또는 난소화성 식이섬유다.. 최근 에보트(Abbott)사의 제비티(Jevity)나 네슬레(Nestle)사의 부스트(Boost)에 사용하는 Sunfiber와 Soyfiber라는 원료는 구아검과 대두에 있는 불용성 식이섬유 성분을 가수분해하여 불용성 화이바의 특징인 수분 함습 효과와 변량 개선 효과를 주어 설사 및 변비를 개선하면서도 수용성 식이섬유가 가지는 프리바이오틱(prebiotics)의 효과와 혈당 개선의 효과가 있다.

마) 비타민/무기질

  비타민과 무기질은 미량 영양소(micro nutrient)로 국가마다 허용된 원료에 차이가 있어 해외에서 판매되는 환자용 영양식 제품 중 국내에서 유통이 어려운 경우도 있다.

  비타민의 경우 생산 공정 중 가장 많이 파괴되는 영양성분이므로 생산 및 유통 중 파괴율을 감안하여 첨가 용량을 설정한다. 일반적으로 액상 타입의 상업적 멸균식은 생산 공정 중 배합과 열공정이 있기 때문에 산화 또는 열에 의한 파괴율을 가장 많이 고려한다. 국내 특수의료용도 식품에 의무적으로 첨가해야 하는 비타민은 비타민 A, B1, B2, B6, C, D, E, 나이아신, 엽산으로 총 9가지이지만, 시판되는 환자식의 대부분이 인체에 필요한 모든 비타민류를 고함량으로 함유하고 있다.

  무기질 또한 국내에서 규격으로 첨가해야 하는 것은 칼슘, 철, 아연으로 3가지이지만 인체에 필요한 모든 무기질 및 극미량 무기질인 셀렌, 몰리브덴, 크롬까지 함유한 제품이 판매되고 있다. 무기질의 경우는 제품에 첨가 시 공정 중에 다른 영양소, 특히 단백질 등과 반응하여 침전 및 크리밍을 만들기도 하고, 비타민을 산화시키는 등 까다로운 원료이므로 최대한 다른 영양소와 반응하지 않는 원료를 선정하고, 또한 맛과 색깔에도 영향을 미치므로 이런 특성을 고려하여 원료를 선정한다.

3) 특허 동향[192]
가) 해외 동향
(1) 일본

특허명	올리브로부터의 액체 식물 복합체의 항혈관 신생 사용		
출원국가	일본	출원인	Fattoria La Vialla Di Gianni, Antonio E Bandino Lo Franco-Societa' Agricola Semplice
출원번호	2016-551094	등록번호	6687527
출원일	2014.10.31	등록일	2020.04.06

기술개요

혈관 신생 또는 염증 예방, 치료에 사용되는 올리브유 농축물

개발배경

- 올리브유를 주식으로 하는 지중해식 다이어트하는 집단에서 심혈관 병변 및 종양 발생률이 낮은 것으로 연구됨
- 본 출원인은 폴리페놀 화합물이 풍부한 올리브유 농축물이 혈관 신생 및 염증, 특히 종양 발생 및 확산을 예방할 수 있는 것을 발견함

기술 세부내용

- 올리브 농축물 제조 방법
  (a) 올리브 식물수 및 부산물 샘플을 미세 여과하여 정밀하게 여과된 농축액 및 투과물을 얻는 단계
  (b) a)에서 얻어진 미세 여과된 투과액을 역삼투압법으로 농축하는 단계
- 여기서 농축액은 1~10g/L 범위, 히이드록시티로솔 농도는 0.5~8g/L 범위에 있도록 함
- 페놀 화합물, 나트륨, 칼슘, 마그네슘 등의 금속, 염화물, 황산염, 인산염 등의 음이온 및 글루코스, 만니톨, 자당 등의 탄수화물을 추가로 포함할 수 있음

기술의 효과

- 병리학적 혈관 신생 치료, 예방으로 사용 가능함
- 류머티즘성 관절염 및 통풍, 염증성 질환, 궤양성 장 증후군, 폐질환, 전종양성 병변, 항염증 요법과 조합해서 사용될 수 있음

응용분야

- 음료 또는 경구 제재 등의 형태로 식품 보충제로서 섭취 가능함
- 올리브 농축물을 포함하는 크림, 오일, 연고 등의 형태로 사용 가능함

---

192) 2020 해외 우수 식품특허 트렌드북I, 농업기술실용화재단, 2020

특허명	미토콘드리아 기능 향상과 신경 퇴행성 질환 및 인지 장애 치료를 위한 조성물 및 방법		
출원국가	일본	출원인	AMAZENTIS SA
출원번호	2017-230245	등록번호	6539331
출원일	2017.11.30	등록일	2019.06.14

기술개요

노화 또는 스트레스, 당뇨병, 비만 및 신경 퇴행성 질환을 포함한 미토콘드리아의 활성 저하와 관련된 질환 또는 장애를 치료하고 예방하는 조성물

개발배경

- 현재, 다양한 퇴행성 질환이 미토콘드리아 DNA 또는 핵 DNA에 의해 코드되는 미토콘드리아 유전자의 돌연변이에 의해 야기되고 있는 것으로 나타남
- 미토콘드리아의 에너지 생산 저하는 산화적 스트레스를 증가시키고 퇴행성 질환들 및 노화에 영향을 미침

기술 세부내용

- 인지 기능을 개선 또는 인지 장애를 치료하기 위한 유효량의 유로리틴을 포함하는 식품 또는 영양보충제
  - 유로리틴은 엘라지산, 푸니칼라진, 푸니칼린, 텔리마그란딘 및 기타 엘라지타닌의 대사물
  - 엘라지타닌은 생체 내 생리학적 조건에서 엘라지산을 방출하고, 다음으로 엘라지산은 유로리틴D, 유로리틴C, 유로리틴A 및 유로리틴B으로 대사됨

기술의 효과

- 미토콘드리아 기능 촉진 및 스트레스 유발성 미토콘드리아 기능 부전 해소
- 신진대사 속도를 향상시키거나 유지하고 체지방의 수치를 저하함
- 근육량 증가 및 인지능력 향상 또는 유지하는 효과
- 신경 퇴행성 질환 및 인지 장애, 인슐린 저항을 포함하는 대사적 장애, 불안 장애를 포함하는 미토콘드리아 기능장애와 관련된 다양한 질환들 치료 및 예방 효과
- 스트레스 및 불안 장애 현상 완화

응용분야

- 기억 및 인지 기능 개선 기능성 식품
- 항산화, 항동맥경화, 항혈전증 개선 기능성 식품

특허명	면역 조절		
출원국가	일본	출원인	4D PHARMA RESEARCH LTD
출원번호	2017-249971	등록번호	6757309
출원일	2017.12.26.	등록일	2020.09.01

기술개요

염증성 장애를 조절할 수 있는 미생물

개발배경

- 박테로이데스 테타이오타오미크론에 시험관 내 및 생체 내에서 항염증 효과가 있다는 연구가 보고됨
- 염증성 장애에 효능을 갖는 박테로이데스 세타오타오미크론(BT)의 균주는 염증성 장애, 자가면역 장애, 알레르기 장애에 대한 치료제 또는 예방제로 유용하게 사용될 수 있음

기술 세부내용

- NCIMB에 수탁번호 42341으로서 기탁된 박테로이데스 테타이오타오미크론주를 포함하는 조성물
- 박테로이데스 테타이오타오미크론주가 캡슐화되어 있는 조성물
- 박테로이데스 테타이오타오미크론주가 약학적으로 허용되는 부형제, 담체 또는 희석제를 추가로 포함하는 의약 조성물

기술의 효과

- 염증성 장애, 자가면역 장애, 알레르기 장애에 대한 치료 또는 예방 효과
- 점막 상피의 배세포수 감소를 예방 및 점막 고유층으로의 면역 세포의 침윤을 예방
- 소화관 또는 조직, 기관의 면역 세포에 의한 염증을 감소시킴

응용분야

- BT2013주의 미생물을 포함하는 가축 사료, 식품, 영양 보조 식품 및 식품 첨가물
- 살아있는 생물학적 요법 제품(LBP)

특허명	포도당의 생체 이용 효율이 낮은 섬유를 많이 포함하는 말토올리고당 제조 방법		
출원국가	일본	출원인	ROQUETTE FRERES
출원번호	2017-542861	등록번호	6811180
출원일	2016.02.16	등록일	2020.12.16

기술개요

낮은 영양가로 섬유식품에 사용되며, 당뇨병 치료 및 예방에도 효과가 있는 말토올리고당 제조 방법

개발배경

- 식이섬유를 포함하는 식품은 소량의 포도당만을 방출하거나, 미생물에 관해 포도당 방출이 매우 긴 경향을 보임. 이러한 특성은 당뇨병 증상에 노출된 위험을 억제하는 관점에서 유익한 가능성이 있는 것으로 나타남

기술 세부내용

- 말토올리고당 제조 방법
  a) 2종의 탄수화물 수용액을 준비. 용액 중량의 40~95%가 말토스로 이루어짐
  b) a)에서 얻어진 수용액을 1종의 폴리올 및 1종의 무기산 또는 유기산과 접촉
  c) b)에서 얻어진 수용액의 고형분을 총 중량이 적어도 75% 중량까지 증가시킴
  d) b) 또는 c)에서 얻어진 수용액을 50~500mbar 음압에서 140~300℃의 온도로 열처리시킴
- 여기서, 말토올리고당은 α-1,4-결합의 함유율이 1,4-글리코사이드 결합의 총수 65%~83%이며 1,6-글리코사이드 결합의 총수에 대한 1,4-글리코사이드 결합의 총수 비율이 1보다 크고 2.50 이하이며 α-1,6-결합의 함유율이 1,6-글리코사이드 결합의 총수35%~58%를 포함함

기술의 효과

- 혈당 강하
- 당뇨병 증상 완화

응용분야

- 다양한 식품(과자, 페스트리, 아이스크림, 젤리, 우유, 케이크 등)
- 영양 보조 식품, 의약품, 위생 제품(구강 위생 용액, 치약 등)

특허명	자연 면역 활성화 작용을 가지는 다당류 및 상기 다당류를 함유하는 자연 면역 활성화제 또는 식음료품		
출원국가	일본	출원인	IMAGINE GLOBALCARE CO LTD
출원번호	2016-156274	등록번호	6788882
출원일	2016.08.09	등록일	2020.11.05

기술개요

다당류를 포함하는 자연 면역 활성화 작용을 하는 식음료품

개발배경

- 채소는 건강 유지에 필요한 영양소를 갖고 있으나, 명확하게 자연 면역 기능을 활성화하는 물질을 함유하고 있는지 여부는 알려지지 않음
- 선행특허(PCT-JP2008-057105)에서 브로콜리의 추출물이 자연 면역 활성화 작용을 나타냄을 개시함
- 브로콜리에 한정하지 않고, 생물로부터 유효 부위(화학구조)만을 추출하여 자연 면역 활성화제를 제조하고자 함

기술 세부내용

- 갈락투론산(GalA), 갈락토스(Gal), 글루코스(Glc), 아라비노스(Ara) 및 람노스(Rha)를 몰비로 GalA:Gal:Glc:Ara:Rha=12.4:4.9:1.0:7.3:1.2 함유하고, α-1,4 결합의 폴리 갈락투론산 사슬을 주사슬로 하고, α-1,5 결합의 폴리아라비노스 사슬을 곁사슬로 하는 구조를 가지는 다당류

기술의 효과

- 자연 면역 기능 활성화
- 건강 유지, 피로 회복

응용분야

- 경구 고형제(정제, 피복 정제, 과립제, 산제, 캡슐제 등), 경구 액제(내복 액제, 시럽제, 엘릭시르제 등)
- 각종 식품 원료(유제품, 음료, 과자류, 곡물 가공품, 조미료 등)
- 기능성 식품, 건강 식품

특허명	상심자 및 복령피 혼합 추출물을 함유하는 퇴행성 신경질환의 예방, 개선 또는 치료용 조성물		
출원국가	일본	출원인	DONG A ST CO LTD
출원번호	2017-531902	등록번호	6546281
출원일	2015.12.03	등록일	2019.06.28

기술개요

당뇨병 개선에 유용한 사탕수수에서 추출된 식이섬유 재료의 식품 조성물 및 제조방법

개발배경

- 상심자는 주요성분으로서 안토시아닌, 페놀산, 플라보노이드 등을 가지고 있으며, 추출물과 분리된 단일성분에서 혈당 강하, MAO(mono amine oxidase) 저해 활성, 항산화 효과, 신경세포 보호를 연구한 결과들이 보고됨
- 복령피는 부종을 가라앉히는 효능이 있는 약재로 알려져 있으며 최근, 이뇨, 배뇨 촉진, 부종 감소 등의 효과가 보고됨

기술 세부내용

- 상심자(mulberry) 및 복령피(Poria cocos peel) 혼합물을 유효성분으로 함유
- 상심자와 복령피의 중량비가 4 내지 7 : 1 인 것 포함
- 상기 혼합물의 추출물은 퇴행성 신경질환의 예방 또는 치료용 약학적 조성물로서, 상기 퇴행성 신경질환은 알츠하이머 치매, 크로이츠펠트-야콥병, 헌팅튼병, 다발성경화증, 길랑바레 증후군, 파킨슨병, 루게릭병, 신경세포의 점차적인 사멸에 의한 진행성 치매 및 진행성 실조증으로부터 선택된 질환

기술의 효과

- 베타아밀로이드 생성 및 타우 인산화 억제
- NGF 생성 촉진작용을 통한 신경세포 보호 작용
- 신경세포 보호 및 아세틸콜린 에스테라아제 억제를 통한 신경전도 증가와 기억력 개선

응용분야

- 퇴행성 신경질환 예방 및 치료 기능성 식품
  (질환명: 알츠하이머 치매, 크로이츠펠트-야콥병, 헌팅튼병, 다발성경화증, 길랑-바레 증후군, 파킨슨병, 루게릭병, 진행성 치매, 진행성 실조증)

특허명	복령피 추출물을 함유하는 퇴행성 신경질환의 예방, 개선 또는 치료용 조성물		
출원국가	일본	출원인	DONG A ST CO LTD
출원번호	2017-532138	등록번호	6533294
출원일	2015.12.03	등록일	2019.05.31

기술개요

복령피 추출물을 유효성분으로 함유하는 퇴행성 신경질환 예방, 개선 또는 치료 효과를 가진 식품 조성물

개발배경

- 퇴행성 뇌질환인 알츠하이머 치매의 직접적인 발병 원인으로 Aβ plaque와 타우(Tau) 과인산화 신경섬유다발(tangle)의 세포독성이 주목되고 있음
- 복령피는 부종을 가라앉히는 효능이 있는 약재로 알려져 있으며 최근, 이뇨, 배뇨 촉진, 부종 감소 등의 효과가 보고됨

기술 세부내용

- 하기 효과를 가지는 것을 특징으로 하는 복령가죽 추출물을 유효성분으로 함유하는 퇴행성 신경질환의 예방 또는 개선용 식품 조성물
  1) 공간 기억력의 증진 또는 회복 효과
  2) 인지 기억력 향상 또는 회복 효과
  3) 신경세포 보호 작용
  4) 베타아밀로이드의 신경세포에 독성에 대한 억제 효과
  5) 베타아밀로이드 생성에 대한 억제 효과
  6) 신경 성장인자 생성 촉진 효과
  7) 아세틸콜린 에스테라아제 활성 억제 효과
  8) 아밀로이드 베타 42에 의해 유도되는 세포독성에 대한 억제 효과
  9) 타우의 인산화에 대한 억제 효과

기술의 효과

- 공간 및 인지 기억력 향상 효과
- 신경세포 보호 효과
- 베타아밀로이드 생성 및 타우 인산화 억제
- NGF 생성 촉진작용을 통한 신경세포 보호 작용
- 신경세포 보호 및 아세틸콜린 에스테라아제 억제를 통한 신경전도 증가

응용분야

- 알츠하이머 치매 예방 및 치료 기능성 식품

(2) 미국

특허명	대사 경로를 조절하기 위한 조성물과 방법		
출원국가	미국	출원인	NUSIRT SCIENCES INC
출원번호	16/103766	등록번호	10383837
출원일	2018.08.14	등록일	2019.08.20

기술개요

지방산 산화 및 미토콘드리아 생합성의 증대를 유도하는 조성물

개발배경

- 에너지 소비량에 비해 에너지 섭취량이 많은 경우에 기인하는 기능 부전은 에너지 항상성 불균형을 가져와 광범위한 대사장애를 일으킴

기술 세부내용

- 구성 조성물
  (a) 500mg의 류신 또는 케토-이소카프로산(KIC), 알파 하이드록시-이소카프로산 및 HMB(betahydroxymethylbutyrate)로 구성되는 군에서 선택되는 적어도 1종 이상의 약 200mg 양의 대사 산물
  (b) 디펩티딜 펩티다아제(DPP) 억제제 및 비구아니드로 구성된 그룹에서 선택된 최소 100mg의 항당뇨병제
- 조성물은 알라닌, 글루탐산, 글리신, 이소류신, 발린, 프롤린을 포함하지 않음

기술의 효과

- 미토콘드리아 생합성 증대 효과로, 지방산 산화 증가, 인슐린 감수성 증가, 혈관 확장 유도, 체지방 감소 효과를 보임
- 지방세포, 평활근, 골격근 및 심근의 대사 활성 활성화
- 염증반응 감소 효과

응용분야

- 제2형 당뇨병 완화 및 치료용 식품
- 심혈관 질환 치료 및 예방 식

특허명	간질 치료를 위한 중쇄 지방질을 포함하는 조성물과 방법		
출원국가	미국	출원인	Societe des Produits Nestle SA
출원번호	15/690520	등록번호	10668041 (2020.06.02.)
출원일	2017.08.30	등록일	2020.06.02

기술개요

동물에게 항간질 작용 약품(AED) 효과를 보이는 중쇄 지방산 트라이글리세라이드(MCT)를 포함하는 식품 조성물

개발배경

- 사람과 개에게서 가장 흔한 만성 신경계 질환인간질의 치료를 위한 항간질 약제(AEDs)는 페노바르비탈(PB), 브롬화 칼륨 (KBr), imepitoin, 벤조디아제핀류, 가바펜틴 및 레베티라세탐을 포함함
- 기존의 항간질 약제로는 특발성 간질이 있는 개와 사람의 약 1/3에게는 계속해서 발작을 조절하기 어려운 문제점이 있으며, 다식, 다뇨, 다갈증 및 요실금 등의 부작용이 발생함
- 이에, 간질을 치료하기 위한 치료법 개발이 필요함

기술 세부내용

- MCT 구조체(R′, R″, R‴는 5-12개의 탄소를 갖는 독립적인 지방산
- 1%~7%인 MCT 및 15%~50%의 단백질을 포함하는 식품 조성물

기술의 효과

- 간질치료

응용분야

- 통조림 음식, 냉동 식품, 신선식품 등의 식품 조성물
- 건강 보조 식품(MCTs의 양이 약 0.1% ~ 12% 범위)
- 동물 사료 조성물(MCTs의 양이 약 1% ~ 15% 범위)

특허명	퇴행성 뇌질환 또는 인지기능 장애의 예방, 개선, 치료하기 위한 유산균 및 조성물		
출원국가	미국	출원인	University-Industry Cooperation Group of Kyung Hee University
출원번호	15/759928	등록번호	10471111
출원일	2016.09.06	등록일	2019.11.12

기술개요

퇴행성 뇌질환 및 인지 기능 장애를 완화하고 치료의 효과가 있는 신규 유산균

개발배경

- 유산균의 다양한 생리활성이 알려지면서, 최근 인체에 안전하면서 기능이 우수한 유산균 균주를 개발하고 기능성 식품으로 적용하려는 연구가 활발하게 진행되고 있음
- 하지만, 현대인에게 발병이 증가하고 있는 치매, 알츠하이머 등의 퇴행성 뇌질환을 개선하거나 치료할 수 있는 유산균 관련 기술은 출현하지 않아 개발의 필요성이 있음

기술 세부내용

- 동결건조된 식품 조성물로, 락토바실러스 존소니이(Lactobacillus johnsonii) CJLJ103 (수탁번호: KCCM 11763P)균주, 이의 배양물 또는 용해질을 포함함
  * 락토바실러스 존소니이(Lactobacillus johnsonii)는 김치로부터 분리된 혐기성 간균으로 그람염색에 양성을 나타내며 넓은 온도 범위 및 낮은 pH 환경에서 생존 가능
  * 락토바실러스 존소니이(Lactobacillus johnsonii)는 탄소원으로 D-글루코스, D-과당, D-만노오스, N-아세틸-글루코사민, 말토오스, 락토오스, 수크로오스, 겐티오비오스 등을 이용

기술의 효과

- 본 기술의 락토바실러스 존소니이(Lactobacillus johnsonii) 균주는 안정성이 높고 항산화 활성, 베타-글루쿠로니다제 저해활성, 지질다당류 생성 억제 활성, 밀착연접단백질 발현 유도 활성 등의 효과
- 항산화 효과, 염증 발현 및 발암과 관련 있는 장내세균총의 유해균 효소활성 억제 효과가 우수하고, 장내세균총의 유해균이 생산하는 내독소인 LPS(lipopolysaccharide)의 생성을 억제하는 효과
- 기억력 및 학습능력의 증진 효과

응용분야

- 퇴행성 뇌질환 개선 기능성 식품
- 기억 및 인지 기능 개선 기능성 식품

특허명	미토콘드리아성 기능을 개선하고 신경퇴행성 질환과 인지장애를 치료하기 위한 조성물과 방법		
출원국가	미국	출원인	Amazentis SA
출원번호	15/218663	등록번호	10857126
출원일	2016.07.25	등록일	2020.12.08

기술개요

대사 장애, 인지 기능 저하, 감정 상태 개선을 예방 또는 치료하는 식물성 추출물

개발배경

- 미토콘드리아 기능 장애는 당뇨병과 비만의 원인이 될 수 있다는 사실이 연구됨
- 과일 추출물이 미토콘드리아 기능의 유도제로서 사용될 수 있고, 질병을 예방 또는 치료에 사용되는 활성 성분을 포함하고 있음을 발견함

기술 세부내용

- 유효량의 유로리틴(urolithin) 또는 전구체를 토여함. 유로리틴은 엘라지탄닌(ellagitannin), 푸니칼라긴(punicalagin) 및 엘라그산(ellagic acid)을 포함할 수 있음
  * 유로리틴의 전구체는 천연 식품으로부터 분리되거나 합성에 의해 제조되어 제공되거나, 천연공급원에서 정제되거나 새로 합성됨
- 유로리틴 전구 물질과 화합물을 조합하여 사용 가능 (여기서, 화합물은 도네제필(Aricep®), 갈란타민(Razadyne®), 덱스트로암페타민(덱세드린®), 리스덱삼페타민(Vyvanase®) 등을 포함)

기술의 효과

- 대사 증후군, 비만, 심장 혈관 질환, 고지혈증, 대사 장애, 신경병성의 질병을 방지하거나 치료
- 인지 기능을 개선하고, 감정상태 장애, 불안증 장애, 스트레스 관련 불안증을 치료

응용분야

- 식품 가공품, 농축물, 자연 식품
- 식품 첨가물, 건강보조 식품, 기능성 식료품

특허명	타우 단백질 생산 촉진제, 타우 단백질 결핍에 의한 질환의 치료제·예방제 및 치료·예방용 식품 조성물		
출원국가	미국	출원인	WELL STONE CO
출원번호	15/523767	등록번호	10398740
출원일	2015.11.02	등록일	2019.09.03

기술개요

지렁이의 건조 분말 또는 추출물을 유효성분으로 함유하는 타우 단백질 생산 촉진제로, 타우 단백질 결핍으로 발생하는 알츠하이머 치료용 식품 조성물

개발배경

- 타우 단백질은 미세소관 결합 단백질의 일종으로, 중추신경계의 신경세포에 다수 존재함
- 타우 단백질이 과도하게 인산화되면, 미세소관이 불안정해 세포 내의 물질 수송이 억제되어 알츠하이머병이나 타우병증 등 신경 퇴행성 질환을 유발함

기술 세부내용

- 타우 단백질 생산 촉진제 제조방법
  1) 살아있는 지렁이를 칼륨, 나트륨, 마그네슘 및 칼슘으로 이루어지는 군으로부터 선택되는 적어도 1종의 금속의 염화물과 접촉시킴
  2) 지렁이를 분말 형태의 하이드록시 카복실산과 접촉시키고, 물로 희석하여 pH 2~5로 조정하고, 3~180분간 유지한 후, 살아있는 지렁이를 수세 및 마쇄하여 얻어진 마쇄물을 동결 건조함
  3) 상기 동결건조 제품을 110℃ 이상 130℃ 미만의 온도로 가열

기술의 효과

- 지렁이 건조 분말이 타우 단백질의 단백량을 증가시키고 특히 신경돌기 부위에서는 인산화량을 현저하게 감소시킴
- 천연물을 유효성분으로 하는 타우 단백질 생산 촉진제 제조 가능

응용분야

- 알츠하이머병 치료 및 개선 기능성 식품
- 타우병증 치료 및 개선 기능성 식품

특허명	ω-3 다가 불포화 지방산 및 레스베라트롤을 포함한 경구 투여용 균질 조성물		
출원국가	미국	출원인	ALFASIGMA S.P.A.
출원번호	15/316151	등록번호	10300035
출원일	2015.03.26	등록일	2019.05.28

기술개요

지질 대사 장애 및 혈소판 응집의 증대로 인한 심장혈관 질환 및 자유 라디칼로 인한 질환의 예방 또는 치료에 사용하기 위한 조성물

개발배경

- 유해한 자유 라디칼 반응이 퇴행성 질환 및 노화의 발병원인으로 연구됨
- ω-3 다가 불포화 지방산(n-3 PUFA)은 심장혈관 사상의 예방에 있어서 유익한 효과가 실증되었으며, 항염증성, 항혈전성, 항아테롬 경화성 및 항부정맥성 효과가 발견됨

기술 세부내용

- 오메가-3 다가 불포화 지방산 또는 그 알킬 에스테르와 인산염 콜린이 92% 이상 농축된 이온 유화제로 구성된 용매계
- 레스베라트롤(resveratrol) 또는 레스베라트롤을 포함하는 연 추출물
  - * 레스베라트롤(trans-3,4',5,-트리하이드록시스틸벤)은 흑포도에 존재하는 폴리페놀 분자로 혈소판 응집의 억제제로서 작용함으로써, 심장 보호 효과를 가짐

기술의 효과

- 항산화 활성 및 세포 내 산화적 스트레스 완화
- 지질 대사 장애 및 혈소판 응집의 증대로 인한 심장혈관 질환, 동맥경화증, 암, 염증성 관절 질환, 천식, 당뇨병, 노인성 치매 및 변성 안질환 등 자유 라디칼로 인한 손상 또는 바이러스성 질환을 예방

응용분야

- 항산화 기능성 식품 및 영양 보조 식품
- 심장혈관 질환, 동맥경화증, 당뇨병 완화 기능성 식품

특허명	복합생약추출물을 함유하는 당뇨병성 말초 신경병증의 치료 및 예방을 위한 조성물		
출원국가	미국	출원인	Dong-A St Co. Ltd
출원번호	16/034288	등록번호	10398747
출원일	2018.07.12	등록일	2019.09.03

기술개요

산약(Dioscorea Rhizoma)과 부채마(Dioscorea nipponica) 추출물이 포함된 당뇨병성 말초 신경병증의 치료 및 예방하는 조성물에 관한 기술

개발배경

- 당뇨병성 말초 신경병증은 당뇨병의 가장 흔한 합병증이며, 신경병증의 가장 주요한 원인 중 하나로, 당뇨병에 의한 말초신경의 기능장애에 따른 제반 징후, 증상들로 정의됨
- 당뇨병성 말초 신경병증은 그 병인과 증상이 너무 다양해 환자 각각에 맞는 치료법을 찾기가 어려운 문제점이 있으며, 현재로서는 병의 근본적인 치료보다는 통증의 완화와 병의 진행을 막는 대증적 치료법이 주로 행해지고 있음
- 이에 당뇨병에 의해 파괴된 신경의 재생을 통한 근본적인 해결책의 필요성이 커지고 있으며, 신경의 재생을 촉진 시켜주는 신경 성장 인자를 통한 당뇨병성 말초 신경병증 치료에 관한 연구가 진행되고 있음

기술 세부내용

- 산약(Dioscorea Rhizoma)과 부채마(Dioscorea nipponica)의 총 중량 대비 산약:부채마=3.5:1 중량비로 혼합한 약제 조성물 및 건강기능식품
  * 산약은 마과에 속하는 식물로 마 또는 참마의 주피를 제거한 뿌리줄기(담근체)로서, 스테롤형 사포닌, 알란토인 등을 함유하고 있음
  * 부채마는 덩굴성 여러해살이풀인 부채마의 뿌리줄기로, 스테롤 형 사포닌을 포함함

기술의 효과

- 산약 또는 부채마 단독 추출물, 산약과 부채마의 다른 혼합비에 비하여 생체 내 신경 성장 인자(NGF) 함량 증가
- 신경세포의 증식과 신경돌기 형성 촉진 효과 및 인지능력 향상 효과

응용분야

- 당뇨병성 말초 신경병증 치료 및 예방을 위한 건강기능식품
- 인지 기능 개선 기능성 식품

특허명	고아밀로스 밀에서 생산되는 식품 원료		
출원국가	미국	출원인	Arista Cereal Technologies Pty Limited
출원번호	15/440652	등록번호	10750766
출원일	2017.02.23	등록일	2020.08.25

기술개요

대사성 질환, 심장 혈관 질환 등을 예방하는 고아밀로스 밀을 포함하는 음식 또는 음료를 생산하는 방법

개발배경

- 높은 아밀로스를 포함하는 식품은 식이 섬유의 한 형태인 저항성 전분이 자연적으로 더 높다는 사실이 밝혀짐. 저항성 전분은 장 건강을 증진시키고, 비만, 심장병 및 골다 공증과 같은 질병을 예방하는데 중요한 역할을 함
- 개선된 고아밀로스 밀 농작물을 생산하고, 고아밀로스를 포함하는 음식 또는 음료를 생산하는 방법이 필요함

기술 세부내용

- 고아밀로스 밀을 포함하는 음식 또는 음료 생산
  a) 곡물을 획득
  b) 음식 또는 음료 성분을 생산하기 위해 곡물을 처리(SBEII 단백질을 포함하고, 적어도 50~67%의 아밀로스 함량을 포함하도록)
  c) 다른 음식 또는 음료 성분 음식 또는 음료 성분을 첨가함으로써, 음식 또는 음료를 생산

기술의 효과

- 장 건강 증진, 설사 개선, 프로바이오틱 박테리아 성장 촉진
- 인슐린 및 지질 수치 조절
- 신진 대사 건강, 심장 혈관 질환 예방

응용분야

- 빵, 면, 밀가루

특허명	식품, 영양보조식품, 화장품 및 의약품에 유용한 복수의 상승적 항산화 활성을 나타내는 피토복합체		
출원국가	미국	출원인	Nature's Sunshine Products, Inc
출원번호	15/072333	등록번호	10434131
출원일	2016.03.16	등록일	2019.10.08

기술개요

항산화 활성을 높이는 효과를 가진 사과, 포도, 녹차 및 올리브 추출물을 포함하는 조성물

개발배경

- 산화 스트레스는 많은 생체 내 대사 경로에 영향을 미쳐, 산소 및 질소의 반응 중 전파에 의해 자극되는 단백질 키나아제 활성 조직 특이적 조절과 관련된 장애를 포함한 많은 병태 생리학적 상태와 관계가 있다고 연구됨

기술 세부내용

- 산화 스트레스 조절 조성물로서 사과, 포도, 녹차 및 올리브의 추출물 조합을, 동량 중 하나의 추출물, 또는 상기 추출물의 합계에 의해 제공되는 것보다도 높은 항산화 활성을 제공하는 양으로 가지는 조성물

기술의 효과

- 산화 스트레스 및 단백질 키나아제 활성 증가 효과
- 산화된 LDL(oxLDL) 콜레스테롤 감소 및 생산 억제

응용분야

- 항산화 기능성 식품 및 음료
- 대사 증후군, I형 및 II형 당뇨병, 비만, 동맥경화증, 고혈압 완화 및 개선 식품

특허명	식후 혈당 제어를 위한 조성물 및 방법		
출원국가	미국	출원인	Omniblend Innovation PTY LTD
출원번호	15/037720	등록번호	10179158
출원일	2014.11.19	등록일	2019.01.15

기술개요

내당능장애(Impaired Glucose Tolerance, IGT) 또는 제2형 당뇨병의 식후 혈당을 제어하기 위한 음료 조성물 및 제조방법

개발배경

- 내당능장애(IGT)는 당뇨병 이전의 상태로, 인슐린 저항성과 심혈관 질환 위험성 증가
- 당뇨병 환자에서 식후 혈당조절은 중요한 문제이며, 이를 조절하기 위한 많은 연구가 진행되고 있음

기술 세부내용

- 내당능장애(Impaired Glucose Tolerance, IGT) 또는 제2형 당뇨병을 앓는 대상의 식후 생성되는 혈당 수치를 조절하는 방법
- 제조 및 투여 방법
  1) 건조 중량 기준으로 최소 8g의 유청 단백질과 1g~15g의 용해성 식이섬유 분율로 구성된 분말
  2) 분말 단위와 수성 액체를 단위 당 70 내지 400g으로 혼합
  3) IGT 또는 제2형 당뇨병을 앓고 있는 사람이 식사를 섭취하기 전에 음료로 제공

기술의 효과

- 식후 혈액 포도당 수치를 완만하게 조절함
- 식사 직전에 섭취하는 것이 효과적이며, 식전 15분까지 효과가 큼
- 인슐린 민감도를 증가시킴

응용분야

- 혈당조절 기능성 음료
- 내당능장애 및 제2형 당뇨병 완화 및 개선 식음료

특허명	상심자 및 복령 껍질의 혼합 추출물을 함유하는 조성물		
출원국가	미국	출원인	NeuroBo Pharmaceuticals, Inc
출원번호	15/535489	등록번호	10588927
출원일	2015.12.03	등록일	2020.03.17

기술개요

신경변성 장애를 방지하거나 개선, 치료하기 위한 상심자 및 복령 껍질 혼합 추출액을 포함하는 조성물

개발배경

- 상심자와 복령 껍질의 신경계 활성 연구 중에 이들 생약 추출물이 다양한 뇌신경 상해 또는 기억력 형성 억제 약품에 의해 유발되는 뇌신경 질환 모델에서 기억력 회복 작용을 나타냄을 확인함
- 또한, 상심자와 복령 껍질 생약 추출물이 뇌 내 신경세포의 사멸을 일으키는 물질의 생성을 억제하고, 신경세포의 재생 및 분화를 촉진하는 단백질 발현을 촉진해 신경세포를 보호하는 것을 확인함

기술 세부내용

- 상심자, 복령 껍질 혼합 추출물 제조 방법
 1. 상심자, 복령 각각을 세척하여 건조시킨 후, 절단함
 2. 상심자: 복령=4~7:1 중량비로 혼합함(상심자와 복령 껍질 중량비는4~7:1,4~6:1또는 5:1일수있음)
 3. 70% 에탄올을 상심자, 복령 혼합물에 1~20의 양으로 첨가함
 4. 이후, 혼합물을 상온에서 48시간 냉각 추출로 추출함

기술의 효과

- 치매를 포함하는 신경질환을 방지, 개선
- 인지 및 기억 강화
- 신경 세포 재생과 분화를 촉진하는 단백질 발현을 촉진

응용분야

- 약학 제제(분말, 캡슐, 현탁액 등)
- 음료, 차, 건강 기능성 식료품

특허명	지페노사이드 LXXV를 포함하는 자궁경부암의 예방 또는 치료용 조성물		
출원국가	미국	출원인	Intelligent Synthetic Biology Center
출원번호	15/512026	등록번호	10391111
출원일	2016.06.21	등록일	2019.08.27

기술개요

지페노사이드 LXXV 자궁경부암 예방 및 치료용 식품 조성물

개발배경

- 지페노사이드(Gypenoside)는 진세노사이드와 구조 및 생리 활성 작용이 매우 유사한 것으로 알려짐
- 지페노사이드가 피부 미백, 발모촉진, 당뇨병 및 비만 예방, 대장염 예방 등의 효과가 공지되어 있지만, 자궁경부암에 대한 활성은 연구된 바가 없음

기술 세부내용

- 지페노사이드(Gypenoside) LXXV 또는 그 약학적으로 허용되는 염을 유효 성분으로 포함하는 자궁경부암의 예방 또는 치료용 약학 조성물

Gypenoside LXXV 화학식

기술의 효과

- 지페노사이드 LXXV는 투여 용량에 비례하여 세포분열 감소 효과를 보임
- 자궁경부암 세포주에 대해 항암 활성을 보이며, 그 외 다양한 암세포주에 대한 강한 활성 효과도 있음

응용분야

- 자궁경부암 예방 및 개선 기능성 식품

(3) 유럽

특허명	혈중 콜레스테롤을 낮추는 음료		
출원국가	유럽	출원인	Raisio Nutrition Ltd
출원번호	2010-706690	등록번호	2400861
출원일	2010.01.26	등록일	2020.08.19

기술개요

혈청 및 LDL-콜레스테롤 레벨을 저하시키는 음료

개발배경

- 식사 대용 음료로서 과일 또는 야채를 포함하며 발효되지 않은 단백질을 포함하는 음료를 필요로 함
- 영양이 풍부하고, 혈중 총 콜레스테롤 수치와 LDL-콜레스테롤 수치를 낮출 수 있는 음료의 개발이 요구됨

기술 세부내용

- 단백질, 식물성 스테롤 에스테르, 식물성 스타놀 에스테르, 과일 및/또는 채소 제제 및 안정화제를 포함하는 음료
- * 단백질은 0.5~5.0중량%
- * 식물 스테롤 에스테르, 식물 스타놀 에스테르는 0.5~7.0중량%
- * 안정화제는 고 메톡시 펙틴을 포함하고, 0.1~1중량%
- * 과일 및/또는 채소 제제는 천연 과일, 채소 농도 30~1000중량

기술의 효과

- 혈중 총 콜레스테롤 수치와 LDL-콜레스테롤 수치를 낮춤

응용분야

- 음료, 드링크제
- 식사 대용 음료

특허명	면역강화 조성물		
출원국가	유럽	출원인	Actigenomics S.A
출원번호	2014-733097	등록번호	3027056
출원일	2014.04.22	등록일	2019.12.04

기술개요

자연 면역 방어를 구축, 강화, 효율화, 유지 및 재생할 수 있는 조성물

개발배경

- 영양, 면역, 감염은 서로 연관성이 높아 적절한 미량 영양소 보급으로 면역기능을 증진 시키고 감염을 억제할 수 있음
- 신체가 양호한 영양 상태를 유지하고 적정한 영양소를 저장하는 것이, 모든 종류의 감염에 대해서 유효한 면역 응답을 시작시키기 위해 중요한 것은 넓게 인정되고 있음

기술 세부내용

- 하기 세부 조성물을 포함하는 면역강화 조성물 제공
  a) 마그네슘, 아연 및 철
  b) 1개 이상의 식물성 오일
    * Ribes nigrum Oleum Acini(블랙커런트 씨 오일) 및 Elaeis guineensis Oleum (팜유) 중
  c) 2개 이상의 식물성 추출물
    * Thymus vulgaris(백리향), Cicer arietinum(병아리콩), Ervum lens(렌즈콩) 중
  d) 1개 이상의 해조
    * Fucus vesiculosus(푸쿠스), Undaria pinnatifida(미역), Palmaria palmata(덜스), Porphyra umbilicalis(김) 중
  e) 1개 이상의 비타민
    * vitamins A, B1, B2, B5, B6, B9, C, E, PP(B3) 중

기술의 효과

- 바이러스의 감염, 박테리아 감염, 말라리아, 곰팡이 감염, 과민증 등과 같은 기생충성 감염을 포함하는 병원성 감염과 관련된 증상 예방 및 완화
- 점막의 면역 방어를 증가
- 선천적 및 후천적 면역계 모두 강화 효과가 있음

응용분야

- 병원성 감염 증상 예방 및 완화 기능성 식품
- 면역 강화식품

특허명	인지기능 향상 기능을 가진 불포화 지방산 및 산화질소 방출 화합물을 포함한 조성물		
출원국가	유럽	출원인	Société des Produits Nestlé S.A.
출원번호	2016-163261	등록번호	3058942
출원일	2008.12.19	등록일	2019.12.04

기술개요

인지기능을 향상시키는 조성물 및 방법에 관한 것으로 특히 불포화 지방산 및 산화질소 방출 화합물을 포함한 조성물

개발배경

- 노화와 함께 인지기능에 손상이 발생하여, 단기 기억상실, 학습능력 저하, 주의력 저하, 운동능력 저하 등 다양한 방식으로 나타남
- 또는, 인지기능 저하는 알츠하이머병의 증세에서 발생하기도 함

기술 세부내용

- 하나 이상의 불포화 지방산(UFA) 및 산화질소 방출 화합물(NORC)을 포함
- 불포화 지방산(UFA)은 0.1%에서 50%의 함량
- 산화질소 방출 화합물(NORC)은 0.1%에서 20%의 함량
  * 불포화 지방산(UFA)는 n-3 지방산 및 n-6 지방산으로 구성되는 군을 제시
  * 산화질소 방출 화합물(NORC)은 아르기닌, 시트룰린, 오르니틴을 제시

기술의 효과

- 질병으로 인한 손상이나 뇌 기능의 변화 때문에 인지기능 저하가 발생한 경우, 인지기능 강화에 효과가 있음
- 사회적 상호작용 저하를 감소 또는 방지
- 학습능력 및 기억을 촉진

응용분야

- 인지기능 강화 기능성 식품 및 영양보조식품
- 치매 예방 및 개선 기능성 식품

특허명	동맥경화증의 치료를 위한 순환하는 산화된 저밀도 지방단백질-베타-2-당 단백질 1 복합체를 낮추는 방법		
출원국가	유럽	출원인	Framroze, Bomi P
출원번호	2009-825826	등록번호	2355812
출원일	2009.11.10	등록일	2019.07.10

기술개요

동맥경화증을 예방하고 치료하기 위한 조리용 오일 조성물을 함유하는 천연 다불포화지방산에 관한 기술

개발배경

- 동맥경화증은 동맥벽의 약화과정 및 이러한 혈관 내부에 혈류량이 부족해 발생하는 질병으로 관상동맥에서 빈번히 일어나며, 심근경색을 일으킴
- 이를 치료하기 위해 혈청 콜레스테롤의 농도를 제어하는 방법이 사용되고 있지만, 콜레스테롤 흡수와 산화와 같은 초기 단계에서는 영향을 미치지 않는 문제가 있음

기술 세부내용

- 동맥경화증의 예방 및 치료를 위한 조성물로, 혈청 내에서 순환하는 oxLDL-beta-2-glycoprotein 1 복합체 및 미엘로퍼옥시다아제(Myeloperoxidase)를 감소시키는 방법을 제공
- 1-99 wt%의 다불포화지방산을 함유하는 식이성 생선 오일 조성물
- 도코사헥사엔산(DHA), 에이코사펜타엔산(EPA) 및 도코사펜타엔산(DPA)이 각각 0.5-1, 0.1-1 및 0.1-0.5의 비율로 된 혼합물을 포함

기술의 효과

- oxLDL-beta-2-glycoprotein을 감소시켜 oxLDL 및 미엘로퍼옥시다아제 농도 저하
- 순환하는 oxLDL-β2GPI 복합체 농도를 현저하게 감소시켜, 동맥경화 혈전 발달 억제

응용분야

- 동맥경화증 예방 및 개선 식품
- 항산화제 식품

특허명	타우 단백질 생산 촉진제, 타우 단백질 결핍증에 의한 질병의 치료제 또는 예방제 및 치료제 또는 예방용 식품 조성물		
출원국가	유럽	출원인	Well Stone Co.
출원번호	2015-856572	등록번호	3216456
출원일	2015.11.02	등록일	2020.09.16

기술개요

타우 단백질 결핍증으로 인한 질병의 치료 또는 예방을 위한 식품 조성물

개발배경

- 타우 단백질 기능을 치료하는 방법으로 미세소관 안정화제, 에포틸론 D를 사용하는 치료제에 관련한 선행기술이 있음
- 천연물을 활용하여 부작용이 거의 없으며, 타우 단백질 결핍증의 증상을 개선할 수 있는 치료제가 요구됨
- 지렁이 추출물 및 건조 지렁이 분말을 각종 질병의 예방제, 치료제로 사용하였으나, 알츠하이머병과 같은 타우 단백질 결핍증의 예방 및 치료를 위한 지렁이의 사용에 대한 보고는 없었음

기술 세부내용

- 건조 지렁이 분말 제조
  1. 살아있는 지렁이를 금속의 염화물에 접촉시킨 후, 물로 세척하고, 분쇄
  2. 분쇄물을 동결건조
  3. 동결 건조된 분쇄물에 포함된 불용성 성분을 제거

기술의 효과

- 타우 단백질 결핍증 치료 및 타우 단백질 결핍증으로 인한 증상 개선

응용분야

- 식품 조성물, 첨가제

특허명	자녀의 비만, 과체중 또는 체중 증가 예방을 위해 산모에게 투여하는 비타민 B6		
출원국가	유럽	출원인	Société des Produits Nestlé S.A
출원번호	2015-700286	등록번호	3091975
출원일	2015.01.09	등록일	2020.08.26

기술개요

태아의 비만, 과도한 지방 축적 및/또는 관련 대사 장애를 예방하기 위해 산모 식품에 사용할 수 있는 비타민 B6

개발배경

- 산모의 비만, 당뇨병, 과도한 임신 중 체중 증가는 유아의 과체중과 비만에 연관이 있음이 연구됨
- 다중 코호트 연구에서 임산부의 비타민 B6 결핍으로 인해 자녀가 과체중, 비만, 과도한 지방 축적 및 대사 장애가 발생할 가능성이 증가함을 밝혀냄

기술 세부내용

- 단백질, 철, 요오드, 비타민 A 및/또는 엽산의 공급원을 포함하는 식품 조성물로 제공될 수 있음
- 곡물 제품, 영양보충제, 영양제, 유제품 등 식품 조성물로 제공될 수 있음
- 우유 또는 물에 섞어먹는 분말 형태의 조성물로 제공될 수 있음
- 또는, 비타민 B6는 생선, 쇠고기, 달걀, 완두콩, 야채, 과일, 견과류 등의 천연 공급원에서 제공될 수 있음

기술의 효과

- 자녀의 비만, 과체중 및 대사 장애의 위험을 감소시킴
- 복부 또는 내장 지방 감소시킴

응용분야

- 곡물 제품, 영양 보충제, 영양제, 유제품 등 식품 조성물에 포함
- 우유 또는 물에 섞어먹는 분말 형태의 식품 조성물

특허명	비만 및 비만 관련 질환 치료를 위한 프로바이오틱스 조성물 및 방법		
출원국가	유럽	출원인	Prothera, Inc
출원번호	2013-839430	등록번호	2898061
출원일	2013.08.12	등록일	2019.11.06

기술개요

비만, 당뇨병 및 관련 질환 증상을 개선하거나 감소시키고 치료하는 프로바이오틱스 조성물

개발배경

- 미생물은 탄수화물 및 지질 대사에 영향을 미치는 생활성 물질들을 생산하고, 장 및 전신의 염증 과정 모두를 조절한다고 연구됨
- 이에 따라, 비만 및 당뇨의 제어에 유효한 영양 보충제 및 프로바이오틱 식품을 발굴하고자 하는 관심과 필요성이 증가하고 있음

기술 세부내용

- 비만을 예방 또는 개선하기 위한 조성물
- 2종 이상의 프로바이오틱 미생물을 함유하는데, 제1 종은 락토바실러스(Lactobacillus)를 포함하는 군으로부터 선택되고 제2 종은 비피도박테리움(Bifidobacterium) 또는 류코노스톡(Leuconostoc)을 포함
- 캡슐, 정제, 건조 분말, 식품 또는 음료 내의 활성 성분으로 활용

기술의 효과

- 2종 이상의 프로바이오틱 미생물을 포함하는 조성물이 체중 감소와 당뇨병에 대하여 시너지적 효과를 보임
- 비만-관련 질환인 인슐린 저항성, 고혈당증, 당뇨병, 고중성 지방혈증, 동맥경화, 협심증, 심근경색 및 뇌졸중 질병을 완화하는 효과

응용분야

- 비만, 당뇨병, 고혈압, 심혈관 질병의 치료 기능성 식품

특허명	복령 껍질 추출물을 함유하는 신경퇴행성 질환의 예방, 개선 또는 치료용 조성물		
출원국가	유럽	출원인	NeuroBo Pharmaceuticals, Inc.
출원번호	2015-870223	등록번호	3235502
출원일	2015.12.03	등록일	2020.02.26

기술개요

복령 껍질 추출물을 유효성분으로 함유하는 퇴행성 신경계 질환 예방 및 치료용 약학적 조성 및 식품 조성물

개발배경

- 복령 껍질 추출물이 뇌손상 또는 기억 억제제에 의해 유발된 뇌 신경병증에서 기억 회복 활성을 보이는 것으로 연구됨
- 연구결과, 복령 껍질 추출물이 뇌에서 신경세포사멸을 유발하는 물질의 생성을 억제하고, 신경세포를 보호하는 단백질의 발현을 촉진하여 신경세포를 보호하는 것으로 나타남

기술 세부내용

- 복령 껍질 추출물은 물, 알코올 또는 물과 알코올의 혼합물을 사용하여 추출함
- 추출용매 중 하나인 알코올은 메탄올, 에탄올, 부탄올 중 하나를 선택하여 사용함
- 다른 유효성분으로는 포도당, 자일리톨, 젤라틴, 셀룰로오스, 인산칼슘, 말티톨, 유당, 미네랄 오일 등의 담체, 희석제 또는 부형제들을 포함할 수 있음
- 식품 조성물로 제조될 경우, 비타민, 미네랄(전해질)과 같은 첨가제를 포함할 수 있고, 합성 풍미제, 조미료 등을 포함할 수 있음

기술의 효과

- 치매를 포함하는 신경질환을 방지, 개선
- 신경세포를 보호하고, 기억력을 증가
- 신경세포 재생과 분화를 촉진하는 단백질 발현을 촉진

응용분야

- 약학 제제(분말, 캡슐, 현탁액 등)
- 음료, 차, 건강 기능성 식료품

나) 국내 동향

특허명	오미자 및 콩즙을 포함하는 당뇨개선용 식품조성물 및 이의 제조방법		
출원국가	한국	출원인	한국식품연구원
출원번호	1020190006086	등록번호	1020610480000
출원일	2019.01.17	등록일	2019.12.24

기술개요

오미수 및 콩즙을 포함하는 혼합물을 유효성분으로 함유하는 당뇨개선용 식품조성물 및 이의 제조방법

개발배경

- 당뇨병 치료에는 비구아니드(biguanides), 티아졸리딘디온 (thiazolidinediones), 설포닐우레아(sulfonylureas), 벤조산(benzoic acid) 유도체, α-글루코시다아제 저해제(α-glucosidase inhibitor) 등이 사용되고 있으나, 이들 약물을 이용한 당뇨병 치료는 많은 부작용이 따르고 있어, 세계보건기구(WHO)는 당뇨병에 부작용이 적은 천연물의 이용을 적극 추천하고 있음.

기술 세부내용

- 세척한 생오미자를 믹서기로 분쇄한 후, 70메쉬 여과포로 여과하여 씨와 찌꺼기를 제거하여 생오미자 착즙액 제조
- 수분함량 8 중량%인 건조 오미자에 물을 1: 18 중량비로 첨가한 후 상온에서 24시간 동안 불리고, 믹서기로 분쇄한 후, 70메쉬 여과포로 여과하여 씨와 찌꺼기를 제거하여 건조오미자 착즙액 제조
- 세척한 대두가 잠길 정도로 물을 첨가하여 12시간 동안 불린 후 불린 대두를 110 ℃로 증자시키고 차가운 물에 상기 증자된 대두를 넣고 씻으면서 껍질을 제거한 다음 껍질이 제거된 대두를 믹서기로 분쇄한 다음 70메쉬 여과포로 여과하여 비지가 제거된 콩즙 수득

기술의 효과

- α-글루코시다아제(α-glucosidase) 억제 활성
- 식후 혈당 상승을 억제함으로써 당뇨 개선

응용분야

- 혈당조절용 건강기능식품
- 일반 식품에서 특수용도식품 중 당뇨환자용 식품

특허명	누에, 감피 및 오미자의 추출 혼합물을 유효성분으로 함유하는 항당뇨 조성물		
출원국가	한국	출원인	전라북도
출원번호	1020160170234	등록번호	1017990020000
출원일	2016.12.14	등록일	2017.11.13

기술개요

누에, 감피 및 오미자의 추출 혼합물을 유효성분으로 함유하는 항당뇨 조성물

개발배경

- 혈당강하 약제로는 인슐린 제제나, 경구용 제제인 설포닐 우레아(sulfonyl urea)계 약제와 비구아나이드(biguanide)계 약제가 주로 사용되고 있으나, 알레르기 현상, 골수억제, 저혈당 등과 같은 부작용이 있으므로, 간 또는 신장장애환자나 저혈압, 심근경색 및 저산소증이 있는 환자, 노인 등에 대한 투여는 신중할 필요가 있음.
- 따라서, 기존의 약제가 가지고 있는 한계 극복 및 부작용을 최소화하기 위해 천연소재 및 약리물질에 대한 연구가 필요함.

기술 세부내용

- 누에 추출물 및 감피 추출물의 제조는 500g의 누에 건조분말 및 500g의 감피 건조분말에 각각 50%(v/v) 에탄올5ℓ를 첨가하여 25℃에서 12시간 동안 추출한 후 여과지를 이용하여 분리한 여과액을 회전증발농축기를 이용하여 1차 농축한 후, 동결 건조
- 오미자 추출물의 제조는 500g의 오미자 건조분말에 100%(v/v) 에탄올 5ℓ를 첨가하여 25℃에서 12시간 동안 추출한 후 여과지를 이용하여 분리한 여과액을 회전증발농축기를 이용하여 1차 농축한 후, 동결 건조
- 누에 추출물, 감피 추출물 및 오미자 추출물을 건조시킨 후, 디메틸설폭사이드(dimethylsulfoxide)를 이용하여 0.1mg/mℓ로 용해시킨 다음, 혼합비율(%)에 따라 누에, 감피 및 오미자의 추출 혼합물 제조

기술의 효과

- 부작용 감소
- α-글루코시다아제(α-glucosidase)의 저해활성이 우수

응용분야

- 당뇨병의 예방, 개선 또는 치료용 건강기능식품 또는 의약품

특허명	다래순 추출물 또는 이의 분획물을 유효성분으로 함유하는 항당뇨 조성물		
출원국가	한국	출원인	중앙대학교 산학협력단
출원번호	1020140170633	등록번호	1017311520000
출원일	2014.12.02	등록일	2017.04.21

기술개요

다래의 어린잎인 다래순의 추출물 또는 이의 분획물을 유효성분으로 함유하는 항당뇨용 조성물

개발배경

- 현재 당뇨병 치료를 위해 사용되고 있는 약물의 경우, 지속적인 약효가 미비하고, 체내에서 각종 부작용을 일으키는 문제점이 있으며, 특히 많은 치료제들이 신장독성 및 간독성을 유발시키는 문제점이 있음.
- 따라서 이러한 부작용을 줄이면서 동시에 우수한 항당뇨 약리효과를 가지는 천연물질의 개발이 시급함.

기술 세부내용

- 다래순을 저온건조 또는 동결건조하여 건조 중량에 대해 약 10배 내지 300배, 바람직하게는 약 100배 내지 300배의 용매를 이용하여 당업계에 공지된 용매 추출 방법을 통해 다래순 추출물 수득
- 다래순을 건조한 다음, 물, 50%에탄올 또는 100%에탄올을 첨가하여 상온에서 12시간 동안 추출함. 이후 추출된 다래순 추출물은 원심분리, 여과 및 농축 과정을 거쳐 농축된 다래순 추출물의 형태로 제조하였으며, 제조한 추출물은 동결건조하여 -80℃에 보관함.

기술의 효과

- 부작용의 위험이 낮음.
- α-글루코시다아제 저해 활성이 우수하여 당뇨병을 예방, 개선 또는 치료 가능

응용분야

- 당뇨병의 예방, 개선 또는 치료용 건강기능식품 또는 의약품

특허명	소화기암 환자의 영양상태 개선용 균형영양식 조성물 및 이의 제조방법		
출원국가	한국	출원인	대상라이프사이언스(주)
출원번호	1020190104502	등록번호	-
출원일	2019.08.26	등록일	-

기술개요

소화기암 환자의 영양상태 개선용 균형영양식 조성물 및 이의 제조방법

개발배경

- 암 환자에서 영양결핍의 원인은 다양하나 악성종양 성장으로 인해 악액질(cachexia)이 유발됨에 따라 식욕부진및 영양소 대사변화가 수반되고 이로 인한 심각한 체중감소가 발생함.
- 전반적인 영양상태 개선을 위한 일반 영양보충제 및 악액질 발생을 억제할 수 있는 특수소재 첨가 영양보충제 등을 활용한 영양중재 연구가 필요하고 이를 기반으로 한 다양한 환자식 개발이 필요함.

기술 세부내용

- 구성 조성물
  1) 정제수에 산도조절제를 용해시키고, pH를 5.5~7.5로 조절
  2) 용해물에 카제인나트륨, 분리대두단백을 첨가하여 용해시키고, 채종유, 고올레산해 바라기유, MCT오일, 피쉬오일을 첨가하여 용해
  3) 용해물에 난소화성말토덱스트린, 이소말토올리고당, 저감미당 , L-아르기닌, 미네랄류 및 비타민류를 더 첨가하여 용해

기술의 효과

- 소화기암 환자의 영양상태 및 면역력 증가

응용분야

- 소화기암 환자의 영양상태 개선용 균형영양식 조성물

특허명	갈색거저리를 이용한 연하식품 및 이의 제조방법		
출원국가	한국	출원인	대한민국(농촌진흥청장) 주식회사 한국메디칼푸드
출원번호	1020150157450	등록번호	1017461110000
출원일	2015.11.10	등록일	2017.06.05

기술개요

갈색거저리를 이용한 연하식품 및 이의 제조방법

개발배경

- 소고기 대체 단백질원으로 갈색거저리를 이용함으로써 연하곤란자에게도 영양 및 관능적으로 균형영양식 공급을 가능하도록 하며, 특히 갈색거저리의 항암활성으로 인해 병원 치료식 메뉴로도 적용이 가능한 갈색거저리를 이용한 연하식품 및 이의 제조방법을 제공

기술 세부내용

- 구성 조성물
  1) 갈색거저리 분말과 정제수를 혼합한 후, 균질화하여 젤리 액상원료 제조
  2) 젤리 액상원료를 여과하여 갈색거저리 분말의 키틴질 제거
  3) 갈색거저리 분말의 키틴질을 제거한 젤리 액상원료와 젤리 분말원료을 혼합한 후, 가열하여 혼합물 제조
  4) 혼합물에 정제수, 누룽지맛 분말, 누룽지 향, 산도조절제 및 정제수로 구성된 조미용 액상원료를 넣고 혼합한 후, 가열하여 젤리액 제조
  5) 젤리액을 용기에 충진
  6) 충진한 젤리액을 살균한 후, 냉각하여 젤리형태의 연하식품 제조

기술의 효과

- 소고기 대체 단백질원으로 갈색거저리의 이용가능성 확인
- 곤충에 대한 인식 전환
- 곤충산업 활성화

응용분야

- 갈색거저리를 이용한 연하식품

특허명	체중조절용 식사대용식 음료 조성물 및 이의 제조방법		
출원국가	한국	출원인	웅진식품주식회사
출원번호	1020120018880	등록번호	1013329200000
출원일	2012.02.24	등록일	2013.11.19

기술개요

간편하게 음용할 수 있는 체중조절용 식사대용식 음료 조성물

개발배경

- 체중조절용 조제식품의 제품조건에 부합하면서 음료형태로 제조하여 언제 어디에서나 간편하게 음용함으로써 영양보충은 물론 식사대용식으로 가능한 제품을 개발할 필요성이 대두됨.

기술 세부내용

- 구성 조성물
  1) 두부를 데친 후 생크림 및 설탕을 넣고 휘핑하는 단계
  2) 휘핑된 두부에 우유 및 구아검(Guar Gum)을 첨가하여 끓이면서 혼합하는 단계
  3) 혼합된 재료를 갈아주면서 영양소를 첨가하는 단계
  4) 혼합물을 용기에 넣은 후 방사선을 조사하는 단계

기술의 효과

- 환자용 균형영양식을 만들기 위한 영양소를 첨가하고 방사선 처리하여 제조된 영양성이 우수한 환자용 멸균 아이스크림

응용분야

- 환자용 균형영양식
- 일반인의 기호유제품

특허명	영양성이 우수한 환자용 멸균 아이스크림의 제조방법		
출원국가	한국	출원인	한국원자력연구원
출원번호	1020160086209	등록번호	1018291330000
출원일	2016.07.07	등록일	2018.02.07

기술개요

영양성이 우수한 환자용 멸균 아이스크림 및 이의 제조방법

개발배경

- 면역력이 약한 환자 또는 면역결핍 환자에게 있어서 멸균된 무균 식품이 제공되어야만 하는데, 일반적으로 가열처리에 의해 멸균되는 타락죽의 경우 색이 어두워지고, 맛이 저하되는 등 관능적 품질감소와 비타민 등 영양성분 파괴를 야기함.
- 면역력이 약한 환자가 섭취할 수 있는 무균 아이스크림제품은 전무한 상태임.

기술 세부내용

- 분리대두단백 2.0~5.0중량%; 곡물 페이스트 조성물 10.0~25.0중량%; 무화과 농축액 0.05~2.0중량%; 쌀추출 농축액 1.0~3.0중량%; 혼합 안정제 0.05~0.12중량 %; 감미료 2.0~5.0중량%; 해조 분말 0.1~0.3중량%; 비타민 믹스 0.01~0.1중량%; 비타민C 0.01~0.06중량%; 비타민A 혼합제제 0.001~0.05중량%; 철분 0.0005~0.002중량%; 아연 0.0005~0.003중량%; 가르시니아캄보지아 껍질추출물 0.005~0.05중량%; 난소화성 말토덱스트린 0.1~1.0중량%; 곡물향 0.01~0.3중량% 및 잔량의 물을 포함하는 체중조절용 식사대용식 음료 조성물을 제공

기술의 효과

- 간편하게 음용할 수 있는 체중조절용 식사대용식 음료 조성물 개발

응용분야

- 영양성이 우수한 환자용 멸균 아이스크림

라. 메디푸드 기업 동향
1) 해외기업[193]
가) Nestle Healthcare Science

네슬레 헬스케어 사이언스(Nestle Healthcare Science)는 글로벌 식료품회사인 Nestle의 건강 관리 영양 사업으로 2011년에 만들어 졌으며, 소아 알레르기용, 고령자용(연하곤란자용), 칼로리 및 단백질 강화제, 당뇨병 치료식, 경관영양식, 대사질환자용식품등 총 32종류의 자체 브랜드를 통해 의료용 식품을 판매하고 있다.

브랜드	대표제품명	제품 설명	제품 이미지
Boost	Boost Glucose Control	당뇨병 환자에게 균형 잡힌 영양을 제공하는 음료로 혈당치를 관리하는데 도움이 되도록 고품질 단백질, 탄수화물, 25개의 비타민과 미네랄의 영양소가 포함된 제품	
Peptamen	Peptamen	패혈증 및 위장 장애와 같은 정상적으로 음식을 소화하는데 문제가 있는 환자를 위해 정관으로 영양분을 흡수 할 수 있도록 만든 제품	
Resource	Resource 2.0	연하곤란자를 위해 섭취하기 쉽게 음료로 만들어진 제품이며 8oz를 섭취할 때 480칼로리와 단백질을 섭취할 수 있음	
Novasource	Novasource Renal	신장질환자의 영양보충을 위해 단백질, 비타민, 미네랄이 포함된 제품	
Glytrol	Glytrol	당뇨병이나 고혈당증 환자의 혈당 조절과 영양공급을 위해 튜브식으로 만들어진 제품이며 소화작용을 도와주는 프리바이오틱 섬유소인 PREBIO가 포함된 제품	

[표 138] Nestle Healthcare Science 주요 제품

---

193) 2018 가공식품 세분시장 현황, 특수의료용도등식품 시장, 농립축산식품부, 2018

나) Abott Nutrition

Abott Nutrition 사는 미국에 본사를 두고 있는 세계적인 헬스케어 기업으로 진단의학, 의학기기, 제약의 4가지 핵심 사업을 진행 중에 있다. 또한, 과학 연구를 기반으로 영양식 제품을 출시하고 있으며, 치료 영양식 사업이 가장 많은 비중을 차지하고 있다.

브랜드	대표제품명	제품 설명	제품 이미지
페디아슈어 (PediaSure)	PediaSure Sidekicks Clear	120칼로리의 단백질, 각종 미네랄 성분, 19가지 필수비타민, 3가지 필수향산화성분이 포함된 아동용 균형 영양식	
엔슈어 (Ensure)	Ensue Enlive	소실된 근육의 재형성을 돕고, 새로운 힘과 에너지를 공급해주는 고령층 타깃 영양식 음료	
엘레케어 (EleCare)	ElaCare Amino Acid-Based Powder Infant Formula with Iron (0-12 Months)	단백질 섭취가 어려운 유아들을 위한 경구 및 경관급식용 아미노선 보충제	
Pedialyte	Pedialyte Classic	필수 수분과 미네랄이 포함되어 있으며 설사, 구토, 운동 등으로 인한 탈수증 예방 제품	
글루서나 (Glucerna)	Glucerna Hunger Smart	당뇨병 환자들을 위한 대용식으로,'카브 스테디(Carb Steady)'라는 탄수화물이 혈당 지수를 낮추고 소화되는 속도를 늦춰 혈당 수치의 상승을 최소화 시키는 역할을 함	

[표 139] Abbott Nutrition 주요 제품

다) Mead-Johnson

Mead-Johnson Nutrition사는 주력 제품인 'Enfamil'을 통해 미국 및 전 세계로 제품을 유통하고 있는 세계적인 유아용 조제분유 제조업체다. 세계 50개국 이상에 유아영양, 어린이 영양, 알레르기 식이관리, 대사질환 관리, 성인용 영양제품 등 다양한 Medical Foods를 판매하고 있다.

브랜드	대표제품명	제품 설명	제품 이미지
Nutramigen	Nutramigen AA	저 자극성 아모노산, DHA와 ARA가 포함되어 있으며, 단백질 흡수 장애가 있는 유아를 위한 제품	
BCAD	BCAD 1	메이플시럽뇨증(MSUD)64)을 지닌 유아의 식이 관리를 위해 철분이 강화된 Medical food 파우더 제품	
Portagen	Portagen	지방 내부의 담즙 감소 결함이 있는 소아 및 성인을 위한 트리글리세리드를 함유한 유단백 단백질 기반 파우더 제품	
Enfaport	Enfaport	유방암이나 LCHAD 결핍증이 있는 영유아의 독특한 영양 요구를 충족시켜주는 제품으로 DHA와 AHA가 함유되어 있음	
Sustagen	Sustagen KIDS	어린이의 건강한 성장과 발달을 지원하는 DHA 및 철분 등의 전문 영양 기능이 포함된 어린이용 제품	

[표 140] Mead-Johnson 주요 제품

라) Danone Nutricia

Nutricia는 의료용식품 및 영양 식품을 전문으로 취급하는 Danone 그룹의 자회사 중 하나로, 유럽에서 가장 큰 영양식 제조사다. Nutricia는 Nutricia Research를 통해 의료용 식품 개발에 노력을 기울이고 있으며, 대사 질환자용 식품, 에너지 보충 음료, 고단백질 영양보충제, 장내 수유 펌프 등 다양한 제품을 개발·판매하고 있다.

브랜드	대표제품명	제품 설명	제품 이미지
The Anamix Range	Anamix infant	선천성 신진대사질환이 있는 어린이의 성장과 발달을 돕기 위해 아미노산을 기본으로 하는 단백질, 에너지 등 특정 영양 성분을 제공하는 식품	
Cubitan	Cubitan Strawberry	高에너지, 高단백질 경구 영양 보충제로 아르기닌, 아연 및 노화방지제가 함유되어 있으며 바닐라 맛, 딸기 맛, 초콜릿 맛 으로 이루어져 있음	
Forti Care	Forti Care	밀크쉐이크 스타일의 영양 제품으로, n-3 지방산, 노화 방지제, 섬유질이 풍부함. Forticare는 영양소가 부족한 환자의 식사를 보완하는 용도의 식품임	
Fortimel	Fortimel Extra	환자의 영양실조 관리를 위한 高단백질, 에너지 밀도가 높은 의료용 영양 식품으로 물, 필수 미네랄, 비타민을 함유한 제품. 200ml로 제공되며 1회 섭취로 18g의 단백질 및 300kcal의 에너지를 섭취할 수 있음	
Liquigen	Liguigen	난치병 간질과 MCT생성 조절이 가능한 제품으로, 50%의 물과 50%의 오일로 구성되어 있음	

[표 141] Danone Nutricia 주요 제품

마) Nualtra

아일랜드에 위치한 Nualtra사는 영양사인 Paul Gough가 2012년에 설립하였으며, 영국 및 아일랜드 지역에서 가장 빠르게 성장하고 있는 의료용식품 제조 회사다. Nualtra의 제품은 저렴하지만 맛과 영양이 뛰어난 경구 의료용식품이 주를 이룬다.

브랜드	대표제품명	제품 설명	제품 이미지
Foodlink Complete	Foodlink Complete with Fiber	분말 형식으로 이루어진 고단백 영양 보충식품으로, 200ml의 제품에는 418kcal와 18.5g의 단백질이 포함된 경구영양보충제임. 딸기 맛, 초콜릿 맛, 바닐라 맛, 바나나 맛으로 나뉘어져 있음	
Altrashot	Altrashot	비타민과 미네랄이 함유된 고밀도 에너지 액체 보충제로, 질병과 관련된 영양실조를 앓고 있는 환자들의 식이관리를 위한 제품임. 120ml로 이루어져 있으며 120kcal와 단백질 6g, 27가지 종류의 비타민과 미네랄을 섭취 할 수 있으며 유당과 글루텐이 없는 것이 특징임	
Nutricrem	Nutricrem	高에너지, 高단백질의 디저트 스타일의 의료용식품으로, 125g에 225kcal와 12.5g의 단백질을 함유한 경구의료용식품임. 질병에 따라 영양 요구가 증가한 환자 또는 다른 식품으로 영양을 충족시키지 못하는 환자들을 위한 제품임	
Altraplen	Altraplen Compact	영양실조가 있거나 영양실조의 위험이 있는 환자의 식이관리에 사용되는 제품으로, 高에너지, 高단백의 밀크쉐이크 형태의 제품임. 125ml로 구성되어 있으며 300kcal와 12g의 단백질을 함유한 경구 의료용식품임	
	Altraplen Protein	심한 상처, 수술 후 또는 영양실조의 위험이 있는 환자의 식이관리에 사용되는 제품으로 에너지, 高단백의 밀크쉐이크 형태의 제품임. 200ml로 구성되어 있으며 300kcal와 20g의 단백질을 함유한 경구의료용식품임	

[표 142] Nualtra 주요 제품

바) Vitaflo

Vitaflo는 신장 질환과 같은 선천성 대사질환, 질병 관련 영양 결핍 등을 위한 의료용식품 개발, 제조, 판매 회사이며 2012년, 글로벌 식품 및 음료 제조회사인 Nestle Health Science에 인수되었다. 현재는 페닐케톤뇨증, 단백질 대사질환, 탄수화물 대사질환, 소아 신장질환, 질병 관련 영양실조를 위한 의료용 식품을 판매하고 있다.

브랜드	대표제품명	제품 설명	제품 이미지
Pro-ca	Pro-cal Shot	질병 관련 영양실조에 걸린 환자들을 위한 제품으로 단백질, 지방, 탄수화물을 제공하는 경구영양보충제임. 120ml의 병으로 이루어져 있으며 400kcal와 2g의 단백질을 제공하며 3세 이상부터 섭취할 수 있음	
PKU	PKU Start	페틸케톤뇨증이 있는 환자의 식이관리에 적합한 식품으로 필수 아미노산, 탄수화물, 지방, 비타민, 미네랄, DHA, ARA를 함유한 아미노산 기반의 제품으로 유일한 영양공급원으로 사용하기 적합하지 않으므로 다른 식품과 함께 사용하는 것이 효과적인 제품	
TYR	TYR Gel	단백질 대사질환이 있는 환자의 식이관리를 위한 단백질 대체 제품으로 분말형식으로 이루어져 있음.	
Lipi	Lipi Start	지방산 산화질환, 지방 흡수 장애 및 MCT, LCT의 식이 요법 관리를 위한 의료용 식품으로 다른 식품의 섭취 없이 유일한 영양 공급원으로 섭취가 가능한 제품	
Rena	Rena Start	소아 신장질환 환자를 위한 제품으로, 단백질, 아미노산, 탄수화물, 지방, 비타민, 미네랄 및 불포화 지방산을 함유하고 단백질, 칼슘, 칼륨, 인, 비타민A가 적게 들어간 분말형식의 의료용식품이며, 경구, 경관 형식으로 복용 가능함	

[표 143] Vitaflo 주요 제품

2) 국내기업
가) 대상라이프사이언스

대상라이프사이언스의 건강식품 브랜드인 대상라이프사이언스는 완전균형 영양식 브랜드인 '뉴케어'로 특수의료용도등식품을 생산하고 있다. '뉴케어'는 지난 1995년 첫 출시 이후 균형영양식 전문브랜드로 자리 매김했다.

대상라이프사이언스는 마시는 용도의 일반영양식 제품, 특수 질환 환자나 경관급식 환자에 적합한 전문식 제품, 연하곤란 환자용 점도 증진 제품, 특정 영양소 보충용 제품, 수술 전후에 도움이 되는 탄수화물 보충 제품, 영양간식제품으로 나누어 제품을 생산하고 있다.

대표제품명	제품 설명	제품 이미지
뉴케어	간편한 식사대용 및 영양보충을 위한 환자용 식품으로 3대 영양소와 더불어 22종의 비타민과 미네랄이 함유되어 있음. 구수한 맛, 검은깨맛 등 다양한 맛을 제공하고 있으며 이소말토올리고당이 함유되어있음.	
마이밀	권장량 하루 2팩의 제품으로 2팩 섭취 시 하루 18g의 단백질을 섭취할 수 있는 제품으로 동·식물성 단백질의 균형을 5:5로 맞춘 제품임. 또한, 체내에서 합성되지 않는 필수 아미노산인 BCAA를 함유하고 있음	
클로렐라 플래티넘	나트륨과 인공 감미료, 인공 색소, 인공 착색료 등의 인공 첨가물을 첨가하지 않은 국내산 클로렐라 제품으로, 특허 받은 옥내 배양기술로 제조되었음	
메이크미	체중 조절용 식품으로 프로바이오틱스와 비타민 B군을 포함한 제품임. 한국인 대상 기능성원료인 돌외잎주정추출분말을 이용하여 제조되었음.	

[표 144] 대상라이프사이언스 주요 제품

나) 엠디웰

  엠디웰(MDWell)은 매일유업과 대웅제약이 함께 설립한 의료영양전문회사로 건강식, 균형영양식 개발 및 영양정보를 제공하기 위해 노력하고 있다. 엠디웰은 일반영양식부터 특수영양식까지 다양한 종류의 특수의료용도등식품을 생산하고 있다.

대표제품명	제품 설명	제품 이미지
메디웰 RTH	정사적인 식사가 어려운 튜브급식 환자와 장기적인 영양 공급이 필요한 튜브급식 환자를 위한 제품으로 1회 사용량이 많은 300/400/500ml로 구성되어 있음.	
케토웰	저탄수화물고지방식으로 설계한 영양상태 개선을 위한 영양보충식으로 한번에 섭취하기 쉬운 125ml 용량의 제품이다. 담백하고 고소한 누룽지 맛이다.	
뉴트리웰 당뇨식팩	영양소를 균형 있게 제공받고 싶은 당뇨환자 혹은 고혈당 환자의 영양보충 또는 식사이용을 위한 당뇨환자용 식품. 단백질:지방:탄수화물(%) = 20:40:40 열량 구성비로 제조되었으며, 단일불포화지방산(MUFA), 파라티노스와 난소화성말토덱스트린을 사용함.	
메디웰 고단백 활력플러스	우유 3컵 만큼의 단백질(12g)과 함께 부족하기 쉬운 필수 비타민과 15종의 미네날이 첨가되어있는 제품	

[표 145] 엠디웰 주요 제품

다) 한국메디칼푸드

한국메디칼푸드는 질환에 적합한 맞춤 영양 솔루션을 제공하는 임상영양 전문기업으로 환자뿐만 아니라 어르신, 소아를 위한 질환별 맞춤형 제품을 개발하고 있다. 주요 생산 제품 유형은 균형영양식, 경구영양보충식, 단일영양식, 점도증진제로 나누어 볼 수 있다.

대표제품명	제품 설명	제품 이미지
메디푸드	일반 환자용 균형영양조제식품으로 고농축 영양식, 당뇨식, 경관식, 고단백식 제품 라인업을 보유하고 있음.	
모노웰	장질환자용 단백가수분해 영양조제식품으로 100% 아미노산으로 구성되어있는 제품임. 유단백, 유당, 글루텐, 식이섬유가 함유되어 있지 않으며, 잔사가 적어 하부장관의 휴식 효과를 보장함.	
미니웰	고단백 농축균형 영양제품으로 1.33kcal/ml이라는 높은 열량밀도를 제공함. 1회 제공량 당 9g의 단백질이 함유되어 있으며, 수용성 식이섬유를 함유하고 있어 배변활동 향상 효과가 있음	
무스웰	떠먹을 수 있는 형태의 균형영양식으로 1회 제공량 당 130kcal의 열량을 보충할 수 있으며, 13가지 비타민과 무기질을 함유하고 있음.	

[표 146] 한국메디칼푸드 주요 제품

라) 정식품

 정식품은 1991년 환자용 특수영양식품인 '그린비아'를 출시했다. '그린비아'는 일반식, 어린이, 당뇨, 고단백 등을 위한 전문식, 연하곤란 환자를 위한 점도증진제, 단일영양식 뿐만 아니라 RTH(Ready To Hang)형태의 제품의 형태로 출시되고 있다.

대표제품명	제품 설명	제품 이미지
그린비아 일반영양식	씹기 어려워 일반 식사가 힘들거나, 소화기능이 약하신 분들을 위한 균형 영양식으로, 체내 흡수가 빠른 중쇄지방산을 함유하고 있음.	
그린비아 플러스케어 당뇨식	씹기 어려워 일반 식사가 힘들고, 당뇨가 있는 분들을 위한 전문영양식으로, 천천히 소화·흡수되는 팔라티노스를 사용했음.	
그린비아 화이바	장기간 경관급식중인 환자를 위한 식이섬유 함유 환자식으로, 장이 민감한 환자를 위해 4.3g의 식이섬유를 함유하고 있으며 타우린, 카르니틴, 콜린 또한 함유하고 있음.	
그린비아 연하솔루션	음식물을 삼키는데 어려움을 겪는 분들을 위한 제품으로, 자유로운 점도 조절이 가능한 전분계 점도 증진 제품임. 무미, 무취, 무색으로 다양한 식품에 첨가하여 섭취할 수 있음.	

[표 147] 정식품 주요 제품

마. 메디푸드 관련 정책 및 제도 동향
1) 해외 동향[194]
가) 미국

미국은 Medical Food를 FDA에서 관리하는 법률인 'Federal Food, Drug, and Cosmetic Act'에 의거하여 Medical Food를 관리하고 있다.[195]

1972년 이전에 Medical Food는 주로 유전성 대사 질환 환자를 관리하기 위해 사용되었다. Medical Food는 주로 한정된 환자를 위한 희귀 제품이었으며, 의료 감독 하에 사용을 보장하기 위해 의약품으로 간주되었다. 그러나 1972년에 FDA는 제품의 개발 및 가용성을 높이기 위해 의약품에서 뛰어난 식이요법을 위한 식품으로 Medical Food를 재분류하였다. 그 사이, Medical Food로 분류된 다양한 제품이 개발되었으며, 현재 시판된 Medical Food는 중환자 및 고령자 관리에 있어 생명 유지 양식으로 광범위하게 사용되고 있다.[196]

미국 내에서는 Medical Food에 대해 별도로 판매 전 검토나 등록절차가 없는 대신 제조시설 등록 및 감사프로그램, 식품라벨링(Labeling) 등을 통해 전반적으로 Medical Food를 관리하고 있다. FDA에서는 Medical Food를 위한 자율준수프로그램(Medical Foods Program-Import and Domestic)에 따라 제조과정을 감시하고 위생에 대한 검사를 실시하고 있다.

Medical Food의 제조시설, cGMP[197]준수여부, 영양성분 및 위생에 관련된 분석 등은 FDA산하 CFSAN(Center for Food Safety and Applied Nutrition)이 실시하는 정기적인 감사(Medical Food Compliance Program)를 통하여 별도로 관리된다.

Medical Food는 의약품이 아니며, 특별히 약물로 적용되는 규제요구사항이 적용되지 않으며 제품의 라벨 및 광고에"Use under medical supervision"문구를 포함시켜야 한다. Medical Food는 1990년 NLEA하의 건강강조표시와 영양소 함량 표시가 면제되었으며, Medical Food에 적용되는 표시요구사항은 다음과 같다.

---

194) 식품 R&D 이슈보고서 2 메디푸드 및 고령친화식품 동향 보고서
195) Frequently Asked Questions About Medical Foods, Food and Drug Administration, 2016.05
196) FDA'S Policy on Medical Foods, EAS CONSULTING GROUP, 2018.01.24
197) 미국 FDA가 인정하는 의약품 품질관리 기준

Medical Food의 표시요구사항

1. Medical Food는 식품이므로, 면제되는 특별한 요건을 제외하면 식품표시사항을 준수하여야 함
2. Medical Food의 표시는 정체성이 있는 명칭을 포함해야 함 (21 CFR 101.3)
3. 내용물의 실중량에 대한 정확한 표시를 해야 함 (21 CFR 101.105)
4. 제조업자, 포장업자, 유통업자의 이름 및 사업장소 표기 (21 CFR 101.5)
5. 일반적 혹은 통상적 이름의 내림차순으로 나열된 원재료명의 완전한 목록 (21 CFR 101.4)
6. Medical Food 표시에 Federal Food, Drug and Cosmetic Act에 의한 혹은 인증 하에 모든 단어, 진술, 다른 정보는 반드시 명확하고 뚜렷하게 나타내야 함
7. Medical Food의 표시는 영어로 되어있어야 하지만, 푸에르토리코 연방에만 단독 배포하거나, 영어 보다는 다른 언어를 우선적으로 사용하는 지역에서는 우선적 언어가 영어를 대신할 수 있음 (21 CFR 101.15(c)(1))
8. Medical Food는 주표시면 요구사항 (21 CFR 101.1), 정보표시면 요구사항 (21 CFR 101.2), 식품 요구사의 오기(Misbranding) 금지 요건 (21 CFR 101.18)을 준수하여 표기해야 함

[표 148] Medical Food의 표시(Labeling)요구사항

구분	내용
1941	FDA가 의료용식품을 특수식이요법용식품(FSDU)이라고 명칭함
1940s	심각한 질병을 가진 사람들을 위한 특별식품 개발
1950~1972	의료용식품(Medical foods)는 FDA에 의해 약으로 분류됨
1973	'Medical foods' 용어가 등장하고 FSDU와는 다른 유형의 환자들을 위해 사용됨
1988	'Medical foods'의 공식적인 정의가 만들어짐
1990	관련 법이 새로 개정됨에 따라 약물과 식품 보조제로부터 분리된 범주를 정의하면서, 현재 Medical foods에 대한 기준 수립

[표 149] What is a medical food, Axona

나) 일본

일본의 메디푸드는 특별용도식품으로 볼 수 있으며 환자, 영유아, 노인 등 정상적인 식사가 어려운 사람들을 위한 특별한 목적의 식품을 의미함. 또한, 별도의 식품 유형이 아니라 건강증진법에 의거한 표시허가제도를 통하여 특별용도 식품을 관리하고 있다.

특별용도식품제도는 일본의 건강증진법 제26조의 규정에 따라, 내각부령에서 규정한 특별한 용도(유아용, 영아용, 임산부용, 병자용 등)에 적합하다는 표시를 하려면 소비자청 장관의 허가를 받아야 하는 제도다.

특별용도식품의 표시허가 등에 관한 내각부령에는 특별용도식품의 표시허가기준, 규격 및 관련사항에 대해서 규정하고 있으며, 특별용도식품으로 표시하기 위해서는 표시허가 신청서와 함께 식품 혹은 그 성분이 특정 질병에 기여하는 식사요법 상의 근거를 의학, 영양학적으로 나타내는 자료 등의 서류를 갖추어 소비자청의 표시허가를 받아 통과해야 한다.

특별용도식품의 허가제도는 일본 후생노동성이 관리하였으나, 2009년 9월 1일 부로 식품 표시등과 관련된 업무가 소비자청으로 이관되었다. 특별용도식품은 일본 소비자청(消費者庁)이 관리하며, 특별용도식품, 종합영양식품을 판매할 경우 반드시 소비자청의 표시 허가를 취득해야한다.

〈 특별용도식품 분류 〉

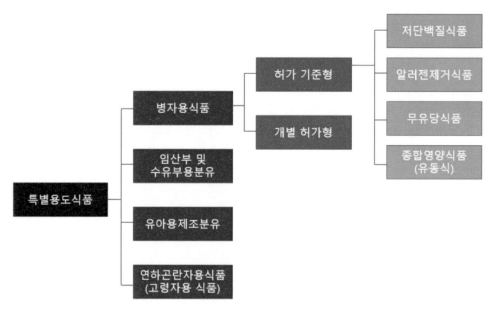

[그림 219] 일본 장수과학진흥재단

일본의 특별용도식품은 환자, 영유아, 노인 등 정상적인 식사를 먹을 수 없는 사람들을 위한 특별한 용도를 목적으로 한 식품이다. 특별용도식품의 종류는 '병자용식품', '임산부 및 수유부용 분유', '유아용 조제분유', '연하곤란자용 식품'으로 나누어진다.

병자용식품 중 허가 기준형식품은 고혈압이나 신장질환을 앓고 있는 자를 위해 나트륨을 줄이거나 단백질 제한이 필요한 신장질환자를 위해 단백질을 저하시킨 저단백질 식품, 알레르겐제거식품, 무유당식품, 종합영양식품(유동식)으로 구분할 수 있고 개별 허가형식품의 경우 소비자청 산하의 식품표시과 전문가 그룹이 인증을 검토한다.

연하곤란자용 식품은 고령자용 식품으로도 불리며, 단순한 저작 곤란자용 식품에 대해서는
특별용도식품의 허가의 대상에서 제외되고, 대상이 고령자에 한하지 않고 여러 가지 질병에 의한 장애가 있는 사람도 연하곤란자용 식품의 대상이 된다.
연하곤란자의 유형세분화를 위해 물성 정도에 따라 식이의 단계를 구분하여 병원, 시설, 의료기관 등에서 공통으로 사용될 수 있는 기준으로 연하식 피라미드(Dysphagia Diets Pyramid: 嚥下食ピラミッド)를 개발하였다.
식품을 연하개시 음식(레벨 0)부터 일반식(레벨 5)으로 총 6단계로 구분하고 있으며, 뇌졸중 등으로 인한 연하장애 환자의 경우, 레벨0부터 시작하여 레벨 5로 단계적으로 훈련을 하도록 하고 있다.

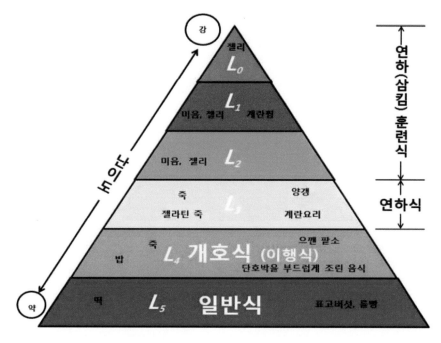

[그림 220] 연하식 피라미드의 분류, 한국건강증진개발원

① Level 0: 개시식으로 후두를 통과하는 식이로 응집성, 경도가 균일한 젤리 등이 가능하며 작은 양을 그 상태로 삼킬 수 있도록 제공

② Level 1: 연하식으로 끈적임이 적은 젤라틴 중심의 식이로 미음, 계란찜 등이 가능

③ Level 2: 연하식으로 부착성과 점성이 약간 있는 식이로 미음, 젤리 등이 가능

④ Level 3: 연하식으로 불균질한 퓨레 형태의 식이로 죽, 양갱, 계란요리 등이 가능

⑤ Level 4: 개호식으로 바삭하지 않고 부드러운 식이로 형태가 있지만 많이 씹지 않아도 삼키기 쉬운 음식으로 죽, 단호박을 부드럽게 조린 음식 등이 가능

⑥ Level 5: 일반식으로 일반적인 식이로 떡, 롤빵 등이 가능

다) 유럽

유럽연합(EU)에서의 특수의료용도등식품은 특정의료용도식품(Foods for Special Medical Purposes(FSMPs))으로 볼 수 있으며, Regulation(EU) No 609/2013 of the European the parliament and of the council의 지침에 따라 정의되고 있다.

연도	지침	내용
1977	Directive 77/94	특정 영양 사용을 위한 식품(Food for particular nutritional uses)의 개념 도입
1989	Directive 89/398	유아용 조제분유, Follow-up 우유, 유아식, 체중조절을 위한 저에너지 및 에너지 감소 식품, 특수 의료 목적의 식품, 저나트륨 식품, 글루텐프리 식품, 근력보충제, 탄수화물 대사질환(당뇨병) 환자를 위한 식품에 대한 규정 추가
1999	Directive 99/41	Directive 89/398의 목록 축소 (유아용 조제분유, 유아 및 소아용 곡물 가공 식품, 체중 감소를 위한 에너지 제한 식품, 특수한 의료 목적을 위한 다이어트 식품, 근력보충제)
2009	Directive 2009/39	새롭게 변경된 지침이 공개되었으나, 2011년에 유럽집행위원회가 4개의 주요 범주로 규제를 제안하는 구조 단순화를 제안하여 2013년, Regulation No 609/2013로 채택함
2016	Regulation No 609/2013	'Dietery', 'Dietetic'의 개념을 없애고 4개의 주요 범주(유아용 및 성장기용 식품, 가공된 곡물 기반 제품, 특별용도식품(Food for Special Medical Purposes), 체중조절용 식품)를 통제하는 체계를 확립함
2019	Regulation (EU) 2016/128	특정 질병, 장애 또는 건강 상태로 고통받는 사람을 위한 식품의 영양 구성 및 라벨링 표시에 대한 지침인 Directive 99/21/EC를 대체할 FSMPs에 대한 영양 구성 및 라벨링을 수정하였으며, 2015년 9월 25일 채택되어 2019년 2월 22일부터 적용함

[표 150] 유럽 특별용도식품(FSMPs)의 정립

유럽연합에서는 1999년에, 2000년 4월 30일까지 회원국에서 관련 법령을 개정하도록 하는 환자용 식품지침을 제정하였고, 특정 영양용도를 위한 식품에 대한 지침 이후 영유아, 특정의료용도식품에 대한 일반 규칙(Regulation(EU) No 609/2013)을 제정했다.

Regulation(EU) No 609/2013은 환자용 영양식품의 시장 출시와 관련된 사항(placing on the market), 배합의 기본 원칙 및 정보 요구(General Compositional and information requirements), 첨가물(Union list) 등에 대해 규정하고 있다.

특정영양사용을 위한 식품에 대한 지침(Directive 2009/39/EC of the European

Parliament and of the Council on foodstuffs intended for particular nutritional uses)에서는 (a)소화, 대사 능력이 제한된 소비자군이나 (b)식품의 특정 물질들을 섭취함으로써 건강상의 혜택을 얻을 수 있는 생리학적인 이유가 있는 소비자군이나 (c)건강한 영아나 유
아에 해당되는 식품에 대해 세부규정이 적용되어야 한다.

 세부규정은 제품의 구성이나 특성에 따른 필수요건, 원재료의 질(quality)에 관한 규정, 위생요건, 식품의 허용된 변형, 첨가물 목록, 표시/광고에 대한 세부규정, 세부규정의 요구사항에 맞는 지 여부를 검토하기 위한 분석법이나 검사법으로 나타난다.

구분	적용 범위
식사대용 일반 영양식	환자가 본 식품만을 섭취하였을 때 영양적인 요구량을 충족할 수 있는 식품임
영양성분이 개조된 식사대용 질환별 영양식	환자가 본 식품만을 섭취하였을 때 영양적인 요구량을 충족할 수 있는 식품임
부분영양 보충식	환자가 본 식품만을 섭취하였을 때 영양적인 요구량을 충족하지 못하는 식품임

[표 151] Commission Directive 1999/21/EC

특정의료용도 식품에 대한 지침(Commission Directive 1999/21/EC on dietary foods for special medical purposes)에 의하면 특별용도 식품을 식사대용 일반 영양식, 영양성분이 개조된 식사대용 질환별 영양식, 부분영양 보충식으로 분류할 수 있다.

특정용도식품의 일반 원칙

1. 식품의 성분은 섭취 대상자(Person for whom it is intended)의 영양 요구량을 만족해야 함
2. 식품의 섭취대상자의 건강을 위협하는 물질을 사용해서는 아니된다. 만약 나노물질로 가공된 물질인 경우에는 적절한 실험방법이 사용되었다는 것을 제시해야함
3. 일반적인 과학적 상식에 근거한 물질을 특정용도식품에 사용하였을 경우, 이는 반드시 인체에 생물학적으로 이용 가능해야함
4. 제품을 시장에 출시할 때는 Regulation 257/97에 근거, 시장에서 사용될 수 있는 기준을 충족한다는 내용을 제공해야 함
5. 특정용도식품을 표시, 광고할 때에는 식품의 적절한 용도를 표기하되, 식품의 특성이 질환의 처치나 치료, 예방 등과 같은 특성을 지닌다고 유도해서는 안 됨

[표 152] 특정용도식품의 일반 원칙

관리기관은 유럽집행위원회(European Commision)로 유럽연합의 전략 및 정책 수립, 법 제정, 예산 기획, 국제 관계 등의 업무를 수행하는 기관으로 특수의료용식품(FSMPs)의 성분, 라벨링, 조건 등을 규정하고 있다.

또한 유럽집행위원회와 유럽의회(European Parliament)의 지침을 수행하는 유럽식품안전국(EFSA)이 특수의료용식품에 대한 과학적 자문과 모니터링을 실시하고 있다.

특정용도식품은 일반식품 의무 표기사항, 영양표시, 중요표시, 추가의무 표시의 네 가지의 의무표시 사항을 지켜야 한다.

특정용도식품의 의무표시 사항	
일반식품 의무 표기사항	제품명, 원재료목록, 원재료의 양이나 원재료 분류, 식품의 실중량, 최소품질유지기간, 보관방법, 영업자명, 영업자 주소, 식품의 원산지 표시, 사용설명문, 제공부피당 알코올의 도수, 영양정보
영양표시	열량, 총지방, 포화지방, 탄수화물, 당, 단백질 그리고 염분 함량을 의무적으로 표시 해야함
중요표시	1. 의료진 관리하에 사용되어야한다는 점을 명시 2. 식품이 영양소의 유일한 공급원으로 사용 가능여부에 대한 언급 3. 특정 연령층을 위해 제조되었다면 언급 4. 질병, 증상, 의학적 상태를 가지지 않은 사람이 이 식품을 섭취하였을 때 나타날 수 있는 건강상의 위험과 같은 경고문구 제시
추가의무표시	1. 제품은'ooo의 영양적 관리를 위하여'라는 문구를 사용하고 ooo에는 제품 개발의 목적인 질병이나 장애, 의학적 상태를 표기함 2. 적절한 주의사항, 부작용 등에 대한 언급 3. 특정 영양소를 추가, 감소 또는 제거하여 변화되는 식품의 영양적 특성에 대해 기술 4. 정맥, 경관용 표시

[표 153] 특정용도식품의 의무표시 사항

2) 국내 동향
가) 독립된 식품군 분류

· 2020년 11월 26일 특수의료용도식품(메디푸드)을 독립된 식품군으로 분류

- 밀키트 형태의 식단형 식사관리식품 허용 및 고령친화식품 중 액상제품에 점도규격(1,500 mpa·s 이상*) 신설
- 특수의료용도식품을 표준형, 맞춤형, 식단형 제품으로 재분류하고, 종전의 환자용식품은 당뇨·신장질환·장질환 등 질환별로 세분화

식품의약품안전처고시 제 2020-114호 개정고시를 통하여 개편된 분류체계는 환자를 대상으로 하는 식품 시장 확대에 대응하여 중분류인 특수의료용도식품을 대분류로 확대하고 하위에 표준형 영양조제식품, 맞춤형 영양조제식품, 식단형 식사관리식품 등 3개의 중분류와 11개의 식품유형으로 세분화하였다.

구분	표준형 영양조제식품	맞춤형 영양조제식품	식단형 식사관리식품
형태	액상, 페이스트, 분말 (바로 마시거나, 물에 타서 마시는 형태)		가정간편식 형태의 제품 (도시락, 밀키트)
대상	식품유형으로 지정된 4개 질환 및 균형영양, 열량공급	특정 영양요구가 있는 모든 질환대상 제조 가능	식품유형으로 지정된 질환 (당뇨, 신장질환)
영양기준	식약처가 정한 표준기준	제조자 자율 설정(실증)	식약처가 정한 표준 기준
예시			 질환맞춤 밀키트

특수의료용도제품 중 표준형, 맞춤형, 식단형 제품 특징 비교 (특수의료용도식품 분류개편 관련 Q&A식품의약품안전처)

특수의료용도식품	
11-1 표준형 영양조제식품	(1) 일반 환자용 균형영양조제식품
	(2) 당뇨환자용 영양조제식품
	(3) 신장질환자용 영양조제식품
	(4) 장질환자용 단백가수분해 영양조제식품
	(5) 열량 및 영양공급용 식품
	(6) 연하곤란자용 점도조절 식품
11-2 맞춤형 영양조제식품 (신설)	(1) 당뇨환자용 식단형 식품
	(2) 신장질환자용 식단형 식품

나) 2020년 5대 식품분야 집중 육성을 목표 식품산업 활력제고 대책 발표

제도 정비 및 규제 개선, 연구개발 지원 등을 포함한 분야별 대책과 함께, 전문인력 양성, 민간투자 확대 등 산업 육성을 위한 인프라 구축 방안 제시

비전	**국가경제를 선도하는 활력 있는 식품산업**

목표	■ **5대 유망식품이 선도하는 혁신적 산업생태계 조성**

① 산업규모 : '18) 12조 4,400억원 → '22) 16조 9,600억원 → '30) 24조 8,500억원(100%↑)
② 일자리 : '18) 51,000개 → '22) 74,700 → '30) 115,800

5대 식품	**맞춤형·특수식품**	초기시장 창출로 성장잠재력 발현
	기능성식품	규제 개선으로 시장 활성화
	간편식품	전·후방산업 동반성장
	친환경식품	가치소비의 사회적 확산
	수출식품	글로벌 진출 확대

기반 조성	■ 전문인력 육성 　　■ 청년창업지원 체계화 ■ 민간투자 지원 　　■ 홍보·판로 확대 ■ 안전 및 품질관리 강화

5대 유망식품 시장 육성방안 - 메디푸드		
주요정책과제	추진일정	소관부처
가. 메디푸드		
① 메디푸드 분류체계 개편	'20	식약
② 메디푸드 제조업체 지원	'20~	농식품, 해수, 농진청, 한식연

다) HACCP

HACCP(Hazard Analysis Critical Control Point)이란 식품의 원료관리 및 제조, 가공, 조리, 소분, 유통의 모든 과정에서 위해한 물질이 식품에 섞이거나 오염되는 것을 방지하기 위하여 각 과정의 위해 요소를 확인 평가하여 중점적으로 관리하는 제도로 위해요소분석(Hazard Analysis)과 중요관리점(Critical Control Point)의 영문 약자로 해썹 또는 식품안전관리인증기준이라고 한다.

적용 분야 및 대상으로는 축산물과 식품 분야로 나뉘는데, 특수의료용도등식품은 식품 HACCP 분야에 포함되어 관리되고 있다.

[그림 238] HACCP 마크

라) 식품 표시기준

「식품위생법198)」제10조(표시기준)제1항에 의하면 식품의약품안전처장은 국민보건을 위하여 필요하면 판매를 목적으로 하는 식품 또는 식품첨가물, 동법 제9조(기구 및 용기·포장에 관한 기준 및 규격)에 따라 기준과 규격이 정하여진 기구 및 용기·포장의 표시에 관한 기준을 정하여 고시할 수 있다.

특수의료용도등식품의 표시사항199)은 ① 제품명, ② 식품유형, ③ 업소명 및 소재지,

---

198) 식품위생법, 2017.12.19. 일부개정

④ 유통기한, ⑤ 내용량 및 내용량에 해당하는 열량, ⑥ 원재료명, ⑦ 영양성분 및 1회 섭취참고량, 용기·포장 재질, 품목보고번호, 성분명 및 함량(해당 경우에 한함), 보관방법(해당 경우에 한함), 주의사항, 알레르기 유발물질(해당 경우에 한함), 방사선조사(해당 경우에 한함), 유전자변형식품(해당 경우에 한함), 기타표시사항이다.

기타표시사항 중 특수의료용도등식품은 제품특성별 권장섭취량 및 섭취 방법을 표시하여야 하고, 치료효과 등을 표시해서는 안된다. 또한, "의사의 지시에 따라 사용하여야 합니다"등을 표시하여야 하고, "OO(질병명, 장애 등)환자의 영양조절을 위한 식품"으로 표시할 수 있다.

구분	표시사항	
1	제품명	
2	식품유형	
3	업소명 및 소재지	
4	유통기한	
5	내용량 및 내용량에 해당하는 열량(단, 열량은 내용량 뒤에 괄호로 표시)	
6	원재료명	
7	영양성분 및 1회 섭취참고량	
8	용기·포장 재질	
9	품목보고번호	
10	성분명 및 함량(해당 경우에 한함)	
11	보관방법(해당 경우에 한함)	
12	주의사항 : 부정·불량식품신고표시, 알레르기 유발물질(해당 경우에 한함), 기타(해당 경우에 한함)	
13	알레르기 유발물질(해당 경우에 한함)	
14	방사선조사(해당 경우에 한함)	
15	유전자변형식품(해당 경우에 한함)	
16	기타 표시 사항	공통사항	- 법 제7조에 따라 식품의 기준 및 규격에서 정한 영양성분은 "영양성분의 표시방법"에 따라 표시하여야 한다. 이 경우 1일 영양성분 기준치가 설정되어 있지 아니한 영양성분과 영아용 조제식, 성장기용 조제식 및 특수의료용도등식품 중 영·유아(0~36개월) 대상 제품은 영양성분의 명칭과 함량만을 표시할 수 있다(특수용도식품 공통사항)

---

199) 식품등의 표시기준, 식품의약품안전처고시 제2018-32호, 2018.4.26. 일부개정 (시행 2020.1.1.)

구분		표시사항
		- 성분명을 제품명으로 사용하여서는 아니 된다(특수의료용도등 식품, 체중조절용 조제식품, 임산·수유부용식품 제외)
	영아용 조제식	영아에게 먹이는 양과 방법을 표시하여야 한다.
	성장기용 조제식	생후 6개월 이후의 영·유아에게 먹이는 양과 방법을 표시하여야 한다.

[표 161] 특수의료용도등식품 표시사항

구분		표시사항
16	기타 표시 사항	영·유아용 곡류 조제식	이유기의 영·유아에게 먹이는 양과 방법을 표시하여야 한다.
		기타 영·유아식	이유기의 영·유아에게 먹이는 양과 방법을 표시하여야 한다.
		특수의료용 도등 식품	- 제품특성별 권장섭취량 및 섭취방법을 표시하여야 한다. - 치료효과 등을 표시하여서는 아니 된다. - "의사의 지시에 따라 사용하여야 합니다"등을 표시하여야 한다. -"○○(질병명, 장애 등)환자의 영양조절을 위한 식품"으로 표시할 수 있다. (질병명 허용) 환자가 질병에 맞는 '환자용식품'을 선택할 수 있도록 질병명, 장애 표시 허용(식품위생법 시행규칙 개정(`17.1.4)) ①'oo(질병명, 장애 등) 환자의 영양조절을 위한 식품'으로 표시·광고 가능(식품등의 표시기준 개정(`16.12.22)) ② 질병명, 장애명을 구체적으로 표시하여야 하며, 소비자가 일반식품 또는 건강기능식품으로 오인·혼동되게 표시·광고하여서는 안됨 ③'의사의 지시에 따라 사용하여야 합니다'등「식품등의 표시 기준」의 표시사항 의무 표시 필요
		체중조절용 조제식품	권장섭취량 및 섭취방법을 표시하여야 한다.
		임산· 수유부용 식품	권장섭취량 및 섭취방법을 표시하여야 한다.

[표 162] 특수의료용도등식품 표시사항

마) 특수의료용도등식품의 표시·광고 심의[200]

특수용도식품의 표시·광고심의를 통한 올바른 정보제공으로 소비자를 보호하고, 영업자는 객관적인 표시·광고를 할 수 있도록 하여 식품산업의 활력을 제고하기 위한 목적으로 한국식품산업협회에서 심의를 하고 있다.

200) 한국식품산업협회(www.kfia.or.kr)

심의대상은 2018년 7월 19일부터 자율심의로 변경되었으며, 특수용도식품에 포함되는 영유아용 식품(영아용 조제식품, 성장기용 조제식품, 영유아용 곡류조제식품, 기타 영유아식품), 특수의료용도등식품(환자용 식품, 선천성 대사질환환자용식품, 유단백 알레르기 영유아용 조제식품, 영유아용 특수조제식품), 체중조절용조제식품, 임산수유부용식품이 있다.

심의 광고매체는 방송매체로 텔레비전, 라디오, 데이터방송(케이블, 홈쇼핑), 이동멀티미디어(DMB)가 있고, 인쇄매체로는 인쇄물, 신문, 간행물, 옥외광고물, 인터넷광고가 있다.

심의 관련 법규 및 규정은 식품의약품안전처「특수용도식품 사전심의 운영 방안 알림」(식품안전표시인증과-10957호, 2018.7.19.)과 특수용도식품 표시 및 광고 자율심의 기준 및 운영지침(2018.7.19.)이 있다.

행정처분은 2018년 7월 19일부터 변경되었는데, 제재조치(2018.7.19.)로 광고심의와 관련된 단속은 중단하고, 관련 규정 위반으로 적발되어 행정처분 절차가 진행 중인 사안은 그 절차를 중단한다. (① 2018.6.28.이전 행정처분이 확정되었고 처분도 완료된 경우 별도 조치 없음, ② 2018.6.28. 이전 행정처분 확정되어 처분기간 중에 있는 경우 변경 처분 또는 처분철회, ③ 2018.6.28. 이후 행정처분 확정 및 처분한 경우 직권철회) 또한 기존 사전심의제 운영에서 자율심의로 변경됨(2018.7.19.)

[그림 239] 표시·광고자율심의필

현행	개선
영유아식특수용도식품, 건강기능식품 표시광고에 대한 사전심의제 운영	**< 자율심의제도 신설 >** - 영업자가 자율적으로 표시·광고 심의기구를 설립·운영할 수 있는 근거 마련 * 정부가 심의에 일체 관여하지 않는 자율적 심의기구 설립·운영 지원 **< 표시·광고 내용 실증제 도입 >** - 표시·광고한 자에게 그 내용의 진위여부에 대한 입증 의무 부과 * 식약처장이 실증 자료를 요청하는 하는 경우 15일 이내에 입증 자료를 제출하여야 함

[표 163] 특수용도식품 표시 및 광고 심의기준 변경

바) 식품이력추적관리 등록 대상[201]

'식품이력추적관리 제도'란 식품을 제조·가공단계부터 판매단계까지 각 단계별로 정보를 기록·관리하여 그 식품을 추적하여 원인을 규명하고 필요한 조치를 할 수 있도록 관리하는 제도를 말한다.

기록·관리되는 정보는 국내식품의 경우 식품이력추적관리번호, 제조업소 명칭 및 소재지, 제조일자, 유통기한 또는 품질유지기한, 제품 원재료 관련 정보, 기능성 내용, 출고일자, 회수대상 여부 및 회수 사유다.[202]

2018년 6월 28일 개정된 식품위생법 시행규칙에 따르면 영아용 조제식 등 일부 품목만 식품이력추적관리 의무대상이었던 것이 '임신·수유부용 식품', '특수의료용도등식품', '체중조절용 조제식품'까지 확대되었다. 다만, 영유아식 제조·가공업자, 임산·수유부용 식품, 특수의료용도등 식품 및 체중조절용 제조식품 제조·가공업자 등 식품유형별 및 매출액에 따라 단계적으로 의무 도입한다.

---

201) 식품위생법, 식품위생법 시행규칙
202) 식품이력관리시스템

조건	도입일
임산·수유부용 식품, 특수의료용도 등 식품 및 체중조절용 조제식품의 식품유형별 2016년 매출액이 50억 원 이상인 제조·가공업자	2019년 12월 1일
임산·수유부용 식품, 특수의료용도 등 식품 및 체중조절용 조제식품의 식품유형별 2016년 매출액이 10억 원 이상 50억 원 미만인 제조·가공업자	2020년 12월 1일
임산·수유부용 식품, 특수의료용도 등 식품 및 체중조절용 조제식품의 식품유형별 2016년 매출액이 1억 원 이상 10억 원 미만인 제조·가공업자	2021년 12월 1일
임산·수유부용 식품, 특수의료용도 등 식품 및 체중조절용 조제식품의 식품유형별 2016년 매출액이 1억 원 미만인 제조·가공업자 및 2017년 이후 영 제26조의2제1항에 따라 영업등록을 한 임산·수유부용 식품, 특수의료용도 등 식품, 체중조절용 조제식품 제조·가공업자	2022년 12월 1일

[표 164] 식품 이력추적관리 의무 도입일

영양성분 함량에 민감한 만성질환자가 신경 쓰지 않고 식사할 수 있도록 '식단형 식사관리 식품' 유형을 신설하고, 환자용 식품의 유형을 질환별(당뇨·신장질환·장질환 등)로 세분화하는 내용 등으로 「식품의 기준 및 규격」을 개정·시행함. 암 환자용 식품 유형 신설을 위해 표준 제조기준 및 영양규격 신설에 대한 연구사업을 진행 중이며, 고혈압 환자에 대한 식품유형 신설도 추진중이다.

- 노인 중 39.3%는 영양관리주의, 19.5%는 영양관리개선 필요('17, 보건사회연구원), 70세이상 남성 40%, 여성 50%가 에너지 부족섭취('19, 국민건강영양조사)로 조사되어 다양한 형태의 고령친화제품 개발이 필요하다.
- 고령자를 위한 식품 개발과 시장 활성화를 위해 고령자의 섭취, 영양보충, 소화/흡수 등을 돕기 위해 제조 가공하고 고령자의 사용성을 높인 제품을 우수식품으로 지정하는 고령친화우수식품 지정제도가 고시되었다.
- 고령자에 부족하기 쉬운 영양성분과 에너지를 편리하게 보충할 수 있도록 고령자용 영양조제식품의 유형과 기준·규격을 신설하여 고령친화식품 선택의 폭을 넓히고, 맞춤형 특수식품 시장 활성화에 도움을 줄 것으로 기대된다.
- 2022년 12월 1일부터는 특수용도식품을 제조하는 모든 식품 제조·가공업체와 수입·판매업체에 식품 이력추적관리 제도를 적용하여 품질 및 안전관리를 강화할 예정이다.
- 다양한 식단형 식사관리식품은 임상 영양학적 근거하에 제조된 가정간편식 형태의 환자식으로써 간편한 식사관리가 가능해지며, 고령자의 건강 특성을 반영한 고령친화

식품의 제도 개선으로 환자 및 고령자의 영양 및 건강 증진에 기여할 것으로 기대된다.

사) 식단형 식사관리 식품 제조 기준 고시 (2020.11.26.)

- 특수의료용도식품(메디푸드)을 독립된 식품군으로 분류
- 밀키트 형태의 식단형 식사관리식품 허용
- 고령친화식품 중 액상제품에 점도규격 신설
- 특수의료용도식품을 독립된 식품군으로 분리하고 표준형, 맞춤형, 식단형 제품으로 재분류하였으며, 종전의 환자용식품은 당뇨·신장질환·장질환 등 질환별로 세분화하여, 시장 변화에 대한 신속한 대응과 질환별 맞춤형 제품관리가 용이하도록 함
- 식품을 가려서 섭취해야하는 등 영양관리가 중요한 만성질환자가 영양성분 섭취량에 대한 걱정 없이 가정에서 간편하게 준비하여 식사할 수 있도록 하는 당뇨환자와 신장질환자를 위한 식품 기준을 신설
- 고령친화식품 중 액상식품에 대해서는 무리없이 삼킬 수 있도록 적절한 점도규격 (1,500 mpa·s 이상*)마련

2020.11 이전	2020.11 분류개편 이후	2021.11 개정
10. 특수용도식품 10-1 조제유류 10-2 영아용조제식 10-3 성장기용조제식 10-4 영·유아용 이유식 **10-5 특수의료용도등식** (1) 환자용식품 (2) 선천성대사질환자용식품 (3) 유단백알레르기 영·유아용 조제식품 (4) 영·유아용 특수조제식품 10-6 체중조절용 조제식품 10-7 임산·수유부용 식품	**10. 특수영양식품** 10-1 조제유류 10-2 영아용조제식 10-3 성장기용조제식 10-4 영·유아용 이유식 10-5 체중조절용 조제식품 10-6 임신·수유부용 식품 **11. 특수의료용도식품** **11-1 표준형 영양조제식품** (1) 일반 환자용 균형영양조제식품 (2) 당뇨환자용 영양조제식품 (3) 신장질환자용 영양조제식품 (4) 장질환자용 단백가수분해 영양조제식품 (5) 열량 및 영양공급용 식품 (6) 연하곤란자용 점도조절 식품 **11-2 맞춤형 영양조제식품** (1) 선천성대사질환자용조제식품 (2) 영·유아용 특수조제식품 (3) 기타환자용 영양조제식품 **11-3 식단형 식사관리식품 (신설)** (1) 당뇨환자용 식단형 식품 (2) 신장질환자용 식단형 식품	**10. 특수영양식품** 10-1 조제유류 10-2 영아용조제식 10-3 성장기용조제식 10-4 영·유아용 이유식 10-5 체중조절용 조제식품 10-6 임산·수유부용 식품 **10-7 고령자용 영양조제식품 (신설)** **11. 특수의료용도식품** **11-1 표준형 영양조제식품** (1) 일반 환자용 균형영양조제식품 (2) 당뇨환자용 영양조제식품 (3) 신장질환자용 영양조제식품 (4) 장질환자용 단백가수분해 영양조제식품 **(5) 암환자용 영양조제식품 (신설)** (6) 열량 및 영양공급용 식품 (7) 연하곤란자용 점도조절 식품 **11-2 맞춤형 영양조제식품** (1) 선천성대사질환자용조제식품 (2) 영·유아용 특수조제식품 (3) 기타환자용 영양조제식품 **11-3 식단형 식사관리식품** (1) 당뇨환자용 식단형 식품 (2) 신장질환자용 식단형 식품 **(3) 암환자용 식단형 식품 (신설)**

아) 암환자용   영양조제식품   제조   기준   고시   (제2021-572호, 2021.11.30.)

- 현재 환자용식품은 일부 질환에 대해서만 표준제조기준을 제공하고 있어 소비자에게 다양한 질환 대상 제품 제공에 한계가 있어 암환자용 영양조제식품과 암환자용 식단형식품의 식품유형과 제조·가공기준이 신설됨
- 특히 암환자의 식사관리 편의 증진 및 다양한 질환 맞춤 특수의료용도식품 산업 활성화
- 암환자의 치료 회복 과정 중 체력의 유지 보충, 신속한 회복에 도움을 줄 수 있도록 암환자용 특수의료용도식품의 표준제조기준을 신설. 고열량(1kcal/ml 이상), 고단백(총열량의 18%이상), 지방 유래열량(15~35%), 포화지방 제한(총열량의 7% 이하), 오메가-3 지방산 함유, 비타민 무기질등 미량영양소 12종 균형 배합 등이 설정됨

[암환자용 특수의료용도식품 기준 규격]

< 암환자용 영양조제식품>

항목	기준	항목	기준
단백질 유래열량	18% 이상	단위 열량	1.0 kcal/mL 이상
지방 유래열량	15~35%	DHA+EPA	250 mg이상
포화지방 유래열량	7% 이하	미량영양소 12종	일반환자용과 동일

< 암환자용 식단형 식품>

항목	기준	항목	기준
단백질 유래열량	18% 이상	포화지방 유래열량	7% 이하
지방 유래열량	15~35%	한 끼 나트륨 함량	1,350 mg이하

바. 고령친화식품
1) 고령친화식품 개요[203]
가) 고령친화식품의 정의

고령친화식품이란, 고령자의 식품 섭취나 소화 등을 돕기 위해 식품의 물성을 조절하거나, 소화에 용이한 성분이나 형태가 되도록 처리하거나 영양성분을 조정하여 제조·가공한 식품을 말한다.

한국보건산업진흥원에서는 2011년 고령친화산업 실태조사 및 산업분석 연구를 통해 고령친화 식품산업의 범위를 일반식품, 특수용도식품, 건강기능식품산업으로 설정했다. 고령친화식품은 일상식으로써 고령자의 신체적 특성을 고려한 물성과 영양을 갖춘 제품을 포함하는 일반식품, 일반식품 중에 정상적으로 섭취, 소화, 흡수 또는 대사할 수 있는 능력이 제한되거나 손상된 노인들을 위하여 특별히 제조 가공된 특수의료용도식품, 고령자의 신체 건강 유지를 위해 섭취하는 건강기능식품을 포함한다. 이후 2014년에는 65세 이상 고령자를 대상으로 고령친화제품 중 식품에 대한 수요 조사 결과를 바탕으로 두부류 또는 묵류와 전통/발효식품을 전략품목으로 추가했다.

고령친화식품은 그 정의와 유형에 관한 명확한 정의가 내려진 것이 비교적 최근이기 때문에 그 동안 연구자에 따라 서로 상이하게 정의와 범위를 제시했다.

출처	고령친화식품 정의	유형/범위
고령친화식품산업 활성화 지원방안 (2011.12)	섭취가 용이하며 충분한 식사량을 제공하는 제품이면서 저영양 상태의 고령 소비자 영양 상태 개선을 위한 영양 강화 제품	-일반식품 1) 당뇨환자용제품 2) 선천성 대사질환자용 식품 3) 신장질환자용 식품 4) 연하곤란환자용 점도 증진식품 5) 환자용 균형영양식 6) 식용유지류 7) 즉석섭취식품 8) 캔디류 -건강기능식품 1) 단백질 보충 2)식이섬유 보충 3) 덱스트린
산업연관분석을 이용한 고령친화식품 산업에 관한 연구(2012.02)	고령자의 신체/생리적 특성을 고려, 질병예방 및 치료, 노화억제 및 영양과 건강상태 유지에 도움을 주도록 특별히 고안된 식품	고령자의 신체/생리적 특성을 고려, 질병예방 및 치료, 노화억제 및 영양과 건강상태 유지에 도움을 주도록 특별히 고안된 식품

[표 165] 고령친화식품 정의 및 유형/범위

---

203) 2020 가공식품 세분시장 현황 -고령친화식품, 한국농수산식품유통공사, 2020

출처	고령친화식품 정의	유형/범위
고령친화식품의 정보제공 개선(2013.09)	섭취기능 및 대사기능 저하, 영양성분 부족 등 일반 고령 소비자의 신체적 특징을 반영, 다양한 기호를 충족시킬 수 있는 식품	- 일반식품: 1) 특수의료용도식품 2) 즉석섭취식품 3) 캔디류 4) 식용유지류 - 건강기능식품: 1) 단백질 보충 2) 식이섬유 보충 3) 덱스트린
고령친화식품 관련법제도 개선방안(2016.05)	명확한 정의가 없음	명확한 규격이 없음
고령친화식품의 관능, 기호도 및 이화학적 특성 연구(2017.02)	섭취 및 대사기능 저하, 영양소 결핍 등 일반적인 고령자의 신체적 특징과 더불어 다양한 기호 등을 고려한 식품	칼슘, 비타민A, riboflavin 등이 풍부한 급원식품, 후/미각 기능의 저하, 치아질환 등을 겪는 노인의 기호에 맞는 향과 맛, 형태를 지닌 식품
식품의약품안전처에서 발표한「식품의 기준 및 규격 일부 개정고시」(2018.11)	고령자의 식품 섭취나 소화 등을 돕기 위해 식품의 물성을 조절, 소화에 용이한 성분이나 형태가 되도록 처리하거나, 영양성분을 조정하여 제조·가공한 식품	건강기능식품, 특수용도식품, 두부류 및 묵류, 전통·발효식품, 인삼·홍삼제품

[표 166] 고령친화식품 정의 및 유형/범위

나) 고령친화식품 성장 배경

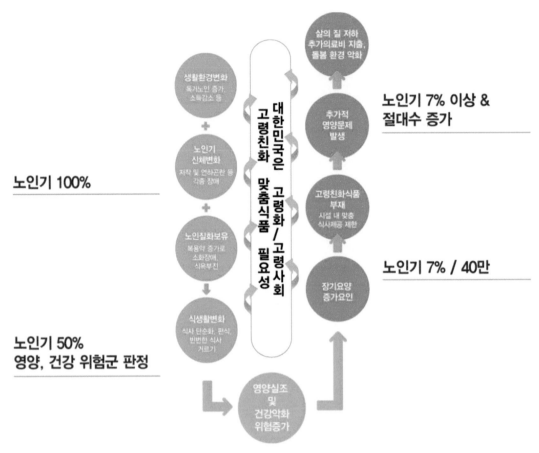

[그림 242] 영양돌봄을 위한 한국형 노인맞춤 신선편이식 개발 및 이동급식사업 모델 구축,
서울특별시, 서울특별시 사회적경제지원센터

(1) 고령자의 소득 및 지출 구조 변화

국내 전체 가구주의 월평균 소득은 2016년 기준 약 443만원으로 나타났으며, 60세
이상 가구주는 약 298만원으로 나타났다. 60세 이상 고령 가구주 소득 및 전 연령대
의 가구주 소득은 계속해서 증가하고 있지만, 60세 이상 가구주 소득은 평균의 약
67% 수준에 미치는 것으로 확인되었다.

가구주 연령	2015년	2016년	2017년	2018년	2019년	2020년	2021년	2022년
전체 평균	4,405	4,427	4,525	4,751	4,896	5,028	5,164	5,303
39세 이하	4,344	4,453	4,713	4,867	5,030	5,216	5,409	5,609
40~49세	4,977	5,022	5,131	5,351	5,489	5,626	5,766	5,910
50~59세	5,104	5,184	5,373	5,679	5,745	5,917	6,094	6,277
60세 이상	3,054	2,976	2,989	3,278	3,552	3,686	3,826	3,971

[표 167] 가구 소득 구조 (단위: 천 원)

60세 이상 고령 가구의 소비지출 항목에서 가장 높은 비중을 차지하고 있는 것은 '식료품·비주류음료'로 나타났으며, 2012년부터 2020년까지 '식료품·비주류 음료' 항목의 비중은 큰 변화 없이 약 20%로 비슷한 수준을 유지하는 것으로 파악되었다.

가계수지항목별	2015년	2016년	2017년	2018년	2019년	2020년
소비지출 전체	1,736 (100%)	1,670 (100%)	1,811 (100%)	1,860 (100%)	1,659 (100%)	1,639 (100%)
식료품 · 비주류음료	330 (19.0%)	324 (19.4%)	377 (20.8%)	389 (20.9%)	324 (19.5%)	322 (19.4%)
주류 · 담배	25 (1.4%)	27 (1.6%)	25 (1.4%)	24 (1.3%)	25 (1.5%)	25 (1.5%)
의류 · 신발	99 (5.7%)	93 (5.6%)	97 (5.4%)	97 (5.2%)	75 (4.5%)	70 (4.2%)
주거 · 수도 · 광열	243 (14.0%)	240 (14.4%)	236 (13.0%)	241 (13.0%)	227 (13.7%)	223 (13.6%)
보건	190 (10.9%)	186 (11.1%)	204 (4.9%)	220 (11.9%)	230 (13.9%)	241 (14.7%)
교통	222 (12.8%)	175 (10.5%)	218 (12.0%)	220 (11.8%)	172 (10.4%)	161 (9.8%)

[표 168] 가구 소득 구조 (단위: 천 원)

가계수지항목별	2015년	2016년	2017년	2018년	2019년	2020년
소비지출 전체	1,736 (100%)	1,670 (100%)	1,811 (100%)	1,860 (100%)	1,659 (100%)	1,640 (100%)
가정용품 · 가사서비스	78 (4.5%)	77 (4.6%)	82 (12.0%)	90 (4.8%)	89 (5.3%)	89 (5.4%)
통신	91 (5.2%)	91 (5.4%)	90 (4.9%)	89 (4.8%)	75 (4.5%)	71 (4.3%)
오락 · 문화	89 (5.1%)	89 (5.3%)	105 (5.8%)	119 (6.4%)	106 (6.4%)	110 (6.7%)
교육	27 (1.6%)	26 (1.6%)	34 (1.9%)	31 (1.7%)	16 (1.0%)	14 (0.8%)
음식 · 숙박	194 (11.2%)	203 (12.2%)	201 (11.1%)	201 (10.8%)	181 (10.9%)	177 (10.7%)
기타상품 · 서비스	146 (8.4%)	140 (8.4%)	143 (7.9%)	138 (7.4%)	140 (8.4%)	139 (8.5%)

[표 169] 가구 소득 구조 (단위: 천 원)

(2) 고령자 인구의 저작 불편 호소율 추이

고령자 인구(65세 이상)의 저작 불편 호소율은 2008년~2009년 50%를 초과했고, 2010년 이후 완만하게 감소하는 추세로 전환되었지만 2020년 고령자 인구의 33%가 여전히 입 안의 문제로 음식물 등을 씹는 데 불편함을 느끼고 있다.

저작능력이 떨어지는 주된 이유는 구강질환 때문이며, 구강질환은 노화로 인한 구강 내 기능 저하와 전신질환에 따른 복용 약물 증가 등으로 발생한다. 그 중 '구강건조증'은 저작에 불편함을 초래하는 대표적인 구강질환이고 이는 고령자 인구에서 약 30% 정도 발병한다.

고령자 인구의 저작 불편 호소율은 연령이 증가할수록 치아 손실 진행과 잔존 치아 개수의 감소로 증가하는 것으로 나타났다.

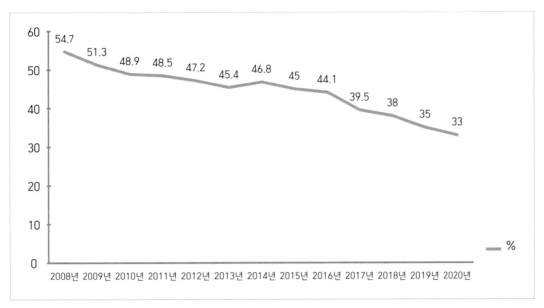

[그림 243] 고령자 인구의 저작 불편 호소율

(3) 삼킴장애 유병률

한국의 65세 이상 노인의 삼킴 장애 유병율은 33.7%로 노인 3명당 1명은 삼킴장애를 가진 것으로 나타나는데 이러한 이유는 노화가 진행됨에 따라 삼킴에 관계된 근력 저하, 삼킴 조절 능력 감소, 치아 소실로 인한 저작기능 약화 때문이며, 이외에도 타액의 성상 변화로 인한 구강 건조, 점막의 감각 및 미각의 감소 등으로 정상 노화 과정 노인들에게서 빈번히 발생하는 것으로 알려져 있다.

삼킴 장애란 음식물을 삼키기 어렵거나 먹은 것이 기도로 잘못 들어가는 것을 의미하며 크게 '구강인두 삼킴 장애'와 '식도 삼킴 장애'로 구분한다. '구강인두 삼킴 장애'는 주로 신경근육질환과 구강인두종양 환자에서 발생하고 '식도 삼킴 장애'는 종양 등으로 막혀서 발생하는 기계적 원인이나 운동성이 떨어지는 기능적인 저하가 가장 일반적이며 일부 염증성 근병증의 경우 발생한다.

삼킴장애 환자들은 주로 뇌졸중 등의 뇌손상 환자나 파킨슨병, 치매와 같은 퇴행성 질환, 신경질환 등을 앓고 있는 경우가 흔함. 또한, 목 구강 부위의 수술 혹은 방사선 치료 후에 발생하기도 함. 하지만, 반드시 특정 질환이 있는 것은 아니고 노인의 경우에는 특별한 질병 없이도 나타날 수 있다.

삼킴장애의 위험 요소는 성별과 밀접한 관계가 있으며 그 이유는 남성이 여성보다 나이에 따른 절대 근력의 감소폭이 더 크고 뇌의 구조적, 기능적 측면에서도 차이가 존재하기 때문이다.

노인 남성의 유병률은 39.5%로 노인 여성(28.4%)보다 높으며, 남성은 뇌졸중 병력이 있거나 우울증이 있으면 각각 2.7배, 3배 발생 위험이 높아지며 또한 치매 전 단계인 경도인지장애가 있는 노인은 3.8배 증가하지만, 남성 경도인지장애인 경우에는 5.8배까지 증가했다.

2) 고령친화식품 관련 기준 및 인증 제도[204]

〈 맞춤형 특수식품 (메디푸드·고령친화식품) 시장 육성방안 〉

5대 유망식품 시장 육성방안 - 고령친화식품		
주요정책과제	추진일정	소관부처
나. 고령친화식품		
① 고령친화식품 기준정비	'20	농식품, 복지
② 고령친화식품 R&D 지원	'20 ~	농식품, 해수, 한식연
③ 공공체계를 활용한 고령친화식품 제공방안 검토	'21	농식품, 복지

· 2018년 7월 25일 고령친화식품의 기준 및 규격이 신설되었다.
   - 원료 준비단계 소독·세척 기준 등 신설 및 대장균군(살균제품) 및 대장균(비살균제품) 규격 마련

가) 국내 고령자용 식품 허가기준

국내에서는 1990년대 초반부터 개발되었으며 구성은 의약품계와 식품계로 나누어지고 구성간에 영양학적 차이는 없지만 허가유형에 따라 식품과 의약품으로 구분되고 있다.

① 의학적·영양학적(소화, 흡수 등)에 있어 고령자가 섭취하기에 적당한 식품에있는 것
② 특별용도를 나타내는 표시가 고령자용 식품으로 적격인 것
③ 사용방법이 간편한 것
④ 품질이 통상의 식품에 뒤떨어지지 않는 것
⑤ 영양소요량이 정해져있는 영양성분 등에 대해서 그 식품의 한 끼분에 함유되는 것 (해당 영양성분이 생활 활동 강도 즉, 60~64세의 남성 영양소요량의 50%이하인 것)

---

204) 2020 가공식품 세분시장 현황 -고령친화식품, 한국농수산식품유통공사, 2020

제1. 총칙 용어의 풀이	"고령친화식품"이란 고령자의 식품 섭취나 소화 등을 돕기 위해 식품의 물성을 조절하거나, 소화에 용이한 성분이나 형태가 되도록 처리하거나, 영양성분을 조정하여 제조.가공한 식품을 말한다
제2. 식품일반에 대한 공통기준 및 규격 제조·가공기준	식품일반에 대한 공통기준 및 규격 2. 제조·가공기준 24) 고령친화식품은 다음에 적합하게 제조.가공하여야 한다. 1. (1) 고령자의 섭취, 소화, 흡수, 대사, 배설 등의 능력을 고 려하여 제조·가공하여야 한다. 2. (2) 미생물로 인한 위해가 발생하지 아니하도록 과일류 및 채소류는 100 ppm 차아염소산 나트륨을 함유한 물에 10분 침지 또는 이와 동등 이상의 방법으로 소독 후 깨끗한 물로 충분히 세척하여 사용하여야 하고 육류, 식용란 또는 동물성수산물을 원료로 사용하는 경우 충분히 익도록 가열하여야 한다. 3. (3) 제품 100 g 당 단백질, 비타민 A, C, D, 리보플라빈, 나이아신, 칼슘, 칼륨, 식이섬유 중 3개 이상의 영양성분을 제8. 일반시험법 12. 부표 12.10 한국인 영양섭취기준(권장 섭취량 또는 충분섭취량)의 10% 이상이 되도록 원료식품을 조합하거나 영양성분을 첨가하여야 한다. 4. (4) 고령자가 섭취하기 용이하도록 경도 500,000 N/m2 이하로 제조하여야 한다.
제2. 식품일반에 대한 공통기준 및 규격 식품일반의 기준 및 규격	3. 식품일반의 기준 및 규격 4) 위생지표균 및 식중독균 (1) 위생지표균 다. 고령친화식품 ① 대장균군 : n=5, c=0, m=0(살균제품) ② 대장균 : n=5, c=0, m=0(비살균제품)

[표 170] 식품의약품안전처고시 제 2020-114호

나) 고령친화식품 인증 제도

2020년 2월, 산업표준화법 시행령 제24조 규정에 따라 고령친화식품(표준명)은 KS H 4897(표준번호)로 한국산업표준(KS) 인증대상 품목에 지정되었다. 2017년 제정된 기존 고령친화식품 표준은 생산업체가 자율적으로 따를 수 있는 지침서의 역할을 하는 기준이었으나, 제3자가 품질을 보증하는 인증제로 전환되었다. 이에 따라 국가가 보증하는 고령친화식품 인증제도는 제품의 검사, 공장 심사, 사후관리 등을 포함하여 전반적으로 보다 강화된 품질 보증체계가 되었다. 고령친화식품의 종류 및 등급은 3단계로 나뉘며 품질기준은 다음과 같다.

구분	기준		
	1단계	2단계	4단계
	치아 섭취	잇몸 섭취	혀로 섭취
성상	고유의 색택과 향미를 가지고 이미, 이취 및 이물이 없어야 함		
경도(N/m2)	500,000 이하 ~ 50,000초과	50,000 이하 ~ 20,000초과	20,000 이하
점도(mPa·s)	-	-	1,500 이상

[표 171] 고령친화식품의 품질기준

KS 인증을 받은 고령친화식품은 심볼마크 및 단계 구분에 따른 마크 표기가 가능해졌으며 각 마크 이미지는 다음과 같다.

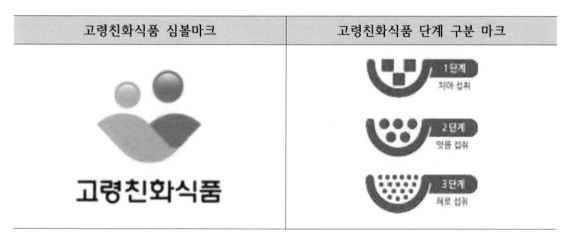

| 고령친화식품 심볼마크 | 고령친화식품 단계 구분 마크 |

[표 172] 고령친화식품 마크

다) 고령친화식품 관련 규정

고령친화식품에 관한 규정은 식품공전 이외에 농림축산식품부에서 운영하는 인증제도가 있다. 고령친화식품 한국산업표준(KS)을 인증제로 전환해 기준·규격 등을 구체화했다. 이 중 우수한 고령친화식품을 심사해 지정하는 고령친화우수식품 지정제도가 있다.

농림축산식품부와 해양수산부는 고령자를 위한 식품개발과 시장 활성화 등을 위해 지난해 3월 '고령친화산업진흥법' 시행령을 개정해 고령친화제품의 범위에 식품을 추가했다. 이어 우수식품 지정 대상 품목 고시 제정 등 제도적 기반을 마련하고, 2022년 3월 15일 한국식품산업클러스터진흥원을 고령친화산업지원센터로 지정한 바 있다.

고령친화우수식품 지정제도란 고령자의 섭취, 영양보충, 소화·흡수 등을 돕기 위해 물성, 형태, 성분 등을 조정해 제조·가공하고 고령자의 사용성을 높인 제품을 우수식품으로 지정하는 제도로서 2021년 5월 31일부터 시행됐다.

고령친화우수식품으로 지정되기 위해서는 식품안전관리인증기준(HACCP) 적용 또는 건강기능식품 품목제조 신고를 완료한 업체에서 생산돼야 한다.

또한 △고령친화식품 한국산업표준(KS)에서 정한 품질기준 △물성·영양성분 등을 조정하기 위한 적절한 제조공정 △삼킴 시 크기·흡착위험 등에 대한 섭취 안전성 △안전하고 쉽게 개봉할 수 있는 포장 형태 △쉽게 읽고 이해할 수 있는 표시 디자인 등의 기준을 충족해야 한다.

고령친화산업지원센터는 2022년도에 최초 8개 기업 27개 제품을 우수식품으로 지정했으며, 올 1분기 12개 제품이 추가돼 39개 제품을 우수식품으로 지정했다. 이 중 지난달 푸드머스의 '입 마를땐 촉촉한' 제품이 지정취소 돼 현재 우수식품은 총 38개다.

이번 지정이 취소된 제품의 경우 고령친화우수식품 기준을 충족하고는 있으나 기능성분을 표기하다 보니 기타가공품(식약처 고시)으로 유형이 변경, 적용됐다. 이는 식약처 식품별 기준 및 규격의 24개 유형 중 기타식품류(그 중 기타가공품은 제외)에 해당돼 지정취소라는 불가피한 조치가 취해졌다.

식품업체가 고령친화우수식품 지정을 받으면 식품진흥원이 개발한 3단계의 규격단계가 표시된 'S마크'를 붙일 수 있다. 물성(경도·점도) 특성에 따라 치아섭취, 잇몸섭취, 혀로섭취로 구분돼 고령자는 자신의 건강상태에 따라 제품을 선택할 수 있게 된다.

센터는 2022년부터 연 4회로 지정심사를 확대하여 많은 식품기업들이 우수식품 지정을 받을 수 있도록 지정신청 및 심사기준에 대한 컨설팅을 추진 중이며, 기업설명회 개최 등을 통해 지정제도의 정보도 제공하고 있다.

또한 물성과 영양성분 측정을 위한 공인시험분석 및 사용성평가 비용지원 등 우수식품 지정신청에 필요한 다양한 지원을 맞춤형으로 제공하고 있어 지정제도에 참여하는 기업이 늘고 있다. 다양한 품목의 우수식품을 확보해 실증사업 식단에 지속적으로 추가시킬 계획도 밝혔다.

3) 고령친화식품 시장 동향[205][206][207][208]
가) 해외 동향

2022년 기준 글로벌 고령친화식품 시장은 약 148억 달러 규모인 것으로 조사되었으며, 연평균 약 3.84%의 성장률을 보이며 2028년 약 2000만 달러 규모에 이를 것으로 전망된다.

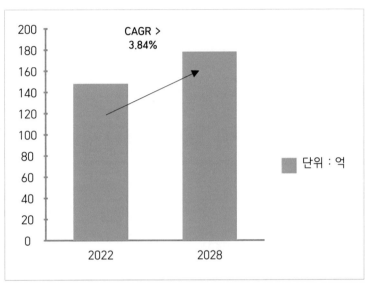

[그림 249] 글로벌 고령친화식품 시장 규모 (단위:억 달러)

세계보건기구(WHO: World Health Organization)에 따르면 2050년이면 전 세계적으로 60세 이상 인구가 20억명을 넘어설 것으로 예상된다. 그 결과 고령친화식품에 대한 수요는 더욱 증가하여 고령친화식품 시장은 향후 지속적으로 증가할 것으로 예상된다.

특히 아시아 태평양 지역의 고령화 인구 증가에 의해 주로 주도될 것으로 예상되며, 일본은 65세 이상 인구가 약 27%로 가장 높은 순위를 차지했다. 이탈리아, 포르투갈, 독일, 핀란드, 불가리아 또한 인구의 약 5분의 1이 60세 이상인 상위 6개국에 속한다.

(1) 미국

미국에서 고령자용 식품은 Federal Food, Drug and Cosmetic Act의 Section 21

---

205) aTFIS와 함께 읽는 식품시장 뉴스레터, 고령친화식품 , 2020
206) 2021 해외 우수 식품특허 트렌드북I, 농업기술실용화재단, 2021
207) "초고령사회 성큼…한국형 고령친화식품 판 키운다" / 전업농신문
208) 식품 R&D 이슈보고서 2 메디푸드 및 고령친화식품 동향 보고서

에 '특수용도식품(food for special dietary uses)'으로 관리하고 있으며 고령친화식품을 별도로 규정하지 않고 우리나라의 특수의료용도식품과 유사한 개념의 의료용 식품(Medical foods)의 범주에 포함시켰다.

미국의 Medical foods는 고령자뿐만 아니라 질환과 회복기, 임신, 수유, 음식에 대한 알레르기 과민 반응, 저체중 및 과체중 등의 육체적, 생리적, 병리학적 혹은 기타 조건을 이유로 필요한 특별한 식이를 공급하기 위함과 유아나 아동기를 포함하여 나이 때문에 필요한 특별한 식이를 공급하기 위해 사용되는 식품으로 정의되어있다.

미국 FDA에서는 노인들의 현명한 식품선택을 돕고자 영양표시의 이용에 관한 가이드라인을 제시하였다.

〈 미국 고령자용 식품 가이드 및 매뉴얼 〉

Food Safety for Older Adults and People with
Cancer, Diabetes, HIV/AIDS, Organ Transplants,
and Autoimmune Diseases Informational Booklet

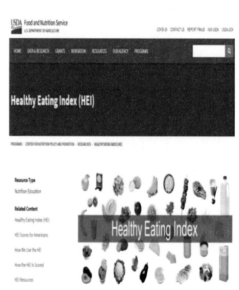

USDA Healthy Eating Index (HEI)

[그림 250] 미국 고령자용 식품 가이드 및 매뉴얼

미국 FDA와 USDA가 공동으로 개발한 노인 건강을 위한 식품안전 매뉴얼은 식품 구매, 조리, 식사 과정에서 안전하고 건강한 식생활을 위한 지침을 제공하며 구성 내용은 식품구매 환경의 변화, 식품 위험인자에 노출되는 요인, 식중독, 가정에서의 안전한 조리, 특별한 주의를 요하는 음식들, 외식과 배달음식의 취급요령 등이다.

USDA의 Center for Nutrition Policy and Promotion은 Healthy Eating Index(HEI)를 제시하여 노인들의 올바른 식생활을 위한 지침에 관한 정보를 제공한다.

미국에서 고령층의 소비는 전체의 30%를 차지하고 있으며, 바이오 기술이 적용된 의료제품이나 서비스, 재생의학 등 의료, 건강관리와 관련된 첨단 제품 및 서비스에 대한 수요가 높다. 고령화가 초래할 가장 주요한 국가적 어려움을 고령화로 인한 건강 비용의 증가로 보고, 건강 수명의 연장과 관련된 다양한 정책을 추진 중임. 의료 및 건강관리 산업 외에도 요양 및 돌봄 산업 분야에서도 정부의 지원 및 민간 영역에서 다양한 돌봄 서비스 시스템을 마련하고 있다.

베이비부머 세대의 고령화 진입에 따라 의료 및 건강관리 분야의 수요가 확대되는 것에 대응하여 국가 차원에서 건강 및 의료 분야의 첨단기술 개발을 지원하고 있다.

(2) 일본

일본의 고령인구(65세 이상) 비율은 2020년 9월 기준 총 인구 대비 비율 28.7%이고, 2030년에는 약 31.2%에 이를 것으로 전망된다. 또한, 일본의 65세 이상 고령자 중 간병 대상자가 차지하는 비율은 2015년 18.3%에서 2035년 24.0%로 증가할 것으로 전망된다.

고령자의 증가와 더불어 간병을 요하는 고령자, 특히 재택 간병자의 증가로 인해 고령친화식품 시장이 성장하고 있고, 이로 인한 수요의 증가로 식품 제조사들의 고령친화식품 시장 진입이 늘어나고 있다. 연하식 및 저작곤란자식은 병원 및 고령자케어시설 등에서 일반 가정으로 그 서비스 대상이 확대되고 있으며, 재택 고령자를 타겟으로 한 가정배달식 서비스는 시장의 신규 비즈니스 모델로 확산되고 있다.

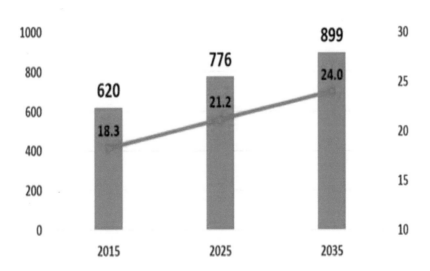

* 출처: 후생노동성 사회보장심의회, 국립사회보장인구문제연구소

[그림 251] 간병 대상자 수 전망과 65세 이상 인구 비중(단위:만명, %)

인구의 고령화가 빠르게 진전됨에 따라 개호(간병) 대상자가 빠르게 늘어나 사회적 문제로 대두되었고 2010년대 이후로 일본의 고령친화식품 관련 정책은 농림수산성에서 실시하고 있음 과거 일본에서 고령친화식품은 주로 요개호자를 위한 '개호식품'(또는 '개호식')으로 지칭되었다. 개호식품은 본래 병원, 요양시설 등에서 제공하는 급식 및 간식, 조리식품 등을 지칭하는 말이었으나, 농림수산성에서는 개호식품의 종류로 저작·연하곤란자용 부드러운 식품(통상의 식사를 부드럽게 가공한 식품), 점도조절식품, 종합영양식품(농후유동식), 수분보급젤리, 음료 등을 제시하였다.

개호식품이라는 표현은 부정적으로 받아들이기 때문에 부드러운식이나 소프트식으로 표현하거나, 기업의 자체브랜드로서 '야사시콘다테 (몸에좋은식단) '.' 쇼 쿠 지 와 타노시 (식사는 즐거워)','야와라카쇼쿠(부드러운식)', '야와라카구락부(부드러운클럽)' 등의 이름이 사용된다.

개호식품의 기준제정 및 인지도 향상 대책은 민간 주도로 시작되었지만, 2013년 2월 농림수산성이 <향후의 개호식품을 둘러싼 논점 정리 모임>을 발족시켜, 동년 7월까지 5차에 걸친 논의를 거듭한 끝에 <향후의 개호식품을 둘러싼 논점>으로 정리하였다.

현재 일본내 개호식은 '일본개호식협회'에서 기준 및 규격을 정하고, 협회에 가입한 식품회사들이 제조한 식품에 UDF(유니버셜 디자인 푸드) 로고를 표시할 수 있도록 했다. 일본 개호식협회의 규격에 따라 1~4단계의 기준을 정하여 개발된 제품에 각각 표시를 하고 있다.

구분	UD 容易に かめる	UD 歯ぐきで つぶせる	UD 舌で つぶせる	UD かまなくて よい
삼키는 힘 예	보통	음식에 따라 삼키기 어려움	때때로 물 및 차를 삼키기 어려움	물 및 차를 삼키기 어려움
경도 (硬度) 예 — 밥	밥~부드러운 밥	부드러운 밥~죽	죽	미음
조리 예 (밥)				

[그림 252] 유니버셜 디자인 푸드 규격(일부)

단계		1단계: 쉽게 씹을 수 있음	2단계: 잇몸으로 으깰 수 있음	3단계: 혀로 으깰 수 있음	4단계: 씹지 않아도 됨
씹는 힘 기준		단단하거나 크기가 큰 것은 조금 먹기 힘듦	단단하거나 크기가 큰 것은 먹기 힘듦	부드럽고 잘게 자른 것은 먹을 수 있음	고형물은 잘게 자른 것도 먹기 힘듦
목넘김 기준		모든 음식을 잘 넘길 수 있음	음식에 따라 삼키기 힘든 경우도 있음	물과 차를 넘기기 힘든 경우가 있음	물과 차를 넘기는 것이 힘듦
음식 경도	밥	밥 - 부드러운 밥	부드러운 밥 - 죽	죽	미음
	생선	구운생선	삶은생선	생선 으깬 것	흰살 생선을 채로 거른 것
	계란	두꺼운 계란말이	다시를 넣은 계란말이	스크럼블 에그	건더기 없는 계란찜
물성 규격	경도 상한치 (N/m2)	5x10⁹	5x10⁴	졸: 1x10⁴ 겔: 2x10⁴	졸: 3x10³ 겔: 5x10³
	점도 하한치 (mPa·s)			졸: 1500	졸: 1500

[그림 253] 유니버셜 디자인 푸드 규격

최근 일본의 고령자친화형 식품에는 '개호식품'외에 저작·연하 기능의 저하가 우려되거나 저영양이 우려되는 고령자 등을 대상으로 한 예방적 개호식품(개호예방식품)이나 '균형 식품(balance food)'도 포함되기 시작했다. 2014년 일본은 신개호식품 제도인 '스마일케어식' 제도를 시작했다. 이러한 일반 고령자를 위한 개호예방 식품이나 균형 식품도 포함할 수 있도록 표시 기준을 제정하였으며, 개호식에 연하식, 저작곤란자식, 부드러운 음식(유동식)을 포함하고 '고령자식'으로 액티브시니어를 대상으로 한 예방적 식품 등을 포함하였다. 일부 지역에서는 민간업체가 지방자치단체의 복지사업과 연계하여 도시락 등 조리식품 배달 시 고령자 안부를 확인하는 서비스를 실시 중이다.

고령친화식품에 있어 선진국인 일본은 UDF(Universal Design Food)라는 민간단체에서 제도를 운영함으로써 고령친화식품 개발이 이어져 오고 있다. 이미 2000년대 초반부터 개호(곁에서 돌봐주는 의미)보험제도를 실시해 식비 중 고령친화식품을 구입할 경우 일정부분을 국가에서 지원해주고 있다.

일본 대표 개호식품 업체로는 큐피와 메이지가 있다. 큐피는 고형물 섭취가 불편한 소비자들을 위한 제품으로 믹서에 갈아 만든 닭죽과 삼키기 편리한 우동 등이 대표적이다. 메이지의 경우 단백질, 비타민, 미네랄 등의 영양분을 효율적으로 섭취할 수 있도록 음료 형태 상품을 개호식품으로 선보이고 있다.

일본의 경우 지방자치단체가 지역 내 거주하는 고령자들의 도시락 신청을 받은 후 관련 정보를 거주하는 자택에서 반경 2㎞ 내에 있는 개호식품 배달업체에 전달해 도시락을 배달해주는 서비스를 운용하고 있다.

〈 스마일케어식의 분류 〉

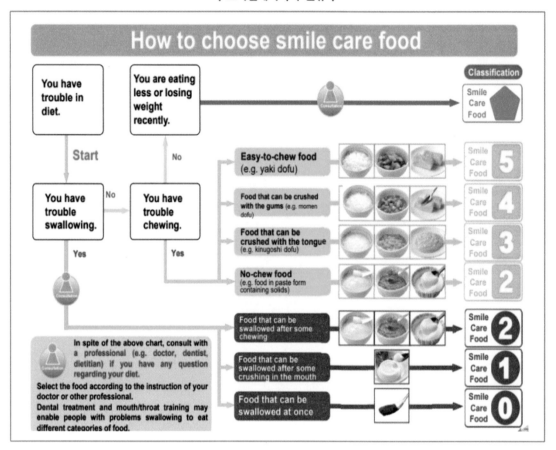

[그림 254] 일본 농림수산성

〈 스마일케어식의 마크 분류 기준 〉

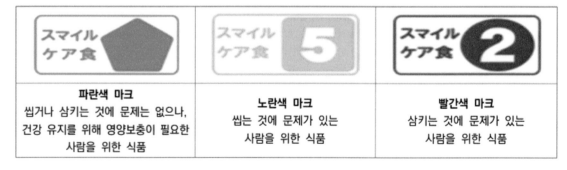

파란색 마크	노란색 마크	빨간색 마크
씹거나 삼키는 것에 문제는 없으나, 건강 유지를 위해 영양보충이 필요한 사람을 위한 식품	씹는 것에 문제가 있는 사람을 위한 식품	삼키는 것에 문제가 있는 사람을 위한 식품

[그림 255] 일본 농림수산성

(3) 중국

중국은 일본을 넘어 세계 2대 건강보조식품 시장으로 언급될 정도로 고령식품시장에 관심이 높다. 슈퍼마켓 등에서 즉시 구매할 수 있는 노인 식품에는 중노년, 노년 등의 단어 사용 및 고칼슘, 고단백질, 저지방 등의 단어를 삽입해 눈에 잘 띄게 패키지를 차별화했다.

중국의 고령친화시장을 보면 고령친화식품, 의류, 가전 등 일상생활을 지원하기 위한 제품의 시장 성장이 두드러진다. 2021년 중국 인구의 18.7%가 60세 이상으로 예상되며, 이러한 고령층의 건강한 식습관에 대한 수요가 높아지고 있다.

판매 중인 노인식품은 물에 타서 섭취하는 분말형태 제품이 주를 이루고 두유, 참깨죽 등 기타 분말제품도 판매되고 있다.

최근 디지털 고령친화식품 시장에서 디지털 마케팅이 중요한 역할을 하고 있다. 스마트폰이나 인터넷을 통해 정보를 수집하고 제품을 구매하는 고령층이 늘어나고 있기 때문이다. 또한 최근 수출시장에서도 큰 성장세를 보이고 있다.

한편, 중국 정부는 2050년 고령층 인구가 4억 명에 달할 것으로 보고 '건강중국 2030 계획요강'을 발표하고 2030년 헬스케어시장 규모를 16조 위안(약 3000조원)으로 추산했다.

(4) 독일

독일은 이미 1980년대부터 고령친화식품이 구매 가능한 형태로 판매되기 시작했으며, 식품산업을 통해 냉동식품 형태의 완전조리급식이나 전처리 및 반조리된 식재료가 보급되고, 이들을 이용하여 지역사회 중심으로 장기요양시설 급식이나 재가노인 이동급식의 문제를 적극적으로 해결해 오고 있다.

독일의 고령친화식품 관련 정책의 핵심은 국가 주도형 표준화 정책으로 귀결되며, 급식서비스(VSSE)와 식사 배달서비스(EAR)로 양분된다. 독일 연방정부의 후원으로 독일영양학회(DGE)가 단체급식 또는 이동급식 관련한 급식 표준화 기준을 마련하고, 이에 대한 인증제도를 실시하고 있다.

독일의 급식표준화(DGE-VSSE) 구축은 2008년 독일연방정부 부처인 영양·농축산식품부(BMEL)와 보건복지부(BMG)가 독일영양학회(Deutschen Gesellschaft fuer Ernaehrung : DGE) 에 영유아부터 노인까지 각 생애주기별 식생활 관련된급식표준화 과제 추진을 일임하면서 2009년에 시작되었다.

〈 독일 요양시설 및 재가노인 이동급식 표준인증제 도입 배경 〉

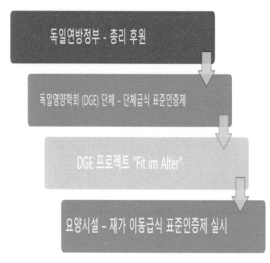

[그림 256] 독일 요양시설 및 재가노인 이동급식 표준인증제 도입 배경

〈 DGE 일반 인증로고와 프리미엄 인증로고 〉

[그림 257] DGE(2015). DGE-Qualitaetsstandard fuer die Verpflegung in stationaeren
Senioreneinrichtungen

급식표준화를 도입한 시설들은 국가인증 로고인 FIAZ 로고를 사용할 수 있음
FIAZ는 일반인증(Fit im Alter-Zertifizierung)과 프리미엄인증(Fit im Alter-Premium- Zertifizierung)의 두 가지로 구분된다.

일반인증은 식사의 질적 표준화의 3가지 중점요소인 식재료, 식단과 조리과정, 그리고 식사환경에서 그 요구사항을 만족시켰을 경우 획득할 수 있다.

프리미엄 인증은 일반인증의 3가지 중점요소뿐만 아니라 식사서비스를 위한 식단의 영양소함량을 권장량에 준하여 최적화하여야만 획득할 수 있다. 이를 위해서는 최소 6주간에 대한 식단을 미리 제시해야 하고, 이 중 최소한 7일이상의 식단에 대한 영양소함량이 최적화 수준인지를 입증해야한다.

단체 급식서비스 표준화(DGE-VSSE)의 목적은 아래와 같다.
① 시설 운영 주체가 영양요구량을 충족시키고 균형잡힌 식사를 준비할 수 있도록 지원
② 입소노인들이 완전한 영양균형 식사를 제공받을 수 있도록 지원함
③ 급식표준화를 통해 조리와 관련된 실무를 지원함

급식표준화작업은 축적된 최신 연구결과물들을 기반으로 수행하였고, 그 대표적인 것이 D-A-CH㉖Referenzwerte의 영양섭취 권장량이다.

DGE의 QS-VSSE는 시설의 운영 및 결정권자, 그리고 요양시설의 요양서비스종사자 전원을 위한 표준화시스템이며, 운영책임자, 조리실 운영자 및 조리인력, 요양서비스인력, 식재료 및 식품 공급업체 모두가 참여대상자이다. 이 밖에도 QS-VSSE는 식사환경과 식사공간 및 식탁차림, 서비스와 의사소통에 대해서도 관련 가이드를 제시한다.

관리범위	내용
수분섭취	수분섭취는 노인기에는 갈증을 느끼는 자극이 퇴화되면서 탈수의 위험이 높아지기 때문에 관리범위에 포함됨 1인 1일 1.5리터의 수분을 섭취할 수 있도록 계획을 세우고, 설사나 발열, 더위, 활동량 등에 따른 수분요구량 증가를 고려하며, 수분공급과 섭취량에 대한 프로토콜을 작성 필요
식재료의 선택과 식단구성	식재료의 선택과 관련하여 독일 영양학회(DGE)는 7가지 식품군에 대한 식재료의 선택 표준을 제시하고 있음. 또한 전처리 식재료에 대해서는 5가지의 등급으로 사용원칙을 두고 적용하고 있음. 식단의 구성은 1일 배식 및 주 7일 배식의 원칙으로 식단에 들어가는 각 식품군의 식재료의 빈도 기준을 제시함
조리구성	- 지방을 적게 사용하는 조리법 - 튀김음식의 빈도는 주 3회 이내 - 채소나 감자는 영양소파괴 최소화를 위해 찜이나 볶음, 굽기 등의 조리법 - 조미용 허브는 말리지 않은 신선한 것 사용 - 설탕 사용은 최소한으로 자제 - 요오드소금의 사용
특수상황의 관리	질병이나 섭취 기능의 저하와 관련한 상황에서의 급식 제공 (저작곤란과 연하장애에서의 식사형태, 치매가 있는 경우의 식사, 비만관리, 당뇨식 지원 등)

[표 173] 고령친화식장 현황 및 활성화 방안, 한국농촌경제연구원

배달 식사서비스 표준화(EGE-QS fuerEssen auf Raedern) 추진 배경 및 목적은 아래와 같다.

① 독일에서 배달 식사서비스(EAR)는 이미 60여 년의 역사를 가진 일반적인 유통형태임

② 오랜 시간에 걸쳐 고령친화식품산업으로 자리매김이 되었지만 공급되는 노인식사의 영양충족 여부, 맛, 형태의 적합성 등이 검증되거나 평가되지 않는 등 많은 문제점이 있었음

③ 이러한 애로사항 개선을 위하여 독일의 배달 식사서비스 표준화는 앞서 살펴본 단체 급식서비스 표준화(DGE-VSSE)에 이어 2010년부터 추진되고 있으며 추진 목적은 단체 급식서비스 표준화와 결이 같음

표준화의 주요 내용은 아래와 같다.

① 일반적으로 배달 식사서비스(EAR)는 생산자에 의해 조리·생산되고, 공급자가 따뜻하게 먹을 수 있는 상태로, 준비된 배달시스템을 가동하여 집 앞까지배달하는 것이지만, 냉장·냉동식품을 따뜻하게 데워서 배달하거나 냉장·냉동 상태로 배달하기도 함

② 점심식사만을 제공하는 경우 식품군별 적용 빈도 수가 달라지지만 식단작성, 식품선별, 전처리 식품의 적용, 조리과정의 원칙, 식품보관온도 및 시간, 관능, 영양소 공급원칙, 식품위생 등에서는 단체 급식서비스 표준화기준(DGE-VSSE)과 흡사함

③ 배달 식사서비스(EAR)는 고객과의 대면 서비스가 이루어지므로 고객과의 관계 구축과 식사배달을 위한 운반 및 공급시스템이 추가되며, 표준화 고객 중심의 서비스체계 구축을 위해 제공메뉴와 서비스 관련 표준 계약서 작성, 배송관련 협의 등의 규정이 있음.

나) 국내 동향

국내 고령친화식품 시장규모는 2018년 3조 869억원으로, 연평균 13%로 성장하여 2024년에는 약 6조 2,561억원에 달할 것으로 전망된다.

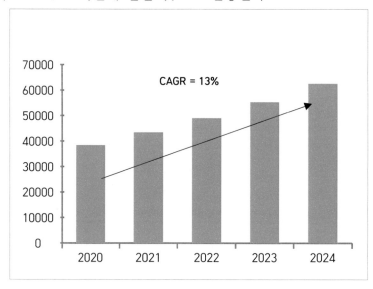

[그림 259] 국내 고령친화식품 시장 규모 (단위 : 억 원)

국내 고령화율은 2019년 기준 14.9%로 고령 사회에 해당하며, 2067년에는 46.5%까지 증가할 전망이다. 고령화율과 기대수명이 증가함에 따라 노령인구 부양비율이 증가하고 있고, 이에 따라 고령친화산업의 시장규모는 지속적으로 성장할 것으로 예상된다.

고령친화제품 중 '건강기능식품 및 급식서비스'를 '노인을 위한 식품 및 급식서비스'로 확대하는 고령친화산업진흥법 시행령이 개정되어('21.3) 주로 환자용 식품 위주의 고령식품을 고령자 모두를 위한 식품으로 확대, 고령친화산업에서 식품분야를 주요 유망산업으로 성장시키고자 한다.

한국의 고령친화식품 시장이 계속해서 확대될 것으로 전망됨에 따라 국내 식품제조업체들은 고령친화식품 브랜드 강화 및 제품군 확대를 추진하고 있다. 건강식, 특수용도식 등 기능성 식품 제품 기업 중심으로 고령친화식품 제품 및 급식서비스를 확대하고 있다.[209][210]

---

209)) 통계청(2019.03). 장래인구특별추계:2017~2067
210) 식품의약품안전처(2020.10.01.).식품공전,보건복지부(2021.03.09.).고령친화산업진흥법시행령

(1) 고령친화식품 시장[211]

고령친화식품은 케어푸드, 실버푸드, 시니어푸드 등으로도 불리며 음식물의 섭취와 소화에 어려움을 겪는 고령층을 대상으로 한 식품을 뜻하고 고령화지수가 높은 한국의 고령친화식품 시장은 계속해서 확대될 것으로 전망됨에 따라 기업들의 해당 시장 진출 또한 점차 증가하는 추세다.

풀무원 푸드머스의 풀스케어는 2015년 만들어진 시니어 전문 브랜드로 고령층의 저작 능력을 4단계로 분류한 단계별 맞춤 상품 등 고령자 전용 식사부터 디저트, 건강보조제까지 다양한 제품군을 보유하고 있다.

현대그린푸드는 지난 2016년부터 '케어푸드'를 차세대 성장동력의 하나로 정해 사업을 준비해 왔다. 2016년 연화식 개발에 나선 후, 이듬해 국내 최초로 기업과 소비자 간 거래(B2C) 연화식 브랜드(그리팅 소프트)를 론칭했다.

아워홈은 2020년부터 B2B로만 출시되던 연화간편식을 B2C로 확대, CJ프레시웨이와 시니어 요양 전문기업 비지팅엔젤스코리아가 합작한 브랜드 '헬씨누리'는 노년층을 위한 연화식·저염식·고단백 식품을 개발하고 있다.

신세계푸드의 고령친화식품 전문 브랜드 '이지밸런스'는 지난 2020년 1월 신규 개발한 연하식 소불고기 무스, 닭고기 무스, 가자미 구이 무스, 동파육 무스, 애호박 볶음 무스 등 5종을 새롭게 내놓았다. 이들 제품은 음식 본연의 맛을 구현하면서도 삼킴이 편하고 혀로 가볍게 으깨 섭취할 수 있을 정도로 경도, 점도, 부착성 등을 조절해 만든 것이 특징이다. 별도의 조리과정 없이 용기째 중탕 또는 콤비 오븐에서 가열후 섭취할 수 있다.

특허청에 자체 개발한 연하식 및 영양식 제조 기술에 관련된 특허 4건을 출원해 등록을 완료했다.

신세계푸드는 씹는 것이 어려운 소비자 대상으로 각종 연하식 반찬류를 제조해 병원·요양원 등 기업간 거래(B2B) 시장 위주로 공급 중이다.

아워홈은 2020년부터 기업간 거래(B2B)로만 출시되던 연화간편식을 기업과 개인간 거래(B2C)로 확대, CJ프레시웨이 브랜드 '헬씨누리'는 노년층을 위한 연화식·저염식·고단백식품을 개발하고 있다.

---

211) 전업농신문

건강기능식품 전문기업들은 소수의 유사 카테고리 식품군을 제조·판매하며, 해당 카테고리를 기준으로 제품군을 확장해 나가고 있다. 특수의료용도 등 식품전문기업들 역시 다양한 카테고리의 브랜드 및 식품군을 제조하는 종합식품기업으로 환자식 관련 브랜드를 보유하고 있다.

(2) 건강기능식품 시장

건강기능식품 전문기업들은 소수의 유사 카테고리 식품군을 제조·판매하며, 해당 카테고리를 기준으로 제품군을 확장해 나가고 있는 모습을 보인다.

정식품은 1973년 설립된 기업으로 1991년 환자식 특수영양식품 그란비아 발매를 시작으로 일반식, 전문식, RTH, 점도증진제 등의 다양한 용도의 제품을 출시하고 있으며, 제조공정 중 영양소 파괴율, 환자의 소화 흡수율 등을 종합적으로 고려한 제품군을 개발하고 있다.

일동후디스는 분유 및 이유식, 영양 보충용 식품, 건강보조식품 등을 판매하고 있으며, 건강과 활력을 위한 영양관리와 소화가 용이한 제품을 필요로 하는 고령층 대상으로 고단백 음료, 홍삼진액, 오메가3, 프로바이오틱스 함유 관련 제품을 판매하고 있다.

남양유업은 유아용 조제분유 생산 기업으로 설립되어 우유 및 유제품, 음료, 영양보조식 등을 주로 제조·판매하고 있으며, 대표적인 건강기능식품인 하루근력 제품군은 중장년층을 위해 활력과 자기 방어에 도움이 되는 농협 홍삼 6년근을 사용하여 기본 음료 형태 대비 영양 성분을 강화한 제품이다.

(3) 특수의료용도식품 시장

특수의료용도 등 식품 전문기업은 다양한 카테고리의 브랜드 및 식품군을 제조하는 종합식품기업으로 환자식 관련 브랜드를 보유하고 있다.

2018년 출범한 대상라이프사이언스는 제품 브랜드로 환자용 균형 영양식 '뉴케어'를 보유하고 있으며, 제대로 된 영양 한끼 '마이밀' 등의 온라인 전문 건강식품 브랜드 제품을 제조 및 판매하고 있다. 뉴케어의 경우 수술을 마친 환자 혹은 고령자를 위한 일반식으로 마시는 형태의 쉬운 섭취 방법과 한 끼 식사의 영양소를 모두 포함한 식품으로 당뇨 등 전문 질환을 위한 맞춤 케어도 제공하고 있으며, 마이밀은 부족한 단백질을 보충하기 위해 마시는 형태의 영양 보조식품이다. 또한 대상라이프사이언스는 석류 히비스커스/클로렐라 등 안티에이징 식품도 있으며, 끊임없는 R&D를 통해 당뇨와 신장질환, 연하곤란, 치매와 같은 특수질환 예방 및 영양보충을 위한 제품을 개발하고 있으며, 기존의 일본 의존적인 고령친화 식품 개념에서 벗어나 새로운 시장을 구축하기 위해 차의과학대학교, 코픽푸드, 건국대학교와 영양성분 고농도 코팅 및 효소 코팅 기술을 통한 새로운 연화제 개념의 소스를 개발 중에 있다.

매일유업은 우유 및 유제품, 음료와 함께 단백질과 필수아미노산 등 영양성분을 한층 강화한 셀렉스를 선보이고 있으며, 당뇨식, 신장식, 고단백식 등의 특수영양식과 균형영양식 등을 제조·판매하고 있다.

(4) 소비자 인식

고령친화식품을 처음 알게 된 경로는 인터넷 뉴스 기사를 통해서가 24.2%로 가장 높은 비율로 나타났으며, 그 다음으로는 TV광고/프로그램(22.7%), 주변사람들의 추천/입소문 (17.5%)등의 순으로 나타났다.

남성은 인터넷 뉴스 기사를 통해서(30.0%) 고령친화식품을 인지하게 된 비율이 가장 높은 반면 여성은 TV 광고/프로그램을 통해서(25.9%) 인지하게 된 비율이 가장 높았다. 60대(7.7%)는 40-50대(40대 3.6%,50대1.7%) 대비 친목 모임 시설을 통해서 고령화식품을 알게 된 비율이 높은 편이었다.

구분	남성				여성			
	소계	40대	50대	60대	소계	40대	50대	60대
사례수	390	91	171	128	410	92	179	139
들어본 적 있다	33.3	34.1	28.7	39.1	33.9	30.4	33.0	37.4
들어본 적 없다	66.7	65.9	71.3	60.9	66.1	69.6	67.0	62.6

[표 174] 고령친화식품 인지도 (단위: %)

소비자들은 고령친화식품에 대한 정보를 찾아볼 때 고령친화식품의 필수 영양소 함유(26.4%) 여부를 가장 고려하고 있었다. 필수영양소 함유 여부는 60대 남성(31.3%)이 가장 중요하게 고려하고 있으며, 40-50대에서는 남성보다는 여성이 더 중요하게 고려하고 있는 것으로 조사되었다.

소비자들은 안전성(19.6%)도 중요하게 고려하는데 고령친화식품 인증이 붙은 제품을 더 신뢰하고 안전하다고 느끼는 것으로 나타났다. 60대보다는 40-50대가 조리/취식의 편의성을 더 중요하게 고려하고 있었다. 조리/취식이 간편하면 고령자가 혼자 있을 때 간편하게 먹을 수 있기 때문에 고령친화식품 정보 탐색 시 중요하게 고려하는 것으로 판단된다.

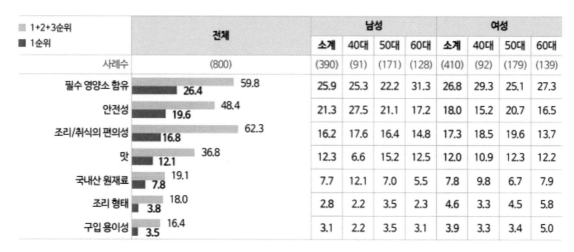

1+2+3순위 / 1순위	전체	남성				여성			
		소계	40대	50대	60대	소계	40대	50대	60대
사례수	(800)	(390)	(91)	(171)	(128)	(410)	(92)	(179)	(139)
필수 영양소 함유	59.8 / 26.4	25.9	25.3	22.2	31.3	26.8	29.3	25.1	27.3
안전성	48.4 / 19.6	21.3	27.5	21.1	17.2	18.0	15.2	20.7	16.5
조리/취식의 편의성	62.3 / 16.8	16.2	17.6	16.4	14.8	17.3	18.5	19.6	13.7
맛	36.8 / 12.1	12.3	6.6	15.2	12.5	12.0	10.9	12.3	12.2
국내산 원재료	19.1 / 7.8	7.7	12.1	7.0	5.5	7.8	9.8	6.7	7.9
조리 형태	18.0 / 3.8	2.8	2.2	3.5	2.3	4.6	3.3	4.5	5.8
구입용이성	16.4 / 3.5	3.1	2.2	3.5	3.1	3.9	3.3	3.4	5.0

[그림 260] 고령친화식품 정보 탐색 시 고려 요인 (단위: %)

소비자 인식 조사 결과 소비자들은 고령친화식품에 관해 기능성 식품, 인증 제도, 구입비 지원, 식단 개발이 필요하다고 생각하고 있었다. 고령친화식품과 관련해 '고령자에게 많이 발병하는 질환과 연관된 식품 개발(79.1%)', '고령친화식품에 대한 별도의 인증(75.8%)', '고령자를 위한 별도의 식품구입비 지원(69.4%)', '식품보다는 식단으로 발전(69.0%)'에 대한 수요가 큰 것으로 나타났다. 반면 '현재 환자식 제품 대부분이 고령자를 위한 제품이라 생각(42.1%)'하거나 '현재 고령자를 배려한 다양한 식품이 존재한다(41.0%)'는 데에 동의한다는 비율이 낮게 나타났다.

소비자들은 고령친화식품이 고령자를 위한 균형 잡힌 영양소가 들어있고, 소화가 잘 되고 씹고 삼키기 쉬우며 조리 및 취식이 편리한 식품이어야 한다고 생각하고 있었다. 고령친화식품에 필요한 속성별 중요도를 조사한 결과, 균형 잡힌 영양소(90.5%), 소화가 잘 되는 식품(90.1%), 씹기 쉽고 부드러운 식품(88.0%), 삼키기 좋게 농도·점도를 고려한 식품(87.0%), 저염·저당 등 건강을 고려한 식품(84.9%), 조리가 간편하거나 바로 먹을 수 있는 식품(80.3%), 개인 맞춤 식재료로 만든 식이요법 식품(70.4%) 순으로 조사되었다.

치아가 좋지 않아 음식을 섭취하지 못할 경우 영양 부족 상태가 될 수 있고, 코로나 19 사태로 면역력이 더욱 중요해지고 있어 고령친화식품은 균형 잡힌 영양을 공급해 주어야 한다는 인식이 증대되고 있다.
고령친화식품으로 제품 개발이 가장 필요한 품목으로는 즉석조리식품, 신선편의식품, 즉석섭취식품 등 가정간편식과 건강기능식품 및 양념육을 우선시 하며, 선호하는 구입 채널은 대형할인점, 온라인 쇼핑몰, 중/대형 슈퍼 순으로 조사되었다.

고령친화식품 향후 제품 수요 조사 결과, 즉석조리식품(56.3%), 신선편의식품(47.0%), 건강기능식품(43.0%), 즉석섭취식품(37.9%), 양념육(36.8%), 단백질보충제(35.8%), 두부/묵류(26.8%), 수산가공품(25.6%), 전통 장류(25.4%), 인삼/홍삼 제품류(24.3%) 순으로 나타났다.

고령친화식품 구입 채널로는 대형할인점(37.1%)이 가장 높은 선호도를 얻었고, 온라인 쇼핑몰(19.8%), 중/대형 슈퍼(10.9%), 체인점형 슈퍼(7.8%), 동네 소형 슈퍼(5.4%), 편의점(5.0%) 순으로 나타났다.

구분	전체	남성				여성			
		소계	40대	50대	60대	소계	40대	50대	60대
사례수	(800)	(390)	(91)	(171)	(128)	(410)	(92)	(179)	(139)
가정간편식 (즉석조리식품)	56.3	54.1	44.0	54.4	56.1	58.3	62.0	58.1	56.1
가정간편식 (신선편의식품)	47.0	47.7	44.0	42.1	46.0	46.3	41.3	49.2	46.0
건강기능식품	43.0	45.4	41.8	41.5	44.6	40.7	34.8	40.8	44.6
가정간편식 (즉석섭취식품)	37.9	42.1	41.8	39.2	35.3	33.9	35.9	31.8	35.3
양념육	36.8	34.1	33.0	29.8	36.0	39.3	35.9	43.6	36.0

[그림 261] 고령친화식품 필요 제품(복수응답) (단위: %)

(5) 고령친화식품 우수성 실증사업 착수

농식품부는 지난해부터 고령친화식품산업 활성화 방안의 일환으로 고령친화식품의 우수성에 대한 과학적 근거자료 확보를 위해 전문가 자문 및 관련 지원사업 벤치마킹 등을 통해 실증연구 추진 계획을 수립해 왔다.

이번 실증연구에 참여하는 기관은 2022년 3월부터 한 달간 공고모집을 통해 식단제공 기관은 전주시 소재의 지역자활센터 등, 효과검증 기관은 경희대학교가 선정됐다.

각 실증연구에 참여하는 기관에서는 영양전문가 협의체 운영을 통해 고령친화식단을 구성했고, 지역자활센터는 도시락 배달, 노인요양시설에서는 급식 형태로 실증대상자에게 제공할 방침이다.

경희대학교에서는 고령친화식단이 제공된 고령자를 대상으로 영양상태 개선, 만족도 향상 등 모니터링을 통해 효과에 대한 과학적 분석을 진행하게 된다.

고령친화식품 식단제공과 함께 식생활과 관련된 교육 추진을 통해 주의가 필요한 음식섭취 행동과 문제점을 개선하고 올바른 식생활 문화를 유도해 고령자 건강증진 효과에 도움을 줄 것으로 기대된다.

이와 관련해 농식품부 전한영 식품산업정책관은 "이번 실증사업은 정부에서 지정한 제품이 포함된 고령친화식단을 고령자에게 제공해 영양개선 등 효과검증을 추진함으로써 고령자 대상 공공급식 영양관리 체계 구축의 기반이 마련될 것"이라며 "노인요양시설 등 관련 기관에 고령친화식품의 우수성 홍보를 통해 인지도를 제고하고, 관련 산업 활성화를 위해 지속적으로 제도개선을 추진하겠다"라고 밝혔다.

아울러, 실증기간인 2022년 10월까지 고령친화우수식품 지정제도를 통해 지정되는 제품은 실증사업에 추가적으로 반영할 방침이며, 지난해 2개소만 운영했던 실증사업을 2023년에는 4개소로 확대해 추진할 계획이라고 전했다.

05

종자산업

5. 종자산업
가. 종자산업 개요
1) 종자의 정의 및 종류[212]

종자에 대한 식물학적 정의는 수분과 수정이 이루어진 후 형성된 배를 포함하는 성숙한 씨방으로, 이는 장차 성숙한 식물체로 자랄 수 있는 바탕이 되는 것을 의미한다. 한편, 농업적으로 종자는 씨앗으로 번식하는 "종자"와 영양체로 번식하는 "종묘"로 구분하여 왔으나 1995년 주요 농작물 종자법과 종묘관리법이 통합되어 종자산업법이 제정되면서 "종자"의 정의가 증식용 또는 재배용으로 쓰이는 씨앗, 버섯종균 또는 영양체를 포함하는 광의의 정의로 변화되었다. 즉, 농산물, 임산물 또는 수산물의 생산을 위한 모든 식물의 종자로 그 범위가 확대되었으며, 점차 소비가 증가하고 있는 화훼류, 약용식물 그리고 수산식물인 김 등의 포자도 종자의 범위에 들게 되었다.

종자산업법 제2조(정의)

이 법에서 사용하는 용어의 뜻은 다음과 같다.

1. "종자"란 증식용 또는 재배용으로 쓰이는 씨앗, 버섯 종균(種菌), 묘목(苗木), 포자(胞子) 또는 영양체(營養體)인 잎·줄기·뿌리 등을 말한다.
2. "종자산업"이란 종자를 연구개발·육성·증식·생산·가공·유통·수출·수입 또는 전지 등을 하거나 이와 관련된 산업을 말한다.
3. "작물"이란 농산물 또는 임산물의 생산을 위하여 재배되는 모든 식물을 말한다.
4. "품종"이란 「식물신품종 보호법」 제2조제2호의 품종을 말한다.
5. "품종성능"이란 품종이 이 법에서 정하는 일정 수준 이상의 재배 및 이용상의 가치를 생산하는 능력을 말한다.
6. "보증종자"란 이 법에 따라 해당 품종의 진위성(眞僞性)과 해당 품종 종자의 품질이 보증된 채종(採種) 단계별 종자를 말한다.
7. "종자관리사"란 이 법에 따른 자격을 갖춘 사람으로서 종자업자가 생산하여 판매·수출하거나 수입하려는 종자를 보증하는 사람을 말한다.
8. "종자업"이란 종자를 생산·가공 또는 다시 포장(包裝)하여 판매하는 행위를 업(業)으로 하는 것을 말한다.
9. "종자업자"란 이 법에 따라 종자업을 경영하는 자를 말한다.

[표 175] 종자산업법 제2조(정의)

종자는 크게 야생종, 재래종, 계통, 품종과 같이 4가지로 구분된다. 야생종은 자연상태에서 만들어진 종자이며, 재래종은 인간에 의해 오랫동안 토착되어 내려온 지역 특산 종자이고, 계통은 여러 종류의 종자를 육성가가 자가수분 또는 타가수분을 거쳐 유전적으로 안정시킨 종자로서 모계와 부계로 나뉜다. 마지막으로 품종은 육성가가 유전적 개량을 위하여 각 계통을 교

---

212) 차세대 농작물 신육종기술 개발사업, 한국과학기술기획평가원, 2018.12

배하여 만든 품질이 우수한 개체로 상업적으로 판매된다.

종자	정의
야생종	산이나 들에서 자연적으로 교배되어 생육되는 식물체 또는 그 종자. 야생종은 존 도태, 변이가 자연적으로 획득됨
재래종	예전부터 전하여 내려오는 농작물 또는 그 종자. 오랫동안 한곳에서 재배되어 풍토에 토착화되거나 격리된 환경에서 자연방임 교배를 통해 유전적 형질이 연적으로, 부분적으로 고정된 경우임. 일반종이라고 말함
계통	육종가가 야생종이나 재래종을 활용하여 자가수분 또는 타가수분을 거쳐 유전적으로 고정시킨 개체 또는 그 종자. 모계와 부계를 육성하여 교배조합을 통해 종을 개발함
품종	유전적 개량을 위하여 육종가가 각 계통을 개발하고 인위적으로 교배한 다음, 발된 개체군. 원예적으로 형질이 같은 제1대교잡종(F1, filial 1)이며 양친보다 육이나 특성이 우수한 성질을 갖는 잡종강세(雜種強勢) 특성이 있음

[표 176] 종자의 종류

모든 종자는 곧 유전자원이다. 육종가는 유전자원을 이용하되 여러 형태의 육종기술을 활용하여 원하는 품종을 개발하는데, 최근에는 다양한 생명공학기술을 육종에 접목하다 보니 육종에 사용되는 생명공학기술을 폭넓게 육종기술이라고 한다.

종자개발과 유전자원은 상반된 관계에 있다. 본래 지구상에는 많은 유전자원이 존재했지만 인류가 식량의 생산성 때문에 인위적인 육성(domestication)을 하다 보니 선발을 통해서 소수의 유전자원만 활용하게 되었다. 결과적으로 많은 자연적 유전자원들이 방치되어 도태되었고 특히 20세기 들어오면서 인위적인 육종을 본격적으로 추진하다보니 사용하는 유전자원의 감소가 심화되었다. 그러나 다행스러운 것은 기 유전자원을 활용하여 새로운 계통과 품종을 만들게 됨으로써 신유전자원이 증가하고 있다는 것이다.

각국에서는 소위 유전자원센터를 운영하면서 기존의 유전자원과 새로운 유전자원을 보유하고 있다. 한국의 경우에는 농촌진흥청 산하 유전자원센터에서 약 27만 점의 유전자원을 확보 중이며, 국내 각 종자기업은 육성가들이 수집해 놓은 상당량의 유전자원을 가지고 있다.

2) 종자산업의 정의[213][214]

종자란, 증식, 재배, 양식용으로 쓰일 수 있는 씨앗이나 버섯 종균 영양제와 포자를 의미한다. 종자산업은 농산물·수산물·축산물 생산을 위해 새로운 신규 품종을 육성하고, 이렇게 육성된 품종을 생산, 증식, 조제, 수입, 수출 등 관련 산업과 연계하는 것으로, 생산된 농·수·축산물의 특징을 결정하는 핵심요소로써 농·어업 관련 자재 산업과 함께 가공이나 유통산업을 통제하는 농·수·축산분야 전반적인 생산의 기반이다.

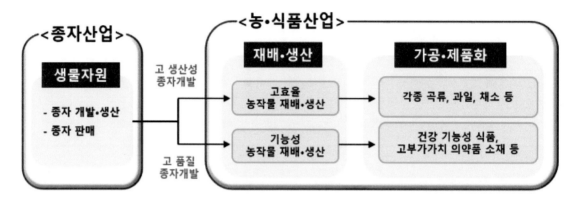

[그림 263] 종자산업의 역할

우리나라 종자산업법 제2조 제2항에서는 종자산업을 '종자를 연구개발, 육성, 증식, 생산, 가공, 유통, 수출, 수입 또는 전시 등을 하거나 이와 관련된 산업을 말한다'고 규정하고 있다. 보다 보편적인 의미로 종자산업은 작물생산을 위해 곡물, 채소, 화훼 등의 종자를 개발·육성·보급하는 산업을 말한다. 결국 종자산업은 종자개발을 통해 농업의 생산성과 부가가치를 높이는 후방산업 역할을 담당하고 있다.

한국농촌경제연구원에 따르면, 종자산업은 크게 유전자원, 육종, 생산/가공, 판매로 이루어진 4개의 단계로 구성되어 있으며, 단계별 연결고리를 잘 구축하는 것이 종자 전문기업의 경쟁력을 나타내는 지표로 분석되어 있다.

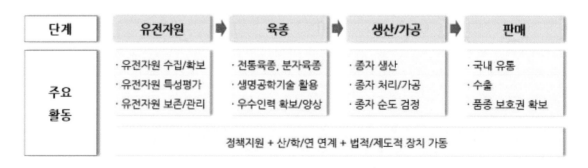

[그림 264] 종자산업의 주요 4단계

---

213) 식물(종자)분야 특허, BRIC View 동향리포트, 2020
214) 종자산업의 도약을 위한 발전전략, 한국농촌경제연구원, 2013.12

나아가, 신품종 개발 시 최소 5년 이상의 투자가 요구되며 종자가 지닌 유전자원은 품종보호권을 통해 20년 이상의 상업적 독점이 가능하여, 우수한 품종 개발 시 고수익 창출이 가능하다. 또한, 고가의 종자는 동일 무게의 순금보다 2~3배 이상 비싸게 거래되고 있다. 한국표준금거래소에 따른 2023년 3월 중순 기준 순금 가격이 1g당 약 9.4만 원인 반면, 파프리카 종자 가격은 1g당 10만원, 토마토 종자는 1kg당 1억 2000만원(9만 유로) 수준으로 거래되고 있다. 이에 따라, 종자산업이 고부가가치 산업으로 인식되어 농업의 반도체로서 전 세계적으로 주목받고 있다.[215]

종자산업이 중요하기 부각되는 이유는 종자가 한 알의 '씨앗'에 불과한 것이 아니라 우량 종자 미확보 시에 농작물수급에 막대한 영향을 초래하는 농업 부문의 원천산업이기 때문이다. 더욱이 종자는 농업생산뿐 아니라 생산 이후의 유통 · 가공 · 저장 방향을 결정하는 특성으로 인해 농자재산업이나 가공 ·유통산업에도 막대한 영향을 미친다.

최근 세계적인 기상이변이 속출하고, 신흥경제국의 식품소비 증가, 곡물을 원료로 한 바이오연료 등으로 국제곡물 시장의 불확실성이 확대되고 있다. 이러한 식량수급의 불안정한 기조 속에서 자국의 식량공급 안정을 위한 다양한 전략과 함께 우량 종자를 확보하고자 국가 간의 경쟁이 치열해지고 있다. 종자산업은 국민의 먹을거리를 지속적으로 제공해 주는 중요 산업이자, 식량주권을 굳건히 지켜내는 소중한 자산이라는 인식이 범세계적으로 확산되는 추세이다.

---

215) [농수산 수출시대]② 국가 경쟁력 된 '종자주권'…'현대판 노아의 방주' 씨앗은행은 어떤 곳? / 조선비즈

3) 작물육종의 역사와 성과[216]
가) 작물육종의 역사

세계적으로는 Le Couteur and Sheriff이 1819년에 인공교배로 밀 품종을 육성한 것이 최초 육종 성과로 기록되고 있다. 1898년에는 영국에서 'Gartons limited'라는 종자회사가 설립되어 유럽에서는 일찍이 작물육종과 종자산업이 시작되었다.

우리나라에서 작물 육종은 1906년 권업모범장이 설치되면서 시작되었는데, 최초로 육성된 품종은 1932년 벼의 '남선1호'이었다. 채소에서는 1961년 배추 '원예1,2호'가 자가불화합성을 이용한 최초의 F1 품종이었고, 과수에서는 1968년 '단배'가 최초로 육성되었다. 이후 1971년에는 '통일벼'가 육성되어 우리나라 쌀의 자급자족을 달성하게 되었다. 작물 육종은 주로 농촌진흥청 산하기관들에서 이루어져 왔지만, 채소의 경우에는 1951년 '흥농종묘', 1967년에는 '농우바이오'의 전신인 '전진상회'가 설립되어 기업에서의 육종이 시작되었다. 관련학회로는 1945년 한국농학회가 발족되었다가 여러 분야로 나뉘어졌는데, 한국작물학회는 1962년, 한국원예학회는 1963년, 한국육종학회는 1969년에 창립되었다.

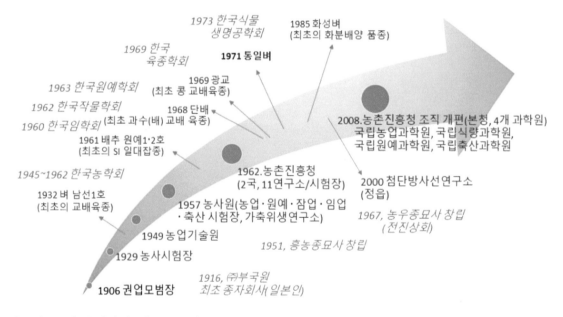

[그림 265] 우리나라 작물육종연구기관, 회사 및 학회 설립과 작물의 주요 품종 육성 기록

---

216) 우리나라 작물육종 성과와 발전 방안, 고희종, Korean J. Breed. Sci. Special Issue:1-7(2020. 4)

나) 작물육종 현황

 국립종자원에 보호 출원되는 품종은 해마다 700여 품종에 이르고 있고, 2022년까지 전체로 12,668개 품종을 육성 보호출원하였다. 이는 세계 7위 정도 수준이며, 양적으로는 육종 선진국이라고 자부할 만한 일이다. 그러나 품종명칭 등록 건수가 4만여 건에 달하고 있어 건수로만 보았을 때 시판되는 품종들의 3/4은 외국계 품종인 것을 알 수 있다. 종자 시장 경쟁이 우리나라 안에서도 치열한 만큼 우수품종 육성을 위한 노력을 한 시도 소홀히 할 수가 없는 것이다.[217]

구분		합계	연도별 출원·등록 품종 수					
			'98~'17	2018	2019	2020	2021	2022
합계	출원	12,668	9,561	715	645	672	571	504
	등록	9,262	6,901	549	489	433	427	463
화훼류	출원	6,215 (49.1%)	4,935	349	242	265	180	244
	등록	4,746 (51.2%)	3,743	265	210	181	169	178
채소류	출원	3,157 (24.9%)	2,137	203	230	248	214	125
	등록	2,100 (22.7%)	1,336	143	169	157	135	160
식량작물	출원	1,589 (12.5%)	1,251	62	53	66	91	66
	등록	1,277 (13.8%)	1,020	70	53	45	38	51
과수류	출원	917 (7.2%)	626	64	85	53	49	40
	등록	548 (5.9%)	362	41	30	26	80	39
특용작물	출원	436 (3.4%)	350	20	20	20	17	9
	등록	338 (3.6%)	261	14	15	12	13	23

---

217) 식물 품종보호 출원건수 12,668개 품종 돌파 / 국립종자원

버섯류	출원	253 (2.0%)	192	10	10	11	14	16
	등록	188 (2.0%)	136	9	11	9	14	9
사료작물	출원	101 (0.8%)	70	7	5	9	6	4
	등록	65 (0.7%)	43	7	1	3	8	3

[표 177] 작물류별 품종보호 출원·등록품종수

(1) 품종보호 출원 현황

1998년 품종보호제도 시행 이후 2022년까지의 누적 출원 현황을 작물류 중심으로 분석해 보면, 장미, 국화, 거베라 등 화훼류가 49%(6,215개 품종)로 가장 많으며 고추, 배추, 무 등 채소류가 25%(3,157개 품종), 벼, 콩, 옥수수 등 식량작물이 13%(1,589개 품종), 복숭아, 사과, 포도 등 과수류가 7%(917개 품종)로 나타났다.

2022년 출원 현황을 작물류 중심으로 분석해 보면, 장미, 국화, 팔레놉시스 등 화훼류가 48%(244개 품종)로 가장 많으며 고추, 배추, 수박 등 채소류가 25%(125개 품종), 벼, 감자, 콩 등 식량작물이 13%(66개 품종), 복숭아, 사과, 포도 등 과수류가 8%(40개 품종)로 나타났다.

작물별로 보면, 2022년 가장 많이 출원된 작물은 장미로 55개 품종이 출원되었으며, 다음으로 국화 51개 품종, 고추 26개 품종, 벼 25개 품종, 팔레놉시스 19개 품종으로 나타났고, 상위 5개 작물에 화훼작물이 3개 작물 포함되었다. 상위 5개 작물의 출원품종수는 전체 출원품종수의 약 35%를 차지한다.

다음으로 출원인을 중심으로 보면 2022년 출원 중 외국에서 출원되는 비중은 약 21%(108개 품종), 내국인 출원 79%(396개 품종)로 나타났다. 내국인 출원은 도농업기술원 등 지방자치단체 29%(114개 품종), 농촌진흥청 등 국가기관 17%(67개 품종)를 차지하여 전체 내국인 출원 건의 46% 차지, 종자업체 26%(103개 품종), 개인육종가 17%(69개 품종)를 담당했다.

2021년 출원 현황과 비교해 보면, 2022년 출원 수는 571건에서 504건으로 12% 감소하였다. 작물류별로는 채소류 42%(214개 → 125개 품종), 식량작물이 27%(91개 → 66개 품종), 과수류 18%(49개 → 40개 품종) 순으로 감소한 데 비해 화훼류는 36%(180개 → 244개 품종) 증가하였다. 출원 상위 5개 작물에서는 고추, 벼 출원이 감소했지만, 장미, 국화, 팔레놉시스 출원은 증가하였다. 외국인 출원 비중은 14%에서 21%로 증가하였다. 품종보호출원이 되면, 서류 심사를 거쳐 국립종자원 본원(김천), 경남지원(밀양), 동부지원(평창), 서부지원(익산), 제주지원(제주)에서 작물별로 재배시험을 거쳐 품종보호 등록 여부를 결정하게 된다. 작물별 번식방법에 따라 재배시험 기간이 다르지만 일반적으로 품종보호 등록 결정까지는 출원 후 1년에서 3년이 소요된다.

(2) 품종보호 등록 현황

품종보호제도 시행 이후 2022년까지 누적 품종보호 등록된 9,262개 품종을 작물류별로 화훼류가 51%(4,746개 품종)로 가장 많으며, 채소류 23%(2,100개 품종), 식량작물 14%(1,277개 품종), 과수류 6%(548개 품종)로 나타났다.

작물별로 살펴보면 장미가 1,076개 품종으로 가장 많이 등록되었으며, 다음으로 국화 1,002개 품종, 벼 524개 품종, 고추 448개 품종, 배추 269개 품종으로 나타났으며, 상위 5개 작물의 등록건수는 전체 등록건수의 약 36%를 차지한다.

2022년 품종보호 등록된 463개 품종을 작물류별로 분석해 보면, 화훼류가 38%(178개 품종)로 가장 많으며, 채소류 35%(160개 품종), 식량작물 11%(51개 품종), 과수류 8%(39개 품종)로 나타났다.

작물별로 살펴보면 장미가 51개 품종으로 가장 많이 등록되었으며, 다음으로 고추 38개 품종, 국화 37개 품종, 무와 배추가 각각 18개 품종으로 나타났고, 상위 5개 작물에 채소류가 3개 작물 포함되었다. 상위 5개 작물의 등록건수는 전체 등록건수의 약 35%를 차지한다.

2022년 품종보호 등록된 품종 중 국내에 처음으로 등록된 작물은 11개 작물이며 총 14개 품종이 등록되었다. 처음 등록된 작물은 누운숫잔대(3개 품종), 뉴기니아봉선화(2개 품종), 마가렛, 선씀바귀, 스파티필룸, 쓴메밀, 알로카시아, 양국수나무, 채두수, 타이뽕나무, 틸란드시아이다.

김종필 국립종자원 품종보호과장은 "식물신품종보호제도는 신품종 우량종자 육성.보급으로 농가소득 향상과 종자 수출 활성화에 기여하는 제도이며, 국립종자원은 품종보호제도의 내실있는 운영으로 신품종 육성가의 우수품종 개발 의욕을 고취하는 한편, 최근 신품종 개발이 증가하는 병 저항성, 기능성 신품종 심사기준을 설정하는 등 적극 행정으로 우리 신품종 개발을 뒷받침할 계획이다"라고 밝혔다.

(3) 국산 종자 자급률 현황

구분	작물 명	자급률(%)							
		'14	'15	'16	'17	'18	'19	'20	'21
채소	평균	**85.8**	**86.4**	**87.1**	**87.1**	**89.5**	**89.9**	**89.9**	**90.1**
	고추, 배추, 수박, 오이, 참외	100	100	100	100	100	100	100	100
	양배추	97.4	96.2	96.5	96.5	97.0	97.0	97.0	97.0
	잎상추	98.3	98.0	100	100	100	100	100	100
	파	93.1	93.5	94.0	94.0	94.0	94.2	94.2	94.2
	양파	18.0	19.1	22.9	23.0	28.2	29.1	29.3	31.4
	무	96.3	95.5	95.7	96.0	96.5	97.0	97.0	97.0
	호박	91.8	92.0	92.0	92.0	100	100	100	100
	토마토	35.0	38.0	38.0	38.0	53.9	55.3	55.5	54.9
	딸기	86.1	90.8	92.9	93.4	94.5	95.5	96.0	96.3
과수	평균	**14.3**	**15.0**	**15.7**	**16.0**	**16.4**	**16.9**	**17.5**	**17.9**
	사과	17.0	17.5	18.6	18.9	19.8	20.2	21.0	21.4
	배	12.0	12.5	13.0	13.2	13.6	14.2	14.5	15.0
	포도	1.9	2.5	3.1	3.6	3.8	4.1	4.5	4.6
	참다래	20.7	21.7	23.8	24.2	24.6	25.4	26.6	27.2
	감귤	1.0	1.8	2.0	2.2	2.3	2.5	2.8	3.2
	복숭아	33.0	34.0	33.5	34.0	34.5	35.0	35.5	35.7
화훼	평균	**37.2**	**37.9**	**38.9**	**40.5**	**42.5**	**44.2**	**45.0**	**46.3**
	접목선인장	100	100	100	100	100	100	100	100
	장미	29.0	28.8	29.5	29.8	30.0	30.3	31.0	31.1
	국화	27.9	29.7	30.6	31.6	32.1	32.7	33.1	33.9
	포인세티아	16.3	17.0	18.0	23.6	32.3	38.6	40.8	46.4
	난	12.9	13.8	16.4	17.3	18.2	19.4	20.2	20.3
특용	버섯	48.0	50.3	51.7	54.0	55.5	56.7	58.5	60.0

[그림 266] 국산 종자 자급률 현황

국산 종자 자급률이 채소가 90%대로 매우 높지만 과수 17%대로 저조한 것으로 나타났다. 국립종자원에 따르면, 고추 등 주요 채소 작물 6종의 자급률은 100%로 매우 높고, 접목선인장 자급률 100% 달성한 것으로 나타났다. 국산종자 자급률을 2020년과 2021년을 비교하면, 채소는 89.9%에서 90.1%로 소폭 증가한가운데, 과수도 17.5%에서 17.9%, 화훼도 45%에서 46.3%로, 버섯도 58.5%에서 50%로 각각 증가하였으며, 버섯의 증가율이 가장 높았던 것으로 나타났다.218)

나. 종자산업 중요성의 배경[219]

① 종자의 대량 소비를 위한 농 기업화의 빠른 진전

종자산업은 농작물 생산 성패를 좌우하는 주요 결정 요소 중의 하나로서, 우량종자 확보에 성공하지 못했을 때 농작물을 수급하는 데 막대한 영향을 미치는 원천산업으로 알려져 있다. 농업산업은 과거에 자급자족 개념으로 종자를 자가 재배하여 매우 소규모 단위로 생산하고 소비하는 구조에 불과하였으나, 농업이 점차 발전함에 따라 생산규모는 점차 확대되었고 판매 중심인 상업농이 형성 되었다. 이로 인하여 세계적으로 농업의 기업화가 진행되면서 종자의 대량 구매가 필요해졌고 이에 따라, 우량종자의 생산 확대가 반드시 필요하게 되었다.

더욱 나아가 종자는 농작물 생산과 함께 유통, 가공, 저장을 결정하는 특성을 통하여, 농자재 산업과 가공·유통산업에서도 큰 영향을 미치는 중요 산업으로 재평가 되고 있다. 이로 인하여 미국을 비롯한 세계의 농업 강국들은 안정적으로 우량종자를 생산하려는 노력을 지속하고 있다.

② 식량 주권과 이에 따른 연계

최근 전 세계적으로 기상 이변과 신흥 경제국의 도시화, 바이오 에너지 수요 증가, 소득 증가로 인한 농작물 소비 증대 등으로 국제 곡물 수급의 불안정 동향이 확대되고 있다. 대표적인 사례로 2008년 애그플레이션(agflation: 곡물가격 증가로부터 영향받아 일반 물가가 상승하는 현상)이었으며, 당시 곡물 수출국들은 급등하는 국제 곡물가격 때문에 수출을 통제하기도 하였다.

2012년에도 국제 곡물의 선물가격이 최고치를 경신하면서 국내 식품 가격 급등을 유발하였다. 이와 같은 식량 수급의 불안정한 상태 속에서 자국 식량공급 안정을 위하여 주요 전략과 함께 우량종자를 확보하기 위한 국가 간 경쟁은 점차 치열해지고 있다. 종자 산업은 국민 먹을거리를 계속 제공해 주는 중요 산업이자, 식량 주권을 지켜내기 위한 소중한 자산이라는 인식이 전 세계적으로 확산한 것이다.

③ 종자산업 영역의 확대

종자산업은 새로운 종자 개발을 위하여 교배 육종의 기술이 주도적으로 형성하였으나, 최근에는, 의약이나 재료 산업, 나노기술 등과 접목한 융복합산업화로 영역이 매우 확대되고 있다. 특히, 선진국과 글로벌 기업들은 생명공학 기술 활용을 통하여 기후 변화에 대응한 내재해성의 유전자 개발에 몰두하였고, 일부 업체에서는 이미 막대한 이익을 얻고 있다. 대표적인 글로벌 종자 기업 중 하나인 Monsanto의 종자 판매액(2014년)은 107억 달러, Syngenta는 3,160억 달러로 알려져있다. 이처럼 종자산업은 첨단 생명 과학 기술 산업까지 영역이 확대됨에 따라 막대한 이익 창출이 가능한 산업으로 급부상하고 있다.

---

218)국산 종자 자급률 채소류 90.1%, 과수는 17%대로 저조 / 팜인사이트
219) 식물(종자)분야 특허, BRIC View 동향리포트, 2020

다. 종자산업 육성의 필요성[220)

① 미래 성장동력 산업으로써 종자 산업은 앞으로 발전 가능성이 높은 분야이다.

종자는 농업산업에서 안전한 식량 수급뿐만 아니라 생명산업의 요체로서 바이오 에너지, 식품산업, 제약산업 등과 같은 미래 녹색성장의 기반으로써 제 2녹색혁명의 키워드인 종자는 전 세계적으로 인구 증가에 문제로 인한 식량 위기나 생활 수준 향상에 따른 수요 급증과 저 탄소 녹색 성장을 위한 바탕이 된다.

또한, 종자산업은 기술 자본 내에 집약적 고부가가치 산업으로써 우수한 인적자원과 더불어 풍부한 기술력을 보유한 우리나라에 매우 적합하다고 판단된다. 게다가, 생명공학기술 등과 같은 첨단기술에 접목하여 국내의 지속적인 R&D에 대한 노력으로 선진국과의 기술력 차이의 극복은 가능해질 것으로 보인다.

② 국내뿐만 아니라 전 세계는 유전자원 확보경쟁과 품종보호권 확대를 통해 종자 주권을 강화하고 있다.

현재 종자산업과 관련하여 유전자원에 대한 규제(생물다양성협약 등)나 유전자원 수집을 위한 국가 간 경쟁은 점차 심화 되고 있으며, 이에 따라 국제식물 신품종보호연맹(UPOV)에 가입을 통한 로열티 지급 의무가 발생한 품종들이 급증하고 있다. 이에 따라 민간 글로벌 종자 관련 회사를 중심으로 하여 유전자원을 활용하는 종자 개발 생산 유통 수출·입 등을 주도하고 있다.

③ 세계 5위 농업유전자원을 보유하고 있는 우리나라는 선점한 유전자원에 대하여 품종에 따른 특성 분석을 통해 유용자원의 발굴이 용이하다. 또한, 종자산업의 국제적인 시장 확대로 고품질 종자 교역량이 급증하고 있다.

세계 종자 시장은 연평균 5.2%로 빠르게 성장하고 있으며, 세계 상업용 종자 교역량은 1990년대 이후부터 매년 급격하게 성장하고 있다.

④ 내수시장의 매우 협소함이라는 한계를 극복하기 위해서는 수출시장 확대를 통해 종자산업의 규모화가 필요하다고 판단된다.

⑤ 글로벌 종자 관련 회사의 대형화와 규모화에 따른 국내 종자산업 경쟁력 강화를 위해서는 국가 차원에서의 육성 전략이 필요하다.

전 세계적으로 종자회사는 대형화와 집중화를 통한 많은 자본, 시간이 소요되는 종자 개발 위험요인을 제거하고자 계획하고 있으며, 시장지배력의 강화를 시도하고 있다. 또한, 시장 상황에 대응하기 위하여 선제적으로 R&D 집중 투자를 진행하고 있다.

이와 같이, 고부가가치의 품종을 육성하기 위한 전 세계의 치열한 경쟁에서 밀려나지 않기 위해서는 국내에서도 민간뿐만 아니라 정부의 역량과 함께 R&D 집중 투자가 매우 필요하다.

---

220) 식물(종자)분야 특허, BRIC View 동향리포트, 2020

⑥ 세계시장 진출을 위해 글로벌적인 전략 수출 종자 개발이 강화되어야 한다.

　글로벌 시장 수요를 잡기 위해서는 세계적으로 소비되는 작물인 토마토, 파프리카, 양파 등 부가가치가 매우 높은 작물의 경쟁력 확보가 중요하다. 또한, 수출 가능성과 시장잠재력이 높은 전략적 품목의 집중 육성을 위해서 전략적인 지원이 필수적이다.

⑦ 농·식품 분야 전반에서 종자산업은 매우 핵심적인 역할을 담당하고 있다.

　고 생산성의 종자개발을 통해 농업부문의 생산성이 향상되고, 고품질 종자 개발을 통해 기능성 농작물용 고부가가치가 창출된다. 또한, 유전자원을 활용함으로써 식물 유래 치료제나 기능성 식품 등 제품 응용 범위 확대로 종자산업은 식품분야 뿐만 아니라 제약산업 등과 융·복합화가 추진되고 있다.

라. 종자시장 동향

1) 국외 동향221)222)223)

세계 식량종자시장 규모는 2022년 481억 달러에서 2025년 585억 달러로 연평균 4.7% 성장할 것으로 보이며, 세계 채소종자시장도 2020년 150억 달러에서 2025년 186억 달러로 연평균 7.8%의 성장세를 보일 것으로 예상된다.

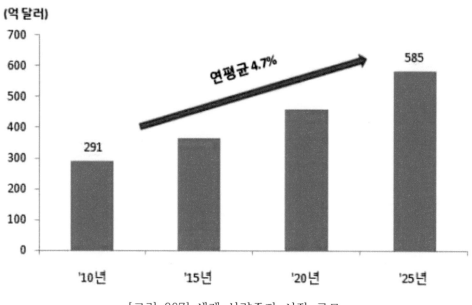

[그림 267] 세계 식량종자 시장 규모

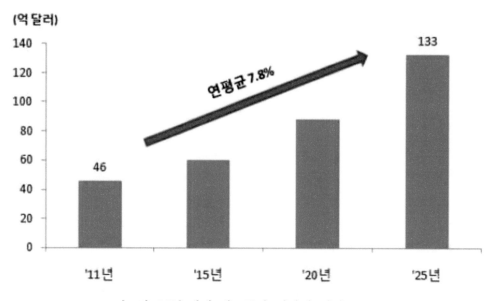

[그림 268] 세계 채소종자 시장의 시장 규모

221) 신육종기술(NPBTs), KISTEP 기술동향브리프, 2018
222) 농우바이오(054050), 한국 IR협의회, 2021.01.21
223) 아시아종묘(154030), 한국 IR협의회, 2021.04.01

Phillips McDougall Seed Service에 따르면 세계 종자 시장은 2022년 469억 달러에서 2025년 512억 달러 규모로 연평균 3.9%의 성장세를 보이며, 종자 시장뿐만 아니라 연관 산업까지 고려하여 780억 달러 수준으로 추정되고 있다.

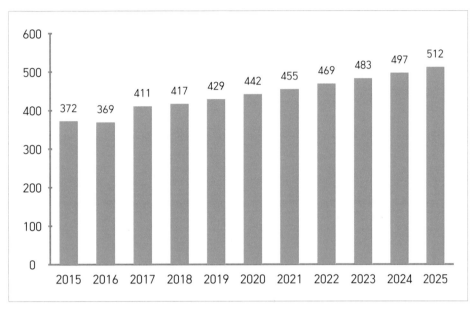

[그림 269] 세계 종자 시장 규모(단위: 억 달러)

세계 종자 시장은 소수 대규모 회사의 독과점 체계를 구축하고 있다. 이중 GMO를 포함한 곡류가 53%로 가장 많은 비중을 차지하고 있으며, 채소 종자는 14%를 차지하고 있다. Bayer, akata, Rijk Zwaan이 채소 종자 업체의 선두그룹으로 파악된다.

시장조사기관 MarketsandMarkets의 2019년 시장자료에 따르면, 세계 종자 시장규모는 2023년 712억 달러로 예측되고 있으며, 이후 연평균 6.4%의 성장률로 성장하여 2025년 809억 달러의 시장규모를 이룰 것으로 전망되고 있다.

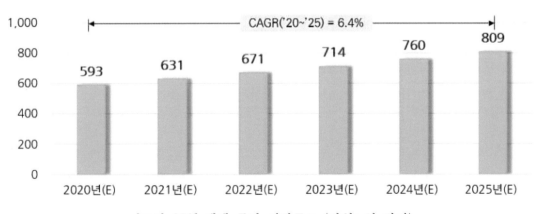

[그림 270] 세계 종자 시장규모 (단위: 억 달러)

세계 종자 시장은 GM(Genetically Modified, 유전자변형) 품종 확산에 힘입어 해충 저항성 옥수수 및 면화 품종, 제초제 저항성 콩 품종 등 고가의 작물 재배면적이 늘어나며, 유전자원이 풍부한 네덜란드, 프랑스, 미국 등을 중심으로 확대되어 시장이 형성되어 있다. 세계종자협회(ISF, International Seed Federation)의 최근 통계자료에 따르면, 2018년 기준 세계 종자 수출 총 규모가 138.1억 달러이며, 네덜란드가 28.3억 달러로 가장 크게 시장을 점유하였고, 프랑스가 19.7억 달러, 미국이 19.2억 달러, 독일이 9.3억 달러로 그 뒤를 이었다.

국가	수출 규모(점유율)
네덜란드	28.3억 달러(20.5%)
프랑스	19.7억 달러(14.3%)
미국	19.2억 달러(13.9%)
독일	9.3억 달러(6.7%)
덴마크	4.6억 달러(3.3%)
한국	0.7억 달러(0.5%)
계	138.1억 달러

[표 178] 주요 국가의 종자 수출 규모

한편, 세계 주요 종자 기업은 경쟁력을 강화하기 위하여 전통적인 소규모 종자 기업이나 특정 기술을 보유한 기업을 전략적으로 인수합병하며 다국적 기업으로 성장하였다. 현재 세계 시장을 선점하고 있는 대표적인 주요 기업으로는 2018년 미국의 다국적 종자기업인 Monsanto(몬산토)를 인수한 독일 기반 다국적 화학/제약기업 Bayer(바이엘), DuPont(듀퐁), 중국화공그룹공사가 인수한 Syngenta(신젠타) 등이 있다.

GM작물의 경우 세계적인 재배면적 비중이나 시장에서의 종자 가치 등을 고려할 때 종자 시장의 상당 부분을 차지하고 있다. GM작물의 재배면적은 미국, 브라질 등을 중심으로 꾸준히 증가해왔으며, 세계 경작면적 중 4대 작물(대두, 옥수수, 면화, 캐놀라)의 GM작물 비중이 약 49%를 차지하고 있다. GM종자의 시장가치는 2016년 기준으로 158억 달러이며, 세계 종자 시장가치인 450억 달러의 35% 수준으로 예상된다. 이를 기준으로 살펴보면 2025년의 GM종자의 시장가치는 204억 달러에 달할 것으로 전망된다.

글로벌 유전자가위 시장은 2014년 2억 달러 수준에서 연평균 36.2% 성장하여 2022년까지 지금의 시장규모보다 10배 이상 증가한 23억 달러에 이를 것으로 전망된다. 유전자재조합식품의 시장규모는 2022년까지 3억 6,800만 달러 수준이며, 유전자재조합식품 분야의 경우 현재의 기술 수준으로 보았을 때 유전자가위기술을 가장 빨리 상용화하여 제품군으로 만들 수 있는 분야로 언급된다.

가) 네덜란드[224]

네덜란드는 농업 강국, 특히 세계 종자연구를 이끌어가는 국가로서 식량 문제에 적극 참여하고 있으며 종자 기업들은 채소, 감자, 관상용 식물 종자의 세계적인 공급처로 역할을 하고 있다.

1876년 설립된 와게닝겐(Wageningen) 국립 농업대학은 외부환경에 강하고 맛있는 밀을 생산하고자 체계적인 밀 품종 교배를 시작했고, 1912년에는 식물 육종을 위한 기관을 설립하여 종자회사와 농민들이 새로운 품종을 시험하는 데 도움을 줬다. 이후 분자 생물학 발전으로 이어져 다양한 식물의 DNA를 추출하여 식물의 특성들을 바꾸는 것을 가능하게 만들기도 했다.

이런 노력에 힘입어 오늘날 네덜란드는 종자 및 식물 재료 부문에서 세계 최대 수출국 중 하나로서 종자 분야에서는 야채 종자, 씨 감자, 커트 플라워, 꽃 구근, 실내 및 정원 식물, 잔디, 아마 식물에 강점을 가지고 있다.

네덜란드는 기업, 정부, 품질 검사기관, 연구 및 교육 부문 간에 협력이 잘 이뤄지며, 자국의 전문지식과 경험을 세계적으로 공유하는 데에 책임감을 가지고 정부 부처 간 긴밀히 협력하고 있다. 나아가 종자에 관한 국제조약을 발전시키는 데 앞장서며 종자분야 개발에 관심이 많은 20여개 국가를 지원하는 등 세계 식량 안보 증진에 기여하고 있다.

네덜란드 기업들은 전세계 채소원예, 꽃, 감자 종자 분야의 선두를 달리고 있다. 2016년 네덜란드 정부 발표 자료에 따르면 네덜란드에는 300여개의 전문적인 식물 재배 및 육성 회사가 있으며 11,000명 이상의 직원들이 채소원예, 씨 감자, 꽃, 장식용 경작과 번식 재료 분야에서 활발히 활동하고 있다.

매년 약 1,800종의 식물 신품종이 유럽 시장에서 유통되는데 그 중 65%는 네덜란드에서 생산되며, 국제무역에서 거래되는 원예 재배용 종자의 40%, 감자의 60%가 네덜란드에서 생산되고 있다. 특히, 2017년 기준 세계 화초재배시장은 673억 달러 규모이며 2026년까지 연평균 5% 성장할 것으로 예상되는데, 네덜란드 화초재배 상품은 세계무역의 44%를 차지하며 꽃, 꽃구근 제품을 지배적으로 공급하고 있다.

네덜란드 종자회사들은 국제 진출도 활발한데 250여 개 네덜란드 기업을 대표하며 종자와 원예작물을 생산, 거래하고 있는 플랜텀(Plantum)의 대변인에 따르면 네덜란드 종자 분야의 국제화가 빠르게 진행되고 있어 유럽 밖 네덜란드 종자회사의 지사 수가 지난 몇 년 간 급증해 왔다.

네덜란드는 종자 관련 국제조약을 발전시키는 데 적극적인 역할을 하고 있으며 세계은행(World Bank)이 선정한 '2019 농업비즈니스 활성화(Enabling the business in Agriculture 2019)' 부문에서 종자 규정이 가장 우수한 국가로 꼽히는 등 역량을 인정받아 각국 정부들은

---

224) 종자산업 강국 네덜란드 TOP3 토종 종자기업, KOTRA, 2020.04.24

자국 종자분야 발전을 위해 네덜란드와 협업하고자 한다. 특히, 아프리카에서 현지 종자의 질 개선과 생산량 확대를 위한 다양한 프로젝트를 펼치고 있다.

 암스테르담 종자 재단(Access to Seeds Foundation)은 전세계 종자 기업 중 상위 13개 기업을 선정했는데 그중 네덜란드 기업은 라이크즈반(Rijk Zwaan), 베요(Bejo), 엔자자덴(Enza Zaden)으로 총 세 곳이 선정되었다. 이 기업들은 주로 라틴 아메리카, 아프리카, 동남아시아에서 활동하고 있다.

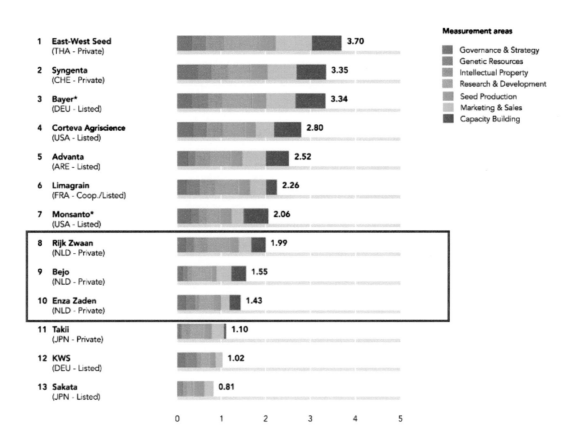

[그림 271] 2019 Access to Seeds Index 세계 종자 기업 순위

나) 중국[225]

종자는 농업의 핵심이며, 식품의 안전을 보장하고 소비자의 식생활과 농산품의 발전을 위한 기본 출발점이라고 볼 수 있다. 중국은 종자 자원이 풍부할 뿐만 아니라 이러한 종자 자원을 바탕으로 만들어진 농작물 종자 역시 풍부하다. 가령, 국가의 농작물 종자 수입에 있어서 미국은 6%, 독일은 56%의 비중인데 비하여 중국은 전체 종자 소비량의 3% 정도를 수입 의존에 그치고 있어 중국의 종자 산업은 자체 발전 역량을 보유하고 있고 향후에도 양호한 성장세를 보일 것으로 전망되고 있다.

종자와 비료 등으로 구성되는 중국의 재배 원료 시장을 먼저 살펴보면, 2015년 3,253억 위안에서 2020년 3,918억 위안에 달하여 6년간 평균 3.8%의 복합성장률을 보였으며, 향후 2025년이 되면 4,464억 위안에 이를 것으로 전망된다. 재배원료는 농산물 생산 과정에서 사용되거나 첨가되는 물질이라고 볼 수 있다. 종자, 종묘, 비료, 농약, 수약, 사료 및 사료첨가제 등 농자재 생산품과 농막, 농기계, 농업공학시설 설비 등 농사용 공사 물자 생산품을 포함한다.

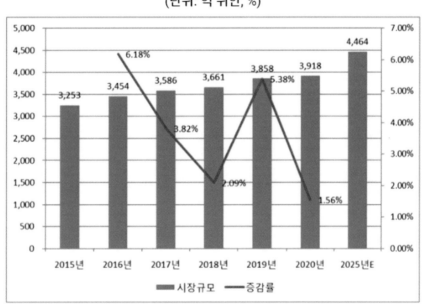

[자료: 화경산업연구원(华经产业研究院)]

[그림 272] 2015-2025년 중국 재배 우너료 시장 규모 및 증감률

중국 종자 산업은 타국에 비해 비교적 늦게 시작되었으나 양호한 성장세를 보이고 있다. 통계에 따르면, 중국의 종자 시장 규모는 2015년 493억 위안에서 2020년 552억 위안에 달하여 최근 6년간 평균 복합성장률 2.3%을 보였고 향후에는 6년간 5.8%의 복합 성장률을 통해 2025년에 732억 위안까지도 성장할 것으로 보인다. 중국 재배 원료 산업 중에서 종자산업은 약 14%대의 비중을 차지하고 있으며, 2015년부터 6년간 평균 14.7%의 점유율을 유지해 오고

---

225) 지속 성장이 예상되는 중국 종자 시장 / CSF 중국전문가포럼

있다. 향후 2025년에 이르면 종자산업의 비중이 16.4%까지 확대될 것으로 전망된다.

(단위: 억 달러, %)

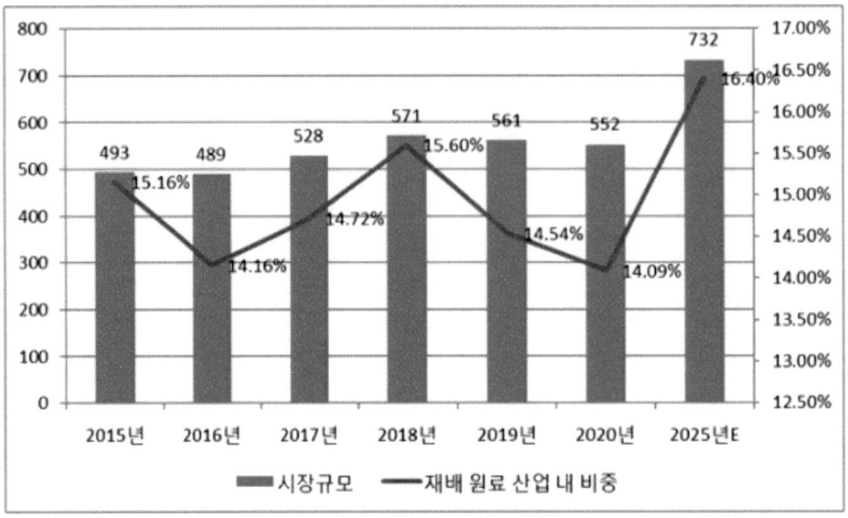

[자료: 화경산업연구원(华经产业研究院)]

[그림 273] 2015-2025 중국 종자산업 시장 규모 및 재배 원료 산업 내 비중

중국 농산품은 대부분 중국에서 독자적으로 육성한 종자를 활용하여 재배된다. 종자는 대략 농작물, 경제작물, 채소작물, 주요 과일 종자로 구분할 수 있는데 그중 농작물과 경제작물 관련 재배면적의 95% 이상이 중국의 자체 육성한 종자로 재배된다. 채소작물의 경우, 자체육성 종자 활용 재배면적은 87% 이상이며 외국에서 수입한 종자로 재배되는 면적은 10% 미만이다. 주요 과일의 경우 재배면적의 70% 이상이 중국 자체 육성 종자에 의해 재배된다.

종류	주요 작물	자체육성종자비중	외국종자비중
종자구분	농작물	>95%	4.00%
	경제작물	>95%	<3%
	채소작물	>87%	<10%
	주요 과일	>70%	30%
농작물	벼	100%	4.00%
	밀	100%	
	옥수수	>90%	
	대두	100%	
경제작물	섬유 (면화)	>95%	5.00%
	유료(油料) (유채)	100%	
	당료(糖料) (사탕수수)	100%	
채소작물	주요 채소	>87%	<10%
	특수채소	20%	
	신선식 옥수수	>80%	
주요과일	사과	10%	30%
	배	85%	
	귤	>90%	

226)

[그림 274] 중국 자체 육성 종자의 중국 내 재배 면적 비중

중국의 자체 육성 종자가 중국 재배면적의 대다수를 차지하고 있으나 해외 종자에 대한 수요 역시 간과할 수 없다. 2001년 중국이 WTO에 가입한 이래 여러 유명 종자업계 대기업들이 중국에 합작회사, 지사 또는 대표 사무소를 설립했다. 듀폰 파이오니어, Monsanto, Syngenta, Limagrain, 독일 KWS사는 매년 거액을 들여 신품종 R&D 및 기술 현지화 전략에 집중 투자하고 있으며 기술과 자금력을 앞세워 다양한 파트너를 모색해 중국 내 R&D 강화 및 시장 진출 확대를 추진하고 있다.

중국의 종자 수입 규모는 2015년부터 꾸준히 상승세를 유지하다가 2019년도에 1.7% 가량 하락했으나 이듬해 다시 성장세를 회복했다. 2020년 중국 종자 수입액은 2억 3,816만 5,000 달러로 2019년 2억 2,413만 9,000달러 대비 6.3% 증가하였다.

2020년 중국의 종자 수입액 2억 3,816만 달러는 수출액(1억 1,857만 달러)에 비해서는 2배 가량 높은 상황이다. 중국의 최대 수입국은 일본으로 최근 3년간 약 5,000만 달러에 달하며 일본에 이어 태국, 칠레, 덴마크가 주요 수입국이며 한국은 8위로 최근 3년간 약 1,000만 달러 이상 규모를 유지하고 있다.

---

226) 농업농촌부, 국가통계국, 중국농업과학원, 국가현대농업산업기술 시스템

순위	국가명	2018년 금액(증가율)	2019년 금액(증가율)	2020년 금액(증가율)
	총계	227,988 (13.2)	224,139 (-1.7)	238,165 (6.3)
1	일본	51,495 (-5.3)	54,049 (5.0)	47,841 (-11.5)
2	태국	28,360 (1.4)	26,640 (-6.1)	30,167 (13.2)
3	칠레	20,620 (28.8)	28,034 (36.0)	29,839 (6.4)
4	덴마크	30,479 (60.4)	24,044 (-21.1)	29,311 (21.9)
5	프랑스	6,310 (64.8)	7,012 (11.1)	12,308 (75.5)
6	남아프리카 공화국	4,173 (49.3)	6,297 (50.9)	12,211 (93.9)
7	이탈리아	8,330 (-24.1)	8,603 (3.3)	11,742 (36.5)
8	한국	12,119 (3.6)	11,391 (-6.0)	10,894 (-4.4)
9	인도 (인디아)	7,512 (25.8)	10,878 (44.8)	9,418 (-13.4)
10	미국	22,717 (46.5)	17,088 (-24.8)	9,415 (-44.9)

[자료: 한국무역협회(KITA)]

[그림 275] 중국 종자 수입 동향

챈잔산업연구원(前瞻产业研究院) 자료에 따르면, 중국 종자산업의 시장점유율을 볼 때 2020년 룽핑 하이테크(隆平高科)가 중국 종자 시장의 4%를 점유해 1위를, Syngenta는 3%를 차지해 룽핑 하이테크에 이어 2위를 차지했다. 베이다황 컨펑(北大荒垦丰), 장쑤 다화(江苏大华), 광동 시엔메이(广东鲜美)가 각각 2%, 2%, 1%의 점유율을 차지했다.

기업명	홈페이지	회사 소개
룽핑 하이테크 (隆平高科)	www.lpht.com.cn	- 1999년 설립 - 주요 취급품목은 벼, 조, 옥수수, 오이, 고추 종자 등
Syngenta (先政达集团)	www.syngentagroup.com	- 유럽 제약업체 노바티스와 아스트라제네카의 농약 부문 이 합병해 설립된 기업으로, 2016년 중국화공그룹에 인수 - 주요 취급품목은 옥수수, 대두, 유채, 곡물, 채소 등
베이다황 컨펑 (北大荒垦丰种业)	www.kenfeng.com	- 2007년 설립 - 옥수수, 벼, 콩, 밀, 보리, 사탕무 등 238개 농작물 취급
장쑤 다화 (江苏大华种业)	www.31dh.com	- 1993년 설립 - 주요 품목은 밀, 벼, 옥수수, 대두, 경제작물 등
광동 시엔메이 (广东鲜美种苗)	www.gdxmzm.com	- 2000년 설립 - 옥수수, 벼, 수박, 참외, 채소 및 신품종 취급

[그림 276] 종자 관련 주요 기업 동향

글로벌 종자 시장의 상황을 보면 현재 인수합병(M&A)을 통해 업계 통합이 가속화되고 있다. 다국적 종자산업 그룹은 지속적인 M&A와 지분참여를 통해 해외 시장 확장에 나서면서 전 세계 주요 시장 대부분을 커버하고 있다. 듀폰 파이오니어, Monsanto, Syngenta, Limagrain, 독일 KWS 등 다국적 대형 종자기업들은 잇따른 M&A을 통해 독자적인 업계 입지를 다지고 있으며, 규모의 경쟁력이 갈수록 부각되고 있다. 또한 다국적 대형 종자 대기업들은 중국에 합작회사, 지사 등을 설립하여 R&D와 현지화에 투자하여 중국 시장 개척을 확대해 나가고 있다.

현지 관련 업체인 A사는 중국 종자산업과 관련해 "현재 중국 종자산업 발전 속도가 빠르기는 하나 글로벌 측면에서 보면 아직 발전 수준이 비교적 낮다. 글로벌 거대 종자기업의 시장 점유율을 가져오기는 힘들어 보이며, 일부 품종은 대외 의존도가 강하다. R&D와 생산라인 투자 등 부족한 역량에 집중해 질적 발전을 촉진할 필요가 있다."는 의견을 언급한 바 있다.

다) 일본227)

2019년도의 일본 총 종묘시장(종자시장 + 종묘시장, 출하액 기준) 규모는 2018년 대비 1.2% 증가한 2,371억 엔을 기록하였다. 그 중 종자 시장은 1,234억 엔으로 전년대비 0.6% 감소하였다.

	2016년도	2017년도	2018년도	2019년도
종자시장	1,269	1,252	1,242	1,234
모종 시장	1,103	1,111	1,124	1,137
전체	2,372	2,363	2,366	2,371

[표 179] 총 종묘시장 규모 추이 (단위: 억 엔)/ 자료: 야노경제연구소

종자시장 중 야채류가 시장의 46.7%를 차지하고 있으며, 곡물류(23.7%), 화훼류(22.9%)가 그 뒤를 잇고 있다. 야채 씨앗의 수입 규모는 해마다 증가하고 있으며 2019년은 186억 엔을 기록하였다. 종자시장은 야채용 씨앗 비즈니스에서 종묘 비즈니스로 이행 중이며 화훼류에서도 이 경향이 강해지고 있는 상황이다

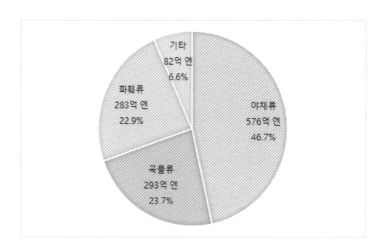

[그림 277] 일본 국내 종자시장의 분야별 시장 구성비(2018년도)
(단위: %) / 야노경제연구소

---

227) 일본 야채 씨앗 시장동향 / 코트라 해외시장뉴스

[그림 278] 야채 씨앗 수입액 추이 / 자료 : 재무성

 2020년도는 집콕 소비로 가정용 씨앗의 수요가 생겼으나 전체적으로는 물류시장의 혼란,급식용, 음식점용 야채의 수요 감소 등으로 인해 전년대비 6.6% 감소한 1,153억 엔을 기록했다. 그 중 야채류는 558억 엔을 기록하였다. 중장기적으로 농업 종사자의 고령화, 후계자 문제로 인해 완만한 시장 축소가 예측되고 있다.

	2020년도	2021년도	2022년도	2023년도	2024년도
야채류	558	549	543	540	538
화훼류	269	262	258	256	254
곡물류	287	285	282	281	278
기타	81	80	81	82	83
전체	1,195	1,176	1,164	1,159	1,153

[표 180] 종자시장의 장래 전망 (단위: 억 엔) / 자료: 야노경제연구소

<최근 3년 간 수입 규모(한국 포함) 및 동향>
일본 수입 시장, 2020년은 전년대비 약 42% 증가

 HS Code 1209.91의 2020년 전체 수입액은 약 1억 5,286만 달러 규모였으며, 이 중 약 34%를 칠레 수입품이 차지한다. 그 외에 미국, 이탈리아, 중국 순으로 수입액이 많다. 대한수입액을 살펴보면 2020년에는 전년대비 약 42% 증가한 약 482만 달러 수준이 수입되었다. 최근 3년 간 일본 야채 씨앗 국가별 수입 동향을 아래와 같이 표로 나타내었다.

순위	수입국	수입액			점유율			증감율
		2018	2019	2020	2018	2019	2020	'20/'19
	전세계	155,092	171,306	152,858	100	100	100	
1	칠레	43,340	51,460	51,544	27.94	30.04	33.72	0.16
2	미국	24,164	30,266	16,273	15.58	17.67	10.65	-46.23
3	이탈리아	14,772	14,837	15,620	9.52	8.66	10.22	5.28
4	중국	13,059	16,583	13,146	8.42	9.68	8.60	-20.72
5	남아공	13,030	13,077	7,811	8.40	7.63	5.11	-40.27
6	덴마크	5,244	4,895	7,794	3.38	2.86	5.10	59.24
7	태국	6,414	6,118	6,458	4.14	3.57	4.23	5.56
8	뉴질랜드	5,333	4,570	6,099	3.44	2.67	3.99	33.45
9	한국	3,655	3,415	4,842	2.36	1.99	3.17	41.78
10	호주	5,291	6,296	4,716	3.41	3.68	3.09	25.09

[표 181] 최근 3년 간 일본의 야채 씨앗 국가별 수입 동향 (HS Code1209.91 기준)
(단위: 천 달러, %) / 자료: Global Trade Atlas(2021.05.06.)

종자 개발은 비용 및 시간 면에서 투자 부담이 커, 선진기업과의 공동연구, M&A, 생산 위탁 등 협업이 활발한 업계이다. Sakata Seed를 비롯해 해외 거점(생산, 판매), 협력사가 있는 기업이 많으며 한국에 진출한 기업도 적지 않다. Sakata Seed는 회원제 인터넷 판매를 하고 있으나 매출액에 대한 비율이 낮아 주로 농가에 직접 납품되는 제품을 생산 및 판매하고 있다. 가격면이 우선시 되는 온라인 판매는 제품 개발에 투자한 시간, 비용을 고려할 시 차별화가 어려워지기 때문이다. 한편 Takii는 인터넷 판매를 추진하고 있으며 주로 야채, 화훼용 씨앗을 판매하고 있다. Takii는 일본국내 연구농장을 보유하고 있으나 해외 특히 유럽의 종자 기업을 M&A하며 공동연구, 품종개발로 투자의 효율화를 추진하고 있다.

기업명	매출액(억 엔)	URL
SAKATA SEED COMPANY	617	https://www.sakataseed.co.jp/
TAKII & CO.,LTD	496	https://www.takii.co.jp/
Kaneko Seed	582	http://www.kanekoseeds.jp/
Snow Brand Seed	440	https://www.snowseed.co.jp/
Tokita Seed	63	http://www.tokitaseed.co.jp/

[표 182] 대표 기업의 매출액 (단위: 억 엔)

일본의 유통경로는 도매상이 여러 단계에 포진하고 있기 때문에 복잡하다. 제조사에서 1차 도매상을 거쳐서 소매상에 판매되는 기본적인 경로 외에 1차 도매상에서 2차 도매상을 거쳐 소매상에 판매되는 경로, 대형 유통사가 단위 농협에 납품하는 경우 등 다양한 유통 경로가 있다. 일본은 종자 개발이 한창이지만 습윤한 기후 때문에 종자 생산에는 적합하지 않아 원종을 해외에 수출하고 해외에서 OEM 생산된 종자를 수입해 유통시키는 경우가 많다. 따라서 종자업체가 상사 역할을 하는 경우도 많다. 해외 생산업체가 오리지널 제품을 일본에 수출하는 경우도 있지만 직접 일본 농가에 판매하는 일은 적은 상황이다.

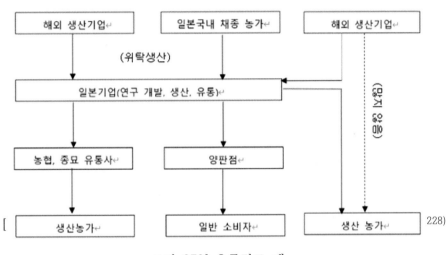

그림 279] 유통경로 예

WTO협정 관세율은 무관세이며 통관 시 소비세 10%가 부가되며 수입 시에는 식물방역법의 제한을 받는다. 일본측 수입자는 종자를 수입할 시, 농림수산성 식물방역소에 검사신청을 해야 하며 수출국가에서 발행된 '식물검역증명서(Phytosanitary Certificate)'가 필요하다.

HS Code	기본	WTO협정
1209.91	Free	Free

[표 183] 자료 : 일본 재무성 무역통계 실행 관세율표 2021년 4월 1일판

제품개발은 일본에서, 생산은 해외에서 하는 사례가 가속화되고 있다. 효율적인 연구개발을 위해 해외기업과의 거래를 추진되고 있으나 제품 제안 시에는 사전에 해당 일본 기업의 강점을 사전에 확인할 필요가 있다. Sakata Seed, Takii 같이 모든 종자를 취급하는 기업은 많지 않으며 경쟁력이 있는 특정 제품에 집중하는 기업이 많기 때문이다.

일본의 신 품종 출원수(국내 기준)는 감소경향에 있으며 최근 10년 사이에 40% 감소한 상황이다. 이는 한국, 중국보다 낮은 수준이다. 일본기업은 앞으로도 연구개발, 투자에 관련해서

228) 야노경제연구소 자료를 바탕으로 KOTRA오사카무역관에서 작성

선택과 집중을 계속할 것으로 보인다. 한국기업의 경우 가격에 죄우되지 않는 고품질 품종 개발에 집중하는 것 이외에 자사의 글로벌 경쟁력을 키우는 것이 일본진출의 성공요인이 될 것으로 생각된다.

라) 러시아

러시아에서 가장 수요가 많은 채소는 러시아인들이 즐겨 먹는 비트 수프인 보르시에 들어가는 이른바 '보르시 세트' 채소인 감자, 토마토, 양배추, 비트, 당근 등이다. 러시아 농업부에 따르면 2022년 '보르시 세트' 채소 수확량이 증가해 감자 생산량은 최소 680만 톤(2021년 생산량은 660만 톤), 노지 재배 채소는 520만 톤(2021년 생산량은 510만 톤)으로 예측된다. 이 같은 생산량은 가공식품용까지 포함해 러시아 국내 수요를 충분히 충족할 만한 양이다. 러시아의 채소 수요에 따른 채소 종자(HS Code 120991) 수요도 꾸준히 증가하고 있어 전체 종자시장 규모는 2020년 기준 약 14억 달러로 추산돼 유럽 최대 종자시장 중의 하나로 꼽힌다.

한편, 러시아는 최근 지정학적 긴장 상황에 따른 물류 제한, 환율 변동 등의 상황에도 불구하고 파종 시기가 예년보다 늦어지고 다수의 업계 종사자와 생산자들이 지난해 말에서 2022년 2월 중순 사이에 필요한 종자를 이미 구입해 두었기 때문에 올해는 종자 수급에 큰 문제가 없어 보인다고 업계 관계자들은 전한다. 러시아 '전국 육종가 및 종자 재배 종사자연합 (National Union of Breeders and Seed Growers, NSSiS)'의 대표이사 아나톨리 미힐레프 (Anatoly Mikhilev) 씨는 "올해 봄 파종 시기에 종자 공급 관련해서는 별 문제가 없었다"고 말했다. 그러나 올해 수확해야 할 수입 종자의 수급이 어떻게 될지는 지켜봐야 하는 상황이다. 전문가들은 이 밖에도 러시아 농업 재배 종사자들이 온실 용량의 부족, 유통센터와 보관시설 부족 등으로 어려움을 겪는다고 한다.

[그림 280] 보르시 수프와 '보르시 세트' 야채

229)

2021년 러시아 채소 종자(HS Code 120991) 시장에서 수입산이 차지하는 비율은 품종에 따라 20%에서 90%까지 다양하다. 러시아 고등경제대학(Higher School of Economics) 기술이전센터가 2020년에 시행한 "Breeding 2.0" 연구에 따르면 2009년부터 2019년까지 10년간 러시아 시장에서 수입산 종자의 비중이 크게 증가해 옥수수 종자의 수입 비중은 37%에서 58%로 해바라기 종자는 53%에서 73%, 사탕무는 50%에서 98%로 증가했다. 러시아 농업분야에서 온실재배산업은 역동적으로 성장하고 분야로 이 분야 종자의 수입 의존도는 거의

---

229) KOTRA 모스크바 무역관

100%에 달한다. 러시아산 종자가 수입 종자에 비해 우위를 점하고 있는 유일한 분야는 밀로 전체 밀 종자 시장에서 차지하는 러시아 종자의 비중은 97%이다.

한편, 블라디미르 푸틴 대통령이 승인한 러시아 연방 식량안보 독트린(Doctrine of Food Security of the Russian Federation)에 따르면 러시아는 2030년까지 국내에서 파종하는 종자의 75%를 러시아산 종자로 채울 계획이며, 이를 위해서는 10년 내지 15년간 국가 지원과 기술 및 생산에 대한 대규모 투자가 필요하다는 분석이다. 2020년 팬데믹 시기에 공급이 감소했던 많은 다른 산업들과 달리 러시아의 채소 종자 수입량은 2019년에 비해 상당히 증가했다. 나아가 2022년 제재 상황임에도 불구하고 여전히 꾸준한 상승세를 보이고 있다.

	공급 국가	과세가격	점유율
1	네덜란드(NL)	16,495,664,847	78
2	프랑스(FR)	1,512,935,467	7
3	리투아니아(LT)	962,505,332	5
4	이탈리아(IT)	848,985,959	4
5	중국(CN)	259,665,475	1
6	폴란드(PL)	169,548,029	1
7	이스라엘(IL)	141,499,930	1
8	독일(DE)	121,439,110	1
9	한국(KR)	75,242,510	0.4

[표 184] 2019-2022 국가별 수입 종자 러시아 시장점유율 (단위: US$. %)

한국은 러시아 채소 종자 수출국 중 2019년에는 17위를 차지했으나 2021년과 2022년에는 각각 7위와 8위를 차지해 향후 잠재성 있는 수출국으로 기대된다.

연도	과세가격	순 중량	순위
2022 상반기	330,953	1,352.42	8
2021	533,551	2,376.36	7
2020	413,193	2,255.79	10
2019	110,117	898.88	17

[표 185] 2019-2022 연도별 한국에서 러시아로 채소종자 수출 순위(단위: US$, kg)

러시아에 채소 종자를 통관하려면 러시아 연방 동식물위생감독청(Rosselkhoznadzor)이 발급한 수입 검역 확인증(관련법: "검역 품목 명단 및 식물 위생관리 절차" 제318 호)과 수출국 식물 검역증명서를 제출해야 한다. 또한 특정 품목(HS 코드 1209 91 8000, 기타 채소 종자)에 대해서는 기술 규정(TR)에 따른 품질인증서(COC)나 적합성 선언(DOC)도 요구된다. 아울러, 러시아 연방 영토 내에 수입식물 품종을 판매하려면 해당 종자가 "러시아 연방의 영토 내에서 사용하도록 승인된 육종 성과의 정부 등록 명단(FSBI STATE Export Commission)"에 등록돼야 한다(관련법: 연방법 제149 호). 종자 정보 등록이 완료되면, GOST R 시스템에서 종자에 대한 자발적 인증서를 발급해 품질 확인을 할 수 있는 권한이 생긴다. 종자 및 파종 재료를 검역증명서를 지참하지 않은 채 승객의 수하물 및 휴대 수하물로 나르거나 우편으로 수입하는 것은 금지돼 있으며, 화학적 혹은 생물학적 처리과정을 거친 종자는 포장된 상태로 운송해야 하고 대량 운반은 금지돼 있다.

러시아 채소 재배업계 선두주자인 R그룹의 커뮤니케이션 부서장 Elena 씨는 KOTRA 모스크바 무역관과의 인터뷰에서 최근 종자 업계는 대러 제재 상황으로 인해 물류 경로가 길어지고 포장 가격이 상승하는 등의 어려움을 겪고 있다고 한다. Elena 씨는 2월 우크라이나 사태가 시작되기 전에는 물류기간이 2주 정도 걸렸다면 8월인 현재는 1달까지 소요되고 비용 측면에서도 종자 구매 가격은 10%가량 증가했고 주로 해외에서 원료를 수입해오는 포장 가격도 15%에서 40%가량 상승했다고 한다. 다만 그럼에도 현재 모스크바 내 상황을 보면 식량 부족에 대한 우려는 없어 보이는데 이는 러시아가 그간 자체적으로 식량을 생산할 수 있도록 농업이 상당히 발전했기 때문이라고 언급했다.

'러시아 연방 식량 안보 독트린(Doctrine of Food Security of the Russian Federation)'에 따르면 2030년까지 러시아는 필요한 파종의 75%를 국산 제품으로 채우는 것을 목표로 하고 있다. 업계 전문가들은 러시아가 이 목표를 이루기 위해서는 기술과 생산에 대한 투자 등으로 최소한 10년이나 15년은 소요될 것이며, 그 동안에는 수입 종자들이 시장을 점유할 여지가 있다고 본다.

세관 조사에 따르면 현재 한국 종자는 러시아에서 1% 이하의 시장점유율을 보이며 주로 대형 규모의 유럽 공급자와 그 자회사가 시장의 대부분 점유하고 있다. 그러나 모스크바를 중심으로 소비자들의 구매력이 상승하고 식품에 대한 기호가 다양해지면서 이국적이고 새로운 음식에 대한 관심을 보이고 있고 러시아 내 한국 문화에 대한 관심이 커지면서 한국산 종자를 소비하고자 하는 구매 욕구도 커질 수 있다는 점에서 한국 기업들에는 기회의 시장이 될 수 있다. 이에 한국 기업들은 기존에 러시아 시장에 소개되지 않은 새로운 품종을 중심으로 현지 마케팅 전략을 세워 기존 유럽계 기업처럼 자체적으로 제품을 공급하는 자회사를 설립하거나 러시아 내 생산 현지화 등의 비즈니스 모델을 고려해 볼 수 있을 것이다.

 아울러, 러시아 기업들의 채소 생산량이 점차 늘고 있긴 하지만 여전히 새로운 기술이나 혁신을 필요로 하는 만큼 한국 기업들이 러시아 기후와 토양에 맞는 새로운 종자를 개발하고 육종하기 위한 연구개발 서비스를 러시아 기업에 제공하는 형태의 협력도 좋은 사업 모델이 될 것이다.

2) 국내동향[230][231][232]

종자 업계는 올해가 힘겨운 한 해가 될 것이란 어두운 전망을 내놓고 있다. 종자업체들의 경우 지난해 비용 부담 요인이 많았음에도 가격 상승에 민감한 농업계 분위기상 비용 상승분을 가격에 모두 반영하지 못했다. 하지만 올해에도 원달러 환율, 고금리 등 어려움이 상존할 것으로 예상됨에 따라 업체들의 타격이 불가피할 것으로 보인다. 여기에 최근 중국에서 코로나 19가 재확산세를 보이고 있어 검역, 물류 등에 또 다시 제동이 걸릴 수 있다는 우려도 있다.

업계는 올해 수출 물류비 지원사업 종료에 따른 업계 타격을 줄이기 위한 방안 마련에도 골몰해야 하는 상황이다. 2015년 세계무역기구(WTO) 제10차 각료회의 결과에 따라 내년부터 정부와 지자체의 수출 물류비 지원이 모두 폐지되는데, 그렇게 되면 세계 종자 시장에서 국내산 종자의 가격 경쟁력은 더 떨어질 수밖에 없기 때문이다. 한국종자협회는 물류비 지원사업을 대체할 포장 자재비 지원 사업 등을 정부에 건의한다는 계획이다.

종자 업계는 올해 골든시드프로젝트(GSP) 후속 사업 성격의 '디지털육종기반 종자산업 혁신기술개발사업'의 예비타당성조사 통과를 기대하고 있다. 이미 2020년 한차례 예비타당성조사 통과 실패 경험이 있지만 올해는 반드시 통과시켜 디지털 육종 기반을 다져야 한다는 업계 요구가 커지고 있다. 아울러 GSP 종료 이후 종자 산업에서 가용할 수 있는 과제비 등 예산이 크게 줄어 연구개발(R&D) 등에도 타격이 크다는 공감대가 형성된 것도 디지털육종기반 사업에 큰 기대를 하고 있는 이유다.

윤원습 농식품부 농식품혁신정책관은 "제3차 종합계획은 디지털육종 상용화 등을 통한 종자산업 기술혁신과 기업 성장에 맞춘 정책지원으로 종자산업의 규모화와 수출 확대에 중점을 두었다"라며, "관계기관, 업계 등과 협력을 강화하고 연차별 세부 시행계획을 마련하여 차질 없이 이행할 계획"이라고 밝혔다.

농림축산식품부의 생산실적 자료에 따르면 국내 채소 종자 시장은 2011년 1,977억 원에서 2018년 2,369억 원 규모로 연평균 2.6%의 성장세를 보였다. 동일한 성장세를 적용하면 2025년 국내 채소 종자 시장은 2,835억 원 규모로 성장할 것으로 전망된다.

---

230) 신육종기술(NPBTs), KISTEP 기술동향브리프, 2018
231) 농우바이오(054050), 한국 IR협의회, 2021.01.21
232) 아시아종묘(154030), 한국 IR협의회, 2021.04.01

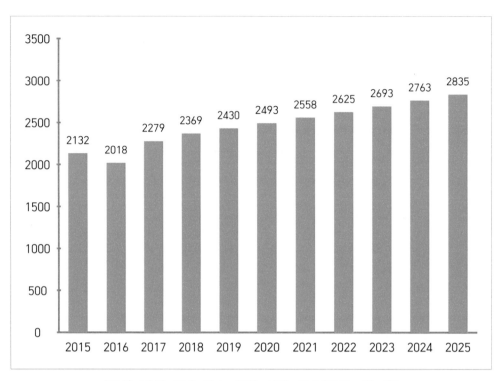

[그림 281] 국내 채소 종자 시장 규모(단위: 억 원)

국내 전체 종자시장은 2022년 기준 7,367억 원으로 채소 종자는 25%로 가장 많은 비중을 차지하고 있으며, 두 번째는 식량 작물이 2,350억 원으로 24%를 차지하고 있다.

우리나라 종자 산업은 ①일본의 영향을 받았던 태동기(1950년 이전), ②우장춘 박사의 활동으로 육종 기반이 마련된 기반 구축기(1950년~1961년), ③농산종묘법이 제정된 발달 초창기(1962년~1973년), ④종묘관리법 개정을 통한 성장기(1973년~1985년), ⑤종묘관리법 후기와 수입자유화로 구분되는 활성기(1985년~1997년), ⑥종자산업법 개정을 통해 품종 보호제도가 정착되고 다국적 종자 기업의 국내 진출 등이 이루어진 국제화 시대(1998년~현재) 등 의 과정을 거쳐 현재에 이르고 있다. 상업용 채소 종자는 과거에 서울종묘, 홍농종묘, 중앙종묘 등 아시아권에서도 상당이 규모가 큰 기업들이 신품종을 활발히 육종하여 생산·판매하였으나, IMF 관리체제 이후 이들 기업은 해외 글로벌 종자 기업에 인수·합병되었다.

구분	합병이전	1차 M&A	2차 M&A	3차 M&A
M&A	청원종묘	사카타(1997)	-	사카타코리아
	서울종묘	노바티스(1997)	신젠타(2001)	캠차이나(2017)
	홍농종묘	세미니스(1998)	몬산토(2008)	바이엘 크롭 사이언스 (2008)
	중앙종묘			
	씨덱스	-	바이엘 크롭 사이언스 (2008)	바이엘 크롭 사이언스
	몬산토 코리아	-	동부팜한농(2012)	LG화학(팜한농, 2016)
	농우바이오	-	-	농협경제지주(2014)
비 M&A	한국 다끼이 법인 설립(2011)			
	더기반(노루그룹 계역) 종자 산업 진출(2015)			

[표 186] 국내 종자 기업 M&A 동향(단위: 억 원)

한국은 1997년 외환위기 때 흥농종묘, 중앙종묘가 Monsanto로 인수되고, 서울종묘가 Syngenta로 인수되는 등 주요 종자기업이 외국의 다국적 기업으로부터 인수합병되며 산업 기반이 흔들렸다.

국내 토종 종자와 육종기술이 다국적 외국 기업으로 넘어가며 종자주권을 상실하고 다국적 기업이 시장을 주도하여 국내 종자기업들이 설 자리가 비좁아졌다. 이후 구조조정과 함께 독립되어 나온 중소/개인 육종가가 늘어나며 영세한 소규모 종자기업들이 다시 경쟁력을 갖추기 시작하였다. 국립종자원에 따르면, 현재 국내 종자산업은 대다수가 연 매출 5억 원 미만의 영세업체로 구성되어 있기는 하지만, 업체 수는 꾸준히 증가하며 회복세에 있다.

한국종자협회에 따른 채소 종자(고추, 양배추, 양파 등) 기준 국내 매출액은 2022년 기준 2622억 원이다. 지난 5개년간 연평균 2.8% 증가하는 추세이다. 아울러, 농촌진흥청에서 발표한 연도별 국내 종자 로열티 지급 및 수입액을 살펴보면, 최근 주요 품종의 로열티 지급액이 지속적인 감소세를 보이고 있다. 국내 종자기업의 기술력을 기반으로 종자의 국산화가 이루어지며 경쟁력을 확보하는 중인 것으로 보여진다.

나아가, 국가적 차원에서도 국내 종자산업을 활성화하는 프로젝트가 추진되며 산업 기반을 구축하고 있다. 농림축산식품부는 금보다 비싼 수출전략형 종자 등의 개발을 통해 종자산업의 국제 경쟁력을 제고하고자 2012년부터 10년간의 GSP(Golden Seed Project) 사업을 시행하고 있다. 또한, 2011년부터 4년간 민간육종연구단지를 형성하기 위한 김제 씨드밸리 사업도 추진함으로써, 씨드밸리에 입주한 국내 주요 종자기업을 대상으로 육종연구 기술지원, 지식재산권 등록지원, 수출 컨설팅 등을 제공하며 종자산업의 인프라 조성을 주도하였다.

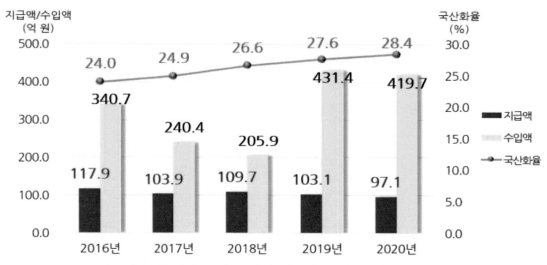

[그림 282] 국내 종자 로열티 지급액, 수입액 및 국산화율

신육종기술 관련해서는 1세대부터 3세대까지의 모든 유전자가위기술을 보유하고 있는 툴젠이 원천특허 확보 및 유전자가위기술 확산에 주력하고 있다. 툴젠의 CRISPR 원천특허는 세계 10개국에서 심사가 진행되고 있으며, 최근에는 농우, 농협 종묘와 공동연구를 통해 3세대 유전자가위기술을 이용한 영양성분이 강화된 색변환 당근 품종을 개발하고 있다.

GMO 작물은 규제 여부에 따라 막대한 개발 비용이 소요되기 때문에 국내 종자 기업의 영세성을 고려한다면 신육종기술을 활용한 작물 개발이 중요하다. GMO 작물을 상업화할 때까지 약 1천억 원 이상의 개발 비용과 위해성검사 등 10년 이상의 기간이 필요하기 때문에 다국적 종자회사 규모의 대기업이 아니고서는 시장 진입 자체가 매우 어렵다.

유전자가위기술이 규제에서 자유로워진다면, 한 품종 개발 비용을 약 3~5억 원 정도로 추정할 경우 200배 이상 비용을 절감할 수 있어 동 분야 중소 종자기업의 시장 진입을 촉진할 수 있다.

최근 국가 주도의 다양한 분자육종기술 및 신육종기술 기반 과제의 수행을 통해 육종 기술개발 경쟁력 확보를 추진하고 있다. 농식품부, 농진청, 과기정통부 소관 국가연구개발 과제를 통해 신육종 플랫폼기술을 확보하고, 이를 품종육성 및 개량에 활용하고자 하는 연구가 추진되고 있으며, 신육종기술 연구가 상업화까지 성공한 사례가 많지 않고, 아직은 기초·원천연구 단계에서 투자가 이루어지고 있다.

2012년부터 2016년까지 투자된 정부연구비 중 신육종기술과 관련한 투자는 총 269억 원으로 집계된다. 그 중 유전자가위기술에 256억 원이 투자되어 총 투자의 94.9%를 차지했으며, 역육종(Reverse Breeding), Agroinfiltration, 접목(Grafting) 기술 확보 차원에서 다수의 연구과제가 시도되었으나, 투자 규모가 5.1%로 미미한 수준이다. 동종기원(Cisgenesis)을 작물 육종에 활용하기 위한 기반기술 연구는 이루어지지 않았다.[233]

---

233) [Issue+] 2020농산업 결산, 농수축산신문, 2020.12.23

신육종기술 유형	정부연구비 (백만원)	비중 (%)
SDN(Site Directed Nucleases)	25,558	94.9
역육종(Reverse Breeding)	204	0.8
접목(Grafting)	847	3.1
Agroinfiltration	323	1.2
동종기원(Cisgenesis)	-	-
합계	26,932	100.0

[표 187] 작물 분야 신육종기술에 대한 정부R&D 투자현황(2012-2016)

2012년부터 2016년까지 유전자가위기술에 대한 정부R&D 투자는 256억 원이며, 부처별로는 과기정통부(226억), 농진청(22억) 위주로 투자가 이루어졌다.

구분	과기정통부	농진청	농식품부	교육부	중기청	합계
예산 (백만원)	22,587	2,164	422	85	300	25,558
비중 (%)	88.4	8.5	1.6	0.3	1.2	100.0
과제 수	5	23	8	2	1	39

[표 188] 작물 육종 분야 유전자가위기술에 대한 부처별 투자현황(2012-2016)

연구수행주체별로는 출연연(220억), 대학(23억)을 중심으로 투자가 이루어졌으며, 연구개발단계별로 살펴보면, 응용·개발연구의 비중은 1.8%에 불과하며, 투자비 전체가 기초연구단계에 집중되어 있는 형태로 투자 비중이 98.3%에 달했다.

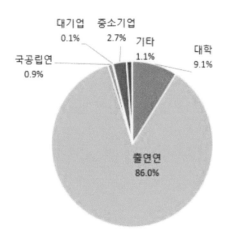

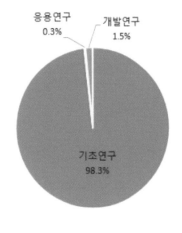

[그림 283] 연구수행주체별(좌), 연구개발단계별(우) 정부투자(2012-2016) 비중

2012년부터 2016년까지 정부R&D 사업 중 유전자가위기술을 작물 육종에 적용하는 연구에 가장 많은 투자가 이루어졌으며, 그 외 역육종(Reverse Breeding), Agroinfiltration, 접목(Grafting) 기술 등 여타 신육종기술에 대한 소액 투자가 진행되었다.

농진청의 차세대바이오그린21사업과 과기정통부의 유전자교정연구단(기초과학연구원)등에서 유전자가위기술 영역에 대해 256억 원의 정부연구비가 지원되었따.

부처명	사업명	연도	총투자 (백만원)
교육부	이공학개인기초연구지원	2016	51
	이공학학술연구기반구축	2016	34
농식품부	농생명산업기술개발	2012-2016	422
농진청	농업기초기반연구	2016	70
	농업첨단핵심기술개발	2015-2016	94
	차세대바이오그린21	2012-2016	2,000
과기정통부	개인연구지원	2016	300
	기초과학연구원 연구운영비지원	2014-2016	21,987
	중견연구자지원	2015	300
중기부	창업성장기술개발	2016	300
합계			25,558

[표 189] 작물 육종 분야 유전자가위기술 관련 정부R&D 투자현황(2012-2016)

2012년부터 2016년까지 역육종(Reverse Breeding), Agroinfiltration, 접목(Grating) 기술에 대한 정부R&D 투자는 각각 2억, 3억, 8억 원으로 소액 규모로 투자가 이루어졌다.

기술명	부처명	사업명	연도	총투자 (백만원)
역육종 (Reverse Breeding)	교육부	이공학개인기초연구지원	2015-2016	102
		일반연구자지원	2012-2014	102
	소계			204
Agroinfiltration	교육부	일반연구자지원	2012-2014	103
	농식품부	첨단생산기술개발	2013	70
	농진청	차세대바이오그린21	2012-2014	150
	소계			323
접목 (Grafting)	농진청	원예특작시험연구	2012-2016	807
		차세대바이오그린21	2012	40
	소계			847

[표 190] 작물 분야 역육종, Agroinfiltration, 접목 기술 관련 정부R&D
투자현황(2012-2016)

우리나라 종자 수입액은 수출액의 2배를 넘어서는 현실이다. 농림축산식품부·국립종자원이
제공한 종자 수출입 현황을 보면, 2018년 이후로 연간 종자 수출액은 지속해서 증가 행진을
이어왔으나 2022년에는 전년(6091만달러)보다 주춤해 5571만달러를 기록했다. 수입액은 202
2년 1억3274만달러를 기록했다. 7703만달러(약 951억원) 적자다. 지난해 증가세가 꺾인 것은
코로나 영향이라는 것이 관계자의 설명이다.

2017~2022년 종자 수출입 현황

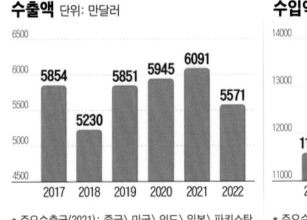

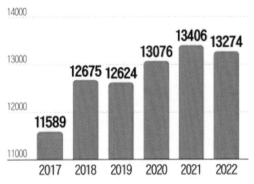

[그림 284] 2017-222년 종자 수출입 현황

그래서 중요한 것이 자급률이다. 특정 품종의 자급률이 낮으면 그만큼을 해외에서 사들여 충당해야 하기 때문이다. 농림식품기술기획평가원(IPET)에 따르면 10년 전인 2012년만 해도 우리 농가 10곳 중 7곳은 토마토 종자를 해외에서 들여와서 키웠다. 당시 토마토 자급률은 30%, 토마토 종자 총수입액은 610만2000달러였다. 지금은 수입 품종을 대체하는 신품종 개발·보급 등으로 2019년 기준 자급률이 55.3%까지 올라갔다.

신품종 개발은 우리나라 자급률 개선은 물론, 수출을 통해 또 다른 먹거리로서의 역할을 하고 있다. 딸기가 대표적이다. 충남농업기술원 산하 딸기연구소에서 출시한 매향·설향·킹스베리·비타베리·하이베리 등은 국산 품종 보급률을 96%까지 끌어올리는 데 혁혁한 공을 세웠다. 20년 전인 2005년만 해도 일본 품종이 90%를 차지하던 우리 딸기 시장이었다.

[그림 285] 품종 개량 과정에서 열매를 맺은 딸기의 봉투가 열려있는 모습

이 때문에 한때 우리 정부는 종자산업 육성을 중장기 역점 사업으로 추진했었다. 이른바 '골든씨드프로젝트(GSP·Golden Seed Project)'다. 이명박 전 대통령의 지시로 시작됐고, 2011년부터 2021년까지 장장 10년에 걸친 기간 동안 나랏돈 3985억원 등 총 4911억원을 들여 추진됐다.

IPET가 발간한 'GSP 백서'에 따르면, 10년간 사업 추진 결과 신품종 및 브랜드 955건 개발, 수출 2억5641만달러, 국내 매출 1382억원 등을 달성했다. 특히 해외 품종을 대체할 국산 품종을 개발하는 데 주력해, 2012년 대비 2019년 자급률을 ▲토마토 30→55.3% ▲양파 20→29.1% ▲파프리카 0→6.3% 등으로 향상하는 성과가 있었다.

문제는 골든씨드프로젝트가 종료된 지금, 앞으로 종자 산업 육성을 위한 국가적 전략이 있느냐다. 10년간 프로젝트를 마친 사업단장들은 각기 후속 과제에 대한 아쉬움을 드러낸 바 있다. 임용표 채소종자사업단장은 GSP 백서를 통해 "해당 사업을 통해 분자 육종이 활성화됐고

기능성 품종의 개발을 통해 세계 종자 시장을 견인할 수 있는 큰 기반을 마련했다"면서도 "과제가 종료되며 후속 연구가 이루어지지 못하는 아쉬움이 있다. 종자 기업의 도전은 계속돼야 하고, 이를 위한 국가적 전략과 적극적인 지원도 필요하다"고 남겼다.

 자유무역협정(FTA)과 같은 글로벌 시장 개방 이슈 앞에서 국산 품종 개발 등 종자주권을 지키는 일은 더욱 중요한 과제가 됐다. 경쟁력 있는 품종을 만들면 국내 시장을 지키는 것뿐 아니라 수출길을 드넓힐 기회가 될 수도 있다. 관련한 정책적 지원이 요구되는 가운데, 현재 전북 김제공항 부지(156ha)에 종자산업 혁신클러스터를 조성하는 방안 정도가 그나마 새롭게 추진되는 주요 관련 정책으로 꼽히고 있다. 2020년 기준 세계 종자 시장은 440억달러 규모로 매년 4% 내외 성장세를 거듭하고 있다. 이 중 우리나라의 점유율은 1.4%(6억2000만달러)에 불과하다.[234]

---

234) [농수산 수출시대]② 국가 경쟁력 된 '종자주권'···'현대판 노아의 방주' 씨앗은행은 어떤 곳? / 조선비즈

마. 종자 기술 동향
1) 전통 육종 기술[235)]

전통 작물육종기술은 그 종류가 매우 다양하며, 실제 육종에 있어서 어떤 육종방법을 사용할 것인가는 통상적으로 다음과 같은 요인들을 고려하여 결정한다.

육종방법 결정 요인
① 육종대상이 되는 작물의 번식 및 수정 방식(예: 자가수정 작물, 타가수정 작물, 영양번식 작물 등)
② 육종하려는 품종의 종류(예: 고정종, 일대교잡종(F1 품종), 영양계통 등)
③ 유전적 변이를 일으키는 방법(예: 유전자원, 교잡, 이종·속 교잡, 돌연변이, 형질전환 등)
④ 선발 방법(예: 개체선발, 계통선발, 집단선발)
⑤ 육종하려는 특성의 유전정보(예: 질적, 양적, 유전력 정도, 연관, 관련 유전자수 등)
⑥ 육종에 사용할 수 있는 가용 자원(예: 예산, 인력, 육종 포장 크기 등)

[표 191] 육종방법 결정 요인

육종기술	기본 원리	성과
분리육종	• 자연적으로 생성된 유전적 변이체를 대상으로 선발함. • 인공교배 과정 전혀 없음. • 우수한 개체나 집단을 선발하여 세대 진전함. • 현재 육종 선진국에서는 드물게 사용되나, 개도국에서는 가장 경제적이며, 효율적인 육종방법임	• 신석기시대 작물의 순화나, 그 이후 재래종 분화에 주된 방법. • 근대 육종에 많이 쓰였음.
교배육종	• 인공교배 과정이 필수적임. • 인공교배에 의하여 나타난 다양한 유전적 변이체를 대상으로 선발함. • 잡종 2세대(F2)와 그 이후인 분리세대에서 다양한 선발방법을 적용함. • 작물과 육종목표에 따라 다양한 방법들로 분화됨.	• 가장 보편적으로 많이 쓰인 방법 • 현재 대부분의 고정종은 이 방법으로 육성됨. • 농업 발전에 크게 기여했음

[표 192] 전통 작물육종기술의 종류

---

235) 전통 작물육종과 유전자변형기술, 박효근, 2010

육종기술	기본 원리	성과
여교배 육종	• 일대교잡종(F1)과 일대교잡종의 어버이의 한쪽을 다시 교잡하는 하는 방법. • 우점 품종을 기본으로 하고, 1~2가지의 특성을 개량하려고 할 때 가장 많이 쓰임. • 전통 작물육종방법 중, 육종 결과를 예측할 수 있어서 과학적인 육종이 가능함. • 돌연변이, 종속 간 교배, 형질전환 등 생명공학을 통해 생산된 품종의 후속 조치(형질고정 등)로써 많이 쓰임.	• 이방법으로수많은품종이 육성됨. • 다른 육종방법과 병행하여 상업화 품종 육성에 이용됨.
잡종강세 육종	• 잡종강세 현상을 최대한 활용하는 육종 방법임. • 두 개 이상의 순수 계통을 육성하고, 이들 사이의 일대교잡종(F1) 종자를 상용화하는 방법임. • 이때 자가불화합성이나 웅성불임성을 활용하여 채종의 경제성을 제고함. • 농민들이 매년 일대교잡종 종자를 구입해야 함으로 종자회사로서는 개발비 환수가 용이함.	• 현재 농업 선진국에서 각 광받는 방법임. • 종자회사의 경쟁력을 결정하는 주요한 변수임.
염색체조작 육종	• 염색체를 인위적으로 조작하여 반수체, 배수체, 이수체 등 염색체 수가 다른 식물체를 육성함(3배체 이상의 배수체는 2배체에 비해 세포와 기관이 크고 병해충에 대한 저항성이 증대함). • 화분배양으로 반수체 유기(誘起)하고 이를 다시 배가하면 바로 순수한 동형접합(homozygous)의 계통 획득이 가능함. • 반수체 육종은 육종에 걸리는 시간을 단축시키는데 활용됨.	• 사용 빈도, 성공 사례가 제한적임.

[표 193] 전통 작물육종기술의 종류

육종기술	기본 원리	성과
돌연변이 육종	• 인위적으로 방사선이나 화학물질을 처리하여 다양한 유전적 변이의 돌연변이체를 유기(誘起)하는 육종방법임. • 이 방법으로 유기(誘起)된 유용한 돌연변이는 여교배 방법 이용 시 육종의 소재로 활용됨. • 향후 돌연변이유기(교배와는 관계없이 어떤 원인에 의하여 유전물질 자체에 변화를 주거나 발생하도록 유도함) 방법이 개발되면 크게 각광 받을 것으로 보임.	• 화훼작물 이외에는 바로 상용화 품종 개발 드묾. • 육종 소재로 사용
종·속 간 교배 육종	• 서로 다른 종이나 속간의 교잡으로 새로운 작물 육성할 수 있음(트리티케일, 하쿠란, 유채). • 일반적으로 종속 간 교배를 통해 개발된 품종을 여교배 육종 거쳐 상용화 품종을 육성함.	• 상용화 품종 개발 극히 제한적 • 내병성 도입에 있어 성공적

[표 194] 전통 작물육종기술의 종류

국내 육종기술은 작물의 종류에 따라 그 편차가 매우 크다. 벼, 고추, 배추, 무는 세계적인 수준이라 할 수 있으나 그 외의 작물과는 차이가 크다.

작물	육·채종 기술수준		자급율(%)	
	육종	종자 생산·조제	국내개발 품종 보급률	종자, 종묘의 국내 증식율
식량 작물	상	상	<95	100
특·약용 작물	중	중	≒100	≒100
사료 작물	하	하	≒0	미상
채소류	상상	상상	≒90	≒25
과수류	중상	상	>15	≒100
화훼류	중	상	>5	>30
산림류	중	상	미상	≒100
버섯류	중	중상	≒20	≒100
해조류	중	중상	>5	≒100

[표 195] 작물별 우리나라 작물육종의 발전 정도

가) 형질전환 기술[236]

최근 생명공학의 발전은 유전자들의 기능을 더욱 이해하게 되었다. 이러한 유전자에 대한 보다 정확한 정보들은 유전자 재조합 기술을 이용하여 어떤 특정 유전자를 형질전환 유전자 기술을(transgenic technology) 이용하여 원하는 식물 유전체에 삽입하여 작물의 특성을 바꾼다. 이러한 육종의 과정을 통해서 만들어진 작물들을 우리는 유전자 변형작물(genetically modified crop; GM crop) 이라고 부른다.

가장 일반적으로 식물병원세균인 Agrobacterium을 이용하여 유전자 삽입을 하는데, 하지만 많은 작물들이 이 세균에 저항성을 가지고 있기 때문에 최근에는 좀 더 다른 방법인 유전자총(Gene-Gun)을 통하여 원하는 유전자를 식물세포에 직접 삽입할 수 있고 또한 세포원형질체를 분리하여 유전자를 삽입할 수 있다.

작물	품종명	상품 특성	개발국가
사과	Golden Delicious GD734	과일품질향상	미국
카네이션	Moondust, Moonshadow, Moonshade, Moonlite, Moonaqua, Moonvista, Moonique, Moonpearl, Moonberry, Moonvelvet	제초제 저항성, 품질향상	호주
치코리	Seed Link	제초제 저항성	네덜란드
골프장잔디 (creeping bentgrass)	Roundup ready creeping bentgrass	제초제 저항성	미국 몬산토
가지	BARI Bt Gegun	해충 저항성	방글라데시
멜론	Melon A, B	과일품질향상	미국
파파야 (papaya)	Rainbow, SunUp	병저항성	미국, 중국
피튜니아 (petunia)	Petunia-CHS	품질향상	중국
자두	C-5	병저항성	미국

[표 196] 형질전환을 이용하여 상업적으로 등록한 원예작물들

---

236) 식량 및 원예작물의 육종 기술 현황 및 최신 연구 동향, BRIC View, 2018

작물	품종명	상품 특성	개발국가
감자	45종 이상의 다수	품질향상	미국, 소련, 캐나다, 호주, 한국, 뉴질랜드, 필리핀, 일본, 멕시코
장미	WKS82	품질향상	호주, 콜롬비아, 일본, 미국
스쿼시 호박 (squash)	CZW3	병저항성	미국, 캐나다
고추	PK-SP01	품질향상	중국
토마토	15종 이상의 다수	품질향상, 병저항성	캐나다, 미국, 멕시코, 중국

[표 197] 형질전환을 이용하여 상업적으로 등록한 원예작물들

나) 분자마커 기술[237)

지난 30년동안 분자 마커 기술을 이용한 작물육종과 개발의 연구는 각광을 받아왔다. 초기 분자 마커인 RFLP (restriction fragment length polymorphism) 으로부터 시작하여 현재 nextgeneration sequencing (NGS) technologies를 기반으로 하여 개발된 single nucleotide polymorphism(SNP)가 광범위하게 이용되고 있다.

NGS를 기반으로 하는 Genotype-by-sequencing (GBS)의 시스템은 차세대 시퀀싱 기술을 바탕으로 새롭게 개발, 발전하고 있는 획기적인 분석법으로 수백만 개의 SNP를 생산하고 그를 통해서 원하는 특정형질의 유전체에서의 위치와 유전자 분자 마커를 개발하여 마커를 이용한 육종 개체를 선발(marker-assisted selection; MAS)하는데 이용된다. 이러한 GBS마커 시스템을 통해서 유전자 지도를 만들어 우리가 원하는 특정 형질에 관여하는 유전자의 위치를 유전체내에서 정확하게 찾을 수가 있다.

전통육종에서 일반적으로 이용하는 표현형에 따른 개체선택은 원하는 특정 유전자가 선택 되었는지를 확인할 수 있는 방법이 없다. 하지만 분자 마커를 통한 최신의 육종기술은 특정 유전자 마커를 통해 원하는 유전자가 있는 식물 개체를 선택하여 육종에 이용할 수 있다. 분자육종에 있어서 MAS가 성공적으로 되기 위해서는 많은 수의 육종 개체들을 짧은 시간에 얼마나 경제적이고 효율적으로 마커를 이용하여 선별하냐에 달려있다.

최근에 플로리다대학교 딸기 육종팀이 발표한 내용에 의하면 4주간의 시간 동안 약 8만개의 어린 육묘를 분자 마커를 이용하여 병저항성, 개화, 과일향에 관련된 특정 유전자를 선별하여 최고의 품종을 만들기 위한 high-throughput MAS를 진행한다고 한다. 이 육종팀들은 아주 작은 잎에서 rapid DNA추출법을 이용해 DNA를 직접 추출해 가장 효율적으로 빠른 시간 내에 특정 SNP를 탐색할 수 있는 high-resolution meling (HRM) 마커를 이용해서 일련의 MAS과정을 진행한다.

---

237) 식량 및 원예작물의 육종 기술 현황 및 최신 연구 동향, BRIC View, 2018

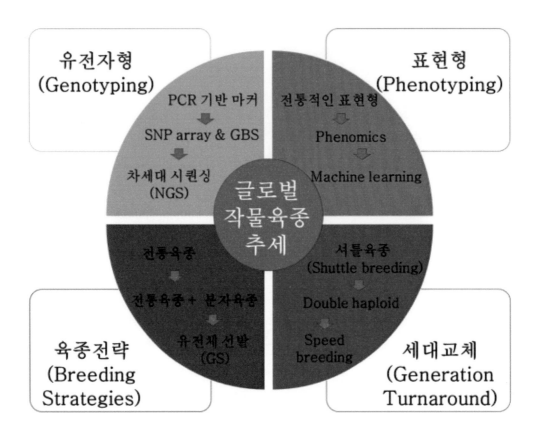

[그림 286] 작물육종의 새로운 육종기술의 변화 과정 및 현재 전세계적인 추세

2) 신육종기술[238]

경제협력개발기구(Organization for Economic Cooperation and Development, OECD)가 운영하는 위원회 분과인 생명공학규제조화작업반회의(Working Group on the Harmonization of Regulatory Oversight in Biotechnology)와 신규식품사료작업반회의(Task Force for the Safety of Novel Foods and Feeds)는 그간 상용화된 GM작물에 대한 안전성 논란을 회피하거나 완화할 수 있는 신기술 7가지를 선정하여 이를 신육종기술(NPBTs, New Plant Breeding Techniques)로 분류하였다.

OECD가 분류한 7개 기술은 ①Site Directed Nucleases(SDN), ②Oligonucleotide Directed Mutagenesis(ODM) ③Cisgenesis/Intragenesis, ④Reverse Breeding, ⑤RNA-dependent DNA Methylation(RdDM), ⑥Grafting on GM-rootstock 및 ⑦Agro-infiltration이다. 유럽연합(EU)은 OECD의 7개 기술에 ⑧Synthetic Genomics를 포함하여 8개 기술을 신기술로 분류하였다.

신육종기술은 최종적으로 개발된 식물에 외부에서 도입된 유전자가 존재하지 않지만 변형(또는 개선)된 특성을 갖는 새로운 품종을 확보할 수 있는 기술로 정의될 수 있다. 구체적으로 염색체상의 특정 위치의 유전자를 대상으로 그 유전자의 염기서열을 변형하여 기능을 변화시키거나(CRISPR-Cas9 및 TALENs 등의 SDN-1 형태의 유전자가위기술, ODM, RdDM 기술), 특정 위치에 목적하는 염기서열 또는 유전자를 도입하거나(TALENs, CRISPR-Cas 등의 SDN-2 형태의 유전자가위기술), 진화론적으로 근연종의 유전자를 변형하지 않고 도입하거나(Cisgenesis), 유전자조절부위를 메칠화하여 유전자 발현을 조절하거나(RdDM), GM대목에 non-GM 접순을 붙이는(Grafting) 등의 기술이다.

관행육종에 비해 신육종기술이 가지는 기술적 장점은 다양하다. ①작물의 기능을 정확하고 빠르게 향상시키고 품종개발 시간을 단축시켜 개발비용을 단축시키며, ②유전자의 무작위한 변이를 유도하는 것이 아니라 원하는 유전자만 변이가 가능하고 교배가 불가능했던 작물에도 활용이 가능하다. 또한 ③외부 유전자의 도입이 없는 기술의 경우에는 GMO 대체 기술로서 부각된다.

---

238) 차세대 농작물 신육종기술 개발사업, 한국과학기술기획평가원, 2018.12

기술명	특징
Site Directed Nucleases (SDN)	DNA를 nuclease 기능을 갖는 부분으로 구성되어진 단백질 복합체를 SDN 이라 하며 이 복합체를 코딩하는 유전자를 식물핵에 형질전환 또는 단백질복합체를 식물 핵내로 직접 도입
Cisgenesis (동종기원)	상호 교배가 가능한(crosscompatible) 종에서 유래된 유전자를 도입하는 기술로서 선발 마커/벡터 Backbone 제거되어 목표 유전자만 전달
Reverse Breeding (역육종)	RNA interference를 이용하여 유용 형질을 갖고 있는 선발된 heterozygous 개체의 meiotic recombination을 방해하여 목적형질을 갖고 있는 배우자를 선발하여 반수체 식물체로 만들고 순차적으로 상동이배체를 만드는 방법
Grafting on GM rootstock (접목)	GM 식물의 뿌리 및 줄기에 Non-GM 식물의 접목을 통하여 질병저항성 및 생산능력 향상 등의 GM 특성 부여
Oligonucleotide-directed Mutagenesis (ODM)	oligonucleotide를 세포에 주입하여 그와 상동위치 염색체 DNA와 hybridize를 통하여 mismatch된 결합 및 복구를 유도
RNA-dependent DNA Methylation (RdDM)	dsRNA가 short interfering RNAs(siRNAs)로 잘려지고 이 siRNA가 target gene의 프로모터 영역에 메틸화를 유도하여 발현 조절
Agroinfiltration	재조합된 유전자를 Agrobacterium을 매개로 이용하여 특정 조직에 직접 감염하여 단시간에 고농도의 유전자를 일시적으로 발현이 되도록 하는 기술
Synthetic Genomics (합성유전체학)	Genome 수준으로 유전자를 개조 및 조작하는 기술로 DNA 조각을 제작하여 염색체 수준으로 긴 단편을 만드는 기술이 포함됨. 이러한 합성 염색체를 제작하는 과정에서 필요 없는 유전자는 제거하고 필요한 유전자만 넣어 원하는 산물을 최대로 얻을 수 있도록 생물학적 과정을 조작하는 기술

[표 198] 신육종기술의 종류

가) SDN(Site Directed Nuclease)

SDN(Site Directed Nuclease)은 단백질 복합체이며 특정 DNA sequence를 인식하고 결합하는 기능의 단백질 부분과 인식된 DNA를 절단(site specific double strand break, DSB)하는 nuclease(예, Fok I 제한효소의 nuclease domain) 기능을 갖는 부분으로 구성되어 있다. 이 복합체를 코딩하는 유전자를 식물 핵에 형질전환하거나 단백질복합체를 식물 핵 내로 직접 도입할 경우, 발현된(또는 도입된) 단백질 복합체가 목표부위를 인식하여 DNA를 절단하고, 세포의 내재 복구 시스템에 의하여 염색체 연결이 진행된다.

SDN-1 type은 절단 위치에서 non-homologous end joining(NHEJ) 시스템에 의해 복구가 진행되는 과정에서 불특정 염기의 결실 또는 첨가되는 변이가 발생하게 되어 특정 유전자 발현이 변화된 식물을 만드는 것이다. 형질전환방법을 이용한 SDN기술은 형질전환체 후대 분리 세대의 유전자 분석을 통하여 SDN복합체 유전자가 존재하지 않고 의도한 돌연변이가 발생한 개체를 선별하여 이용한다.

SDN-2 type의 경우, SDN과 함께 target sequence(DSB 부분)에 한 개의 염기가 변형된 염기서열을 갖고 있는 재조합 DNA단편(repair template)을 인위적으로 제공하면 homologous recombination에 의하여 새로운(repair template) DNA가 도입된 식물체를 만들 수 있게 된다. 이 방법은 SDN-1과 달리 목적하는 정확한 위치에 단일염기의 변형을 추구할 수 있다.

SDN-3는 SDN에 의하여 발생한 DSB에 목적유전자(일반적으로 gene)를 도입할 때 이용하는 방법이다. 도입하고자 하는 유전자단편의 양 말단에 도입위치(DSB가 일어나는 위치)와 상동적인 DNA서열이 존재하는 repair template를 SDN과 함께 제공하면 내재하는 복구 시스템인 homologous recombination에 의하여 유전자가 도입되는 방법이다.

대표적인 SDN 시스템으로는 Zinc Finger Nucleases(ZFNs), Transcription-activator Like Effector Nucleases(TALENs), Mega Nucleases(MNs), CRISPR/Cas-9이 있다.

나) 유전자가위기술

유전자가위기술은 SDN 기술의 대표적인 시스템으로 특정 부위의 DNA를 제거/수정/삽입하는 것으로 우수한 형질을 식물에 도입하거나, 원치 않는 형질을 제거하는 등 기존 전통육종 방식의 한계를 극복하는 기술이다. 2000년대 중반 1세대 유전자가위인 ZFN(Zinc Finger Nuclease)이 개발된 이래 2세대 유전자가위 TALEN을 거쳐 가장 혁신적인 유정자교정 기술로 주목받고 있는 현재의 3세대 유전자가위인 CRISPR/Cas9에 이르기까지 매우 빠른 속도로 발전하고 있다.

ZFN, TALEN에서는 단백질 모듈들이 DNA를 인식하는 역할을 수행했던 것과는 달리 CRISPR/Cas9은 가이드 RNA가 DNA 서열을 인식한다. 가이드 RNA를 통해 표적 DNA에 결합하게 되면 Cas9 단백질이 가지고 있는 두 개의 DNA 절단 도메인이 활성화 되어 표적

DNA를 자르게 된다. 가이드 RNA는 ZFN, TALEN의 DNA 결합모듈 단백질에 비해 쉽고 효율적으로 제작이 가능하기 때문에 현존하는 유전자가위 중에서 가장 기술적 파급력이 커 생명공학 연구 및 산업분야 적용이 활발하다.

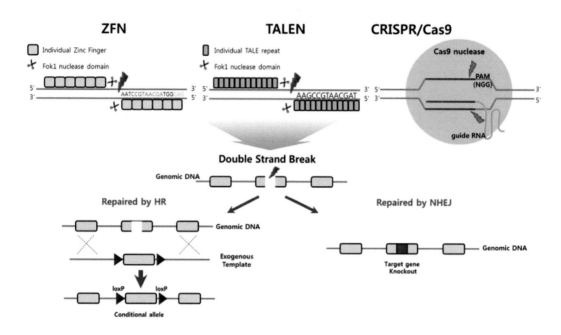

[그림 287] 유전자가위기술

세대	Endonuclease	특징
1세대 ZFN	Zinc Finger Nuclease	원하는 위치의 유전체 서열 교정을 가능함을 보여준 첫 유전자가위로서 의미가 크나 징크핑거 단백질을 인식할 수 있는 DNA 서열이 제한적임
2세대 TALEN	Transcription Activator-like Effector Nuclease	ZFN과 구조와 작동 방식이 유사하지만, 유전자가위의 크기가 매우 크다는 단점이 있음
3세대 CRISPR/Cas9	• CRISPR: Clustered regularly interspaced short palindromic repeats • Cas9: CRISPR associated 9 gene, endonuclease • RGEN: RNA guided endonuclease	RNA-단백질 복합체 구조로 구성되어 있으며, 쉽고 효율적으로 제작할 수 있어 기술적 파급력이 큼
3.5세대 CRISPR-Cpf1	Cpf1	포도상구균에서 발견한 endonuclease. Cpf1은 Cas9보다 훨씬(1/3) 작은 미니 효소이기 때문에 성숙한 세포 속으로 쉽게 들어갈 수 있는 장점이 있음

[표 199] 세대별 유전자가위 특징

다) 동종기원(Cisgenesis) 기술

동종기원(Cisgenesis)기술은 동종(種)내 재래종이나 야생종으로부터의 우수형질을 집적하는 기술로 빠른 시간 내에 특정 형질을 고정하기 위한 방법이다. Cisgenic 육종은 cDNA형태가 아닌 전체 유전자(promoter, exon, intron)를 형질전환하여 재분화시키면서 목표형질이 발현된 개체를 선발하되 유전자만 들어가고 나머지 형질전환벡터 또는 관련 부위는 전부 도태된다.

Intragenesis의 경우 유전자의 구성이 다른 종의 promoter(프로모터), coding(유전자)부위를 섞어서 in vitro(시험관내)에서 제작한 후 사용하여 GMO 논란 가능성이 있는 반면, 형질전환시 재조합 분리되는 특정 벡터를 사용하기 때문에 나중에 타겟 유전자만 옮겨져 최종 산물이 non-GMO가 되는 특징이 있다. 각 육종방법별 육성기간을 계산하면 전통육종의 경우 평균 최소 7년~8년, 그리고 GMO 육종의 경우는 형질전환기간을 포함하여 10년 이상 걸리지만, Cisgenic 육종은 형질전환기간을 포함하여 3년~4년이면 충분히 가능하다.

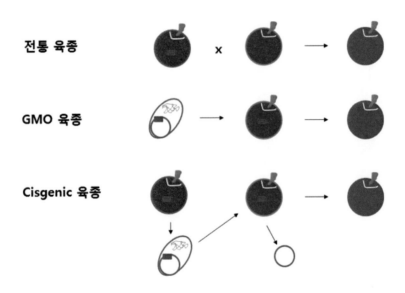

[그림 288] Cisgenic 육종과 다른 육종과의 차이점

전통 육종	빨간사과와 파란사과를 교배하여 특정유전자(보라색 사과를 만드는 유전자)가 발현되도록 하여 여교배 세대를 거치면서 보라색 사과를 선발
GMO 육종	특정유전자를 직접 파란사과에 주입하여 그 발현이 되는 보라색사과를 선발하는 경우. 형질전환 후 재분화하여 선발한 개체를 여교배를 통해서 GM계통을 만들어야 하니 오랜 기간이 소요
Cisgenic 육종	cDNA형태가 아닌 whole 유전자(promoter exon, intron)를 형질전환하여 재분화시키면서 보라색사과를 선발하되 유전자만 들어가고 나머지 형질전환벡터 또는 관련 부위는 전부 도태(selection-out)

[표 200] 전통 육종, GMO 육종, Cisgenic 육종 비교

라) 역육종(Reverse Breeding)

역육종(Reverse Breeding)은 RNA interference 기작을 이용하여 목적형질을 갖고 있는 배우자를 선발한 뒤, 반수체 식물체를 만들고 순차적으로 상동2배체를 만드는 기술이다. 생식세포가 분열할 때 염색체간, 유전자간 재조합을 한 후에 감수분열을 하여 딸세포를 만드는 과정에서 non-recombination, 즉 염색체간의 교차가 일어나지 않게 되면 감수분열 전의 염색체 구성과 배열 상태가 그대로 딸세포로 전해질 수 있으며 궁극적으로 약배양 등을 이용하여 DH(doubled haploid, 배가반수체) 개체들을 얻을 수 있다.

최종적으로 transgene이 없는 homozygote가 선발되면 자가수분 등을 통해 여러 세대 계속 유지될 수 있으며, 형질 전환을 통해 많은 개체가 만들어지면 개체 간 상호 교배를 통하여 더 다양한 유전자원을 만들 수 있다. GMO 기술을 이용하여 우수형질 개체를 확보할 수 있는 non-GMO 개발 기술로 보는 경우도 있으나, 이럴 경우 최종 산물이 GMO가 아니라는 것을 증명하기 위한 유전체 분석이 요구된다.

마) 접목(Grafting)

접목(Grafting)은 내병성 또는 성장초세 등 유용형질을 갖는 GM대목에 non-GM접수를 접목하여 육묘의 생육과 발달을 증진시키면서 최종 산물인 non-GMO를 확보하는 기술이다. 접목된 육묘는 생육이 강한 GM대목으로부터 무기질과 수분을 섭취하면서 잘 성장할 것이며, 결과적으로 수확되는 생산물은 non-GMO가 되는 것이다.

바) Agroinfiltration

Agroinfiltration은 재조합된 아그로박테리움을 매개로 이용하여 특정 조직에 감염하여 단시간에 고농도의 유전자를 일시적으로 발현이 되도록 하는 기술이다. 유전자의 일시적인 발현을 통해 유전자의 기능 또는 세포내 위치, 단백질-단백질 상호작용 등을 연구하거나, 단백질을 대량 생산하기 위해 최근 10년 전부터 식물 생물학 및 식물 생명공학 연구에서 널리 사용되는 기법이다.

기술적 장점은 속도와 편리성이기 때문에 식물 육종에서 특정 형질(내병성 유전자 등)을 가진 식물을 찾는데 주로 사용하고 있으며, 식물에서 재조합단백질 생산을 위한 분자농업에도 사용하고 있다.

사) ODM(Oligonucleotide-directed Mutagenesis)

ODM(Oligonucleotide-directed Mutagenesis)는 기존의 상동재조합을 활용하는 유전자치환에 해당하는 것으로 원하는 염기서열을 특정 부위에 도입시키는 기술이다. 식물세포로 작은 단편의 합성된 DNA 분자가 도입되어 진행되며, 식물체의 복구기작(repair mechanism)이 도입된 oligonucleotide를 template로 하여 존재하는 변이가 식물체의 게놈으로 전이된다.

이러한 과정을 통해 원하는 형태로 타겟 DNA 서열이 변화되며, oligonucleotide 자체는 게놈으로 삽입되지 않고, 작은 범위의 서열차이(1~5 bp/nucleotide)만을 가진다. ODM에 의한 돌연변이는 전통적인 돌연변이 유기방법(방사선 조사 등)과 유사하나, 원하지 않는 돌연변이를 생산할 필요가 없어 시간을 단축할 수 있다는 장점이 있다.

아) RdDM(RNA-dependent DNA Methylation)

RdDM(RNA-dependent DNA Methylation)은 목표 염기서열 속의 DNA cytosine 잔기를 메틸화하여 목표유전자의 발현을 억제 또는 촉진하는 기술이다. DNA의 염기서열 자체는 변화시키지 않으면서 DNA의 메틸화 상태 변화를 일으켜 일반적으로 후성유전학적 변화(epigenetic modification)라고 한다. 특정 식물 유전자의 발현을 억제하기 위해 식물의 RISC(RNA-induced silencing complex)시스템을 이용한다. Methylation은 안정적으로 유지되지 않고 세대가 진전됨에 따라 사라지는 경향이 있으며, 아직까지 이 기술을 활용한 상업화 사례는 없다.

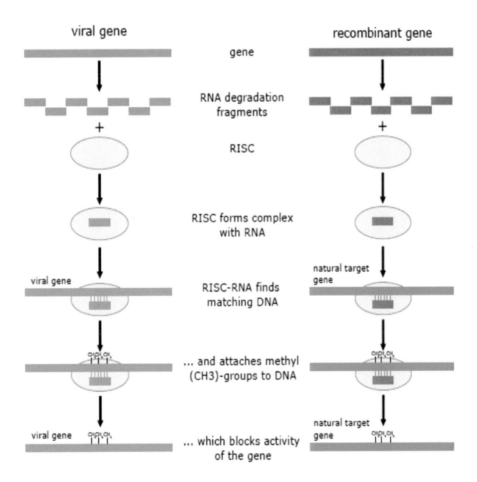

[그림 289] RdDM 메카니즘

자) 합성유전체학(Synthetic genomics)

합성유전체학(Synthetic genomics)은 합성 염색체를 제작하는 과정에서 필요 없는 유전자는 제거하고 필요한 유전자만 넣어 원하는 산물을 최대로 얻을 수 있도록 생물학적 과정을 조작하는 기술이다. Genome 수준으로 유전자를 개조 및 조작하는 기술로 DNA 조각을 제작하여 염색체 수준으로 긴 단편을 만드는 기술이 포함된다. 대장균, 효모에 관한 연구는 비교적 활발하기 진행되고 있는 반면, 식물에서는 아직 합성유전체학기술이 적용되고 있지 않다. 해외에서는 일부 C4 작물의 개발, 질소고정 작물 개발 등의 도전적 연구가 이루어지고 있으나, 최종 산물이 GMO이기 때문에 적용 작물이 제한적이다.

3) 원예작물 육종 기술[239)

가) 지놈 선택(Genomic selection; GS)

1980년대 초반에 발전한 분자 마커를 이용한 육종의 기술은 최근 대량 마커를 이용한 유전자형을 선발할 수 있는 시스템 즉 High-throughput genotyping (HTG), SNP 마커들을 이용하여 양적형질좌위(Quantitative trait loci: QTL) 연관 마커들을 조사함으로써 육종작물의 각각의 개체들을 직접 포장에서 재배하지 않고 그 특성을 분자 마커로 알아낼 수가 있다.

따라서 분자 마커를 이용한 MAS 육종은 어떤 특정형질이 적은 수의 유전자에 의해서 조절될 때 아주 효과적으로 이용될 수 있다. 하지만 많은 수의 유전자들이 복잡하게 서로 연관되어서 어떤 특정 형질, 즉 과실크기, 당도, 색깔, 생산량 등을 관여할 때는 일반적인 MAS는 사용이 불가능하다.

Genomic selection (GS)는 NGS를 기반으로 하는 새로운 genotype arrays의 발전으로 점점 더 각광받는 분야이다. 기존의 전통육종방법과 접목하여 MAS를 통한 분자육종으로도 이해할 수 없었던 많은 수의 유전자들과 그에 따른 형질들이 서로 복잡하게 얽매여 있더라도 수많은 마커들의 연관성을 조사하여 원하는 특정 개체선발을 가능하게 해준다.

최근 저렴한 가격의 high-throughput SNP array 칩들과 또한 NGS기술의 유효성은 많은 수의 집단이라 할지라도 통계학과 computational model로 수많은 마커들과 표현형의 연관성을 GS를 통해서 정확하게 예측할 수가 있다.

1975년에 비교해서 현재의 시퀀싱 기술은 300만배의 속도가 늘어났고 지난 10년동안 백만배의 가격이 낮추어 졌다. 따라서 현재 주요작물 약 25개의 식물들의 유전체가 완전해독이 되었고 점점 더 많은 수의 시퀀싱 데이터들이 나오고 있다.

콩이 처음으로 GS 기술이 적용되었고 그로인한 신품종은 생산량증진에 크게 기여하였고, 또한 병아리콩(chickpea)에서는 320개의 각 육종묘들이 Diversity array technology (DArTseq) 마커들을 이용하여 GS를 기술을 접목해서 품종개발을 하였다. 점차 GS를 위한 많은 통계학의 방법들이 효과적으로 개발되고 있고 그를 통해 우리는 각 육종 개체들이 어떠한 특정 형질을 가지고 있는지를 아니면 없는지를 점점 더 정확하게 예측이 가능해지고 있다.

---

239) 식량 및 원예작물의 육종 기술 현황 및 최신 연구 동향, BRIC View, 2018

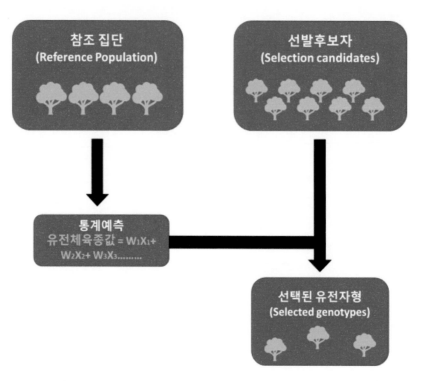

[그림 290] Genomic selection을 이용한 작물개량과 육종

나) Speed breeding

 인구의 증가와 자연환경의 변화는 전 세계 식량공급의 문제에 직면하고 있다. 따라서 작물의 신품종의 공급과 품종의 개량은 점점 더 그의 중요성이 증가하고 있다. 그래서 전 세계 각국은 농작물 및 원예작물의 품종개발에 있어서 그 경쟁성이 심화되고 있다.

 새로운 품종을 빠른 시간 내에 개발하기 위해선 우선 육종주기(breeding cycle)를 줄여야 한다. 보통 일 년에 1-2회의 세대교체가 정상인데, 최근 품종을 빠르게 만들기 위해서 연구자들은 일 년에 4-6 세대를 인위적으로 온실에서 만들어 육종실험을 하고 있다.

 특히 과수육종은 하나의 품종의 개발을 위해 최소 10년이 걸리는데 이 기간을 줄이기 위해서 여러 새로운 육종(Plant new breeding technology) 기술의 선택과 이용이 필수다. 이러한 일련의 과정을 Speed breeding이라 하고 연구 발전을 위해 정기적으로 International Rapid Cycle Crop Breeding (RCCB) 학회를 개최하고 있다.

 최근에 보고된 연구에 의하면 연구팀, University of Queensland's Jonn Innes Center와 University of Sydney의 연구팀들은 밀, 보리, 콩, 카놀라를 온도와 광주기를 자동으로 바꾸어서 실험할 수 있는 최첨단 온실에서 실험을 하였다. 식물들을 특수 제작된 LED 라이트로 22시간의 낮을 인공적으로 만들어서 인위적인 광합성을 하게 하여 기존 전통육종보다 육종의 사이클을 3-5배 늘려주었다.

 즉 하나의 품종을 5년에 만들 수 있는 것이 이 실험을 통해 짧게는 1년 안에 가능하게 된 것을 보여주었다. 이 연구는 세계적인 과학저널인 Nature에 실렸다.

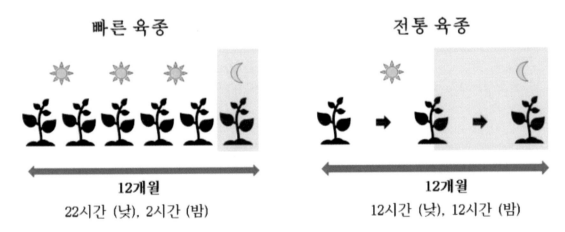

[그림 291] Speed breeding을 통한 육종 세대교체의 단축

다) 유전체 편집(Genome editing)

최근에 주목되고 있는 유전체편집 기술은 의학의 연구에 시작하여 식물 작물육종에 접목되고 있다. 일명 크리스퍼라 불리는데 CRISPR (clustered regularly interspaced short palindromic repeats)/Cas (CRISPR-associated) 시스템은 세균의 바이러스로부터의 방어기 작으로 연구되어서 그 원리를 작물육종에 적용하여 원하는 형질 및 작물의 특성을 유전자 보정 및 교정의 과정을 통해서 정확하게 바꿀 수 있는 기술로 인정되고 있는데, 정밀육종(precision breeding)이라고 불린다.

CRISPR 기술은 특히 유전체가 복잡한 작물이나 과수작물에 효율적으로 이용될 수 있다. 최근 미국에서 플로리다 오렌지의 녹화병(Greening disease)으로 인하여 많은 산업의 손실이 있었고 이 기술을 이용한 새로운 품종개발의 연구에 성공을 하였다.

전통육종에 비하여 유전제 편집을 이용한 육종은 작물의 품질향상과 유통기간을 늘릴것으로 기대가 되고 특히 색깔, 과일 형태, 당도, 향기 등 여러 원예작물의 특성을 향상 시키는데 있어서 전통육종을 통해서 하기 어려운 점들을 가능하게 해준다. CRISPR 기술을 육조에 접목하기 위해서 반드시 특정 유전자의 정보가 있어야 하고 원하는 작물의 유전체의 시퀀싱 정보가 있어야 한다.

CRISPR 기술이 최근에 새로운 육종방법으로 각광받는 이유 중 하나는 이 기술을 이용해서 원하는 유전자를 직접 교정할 수 있어서 형질이 여교잡 세대에서 오랫동안 함께 유전되는 현상(linkage drag)을 줄일 수 있다. Linkage drag는 원하는 특정 형질을 얻기 위해서 교배를 통해 특정 형질의 선택, 선발하는 과정에서 원하지 않은 다른 유전자들이 같이 붙어서 오는 현상을 말한다. 이러한 현상을 없애기 위해서 많은 수의 역교배를 해야 하는데 시간과 비용이 많이 든다.

CRISPR의 다른 큰 장점은 동시에 여러 개의 유전자를 교정할 수 있는데 이러한 HTP technique를 이용해 아주 빠르게 새로운 품종을 개발할 수 있다. 최근 미국 농무성에서는 CRISPR에 생산된 작물은 유전자 변형 작물이 아니다라는 공식 선언을 하였다. 하지만 최근 유럽에서는 geneediting에 의해 만들어진 작물을 GMO로 포함한다는 발표를 하였다.

4) 돌연변이 육종240)

식물의 육종기술에는 다른 품종(형질)의 부친과 모친을 교배하여 잡종 후대에서 유용한 변이체를 선발하는 교배(교잡)육종법, 방사선 등 인위적인 방법으로 식물체의 유전적인 변이를 유도하는 돌연변이육종법, 그리고 생명공학기법을 이용하여 다른 종(심지어 동물 또는 미생물도 포함)의 유전자를 뽑아 삽입하여 유용한 유전자변형작물(GMO: Genetically Modified Organism)을 만드는 유전자변형(형질전환) 육종기술로 대별할 수 있다.

돌연변이 육종은 돌연변이원 처리에 의한 무작위로 발생하는 자체의 유전자 변이를 이용하는 반면, 다른 두 가지 육종법은 다른 품종 또는 종의 유전자를 재조합하는 과정을 거친다는 측면에서 큰 차이점이 있다. 돌연변이 육종의 장점을 들자면, 돌연변이원 처리를 위한 변이유기 육종 재료로는 종자, 삽수체, 조직배양체, 꽃가루, 구근 및 전식물체 등을 처리할 수 있기 때문에 교배육종이 곤란한 식물종에도 적용이 가능하다. 그리고, 돌연변이체는 신규 유전자의 탐색 및 유전자의 기능을 밝히는 기능유전체 연구를 위한 중요한 유전자원 소재로 활용되고 있다. 또한, 돌연변이 품종은 70여년 이상 전세계적으로 안전하게 널리 활용되고 있기 때문에 교배육종과 같은 전통육종의 한 방법으로 간주되며, 품종 등록시에도 GMO와 달리 안전성 검사 등이 필요없다.

2019년 12월 18일을 기준으로 국립종자원의 품종보호권 등록 데이터베이스(http://www.seed.go.kr)에 의하면, 돌연변이 육종기술로 개발된 품종 중에 품종보호권이 등록된 건수는 26개 기관 및 업체(개인)에서 32개 식물종 180개(전체 등록 품종 7,879건의 약 2.3%)가 등록되어 있다.

Institution	No. of mutant variety
UriSeed Group Co.	46
Korea Atomic Energy Research Institute (KAERI)	39
Rural Development Administration (RDA)	26
Babo Orchid Nursery	9
Seoul National Univ.	6
Seoul Women Univ.	5
Gyeoungnam Province	5
Cheonnam National Univ.	5
Seedpia Co.	5

[표 201] 품종 보호권 등록 건수 현황

---

240) 한국 돌연변이육종 연구의 역사와 주요 성과 및 전망, 강시용, Korean J. Breed. Sci. Special Issue:49-57(2020. 4)

Institution	No. of mutant variety
Agricultural Union of Orchid Research	4
Chonbuk National Univ.	4
Chungnam Province	3
Hojawon (SJ Kang)	3
PJ Kuig & SN BV	2
Chungbuk Province	2
Cheonbuk Province	2
Cheonnam Province	2
Bio-breeding Research Institute	2
Hyeondae Seed Co.	2
Honam Univ.	2
Chuncheon City	1
Sunkyu Choi	1
JNH Japan Iron C	1
Takamatsu Tomooki	1
Korea Univ	1
Kangwon National Univ.	1

[표 202] 품종 보호권 등록 건수 현황

또한, 국립 산림품종관리센터나 국립수산과학원 소관인 산림자원이나 해조류 자원은 제외한 것으로 실제로는 더 많은 돌연변이 품종이 등록되어 실용화되고 있다고 볼 수 있다. 종묘업체 중에는 우리시드그룹(박공영 대표)가 46건으로 압도적으로 많고, 바보난농원(강경원 대표) 9건 및 시드피아(조유현 대표) 5건 등이다. 대학에서는 서울대 6건, 서울여대 5건 및 전남대 5건 이었고, 지자체 중에는 경상남도가 5건으로 가장 많았다.

품종을 출원 등록한 품종보호권자 기준으로는 민간 종묘업체(개인 및 외국업체 포함)가 76건 (42.2%)으로 가장 많고, 한국원자력연구원 39건(21.7%), 농촌진흥청 26건(14.4%), 대학교 24 건(13.3%), 도농업 기술원 등 지자체가 15건(8.3%)을 차지하고 있다.

Sector	No. of mutant variety
Private company and breeder	76
KAERI	39
RDA	26
University	24
Local government	15

[표 203] 품종보호권자 기준 품종 보호권 등록 건수 현황

작목별 품종수는 벼가 38건으로 가장 많고, 코레오시스(Coreopsis)가 35건, 국화 17건, 심비디움(춘란 포함)이 10건, 가우라와 장미가 각각 8건 순이었다. 전체 32개 품목중에서 화훼류가 108건으로 60%을 점하였으며, 식량작물이 44건(24.4%), 채소류 8건(4.4%)과 유료작물 8건(4.4%), 특용 6건(3.3%), 과수 4건(2.2%) 및 약용 2건(1.1%)순 이었다.

Plant scientific name	No. of mutant variety
Oryza sativa L	38
Coreopsis spp.	35
Chrysanthemum spp.	17
Cymbidium spp.	10
Gaura lindheimeri	8
Rosa spp.	8
Hibiscus cyriacus L	7
Euphorbia pulcherrima Wild. ex Klot.	6
Hosta spp.	5
Dendrobium Sw.	4
Brassica napus L.	4
Perilla frutescens Britt. var.	3
Glycine max (L.)	3
Crassula ovata (Mill.) Druce	3
Hibiscus cannabinus	3
Nertera granadensis	2
Platycodon grandiflorum	2

[표 204] 작목별 품종 보호권 등록 건수 현황

Plant scientific name	No. of mutant variety
Allium sativum L.	2
Brassica rapa × Raphanus	2
Brasssica rapa subsp. pekinensis (Lour.) Hanelt	2
Hordeum vulgare L.	2
Citrullus vulgaris Schrad.	2
Ornithogalum spp.	2
Aster yomena	2
Lycium chinense Miller.	1
Avena sativa L.	1
Sesamum indicum	1
Brachyscome spp.	1
Morus spp.	1
Euphorbia hypericifolia	1
Neofinetia falcata Hu.	1
Rubus fruticosus	1

[표 205] 작목별 품종 보호권 등록 건수 현황

돌연변이원별로는 방사선이 144건(80.0%)이고, 화학 변이원이 36건(20.0%)이었다. 방사선원별로는 엑스선과 양성자빔 각 2건씩을 제외하고는 전부 감마선을 이용한 것이었다. 화학변이제는 MNU (N-Methyl-N-nitrosourea) 처리가 17건으로 가장 많고, 콜히친 4건, EMS (Ethyl-methanesulfonate) 3건 및 NaN3 (3건) 이용이 있었으며, 일부는 불명확한 것도 있었다.

Mutagen	No. of mutant variety
Gamma ray	140
Ion beamn	2
X-ray	2
MNU	17
colchicine	4
EMS	3

[표 206] 돌연변이원별 품종 보호권 등록 건수 현황

Mutagen	No. of mutant variety
MMS	3
NaN3	3
dES	1
unidentified	5

[표 207] 돌연변이원별 품종 보호권 등록 건수 현황

품종보호권 등록제도가 실시된 2000년대 들어 품종 등록건수의 시대별 추이를 보면 2010년 이후에 급속도록 증가하는 추세를 볼 수 있다.

Category of 5 years	No. of mutant variety
2000~2005	20
2006~2010	22
2011~2015	80
2016~2019	58

[표 208] 년도별 품종 보호권 등록 건수 현황

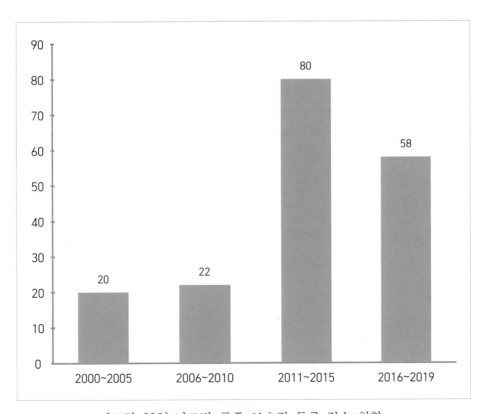

[그림 292] 년도별 품종 보호권 등록 건수 현황

돌연변이 품종의 개발 및 실용화 사례를 살펴보면, 한국원자력연구원은 1990년대 이후 기존 품종을 개량하여 수량성과 내도복성이 개량된 '원청벼', '원평벼' 등 10여종의 일반벼 품종을 개발하여 등록하고 농가에 보급하였다. 또한, 남해안 지역에서 녹미로 이용되던 재래종 생동찰벼의 출수기를 앞당기고 키를 작게하여 전국에서 안전하게 재배하도록 '녹원찰벼'를 개발하였다. 이 품종은 클로로필 및 카로티노이드 등 색소 함량이 높고 녹색 찰현미로 이용이 가능하여 개발후 20년 이상 꾸준히 농가에서 재배되어 지역 특산브랜드미로 생산 판매되고 있다.

동안벼배(씨눈)를 떼어내어 배양한 캘루스에 감마선 조사와 5 MT(5-methyl tryptopan) 저항성 세포를 선발하여 양성한 변이체 집단에서 아미노산이나 토코페롤 등의 함량이 높은 '골드아미 1호', '토코홍미' 등이 최근에 품종 등록되어 주목을 받고 있다.

농촌진흥청 벼 육종연구진은 일품벼의 수정배에 MNU를 처리하여 697개체의 돌연변이체를 얻고, 그 후대에서 '백진주'(반찰), '고아미벼2호'(고 아밀로스-고 식이섬유), '설갱'(뽀얀 멥쌀, 양조용) 및 '큰눈'(거대배아미), 찰(수원428호)등 다양한 특수미 품종들을 육성하였다. 일품벼 유래의 돌연변이 한 집단 내에서 내도복성과 초형 등 원품종의 우수한 특성을 그대로 간직하면서 쌀의 구성 성분만 변화시켜 특수미를 만든 것으로 돌연변이육종 기술의 장점을 최대한 살린 대표적인 성공사례라 할 수 있다.

서울대에서도 화청벼에 MNU를 처리하여 기능성물질 감마아미노낙산(GABA: γ-amino butric acid)의 함량이 높은 거대배아미 '서농6호'를 개발하여 실용화하였다. 최근에는 민간업체인 시드피아(주)에서도 밥맛이 좋은 '콜든퀸 -2호'와 '-3호'를 돌연변이육종 기술로 개발하여 실용화하였다.

2000년대 들어 국내 돌연변이 육종 연구에서 큰 변화는 화훼류 품종 개발에 많은 성과가 있었다는 것이다. 특히, 종묘업체 및 민간 육종가들도 돌연변이 육종 성과로 많은 품종 개발과 상업화를 달성하고 있다.

몇가지 사례를 보면, 난의 경우 바보난농원에서 감마선조사와 조직배양 기술을 이용하여 '동이', '은설', '로얄골드', '로얄프레젠트', '상작' 등 식물체는 소형이면서 잎무늬 위주의 돌연변이품종을 개발하여 농가재배 및 상품화가 이루어졌는데, 선물용으로도 인기가 높다. 우리시드그룹(우리꽃연구소)에서는 가우라 및 코레오시스속 식물을 중심으로 많은 돌연변이 품종을 개발하였고, 호자원에서는 염자를 대상으로 관상가치가 높은 컬러 잎을 나타내는 신품종을 개발하였다. 이들 업체에서 개발된 품종은 국내 상품화 뿐만 아니라 일부는 외국에 로열티를 받고 수출이 되고 있는데, 이들은 비주류인 품목을 선택하여 세계적인 경쟁력을 갖는 우수한 품종을 육종하여 상품화한 대표적인 성공사례라 할 수 있다.

이 이외에도 화훼류에서는 한국원자력연구원과 경남 및 충남 도농업기술원에서는 감마선을 조사하여 다양한 화색의 국화 돌연변이신품종을 개발하였고, 전남대와 호남대에서는 장미 품종을 개발하였다. 포인센티아의 경우, 농촌진흥청 연구진이 포엽 색깔이 기존의 붉은색에서 보라색과 분홍색을 나타내는 돌연변이 품종을 감마선조사로 개발하여 품종등록과 기술이전을 실시하였다.

이외에도 한국원자력연구원에서는 감마선 조사로 무궁화 신품종을 다수 개발하였는데, 그 중에 '꼬마' 품종은 키가 작은 왜성 품종으로 분재용 및 화분 재배가 가능하여 많은 주목을 받았다.

식량작물 및 화훼류 이외에도 최근에는 외국에서 신도입된 작물, 특약용 작물, 채소류 및 과수류 분야에서도 돌연변이육종 기술을 활용한 연구가 적극적으로 이루어져 성과를 내고 있다. 한국원자력연구원에서는 친환경 산업소재용 섬유식물인 케나프(Kenaf, 양마)를 도입하여 방사선육종기술을 이용하여 국내 기후환경에서도 생장성이 뛰어나고 종자 채취가 가능한 신품종 '장대'를 개발하여 국내 최초로 품종 등록을 하고 민간업체에 품종실시권을 이전하였다.

최근 케나프는 사료용 및 바이오연료용 펠렛 생산을 위한 대규모 국내 재배가 추진되고 있다. 과수 분야에서는 민간업체와 협력으로 감마선조사와 조직 배양 기술을 이용하여 블랙베리(Blackberry) 신품종을 개발하였고, 정읍 지역의 특산 산업화가 추진되었다. 재래종 차조기를 감마선을 이용하여 개량한 신품종 "안티스페릴"의 경우, 천연물연구팀과의 공동연구를 통하여 항염증 효능 물질인 이소에고마케톤(IK) 함량이 원품종 보다 10배 이상 증가한 것을 확인하였다.

이 IK의 효율적 성분 추출 방법을 개발하고, 추출물을 활용한 동물실험과 인체적용 실험을 통하여 관절염 개선 효과가 뛰어나다는 것을 밝혀 특허를 출원 등록하였으며, 안티스페릴의 품종실시권과 관절염개선 추출물 관련 기술이 산업체에 이전되어 건강기능성 식의약 소재로 상품화가 추진되고 있다. 이는 육종가와 천연물연구자의 협력에 의해 돌연변이 육종 기술로 특정 기능성물질의 함량을 크게 증진한 자원을 육종할 수 있고, 고부가가치 식의약소재로도 산업화할 수 있다는 것을 보여준 성공사례라고 할 수 있다.

국내의 돌연변이 육종연구는 교배육종 및 생명공학의 발전으로 한동안 소외되어 왔으나, 그 동안 국내외의 꾸준한 품종개발 성과와 돌연변이가 유전자원 확대에 유용하다는 것이 밝혀지면서 최근 관련 연구도 증가하는 추세이다. 그리고 방사선 돌연변이 육성 품종은 안전하다는 것이 이미 검증되어 소비자들의 오해도 해소된 상태이기 때문에 현재 환경·식품적인 위해성 논란으로 막대한 연구비와 기간을 소요하여 개발해 놓고도 이용이 제한되고 있는 GMO와의 차별성도 갖추고 있다. 따라서 앞으로 돌연변이 기술은 국내 식물 품종개발 뿐만 아니라 post-genome 시대의 기능유전체 연구발전에도 크게 기여할 것이다.

5) 디지털육종 기술[241]

전통육종과 분자육종의 단점을 보완하고 농생명빅데이터를 육종에 적용하기 위하여 2010 년 이후부터 예측육종법(predictive breeding)이 널리 연구되고 적용이 되고 있다 (그림 30). 이는 육종가의 경험과 지식을 학습집단(training population)을 통하여 기계학습법 (machine learning)을 통하여 학습시킨 후 모델을 작성하고 실제 육종집단에 적용하여 선발을 하는 방법으로서 많은 시행착오를 거치고 있지만 차세대육종법으로 자리를 잡고 있음은 명확한 사실이다. 그러나 전통육종법과 분자육종법은 종자산업 전반에 널리 이용이 되고 있 지만 예측육종법은 아직 시작 단계에 있으며 산업적인 이용사례는 매우 드물다.

이와 같이 식물의 육종은 유전학 및 유전체학의 발전과 더불어 비약적인 성장을 해왔으며 세계적 식량안보에 많은 부분을 이바지했다. 현재의 식물육종 기술은 과거에 비하여 매우 발달한 상태이므로 식물육종시에 최신의 육종법을 도입하기보다는 육종의 목적에 맞는 방법을 선택하여 목표형질을 도입하는 것이 가장 효율적이라고 할 수 있다.

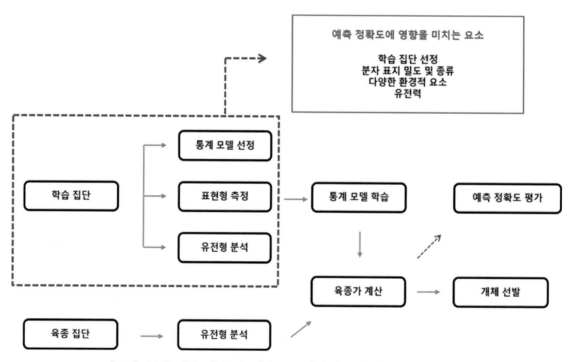

[그림 293] 예측 육종의 기술 중 하나인 유전체 기반 선발법

디지털은 현재 우리나라 과학 및 산업 전반에 중요한 키워드로 자리 잡고 있지만 디지털이라는 용어는 역사가 오래된 것임을 독자들은 잘 알고 있을 것이다. 사전적인 의미의 디지털은 '물질, 시스템 등의 상태를 이산적인(이진법을 이용한) 숫자 또는 문자 등의 신호로 표현하는 일'을 뜻한다. 식물 육종에서의 디지털이라는 용어는 확실하게 정립이 되어 있지는 않은 개념이며 이를 연구하는 학자들에게는 오히려 더 모호한 개념일 수 있다. 표준화된 대량의 정보를 얼마나 사용하느냐에 따라 디지털 육종 기술의 단계를 자동차공학에 적용되는 자율주행기술

---

241) 식물 디지털 육종 기술의 발전과 미래의 종자산업 / BIO ECONOMY BRIEF 170호

단계별 분류와 같이 나누어서 정리를 하고자 한다 (그림 31 참조).

단계	기술정의	육종통계모델	육종법	자율주행 기술정의 (SAE, 미국자동차공학회, 2016)
0	디지털기술 적용 없음	없음	전통육종	운전자 항시운행
				비자동화
1	분자표지 개발을 위한 분자수준의 데이터 이용	QTL (composite interval model)	분자육종	시스템이 차간거리 조향등 보조
				육종가(운전자) 적극 개입
2	분자표지 개발을 위한 빅데이터 이용	GWAS (GLM, MLM, FarmCPU, etc.)	분자육종	특정 조건에서 시스템이 보조 주행
				부분 자동화
3	양적형질에 대한 유전체기반 육종가 예측	GS (BLUP, LASSO, Bayesian, Machine learning, etc.)	예측육종	특정 조건에서 자율주행, 위험시 운전자 개입
				조건부 자동화
4	환경요소를 고려한 표현형의 예측	Phenotype prediction (ML, DL)	예측육종	운전자 개입 불필요
				고도 자동화
5	인공지능을 활용한 식물 육종의 완전 자동화	Automated breeding design of all processes (DL)	인공지능육종	운전자 불필요
				완전 자동화

[그림 294] 디지털 육종의 단계별 기술 정의 및 자율주행 기술 단계별 분류와의 비교

디지털 육종이라는 용어는 한가지 기술로 정의될 수 없기 때문에 기술 수준과 육종가의 개입 정도에 따라 총 6단계로 분류가 가능하다. 먼저 전통육종법은 육종가가 전 과정에 개입을 해야하며 표현형의 평가를 육종가에게 전적으로 의존하기 때문에 디지털 육종과는 명확히 구분이 가능하다. 다만 최근 활발한 연구가 진행되고 있는 빅데이터 기반의 예측육종법 만이 아닌 분자육종도 낮은 수준의 디지털 육종으로 분류를 하고자 한다. 이는 최근에 발전한 대용량 염기서열 분석법에 따른 빅데이터를 활용한 분자표지의 대량 생산 및 개발이 가능하기 때문이다. 높은 수준의 디지털 육종으로는 유전체기반선발법(genomic selection)을 활용한 예측육종 부분이다. 예측육종에는 육종가의 개입은 있지만 표현형의 판단과 예측 부분이 통계모델에 기반한 기계학습에 의하여 수행되는 경우(단계 3, 조건부 자동화)가 그 시작점이라고 할 수 있으며 현재 식물 육종의 기술 수준은 단계 3의 도입 시기라고 정의할 수 있다. 현재의 단계 3 기술이 성숙기로 발전하기 위해서는 목표 형질에 맞는 다양한 학습집단의 구축과 통계 모델의 개선 등이 선행이 되어야 할 것이다. 3단계 기술이 정착이 된다면 식물의 형질을 결정하는 중요한 인자인 환경요소를 고려한 디지털 육종이 기계학습과 딥러닝 기법으로 연구가 되어야 할 것이다(단계 4, 고도 자동화). 결국 이 모든 과정은 식물의 생육에 필요한 조건들과 유전력에 기초한 모든 자료들이 목록화 되고 육종가의 개입이 없이 완전자동화 되는 5단계로 진화가 되어 모든 기술이 완성단계에 이르게 될 것이다.

<디지털화된 식물 육종이 종자산업에 미치는 효과>
이전 섹션에서 서술했듯이 현재 디지털 육종은 3단계(조건부 자동화) 기술 수준은 도입단계에 있다. 따라서 높은 수준의 디지털 육종법으로 만들어진 품종은 아직 없는 것으로 확인되지만 일부 글로벌 기업에서는 실제 품종의 개발까지 완료된 경우가 있는 것으로 판단이 된다. 그러나 아직 종자시장에 출시된 경우는 없는 것으로 조사가 되고 있지만, 만약 높은 수준의 디지털 육종이 상업화되고 주도적으로 시장을 이끌어 갈 경우에는 정의된 집단이 필요하

게 되며 기존의 분자육종보다 더 다양한 유전자원의 확보가 유전집단과 육종집단으로 활용되어 그 성패를 결정할 것이기 때문에 국가 주도의 연구개발이 선행되어야 일반 기업의 기술 수준을 같이 상승시킬 수 있는 낙수효과가 나타날 것으로 생각이 된다. 글로벌 기업의 경우는 충분한 유전자원과 연구인력을 보유하고 있지만 현재 국내 종자산업은 매우 미미한 수준이 며 식량작물의 경우 정부 중심의 육종 연구가 수행이 되고 있기 때문에 국내시장은 전무한 수준에 가깝다. 하지만 디지털 육종의 도입과 적용을 통하여 국내 종자산업 생태계가 바뀌는 순간을 맞이할 가능성은 현재 기술을 어떻게 연구하고 발전시킬지의 장기적인 계획을 수립하 여 체계적으로 이행하는 것을 통해서 가능할 것으로 판단된다. 특히 예측육종법의 기술을 농 업 생산 전반에 적용하여 농업 생산, 유통 및 판매에 이르는 디지털 벨류체인의 구축도 가능 해 지기 때문에 종자산업 뿐만 아니라 전체 농업 시장에 미치는 영향도 매우 클 것으로 생각된다.

'Seeds Market-Global Forcast to 2025' 보고서는 세계 종자시장 규모가 현재 약 600억 달 러 수준에서 2025년에는 860억 달러로 확대될 것으로 전망하고 있다. 생물학과 정보학의 융복합 기술을 활용한 첨단 디지털 육종 기술은 기존 육종 기술의 한계를 극복하고 글로벌 종자 산업의 혁신과 미래형 산업으로 발전될 것이다. 그러나 융복합 기술을 활용하는 예측육종 기술은 아직 산업에 적용되기는 부족한 부분이 많은 것이 사실이다. 국제 경쟁력을 갖춘 K-종자산업의 발전을 위해서는 장기적인 안목의 육종 연구 프로그램이 필요한 시점이지만 국내 종자관련 국가 과제는 그 규모가 축소되거나 폐지되고 있는 것이 현실이다. 디지털 육종의 산업화를 위해서는 종자산업의 특성을 고려한 장기적인 계획과 함께 단계별로 목표를 달성할 수 있는 국가주도의 사업이 필요하며 이와 함께 민간기업의 생태계를 늘리기 위한 다양한 시도가 요구된다.

6) 국내 동향
가) 강점과 약점[242]

국내 작물육종의 현주소를 SWOT 분석을 통해 살펴보면, 가장 특징적인 것은 세계시장 경쟁은 치열해지고 있으며, 우리나라의 경우 인적 잠재력은 있지만 세계 종자시장 경쟁에 뛰어들 만한 민간기업이 턱없이 부족하고, 산업 발전을 위한 국가적 지원 체계가 미흡하다는 점이다.

	집중요소	보완요소
	강점(Strength)	약점(Weakness)
내부 역량	• 세계적인 전통육종 기술력 보유 • 풍부한 유전자원 및 효율적 관리체계 • 정부의 종자산업 및 농생명산업 R/D 투자 의지 (종자산업진흥센터, 차세대 BG21, GSP) • 종자산업법(품종보호권) 강화 • 국제경쟁력 있는 채소종자기업 보유	• 식량 및 주요작물 세계시장 경쟁력 낮음 • 첨단육종 기반취약 및 사회적 수용성 미흡 • 종자산업 및 농생명산업 기업 규모 영세성 및 품종침해 사례 다발 • 단기 성과 위주의 종자산업 R/D 투자 관리 • 육종 전문인력 양성 미흡
	기회(Opportunity)	위협(Threat)
외부 환경	• UPOV 체제하의 식물품종보호 강화 • FTA/WTO로 자유무역환경 조성 • 타 산업 대비 높은 종자산업 및 식물 분자육종 관련 산업 성장률 • 국가별/지역별 다양한 신품종 요구도 증가	• 선진국과 다국적기업의 첨단화된 분자육종 기술 발전 및 R/D 투자 확대 • 다국적 기업의 세계 종자시장 점유율 상승 • 다국적 기업의 첨단육종 기술 및 소재독점 심화 • 주요 농업국의 종자 산업보호 장벽 강화

[표 209] 우리나라 작물육종에 대한 SWOT 분석

---

242) 우리나라 작물육종 성과와 발전 방안, 고희종, Korean J. Breed. Sci. Special Issue:1-7(2020. 4)

SWOT 분석을 토대로 국내 육종의 발전방향을 모색해보면, 전문인력 양성과 제도 정비, 중견 민간기업 육성, 과감하고 장기적인 연구개발 투자 등이 과제로 요약될 수 있다.

SO전략(우선수행과제)	WO전략(우선보완과제)
• 기존 품종들의 결점을 분자육종 기술로 보완하여 국제 경쟁력 보유 • 스타품종 개발 • 종자산업을 수출주도형 산업으로 집중 육성 • 종자산업 기반기술 발전을 위한 R/D 강화	• 농산물 및 종자 국제경쟁력 향상과 수출을 위한 종자기업의 규모화 • 시장규모가 큰 식량 및 사료작물 육종에 민간 참여 확대 • 품종보호법률 강화하여 시장질서 확립
ST전략(위협해결과제)	WT전략(장기보완과제)
• 세계적인 첨단육종 연구진 및 수출 대상국과 국제 공동 연구개발 추진 • 주요 작물 첨단 육종 경쟁력 강화 R/D 투자 확대 • 다국적 기업을 인수하거나 또는 틈새 시장 확보	• 장기적 식물분자육종 연구개발 투자와 인프라 구축 및 인력 양성 • 국제 경쟁력 취약 작물의 육종 R/D 집중투자 • 첨단육종기술의 수용과 종자산업 기반기술 확보를 위한 장기적 R/D 투자

[표 210] SWOT 분석에 따른 우리나라 육종의 발전 방향

나) 기술수준[243]

우리나라의 벼와 김장채소를 비롯한 몇 작물의 전통육종기술은 세계수준으로 인정받고 있다. 그러나 첨단 생명공학기술을 기반으로 하는 분자육종 기술 수준은 상당히 미흡한 수준이다.

중요도: 1~5 (최고점)
기술수준: 1~5 (세계최고수준)

분자육종기술	중요도	국내 기술수준
분자육종 연구분야	**4.56**	**3.35**
고효율 분자표지 활용에 의한 품종개발	4.50	3.25
복합기능성, 복합재해저항성 동시 집적 기술	4.52	2.96
기능성 및 고품질 조절인자 활용 품종개발	4.34	2.87
분자표지 연구분야	**4.37**	**3.33**
고효율 분자표지 활용체계 구축	4.19	3.19
유전체 정보를 이용한 주요 형질의 선발 기술	4.37	3.04
빅데이터 활용 분자표지 개발 기술	4.07	2.76
유전자 기능 연구분야	**4.49**	**3.48**
생산성 및 기능성 유용 유전자 분리 및 기능검정	4.44	3.43
환경재해 내성 관여 유전자 분리 및 기능검정	4.53	3.26
내병성 관여 유전자 분리 및 기능검정	4.47	3.42
미래육종기술 연구분야	**4.47**	**3.13**
유전자 교정기술	4.29	3.11
후성유전학을 통한 변이 개발기술	3.83	2.55
유전자 재조합 및 반수체 메카니즘 규명	3.86	2.56

[표 211] 분자육종 기술의 중요도 및 우리나라 기술 수준

---

243) 우리나라 작물육종 성과와 발전 방안, 고희종, Korean J. Breed. Sci. Special Issue:1-7(2020. 4)

바. 종자산업 정책 동향
1) 중국

 중국 종자 산업은 매년 성장세를 이어가고 있다. 재배 원료 산업에서 종자가 차지하는 비중은 14% 이상을 유지하고 있으며, 2025년에는 732억 위안까지 지속적인 성장이 예상되는 산업이다. 또한 농작물, 경제작물, 채소작물, 주요과일 재배면적에서 자체육성종자 활용 비중이 대부분을 차지하고 있어 중국 내 산업기반이 양호하다고 볼 수 있다.

 이런 국내외 상황에서 중국 정부는 종자 시장과 산업의 전략적 중요성을 감안해 각종 정책을 통해 집중적인 육성지원을 시행하고 있다. 2020년 이후부터 현재까지 각 부처에서는 정책발표를 통해 종자자원의 국가안보적 중요성 강조, 종자자원의 보호 및 활용을 언급하고 있고 농업의 현대화와 더불어 우량품종 바이오 육종 산업화, 기술연구발전, 산업시스템 구축 등을 통해 글로벌 경쟁력 강화확대를 도모하고 있다. 2020년 12월 중앙경제공작회의에서는, 8개 중점과제에 '종자 및 경작지 문제 해결'이 포함되었고 2021년 7월 개혁위원회에서는 제14차 5개년 계획기간 중 종자산업 육성과 종자자원안보를 국가안보의 전략적 수준으로 격상해야 함을 제안한 바 있다.

 종자산업 발전 확대 차원에서 중국은 현재 종자기업의 '종자 육성·번식·보급 일체화'를 지향하는 가운데, 관련 기업은 자체 연구기관 및 실험플랫폼의 정비와 개선을 바탕으로 독자적 혁신능력을 지속적으로 향상시켜야 하는 과제를 갖고 있다. 중국의 기업 육성 방향으로는 기업들이 우량 품종 육성, 번식, 보급 일체화, 생산, 가공, 판매의 산업화 주체로 발전해서 궁극적으로는 강한 육종 능력과 선진적인 생산가공기술, 마케팅 네트워크, 기술 서비스를 보유한 현대 농작물 종자산업 기업으로 자리매김하는데 있다.

 현지 종자산업에 대한 협력 추진 시 중국 정부의 종자 산업 육성 정책을 예의주시하여 M&A, 기술이전, 합작 등 방식을 통해 중국에 진출을 고려해야 할 필요가 있으며 신품종 R&D 투자와 기술 현지화 전략을 검토할 필요가 있다. 주요 농작물 종자를 중국에 수출하기 위해서는 반드시 중국 농업부에 심사를 신청해야 하는 점도 사전 참고해야 한다.

 아래와 같이 중국 종자산업 주요 정책 동향을 표로 정리해보았다.

정책/회의	일시	부문	주요 내용
중앙 전면 심화 개혁위원회 제20차 회의	2021년 7월	당중앙위원회	- 《종자산업진흥행동방안(种业振兴行动方案)》 통과 - 농업의 현대화, 종자 기반 발전, 국가 종자산업 육성 및 종자 자원 안보를 국가 안보 관련 전략적수준으로 제고해야 함을 제안
14차 5개년 계획	2021년 3월	국가발전개혁위원회	- 종자 자원의 보호 및 활용 강화, 종자은행 구축으로 종자 자원의 안전성을 확보해야 함을 지적 - 농업의 우량품종 기술 연구 강화, 바이오 육종 산업화 활용 순차적 추진, 국제 경쟁력 갖춘 우량 종자기업 육성 등 포함
중앙경제공작회의	2020년 12월	당중앙위원회	- 2021년 8개 중점과제 중 '종자 및 경작지 문제 해결'이 포함 - 종자 자원의 보호 및 활용 강화, 바이오 육종 산업화 활용 순차적 추진, 종자 자원 기술 연구 발전을 핵심 과제로 설정
전국종자산업 혁신추진회	2020년 12월	농업농촌부	- 14.5 기간 중 종자산업을 농업 과학기술 연구 및 농업·농촌 현대화의 중점 과제로 삼음. - 농업 종자 자원의 보호 및 활용 강화, 중국 종자산업의 독자적 혁신 역량 제고, 국가 현대 종자산업 기반 건설 촉진, 핵심 경쟁력 갖춘 산업 주체 육성, 종자산업 관리감독 역량 향상, 종자산업 시스템 자체 구축 강화 등
《농업종자자원보호 및 활용 강화에 관한 의견(关于加强农业种质资源保护与利用的意见)》	2020년 2월	국무원판공청	- 전국적으로 총괄, 분업, 협력하는 농업 종자 자원 감정평가체계 구축, 농업 종자 자원 은행 확대, 농업 종자 자원 등록 실시
《2020년 현대 종자산업 발전 추진 핵심(2020年推进现代种业发展工作要点)》	2020년 2월	농업농촌부	- 종자 자원 보호 강화를 명확히 제시 - 종자산업 기반 구축, 전면 조사 가속화
제19기 중앙위원회 제5차 전체회의	2020년 10월	당중앙위원회	- 14.5 계획에 농업과학기술 지원 강화, 식량 및 주요 농산물의 효율적 공급 보장, 농업 우량종화 수준 향상 등 중점 과제를 규정
《2020년 종자산업 시장 관리감독 방안(2020年种业市场监管工作方案)》	2020년 3월	농업농촌부	- 생산기지 규범화, 허가 등록 정보화 추진, 불법 유전자 변형종자 엄정 조사, 종자 품질 엄정 관리, 식물 신품종 권익 보호 강화, 가축 및 누에 품종 품질검사 실시
《2020 중앙 1호 문건 (2020中央一号文件)》	2020년 2월	당중앙위원회	- 대두 및 옥수수 사이짓기 신농업에 대한 지원 확충, 농업 바이오 기술 개발 강화, 종자산업의 독자적 혁신 사업 대대적 실시 - 국가 농업종자 자원보호 및 활용 사업 실시, 난판(南繁) 과학연구 육종기지 건설 추진
《2019 중앙 1호 문건 (2019中央一号文件)》	2019년 2월	당중앙위원회	- 농업 핵심기술 발전가속화, 혁신 발전 강화, 핵심 농업기술 연구활동 실시, 농업 전략과학기술 혁신인재 다수 양성, 바이오 종자산업 중형(重型) 농기계, 스마트농업, 녹색 자재 등 영역에서 독자적 혁신 추진 - 벼, 밀, 옥수수, 대두, 가축 우량품종에 대한 공동연구 지속 시행, 고품질 초종(草种) 선정 및 보급 가속화

[자료: 중상정보망(中商情报网), 소후망(搜狐网)]

[그림 295] 중국 종자산업 주요 정책 동향

2) 일본
가) 신품종 개발자 보호정책

일본 정부는 종자의 무단 국외유출을 방지하기 위해 종묘법을 개정한 바 있으며 일부 지자체는 지재권 관련 정보제공, 종자 특허 취득 지원 등 종자 개발자의 권리보호에 주력하고 있다.

일본의 신품종 보호는 1978년 도입된 품종 등록제에 따라 이루어져왔고, 1982년 식물 신품종 보호 국제연맹에 가입하면서 국제수준의 종자 개발자 보호조치가 마련되었다. 또한 농림수산성은 종자 개발자 권리침해에 관한 상담창구 개설, 홈페이지에 개발자 권리에 대한 정보 제공, 관련 팸플릿 배포 및 설명회 개최 등을 통해 농업 종사자, 유통업자 등을 계도해 왔다.

그러나 많은 신품종 개발자들이 실질적인 권리침해를 입어도 권리회복을 위한 적절한 대응조치를 취하지 못해 신품종 개발자의 권리가 제대로 보호받지 못하고 있다는 지적이 일본 내에서 제기되어 왔다.

이에, 일본 정부는 신품종 개발자의 권리 보호를 위한 종묘법 개정안을 통해 개발자의 허락 없이 종자를 생산, 판매, 수출입할 경우 3년 이하 징역 또는 300만 엔 이하 벌금을 부과토록 되어 있는 과거 조항을 종자로 생산된 농산물까지 규제대상에 포함시키는 등 확대 적용했다. 또한 법인이 종자 개발자의 권리를 침해할 경우에는 벌금을 최대 1억 엔으로 상향 조정했다.

또한 신품종 개발자의 권리 침해 구제를 위해 무단으로 해외 유출된 종자로 생산한 농산물이 수입될 경우 세관에서 저지할 수 있도록 관세 정율법을 개정했으며, 권리를 침해당한 종자 개발자가 침해사실을 입증하는 내용을 세관에 제출하면 세관은 농산물 수입자 및 종자 개발자 양측 주장을 수렴하여 침해여부를 판단한다.

침해 인정 시 수입된 농산물을 세관에서 수입 저지하는 절차로 이루어지며, 세관이 권리침해로 판단할 경우에는 해당 농산물을 수입자가 자의적으로 처리 또는 세관이 파기토록 규정하고 있다.

나) 주요 농작물 종자제도

주요농작물 종자제도는 일본의 기본적인 식량이며, 기간 작물인 주요 농작물(벼, 보리, 밀 및 콩 등)의 우량한 종자 생산 및 보급을 촉진하고, 주요 농작물의 생산성 향상 및 품질 개선을 도모하는 것을 목적으로 하는 제도다.

주요 농작물의 우량한 종자 생산 및 보급을 위해서는 품종 개량 및 선정에서 시작해 최종적으로 종자가 농업인에 인도되기까지 전문적인 지식 및 기술 및 체계적인 관리가 필요하다. 따라서 본 제도는 품종의 우량성의 판별 방법, 우량한 종자의 적정하고 원활한 생산 유통 방법 등에 대해 종자 생산 및 보급에 관계하는 모든 사람에게 주지시켜, 우량한 종자 생산 및 보급이 한층 촉진되도록 하는 것을 목적으로 한다.

또한, 최근의 기술 진보에 따라 국가 및 도도부현, 나아가 이들 이외의 기업 등에 의해 기존보다 주요 농작물의 우량한 종자 생산 및 보급 활동이 활발해지고 있으므로 관련된 사람들이 향후 우량한 종자 생산 및 보급에 골고루 참여할 수 있도록 본 제도의 운용을 꾀하고 있다.

동 법에 의해 도도부현(都道府県) 지사는 장려 품종의 결정에 있어서는 관계 부서, 시험 연구 기관, 지역 농업 개량 보급 센터, 농업인의 조직하는 단체, 민간의 품종 육성 관계자, 농산물의 수요자,학식 경험자 등을 가지고 구성하는 장려품종심사회(이하 '심사회')를 개최하고 그 의견을 청취하는 것으로 한다.

도도부현 지사는 지정 채종 농원의 지정을 적절하게 행하기 위해 도도부현 종자 계획을 정하고 이를 지방 농정국장(오키나와 현에 있어서는 오키나와 종합 사무국장)을 경유해(홋카이도에 있어서는 직접) 농림수산성에 제출해야 한다.

또한 동법에 따라 도도부현은 우량종자를 보유한 농가를 우량종자 생산농가로 지정하고, 채종 농원에서 우량한 종자의 생산이 이루어지기 위해 필요한 원종 등의 확보를 위해 노력하고 있다.

다) 신육종기술 관련 정책

다부처 혁신증진전략(SIP: Strategic Innovation Promotion) 프로그램을 통해 유전자가위기술 증진 및 이를 이용한 식품 개발과 유전자변형 농산물의 상업화를 위한 연구활성화 정책을 펴고 있다.

일본 농림수산성은 신육종기술 스터디그룹을 통하여 신육종기술의 특징, 현행 GMO 규제 체제에서의 신육종기술의 장점과 연구개발 활성화 전략연구 등에 대한 보고서를 작성하여 신육종기술의 과학적, 법률적, 사회적 고려와 대응 방안을 마련하고 있다.

3) 미국
가) 종자산업 관련 기관 및 교육 서비스

① American Seed Trade Association
1883년 설립되어 미국에서 가장 오래된 무역 기관 중 하나로 회원은 종자 생산 및 유통, 식물 육종과 관련된 사업들을 포함하여 700개의 회사들로 구성되어있다.

ASTA는 1) 국제, 국내 및 주 단계로 규율과 법적인 문제 2) 모든 작물 종류에 부과된 새로운 기술 3) 회원들의 커뮤니케이션과 교육 및 종자 산업이 직면하고 있는 과학과 정치적 문제에 관한 대중의 평가에 중점을 두고 있다.

또한, 현대적 생물기술의 사용, 종자 이슈에 대해 회원들에게 알리기 위한 모임, 종자 연구 프로그램 자금을 제공하고 있다.

② Future Seed Executives (FuSE)
ASTA의 공식적인 하부 위원회로, 종자산업 경험이 7년 이하인 미래의 종자 산업 경영진을 교육시키고 지원하는데 초점을 두고 있다. 프로그램은 종자산업의 일반적인 이해를 개선하고 네트워킹을 촉진시키고 교육을 넓히고 경영 관리 기술에 대한 지역적 기회로 편성되어 있다.

FuSE는 1) 교육적 연합 : 종자산업 비즈니스 및 운영에 대해서 교육시키기 위해 FuSE와 ASTA 회원사를 대상으로 1~2일 정도의 워크숍을 진행 2) 지역 농업비즈니스 및 교육자들은 경험하는 동안 종자 산업에 관한 가치에 대해 넓은 시각을 보유하기 위해 적극적으로 참여함 3) 산업 미팅 프로그램 4) 원탁회의 그룹 (RTDGs)에 중점을 두고 있다.

③ Society of Commercial Seed Technologist
상업용 종자 기술 전문가 협회는 상업적, 독립적 및 정부 종자 기술 전문가를 구성하는 기관으로, 공식 종자 분석 협회(Association of Official Seed Analysts)와 미국 종자거래 협회(American Seed Trade Association) 사이의 연락 사무소로서 설립되었다.

현재는 기술 전문가의 승인, 기술 전문가 교육, 연구, 교육 자료 출간 및 종자 산업에 중요한 자원 제공 등의 활동을 하고 있다.

나) 종자 생산자를 위한 긴급자금대출 프로그램 (7CFR Part 774)

이 부분의 규율은 종자 생산자를 위한 긴급자금대출 프로그램에 따라 생성된 대출의 용어와 조건을 포함한다. 신청자, 대출자 및 이 대출을 청산하는 사람들에게 적용되는 제도로, 농업생명공학(AgriBiotech)의 파산 신청에 대해 불리하게 영향을 받은 특정 종자 생산자에게 도움을 주기 위한 것이다.

① 자격 요건 사항
대출 신청자는 다음과 같은 요구사항에 적합하여야 한다.

자격 요건 사항
• 대출 신청자는 종자 생산자이어야 함
• 개인 혹은 기업체 대출 신청자는 농업생명공학을 포함하는 Chapter XI 파산 처리 과정의 요청(claim)에 대한 증거를 제출해야하고 요청은 미국에서 종자를 재배한 계약서가 될 수 있음
• 대출 신청자는 미국 시민자 혹은 미국에서 이민 및 국영화 법률(Immigration and Nationalization Act)에 따라 합법적으로 영주권을 허가받은 외국인이어야 함
• 대출 신청자 및 약속어음을 신청할 사람은 공채 증명서를 포함한 계약서에 관한 법정 자본을 소유하고 있어야함
• 대출 신청자는 과거와 현재의 기관에 대한 거짓된 진술을 제공해서는 안 됨

[표 212] 긴급자금대출 프로그램 자격 요건 사항

② 대출 신청 정보

긴급자금대출 신청 정보
• 기관 신청서 작성
• 농업생명공학 파산 절차에 대한 파산 신고서 증명
• 만약 신청자가 사업체이면 기업에 대한 주(State)의 기록 및 기관을 증명하는 모든 합법적 서류
• 7CFR Part 1940, subpart G에 속하는 기관의 환경적 규율에 준수하는 서류
• 신청자의 재정증명서
• 기관이 대출 신청자의 자격이 주어질 수 있다는 어떠한 추가 정보 자료

[표 213] 긴급자금대출 신청 정보

다) 신육종기술 관련 정책[244]

국립과학아카데미(NAS)는 2016년 유전공학 작물의 기술 현황을 종합한 보고서를 내어 유전자가위기술이 유전공학의 정밀도를 높여 GMO를 넘어서는 유망한 기술로 떠오르고 있다고 평가했다.

2016년 5월 미국 농무부(USDA)는 유전자가위기술을 이용해서 만든 변색 예방 양송이버섯을 GMO 규제 대상에서 제외시켰으며, 또한 듀폰 파이오니아에서 유전자가위기술을 이용해 만든 찰옥수수도 GMO 규제 대상에서 제외한다고 발표했다.

미국 농무부에 속한 유기농 분야 자문위원회는 2016년 11월 유기농법을 지켜 생산했더라도 유전자가위 작물이라면 '유기농'이란 표시를 해선 안 된다는 권고안을 내놓았다. USDA-APHIS는 2011년부터 'Am I Regulated' 제도를 운영하여 33건의 온라인 서비스를 진행하였으며, 아그로박테리움 매개에 의해 신규 유전자가 도입된 LMO는 규제 대상이지만, 유전자가위가 적용된 후대 분리종에서 도입유전자가 없는 개체는 규제 대상에서 제외되었다.

미국 농무부는 2018년 3월 유전자가위기술을 포함한 신육종기술로 개발된 식물에 대하여 식물해충을 이용하여 개발된 경우가 아니라면 규제할 계획이 없다고 발표했다. 미국 의회조사국은 CRISPR/Cas9 기술개발 현황과 정책적 이슈를 담은 보고서를 발표하고 에너지, 생태계 보전, 의료 등의 분야에서 혁신적인 변화를 가져올 것으로 전망했다.

보건 및 의료 서비스 부문에서 CRISPR/Cas9 기술은 당뇨, 말라리아, 항생제 내성 등의 부문에 획기적인 해결책을 제공해 줄 것으로 전망되나, 유전자 조작의 결과가 세대를 걸쳐 발현할 수 있다는 점에서 어떻게 작용할지에 대한 논의가 이루어지고 있다.

산업바이오 부문에서 박테리아, 균류, 효모 등의 유전자 조작을 통한 화학제품의 생산, 생태계 관리 및 보전 측면에서 유전자 조작을 통해 생태계의 다양성을 확보할 수 있으나, 생태계에 미칠 영향 예측이 어려운 점이 주요 이슈로 다루어지고 있다.

기초연구로서 유전자 조작은 질병과 치료제 개발에 중요한 정보를 제공할 수 있으나, 유전자 조작의 결과 생성되는 생물학적 물질과 제품이 가진 파괴력은 잠재적으로 국가 안보를 위협할 수도 있음을 강조했다.

---

244) 신육종기술(NPBTs), KISTEP 기술동향브리프, 2018

4) EU
가) 신육종기술 관련 정책[245]

EU에서는 신육종기술 발표('11.11)를 전후하여 다양한 학술잡지에 신육종기술에 관한 연구자의 의견과 사고방식이 표명되었고, 이와 같은 국제적 논의의 영향으로 미국을 비롯한 주요국에서 신육종기술에 관한 논의가 확산되고 있다.

국제 사회에서는 유전자가위기술을 비롯한 신육종기술로 개발된 작물에 대한 규제 및 허가 방법에 대한 논의가 진행되고 있다. 또한, 유전자가위기술을 활용한 품종 개량이 잇따르면서 미국과 유럽에서 새로운 유전공학 품종을 어떻게 다뤄야 할지에 관한 논의가 진행되고 있다.

EU는 회원국들의 요청에 따라 생명공학기술의 발달을 고려하여 새로운 식물육종 기술을 GMO 규제 범주에 포함시킬지 여부를 평가하는 작업반을 2007년에 구성하여 지속적으로 논의하고 있다.

유럽연합위원회는 현행 EU의 GMO 규정에 명시된 GMO의 정의에 신육종기술의 해당 여부를 검토하고 있으며, 유럽 각국은 EU의 최종 결정을 기다리고 있다. EU는 2011년부터 유전자가위기술을 적용한 농축산물에 대한 규제를 논의하였고, 조만간 그 규제에 대한 결론이 내려질 것으로 예상된다.

최근 유럽사법재판소(European Court of Justice)는 유전자가위기술 등 새로운 돌연변이 유발기술을 통해 얻어진 생물체는 GMO 규제에 적용 받을 필요가 없다는 의견을 제시했다.

---

245) 신육종기술(NPBTs), KISTEP 기술동향브리프, 2018

5) 한국

농식품부는 2027년까지 국내 시장 1.2조, 종자 수출액 1.2억 불로 확대하기 위한 종자산업 5대 전략을 제시했다. 농림축산식품부(장관 정황근, 이하 농식품부)는 종자산업 기술혁신으로 고부가 종자산업 육성을 위한 「제3차(2023~2027) 종자산업 육성 종합계획」을 발표하면서 향후 5년간 1조 9,410억 원을 투자할 계획이라고 밝혔다.[246]

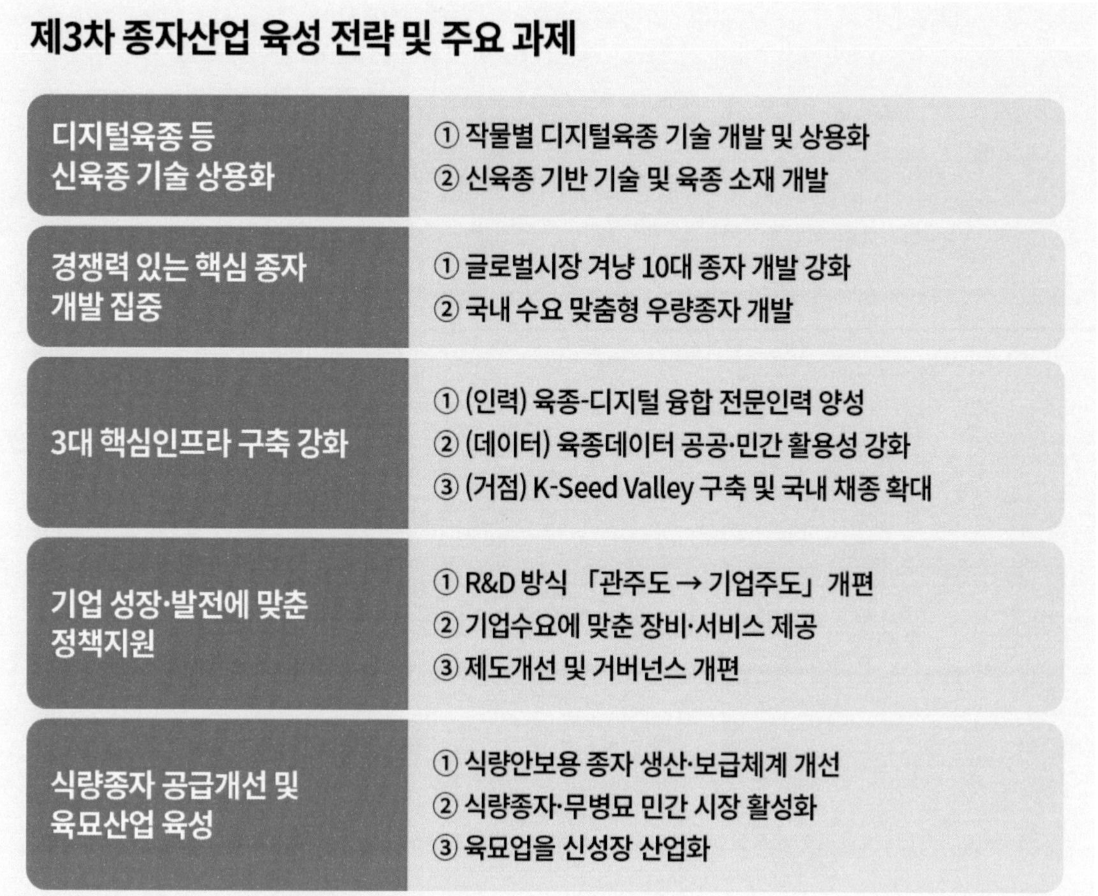

제3차 종자산업 육성 전략 및 주요 과제

디지털육종 등 신육종 기술 상용화	① 작물별 디지털육종 기술 개발 및 상용화 ② 신육종 기반 기술 및 육종 소재 개발
경쟁력 있는 핵심 종자 개발 집중	① 글로벌시장 겨냥 10대 종자 개발 강화 ② 국내 수요 맞춤형 우량종자 개발
3대 핵심인프라 구축 강화	① (인력) 육종-디지털 융합 전문인력 양성 ② (데이터) 육종데이터 공공·민간 활용성 강화 ③ (거점) K-Seed Valley 구축 및 국내 채종 확대
기업 성장·발전에 맞춘 정책지원	① R&D 방식 「관주도 → 기업주도」 개편 ② 기업수요에 맞춘 장비·서비스 제공 ③ 제도개선 및 거버넌스 개편
식량종자 공급개선 및 육묘산업 육성	① 식량안보용 종자 생산·보급체계 개선 ② 식량종자·무병묘 민간 시장 활성화 ③ 육묘업을 신성장 산업화

[그림 296] 미래 식량주권 지킨다 / 한국농어민신문

<종자 주권을 확보하기 위해 종자산업 육성의 필요성이 높은 상황>

종자산업 육성 종합계획은 「종자산업법」에 따른 법정 계획으로 5년마다 종자산업의 지원 방향 및 목표 등을 설정하기 위해 수립하고 있다. 하나의 종자를 키워 농산물로 시장 가치를 가질 때 수백, 수천배의 부가가치를 창출하는 고부가가치 산업인 종자산업은 기후변화, 곡물가 상승 등으로 중요성이 더욱 높아지고 있는 실정이다. 현재 세계 종자시장 규모는 2020년 449억불 수준인데 반해 국내 종자 시장 규모는 세계 종자 시장의 약 1.4% 수준에 불과한 수준이다.

전 세계 다국적 기업은 생명공학(BT), 인공지능(AI) 기술을 이용하여 새로운 품종을 개발·공

---

246) 2027년까지 국내 시장 1.2조, 종자 수출액 1.2억 불로 확대 / 농기자재신문

급하고 있어 우리도 세계적인 추세에 따라가면서 우리 종자를 스스로 개발하여 종자 주권을 확보하기 위해 종자산업 육성의 필요성이 높은 상황이다. 농식품부에 따르면 이번 종합계획은 국내 종자시장과 해외 종자시장 현황, 해외 주요 국가의 종자 정책동향, 해외 주요 종자 기업의 종자 개발 기술 동향 등을 분석하여 종자 '산업' 육성의 관점에서 발전 방향을 제시하고 실천 수단을 마련하는 데 중점을 두었다는 설명이다.

<디지털육종 등 신육종 기술 상용화 7,000억 규모의 종자산업 혁신기술 연구개발 계획>

세계적인 육종 추세는 작물을 직접 재배하여 종자를 개발하는 전통육종에서 종자에서 확인한 일부 주요 유전자의 특성을 이용한 분자 육종을 넘어 전체 유전자의 특성을 파악하고 여러 유전자간 연관 분석을 통해 육종 예측 모델을 만들어 육종 선발을 극대화하는 디지털 육종으로 전환 중이다. 디지털 육종은 전통육종과 비교하여 육종 기간을 7~10년에서 3~5년으로 단축하고, 육종 성공률을 10%에서 50%로 획기적으로 제고하며, 맛, 형태, 크기, 성분, 생산성, 병저항성 등 여러 형질을 모두 포함하는 신품종 개발이 가능한 장점이 있다.

정부는 세계적 추세에 맞춰 2012~2021년간 진행된 골든시드프로젝트(4,911억 원) 후속으로 디지털 육종 상용화를 위한 종자산업 혁신기술 연구개발(2025~2034, 7,000억 원)를 계획하고 2023년 하반기에 예비타당성조사를 신청할 계획이라고 밝혔다.

<경쟁력 있는 핵심종자 개발 집중>

협소한 국내 채소 종자를 넘어 세계 종자 시장의 70% 이상을 차지하는 옥수수, 콩을 포함한 밀, 감자, 벼 등 식량작물과 향후 높은 시장 성장이 예상되는 지능형농장(스마트팜), 수직농장 등에 특화된 종자(상추 등 엽채류와 딸기, 토마토, 파프리카 등 과채류) 개발을 강화할 계획이다. 또한 국내용 종자 중 식량은 기후변화, 기계화 전환에 대응한 밀, 콩 품종과 쌀 적정 공급을 위한 가루쌀 품종, 채소·과수는 1인용 소형 양배추 등 소비자 기호 변화에 대응하는 품종, 화훼는 로열티를 절감할 수 있는 품목을 집중적으로 육성한다.

<3대 핵심 기반(인프라) 구축 강화>

우선 디지털 육종 등을 위한 데이터 전문인력을 양성하고, 기업 육종과 데이터 간 연계를 강화하기 위한 프로그램 지원 등을 통해 필수 인력을 확보하며, 향후 종자산업 일자리 창출에도 기여한다는 계획이다. 또한 정부가 보유한 표현체 연구동(식물의 잎, 모양, 크기, 색깔 등 외부로 표현되는 특징을 유전체 정보와 연계하는데 필요한 시설)을 개방하여 민간업체에서 다양한 종자의 유전체 정보 등을 수집·분석할 수 있게 지원한다. 농촌진흥청, 과학기술정보통신부 등이 보유한 국내 공공 데이터와 해외 공공 데이터, 민간기업의 자사 보유 데이터를 활용하여 정확하고 빠르게 종자를 개발할 수 있는 자체(프라이빗) 데이터 플랫폼을 종자산업진흥센터에 2024년 구축을 완료하는 등 민·관협력을 강화한다.

네덜란드의 종자 단지(Seed Valley)와 같은 종자산업 혁신클러스터 구축 종자업체의 연관된 집적 효과를 높이고 연구개발(R&D) 시설, 연구기업 등이 집적된 종자산업 혁신클러스터(K-seed valley, 2023년 타당성 연구용역)를 신성장 4.0 전략의 일환으로 구축하여 종자업체의 연관된 집적 효과를 높이고 지역 균형발전에도 기여할 계획이다.

<기업 성장·발전에 맞춘 정책지원>

 정부 주도 연구개발(R&D)에서 과제 기획부터 기업의 적극적인 참여 유도 및 기업의 자부담 비율 상향으로 책임감을 제고하는 기업 주도 연구개발(R&D)로 개편하고, 정부가 보유한 유전자원을 개방하여 민간기업이 직접 병저항성 정도 등을 평가할 수 있도록 지원할 계획이다. 이를 통해 정부는 원천기술 개발 전수에 집중하고, 기업이 종자 품종을 개발하는 역할 분담으로 종자산업 발전을 이끌어 나갈 예정이다. 또한 기업이 공동으로 활용할 수 있는 종자가공센터를 구축(1개소, 2023~2026, 김제)하여 종자에 영양제, 발아촉진제 등의 코팅처리를 통한 종자 부가가치 상승에 기여할 계획이며 농가와 업체 간 발생하는 발아 불량 등 분쟁을 신속하게 해결하기 위해 분쟁 해결 전담팀을 신설하는 등 국립종자원의 분쟁조정협의회의 역할을 강화한다.

<식량종자공급 및 육묘산업 육성>

 식량종자 민간시장 활성화를 위해 국립종자원이 보유한 정선시설을 민간이 저렴하게 이용할 수 있게 하여, 민간기업이 많은 금액이 필요한 정선시설을 직접 보유하지 않아도 식량종자 시장 진입을 쉽게 유도하고, 과수 무병묘 공급을 확대하여 바이러스로 인한 과수 농가의 피해를 예방할 계획이다. 또한 육묘업을 신성장 산업으로 육성하기 위해 주요 채소 작물의 육묘에 적합한 환경데이터 구축, 제공 및 육묘기반 구축을 위한 시설장비 등 지원(연 10개소 내외, 개소당 2~30억 원)하고, 불법·불량 종자 유통에 의한 농업인 피해 예방 및 묘 품질표시제도 정착을 위해 종자 유통관리도 강화한다.

<신육종기술 관련 정책>[247]

 국무조정실 규제혁신기관실에서 유전자가위기술 유래 동식물의 LMO 해당 여부에 대한 가이드라인을 마련하기 위해 2016년 3월 신산업투자위원회를 발족하고 소속 바이오헬스 분과위원회를 통해 규제개선 정책을 마련하고 있다.

 한국은 유전자가위를 이용한 생명체에 어떠한 기준을 적용해야 하는지에 대한 기준이 확립되지 않았기 때문에, 머지않은 미래에 유전자가위를 이용한 농축산물이 증가할 것이기 때문에 글로벌 수준의 합의점을 찾을 수 있는 가이드라인을 확립하는 것이 필요하다.

 「정부연구개발투자 방향 및 기준」에서 농림수산식품 분야의 투자방향으로 유전자 가위기술 등 첨단 육종기술에 중점을 두어 기후적응형, 수요맞춤형 종자개발에 관한 내용을 포함하고 있으며, 현재 과학기술정보통신부, 농촌진흥청 중심으로 작물 육종에 유전자가위기술을 접목하는 기초·응용연구를 수행하고 있다.

---

247) 신육종기술(NPBTs), KISTEP 기술동향브리프, 2018

사. 종자산업 특허 동향

식물 신품종보호법에 의거하여 품종보호 대상 작물은 농업용, 산림용, 해조류로 구분하여, 농업용은 일반적으로 국립종자원, 산림용은 국립산림품종관리센터 그리고 해조류는 수산식물품종관리센터에서 각각 품종보호 출원을 담당하고 있다. 국립종자원의 품종보호 출원 및 등록 현황은 2018년 12월 31일 기준 아래 표와 같은 결과를 표 32에 나타내었다

구분	합계		~ 2013		2014		2015		2016		2017		2018	
	출원	등록	출원	등록	출원	등록	출원	등록	출원	등록	출원	등록	출원	등록
식량작물	1,313	1,090	963	765	62	67	80	66	61	56	85	66	62	70
채소류	2,351	1,488	1,374	763	157	159	196	148	204	128	218	146	202	144
과수류	795	445	468	258	55	18	45	59	60	34	89	29	78	47
화훼류	5,397	4,050	3,679	2,689	336	231	336	222	407	292	288	296	277	250
특용작물	393	275	269	150	33	28	20	18	28	43	24	18	21	18
사료작물	69	42	45	18	3	8	3	6	11	5	5	5	2	-
버섯류	255	157	157	78	23	14	18	7	25	33	18	19	14	6
산림조경수	34	18	21	6	4	5	6	3	1	1	2	3	-	-
수산식물	27	10	10	-	2	-	4	5	6	4	2	1	3	-
산림기타	2	2	2	-	-	2	-	-	-	-	-	-	-	-
합계	10,724	7,644	7,051	4,784	661	505	798	652	704	588	745	541	765	574

[표 214] 2018년 12월 식물 신품종 보호 출원 및 등록현황

2008년부터 2014년 5월까지 종자에 관한 국내 특허 출원 및 등록 현황은 아래와 같으며, 출원 건수는 2010년 207건 최대치를 기준으로 다소 정체기에 있는 것으로 보인다. 등록 건수는 과거 출원 증가에 비례하여 최근까지 지속적으로 증가하는 경향성을 보이고 있다

구분	2008	2009	2010	2011	2012	2013	2014	총 합계
출원 건수	93	156	207	170	169	27	1	823
등록 건수	31	12	14	44	122	183	73	479

[표 215] 2008년에서 2014년 한국 특허 출원 및 등록 동향

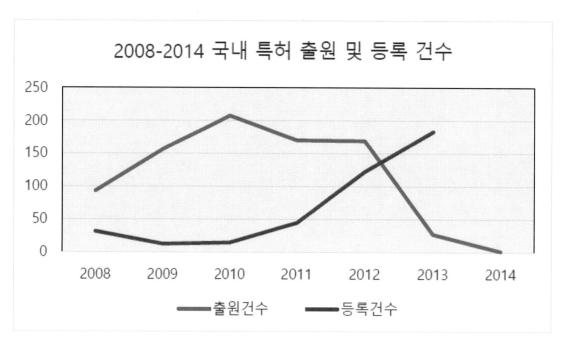

[그림 297] 2008년에서 2014년 한국특허 출원 및 등록 동향

특허명	배추 뿌리혹병 저항성 연관 분자표지 및 이의 용도		
출원국가	한국	출원인	농업회사법인 주식회사 농우바이오
출원번호	1020080127167	등록번호	1010952200000
출원일	2008.12.15	등록일	2011.12.09

기술개요

본 발명은 배추 뿌리혹병 저항성 연관 분자표지를 선발표지로 이용한 저항성 F1 품종 육성 방법 및 이를 이용하여 육성한 배추과 작물의 뿌리혹병 저항성 식물체에 관한 것이다.

개발배경

- 뿌리혹병은 변이가 심하여 포장에서 발병 정도를 보고 저항성을 검정할 경우 선발기준이 명확하지 않고 세대진전에 많은 시간을 소요하게 되므로 보통 저항성 품종 육성 기간이 10년 이상 소요되는 것이 보통이다. 그러나 많은 시간과 경비를 들여 육성한 저항성 품종의 저항성이 안정적으로 유지되는 경우는 그리 많지 않아 병원균의 변이나 지역에 따라 저항성이 붕괴되는 현상이 자주 발생한다.

기술 세부내용

- 새로운 뿌리혹병 저항성 유전자에 연관된 분자표지를 선발하는 단계에서, 배추과 작물의 뿌리혹병 저항성을 보이는 'ECD4' 유래 계통과 이병성을 보이는 일반 육성계통을 교배하여 얻은 F1 식물체를 자가 수정하여 F2를 육성하고, 분리집단 F2에서 완전한 저항으로 나온 15개체, 완전한 이병으로 나온 15개체의 DNA를 각각 풀링(pooling)한 후, DNA지문(fingerprinting) 방법을 응용한 일괄분리분석(bulked segregant analysis, BSA) 기술을 이용하여 뿌리혹병 저항성과 연관된 분자표지를 탐색한다.
- 다수의 개체 분석 시 재현성과 신뢰도가 높은 SCAR(Sequence Characterized Amplified Region) 표지 혹은 CAPS (Cleaved Amplified Polymorphic Sequence) 표지로 변환하는 단계에서, DNA 워킹(DNA Walking) 방법을 이용하여 상기 SCAR 표지 혹은 CAPS 표지를 개발하여 이를 활용한 선발의 유용성을 검정하였음.

기술의 효과

- 배추과 작물의 뿌리혹병 저항성에 연관된 유전자 단편을 분리하고, 뿌리혹병 저항성 검출용 분자표지를 개발

응용분야

- 새로운 배추 품종 개발

특허명	캘러스 유도를 이용한 고추 형질전환체의 대량 생산 방법		
출원국가	한국	출원인	농업회사법인 주식회사 농우바이오
출원번호	1020040016722	등록번호	1005224370000
출원일	2004.03.12	등록일	2005.10.11

기술개요

캘러스 유도를 이용한 고추 형질전환체의 대량 생산 방법

개발배경

- 고추를 생명공학적으로 이용하기 위한 첫 관문은 형질전환을 하는 것이다. 그러나, 고추는 형질전환이 매우 어려운 작물로 알려져 있다.
- 고추 형질전환체를 고효율로 대량 생산하기 위하여 연구를 거듭하던 중, 고추의 외식체를 캘러스 유도 배지에서 전 배양한 후 아그로박테리움과 공동 배양하여 재분화를 유도하는 방법을 개발함으로써 본 발명을 완성하였다.

기술 세부내용

- 본 발명의 방법은 크게 (a) 고추 외식체의 전 배양; (b) 형질전환(아그로박테리움과 공동 배양); (c) 캘러스 선발; 및 (d)신초 형성이라는 일련의 과정을 포함한다. 이외 뿌리 형성 및 토양 순화 과정을 추가로 더 포함할 수 있다.
- 특히 본 발명의 방법은 고추 외식체를 캘러스 유도 배지에서 전 배양한 후 형질전환하여 캘러스를 인위적으로 형성시키고, 상기 캘러스로 부터 식물체의 재분화를 유도한다는 점에 특징이 있다.

기술의 효과

- 형질전환 효율이 매우 높을 뿐 아니라 계통-비특이적으로 고추를 형질전환할 수 있다.

응용분야

- 고추의 형질전환체 제조

특허명	세포질 웅성 불임성을 가지는 NWB-CMS 양채류 식물체 및 이의 용도		
출원국가	한국	출원인	농업회사법인 주식회사 농우바이오
출원번호	1020120028632	등록번호	1013192650000
출원일	2012.03.21	등록일	2013.10.11

기술개요

세포질 웅성 불임성을 가지는 NWB-CMS 양채류 식물체 및 이의 용도

개발배경

- 세포질 요인에 의해 미토콘드리아가 정상적인 기능을 수행하지 못해서 비정상적인 생식기능이 생성되는데 CMS는 모계유전(maternal inheritance)으로, 웅성불임계의 유지가 매우 쉽고, 잎, 줄기 등 영양기관을 이용하는 작물에 적용하기가 매우 편리하다.
- 웅성불임 현상을 이용하여 종자의 채종과 생산체계를 확립하는 것이 CMS를 이용하는 가장 큰 목적이며 이런 특성을 가진 계통을 많이 만들어 내는 것이 육종가들의 꿈이다.

기술 세부내용

- 본 발명에 따른 NWB-CMS 양배추 식물체는 당업계에 공지된 일반적인 조직배양방법으로 무성번식될 수 있다. 예컨대, 배추, 양배추 등의 십자화과 식물의 조직배양에 용이한 기관발생에 의한 미세증식법(형성된 기관이 없는 잎, 잎자루, 줄기 마디, 자엽, 자엽축 등의 조직을 배양하여 새로운 눈을 상기 조직의 표면에 유도해 내는 방법) 또는 캘러스 유도를 통한 재분화 방법 등으로 무성번식될 수 있다. 구체적으로, 본 발명에서는 계통의 종자를 1/2MS 배지에 치상하여 배양한 후, 4일째 약간의 엽병을 포함하는 자엽을 떼어내고 이를 MS배지에서 분화시켜 캘러스를 유도하였다. 이후, 상기 캘러스로부터 신초를 유도하고, 신초가 형성된 캘러스를 뿌리 유도 배지로 옮겨 발근을 유도하였다. 이후, 토양순화와 재분화 과정을 거쳐 완전한 식물체로 성장시켰다.

기술의 효과

- 한국 고유의 NWB-CMS를 이용한 저비용, 고순도의 우수 F1 종자 생산이 가능하다.

응용분야

- 세포질 웅성 불임성을 가지는 NWB-CMS 양채류 식물체 생성

특허명	메론 및 참외에서 유용한 흰가루병 저항성 연관 SCAR마커 및 이를 이용한 저항성 참외 품종 선발방법		
출원국가	한국	출원인	농업회사법인 주식회사 농우바이오
출원번호	1020070075640	등록번호	1009197530000
출원일	2007.07.27	등록일	2009.09.23

기술개요

메론의 흰가루병 저항성과 연관된 유전자 단편 및 상기 유전자 단편의 염기서열을 이용하여 메론 또는 참외의 흰가루병 저항성을 선발하는 SCAR 분자표지 제공

개발배경

- 메론 재배에 있어, 가장 큰 병해의 하나가 흰가루병이다. 메론 흰가루병(powdery mildew)의 병원균은 스파이로테카 풀리지니아(Sphaerotheca fuliginea)이며, 자낭각 형태로 월동하며 포자는 바람이나 곤충에 의해 전염되므로 효과적인 방제가 어렵고, 일단 발병하면 20~40% 이상의 생산량 저하를 초래한다.
- 메론의 흰가루병 저항성 품종을 육성하기 위해서는 저항성 검정 방법이 확립되어야 하지만, 진정활물기생균으로 증식하는 이 병원균은 발병조건이 까다롭고, 발병시키기 위해서는 포장의 자연환경 조건하에서 발병을 유도해야 하므로 실질적으로 저항성 품종을 육성하기 위해서는 막대한 노력과 시간이 소요된다.

기술 세부내용

- 먼저 흰가루병 병원균에 대해서 저항성을 보이는 계통과 이병성을 보이는 계통을 교배하여 얻은 F1을 자가수정하여 분리집단 F2를 육성하였다. 이들 양친계통과 F1, F2 집단에서 흰가루병 저항성을 검정하였다. 양친과 F1, F2식물체를 정식한 후, 비닐하우스 포장의 자연환경에서 흰가루병을 발병시켰고, 한 달 후 발병 정도를 다섯 단계로 나누어 검정하였다. 그 결과, 발병지수를 통해 얻은 비율이 1:2:1의 비율에 가까워 메론 흰가루병 저항성 형질은 불완전우성 효과를 가지는 하나의 주동유전자에 의해 조절되는 것으로 추정할 수 있다.

기술의 효과

- 메론의 흰가루병 저항성과 연관된 유전자 단편 및 상기 유전자 단편의 염기서열을 이용하여 메론 또는 참외의 흰가루병 저항성을 선발하는 SCAR 분자표지 제공

응용분야

- 흰가루병 저항성 선발

특허명	새로운 유전자형의 CMS 무 계통의 식물체, 이를 이용하여 잡종 종자를 생산하는 방법 및 상기NWB-CMS 무 계통의 식물체 선발용 DNA 표지인자		
출원국가	한국	출원인	농업회사법인 주식회사 농우바이오
출원번호	1020020061649	등록번호	1003993330000
출원일	2002.10.10	등록일	2003.09.15

기술개요

새로운 CMS 무 계통인 NWB-CMS 무 계통의 식물체, 이를 이용하여 잡종 종자 생산

개발배경

- 웅성 불임성(male sterility)은 화분, 꽃밥, 수술 등의 웅성 기관에 이상이 생겨 불임이 생기는 현상이다. 웅성 불임성에는 유전적 원인에 의한 것과 환경의 영향에 의한 것이 있는데, 웅성 기관 중 화분의 불임으로 일어나는 경우가 가장 많다.
- CMS는 모계유전(maternal inheritance)으로, 어느 가임계를 교배해도 100% 불임주가 나오기 때문에, 웅성 불임계의 유지가 매우 쉽고, 잎, 줄기 등 영양기관을 이용하는 작물에 적용하기가 매우 편리하다.

기술 세부내용

- 운 유전자형의 CMS를 갖는 무 계통을 개발하기 위하여, 중국 길림성 지역의 야생 청피무 약 100여종을 대상으로 하여 CMS 특성을 보유하고 있는 무를 선발하였다. 야생 청피무를 교배모본으로 하여 웅성가임 개체와 교배를 실시하였다.
- CMS의 확인은 상기 야생 청피무를 웅성가임 계통과 교배하여 생 산된 F1 개체를 다시 웅성가임 계통과 여교배를 실시하여 F2 개체를 생산한 후, 생산된 F2 개체의 화분 생성 유무를 조사함으로써 수행하였다.
- 이 때 F2 개체에서 웅성가임과 웅성불임이 모두 나오게 되면 교배모본의 웅성 불임성은 핵 내 인자와 세포질 인자 모두에 의해 야기된 것이고, 웅성 불임개체만이 나오게 되면 이는 순수한 세포질 인자에 의해 웅성불임성이 야기된 것이다.

기술의 효과

- 새로운 CMS 무 계통인 NWB-CMS 무 계통의 식물체, 이를 이용하여 잡종 종자를 생산하는 방법 및 NWB-CMS 무 계통의 식물체 선발용 DNA 표지인자를 제공한다.

응용분야

- 식물체 선발용 DNA 표지인자

특허명	SOC1 유전자를 교정하여 만추성 형질을 가지는 유전체 교정 배추 식물체의 제조방법 및 그에 따른 식물체		
출원국가	한국	출원인	농업회사법인 주식회사 농우바이오
출원번호	1020180153757	등록번호	1021135000000
출원일	2018.12.03	등록일	2020.05.15

기술개요

유전체 교정 배추 식물체의 제조방법

개발배경

- 배추는 번식을 위해 씨앗이 물을 흡수하면서부터 저온에 감응한 후 꽃봉오리를 형성하는 종자춘화형(seed vernalization type) 작물로서, 품종에 따라 평균기온 13℃ 이하에서 7~10일 정도 경과하면 생장점이 화아(flower bud)를 형성하게 되며, 그 후 온도가 높아지거나 낮 길이가 길어지면 추대장이 급속히 길어지고 꽃이피게 된다.
- 이러한 현상은 배추의 고유 생태특성이므로 생리장애라고 할 수 없으나, 화아분화가 되면 영양생장은 거의 멈추게 되고 생식생장으로 전환되어 고온장일에 의해 꽃이 피고 종자를 맺게 되므로, 경엽이용 목적의 재배적 측면에서는 불리하게 작용한다 .

기술 세부내용

- 본 발명은 배추 유래 SOC1(Supperssor of overexpression of constans 1) 유전자 중 서열번호 1의 염기서열로 이루어진 표적 DNA에 특이적인 가이드 RNA(guide RNA)를 암호화하는 DNA 및 엔도뉴클레아제(endonuclease) 단백질을 암호화하는 핵산 서열을 포함하는 재조합 벡터를 식물세포에 도입하여 유전체를 교정하는 단계; 및 상기 유전체가 교정된 식물세포로부터 식물을 재분화하는 단계를 포함하는, 추대가 지연된 형질을 가지는 유전체 교정 배추 식물체의 제조방법을 제공한다.

기술의 효과

- 유전체 교정 식물체의 제조방법은 외부 유전자가 삽입되어 있지 않고 자연적 변이와 구별할 수 없는 작은 변이만 가지고 있어, 안전성과 환경 유해성 여부를 평가하기 위해 막대한 비용과 시간이 소모되는 GMO 작물과 달리 비용과 시간을 절약할 수 있을 것이다.

응용분야

- 식물체 제조

특허명	CMV 병원형 감염에 내성인 형질전환 고추		
출원국가	한국	출원인	농업회사법인 주식회사 농우바이오
출원번호	1020060100689	등록번호	1008047660000
출원일	2006.10.17	등록일	2008.02.12

기술개요

CMVP0-CP 유전자가 도입되어 다양한 CMV 병원형에 복합 내성을 갖는 형질전환 고추 제공

개발배경

- 고추는 전 세계의 채소재배 면적 중 7위에 달하며 지구상의 인구 약 50억 명이 식품, 염료, 의약품 등 여러 가지 형태로 이용하고 있는 매우 중요한 채소 작물이다.
- 고추의 CMV(cucumber mosaic virus)는 한국뿐만 아니라 중국을 포함하여 세계적으로 농가의 고추 수확에 많은 피해를 주는 바이러스이다.
- Ca-P1-CMV은 국내 고추 품종을 모두 감염시키는 무서운 바이러스로서 고추 농가에 많은 피해를 주고 있기 때문에 새로운 품종개발이 절실한 상황이다.

기술 세부내용

- 본 발명의 형질전환 고추는 고추의 외식체(explant)를 캘러스 유도 배지에 치상하여 전 배양하는 단계; 상기 전 배양한 외식체를 CMVP0-CP 유전자가 도입된 아그로박테리움과 공동 배양하는 단계; 상기 공동 배양한 외식체를 선별 배지에서 배양하여 형성된 캘러스를 선발하는 단계; 상기 캘러스를 절단하고 이를 신초 유도 배지에서 배양하여 신초를 형성시키는 단계; 상기 신초를 뿌리 유도 배지에서 배양하여 뿌리를 형성시키는 단계 및 상기 뿌리가 형성된 식물체를 순화시키는 단계를 포함하여 육성되어 CMVP0 및 Ca-P1-CMV 감염에 복합 내성을 갖는 것을 특징으로 한다.

기술의 효과

- CMVP0-CP 유전자가 도입되어 다양한 CMV 병원형에 복합 내성을 갖는 형질전환 고추를 제공

응용분야

- 형질전환 고추 개발

특허명	FT 유전자를 교정하여 만추성 형질을 가지는 유전체 교정배추 식물체의 제조방법 및 그에 따른 식물체		
출원국가	한국	출원인	농업회사법인 주식회사 농우바이오
출원번호	1020180153751	등록번호	-
출원일	2018.12.03	등록일	-

기술개요

FT 유전자를 교정하여 만추성 형질을 가지는 유전체 교정 배추 식물체의 제조방법 및 그에 따른 식물체

개발배경

- 배추는 번식을 위해 씨앗이 물을 흡수하면서부터 저온에 감응한 후 꽃봉오리를 형성하는 종자춘화형(seed vernalization type) 작물로서, 품종에 따라 평균기온 13℃ 이하에서 7~10일 정도 경과하면 생장점이 화아(flower bud)를 형성하게 되며, 그 후 온도가 높아지거나 낮 길이가 길어지면 추대장이 급속히 길어지고 꽃이 피게 된다.
- 화아분화가 되면 영양생장은 거의 멈추게 되고 생식생장으로 전환되어 고온장일에 의해 꽃이 피고 종자를 맺게 되므로, 경엽이용 목적의 재배적 측면에서는 불리하게 작용한다.

기술 세부내용

- 상기 과제를 해결하기 위해, 본 발명은 배추 유래 FT(Flowering locus T) 유전자 중 서열번호 1의 염기서열로 이루어진 표적 DNA에 특이적인 가이드 RNA(guide RNA)를 암호화하는 DNA 및 엔도뉴클레아제(endonuclease) 단백질을 암호화하는 핵산 서열을 포함하는 재조합 벡터를 식물세포에 도입하여 유전체를 교정하는 단계; 및 상기유전체가 교정된 식물세포로부터 식물을 재분화하는 단계를 포함하는, 추대가 지연된 형질을 가지는 유전체 교정 배추 식물체의 제조방법을 제공한다.

기술의 효과

- 본 발명의 유전체 교정 식물체의 제조방법은 외부 유전자가 삽입되어 있지 않고 자연적 변이와 구별할 수 없는 작은 변이만 가지고 있어, 안전성과 환경 유해성 여부를 평가하기 위해 막대한 비용과 시간이 소모되는 GMO 작물과 달리 비용과 시간을 절약할 수 있을 것으로 기대된다.

응용분야

- 유전체 교정배추 생산

특허명	식물 원형질체로부터 유전체 교정 식물체를 고효율로 제조하는 방법		
출원국가	한국	출원인	기초과학연구원 서울대학교산학협력단 재단법인차세대융합기술연구원
출원번호	1020160129356	등록번호	1018298850000
출원일	2016.10.06	등록일	2018.02.09

기술개요

Cas 단백질 및 가이드 RNA를 도입하여 식물 원형질체로부터 재생된 유전체가 교정된 식물체의 제조 효율을 증가시키는 방법

개발배경

- 유전체 교정 식물이 유럽 및 타 국가에서 GMO (genetically-modified organism)로 규정되어 제제를 받을지 여부는 현재까지 불명확한 상태이다.
- Cas9 단백질 및 gRNA를 코딩하는 플라스미드를 식물 세포에 도입하는 방법에 비해, 미리 조립된 Cas9 단백질gRNA RNP (ribonucleoprotein)를 이용하는 경우 숙주세포의 유전체에 재조합 DNA를 삽입할 가능성을 줄일 수 있다.

기술 세부내용

- (i) 분리된 식물 원형질체에 Cas 단백질 및 가이드 RNA를 도입하여 유전체를 교정하는 단계; 및 (ii) 상기 식물 원형질체를 재생시켜 유전체 교정 식물체를 제조하는 단계를 포함하는, 식물 원형질체로부터 제조된 유전체 교정 식물체의 제조 효율을 증가시키는 방법

기술의 효과

- 유전체 교정 식물체의 제조 효율을 증가시키는 방법을 통해 표적 유전자가 변이된 식물체를 효율적으로 생산할 수 있을 뿐 아니라, 식물체 내 외래 DNA의 삽입을 최소화할 수 있다. 따라서 본 발명은 농업, 식품 및 생명공학분야 등 다양한 분야에서 매우 유용하게 사용될 수 있다.

응용분야

- 제조 효율 증가

특허명	찰초당 옥수수 '꿀미찰' 품종을 구분하기 위한 특이 SSR 프라이머 및 이의 용도		
출원국가	한국	출원인	강원대학교산학협력단
출원번호	1020190110266	등록번호	1021375700000
출원일	2019.09.05)	등록일	2020.07.20

기술개요

80개의 SSR(simple sequence repeat) 프라이머 세트를 포함하는 '꿀미찰' 옥수수 품종을 구분하기 위한 SSR 프라이머 세트 개발

개발배경

- 옥수수(Zea mays L.)는 세계 3대 중요 작물 중 하나이며, 전세계적으로 식용, 간식용, 사료용, 공업용 등 다양한 용도로 이용되고 있다.
- 작물의 품종 또는 유전자원의 식별은 주로 포장에서 수집 및 육성자원들에 대한 형태특성조사 또는 DNA 분자마커를 이용한 방법으로 이루어지고 있다. 하지만 형태특성조사의 경우, 여러 제한요소(재배 방법, 조사자의주관, 연차간 변이 등)로 인하여 품종 및 자원의 식별을 어렵게 한다.

기술 세부내용

- 본 발명의 방법은 옥수수 시료에서 게놈 DNA를 분리하는 단계를 포함한다. 상기 시료에서 게놈 DNA를 분리하는 방법은 당업계에 공지된 방법을 이용할 수 있으며, 예를 들면, CTAB 방법을 이용할 수도 있고, wizard prep 키트(프로메가사)를 이용할 수도 있다. 상기 분리된 게놈 DNA를 주형으로 하고, 본 발명의 일 실시예에 따른 SSR 프라이머 세트를 프라이머로 이용하여 증폭 반응을 수행하여 표적 서열을 증폭할 수 있다.

기술의 효과

- SSR 프라이머 세트를 통하여 꿀미찰 옥수수 품종의 효율적인 식별이 가능할 뿐만 아니라, 꿀미찰 옥수수의 품종보호, F1 잡종의 순도검정 그리고 꿀미찰 옥수수와 같은 찰초당옥수수 유전자원들을 효율적으로 평가할 수 있는 최적의 SSR 마커 선발과 분자육종연구 등에 유용한 정보를 제공할 것으로 기대된다.

응용분야

- 옥수수 품종 식별

아. 종자산업 기업 동향

1) 해외 동향

가) 라이크즈반(Rijk Zwaan)[248]

[그림 298] 라이크즈반

라이크즈반은 채소 육종 및 종자 생산 회사로 1924년에 설립되었으며 네덜란드 남부 지역에 위치한 리르(Lier)에 본사를 두고 있다. 이 회사의 지분은 세 가족이 90%를 소유하고 있으며 나머지 10%는 직원 주식제도에 따라 직원들이 소유하고 있다. 직원들에게는 매년 주식을 살 기회가 주어지며 이를 통해 재정적으로도 라이크즈반에 참여할 수 있다. 2019년 수익은 전년 대비 6% 증가하여 4억 4천만 유로를 기록하였고 직원의 40%가 R&D에 적극 참여하며 매출의 30%를 R&D에 투자하고 있다.

주요채소 카테고리 (품종 수)	
꽃상추 (6)	브로콜리 (3)
가지 (9)	오이 (25)
오이 피클 (2)	샐러리 (4)
콜리플라워 (13)	콩 (2)
셀러리악 (4)	콜라비 (6)
비트루트 (6)	대목 (9)
파프리카 (24)	고추 (1)
파슬리 (1)	리크 (1)
아루굴라 (3)	상추 (161)
양배추 (28)	근대 (2)
시금치 (35)	토마토 (42)
마타리상추 (4)	당근 (5)

[표 226] 라이크즈반 채소종자 품종

---

248) 종자산업 강국 네덜란드 TOP3 토종 종자기업, KOTRA, 2020.04.24

라이크즈반은 가족기업으로 시작하여 30여개 현지 자회사를 늘려간 것을 자사의 성공 요인으로 꼽고 있다. 라이크즈반은 과테말라, 남아프리카, 탄자니아, 인도, 베트남에 있는 산업 및 무역협회의 회원으로서 종자 지원이 가능한 환경을 조성하는 데도 적극적으로 기여하고 있으며, 동서 종자(East-West Seed) 및 와게닝겐대학과 함께 아프리카 채소산업에 대한 전문종자(SEVIA)와 협력관계를 맺고 있다. 또한 세계 유전자 은행들과 협력하며 유전자 자원을 수집하고 보호하고자 다수의 유전자 은행에 재정 지원을 통해 농생물의 다양성을 보존하는 데 기여하고 있다.

2020년, 라이크즈반은 'SN!BS'라는 들고 다니면서 먹을 수 있는 건강한 미니 야채 간식 브랜드를 선보였는데, '함께 더 강하게'라는 테마로 SN!BS 브랜드로 미니 토마토와 미니 오이를 포함한 다양한 채소 간식을 홍보하고 있다.

[그림 299] 라이크즈반 브랜드 SN!BS의 미니 채소간식

나) 베요자덴(Bejo Zaden)[249]

[그림 300]
베요자덴

　베요자덴은 채소 종자의 재배, 생산, 판매를 전문으로 하는 100년 이상의 역사를 가진 기업이며, 양파, 당근, 브라시카 등 150여종의 다양한 유기농 품종을 보유하고 있다. 베요자덴은 30여개국에 1,700여명의 직원을 두고 있으며 2017년 총 매출액은 약 2억 7000만 달러 규모로 서유럽, 동유럽, 북미, 중남미를 주요시장으로 하여 현재는 아시아와 아프리카 시장도 개발 중이다.

주요채소 카테고리 (품종 수)		
꽃상추 (2)	미니 브로콜리 (2)	적색치커리 (8)
샐러리 (8)	파 (4)	비트루트 (14)
케일 (6)	덩굴제비콩 (3)	로마네스코 브로콜리 (3)
배추 (8)	회향 (4)	셜롯(Wild Onion) (2)
치커리 (3)	당근 (33)	근대 (4)
콜라비 (10)	아스파라거스 (6)	옥스하트(Oxheart) 양배추 (6)
파스닙 (4)	콜리플라워 (19)	방울양배추 (16)
리크 (11)	브로콜리 (3)	껍질콩 (2)
무 (3)	주키니호박 (2)	양파 (33)
적양배추 (10)	셀러리악 (6)	백양배추 (27)
사보이 (11)	청경채 (1)	파슬리 (5)
상추 (25)		

[표 227] 베요자덴 채소종자 품종

249) 종자산업 강국 네덜란드 TOP3 토종 종자기업, KOTRA, 2020.04.24

베요자덴은 세계적인 종자 회사들과 가장 큰 유통 네트워크를 맺고 있는 기업 중 하나로 46개국에서 판매 활동을 하고 있다. 베요자덴은 각 소규모 농가에 맞는 채소 품종에 대한 교육, 육종 및 개발을 돕고 있으며 지역의 기후 상태에 맞는 채소 품종을 개발, 재배하여 소규모 농가에게 제공하고 있다.

베요자덴은 지역 고유의 생물 특성에 상업 특허를 내지 않고, 생물 다양성 협약(Convention on Biological Diversity)에 따라 육종가에게는 새로운 품종의 생산이나 연구를 위해서는 보호품종을 자유롭게 사용하도록 한 것과 같이 생물학적 물질 간 자유로운 교류를 지지하고 있다. 또한, 다른 회사들과 마찬가지로 R&D에 많은 투자를 통해 식물 DNA연구로 더 좋은 특성을 지닌 품종과 종자를 개발하는 데 힘쓰고 있다.

다) 엔자자덴(Enzazaden)[250]

[그림 301] 엔자자덴

엔자자덴은 1938년에 가족기업으로 설립, 교잡, 유기농 품종인 다양한 채소 작물들을 생산하고 있다. 엔자자덴은 24개국에 47개 자회사와 3개 합작회사를 두고 있으며, 라틴아메리카, 아프리카, 동남아시아에서 활동하며 2015년에 2억 1,800만 유로의 매출을 달성, 2016년 네덜란드 100대 기업 순위에서 96위를 기록했다.

주요채소 카테고리 (품종 수)	
꽃상추 (10)	가지 (3)
콜리플라워 (9)	주키니 호박 (5)
오이 (23)	콜라비 (5)
허브 (65)	멜론 (47)
대목 (1)	파프리카 (21)
호박 (6)	리크 (3)
치커리 (3)	무 (4)
상추 (49)	시금치 (1)
토마토 (21)	마타리상추 (4)
회향 (3)	

[표 228] 엔자자덴 채소종자 품종

엔자자덴은 매년 R&D에 7,500만 유로를 투자하여 연간 100여종의 신품종을 출시하고 있으며 이를 통해 30여종 이상의 농작물을 개선하는 것을 목표로 하고 있다.

---

250) 종자산업 강국 네덜란드 TOP3 토종 종자기업, KOTRA, 2020.04.24

엔자자덴은 동남아시아 재배지 설립에도 투자하여 질병 및 해충 저항성, 비생물적 스트레스 내성을 가진 품종을 개발하기도 했다. 2018년에는 말레이시아에 동남아시아 본부를 설립해 채소 품종을 개발하고 말레이시아에 종자를 유통할 예정이며. 같은 해 필리핀에는 상업용 사무실과 종자 보관소를 설립하기도 했다.

엔자자덴은 활동하고 있는 여러 지역에 육종 프로그램을 제공하고 있는데, 동서종자 인도네시아(EWINDO)와 합작 투자로 토마토, 호박, 오크라, 아마란스, 공심채, 줄콩 등 세계적인 현지 작물을 개발하기도 했다. 또한, 네덜란드 유전자원센터(Centre for Genetic Resources)와 파트너십을 맺어 야생 작물 및 농가 품종의 생식질을 채취하기 위한 재정지원을 하고 있으며 연구와 육종을 위한 목적으로 품종들을 사용할 수 있게 했다.

엔자자덴은 비정부기구인 Fair Planet과 협력하여 에티오피아 농부들이 생식질을 사용할 수 있게 지원하며 케냐, 남아프리카, 인도, 인도네시아, 필리핀, 태국에서 국제 무역 협회의 회원으로서 현지 종자 개발에 기여하고 있다.

2) 국내 동향

가) 아시아종묘[251][252]

[그림 302] 아시아종묘

아시아종묘는 종자를 개발 및 생산할 목적으로 2004년 6월 설립된 종자 전문기업으로, 2005년 설립한 전라남도 영암 소재지의 품질관리소를 포함하여, 전라남도 해남시, 경기도 이천, 전라북도 김제시에 순차적으로 연구소를 설립함으로써, 육종연구와 조직배양, 병리검정 등 생명공학 관련 연구개발 및 생산기반을 마련했다. 아울러, 아시아종묘는 국내뿐만 아니라 해외(인도, 베트남)에도 법인을 보유하고 국내/외 영업망을 확보하고 있다.

아시아종묘는 연구개발 역량을 기반으로 단호박, 양배추, 무, 고추 등의 종자를 자체적으로 개발하여 농약/종묘사, 영농조합 등 중간유통자와 농민, 일반 개인 고객 등 소비자를 대상으로 판매하며 성장하였다. 아시아종묘는 연구 성과와 유통망 확대에 힘입어 2014년 7월 코넥스 시장에 상장되었고, 2018년 2월 코스닥 시장으로 이전 상장되었다. 나아가, 2019년 8월에는 도시 농업백화점 채가원을 설립하여 도시 텃밭이나 주말농장에 필요한 씨앗, 비료, 화분, 원예자재 등 물품을 판매하고, 작물 재배 컨설팅 서비스도 제공하며 사업영역을 다각화하고 있다.

아시아종묘는 수입 종자를 대체하기 위해 다양한 품종의 국산화를 추진하고 있으며, 꽃가루가 생산되지 않는 현상인 웅성불임성, 암꽃만이 착화되는 자성주 등을 활용한 육종기술을 통해 전략적으로 종자를 육성함으로써 이익을 창출하고 있다. 아시아종묘가 개발 및 생산하고 있는 주요 종자로는 단호박, 양배추, 무, 고추, 양파, 참외, 멜론, 수박, 토마토 등으로 다양하다.

아시아종묘의 대표적인 매출 상위 품종으로는 아지지망골드(단호박), 원스톰(양배추), 동하무(무), 원볼(양파) 등이 있다. 아울러, 아시아종묘는 최근 소비자들이 건강에 관심이 높아지고, 웰빙 식품에 대한 선호도가 증가하고 있는 트렌트를 반영하여 안토시아닌, 베타카로틴, 비타민 등 항암 성분이 풍부한 종자도 개발하여 판매 중이다. 주요 기능성 품종으로는 미인풋고추, 신홍쌈배추가 있으며 적색 청경채, 적색 경수채, 적색 다채 등 다양한 적색 베이비 채소 신품종도 지속 출시하고 있다.

---

251) 아시아종묘(154030), 한국 IR협의회, 2021.04.01
252) [특징주] 아시아종묘, 정부 2조 투자 종자산업 육성 계획에 강세 / 머니S

사업군	주요 품종 사진 및 특징
단호박	• 분질도가 높은 밤호박으로 당도가 높아 생식/생즙으로 이용 가능 • 1.5~1.8kg의 편원형 과형 • 과피는 청록색에 옅은 줄무늬가 있으며, 과육은 녹황색으로 두께가 두꺼워 먹을 수 있는 부위가 많음
양배추	• 내한성이 우수한 월동 양배추로, 내병성(시들음병, 무름병)이 강함 • 1.8~2.1kg의 편형의 양배추 • 구색은 짙은 녹색이며, 구의 조직이 치밀하고 코어가 짧음
무	• 뿌리의 비대가 빠르고 근형이 H형으로 매끈하며, 추대가 비교적 안정되어 고랭지 여름 재배 및 평탄지 재배에 적합 • 고온 건조에도 재배가 양호하며, 생리장해에 강한 품종 • 국립종자원 주관 무 평가회(2015년)에서 인기 품종상 수상
양파	• 초세가 강한 고구형으로, 순도가 균일하며 추대와 분구가 안정적 • 비대력이 뛰어나고 작형이 안정되어 있어 재배가 용이 • 중만생종으로 내병성이 강함
고추	• 과가 길고 곧은 형태로, 평균 과장은 17~21cm • 육질이 아삭하며 초세가 강한 품종 • 혈당 억제 성분(α-글루코시다제)을 포함하여 탄수화물 흡수를 늦추며 혈당을 조절하여 당뇨 예방에 효과
배추	• 잎 수가 많아 잎 따내기 쌈용으로 적합 • 저온기 재배 시 적색 발현이 우수함 • 수용성 안토시아닌 등 항산화 물질을 함유하여 항암에 효과

[표 229] 아시아종묘의 주요 품종

아시아종묘는 국내/외 시장경쟁력을 공고히 하기 위하여 국내뿐만 아니라 인도와 베트남 법인을 기반으로 해외에도 연구기지와 영업망을 구축하고 있다. 아시아종묘는 2011년 인도 법인을 설립하고, 인도의 열대 기후를 활용하여 종자 개발 기간을 단축하고 있다. 이에 이어 2018년 베트남 법인을 추가로 설립하였다. 특히, 베트남은 1모작만 가능한 국내 환경과 달리 연중 3~4모작이 가능하여 효율적인 종자 개발/생산이 가능하고, 캄보디아, 라오스, 미얀마 등 주변 동남아 지역으로 종자 수출을 확대하기에 적합하다.

국가	Pool 수	주요 생산 품목
이태리	4	양배추, 무, 갓, 강낭콩, 당근, 부추, 양파, 완두, 치커리 등
프랑스	2	양배추, 당근, 비트 등
인도	5	호박, 토마토, 고추, 여주, 수박, 강낭콩, 오이, 대목 등
중국	1	배추, 무, 고추, 파프리카, 가지, 토마토, 오이, 수박, 멜론 등
뉴질랜드	3	양배추, 무, 완두, 당근 등

[표 230] 아시아종묘 주요 해외 채종 Pool 현황

나아가, 아시아종묘는 기후조건, 생산량 등을 고려하여 해외 전문 채종업체와 위탁 채종계약을 체결하여 종자를 생산하고 있다. 아시아종묘가 생산하는 종자는 평균 생산량이 10a(300평)당 몇십kg 내외로, 모든 종자의 직접 생산이 불가능하여, 국내 외 이태리, 인도, 중국 등 총 11개국에 주요 채종 Pool을 확보함으로써 안정적으로 종자를 생산하고 있다. 또한, 생산한 종자를 2019년 기준 42개국으로 수출하며 해외시장 내 경쟁력을 강화하고 있다.

아시아종묘의 매출은 단호박, 양배추, 무 등을 포함한 종자 매출과 새싹재배기 등의 상품 매출로 구성되며, 2020년 사업보고서(2020.09)에 따르면, 최근 3개년간 전체 매출 중 96% 이상이 종자 매출로 구성되어 있다. 아시아종묘는 9월 결산 기업이며, 2019 회계연도 기준 아시아종묘의 총 매출(별도기준)은 전년 대비 0.1% 증가한 178.8억 원을 기록하였고, 2020 회계연도 기준 총 매출(별도기준)은 226.4억 원으로 전년 대비 26.6% 증가하였다.

코로나19로 가정에 머무는 시간이 많아지며, 종자 외에도 새싹재배기, 텃밭세트 등 아시아종묘의 채가원을 통해 판매되는 상품 수요 확대도 매출 증가에 일조한 것으로 보여진다. 분기보고서(2020.12)에 따르면, 2021년 1분기 매출(별도기준)도 전년 동기 대비 종자는 24.6%, 상품은 147.8% 매출이 증가하는 등 안정적인 매출 성장을 나타내고 있다.

아시아종묘는 단호박, 양배추 등 종자 연구개발을 위해 전라남도 해남 소재지에 설립한 남부연구소와 경기도 이천의 생명공학연구소 및 전라북도 김제 육종연구소로 구성된 국내 3곳의 연구소를 운영하고 있다. 남부연구소에서는 우리나라 남부지방 기후에서 재배 가능한 과채류와 엽채류 등 신품종 육성에 주력하고 있으며, 이천 생명공학연구소에서는 연구실, 병리검정실, 조직배양실을 갖추고 분자마커 개발, 병리검정 지원 등의 생명공학 관련 연구개발을 수행하고 있다.

아시아종묘의 김제 육종연구소는 국내 종자 산업의 경쟁력 강화를 위해 2013년 농림축산식품부 주관으로 시행된 김제 씨드밸리(민간육종연구단지) 정책사업 참여를 통해 설립되었으며, 참외, 수박, 호박 등 수출 종자를 위주로 연구 중이다. 아시아종묘는 안정적인 연구소 운영과 연구개발을 위하여 국가로부터 지원받는 연구개발비 보조금과 더불어 매년 자체 연구개발비를 투자하고 있으며, 매출액 대비 전체 연구개발비는 최근 3개년 평균 26.4%의 비율을 구성하고 있다.

아시아종묘는 전 세계 42개국의 거래처(2020년 12월 기준)와 유관기관의 협조 아래 우량한 유전자원을 수집하고 있으며, 육종기술과 생명공학 기술을 접목하여 신품종을 개발하고 있다. 아시아종묘는 전통적인 육종기술에 해당하는 웅성불임성을 활용하여 개발 종자의 순도를 향상시키고 있다. 웅성불임성은 꽃가루가 생산되지 않는 현상으로, 형질이 우수한 교잡종 생산 시 꽃가루를 제거하는 번거로운 작업을 거치지 않아 생산 효율성이 좋으며, 일대교잡종(F1품종)이 수정능력이 없어 모계/부계 유출을 막아 유전자원을 안정적으로 보호할 수 있다.

아울러, 아시아종묘는 암꽃만 100% 착화되는 자성주를 이용한 채종법으로 순도를 향상시키고, 생산비용을 인공 채종 시에는 20% 이상, 매개곤충을 이용하는 경우에는 60% 이상 절감하며 생산 경쟁력을 확보하고 있다. 한편, 아시아종묘는 육종기술뿐만 아니라 분자마커, 병리검정, 조직배양과 같은 생명공학 기술을 접목하여, 재배에 소요되는 비용과 시간을 줄이며 형질이 우수한 종자를 개발하고 있다. 분자마커는 DNA 염기서열과 같은 분자들의 차이를 이용하여 특정 형질의 표지자로 사용할 수 있는 표지 분자를 말한다.

아시아종묘는 종자의 DNA를 추출하고 시약 분주, HRM(High Resolution Melting, 고해상도 용해) 분석 등의 과정을 거쳐 분자마커를 활용한 고순도 종자를 연구개발 중이다. 또한, 내병성 마커 및 분자생물학적 검정 방법 등을 통한 병리검정으로 기후에 따른 종자의 지역 특이적인 병 저항성을 검정하며 내병성 품종을 육성하고 있다. 나아가, 소포자 및 약 배양 기법 등 조직배양 기술을 기반으로 계통을 조속하게 확립하며 다양한 유전자원을 개발하고 있다.

[그림 309] 아시아종묘의 생명공학 관련 연구개발 예시

아시아종묘는 기술력을 기반으로 국가정책과제와 자체 연구개발을 수행하며 연구 성과를 나타내고 있다. 아시아종묘의 최근 국가정책과제 연구개발 완료 실적으로는 유전자원 탐색과 돌연변이 유기에 의한 기능성 들깨 품종 개발(2018), 분자마커를 활용한 흰가루병 저항성 단호박 품종 육성(2019) 등이 있으며, 아시아종묘는 개발 종자에 대해 상품화를 추진함으로써 가치를 창출하고 있다.

또한, 아시아종묘는 2020년 이후에도 수요자 맞춤형 국산 양상추 품종 개발, 저장성 증진 및 가뭄 저항성 여름 배추 육종소재 개발 등의 신규 과제를 꾸준히 수주받으며 연구를 지속하고 있다. 그 외 아시아종묘는 배추과, 가지과, 백합과, 박과 등 품목별로 내후성, 내충성, 복합 내병성을 지닌 품종을 자체적으로 개발하고, 품종 보호 등록을 통해 개발 품종의 실시 권리를 독점하고 있다.

국립종자원에 보호 등록된 아시아종묘의 품종은 2021년 3월 기준 총 118건으로 확인되며, 아시아종묘의 분기보고서(2020.12)에 따르면, 아시아종묘는 56건의 품종 보호 출원을 진행하였다. 이와 더불어, 2021년 3월 기준 아시아종묘는 52건의 상표권을 확보하고 있고, 이를 통해 브랜드 인지도를 제고하고 종자산업 내 입지를 공고히 하고 있다.

구분	품종 보호권		상표권
	등록	출원	등록
건수	118건	56건	52건
대상	양배추(57건), 고추(18건), 수박(11건), 호박(7건), 참외(6건) 등	고추(11건), 양파(7건), 토마토(6건), 수박(5건), 무(3건) 등	허니아삭, 미남풋, 암프리채, 튼튼초, 감토, 채가원 등

[표 231] 아시아종묘의 지식재산권 보유 현황

아시아종묘는 국내/외 판매 전략을 통해 기술 경쟁력 외 영업 및 마케팅 경쟁력도 강화하고 있다. 국내 시장의 경우 지역과 작물특성을 고려하여 농가에 종자를 무료로 공급하거나 육묘비 등을 지원하며 개발 품종의 적응성을 확인하는 시교 사업을 시행하고 있다. 사업이 성공하는 경우 농가 품평회 등을 통해 매출로 연결시킴으로써 체계적으로 판매 시장을 집중 개발 중이다.

지역별 기술센터와 협업하여 농가를 대상으로 작물특성, 관리법 등에 대한 세미나를 개최하고, 계절별로 작물 파종 전에 농가를 직접 방문하여 아시아종묘의 종자 우수성을 홍보하는 등 판매 증대를 위한 B/S(Before Service) 및 A/S(After Service)를 제공하고 있다. 한편, 해외 시장 개척을 위해 아시아종묘는 중국, 인도 등 주요 수출국의 지역 곳곳을 세부적으로 접근하고 있다.

매년 미국종자협회, 인도종자총회, 유럽종자협회 등 국제종자교역회와 Beijing Seed Fair, Horti Fair 등 해외 박람회 참가를 통해 신규 해외 거래선을 발굴하고 새로운 시장을 개척하고 있다. 나아가, 농업 및 종자와 관련하여 세계적으로 영향력 있는 잡지(Vegetable Grower, Seed World 등)에 아시아종묘의 제품을 홍보하며 전 세계 농업인을 대상으로 적극적인 홍보 및 마케팅 활동을 수행하고 있다.

농림축산식품부가 종자산업 규모를 확대할 계획인 가운데 아시아종묘의 주가가 강세다. 2023년 2월 1일 농식품부는 2027년까지 종자산업 규모를 1조 2000억원으로 키우기 위해 약 2조원을 투자한다고 밝혔다. 이를 위해 5대 전략 13개 과제와 향후 5년간 1조 9410억원 투자 방안을 담은 제3차 종자산업 육성 종합계획을 발표했다. 농식품부는 국내 종자시장과 해외 종자시장 현황, 해외 주요 국가의 종자 정책동향, 해외 주요 종자 기업의 종자 개발 기술 동향 등을 분석해 종자 산업 육성의 관점에서 발전 방향을 제시하고 실천 수단을 마련하는 데 중점을 뒀다.

항목	2018년	2019년	2020년	2020년 회계연도 1분기	2021년 회계연도 1분기
매출액	184.6	180.8	228.4	32.9	41.7
매출액 증가율(%)	-12.0	-2.1	26.4	67.4	26.7
영업이익	-15.6	-15.6	9.3	-8.7	-1.0
영업이익률(%)	-8.5	-8.6	4.1	-26.5	-2.4
순이익	-22.0	-41.3	-14.2	-2.1	-18.4
순이익률(%)	-11.9	-22.8	-6.2	-6.3	-44.0
부채총계	149.1	249.1	234.2	240.9	240.9
자본총계	187.7	146.9	153.7	144.6	180.9
총자산	336.8	396.0	387.9	385.5	421.9
유동비율(%)	151.8	150.8	97.5	144.4	151.8
부채비율(%)	79.4	169.6	152.4	166.6	133.2
자기자본비율(%)	55.7	37.1	39.6	37.5	42.9
영업현금흐름	-3.3	-14.7	-7.5	-8.8	1.4
투자현금흐름	-8.4	-84.8	-0.1	1.0	-1.7
재무현금흐름	26.0	88.6	-5.6	-5.9	42.7
기말 현금	30.3	20.2	6.7	6.2	48.7

[표 232] 아시아종묘 연간 및 1분기(누적) 요약 재무제표 (단위: 억 원, K-IFRS 연결기준)

나) 농우바이오[253]

[그림 310] 농우바이오

농우바이오는 1981년 10월 농우종묘사로 창업하였으며, 1990년 6월 농우종묘 주식회사로 법인전환하였고, 2002년 4월 코스닥 시장에 상장되었다. 2020년 반기보고서에 따르면, 본사는 경기도 수원시 영통구 센트럴타운로에 소재해 있으며, 총 470여 명의 임직원이 근무하고 있다. 농우바이오는 농업용 채소 종자와 상토를 개발하는 농업 전문기업으로 종자 및 농자재 사업을 주요 사업으로 영위하고 있다.

현재, 농우바이오는 글로벌 마케팅 경쟁력 강화로 해외 영업뿐만 아니라 신시장 개척 및 신품종 개발을 추진하여 글로벌 선두 기업으로 성장하고 있다. 또한, 농협 인프라를 적극적으로 활용한 협력 사업을 추진하여 종자, 상토, 비료, 농약을 연계한 토탈 농기자재 사업 모듈을 개발하여 기업경쟁력을 강화할 예정에 있다.

농우바이오는 전체 매출액 중 77.79%를 종자로 시현하고 있으며, 종자 중 고추, 토마토, 무, 배추, 수박, 참외, 오이, 호박, 멜론 등과 같은 다수의 제품 포트폴리오를 구축하고 있으며, 이를 위해 연구개발을 지속해서 추진하고 있다. 2022년 연결 영업이익이 110억원을 기록해 전년 대비 61.38% 증가했다. 같은 기간 매출액과 순이익은 1463억원, 98억원으로 각각 10.13%, 41.25% 늘었다.[254]

[그림 311] 농우바이오 제품 포트폴리오

최첨단 장비와 시설을 갖추고 산지에서 생산된 종자를 세계 최고 품질을 갖춘 제품으로 만들어 농가에 보급하기 위해 구축한 QA(Quality Assurance) 본부는 종자 품질을 최종 보증하는 부서로 육종연구소, 생명공학 연구소 등 관련 부서와 유기적인 업무시스템을 갖추고 있다. 종자의 발아, 병리, 순도 검사를 통한 품질검사와 종자의 보관, 가공, 포장, 유통까지의 최첨단

253) 농우바이오(054050), 한국 IR협의회, 2021.01.21
254) 농우바이오, 지난해 영업이익 110억…전년比 61.38%↑ / 뉴시스

과학적 기법으로 운영 관리하고 있다.

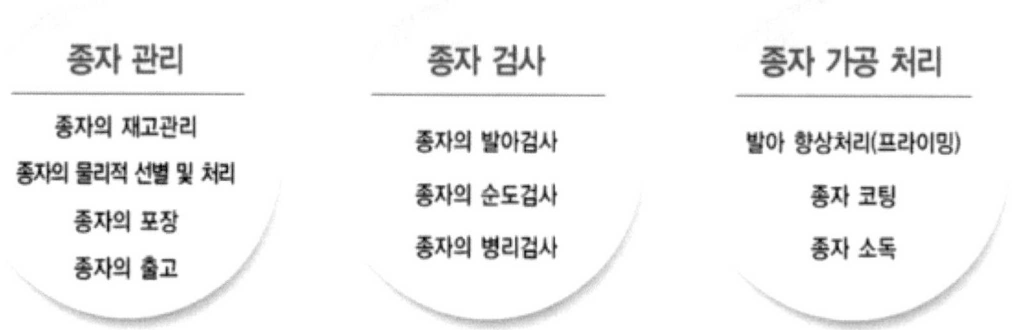

종자 관리	종자 검사	종자 가공 처리
종자의 재고관리	종자의 발아검사	발아 향상처리(프라이밍)
종자의 물리적 선별 및 처리	종자의 순도검사	종자 코팅
종자의 포장	종자의 병리검사	종자 소독
종자의 출고		

[그림 312] 농우바이오 최첨단 운영시스템

농우바이오는 한국과 같이 부존자원이 부족한 국가에서의 무형의 생명과학 지식이 고부가가치를 창출할 수 있는 대표적인 지식산업이 될 것으로 판단하여 연구·개발 조직을 구축하여 산업, 고용 및 부를 창출할 수 있는 가장 대표적인 산업으로의 부상을 꿈꾸고 있다. 이에, 안성 파프리카 육종연구원, 김제 씨드밸리 산형 백합과 연구소를 연구시설로 편입, 연구인력을 보충하여 연구역량을 강화하였다. 또한, 꾸준한 R&D 투자(5년 평균 16.6%), 국책과제 수행(국내 겨울 재배용 품종 개발, 수출용 중과형 파프리카 품종 개발 등)을 통한 지원금 확대 및 연구역량을 강화하였다.

농우바이오는 전국적으로 10개의 지점과 제주사업소를 보유하고 있으며, 각 지점을 통하여 700여 개의 판매상과 거래를 하고 있다. 또한, 해외매출은 자회사인, 북경세농종묘유한공사, NONGWOO SEED INDIA PVT. LTD, PT. KOREANA SEED INDONESIA, NONGWOOSEED MYANMAR PVT. LTD, NONGWOO SEED AMERICA INC., NONGWOOBIO TOHUMCULUK SANAYI TICARET ANONIM SIRKETI 등의 해외 현지법인 및 외국 종묘회사를 통하여 외국 농민들에게 공급되고 있다.

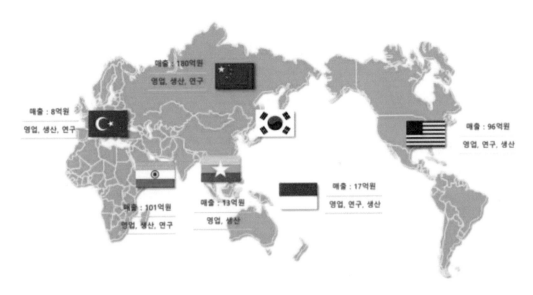

[그림 313] 농우바이오 해외법인의 판매 현황

근래 관련 소송 등 지식재산권의 중요성이 증대되고 있는 가운데 동사는 우수한 특성을 나타내는 품종에 대한 품종 생산·판매에 대한 독점적 권리를 인정하는 품종보호제도를 활용하고 있으며 2015년 15건, 2016년 6건, 2017년 11건, 2018년 6건, 2019년 8건을 등록받았고 총 등록 건수는 165건으로 파악된다.

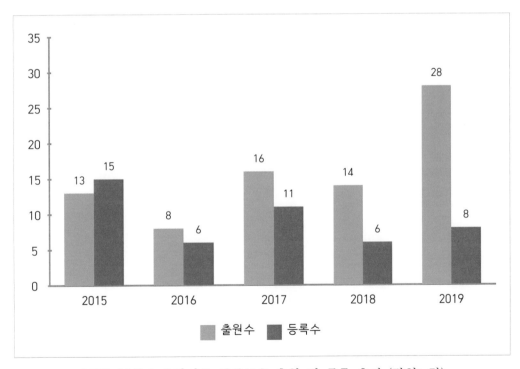

[그림 314] 농우바이오 품종보호 출원 및 등록 추이 (단위: 건)

재래종은 수율의 불규칙성으로 선진국으로 갈수록 교배종(F1 Hybrid)으로 대부분 대체된 상태이다. 종자는 교배 방식에 따라 재래종과 교배종(교잡종)으로 나뉘는데 재래종은 격리된 환경에서 자연방임 교배를 통해 유전적 형질이 자연적으로 고정된 종으로 특별한 육종 기술 및 생명공학 기술이 요구되지 않는다. 따라서, 종자 가격은 극히 낮지만, 수율이 불균일(유전학상 근친교배가 될 가능성이 커 수율이 균일하지 않음)해 개발 도상국에서 주로 사용 중이다. 이에, 병해충 저항성과 수량성을 높일 수 있는 신규 기술 개발의 필요성이 요구되고 있다.

농우바이오는 선진국형 종자인 교배종으로 전환하였으며, 교배종은 제1대 교배종이 양친보다 우수한 성질을 갖는 잡종강세 현상을 활용하여 육종하여 생육·생존력·번식력 등에서 우수한 고순도의 품종이다. 따라서, 병해충 저항성이 강하고, 상품 크기, 무게 맛 등이 균일한 효과가 있다.

재래종 OP (Open Pollination)	제1대 교배종 (F1 Hybrid)
격리된 환경에서 자연방임 교배를 통해 유전적 형질이 자연적으로 고정된 종	제1대 교배종이 양친보다 우수한 성질을 갖는 잡종강세 현상을 활용하여 육종
특별한 육종 기술 및 생명공학 기술이 요구되지 않음. ⇒	생육, 생존력, 번식력 등에서 우수한 고순도의 품종
특징 -저렴한 종자 가격 -낮은 생산물 수량성 -정연성 낮음 -개발도상국형	**특징** -병해충 저항성 높음 -수량성 우수 -상품 크기, 무게, 맛 등 균일 -선진국형

[그림 315] 농우바이오, 재래종에서 제1대 교배종으로 전환 중

① DNA 마커 활용기술

농우바이오는 고품질의 신품종 개발을 위해 분자유전학 및 생물정보학 관련 지식과 기술을 적용하여 DNA 마커를 개발하고, 이들 마커를 활용한 육성재료의 대량분석을 통한 신품종 육성 프로그램을 효과적으로 지원하고 있다.

다수의 DNA 마커는 내병성 등의 유용 형질을 결정하는 유전자의 변이를 이용하여 목적 형질을 유묘기에 효율적으로 선발할 수 있는 기술(MAS; marker-assisted selection)과 우량계통을 육성하기 위해 사용되는 여교배 육종법의 육성세대를 단축하기 위한 기술(MAB; marker-assisted breeding)에 널리 이용되고 있다.

농우바이오는 우수한 신품종 개발이 신속하고 정확하게 이루어질 수 있도록 연간 100만 점 이상의 DNA 마커를 분석할 수 있는 IntelliQube 마커분석 자동화 시스템(Fully automated PCR setup, amplification and analysis system, LGC Biosearch Technologies)을 구축하여 신품종 육성 프로그램에 이용하고 있다.

일례로, "칼탄맥스"와"빅4"와 같은 고추 신품종은 오이 모자이크 바이러스(CMV), 토마토 반

점 위조 바이러스(TSWV), 탄저병, 역병에 대한 복합내병계 품종으로 DNA 마커를 이용하여 다수의 병 저항성 유전인자를 집적하여 개발된 대표적인 성공 사례이다.

② 성분 분석기술

농우바이오는 건강과 웰빙에 대한 소비자의 관심도가 높아짐에 따라 생리활성성분이 다량으로 함유된 기능성 품종 육성을 위한 성분분석 시스템을 구축하고 있으며, 이를 이용하여 항산화 물질인 시스라이코펜(cis-lycopene)이 다량 함유되어 있는 "TY-시스펜" 토마토 신품종을 성공적으로 개발하여 시장에 출시함으로써 소비자들의 기호를 충족시키고 있다.

최근에는 기존의 품종에 비해 베타카로틴(beta-carotene), 플라보노이드(flavonoids) 등의 생리활성성분이 다량 함유되어 기능성이 강화된 신품종 개발을 위한 지속적인 연구개발과 노력으로 고객 만족을 위해 최선을 다하고 있다.

③ 식물조직배양 기술

농우바이오는 식물 세포나 기관을 무균 상태의 적절한 환경에서 배양하여 온전한 식물체를 만들어내는 기술을 이용하여 약, 소포자, 자방 등의 배양을 통해 유전적으로 고정된 순계인 배가 반수체(doubled haploid)를 생산하여 육성가에게 공급함으로써 계통육성 연한을 단축하게 하고 있다.

또한, 동종 혹은 이종 간 세포융합(cell fusion)을 통해 다양한 유용 유전자원을 공급하고 있으며, 최근에는 표적 유전자 돌연변이(유전자교정) 기술을 이용하여 내병성, 기능성 등이 강화된 신규 유전자원을 적극적으로 개발하고 있다.

④ 병원균 동정 및 병리검정 기술

내병충해성은 재배 안정성이 우수한 품종을 개발하는 데 있어서 매우 중요한 핵심요소인바, 농우바이오는 작물별 병원균 동정 및 병 저항성 품종 개발 지원 업무를 체계적으로 수행하고 있으며 재배 농가에서의 병해 발생에 대한 신속한 원인분석을 통해 농가의 안정적 재배와 피해의 최소화에 힘쓰고 있다.

50여 종 이상의 식물 병원균에 대해서는 국공립 연구기관, 대학 등 유관기관들과의 협업을 통하여 채소작물의 병원균에 대한 지속적인 모니터링을 하고 있으며, 이들 병원균 중 저항성이 요구되는 신품종 개발을 효과적으로 지원하고 있다.

최근에는 한 종류의 병원균에 대한 저항성뿐 아니라 여러 종류의 병원균들에 저항성을 갖는 복합내병계 품종 개발에 주력하고 있다. 일례로, "새벽이슬", "수호", "강심장", "천고마비", "가을전설" 등의 배추는 뿌리혹병(clubroot)과 TuMV (Turnip mosaic virus, 순무 모자이크 바이러스) 또는 노균병에 대한 복합 내병계 품종으로 개발되었다.

향후에는 농우바이오의 미국, 중국, 인도, 터키, 인도네시아 등 해외법인 R&D와의 협력사업을 강화하여 해외 목표시장에서 요구되는 병해충 저항성 품종이 육성될 수 있도록 주도적인 역할을 다할 것이다.

농우바이오는 캘러스 유도를 이용한 고추 형질전환체, SOC1 유전자를 교정하여 만추성 형질을 가지는 유전체 교정 배추 식물체의 제조방법, CMV 병원형 감염에 내성인 형질전환 고추 등 형질전환기술과 관련된 기술을 특허 등록하여 기술경쟁력과 배타적 독점권을 확보하였다. 2020년 12월 기준 이와 관련된 국내 특허 등록 7건, 국내 특허 출원 1건, 상표권 등록 17건을 보유하고 있다.

출원번호 (출원일)	발명의 명칭	등록번호 (등록일)
10-2008-0127167 (2008.12.15.)	배추 뿌리혹병 저항성 연관 분자표지 및 이의 용도	10-1095220 (2011.12.09)
10-2004-0016722 (2004.03.12.)	캘러스 유도를 이용한 고추 형질전환체의 대량 생산 방법	10-0522437 (2005.10.11)
10-2012-0028632 (2012.03.21.)	세포질 웅성 불임성을 가지는 NWB-CMS 양채류 식물체 및 이의 용도	10-1319265 (2013.10.11)
10-2007-0075640 (2007.07.27.)	메론 및 참외에서 유용한 흰가루병 저항성 연관 SCAR마커 및 이를 이용한 저항성 참외 품종 선발 방법	10-0919753 (2009.09.23)
10-2002-0061649 (2002.10.10.)	새로운 유전자형의 CMS 무 계통의 식물체, 이를이용하여 잡종 종자를 생산하는 방법 및 상기 NWB-CMS 무 계통의 식물체 선발용 DNA 표지인자	10-0399333 (2003.09.15)
10-2018-0153757 (2018.12.03.)	SOC1 유전자를 교정하여 만추성 형질을 가지는 유전체 교정 배추 식물체의 제조방법 및 그에 따른 식물체	10-2113500 (2020.05.15)
10-2006-0100689 (2006.10.17.)	CMV 병원형 감염에 내성인 형질전환 고추	10-0804766 (2008.02.12)
10-2018-0153751 (2018.12.03.)	FT 유전자를 교정하여 만추성 형질을 가지는 유전체 교정 배추 식물체의 제조방법 및 그에 따른 식물체	-

[표 233] 농우바이오 국내 특허 등록(출원) 상황

농우바이오는 종자와 상토, 비료 이외에도 친환경 사업으로 주목받고 있는 토양 개량제인 바이오차 상용화를 통하여 사업 다각화를 하였다. 농우바이오가 개발한 바이오차 제품은 내부 미세기공이 많아 작물의 생육에 필요한 수분과 양분을 공급하고 유용 미생물의 서식과 활동이 유리하여 수확증대를 기대할 수 있으며, 탄소의 비율을 안정시켜 작물이 튼튼하게 생육할 수 있도록 하는 효과가 있다.

항목	2016	2017	2018	2019	2020
매출액	1,030	1,044	1,040	1,212	1,300
매출액 증가율(%)	445.55	1.33	-0.41	16.57	7.23
영업이익	134.7	99.5	51.9	39.3	42.0
영업이익률(%)	13.06	9.53	4.99	3.24	3.23
순이익	-75.5	92.3	286.5	69.9	94.6
순이익률(%)	-7.32	8.83	27.54	5.76	7.27
부채총계	53.6	652.4	356.0	571.1	654.9
자본총계	1,678.8	1,746.7	2,286.5	2,317.5	2,362.0
총자산	2,212.4	2,399.1	2,642.5	2,898.6	3,016.9
유동비율(%)	232.44	236.88	449.75	305.56	286.70
부채비율(%)	31.78	37.35	15.57	25.07	27.73
영업현금흐름	77.1	-170.9	268.0	3.0	59.9
투자현금흐름	2.9	-96.9	8.9	-121.1	9.3
재무현금흐름	-69.4	262.4	-188.0	81.6	-24.4
기말 현금	140.6	125.1	210.2	172.5	210.0

[표 234] 농우바이오 연간 요약 재무제표 (단위: 억 원, K-IFRS 연결기준)

06

동물용의약품

6. 동물용의약품
가. 동물용의약품 개요
1) 동물용의약품 정의 및 분류[255]

동물용의약품은 동물의 질병예방 및 치료로 피해를 줄이고 건강한 가축의 사육과 성장촉진 등으로 생산성 향상을 위해 동물의 질병예방 및 치료등의 목적으로 사용하는 의약품을 말하며 동물용의약품에는 양봉용·양잠용·수산용 및 애완용(관상어 포함)이 포함된다.

동물용 의약품은 계열별, 사용목적에 따라 분류할 수 있다. 먼저 계열별로 동물용 의약품을 분류하면, 항생제, 항콕시듐제, 항원충제, 신경계작용약, 합성항균제, 성장촉진 호르몬제, 구충제로 나눌 수 있다.

대분류	소분류	의약품명
항생제	아미노글리코사이드계 (Aminoglycosides)	Amikacin, Apramycin, Destomycin, Dihydrostreptomycin, Gentamicin, Hygromycin B, Kanamycin, Neomycin, Streptomycin, Spectinomycin
	세팔로스포린계 (Cephalosporins)	Cefacetril, Cefazolin, Cefoperazone, Cefquinome, Ceftiofur, Cefuroxime, Cephalexin, Cephalonium, Cephaloridine, Cephapirin
	매크로라이드계 (Macrolides)	Erythromycin, Josamycin, Kitasamycin, Oleandomycin, Rxithromycin, Sedecamycin, Spiramycin, Tilmicosin, Tylosin
	페니실린계 (Penicillins)	Amoxicillin, Ampicillin, Benzatine cloxacillin, Clavulanic acid, Dicloxacillin, Nafcillin, Penicillin, Penicillin G, Phenazone
	린코사마이드계 (Lincosamides)	Clindamycin, Lincomycin, Pirlimycin
	펩타이드 (Peptides)	Bacitracin, Colistin, Enramycin
	페니콜계 (Phenicolds)	Chloramphenicol, Florfenicol, Thiamphenicol
	테트라사이클린계 (Tetracyclines)	Chlortetracycline, Doxycycline, Oxytetracycline, Tetracycline
	글리코펩타이드계 (Glycopeptides)	Avoparcin, Vancomycin
	기타	Avilamycin, Efrotomycin, Bambermycin, Tiamulin, Griseofulvin, Novobiocin, Nystatin, Polymixin-B, Rifampicin, Virginiamycin

[표 235] 동물용 의약품의 계열별 분류

---

255) 동물용 의약품 등 편람, 2001; 동물용 의약품 등 약효성분 분류집, 2004

대분류	소분류	의약품명
항콕시듐제	폴리에테르계 (Polyethers)	Semduramycin, Lasalocid, Maduramycin, Monensin, Narasin, Salinomycin
	기타	Amprolium, Ethopabate, Diclazuril, Clopidol, Nicarbazin, Halofuginone, Decoquinate, Robenidine, Roxarzone, Sulfanitran, Zoalene
항원충제	나이트로이미다졸계 (Nitroimizazoles)	Dimetridazole, Ipronidazole, Ronidazole
	기타	Isomethamidium, Diminazene, Berenil
신경계 작용약	중추신경계작용약	Diazepam, Diprophyline, Naloxone, Benzetimide HCI, Methscopolamine
	진정·진경제	Acepromazine, Azaperone, Belladonna, Brotizolam, Detomidine HCI
	진통·해열·소염제	Ephedrin, Antipyrine, Dimethothyloxyquinazine, Aluminium salycylate, Acetaminophen, Acetanilide, Novalgin, Acetylsalicylic acid, Benzydamine, Sulpyrine
	항히스타민제	Cyproheptadine HCI, Dexamethazone, Betamethasone, Prednisolone
	NSAID	Dipyrone, Etodolac, Meloxicam, Phenylbutazone, Flunixin
	벤틸페리미딘 (Benzylperimidine)	Ormethoprim, Trimethoprim
합성 향균제	플루오로퀴놀론계 (Fluoroquinolones)	Cenfloxacin, Ciprofloxacin, Danofloxacin, Enrofloxacin, Flumequin, Norfloxacin, Ofloxacin, Orbifloxacin, Pefloxacin, Sarafloxacin
	퀴놀론계 (Quinolones)	Nalidixic acid, Oxolinic acid
	나이트로푸란계 (Nitrofurans)	Furaltadon, Furazolidon, Nitrofurazone, Nitrovin
	설폰아마이드계 (Sulfonamides)	Dapsone, Diaveridine, Sulfachlorpyridazine, Sulfaclozine, Sulfadiazine, Sulfadimethoxine, Sulfadimidine, Sulfadoxine, Sulfaguanidine, Sulfamerazine, Sulfamethoxazole, Sulfamethoxypyridazine, Sulfamonomethoxine, Sulfanilamide, Sulfaphenazole, Sulfaquinoxaline, Sulfathiazole, Sulfatolamide, Sulfisomidine, Sulfisoxazole, Sulfithozole
	퀴녹살린계 (Quinoxalines)	Carbadox, Olaquindox

[표 236] 동물용 의약품의 계열별 분류

대분류	소분류	의약품명
성장촉진 호르몬제	스테로이드계 (Steroids)	17ß-Estradiol, Testosterone, Progesterone, Norgestromet, Melengestrol acetate, Zeranol, DES
	베타-아고니스트계 (Beta-agonists)	Trenbolone, Clenbuterol, Ractopamine
	소마토트로핀계 (Somatotropins)	BST, PST
	기타	Thiouracil, Dinoprost, Carbetocin, Flumethazone, Gonadotrophin, Oxytocin
구충제	아버멕틴계 (Avermectins)	Abamectin, Doramectin, Eprinomectin, Ivermectin, Moxidectin
	벤지미다졸계 (Benzimidazoles)	Albendazole, Benomyl, Carbendazole, Carbendazime, Febantel, Fenbendazole, Flubendazole, Mebendazole, Oxfendazole, Oxibendazole, Thiabendazole, Triclabendazole
	카바메이트계 (Carbamates)	Bendiocarb, Carbamate, Carbaryl, Methomyl, Propoxur
	오가노클로린계 (Organochlorines)	Lindane
	오가노-포스페이트계 (Organo-phosphates)	Chlorpyrifos, Coumaphos, DDVP, Diazinon, Fenitrothion, Naled, Phosmet, Phoxim, Tetrachlorvinphos, Trichlorfon, Dichlorvos, Azamethiophos
	피레스로이드계 (Pyrethroids)	Alphamethrin, Cyfluthrin, Cypermethrin, Deltamethrin, Fluvalinate, Tetramethrin
	피페라진계 (Piperazines)	Piperazine, Pyrantel
	살리실아마이드계 (Salicylamides)	Niclosamide, Oxyclozanide
	기타	Aluminium silicate, Cymiazole, Clorsulon, Chlorophenol, Closantel, Dichlorophene, Diethylcarbamazine, Diphenhydramine HCl, Nitroxynil, Amitraz, Methoprene, Difluron, Levamisole, Fluazuron, Imidacloprid, Oxythioquinox, Pyrimethamine, Morantel, Clipquinol, Cyromazine

[표 237] 동물용 의약품의 계열별 분류

사용목적에 따라 동물용 의약품을 분류하면 생산성 향상약, 질병예방약, 질병방제약, 질병치료약, 방역약으로 나눌 수 있다.

분류	사용목적	동물약품
생산성 향상약	가축, 가금 등의 경제적 생산성 향상	젖소의 유량저하 방지용 요도카세인, 유량 증산용 BST 등
질병예방약	감염증 발생예방	백신 등
질병방제약	집단 사육, 양식에서의 질병예방 및 치료	사료첨가제, 음용수첨가제 등
질병치료약	질병에 걸린 동물의 개체별 치료	주사제, 경구제 등
방역약	감염증 예방 목적의 동물 사육장, 방목장, 어장에 사용	소독제, 살충제 등

[표 238] 동물용 의약품의 사용목적에 따른 분류

동물용 의약품 중 백신의 용도는 바이러스·세균 및 마이코플라즈마에 의한 질병을 예방하기 위한 것이고 항생·항균제는 세균성 질병에 의한 감염을 예방하고 치료하기 위한 용도로 사용된다. 구충제는 회충, 콕시듐과 같은 내부 기생충 및 개선충과 같은 외부 기생충을 예방하고 치료하는 목적으로 사용되며, 분만 유도나 발정 유도, 발정 동기화, 배란 동기화 등의 번식을 조절하기 위해 호르몬제를 이용한다. 동물의 통증과 염증을 완화 혹은 진정시키기 위해 진통제·진정제를 사용한다.

이러한 모든 동물용 의약품은 농림축산검역본부의 허가를 받아야 한다. 동물용 의약품은 법적으로 일반의약품과 수의사 처방의약품으로 나누어진다. 일반의약품의 경우, 수의사의 현장 임상관찰이나 평가 없이 사용할 수 있는 의약품으로 처방의약품으로 규정되지 않은 생물학적 제제, 항생제, 생균제, 영양제, 소독제 등이 포함되어있다. 수의사 처방의약품은 호르몬, 일부 생물학적 제제 및 항생·항균제 사용에 전문적 지식이 필요한 약품 등이 포함된다. 이에 해당하는 의약품들은 현장 임상 관찰과 평가를 통해 작성된 수의사처방전에 의해 제공된다.

일반적으로 동물용 의약외품이란 농림축산검역본부장이나 국립수산과학원장이 정하여 고시한 것을 말한다. 첫 번째로 "구중청량제, 탈취제, 세척제 등 애완용 제제, 축사 소독제, 해충의 구제제 및 영양보조제로서의 비타민제 등 동물에 대한 작용이 경미하거나, 직접 작용하지 아니하는 것으로써 기구 또는 기계가 아닌 것과 이와 유사한 것"으로 동물용 해충의 구제제, 방지제, 기피제 및 유인 살충제, 동물 질병 예방을 위한 소독제, 애완동물용 제제, 동물용 유두침지제, 동물의 신체보호를 목적으로 이용되는 단순 외용제제, 동물의 영양보조제 등이 포함된다. 두 번째로 "동물 질병의 치료, 경감, 처치 또는 예방의 목적으로 사용되는 섬유, 고무제품 또는 이와 유사한 것"으로 동물용 가리개, 동물용 감싸개, 동물용 외과 수술포, 동물용 거즈, 동물용 탈지면, 동물 소독용 시슈, 동물용 반창고 등을 포함하며, 이는 약사법 특례규정에 의거하여 동물용 의약품 취급규칙으로 관리되고 있다.

살충제는 동물 및 농작물을 가해하는 해충의 방제에 사용하는 약제로서 여러 작용기전과 분자 구조에 따라 분류되는 것이 일반적이다. 크게 시냅스 전막의 저해제, 신경기능저해물질, 아세틸콜린에스테라제의 활성저해제로는 카바메이트계, 유기인계 살충제가 있다. 에너지 대사의 저해제, 아세틸콜린 수용체의 저해제는 주로 TCA 회로에 관여하고 있다. 호르몬 균형의 교란 물질, 키틴의 생합성 저해 물질, 미생물 살충제 등이 있다. 특히 의약외품 가운데 불법 사용의 가능성이 가장 우려되는 항목이기도 하다.

농약 살균제란 병원 미생물로부터 동물 및 농작물을 보호하여 농산물의 질적 향상과 양적 증대를 목적으로 사용되는 약제를 말하며 작용하는 기작에 따라 단백질 생합성 저해 물질, 세포벽 형성 저해제, 세포막 형성 저해제, 호흡 저해물질, 숙주의 병해 저항성 유발 작용제, 세포분열 억제제, 기타 인지질 생합성 저해제, 멜라닌 색소 저해, 세포기능저해제 등 다양한 약제 등이 있다. 이들은 또한 축사 및 양식장의 오용 가능성이 있을 수 있다. 축사 또는 어류양식장에서의 내부 및 외부의 환경은 잔류 된 각종 유기물 또는 병원체로 오염되어 있으며, 사양 관리가 부실할수록 그 오염도는 높아진다. 이에 따라, 오염물이 지속적으로 축적되면서 질병 발생의 위험성은 높아지고, 이를 완화시키기 위하여 소독 및 청소를 통해 오염도를 최소화 시키며 차단 방역을 할 수밖에 없는 실정이다. 특히 축산 분야에 있어서 질병 발생을 얼마나 최소화 시키느냐에 따라 농가의 생산성이 결정되는데, 그 이유는 오늘날 축산 분야의 사육 양상이 여러 마리의 소를 좁은 축사에서 사육을 하는 밀집 다두 및 대규모 사육 양태로 변하고 있어 이에 따른 질병 전파의 속도나 피해 규모는 상상 이상으로 늘어날 수밖에 없는 상황이 되고 있기 때문이다. 이러한 실태로 인해 농가에서는 소독 예방약 사용량을 꾸준히 증가 시켜 왔으며 사용량이 점차 증가됨에 따라 안전 기준 없이 무분별하게 사용되는 사례 또한 상승세를 보이는 상황이다.

2) 동물용의약품 산업 특성[256]

 동물 의약품 시장 성장을 이끄는 주요 요인으로 동물 간 전염병 유병률의 증가, 반려동물이나 가축 소유주의 약제 선호도 향상 등이 있다. 또한, 육류 및 동물 기반 제품 수요 증가로 연결되는 지속적인 인구 증가, 첨단 의약품을 개발하기 위한 연구개발 및 신생 스타트업 기업의 증가 등이 있다. 한편, 조류 인플루엔자, 돼지 인플루엔자 및 기타 많은 전염병이 지속해서 발병되고 있어 새로운 동물 의약품 개발의 필요성이 높아지고 있다.

 동물 의약품 시장은 반려동물 소유주의 증가와 전 세계 가축 수의 급증 등으로 인해 성장하고 있으며, 동물의 다양한 질병에 대한 유병률 급증, 축산물에 대한 수요 증가, 동물의 의료비 지출 증가 등도 동물 의약품 시장의 성장을 촉진하는 요인이다. 그러나, 저개발국가의 수의학 인프라 부족과 의약품 사료 첨가제와 관련된 엄격한 규제는 동물 의약품 시장의 성장을 제한하고 있으며, 반대로, 동물의 건강 관리에 대한 인식의 증가는 동물 의약품 시장에 대하여 성장 기회를 제공하고 있다.

구분	주요 내용
성장 촉진요인	• 반려동물 소유 급증 • 전 세계 가축 수 증가 • 동물 의료비 지출 증가 • 동물의 다양한 질병에 대한 유병률 급증
성장 억제요인	• 동물 의약품 및 백신과 관련된 엄격한 규제 • 저개발국가의 수의학 인프라 부족
시장 기회	• 동물의 건강 관리와 관련된 인식 급증

[표 239] 글로벌 동물 의약품 시장의 원동력

 동물 의약품 산업 환경을 공급자들의 협상력, 구매자들의 협상력, 잠재적 진입자의 위협, 대체재의 위협, 경쟁의 위협에 따라 분석하면 다음과 같다.

분류	주요 내용
공급자들의 협상력	• 반려동물용 특수 의약품을 제공하는 여러 공급자의 존재로 인해 판매업체는 가격에 따라 한 공급자에서 다른 공급자로 쉽게 전환할 수 있음 • 이에 따라, 예측 기간 동안 공급자들의 협상력이 보통 수준을 유지할 것으로 예상됨

[표 240] 동물 의약품 산업 환경 분석

---

256) 동물 의약품 시장, 글로벌 시장동향보고서/연구개발특구진흥재단

분류	주요 내용
구매자들의 협상력	• 반려동물용 특수 의약품을 판매하는 업체가 다수 있어 구매자들의 협상력은 낮음 • 현재 의약품은 동물의 통증과 염증에 대한 1차 치료제로 남아 있으며, 판매업체들은 경쟁력 있는 가격으로 약품을 판매하고 있음 • 이와 같은 요인들로 인해 예측 기간 동안 구매자들의 협상력이 낮을 것으로 예상함
잠재적 진입자의 위협	• 시장에서 높은 점유율을 차지하는 소수의 기업이 반려동물용 특수 의약품 시장을 장악하고 있으므로, 신규 기업들의 시장 진입은 매우 어려움 • 2019년 잠재적 진입자의 위협은 낮았으며, 예측 기간 동안 동일하게 유지될 것으로 예상됨
대체재의 위협	• 반려동물의 질병은 주로 약물과 백신을 통해 치료할 수 있음 • 외과 치료는 크게 도움이 되지 않기 때문에, 대체재의 위협은 낮음
경쟁의 위협	• 반려동물 특수 의약품 시장에는 높은 시장 점유율과 강력한 입지를 두고 대기업들이 서로 경쟁하고 있음 • 다만, 시중에 유통되는 승인된 제품이 많지 않아 통증 관리 효과가 높지 않은 약물에 의존하고 있음 • 따라서, 예측 기간 동안 경쟁의 위협은 보통 수준을 유지할 것으로 예상됨

[표 241] 글로벌 동물 의약품 시장 분석

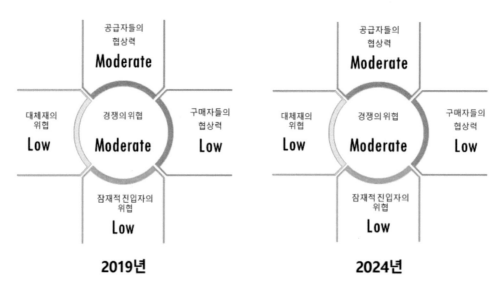

[그림 317] 글로벌 반려동물용 특수 의약품 시장의 5 Forces 분석

가) 수의용 백신[257]

수의용 백신은 바이오 분야에 속하는 기술로, 동물에게 특정 질병에 대한 면역성을 제공하는 생물학적 제제다. 현재 광견병, 디스템퍼(distemper), 간염 등 각종 질병을 예방하거나 치료하기 위해 애완동물, 가축, 가금류 등에 제공되고 있다.

백신 접종은 동물의 건강을 증진시키고 동물성 질병의 확산을 감소시키며 우유, 육류, 달걀, 양모 및 기타 관련 제품의 생산을 증가시키는 데 도움이 된다. 백신은 질병 관리뿐만 아니라 생식 관리에도 사용되고 있다.

현재 전 세계적으로 다양한 질병의 확산을 통제하기 위해 고급 백신의 필요성이 증가하고 있다. 백신 시장의 주요 성장 요인은 약독화 생백신과 같은 새로운 기회와 브루셀라병과 같은 방치된 동물성 질병에 대한 백신의 도입이며, 백신 연구자와 공공 및 민간 부문 간의 파트너십은 동물 백신의 개발과 상용화를 촉진하고 있다. 다양한 국가들과 기타 단체들 사이에서 진행 중인 백신 접종 계획은 동물 질병의 확산을 통제한다.

수의용 백신 시장은 가축 수 증가와 구제역과 같은 가축 질병의 반복적인 발생, 반려동물의 인기 증가, 동물성 질환의 발생률 증가, 다양한 정부 기관, 동물 협회 및 주요 기업들의 이니셔티브, 새로운 유형의 백신 도입 등의 요인으로 성장하고 있다. 그러나, 백신의 보관 비용 증가는 백신 시장의 성장을 제한하는 주요 요인이다.

구분	원동력
성장 촉진요인	• 가축 수 증가와 전염병의 반복적인 발생 • 반려동물의 인기 증가 • 동물성 질환의 발생률 증가 • 다양한 정부 기관, 동물 협회 및 주요 기업들의 이니셔티브 • 새로운 유형의 백신 도입
성장 억제요인	• 백신의 높은 보관 비용
시장 기회	• 기술 발전 • 신흥 경제국에서 높아지는 동물 건강에 대한 의식
해결해야 할 과제	• 불충분한 전염병 감시 및 보고 시스템

[표 242] 글로벌 수의용 백신 시장의 원동력

글로벌 수의용 백신 산업 환경을 공급자들의 협상력, 구매자들의 협상력, 잠재적 진입자의 위협, 대체재의 위협, 경쟁의 위협에 따라 분석하면 다음과 같다.

---

257) 수의용 백신 시장/연구개발특구진흥재단

분류	주요 내용
공급자들의 협상력	• 동물 백신 시장은 소수의 기존 기업들만이 존재하기 때문에 더 집중되어 있음 • 공급자로는 동물용 백신을 개발하는 제약 회사와 수의학 산업에 제품을 공급하는 업체 등이 있음 • 공급자 기반의 다양성이 떨어지기 때문에 예측 기간 동안 공급자들의 협상력은 낮을 것으로 예상됨
구매자들의 협상력	• 2017년에는 높은 백신 가격으로 인해 구매자들의 협상력이 보통이었음 • 그러나 조달 단체는 동물 백신을 대량으로 구매하여 민간 부문 구매자에 비해 상당한 가격 할인을 받았음 • 동물 백신 시장의 또 다른 경향은 다른 옵션의 가용성에도 불구하고 대부분의 관행에 수년간 동일한 공급자들을 이용하고 있음 • 제약 회사가 제공하는 판촉 할인 및 신용 시설로 인해 소매업체와 정부 기관의 협상력은 상대적으로 높음 • 그러나, 일반 구매자들의 협상력은 예측 기간 동안 보통 수준으로 유지될 것으로 예상됨
잠재적 진입자의 위협	• 동물 백신 시장은 일반인들의 영향을 받기 쉽지 않으며 동물 백신에 대한 규제는 사람 백신에 비해 덜 엄격함 • 그러나, 새로운 제조 단위를 설정하는 데에는 많은 비용이 듦 • 이러한 요인으로 인해 예측 기간 동안 잠재적 진입자의 위협이 낮을 것으로 예상됨
대체재의 위협	• 동물 백신을 대체 할 수 있는 유일한 방법은 병든 동물의 질병 조직이나 비강 분비물과 같은 물질로 만들어진 전문적인 동종 요법임 • 최종 제품은 실제 질병에 대한 강력한 청사진이 될 수 있음 • 따라서, 예측 기간 동안 대체재의 위협은 낮을 것으로 예상됨
경쟁의 위협	• 동물 백신 시장에서 Merck Animal Health(미국), Boehringer Ingelheim(독일), Elanco(미국) 등의 주요 기업이 시장의 80% 이상 점유율을 차지하고 있음 • 따라서, 예측 기간 동안 경쟁의 위협은 높을 것으로 예상됨

[표 243] 글로벌 동물 백신 시장 분석

동물용 백신 산업의 특징은 1)정부 규제 산업, 2)진입장벽이 높은 산업, 3)고부가가치를 창출하는 지식 산업, 4)경기변동의 특성으로 요약될 수 있다. 동물용 백신 산업은 정부 규제 산업 중 하나다. 친환경 축산의 이슈화와 잔류 및 내성문제 등으로 항생물질에 대한 규제가 강화되고 있고 2013년도에 도입된 수의사 처방제 등으로 동물용 의약품 사용에 대한 규제가 지속적으로 강화되고 있다.

동물용 백신은 개발 기간이 길고 제조 설비 구축 및 상업화에 이르기까지의 투자비가 많이 소요되며 고도의 생산 기술적 노하우가 필요하기 때문에 신규 업체의 초기시장진입이 쉽지 않은 산업 가운데 하나이다. 또한 백신 산업은 무형의 지식 및 기술이 투입되는 지식산업으로 고부가 가치를 창출할 수 있는 지식산업이며, 각종 가축관련 질병이나 전염 등에 의한 축산업 피해에 따라 경기의 변동성이 매우 민감한 산업이다.

특징	내용
정부 규제 산업	동물용 백신은 농림축산검역본부에 규정인 "동물용의약품등 제조업 및 품목허가 등 지침"에 근거하여 개발, 생산 및 판매과정에서 안전성 및 제품허가가 필요한 규제 품목임.
진입장벽이 높은 산업	정부의 규제가 심한 산업이고, 일정수준 이상의 품질 및 안전성 확보를 위해 기술력이 필요하기 때문에 신규업체가 초기 진입하기에는 진입장벽이 높은 산업임.
고부가가치를 창출하는 지식산업	동물용 백신은 의약품 개발과 깊이 연관되며, 무형가치(지식, 기술)의 투입으로, 고부가가치를 창출하는 첨단 지식산업임.
경기변동의 특성	동물용 백신의 경우 수요산업인 축산업의 경기변동에 영향을 받으며, 전염병으로 인한 축산업 피해에 다른 변동성이 큼.

[표 244] 동물용 백신 산업 특징

국내 동물용 백신 산업의 Value Chain은 원료 의약품, 동물용 백신 제조, 동물병원, 축산업, 양식업 수요자로 구성되어 있다. 주로 해외 대형 제약사로부터 원료의약품을 구입 후 각 의약품 제조업체는 이를 바탕으로 동물용 백신을 제조하며, 생산된 의약품은 축산농가나 동물병원 등의 수요자에게 공급되는 일련의 사슬을 구성하고 있다. 따라서 동물용 백신의 개발은 최종 수요자인 축산농가나 동물병원 등의 요구에 맞추어 그 투자가 집중되고 있다.

현재 가축사육밀도가 높은 지역에서의 대량의 살처분 정책이 커다란 문제로 제기되고 있어, 구제역 감별백신에 대한 투자가 많이 이루어지고 있다. 이 밖에도 서브유닛 백신, 벡터 백신, 유전자 결손(조작) 백신 등 새로운 형태의 백신이 개발되는 추세이다. 최근 백신연구는 다양한 범주의 동물 종들의 질병예방을 목적으로 특정 유전자가 결손 또는 조작된 순화 생독백신(Modified Live Virus Vaccines, MLV), 불활화 바이러스 백신(Inactivated Virus Vaccines), 유전자변형 바이러스 백신(Gene-Modified Virus Vaccines)에 집중되고 있는 추세이다.

아울러 동물의약품 산업에서는 보다 적은 약물투여로 치료가 가능한 일회량백신 (Single-Dose Vaccines)의 개발도 추진 중에 있다. 국내 백신 제조 기술의 많은 발전에도 불구하고 현재까지 국내 동물백신 제조업체의 가장 큰 위협요소는 동물백신의 원료에 대한 안정적인 수급확보로, 대부분의 원료를 수입에 의존하고 있는 상황에서 원료공급처의 환경변화에 따른 원료확보의 불확실성과 원료가격의 급등, 수입에 따른 환위험 등은 국내 동물백신 시장의 풀어야 할 큰 위협요소이다.[258]

---

[258] 중앙백신(072020)/한국IR협의회

나) 동물 진단[259]

동물 건강진단의 목적은 애완동물 및 가축과 관련된 질병의 근원적인 요인을 발견하여 동물 간 전염병 발생을 방지할 수 있도록 검사하고 비용 효율적인 방식으로 가축 제품 생산을 증가시키는 것이다. 동물 건강진단은 바이러스, 박테리아, 원생동물 및 기타 다세포 병원균에 의한 동물 질병을 진단하는데 중요한 역할을 한다.

동물 건강진단에는 동물의 질병 진단에 사용되는 소모품 및 기기 등이 포함된다. 동물 진단은 표준실험실, 동물 병원&진료소, POC(POINT-OF-CARE)/원내 검사, 연구기관&대학 등의 최종사용자에 의해 사용되고 있다.

전 세계적으로 동물 건강진단 시장은 우유, 육류 및 기타 제품과 같은 가축 제품에 대한 수요가 늘어나고 식품 안전에 대한 우려가 증대됨으로써 증가할 것으로 전망된다. 가축 제품을 통해 동물에서 사람으로 전염되는 감염과 관련된 사망률은 매우 크며, 이로 인해 정부의 노력이 지속적으로 증가하면서 가축 제품 공급업체들 사이에서 동물 건강진단에 대한 인지도가 높아졌다. 동물의 인간화와 함께 애완동물의 수가 증가함에 따라 동물 병원 및 진료소 방문 횟수가 증가하고 있으며, 이는 동물 건강진단에 대한 수요를 증가시키고 있다.

애완동물 수의 증가, 동물 질병의 확산, 동물 유래 식품 수요 증가, 애완동물 보험 수요 증가, 동물 건강 지출 증가, 선진국에서의 수의사 및 소득 수준 증가 등과 같은 요소들은 동물 진단 시장의 성장을 촉진할 것으로 예상된다.

구분	원동력
성장 촉진요인	• 애완동물 수의 증가 • 동물 공통 감염 질환의 증가하는 유행 • 동물 유래 식품에 대한 수요 증가 • 애완동물 보험 수요 증가 및 동물 건강 지출 증가 • 선진국의 수의사 종사자 수 및 소득 수준 증가
성장 억제요인	• 애완동물 관리 비용 증가
시장 기회	• 미개발 신흥 시장
성장과제	• 신흥 시장에서의 동물 건강 인식의 부족 • 신흥 시장에서의 수의사 부족

[표 245] 글로벌 동물 진단 시장의 원동력

글로벌 동물 진단 산업 환경을 공급자들의 협상력, 구매자들의 협상력, 잠재적 진입자의 위협, 대체재의 위협, 경쟁의 위협에 따라 분석하면 다음과 같다.

---

259) 동물 진단 시장/연구개발특구진흥재단

분류	주요 내용
공급자들의 협상력	• 여러 공급업체가 있기 때문에 공급업체는 가격에 따라 한 공급 업체에서 다른 공급업체로 쉽게 전환 할 수 있음 • 따라서, 공급자들의의 협상력은 낮게 유지될 것으로 예상됨
구매자들의 협상력	• 최종 소비자는 동물 건강진단 솔루션을 선택할 수 있는 몇 가지 옵션을 가지고 있으나, 기존의 공급업체에서만 제공하는 특정 기술이 있음 • 따라서, 구매자의 협상력은 보통임
잠재적 진입자의 위협	• 동물 건강진단은 규제가 엄격한 자본 집약적인 사업이며, 시장에 존재하는 공급업체가 시장을 지배하고 있기 때문에 잠재적 진입자에 대한 위협은 낮음
대체재의 위협	• 동물 건강진단에는 직접적인 대체재가 없으므로 대체재의 위협은 낮음
경쟁의 위협	• 동물 건강진단 시장에는 상당한 점유율을 가진 공급업체가 거의 없으며, IDEXX Laboratories와 같은 공급업체는 50% 이상의 시장 점유율을 차지하고 있으며, 다른 공급업체와의 경쟁이 치열하기 때문에 경쟁의 위협은 낮음

[표 246] 글로벌 건강진단 시장 분석

다) 동물용 성장 촉진제 및 증강제[260]

동물용 성장 촉진제 및 증강제는 바이오 분야에 속하는 기술로 동물의 성장을 촉진하고 성능을 개선하기 위해 동물 사료에 첨가되는 영양물질이다. 동물용 성장 촉진제 및 증강제는 동물의 성능, 사료 효율, 체중 증가, 도체 품질 및 우유 생산과 관련된 최적의 결과를 얻는 데 도움이 되며, 다양한 질병으로부터 동물을 보호한다.

동물용 성장 촉진제 및 증강제 시장은 광범위하게 항생물질 및 비항생물질 성장 촉진제 및 증강제로 분류된다. 비항생물질 성장 촉진제 및 증강제는 2018년 동물 성장 촉진제 및 증강제 시장에서 가장 큰 비중을 차지한다.

동물 성장 촉진제 및 증강제는 지속적인 육류 수요 증가, 항생제를 대체하기위한 연구, 전염병 및 환경적 요인 등으로 인해 성장하고 있다. 여러 국가에서 항생제 및 특정 성장 촉진제에 대해 엄격하게 규제하고 있어 성장 촉진제 및 증강제 채택에 제한이 있으며 시장에서 경쟁력을 유지하기 위해 공급 업체들은 다른 공급 업체와 협력하거나 인수하고 있다.

구분	원동력
성장 촉진요인	• 전 세계 육류 수요의 지속적인 증가 • 항생제 및 호르몬제 대체재 연구 및 비항생물질 성장 촉진제에 대한 수요증가 • 동물 전염병의 증가 및 기후 변화
성장 억제요인	• 동물 성장 촉진을 위한 항생제 및 호르몬제의 사용을 제한하는 엄격한 규정
시장 기회	• 환경적 지속성 향상에 집중
성장과제	• 전 세계 사료 공급량 증가 및 높은 사료 비용으로 기존의 사료 공급 시스템 채택

[표 247] 동물용 성장 촉진제 및 증강제 시장의 원동력

---

260) 동물용 성장 촉진제 및 증강제 시장/연구개발특구진흥재단

동물용 성장 촉진제 및 증강제 산업 환경을 공급자들의 협상력, 구매자들의 협상력, 잠재적 진입자의 위협, 대체재의 위협, 경쟁의 위협에 따라 분석하면 다음과 같다.

분류	주요 내용
공급자들의 협상력	• 특수 사료 첨가제를 제공하는 여러 공급 업체가 있기 때문에 시장은 매우 세분화되어 있음 • 공급 업체의 낮은 전환 비용은 공급 업체의 협상력을 감소시킴 • 따라서 공급자들의 협상력은 예측 기간 동안 낮게 유지될 것으로 예상됨
구매자들의 협상력	• 동물용 성장 촉진제 시장에는 다수의 기업이 있어 다양한 옵션을 선택할 수 있음 • 그러나 항생제 사용에 대한 엄격한 규제로 인해 구매자들의 협상력은 예측 기간 동안 보통으로 유지될 것으로 예상됨
잠재적 진입자의 위협	• 동물 건강에 대한 인식이 높아짐에 따라 새로운 항생제에 대한 수요가 높아지고 있으며, 이러한 수요 증가로 인해 새로운 기업이 시장에 진입 할 가능성이 있음 • 그러나, 새로운 동물용 성장 촉진제로 인해 잠재적 진입자의 위협은 예측 기간 동안 보통으로 유지될 것으로 예상됨
대체재의 위협	• 동물 질병을 치료할 수 있는 많은 천연 항생제가 있음 • 이러한 천연 항생제는 저렴한 비용으로 이용할 수 있으며 다른 건강상의 이점도 있기 때문에 대체재의 위협은 예측 기간 동안 높게 유지될 것으로 예상됨
경쟁의 위협	• 전 세계 동물용 성장 촉진제 시장에는 많은 기업들이 있으며 기업 규모나 파워면에서 차이가 있음 • 이러한 요소는 기업들 간의 경쟁을 증가시키며 시장의 출구 장벽이 낮아 경쟁의 위협은 예측 기간 동안 높게 유지될 것으로 예상됨

[표 248] 글로벌 동물용 성장 촉진제 및 증강제 시장 분석

라) 사료첨가물[261]

사료첨가물은 동물 사료의 첨가제로 사료로부터 얻을 수 없는 동물에게 추가적인 영양, 단백질, 비타민, 미네랄을 제공하고 동물의 면역력을 향상시키는 보충제다. 사료첨가물은 사료의 품질과 가축의 성장 효율을 향상시키고 질병을 예방하며, 사료 활용도를 향상시켜 가축의 성능과 건강을 증진시키므로 동물 영양에 필수적이다. 또한, 사료첨가물은 가축에서 얻은 음식의 수율과 품질을 향상시킨다.

사료첨가물은 가축과 가금류에 저비용으로 고품질 사료를 대량 공급하는 데 중요한 역할을 하며 우유, 육류, 계란 및 기타 농산물의 품질을 향상시킨다. 우유, 육류 및 계란의 품질은 농장 동물에게 제공되는 동물 사료와 함께 사료첨가물의 최적 사용에 달려 있다. 사료첨가물의 최적 사용은 가축의 영양 결핍 및 성능 문제를 극복하는 데 도움이 되고 동물의 성장에 필요한 사료의 양을 줄이기 위해 사료의 최적 활용을 지원한다. 또한, 사료첨가물은 가축의 건강을 증진시키고, 농산물의 고품질 표준을 준수하며, 사람이 안전하게 섭취할 수 있도록 한다.

축산물의 소비 증가, 사료 생산의 증가, 질병 발생으로 인한 육류 제품의 표준화 및 육류 품질을 개선하기 위한 혁신적인 축산 관행의 구현으로 사료첨가물의 소비가 증가했다. 단위 동물을 위한 자연 성장 촉진제 및 영양 보충제에 대한 수요의 증가는 사료첨가물 제조업체에게 성장 기회를 제공했다. 사료첨가물 시장의 성장은 가축과 가금류 제품에 대한 세계적인 수요 증가, 개선된 기술을 통한 전 세계 사료 생산량 증가, 박테리아에 의한 오염으로 인해 육류 제품의 표준화가 증가함에 따라 가축에 대한 관심이 높아지고 있는데 있다.

구분	원동력
성장 촉진요인	• 동물계 제품의 수요량·소비량 증가 • 사료 생산량의 증가 • 사료 품질에 대한 관심 증대 • 감염증 유행에 수반하는 식육 제품의 표준화 • 혁신적 가축 사육 수단의 도입에 의한 육류 품질의 향상
성장 억제요인	• 세계 각국에서의 항생제 사용 금지 • 원료 가격의 변동 • 엄격한 규제 체제
시장 기회	• 천연성 성장촉진물질로의 이동 • 비반추 동물용 영양 보조제의 수요 증가
성장과제	• 아시아 지역 기반의 유전자 재조합형 사료첨가물의 품질관리 • 사료·가축 밸류체인의 지속가능성

[표 249] 글로벌 사료첨가물 시장의 원동력

---

261) 사료첨가물 시장/연구개발특구진흥재단

사료첨가제 산업 환경을 공급자들의 협상력, 구매자들의 협상력, 잠재적 진입자의 위협, 대체재의 위협, 경쟁의 위협에 따라 분석하면 다음과 같다.

분류	주요 내용
공급자들의 협상력	• 전 세계 사료첨가물 시장의 공급업체는 원료에 크게 의존함(예를 들어 옥수수 시럽은 아미노산 제조에 사용됨) • 원료 가격의 변동성은 사료첨가물 공급에 영향을 미치고 협상력을 높임 • 따라서, 2018년의 공급자들의 높은 협상력은 예측기간 동안 동일하게 유지될 것으로 예상됨
구매자들의 협상력	• 전 세계 사료첨가물 시장은 사료첨가물을 제공하는 수많은 공급업체가 존재하는 것이 특징이며, 구매자들은 그들 사이에서 전환을 선택할 수 있음 • 또한, 구매자들의 낮은 수익성은 그들의 협상력을 높임 • 따라서, 2018년의 구매자들의 높은 협상력은 예측기간 동안 동일하게 유지될 것으로 예상됨
잠재적 진입자의 위협	• 대량 생산을 통해 제조업체가 제품당 비용을 절감할 수 있기 때문에 규모의 경제는 신규 진입자들에게 상당한 도전을 요구함 • 또한, 높은 자본 투자의 필요성은 전 세계 사료첨가물 시장에 진출하려는 신규 진입자들에게는 경제적인 장벽으로 작용함 • 따라서, 이러한 모든 요소는 예측 기간 동안 신규 진입자의 시장 진입을 제한할 것으로 예상됨
대체재의 위협	• 사료첨가물의 직접 대체재 사용은 불가능하기 때문에 예측기간 동안 전 세계 사료첨가물 시장에 대한 대체재 위협은 낮을 것으로 예상됨
경쟁의 위협	• 전 세계 사료첨가물 시장에서 경쟁의 위협이 높은 것은 많은 글로벌 및 지역 기업들이 존재하기 때문임 • 인수합병(M&A)을 통해 시장 점유율을 높이고 지역 시장을 넘나들며 입지를 다지기 위해 끊임없이 노력하는 기존 기업들 간의 경쟁이 치열함 • 또한, 가격, 가용성, 품질, 영양 가치 및 다양한 제품과 같은 요소를 기반으로 경쟁자가 경쟁하고 있음

[표 250] 글로벌 사료첨가물 시장 분석

나. 동물용의약품 기술 동향
1) 백신[262]

동물용 백신은 동물약품과 호르몬제의 사용감소, 식품에 동물용의약품의 잔류의 감소를 통하여 공중보건에 중요한 영향을 미치고 있다. 축산에서 항생제의 사용은 이미 심각하게 제한되고 있으며, 유럽연합은 최근 가금류의 항콕시듐제 사용을 금지하였다. 또한, 백신은 가축과 반려동물의 복지에도 기여하고 있다

동물용 백신을 개발하는 과정은 인체용 백신 개발의 장점과 단점을 모두 가지고 있다. 한편으로, 동물용 백신 생산자들의 잠재적인 수익성은 낮은 가격, 적은 시장규모 등으로 인체용 백신 생산자들에 비하여 훨씬 적으므로, 숙주와 병원체의 범위와 복잡성은 더 크면서도 동물 백신 분야의 연구개발 투자는 인체용 백신분야보다 훨씬 적다. 반면에, 동물용 백신은 인체용 백신 개발에서 가장 비용이 많이 드는 전임상시험 요건이 덜 엄격하여 단기간에 출시가 가능하고 연구개발 투자의 회수가 가능하다.

인체용 백신 개발과는 다르게, 수의학연구자들은 관련되는 목적동물에 대한 즉각적인 연구의 수행이 가능하다. 백신은 감염 후 임상증상을 예방하거나, 어떤 모집단에 대하여 어떤 한 가지 전염병을 근절 또는 배제하는데 사용될 수 있다. 백신의 효과와 작용 기전(메커니즘)은 요구되는 결과에 따라 달라질 수 있다.

가) 동물용 바이러스성 백신

동물의 바이러스성 전염병은 효과적인 항 바이러스성 약제를 이용할 수 없기 때문에 병원체에 노출을 제한하는 위생적 수단과 백신접종이 질병을 예방하고 통제하는 유일한 방법이다. 바이러스(특히 RNA 바이러스)는 변이가 심하고, 많은 바이러스 감염은 다양한 혈청형(예: 구제역, 블루텅, 인플루엔자 바이러스)에 기인한다. 그 결과, 기존의 많은 백신은 흔히 야외에서 유행하는 혈청형이나, 새로운 질병을 일으키는 혈청형에 대처할 수 없게 되었다.

다수의 재래식 바이러스 생백신과 불활화 백신이 오랫동안 반려동물과 산업동물에 통상적인 백신접종 지침에 따라 사용되어왔으며, 점점 다수의 합리적으로 설계된 서브유닛(subunit) 백신들이 시장에 나오고 있다.

(1) 기존 바이러스 생백신 및 불활화 백신

대부분의 동물용 바이러스 생백신은 숙주 가 아닌 동물 또는 다른 세포주나 계태아 에서 계대배양을 통하여 약독화한 미생물로 가벼운 감염을 일으킨다. 약독바이러스주는 무작위 돌연변이와 병원성 감소 선발을 통하여 얻어진다.

---

262) 동물용 백신의 현황, 박종명/대한수의사회지

살아있는 미생물은 대상 세포에 감염될 수 있으므로, 이들 백신은 증식할 수 있고 세포성면역과 체액성 면역을 유발할 수 있으며, 일반적으로 면역증강제를 필요로 하지 않는다. 또한 생백신은 음수나 비강 또는 점안 접종할 수 있다는 장점이 있다. 그러나, 이들 제품은 독성이 남아있거나, 병원성이 있는 야외바이러스로 복귀할 수 있는 위험이 있고, 환경오염의 가능한 원인을 제공할 수 있다.

백신의 등록과정에서 이러한 문제에 대해 보증할 수 있는 자료를 요구하지만, 현장에서는 문제가 발생할 수 있다. 이러한 문제는 1996년 덴마크에서 벌어졌다. 유럽형 PRRS 바이러스에 대하여 북미형 PRRS 바이러스의 약독생백신이 접종된 후 약독화된 백신 바이러스가 병원성으로 복귀하여 백신접종 돼지 집단에 퍼졌고, 다시 백신접종 돼지에서 백신 비 접종 돼지에 퍼져 덴마크 돼지에 두 가지 바이러스 형이 남아 있게 된 것이다.

생백신은 이러한 약점에도 불구하고, 우리나라에서 우역이 근절된 것처럼 우역 바이러스의 실질적인 지구상의 퇴치에 중요한 역할을 성공적으로 해내었다. 바이러스의 불활화 또는 사독백신은 일반적으로 생백신에 비하여 병원성 복귀의 위험이 없어 더욱 안정적이나, 세포에 감염하여 세포독성T 세포를 활성화하는 능력이 없으므로 백신의 방어율은 훨씬 낮다.

그 결과 이들 백신은 일반적으로 강력한 면역증강제를 요구하고, 요구되는 수준의 면역을 일으키기 위하여 반복접종해야 하는데, 이는 통상 질병의 임상증상을 통제하는데 유효하다. 면역증강제가 첨가된 불활화백신은 자가면역질환, 알레르기 및 백신 접종부위의 육종 발생 등을 유발함으로 보다 커다란 위험이 있다.

바이러스의 불활화는 일반적으로 열이나 화학물질에 의하여 이루어진다. 고가의 생산비용과 면역증강제의 필요성은 불활화백신의 제조에 더욱 많은 비용이 들게 한다. 다양한 종류의 바이러스성 질병에 대한 불활화 바이러스 백신이 수십 년 동안 이용 되어 왔고, 지금도 최근에 발생한 몇 가지 질병에 대하여 개발되고 있다.

(2) 감별백신(DIVA Vaccines)

몇 가지 가축의 바이러스질병에 효과적인 재래식 백신이 있기는 하지만, 혈청학적 검사에 의한 질병 감시체계를 방해할 수 있어 사용되지 못하고 있다. 이는 종종 한 국가의 질병 청정화 상태를 위협하기도 한다. 전형적인 예가 소 구제역이다. 비록 불활화 구제역백신을 여러 해 동안 사용할 수 있었고, 질병의 임상증상을 통제하는데도 매우 효과적 이었지만, 구제역 청정국가에서는 이들 백신이 청정상태를 손상하여 국제무역에 영향을 끼친다 하여 사용하지 않는다. 그럼에도 불구하고 재래식 백신은 유행지역의 질병발생을 감소시키는 데 공헌했다.

최근 네덜란드에서 구제역이 발생하였을 때는 전파를 축소시키기 위하여 백신접종이 이용되기도 했다. 그렇지만, 백신접종 가축은 그 후에 도태되어 이 나라의 신속한 구제역 청정국 상태 확립을 가능하게 하였다.

병원체의 유전자를 확인하고 선택적으로 제거하는 기술은 적절한 진단분석기법과 결합 하여 백신에 의한 항체와 야외의 병원체 바이러스의 감염에 의하여 발생한 항체의 감별에 의하여 백신접종동물에서 감염축을 구별(differentiating infected from vaccinated animals, DIVA) 할 수 있게 하였다. 이러한 감별백신과 진단기법은 소 전염성 비기관염(IBR), 오제스키병 (Aujesky's disease, Pseudorabies), 돼지콜레라(CSF), 구제역(FMD)을 포함한 몇 가지 질병 에 이용 및 개발되고 있다.

돼지콜레라는 국제 수역사무국의 보고의무 질병으로, 세계적으로 돼지의 가장 중요한 전염성 질병이다. 이 질병의 고전적인 임상증상은 고열과 의기소침, 식욕부진, 결막염을 수반하는 급 성 출혈성 반응이다. 감염률과 사망률이 매우 높아 100%까지 달한다. 그러나 이 질병은 또한 아급성, 만성, 그리고 때로는 무증상 감염을 나타내기도 한다. 가축사육밀도가 높은 지역에서 는 대량의 살처분 정책이 커다란 문제로 제기되고 있어, 구제역 감별백신에 대한 투자가 많이 이루어지고 있다. 백신접종에서 서브유닛항원의 접근은 제한된 수의 항원결정기만이 동물의 면역계에 제공되어 대부분 효과가 없었고, 방어에는 다수의 항원이 일반적으로 요구되었다.

현재의 연구는 주로 여러 가지 발현 시스템에서 생산된 빈 캡시드(empty capsid)를 포함한 캡시드(바이러스의 핵산을 싸는 단백질의 외각) 단백질의 조합과 비구조 단백질에 대한 항체 의 민감한 검사법(ELISA) 개발에 집중되고 있다. 감별백신이 고도로 요구되지만 현재 이용할 수 없는 질병으로는 소의 블루텅, 바이러스성 설사, 말 바이러스성 동맥염, 조류의 뉴캣슬병과 조류인플루엔자가 있다.

(3) 분자구조가 정해진 서브유닛 백신

바이러스 방어항원의 동정으로 방어항원의 분리와 재조합 생산이 가능하게 되어 안전하고 증 식하지 않는 백신을 투여할 수 있다. 그러나, 일반적으로 분리된 항원은 방어효과가 빈약하여 강력한 면역증강제 와 함께 반복접종이 요구되었고, 이러한 단점은 시장경쟁력을 떨어뜨렸다. 이러한 한계에도 불구하고, 몇 가지 효과적인 서브유닛 백신의 예가 있다.

PCV2는 돼지의 이유후전신소모성증후군(PMWS)의 주요한 병원체로 알려졌다. 최근, PCV2의 방어 ORF2 단백질을 생산하는 재조합 배큘로바이러스가 돼지의 백신에 이용될 수 있게 되었 고, 이 백신은 우리나라에도 최근 등록되었다.

다우아그로사이언스(Dow AgroSciences)사는 2005년 미국에서 가금류의 뉴캣슬병 바이러스 에 대한 최초의 식물유래 백신을 성공 적으로 등록하였다. 재조합 바이러스 HN 단백질은 아 그로박테리움의 형질전환을 통하여 식물세포주에서 생산되고, 바이러스의 공격으로부터 병아 리를 성공적으로 방어할 수 있었다. 이 과정은 규제당국의 백신의 타당성 증명 시험으로, 제 품은 아직 시장에 나오지 않았다.

(4) 유전자변형 바이러스 백신

완전한 DNA 배열과 유전자 기능의 보다 많은 이해는 잘 규정된 안정적으로 약독화된 생독 또는 불활화 백신을 생산하기 위하여 바이러스 유전자에 특수한 변이나 결손을 하게 하였다. 오제스키병에 대한 유전자 결손 백신은 돼지의 오제스키병을 통제하고, 감별진단을 할 수 있게 하였으나, 오제스키병 바이러스 들의 재조합에 대한 우려가 문제가 되고 있다. 마찬가지로, thymidine kinase를 결손 시킨 소헤르페스바이러스 1형(BHV-1) 백신은 잠복감염과 관련이 있고, 덱사메타손 치료로 재활성화 된다. 그래서 안전성을 향상시키기 위하여 다수의 유전자를 결손 시키는 것이 제안되었다.

유전자를 변형시킨 바이러스 백신에서 중요한 발전은 두 개의 전염성을 갖는 바이러스 게놈의 양상을 결합한 키메라 바이러스의 생산이다. 키메라 PCV1-2 백신은 비병원성의 PCV1 유전자에 면역원성의 PCV2의 캡시드 유전자를 클론한 것으로 돼지에서 야외형 PCV2의 공격접종에 방어하는 면역을 형성한다. 이러한 접근에 있어 보다 고도의 발전은 최근 개발된 조류인플루엔자 바이러스 백신이다.

이 백신은 H5N1 바이러스에서 다염기 아미노산 배열을 제거하여 불활화 함으로써 혈구응집소(HA) 유전자를 결손시키고, H2N3 바이러스에서 NA 유전자를 H1N1 백본바이러스에 결합시킨 것이다. 이렇게 만들어진 불활화된 H5N3 발현 바이러스를 함유한 백신은 오일 형태로 접종되어 고병원성의 H5N1 바이러스로부터 닭과 오리를 방어한다.

마찬가지로, 말의 웨스트나일 바이러스(WNV)에 대한 생독의 플래비바이러스 키메라 백신이 2006년 미국에서 등록되었다. 이 키메라 백신에서는 약독화된 황열YF-17D 백본 바이러스의 구조유전자가 관련 웨스트나일 바이러스의 구조유전자로 대체되었다. 이렇게 만들어진 키메라 백신은 웨스트 나일 바이러스의 PreM 과 E 단백질을 표현하나, 뉴클레오캡시드 단백질, 비구조단백질, 바이러스 증식의 원인이 되는 nontranslated termini는 본래의 황열 17D바이러스의 것이 남아있었다. 1회 접종으로, 이 백신은 말에서 어떠한 임상증상이나 전파 없이 세포성 및 전신성 면역반응을 자극하였고, 12개월까지 웨스트나일바이러스 (WNV)의 공격접종을 방어하였다. 유사한 백신이 사람의 WNV 백신으로 제안될 수 있을 것이다.

(5) 생 바이러스 벡터백신

우두, 계두, 카나리폭스 바이러스를 포함한 두창바이러스는 1982년 처음 제안 된 것처럼 백신의 항원과 사람의 유전자 치료를 위한 외부 유전자의 벡터로 사용되었다. 두창바이러스는 다량의 외부 유전자를 수용할 수 있으며, 포유류의 세포에 감염할 수 있어 다량의 삽입된 단백질을 발현하게 된다. 특별한 성공사례는 유럽의 여우와 미국의 여우, 라쿤, 그리고 코요테 같은 야생 육식동물의 미끼용 경구용 재조합 우두-광견병 백신을 개발한 것이다.

광견병 바이러스는 negative-stranded Rhabdoviridae RNA virus로서 감염된 동물에 물려서 주로 침을 통하여 전파되어 발생한다. 사람의 주 감염 경로는 개와 고양이를 포함한 가축용 숙주동물이다. 광견병은 모든 포유동물에 감염된다.

바이러스는 중추신경계로 들어가서 일단 증상이 나타나면 항상 치명적인 뇌척수염의 원인이 된다. 전 세계적으로 해마다 수천 명의 사람들이 이 질병으로 죽는다.

광견병의 방어용 당단백질G를 발현하는 재조합 우두 바이러스 벡터를 함유한 미끼형태의 경구 백신이 있다. 몇몇 서유럽 국가에서 여우 광견병 바이러스에 대한 수년간의 백신접종 운동으로 프랑스와 벨기에의 육상동물에서 광견병 바이러스가 성공적으로 근절된 사례처럼, 야생 육상숙주동물에서 광견병이 근절될 수 있었다. 우리나라도 이 광견병 미끼백신을 강원도, 경기도의 휴전선 부근 광견병 발생지역의 야생동물(너구리)을 대상으로 시험하고 있다.

카나리폭스바이러스 벡터시스템은 웨스트 나일바이러스(WNV), 개 디스템퍼 바이러스, 고양이 백혈병 바이러스, 광견병바이러스, 말 인플루엔자 바이러스를 포함한 많은 동물용 백신의 플랫폼이 되었다. 카나리 폭스바이러스는 원래 카나리의 두창 부위에서 분리하여 계태아 섬유아세포에서 200대 이상 계대 배양한 다음 프라크 정제하였다. 카나리폭스 바이러스와 계두 바이러스는 우두바이러스보다 더 숙주 제한적인 장점이 있다. 포유류 세포에서 불현성감염을 나타내면서도 카나리 폭스바이러스 재조합형은 삽입한 외부 유전자를 효과적으로 표현하였다.

몇몇 동물용 바이러스 백신이 ALVAC벡터 시스템을 사용하여 생산되고 있다. 그 중에서도, H3N8 Newmarket 과 Kentucky주의 혈구응집소 유전자를 표현하는 카나리 폭스벡터를 사용한 새로운 말 인플루엔자 바이러스 백신이 최근 유럽연합과 미국에서 등록되었다. 이것은 polymer 면역증강제를 함유하고 있고, 세포성 및 전신성 면역을 유발하여 2차접종 2주 후에 sterile immunity를 생성한다고 한다. 이 새로운 백신은 고병원성의 N/5/03 말 인플루엔자 바이러스 아메리카주에 대하여 말을 방어하고, 바이러스의 배출을 배제하여 바이러스의 확산을 예방하도록 설계되었다.

트로박 AIH5 는 조류인플루엔자 바이러스의 H5 항원을 표현하는 재조합 계두 바이러스 백신이다. 이 백신은 1998년 이래 미국에서 비상용으로 조건부 승인을 받았으며, 중부 아메리카에서 20억 마리 이상 접종되는 등 광범위하게 사용되고 있다. 백신을 접종한 조류는 matrix protein이나 핵단백질에 대한 항체를 만들지 않아 감별용(DIVA)으로 사용될 수 있다. 최근에 기존의 약독화된 뉴캣슬병 바이러스 백신주를 backbone으로 하여 키메라 조류 인플루엔자 백신이 생산되고 있다. 이 키메라백신은 야외 인플루엔자와 뉴캣슬병 바이러스에 대하여 각각 강력한 면역을 형성하였다. H5N1주는 2003년 우리나라를 포함한 동남아시아에서, 그리고 H7N7주는 네덜란드에서 조류인플루엔자 발생의 원인이 되었다.

(6) DNA 백신

동물을 방어용 바이러스 항원이 암호화된 DNA로 면역하는 것은 생백신의 안전성과 벡터의 면역원성 문제를 극복할 뿐만 아니라 항원의 세포내 발현후에 세포 독성T 세포의 유발을 촉진하여 여러 가지 면에서 바이러스 백신의 이상적인 방안이 되고 있다. 더욱이 DNA 백신은 매우 안정하여 냉장유통을 필요로 하지 않는다.

한편, 대동물의 DNA 백신접종은 초기 마우스에서처럼 효과가 인정되지 않았지만, 몇몇 연구진은 백신 항원의 antigen presenting 세포의 표적화, CpG 올리고데옥시누클레오타이드 자극과 함께 priming-boosting, 그리고 DNA의 생체전기 천공법과 같은 혁신기술을 사용하여 면역반응 에서 중요한 진전을 이루었다.

어류 바이러스에 대한 DNA 백신은 이러한 접근방법이 특별히 유효할 것으로 보이며, 꽤 많은 연구가 진행되고 있다. 그 중에서도 식용어류에 대한 DNA 백신은 대서양 연어 전염성조혈기괴사증을 예방하기 위하여 2005년 캐나다에서 등록되었다. 전염성조혈기괴사증은 야생 연어의 지방병으로 이 병에 노출된 적이 없는 양식 연어를 황폐시킬 수 있다. 이 DNA 백신은 전염성 조혈기괴사증 바이러스의 표면 당단백질이 암호화되어있고, 근육내로 투여된다.

웨스트나일바이러스에 의하여 일어나는 바이러스혈증에 대하여 말을 보호 하는 DNA백신이 어류 DNA 백신과 거의 비슷한 시기에 미국 에서 허가를 받았다. 웨스트나일 바이러스 감염은 일본뇌염 바이러스군에 속하는 플라비 바이러스가 원인이다. 이 질병은 아시아와 아프리카 일부 지방의 지방병이었으나 1999년 미국에서 뉴욕의 조류, 말 그리고 사람에서 발생한 것이 처음으로 발견되었고, 신속하게 다른 여러 주로 퍼졌다. 이 백신의 DNA 플라스미드는 웨스트나일 바이러스의 외막 단백질이 암호화되어 있고, 특허받은 면역증강제 와 함께 투여된다. 이 백신은 제조자가 이미 웨스트나일바이러스 백신을 판매하고 있기 때문에 상업적 제품보다는 building platform 의 일부분으로 생산되고 있다.

이 두 가지 DNA 백신의 성공은 다른 어떤 특수한 기술적 진전보다도 더 좋은 결과를 가져 올 것으로 보인다. 어류의 근육 내에 DNA 흡수가 매우 효과적이고, 웨스트나일 바이러스의 바이러스 단백질이 자연적으로 고도의 면역원성 바이러스 양분자를 생산하여 특히 효과적이기 때문이다. DNA 백신의 광범위한 응용은 각각의 숙주-병원체 조합에 따라 더욱 개량과 최적화가 요구될 것으로 보인다.

나) 동물용 세균성 백신

많은 약독화 생균 또는 불활화세균 백신이 수십 년 동안 수의분야에서 세균성 질병의 예방을 위하여 이용되어 왔다. 대부분의 약독화된 균주들에서, 약독화의 특성은 알려져 있지 않고, 증명된 기록은 있으나 기초가 되는 유전적 특질을 특정하기에는 빈약하다. 어떤 경우에는, 오래되고 잘 알려진 생균주가 충분히 방어하지 못하여 이를 개량하거나 새로운 백신을 개발한다든지 또는 우결핵, 가성결핵, 브루셀라병 같은 질병에 대한 백신접종방법을 개량하는 연구가 계속되고 있다.

일반적으로 불활화 백신은 하나 또는 그 이상의 세균종이나 혈청형 또는 보다 잘 규명된 서브유닛 항원을 오일이나 수산화알루미늄 면역증강제와 처방한 균액으로 흔히 구성된다. 기술을 이용할 수 있게 된 이래로, 많은 제조기준이 확립된 세균성백신은 충분히 효과적이므로, 이들 전통적인 백신과 질병에 대하여는 회사의 website를 참조할 수 있다.

생균 또는 사균의 자가백신은 상업적 백신을 이용할 수 없는 곳에서 농장의 특별한 요구에 의하여 지역 수의연구소나 특화된 회사에서 생산될 수 있다. 우리나라도 이러한 자가백신 제도를 채택하고 있다.

(1) 재래식(기존) 생균백신

현대 기술의 진보에도 불구하고, 약독화 특성이 확인되지 않은 채 새로운 생균백신이 시장에 계속 나오고 있다. 이러한 예의 하나가 세포내에서만 기생하는 세균인 Lawsonia intracellularis 에 의하여 발생하는 돼지의 증식성 장질환에 대한 새로운 생균백신이다. 이 질병의 원인이 되는 L. intracelluralis 는 1993년에 확인되었다. 그러나 원인균의 많은 특성과 면역 병인론이 밝혀져야 할 과제로 남아있다. 이 백신주는 임상분리주를 배양한 것으로 야외주로부터 분리한 이 균주의 표현형이나 유전자형의 특성이 없다. 이 백신의 경구투여후에 분변내 세균의 배출이 없거나 지연되고, 전신성 또는 세포성 면역의 유발이 낮거나 없어졌지만, 백신을 접종하지 않은 돼지에 비하여 공격접종시 세균의 분변내 배출이 감소하고, 증체가 향상되었다. 이 백신은 돼지의 회장염에 관련된 성장 불균형을 감소시키고 증체율을 향상시키기 위하여 승인되었으며, 음수를 통하여 투여된다.

(2) 재래식(기존) 불활화 백신

새로 추가된 중요한 분야가 개의 치주질병에 대한 Porphyromonas gulae, P.denticanis, 및 P.salivosa 불활화 백신이다. 이 백신은 이 3종의 세균이 개의 치주낭에서 가장 일반적인 검은 색소를 형성하는 혐기성세균이 되는지를 확인하는 연구에 기초하고 있다. 마우스 모델에서 모두 병원성이었다. P. gulae 로 백신을 만들어 마우스의 피하로 투여하여 치조골의 손실의 현저한 감소가 가능하였다. 개에서 백신의 성능에 대해 공표된 세부사항은 없지만, 효능과 역가시험이 미네소타대학 수의학 센터에서 진행되고 있다. 공표된 유효성 자료의 부족에도 불구하고 이 백신은 현재 뉴질랜드에서 완전히 승인을 받았고 미국 에서도 조건부 승인을 받았다.

영국에서는 2001년부터 무지개송어의 여시니아가 원인이 되는 붉은입병에 대한 사균 경구용 백신이 이용 되었고, 지금은 다수의 유럽국가에서 승인 되었다. ERM병은 여러나라에서 양식 무지개 송어의 여러 조직과 장기, 특히 입 주위와 장에서 충혈과 출혈을 특징으로 하는 중대한 전염성 질병이다. 이 질병은 치사율이 아주 높고, Y. ruckeri 세균은 어류의 수조탱크 표면에 생물막을 형성하여 수산양식 환경에 감염원으로 지속적으로 존재하며 재발감염의 가능성이 있다. 부화장에서 치어를 30초간 백신액에 약욕하는 것으로 치어기의 초기면역이 이루어지나 드물게는 출하시까지 지속되기도 한다. 주사에 의한 추가접종은 효과적이기는 하나, 시간과 노력이 많이 들고 어류에 스트레스가 심할 수 있다. 이 경구용백신 첨부문서에는 일차 약욕 백신 접종과 4 ~ 6개월 후 사료 펠렛에 흡착시켜 경구로 보강 접종하는 것을 추천하고 있다. 일차와 보강접종 백신의 조성은 모두 불활화 시킨 세균 배양물로서, 경구접종을 하기 위해서는 항원이 소화관의 산성환경을 통과하여 후장의 해당부위에 도달할 수 있도록 '항원보호운반체'와 결합되어 있다. 항원보호운반체의 특성은 제품에 레시틴과 어류 기름이 존재한다고 하는 것으로 보아 사균이 리포솜 구조에 결합된 것으로 보인다.

Aeromonas salmonicida가 원인이 되는 절종증과 Vibrio anguillarum가 원인이 되는 비브리오증에 대해 비슷한 백신이 개발되었고, 칠레에서는 연어에 사용하기 위하여 전염성 췌장괴사증 바이러스에 대한 경구용 백신이 등록되었다. 이상이 수의학에서 세균성질병에 대하여 승인된 불활화 점막백신이다.

(3) 유전자 결손(조작) 백신

전통적으로, 생백신을 만들기 위한 세균의 약독화는 병원성이 없으면서도, 병원체와 같은 형의 증식할 수 있는 어떤 변이주가 나올 것을 기대하면서 여러 가지 배지에서 여러 번 계대배양을 하여 이루어졌다. 그러나, 현재 사용되고 있는 분자학적 방법은 얻어진 주의 유전자의 결손/변이가 확인될 수 있으며, 이미 알려진 유전자의 특별한 조작으로 목적하는 생백신의 설계가 가능하다. 이들 조작의 목표는 질병의 감염을 억제하는데 중요한 대사과정을 맡지만 병원성인자에 대해서는 면역반응을 나타내는 유전자이다. 대신, 병원성 관련 유전자의 조작이 목표가 되면, 방어적 면역반응을 원할 경우 더 문제가 된다.

유전자 조작 백신은 Streptococcus equi에 의해서 말에서 발생하는 전염성이 아주 높은 질병인 선역에 대하여 생산 되었다. 이 질병은 발열과 심한 콧물 흘림 그리고 목과 머리의 림프절에 농양이 발생 하는 것을 특징으로 한다. 농양이 터지면서 나오는 고름은 전염성이 아주 높고, 감염된 림프절의 부어오름은 심한 경우 기도를 막아 여기에서 병명이 유래되었다. 시판 주사용 사균백신이나 단백질추출 백신은 고도의 혈청항균항체를 유발할 수 있으나, 이 항체의 방어효과는 의심스러우며, 야외에서 불활화백신의 방어효과는 기대에 어긋났었다.

캡슐이 없는 약독화주에 근거한 비강용 생균백신이 1998년 출시된 이후부터 북미에서 광범위하게 사용되고 있다. 그러나, 이 약독화 변이주는 아직 정의되지 않았고, 백신주는 때때로 야외주와는 구분할 수 없는 공격적인 점액표현형 균주로 복귀한다. Pinnacle 주는 보다 안정화된 히알루론산 합성 효소를 결손시킨 변이주로 정의되었다.

그러나, 이 새로운 주가 시판제품의 원래의 백신주를 대체했는지는 분명하지 않다. 최근에, Equilis StrepE 백신이 유럽에서 승인받은 S. equi TW928에서 aroA 유전자의 bp 46~978을 결손시킨 변이주가 만들어 졌다. 이 변이주는 전기천공법으로 유전자 녹아웃(knockout)과 유전자 결손을 하여 구성하였다. 항생제 내성 마커 같은 외부 DNA 는 도입되지 않았다. 그러나 백신주는 부분적 유전자 결손을 aroA PCR 확인에 의하여 확인할 수 있다고 한다.

생균 유전자 결손 약독백신주는 비강내에 적용하기 위하여 독창적으로 개발되었다. 그러나 방어효과는 주사 다음에 백신접종부위에 근육조직의 국소적 부종과 농양을 형성하는 근육주사에 의해서만 이루어졌다. 그러나, 백신을 윗입술의 점막 하에 투여하면, 최소의 국소반응과 함께 근육내 투여와 비교되는 방어를 해주는 것을 보여주었다. 이에따라 이 백신은 이러한 특이한 투여경로와 함께 등록 되었다.

클래미디아는 광범위한 숙주 영역에서 다양한 질병을 유발하는 세포내에만 기생하는 세균이며, 몇 종류는 인수공통이다. 가장 중요한 수의학상의 종류는 클래미디아 시타시이며, 조류의 호흡기감염증을 유발하고, 클래미도 필라 아보투스는 전 세계적으로 양과 산양에서 유산의 가장 중요한 원인이 되는 양의 지방병성유산의 원인이 된다. 두 질병은 모두 인수공통전염병이다. 조류와 가금류용 백신을 이용할 수 없어, 양지방병성유산 불활화백신이 여러 해 동안 이용되어 왔다. 또한 최근에는 C. abortus 표준주 AB7을 nitroguanidine 돌연변이에 의하여 얻은 온도감응성 변이주인 TS1B 가 양의 유산을 예방하기 위하여 사용되고 있다. 이 온도 감응성 변이주는 최적발육온도가 38℃이며, 제한온도인 39.5℃에서는 발육이 저해된다. 다 자란 양의 정상 체온은 38.5℃ ~ 40.0℃ 이다. 이 백신은 양과 염소 그리고 생쥐에서 효과적인 그리고 오래 지속되는 방어를 해준다. 그러나, 이 백신은 양에게만 승인되어 있고, 염소에는 승인되어 있지 않아 효과적인 서브유닛 백신의 개발을 위한 연구가 계속되고 있다.

온도감응성 변이주 백신은 점안(點眼), 분무 또는 흡입 백신으로 개발되어 판매된 바 있다. 이들 백신에는 닭의 Mycoplasma synoviae와 M. gallisepticum에 대한 백신과 칠면조의 보데텔라 애비움에 의한 비기관염백신이 포함된다. 잘 규정되고 목적에 순화된 유전자 조작생균은 재래식 주사용 백신보다 많은 잠재적인 이점과 함께, 이동되는 항원의 점액성 운반체로써 좋은 조건을 제공해 준다. 바이러스 백신과는 다르게 현재로서는 세균의 백본을 기초로 하여 다른 병원체의 항원을 운반, 전달해주는 상품화된 벡터백신은 없지만, 몇 가지 세균성 벡터가 아주 유망한 결과를 보여주고 있다.

(4) 서브유닛 백신

돼지 전염성 흉막 폐염은 급성형의 경우 출혈성 괴사성 폐염과 높은 폐사율을 나타내는 돼지에 만연하는 심한 질병이다. 이 질병은 방선균에 의하여 발생하며, 15종의 다른 혈청형의 유행으로 균체사독백신의 접종에 의한 예방은 매우 제한되어 있다. 최근, 모든 혈청형에 교차방어가 어느 정도 가능한 균체가 아닌 2세대 A. pleuropneumonia 서브유닛 백신이 4종의 추출단백질 또는 5종의 재조합 단백질로 개발되었다.

A. pleuropneumonia 감염의 병리학적 결말은 대부분 모든 혈청형에서 최소2종 이상이 결합하여 나타나는RTX 외독소 ApxI, ApxII, ApxIII 및 ApxIV 에 의한 구멍을 형성 하는 것이다. ApxI 과 ApxII를 모두 나타내는 혈청형은 특히 병원성이 강하다. RTX 독소 단독으로 백신접종을 하면 돼지를 폐사로부터 보호하나 전형적인 폐병변을 감소시키지는 못한다. ApxII 독소에 이동-결합단백질 같은 다른 공통 항원을 보충한 5가의 재조합백신은 적어도 단일 외피단백질에 3종의 Apx독소 추출물을 보충한 백신보다 동일하거나 더 우수한 방어를 나타내었다.

그러나, 이러한 서브유닛백신을 설계할 때 주의가 필요한 것은 펩티도글리칸 관련 단백질족의 PalA와 그리고 가장 면역형성능력이 강한 A.pleuropneumonia의 외피단백질에 대한 백신접종 연구에서 입증되었다. PalA 단독에 대하여 형성된 항체는 공격접종의 결과를 악화시키고, RTX독소와 결합한 PalA백신의 접종은 비록 항-ApxI 과 항-ApxII 항체의 방어효과를 방해하지만 공격접종의 결과를 악화시킨다.

(5) 인수공통전염성 세균 백신

동물의 살모넬라증은 돼지의 살모넬라 엔테리카 콜레라에수이스 혈청형, 가금류의 살모넬라 엔테리카 갈리나룸 혈청형 그리고 어린 소의 살모넬라 엔테리카 더블린 혈청형 같이 심한 전신성 감염을 일으켜 때로는 동물을 폐사시키는 숙주-제한적 혈청형에 의하여 발생한다. 이와는 다르게, 비-숙주 특이성 살모넬라 혈청형은 통상 개체-제한적 위장관 감염을 유발하나, 사람을 포함한 넓은 범위의 숙주동물에서 전신성 감염을 일으킬 수 있는 능력을 가지고 있다.

인수공통전염병에 대한 백신의 요구되는 면역성은 개별 동물의 장관 내에 집락형성을 예방하는 국소 점막면역의 유발뿐만 아니라, 이상적으로는 도축장에서 식육의 교차오염을 예방할 수 있도록 그 가축군 전체를 하나로 보아 존재하는 세균을 제거하는 것이다. 이것은 매우 어려운 과제이며, 이용할 수 있는 백신은 지금까지는 다양한 성공률을 보이고 있다.

살모넬라에 대한 방어에서 세포성면역이 전신성 면역보다 더 중요하다는 것은 일반적으로 인정되고 있다. 그리고 국소 점막 면역과 함께 약독생균백신이 가장 효과적인 형태로 요구되고 있다. 이것은 double-gene 결손 살모넬라 엔테리카 티피뮤리움 혈청형 생균백신과 살모넬라 엔테리카 엔테라이티디스혈청형 불활화 백신의 비교에서, 생백신 접종 후 분변내 세균 배출이 감소되었으나, 사균백신을 접종한 닭은 세포성면역반응이 억제되고, 항체생성 반응은 증가되었으며, 세균의 배출이 증가 되는 것으로 뒷받침되었다.

생균백신인 MeganVac 1 의 균은 최근 산란계의 면역을 위하여 다시 처방되었다. 육계와 산란계를 위한 Megan 백신은 1998년과 2003년에 각각 미국에서 등록되었다. 그러나 전 세계적으로 가금류의 살모넬라 엔테리카 엔테라이티디스 혈청형, 살모넬라 엔테리카 티피뮤리움 혈청형, 또는 살모넬라 엔테리카 갈리나룸 혈청형의 감염에 대하여 이용할 수 있는 적어도 10종 이상의 살모넬라 백신이 있다.

캠필로박터는 사람의 세균성 위장염을 일으키는 식중독 원인으로 가장 중요한 원인균 중 하나이다. 비록 몇 가지 백신이 사람의 질병 예방을 목표로 진행 중이지만, 감염된 계군에 대한 효과적인 백신접종 차단정책이 사람의 질병을 예방하는 가장 효율적인 수단이 될 것이다. 비-숙주특이성 살모넬라 혈청형에 대한 백신의 요건과 비슷하게 백신은 접종집단에 고도의 방어를 제공하여 축산물에서의 오염을 제거할 수 있어야 한다. 주로 불활성화시킨 균체배양 또는 편모제제의 시험용 백신이 가금류에서 시험되었으나, 캠필로박터 공격접종에서 부분적인 방어만 나타내었고, 약독생균주의 개발은 아직 상품으로 이용할 수는 없지만 더 유망한 것으로 나타났다.

브루셀라병은 사람에게 주요한 인수공통 질병으로 계속되어 왔고, 특히 개발도상국 에서는 동물질병의 일반적 원인이 되었다. 많은 선진국에서는 검색 및 살처분정책으로 이 질병의 근절에 효과를 보이고 있고, 한편 백신은 상당히 고도의 방어를 제공하지만, 한편 생성된 항체가 이 질병의 감시프로그램에서 방해하고 있기도 하다. 지금까지 브루셀라병을 방어하기 위한 사독백신을 생산하기 위한 여러 가지 시도는 기대에 어긋나는 것이었으며, 브루셀라병에 대한 가장 성공적인 백신은 약독생브루셀라 균종을 이용한 것이었다. 이 중, 브루셀라 아보투스 19 주와 브루셀라 멜리텐시스 Rev.1백신은 각각 소와 작은 반추류에 널리 사용되었다.

S19 과 Rev.1 백신은 '완벽'과는 거리가 멀어 완전한 방어를 달성하지 못하였고, 준임상형의 보균동물이 되게 하였으며, 두 균주 모두 약간의 병원성을 가지고 있어 일정하지 않은 빈도로 유산을 유발할 수 있다. 더욱이, 이 두 백신 모두 사람에 감염될 수 있고, 리포다당류에 대한 항체를 유발할 수 있어 근절 프로그램을 시행 중인 국가의 검색 및 살처분 절차와 양립할 수 없게 한다. 또한 최근에는 RB-51로 명명된, 안정된 자연 리팜핀-내성 R 돌연변이형 브루셀라 아보투스 주를 기초로 한 백신이 미국을 포함하여 여러 나라에서 S19을 대체하고 있다.

RB-51은 wboA glycosyl 전이효소 유전자가 삽입된 IS711을 운반한다. 그러나 다른 wboA 돌연변이주의 실험자료들에 의하면 추가적인 알려지지 않은 결함이 이 주(RB-51)에 의해서 운반되는 것으로 보여진다.

R 주는 s-리포다당류를 운반하지 않는다. 그러므로, RB-51의 백신접종은 통상의 혈청학적 검사에서 검출할 수 있는 항체를 생성하지 않는다. 이것은 많은 경우 명백히 이점이 된다. 그러나 사람에서 우발적인 감염의 경우, 비록 RB-51 이 S19 와 Rev.1 백신보다 훨씬 병원성이 낮다고 하여도, 진단의 지연을 일으킬 수 있다. 현재 수백만 두의 동물이 RB-51 돌연변이주 백신 접종을 받고 있다. 그러나 S19에 대비한 소에서의 방어효율은 논쟁의 여지를 남겨놓고 있다. 그리고 돼지의 브루셀라 수이스와 엘크사슴의 브루셀라 아보투스에 대한 방어는 매우 제한적이다.

(6) 리케차 백신

리케차인 에르리키아, 아나플라스마, 그리고 콕시엘라는 모두 작은 세포내에만 기생하는 병원체로서 중요한 동물 질병의 원인이 된다. 콕시엘라를 제외하고는 모두 절지동물 매개체에 의해서 전파된다.

심수병은 아프리카의 사하라 이남, 인도 서부에서 에르리키아 루미난티움이 원인이 되어 발생하는 가축과 야생의 반추수에서 가장 중요한 진드기 매개 질병이다. 상업적으로 이용할 수 있는 백신 접종은 감염된 양이 발열이 있을 때 테트라사이클린으로 항생제 투약한 후 그 혈액을 채취하여 냉동 보존한 것을 이용하여 통제된 감염을 일으키는 것이다.

최근에 병원성이 없는 주가 실험실 배양으로 만들어 졌으며, 좋은 방어효과를 보여주고 있다. 비용-효율이 높은 시험관내 배양방법 개발의 발전은 불활화 백신의 개발을 유도하였다. 소 아나플라스마병은 적혈구세포에 아나플라스마 감염이 원인이 되어 발생하는 또 다른 진드기매개 질병이다. 전염은 혈액의 기계적 오염 또는 절지동물의 흡혈과 소에서 송아지로 태반 감염을 통하여 일어날 수 있다.

급성감염에서 살아남은 소는 이 병에 내성을 나타내지만, 영속적이고 주기적인 낮은 수준의 감염 상태를 나타내어 보균자로 남게 된다. 송아지는 성우보다 감수성이 낮고, 임상증상도 약하다. 병원성이 보다 낮은 주 또는 아나플라스마 마지날레의 아종인 아나플라스마 센트랄레를 함유한 감염축의 혈액은 아프리카, 오스트레일리아, 이스라엘, 남미 등에서 가장 널리 사용되는 생백신으로 남아 있다. 저용량의 테트라사이클린 약물치료를 수반하는 아나플라스마 마지날레의 감염이 사용되었으나 시기에 알맞은 치료를 위해 정밀한 감독이 요구되었다. 감염된 소의 혈액으로부터 아나플라스마 마지날레 항원의 대량생산에 이어, 사균백신이 1999년 사용 중단될 때까지 미국에서 유력하게 판매되고 있었다. 이 제품의 고도의 비용과 매년 보강접종의 필요성과는 별도로, 사균백신은 일반적으로 방어면역 유발에서 생백신에 비하여 효과가 낮다.

다) 동물용 기생충 백신
(1) 원충 백신

동물의 원충 감염은 주로 열대지방에서 생산성이 빈약한 곳에 고생산성 품종을 도입하는데 주요 방해요인이 되고, 심각한 생산성 감소의 원인이 된다. 많은 종류가 인수공통질병이며, 사람의 기생충과 밀접한 관계가 있어 사람의 질병을 위한 동물 모델과 전염의 보균자로서의 중요성이 증대되고 있다. 아직까지 사람의 원충을 위한 백신은 이용할 수 없지만, 몇 가지 동물용 백신은 지난 수십 년 간 시판되거나, 국지적으로 이용하기 위하여 농업/수의부서에서 생산해 왔다. 이들 백신의 대부분은 살아있는 생물체에 근거하고 있지만, 최근에는 불활화 시킨 서브유닛 백신의 개발과 상품화 숫자가 증가하고 있다.

(2) 생 원충 기생충 백신(원충생백신)

원충성 기생충은 고도의 유전적 복잡성을 가지고 있다. 이들 생물체의 백신 개발은 이들 생물체의 숙주 내에서 각기 다른 종류와 계통간 각각 다르게 나타나는 생활주기, 그리고 동일한 생활주기에서도 서로 다르게 나타나는 주혈원충에서의 항원의 다양성으로 더욱 어려워지고 있다.
대부분의 원충 감염은 이전의 감염으로 다양한 정도의 면역을 유발하나, 방어와 그리고 면역에 관여하는 단계의 면역학적 기전은 아직 밝혀지지 않은 상태이다. 그러므로, 대부분의 백신에서 요구되는 방어면역반응을 유도하기 위하여 살아있는 생물체 자체를 이용하는 것은 그리 놀라운 일도 아니다. 감염의 특성에 따라, 이 백신은 아래에 설명한대로 몇 가지 형태를 취할 수 있다.

(3) 완전생활주기 감염에 근거한 백신

전 세계 양계산업에서 중요한 경제적 기생충병인 콕시듐증과 싸우기 위하여 가금산업에서 소량의 전염성 생물체로 백신접종 하는 것이 광범하게 사용되어 왔다. 가금의 콕시듐증은 최종 유성생식단계에서 감염성 접합자을 생산하기 전에, 장 상피에서 낭충을 생산하는 규정된 수의 무성생식주기(3~4 낭충기)를 거치는 세포내 기생 원충성 기생충인 아이메리아종에 의하여 발생한다. 감염은 그래서 자기제한방식이므로, 소량의접합자로 백신접종하여 최소의 병증을 나타내면서, 동형의 공격에 대하여 견고한 방어를 유발한다.

최근에는 자연적으로 발생한 낭충기가 적은 그래서 사용에 더욱 안전한 조숙한 아이메리아주에서 선발한 접합자를 함유한 생백신이 개발되었다. 감수성 조류에 대한 감염의 예방을 위하여 백신이 생성하는 접합자의 동시 투여의 필요성, 그리고 종류와 계통 특이성 면역형성 등 많은 문제점에도 생콕시듐 백신은 50년 이상 성공적으로 사용되어 왔고, 많은 동물약품 회사에서 상품으로 생산되고 있다. 이 백신의 상업적 성공 여부는 일차적으로 항콕시듐제의 계란 내 이행을 방지하기 위하여 약제의 사용을 중단해야하는 사육자와 산란계군의 사육자에 달려 있다.

(4) 약제단축감염에 기초한 백신

주혈원충 감염은 자기제한식이 아니므로, 면역반응이나 약품처리에 의해 억제하지 않으면, 기생충은 혈액기에 계속 하여 증식할 수 있다. 감염된 임파구를 형질변환시켜 소에서 치명적 질병의 원인이 되는 타일레리아를 포함한 대부분의 주혈원충 병원체와는 달리, 이 기생충의 적혈구기는 훨씬 병원성이 약하다.

소에게 병원성 야외형 타일레리아 파르바를 1 차 감염시키고, 약품치료를 실시하여 나타나는 견고한 무균면 역성은 여러 해 동안 동해안열 통제에 사용되었다. 이 백신접종법은 동종의 공격 접종에는 확실한 면역을 형성하여 주었으나, 이종의 공격 접종에는 제한적인 면역을 보였으며, 또한 비용이 많이 소요되었다. 내성은 주로 세포성면역에 의하여, 더 상세하게는 세포내의 분열체에 대한 CD8-세포 독성 T 세포에 의하여 주어지는 것으로 생각된다. 그리고 방어형 세포독성 T 림푸구의 반응은 현재 규정되고 있다.

(5) 생활주기가 차단된 기생충 감염에 근거한 백신

몇몇 주혈원충은 육식동물이 먹었을 때 영속적인 감염원이 되는 포낭을 숙주 체내에서 생산한다. 이 포낭은 면역체계가 약화되었을 때 재감염의 원인이 될 수 있고, 임신중 재활성화 되어 선천성 질병과 유산의 원인이 될 수 있다. 사람을 포함한 광범위한 숙주에서 톡소플라스마의 감염은 양과 염소에서 유산의 주원인이 된다.

1 차감염에 대한 면역이 발생할 때, 세포내에서 증식하는 급분열소체는 포낭에 쌓여 휴지기의 조이토시스트가 되고, 이것은 수백 개의 감염성 늦은분열소체를 함유하여 수년 동안 존속한다. 톡소플라스마 곤디 기생충은 마우스에 연속 계대하여 진단형항원을 생산하였으며, 이것은 포낭을 형성하는 능력을 상실한 것이라는 것이 뒤에 밝혀졌다.

톡소플라스마 곤디의 불완전 S48주는 교미 전에 투여하여 톡소플라스마가 유발하는 유산에 대한 감수성 암양의 장기 지속성 면역(18개월)을 제공하는 상업적 백신의 기초가 되고 있다.

(6) 병원성 순화(약독화)주의 감염에 기초한 백신

진드기 유래 피로플라스마인 바베시아 보비스와 바베시아 비게미나를 비장적출 송아지에 연속 계대배양하여 어린 송아지에서 면역성을 유발하면서도 병원성이 약화된 감염을 일으키는 것을 보여주었다. 급성감염된 비장적출 송아지에서 채취된 감염된 혈액을 생백신으로 사용하는 것이 수십 년 전에 호주에서 개발 되었고, 대부분의 국가에서 지역 농업 또는 수의학연구소에서 생산되어 바베시아증을 예방하기 위하여 아직도 사용되고 있다.

아나플라스마 마지날레가 유행하는 지역의 경우에는 아나플라스마 센트랄레 감염 혈액을 추가한다. 유통 기간을 늘리고 보다 엄격한 안전시험을 통과하기 위하여 몇몇 수의학연구소에서는 동결보호제로 디메틸설폭시드나 글리세롤을 사용한 액체질소에 저장한 동결혈액백신을 생산한다. 아직 그 이유는 알려지지 않았지만, 9개월령 이하의 어린 소는 바베시아 감염에 더 내성이 있다. 그러나 감수성이 있는 성축의 백신접종에서는 약독순화주를 사용 하더라도 흔히 추가적인 약품치료를 필요로 한다.

자연적인 진드기 감염에의 연속적인 노출은 일반적으로 연속적인 그리고 장기 지속성 면역을 보장한다. 타일레리아 애뉼라타의 생균순화백신은 실험실에서 세포내 마크로스카이죤트기에 연속 계대배양하여 생산되었고 많은 열대 및 아열대지역 국가에서 소의 열대성 타일레리아 병 통제제에 사용되고 있다. 타일레리아 파르바와는 대조적으로, 적혈구성 병원체인 타일레리아 애뉼라타에 대한 면역성은 단기적이고 자연적인 공격감염이 없으면 6개월 후에 쇠약해진다.

(7) 원충성 기생충 사균 또는 서브유닛 백신

기생충 충체 전체 또는 더욱 최근에는 규정된 항원구조를 갖춘 몇몇 불활화 백신이 등록되었고, 대개는 반려동물 시장을 목표로 하고 있다. 일반적으로 이들 백신은 생백신만큼 효과는 없지만, 다양하게 질병의 상태와 전파를 완화시킨다.

이들은 또한 재조합백신 개발의 기초를 형성한다. 콕시디알 기생충인 네오스포라 캐니눔의 종숙주는 개이다. 그러나 그 경제적 영향은 유산의 주 원인이 되는 중간숙주인 소에서 가장 크다. 네오스포라 캐니눔 충체 백신이 건강한 임신우에서 네오스포라 캐니눔에 의한 유산을 감소시키고, 송아지의 자궁내 전파를 예방하기 위하여 미국에서 허가되었다. 이 백신은 불활화 네오스포라 캐니눔 타키조아이트를 면역증강제와 함께 피하접종하게 구성되었다.

코스타리카의 대규모 야외시험에서 감염이 고도로 유행하는 젖소군에서 백신접종을 통하여 유산이 약 2배 가량 감소하는 것으로 나타났다. 뉴질랜드에서의 다두접종시험에서 보고된 바와 같이 농장간 효과에서 커다란 변이가 있었고, 이것은 다른 감염에 의한 원인이나 또는 비전염성 원인에 의한 유산 때문인 것으로 보인다. 백신접종 시기 또한 유산과 전파를 예방하는 데 중요한 역할을 하는 것으로 보인다.

말의 신경성질병, 사르코시스티스 뉴로나 감염의 원인이 되는 말원충성 척수뇌염을 완화하는 백신이 최근 출하되었으며, 포트닷지동물약품에 의하여 미국(USDA)의 조건부 허가 아래 시험 중에 있다. 이 백신은 말의 척수에서 분리한 원충을 실험실에서 배양한 메로조아이트를 화학적 으로 불활화시키고 근육주사용으로 특허의 면역증강제를 혼합한 제제이다.

지아르디아는 여러 동물종의 장내기생충이다. 감염은 일반적으로 자기제한식으로 일어나나, 어리고 면역반응이 억제된 개체에서 심한 위장관 질환이 일어날 수 있다. 이 기생충의 중요성은 주로 동물에서 사람으로 전파되는 것이며, 지아르디아는 수인성 감염의 주원인이라는 것이다. 미국에서 단 하나의 상업용 백신이 개와 고양이에 사용하기 위하여 승인되었다. 이것은 개의 임상형 질병을 예방하기 위하여 승인되었으며, 발병률, 병증 및 포낭을 배출하는 기간을 현저하게 감소시켰다. 이 백신은 순수배양한 지아르디아의 영양체를 분쇄한 것으로 만든 제제로서 감염에서 대부분의 임상증상을 없애고, 강아지의 분변내에서 그리고 고양이에서는 약간 적은 범위로 포낭 배출의 수를 현저히 감소시켰다. 약제에 저항하는 만성감염을 제거하는 효과도 백신접종으로 달성될 수 있다고 하는데, 이것은 더 광범위한 시험이 요구된다. 이 백신은 항체에 의하여 주로 기생충의 독소를 중화하는 것을 통하여 작용하는 것으로 생각된다.

두 가지 서브유닛 백신이 바베시아로 인한 개의 바베시아증으로부터 개를 보호하기 위하여 개발되었다. 두 백신 모두 기생충의 실험실 배양에 의하여 배양 상층액으로 방출된 용해성 기생충항원을 면역증강제와 결합한 것으로 이루어 졌다. 첫 번째 출하된 백신, 파이로독은 바베시아 카니스 단독배양에서 생산된 용해성 기생충항원을 함유하나, 최근 출하된 노비박피로는 계통특이성 면역범위를 확장 하기 위하여 바베시아 카니스와 바베시아 로시에서 생산된 SPA를 함유하였다. 이 백신의 방어효과는 본질적으로 기생충혈증을 감소시키는 것보다 저혈압과 임상증상의 원인이 되는 용해성 기생충물질의 항체의존성 중화 작용에 근거한 것으로 보인다. 이 백신의 접근 방법은 소에서도 평가되었으나, 충분한 방어를 얻지 못하였다.

가금류, 특히 육계산업계에 사용하기 위하여 콕시듐증에 대한 불활화 서브유닛 백신이 이스라엘의 ABIC동물약품사에서 개발되었다. 흥미롭게도 이 백신은 대개의 생백신이 목표로 하는 낭충기를 목표로 하지 않고, 질병을 전파하는 접합자를 형성하는 것을 나타내는 마지막 유성생식기의 암생식모세포기를 목표로 한다.

이 백신전략의 원리는 자연감염에 의하여 일어나는 면역이 접합자의 배출과 기생충 전파를 감소시키는 무성 생식기에 대하여 면역원성을 허용한다. 이 접근방법의 추가적인 이점은 병아리보다 산란계가 면역되고, 방어면역글로불린을 난황내로 그리고 병아리에 옮겨준다. 암탉 한 마리가 평생 100개 이상의 알을 낳는 것을 고려하면, 이것은 백신접종과 가축 돌보는 것을 상당히 감소시킬 수 있다. 생백신의 품종 및 계통 특이성과는 대조적으로 이 생식모세포 백신은 3종의 주요 아이메리아종에 대하여도 부분적인 방어를 보여주었다. 이 백신의 중요한 단점 은 감염된 병아리로부터 유래한 친화형정제 천연생식모세포항원으로 상당히 복합제제로 구성되어 생산하는 데 비용이 많이 든다는 점이다.

친화형 정제 천연 생식모세포 항원의 3종의 주요 성분은 최근 복제하였고, 방어 성분을 확인하는 관점에서 특성을 규정하여 재조합백신을 개발하였다. 천연백신의 번역이 재조합 백신에 성공할 것인지는 두고 보아야 하는 것으로 남아있고, 이것은 그 동안 많은 기생충 발전분야에서 주요한 장애물이 되어 왔다.

사람의 내장형 리슈만편모충증 또는 칼라아자르는 세포내 기생하는 리슈마니아에 의하여 발생하는 치명적인 사람의 질병으로 모래파리에 의하여 전파된다. 개들은 이 질병의 주요한 보균자가 되며 또한 임상적으로 이 병에 걸린다. 최근에 개의 내장형 리슈만 편모충증에 대한 강력하게 항원성인 표면 당단백질 복합체, 휴코스만노스 리간드에 근거한 또는 리슈마니아에서 얻은 FML 항원과 사포닌 면역증강제 의 서브유닛 백신이 브라질에서 개발되었다.

백신의 효력은 동종 또는 이종의 리슈마니아 차가시의 공격접종에 대하여 76 ~ 80%로 보고되었으며, 적어도 3.5년 동안 지속하였다. 이와 함께 이 질병의 인체 발생률의 감소가 보고되었는데, 이는 백신의 전파 차단 성질에 의한 것으로 생각되었다. 또한 이 백신은 감염된 개에서 치료효과도 가지고 있다.

(8) 연충 및 외부 기생충 백신

다세포 기생충은 그들의 숙주에 접근하는 게놈의 크기와 함께 가장 복잡한 병원체이다. 다세포 기생충은 유전적 복잡성을 떠나서, 그들의 물리적 크기 때문에 면역계의 식세포에 탐지되지 못하고, 전통적인 세포독성 T 세포에 의하여 죽지 아니한다. 실제로, 면역계는 일반적으로 2 형 또는 알레르기-형 면역반응이라고 하는, 강력한 작동체 백혈구, 비만세포, 호산구들로 대표되는 이 기생충을 감당할 수 있는 완전히 새로운 기전을 개발하여야 한다.

연충 또는 장내기생충에는 동물과 사람에 모두 감염되는 선충류, 흡충류 그리고 촌충류 등 3 종류의 과가 있다. 현재, 소의 폐선충인 딕티오카울루스 연충 백신만이 유럽에서 판매되고 있으며 이 연충 백신은 방사선 조사로 성충으로 변태하지 못하는 감염성 L3 유충으로 구성되어 있다.

경제적으로 중요한 위장관내 선충류의 방사선 조사된 L3 유충의 백신접종이 시도되었으나, 어린 동물에서 면역형성 유발효과가 부족하여 성공적이지 못하였다. 위장관내 선충류의 증가하는 약제 내성은 이들 중요한 동물병원체에 대한 백신 개발의 관심을 새롭게 하였다.

촌충은 단일 감염후 독특하게 면역성을 없앨 수 있는 중간숙주에서 유충기를 지낸다. 이 조기 유충기의 항원은 재조합 단백질로 다세포 병원체에 대하여 최초로 방어를 해준다. 상업용 또는 야외 적용을 위한 항촌충 백신은 아직 연구 중이다.

가장 중요한 동물의 흡충류는 간질이다. 이 기생충에 대한 백신 개발은 이들 기생충이 반복 감염 이후에도 그들의 자연감염 반추수 숙주에서 면역성을 유발하지 않는 것으로 보인다는 사실에 의하여 지연되고 있다. 최근 특이한 양의 품종이 간질충에 대하여 면역성을 나타내는 것을 보여주었고, 이 방어기전을 더 정밀 조사하여 백신 개발에 대한 새로운 접근이 제시되고 있다.

외부기생 절지동물들은 이들이 크고 복잡할 뿐만 아니라 그들의 생애 대부분을 숙주의 표면이나 외부에서 보내기 때문에 백신개발에 있어 마지막 도전이 될 것으로 보고 있다. 흥미롭게도, 상품으로 이용할 수 있는 단 하나의 재조합 기생충 항원 백신은 진드기 기생충인 부필루스에 대한 것이었고, 1994년 처음으로 호주에 그리고 후에 쿠바와 몇몇 남미 국가에 상품으로 수입되었다. 이 백신은 감염 시 면역계에 의해서 인정된 자연 항원에 근거한 것이 아니라 진드기의 굉장한 흡혈 습성의 이점을 택했다는 것이 독특한 점이다.

고도의 항체수준은 진드기 장막 결합 단백질, Bm86을 강력한 면역증강제와 함께 재조합 단백질을 사용하여 소에 백신 접종을 통해 생기게 한다. 이 항체는 진드기의 장표면에 결합하여 진드기가 흡혈할 때 장벽 파열의 원인이 되고 진드기를 죽게 한다. 이 백신은 진드기 침입에 대하여, 그리고 경우에 따라서는 진드기유래 질병에 대해서 상당한 수준의 방어를 나타낸다. 그러나, 자연감염 분자가 밝혀지지 않았고, 항체수준이 감염에 의하여 상승되지 않으며, 고도의 수준을 유지하기 위하여 반복적인 면역성 부여가 필요하다. 이 백신은 실용성과 상업적 매력의 제한 때문에 약제와 함께 사용하는 것이 좋다. 진드기의 면역글로불린 분비체계의 존재는 다른 진드기에서 이 백신의 접근 효과를 방해하는 것으로 보인다.

라) 비전염성 질병에 대한 동물용 백신
(1) 알레르기 백신

사람의 경우에서와 같이 몇몇 동물, 특히 고양이, 개 그리고 말에서는 꽃가루, weeds, 곰팡이 포자, 그리고 집먼지 진드기 같은 환경적 알레르겐에 대한 반응으로 알레르기성 피부질병이나 아토피성 피부염을 나타내는 유전적 소질이 있다. 이것은 세균이나 이스트의 2차감염 으로 두드러기가 된다.

아토피성 피부염에 대한 가장 일반적인 치료는 피내주사나 알레르겐 특이성 혈청 면역글로블린 E 분석으로 그 동물에 반응을 보인 알레르겐 추출물을 백신접종하는 것이다. 이 알레르겐 특이성 면역제치료법은 수개월 동안 물이나 또는 황산알루미늄으로 침전시킨 알레르겐 추출물을 점차 양을 증가시켜 투여하고, 매년 추가접종한다. 이 치료법의 보고된 효과는 개에서 20%에서 100% 가까이까지 차이가 크며, 이는 시험연구의 설계, 연구에 사용된 요소, 백신의 공급원, 2차감염에 대한 치료에 따라 결정된다.

(2) 암 백신

가정용 반려동물의 수명 연장과 축주들의 동물에 대한 높은 가치 부여로, 자연적인 암치료에 대한 관심이 증대되고 있다. 개의 악성흑색종(CMM)은 가장 일반적인 개의 구강 종양이다. CMM은 사람의 악성흑색종과 유사하고, 치료하더라도 대개의 경우 진단 1년 이내에 죽게 된 다. 몇 개 그룹이 악성흑색종(CMM)에 대한 항암백신의 제3기 임상시험 중이며, 메리알사는 2006년 미국에서 악성흑색종 DNA 백신을 조건부 승인하에 출하하였다. 이 시험용 백신은 원 칙적으로 사람의 암 백신 연구에 기초하고 있고, 사람의 과립성백혈구 마크로파지의 colony-stimulating factor 또는 사람 gp100 또는 사람의 tyrosinase DNA백신접종으로 핵 산전달감염된 개의 종양세포주에 면역된 것이 함유되어 있다.

이 연구에서 개에 따라서는 때때로 완전한 회복과 생존기간의 연장 등으로 전체적인 반응률 은 17% 정도로 추정 되었다. 이 연구의 실험설계는 적은 시료의 크기, 품종의 차이, 임상 상 태, 병력과 병증 단계별 조치 등의 비교 등으로 제한되었다. 면역의 요소와 종양 통제 가능성 에 대한 명확한 관계는 확립되지 않았다.

BCG(bacillus Calmette-Guerin)의 국소 접종은 사람의 비뇨기계 표면 종양의 치료법 으로 오랫동안 사용되어 왔으며, 말의 육종과 좁게는 소의 눈편평상피세포종양의 치료에 효과적임 을 보여주었다. 이 백신접종요법의 작용양식은 알려지지 않았으나, 내부 면역계의 활성화와 국소염증을 통하여 종양 특이성 항원의 upregulation이 영향을 끼치는 것으로 보인다.

2) 진단 기술[263]
가) 유전 마커

유전적 표지자는 주어진 유전자좌에서 대립 유전자 변이에 대한 정보를 제공하며 일반적으로 노출된 바이오 마커다. 질병의 결과가 발생하기 전에 존재하며 일반적으로 다른 질병의 노출과는 무관하다. 유전자 마커의 가장 일반적인 유형은 제한된 단편 길이 다형성, 증폭된 단편 길이 다형성, 무작위 증폭 다형성 DNA, 단순 염기 반복 및 단일 염기 다형성을 포함한다. 이외에도 microRNAs, noncoding RNA], exosome 등도 주요인자로 잘 알려져 있다.

여러 품종의 개에서 특정한 유전적 돌연변이의 확인은 질병의 위험이 있는 개에서 확인하고 번식 개체에서 그들을 제거하는데 도움이 되는 상업적 DNA 분석의 개발로 이어진다. 유전성 질병에 최소화 또는 근절하기 위한 도구로서의 유전자 스크리닝의 가치는 특정 돌연변이, 질병의 위험을 확인하기 위한 돌연변이의 특이성 및 민감성, 육종 프로그램에서의 검사의 사용에 대한 분석에 의해 이루어진다.

생화학적 마커는 질병과 관련된 생화학적 변이(직접적으로 또는 간접적으로)이며, 진단적 또는 예측적 가치를 제공하기에 충분히 변화된 생화학적 화합물(항원, 항체, 효소, 호르몬 등)이다. 생화학적 표지자가 특정 질병을 구별하고 치료를 안내할 수 있다. 질병 위험의 표지자로 주로 사용되며 다른 요인과 독립적인 유전학적 표지자와는 달리, 특정 질병에서는(예, 녹내장) 많은 생화학적 표지자는 비특이적이며 그 존재는 상황에 따라 해석되기도 한다. 생물학적 시료(예, 혈액)에서 얻은 생체 표지 물질은 준 임상 수준의 질병, 질병 시기, 병의 중증도를 나타낼 수 있다. 질병에 걸린 개의 혈장에는 세포 유리 DNA (cell-free DNA, cfDNA)의 농도는 질병의 심각성과 예후와 관련이 있다. 개에서 cfDNA의 측정은 비특이성 질환 지표 및 예후를 위한 도구로 유용하게 사용될 수 있다.

나) 종양 마커

최근 혈액 중 바이오마커의 종류로 순환형 종양 DNA(circulating tumour DNA, ctDNA)가 있으며, 이는 암세포가 파열되어 사멸하는 경우 암세포는 그 내용물을 혈류 속으로 방출하는데, 그 속에는 종양의 DNA가 포함되어 있다. 이는 혈류 속을 자유롭게 떠돌아다니는 종양 게놈의 부스러기라고 할 수 있다. 정상적인 세포의 찌꺼기는 대식세포 처리하지만, 종양은 덩치가 너무 크고 신속히 증식하기 때문에 처리 능력을 넘어서게 되어 혈류 속을 떠돌아다니게 된다. 이는 종양의 동태를 파악하는 결정적 단서를 얻을 수 있어 ctDNA를 측정하거나 염기서열을 분석하는 하는 기법을 개발하고 있다. 또한 이는 치료의 경과를 알 수 있는 저항성을 평가할 수 있는 의미를 갖는다.

또 다른 하나는 순환종양세포(circulating tumor cells, CTC)로 암 조직에서 떨어져 나와 혈류를 따라다니는 종양세포다. 이들이 다른 조직에 부착되면 전이암이 발생하게 된다.

---

263) 동물 분자 진단 시장의 동향, 박창은, 박성하, Korean J Clin Lab Sci. 2019;51(1):26-33

따라서, 이 세포를 미리 찾아내면 전이암을 조기에 발견할 수 있지만, 혈액 속 CTC는 수십 개 미만으로 매우 적어 검출이 어렵다. 이에 분리 기술 개발이 관심을 끌기 시작했다. 아직도 CTC를 혈액에서 효율적으로 분리하는 방법들이 개발 중이고 각 방법에 따라 검출 효율이 다르다. ctDNA가 검출된 환자에게서는 CTC가 발견되지 않는 경우가 많아 ctDNA의 수가 CTC보다 많다.

Granzyme B+ 종양 침윤성 림프구(tumor-infiltrating lymphocytes, TILs)는 종양 단계와 관련이 없으며, granzyme B+TILs의 존재는 독립적인 예후인자이다. 이러한 결과로 granzyme B+ TILs가 항종양 면역에 역할을 하고, 개의 이행세포암종(transitional cell carcinoma, TCC)에서 종양 진행을 억제하는 것으로 알려져 예후인자로 활용되고 있다.

대장암은 세계에서 세 번째로 흔히 진단되는 침묵성 암이다. 많은 사람들이 암이 치료가 어려워질 때까지 출혈이나 복통이 동반되고 폴립이라는 것을 제거되면 암이 예방될 수 있다. 대장암으로 인한 생존율은 발병 시 질병의 단계에 따라 크게 영향을 받는다. 따라서 전 암성 대장암 병변의 조기 발견은 5년 생존율 향상에 중요하다. 이에 최근에는 후생 유전학 바이오 마커, 프로테오믹 마커, 대변 DNA 마커를 발굴하는 것이 중요한 검사법으로 대두되고 있다. 최근에는 대장암(colorectal cancer, CRC) 환자에서 sperm-associated antigen 9 (SPAG9) 유전자와 단백질의 발현이 조기에 검출되고 암 발병의 1~2기 단계에서 혈액에서 100%, 조직 표본에서 88%의 검출의 민감도를 보여 ELISA (enzyme-linked immunosorbent assay) kits로 상용화되고 있다.

또한 최근 보고된 논문에서는 피부종양(cutaneous and subcutaneous soft tissue sarcomas, STS)이 다수(20.3% 이상) 발견되는 것과 조직학적 수준에서 평가를 위해 c-kit 과 KIT 발현이 종양 발생과 관련된 동물(개) 진단 시장의 최근 추이를 보고하고 있다.

다) 기타 질환의 마커

Brucella canis는 그람 음성균으로, 통상적으로 세포 내 존재하고 인수공통감염 세균으로 개의 브루셀라증을 유발한다. 직접적인 방법으로 브루셀라증을 검출하는데 가장 적합한 것은 혈액 샘플로부터 박테리아를 분리하는 것이 표준 방법으로 사용되어 왔다. 그러나 결과를 얻는데 시간 지연과 박테리아 배양으로 인한 생물학적 위험의 노출로 인하여 PCR(polymerase chain reaction)이 감염 진단을 위한 대체 방법으로 성공적으로 사용된다. 시료 준비는 성공적인 PCR을 위한 핵심 단계이며, 높은 DNA 회수율 및 순도를 제공하는 과정이며 이 과정은 높은 진단 민감도를 보장하기 위해 권장된다.

Programmed death receptor 1 (PD-1)은 T 세포의 co-inhibitory checkpoint 분자로 CD4와 CD8 T 세포에서 발현되고, 일부는 자연살해(natural killer, NK)세포, 항원제시세포에서 발현된다. PD-1의 주된 기능은 T 세포 반응의 지속 시간과 크기를 조절하고, 이로 인하여 자가면역을 예방하고 감염과 염증반응에서 T세포를 활성화 시킬 때 조직 손상을 제한한다.

수의학에서 PD-1 및 programmed death ligand 1(PD-L1) 분자의 발현은 가축, 돼지, 개 및 고양이에서 조사되었으며, 대부분 교차 반응성 인간 또는 소 항체를 사용한다. 예를 들어 소에서 PD-1 발현은 소 백혈병 바이러스에 감염된 동물의 T 세포와 B 세포에서 검사되었다. 이 연구는 IFN-γ로 T 세포를 처리하면 PD-1 발현이 증가하는 것으로 나타났다. 돼지 PD-1 분자는 인간 PD-1과 63%의 서열 동일성을 발견하였다. 고양이 PD-1도 개와 인간 PD-1에 대한 구조 및 서열의 유사성을 공유한다.

Feline immunodeficiency virus (FIV) 감염된 고양이는 만성적인 lentiviral infection의 조절에 PD-1 봉쇄가 미치는 영향을 조사하기 위한 모델이다. 최근 PD-L1이 체내 및 생체 내에서 모두 개과의 종양세포 및 대식 세포에서 발현된다는 보고가 있다. 내장 리슈마니아을 가진 개에서는, PD-1 신호가 T 세포 apoptosis를 유도한다는 보고가 있다.

크레아티닌(creatinine, 113 Da)과 크기는 유사한 symmetric dimethylarginine (SDMA, 202 daltons)는 arginine이 메틸화된 것으로 신장이 배설의 주요 원천이다. 그리고 SDMA는 세뇨관 재흡수를 하지 않으며, 만성신장질환 환자에서 처음으로 증가하는 것으로 나타났다. 그러나 SDMA는 이눌린(inulin)을 기초한 신장 기능과 강하게 상관성이 있어 사구체여과율 (glomerular filteration rate, GFR)의 내인성 표지자로 주목을 받는다.

이외에도 사구체의 항산화, 전염증성 역할을 수행하는 것. 그 뿐만 아니라, 혈장 호중구 젤라티나제 관련 리포칼린(neutrophil gelatinase-associated lipocalin, NGAL)은 혈청 creatinine 보다 급성 콩팥 손상을 조기 진단에 유용한 생물학적 표지자로 활용되고 있다.

기타로는 천식과 관련된 혈청 periostin, 요중 cysteinyl leukotriene, YKL-40 (human chitinase-3 like protein 1) 잘 알려져 있어 이를 통해 질병에 대해 유전체를 분석하여 천식에 감수성이 높은 유전자를 선택적으로 찾아서 질병을 예측하여 예방하고 질병이 발생한 환자에서 바이오마커의 측정을 통해 적절한 표적 치료제와 치료 기간을 설정하고 약물에 따른 효과적인 모니터링이 가능해지는 시대가 머지않아 눈앞에 펼쳐질 것이다.

3) 가축전염병 관련 기술[264]
가) 해외 동향

최근 환경오염, 무역 증가 등으로 인한 가축 전염병 확산이 예상됨에 따라 주요국들은 빅데이터 분석·활용 기반의 가축질병 관련 유전자 분리·기능구명·특성규명 등 질병 예측·관리를 중심으로 연구를 추진하고 있다.

농무부(USDA, 미국), 연방과학산업연구기구(CSIRO, 호주)는 소 유전체 연구, 유럽연합은 돼지 유전체 연구, 일본은 말 유전체를 집중적으로 연구하고 있다. 미국 'Zoetis'사는 반려동물 유전자분석을 활용, 유전질환·암 등 질병예측 진단서비스를 제공하고 있으며, 일본의 '완단트'는 IoT를 활용 반려동물의 건강정보를 수집, 분석을 통해 반려동물 질병 처방관리에 활용하고 있다.

구분	내용
(미국) 국립보건원, 필박스 프로젝트	의약품 정보 서비스를 통해 수집한 사용자 데이터 분석을 통해 유행 질병, 전염 속도, 질병의 지역별 분포에 대한 통계를 수집·예측
(미국) 구글, 독감트렌드(Flu trend)	사용자의 질병관련 검색 키워드를 바탕으로 독감 발병예측, 독감 환자의 분포 및 확산 정보 제공
(영국) NHS(National Health Service), 처방 데이터 수집 분석	전국 약국, 병원의 처방 데이터 수집·분석을 통해 질병 예측, CPRD(Clinical Practice Research Datalink)를 통해 다양한 데이터를 연구자에게 제공
(EU) Horizon Scanning Center, 전염병 대응책 마련	동식물 및 인간의 전염병 확산에 대한 데이터 분석을 통해 말라리아 등 다양한 전염병에 대한 전망과 대응방안을 모색
(일본) IIJ 혁신 연구소(IIJ Innovation Institute), 전염병 데이터 랭킹 서비스	국립감염증연구소 전염병 발생 데이터 활용·분석을 통해 전염병 유행 상황과 정보를 제공

[표 251] 주요국의 빅데이터 활용 가축질병 발생 예찰 연구 현황

동물질병 진단기기 분야는 우수한 성능을 바탕으로 디바이스의 소형화, 자동화를 통해 정확·편리성을 지향하여 기술을 개발하고 있다. 임상화학 분야 및 면역학 분야에서는 두 분야가 융합된 대형 장비를 통해 다양한 종류의 검사를 수행할 수 있도록 변화하는 추세이다. 인공지능을 활용 동물질병 진단 기술은 질병 관련 빅테이터(호흡, 맥박, 몸무게, 온도, 습도, CO2 등)를 수집·분석 후 건강 개체와의 비교를 통해 진단한다. 일본의 샤프는 AI와 IoT기술을 결합한 반려동물 화장실 '펫케어 모니터'를 통해 배설물, 체중 정보를 기록·분석하여 반려동물 헬스케어 시스템을 구축했다.

---

264) 가축전염병/한국과학기술기획평가원

기존 바이러스 백신 생산용 세포주를 활용, 다양한 신종 바이러스 백신 생산을 위해 개발된 세포주 개발이 활발히 진행되고 있다. 유럽의 VALNESA은 줄기세포를 이용한 EB66 Cell line 개발을 통해 다양한 난배양 바이러스 생산에 대한 연구를 수행했다. 또한 최근 돼지호흡기생식기증후군(PRRS) 백신 생산을 위해 BHK-215[265] 동물세포주에 CD163 단백질 과발현을 유도한 세포주 개량 연구가 수행되고 있다.

현재 세포배양 기반 백신은 대부분 부착형 세포를 이용하여 생산되고 있으나, 폐기물처리·세포유지·고밀도 배양 등 한계가 존재한다. 이의 대안으로 부유형 동물세포 이용 백신 배양 관련 연구가 수행되고 있다.

최근 백신 효율 증대 및 접종 효율·편리성 제고를 위한 고효율 백신보조제 및 백신전달시스템 기반 기술이 개발되고 있다. 동물용 백신보조제는 다양한 형태, 축종에 대한 연구 개발 및 상용화 연구가 다년간 진행되었으나 실용화 실적은 미미하다. 현재 식균작용, 면역세포 활성화, 사이토키닌 등의 분비 촉진·활성화를 통해 면역반응 촉진을 유도하는 연구가 세계적으로 활발히 진행되고 있다.

백신생산은 생백신(Live attenuated vaccine) 위주에서 첨단 유전공학[266]을 이용한 백신 생산이 점차 증가하는 추세다. 유전공학을 이용한 백신생산은 생산시스템 설계·운영 측면에서 기존 시스템보다 경제·위험관리·생산 효율성 등이 우위에 있다. 독일의 베링거인겔하임은 돼지써코바이러스 2형 예방 바이러스 유사입자 백신(써코플렉스) 생산을 통해 매출 400천만 달러를 달성했다.

세계적으로 가축질병 연구는 고전염성·고위험성 병인체 예방·치료를 위해 질병대응(예방·확산방지) 및 인프라 구축을 목적으로 추진되고 있다. OIE는 WAHIS(World Animal Health Information System)을 통하여 각국의 보고 대상 가축전염병 발생 정보를 공유하여 국제공조 및 협력체계를 통해 국가 간 가축질병의 확산을 최소화하고 있다.

또한, FAO(국제연합식량농업기구)는 EMPRES[267](동물 및 식물의 전염성 질환 방제 시스템)를 통해 세계적인 악성 가축 전염병이 발생한 국가에 해당 질병을 예방 및 통제할 수 있도록 질병에 대한 정보, 관련 전문가 교육 및 긴급 지원 등을 수행하고 있다.

최근 GPS 기반 가축활동 감시 시스템, 실시간 차단방역 시스템 등 가축 질병 확산 방지를 위해 최신 융복합기술을 활용한 기술개발이 진행되고 있다. 영국은 가축의 위치와 이동에 대한 데이터 관리체계를 보완하기 위해 정보관리시 스템(RADAR[268])을 구축하고, 질병 발생 시 통제 조치, 질병 연구데이터 등으로 활용하고 있다.

---

265) BHK-21 : 구제역 백신 핵심 세포주
266) 유전공학 백신 : recombinant vaccine, vector vaccine, VLP vaccine, oral vaccine, conjugate vaccine, subunit vaccine, DNA vaccine
267) EMPRES : Emergency Prevention System for Tansboundary Animal and Plant Pests and Diseases
268) RADAR : Rapid Analysis and Detection of Animal-related Risks

덴마크는 가축방역 을 위해 데이터베이스를 구축하여 가축의 이동경로 등 다양한 자료를 중앙가축등록시스템(CHR, Central Husbandry Register)으로 수집하고, 덴마크 수의식품청이 이를 운영하고 있다.

개발기술	내용
양 추적 GPS 기반 무리행동 패턴 분석 (영국)	○ 양의 목에 부착된 GPS 송신기의 무선통신기술 • 양의 위치정보를 보여주는 GPS 단말기 기술 • 양 무리의 위치정보를 이용한 모델링 기술로 양의 무리행동에 대한 패턴을 이용하여 방역 의사결정을 내릴 수 있도록 소프트웨어로 구현
가축방역지도 (일본)	○ 이상가축 발견 시 신속하게 해당 농장에 대한 상세목록 출력, 전염병 발생 의심이 되는 경우 청정성 검사지역, 이동제한구역, 반출제한구역 등 설정 • 동시에 지역 내 가축 사육농장이나 매몰지, 집회장, 소독 포인트 등을 나열 등을 위한 GIS시스템
Be Seen Be Safe (캐나다)	○ 농장 차단방역 및 질병 관리 시스템 • 질병 발생 시 위치 기반 정보 제공(Geo-Aware) • 개별 농장의 실시간 차단 방역 강화 및 조치 가능 • 데이터 분석을 통한 질병 전파 예측 정보 제공 • 방문자 기록, 풍향 및 풍속 등 정보 분석
GLEAMviz (미국)	○ 유행성 질병의 위험도를 분석하고 전파 모델을 개발하여 관련 정책 결정을 지원하는 데스크탑 어플리케이션 • 긴급상황에 대한 조치 계획 도출, 전염병 확산 예측, 국제적 전파에 대한 분석을 주요 기능

[표 252] 주요국 가축전염병 방역·확산방지 기술개발 현황

나) 국내 동향

우리나라는 예찰.예방기술, 백신, 동물용 의약품 개발을 중점으로 기술개발을 추진 중이며, 융복합 기술을 기반으로 한 연구는 미흡한 상황이다. 농림축산검역본부와 KT는 가축 질병 발생 예방 및 확산 방지를 위해 국가동물방역통합시스템(KAHIS) 데이터 및 KT기지국 통계 데이터 분석을 통해 조류인플루엔자(AI)의 확산 경로 예측 모델을 개발하고 있다.

항목	주요기능
예방/예찰, 백신	소독 및 시료검사 실적, 백신 공급·접종 및 항체 양성률, 방역실태 점검 등록 등 사전 예방 중심의 업무처리 지원
통제	가축전염병 발생 시 신속하고 효율적인 대응 체계 운영
진단	병성감정 의뢰부터 최종진단까지 업무 지원, 질병발생 정보 대국민 공개
역학조사	질병의 유입, 전파 요인 조사를 통해 방역대상 농장 선정 및 조치
사후관리	가축매몰지 조성 이후 관리기간(3년)동안 점검 관리
차량등록제	축산시설 출입차량을 시군에서 등록(새올시스템)하고 GPS 단말기를 장착하여 축산시설 출입정보 수집 분석

[표 253] 국가동물방역통합시스템 정보분석 항목 및 주요 기능

국민건강보험공단과 다음소프트는 '국민건강 주의 알람 서비스'[269]를 통해 감염병 관련 빅데이터를 분석. 이를 통해 감염병 발생 예측 및 국민들에게 정보 제공하고 있다. 최근 농림축산검역본부를 중심으로 구제역 바이러스 백신 생산을 위한 동물 세포주의 부유화 연구를 수행 중이며, 농촌진흥청은 반려동물의 생애전주기 질병제어 및 복제 기술 개발을 목표로 연구과제를 수행 중이다.

민간기업에서는 휴대용 모니터링 시스템 및 생체 모니터링 센서 개발을 통해 ICT기반 가축 질병 실시간 모니터링 기술, 진단제품 개발에 노력을 기울이고 있다. 한국의 펫테크 기업인 핏펫은 소변스틱을 활용한 검사키트 시스템을 활용, 반려동물의 건강상태(9가지 질병)를 신속 파악이 가능한 제품을 개발했다. 한국의 반도체기업인 노을은 인공지능 혈액 분석 시스템 개발을 통해 신속·편리성이 강화된 랩온어칩(Lab on a chip[270])방식 진단키트를 개발했다.

---

269) 국민건강 주의 알람 서비스 : 건강보험공단의 DB와 SNS 정보를 연계하여 홍역·조류독감· SAS 등 감염병 발생을 예측
270) Lab on a chip : 극미량의 샘플이나 시료로 기존의 실험실에서 할 수 있는 실험이나 연구과정을 신속하게 대체할 수 있도록 만든 칩(차세대 진단장치)

개발기술	내용
소규모 축산농가에서 저렴하게 구입 가능한 대인소독기	자외선 안전필터로 인체 안전성 및 동파 염려가 없고 소규모 농가에서 구입 가능한 경제성 있는 대인 소독용 장비 개발
조류인플루엔자 예방시스템	6가지 조합된 조류인플루엔자 바이러스를 대상으로 DNA를 복제하는 폴리머라제 유전자를 통해 안전하고 효과적인 백신개발 기반 마련
국내 분리 한국형 O형 백신종독주(안동주)	국내 분리 (2010년 경북 안동 분리) 구제역바이러스를 연속 계대하여 O형 구제역 백신 종독주 개발
AI 현장적용 간이진단키트	AI 의심축 신고시 가축방역관이 현장에서 AI 감염여부를 확인할 수 있도록 현장적용 동물용 간이진단키트 개발
저병원성 H9N2 AI 백신	국내 양계농가 피해 최소화를 위해 H9N2형 저병원성 AI 방어용 백신 개발
돼지의 구제역백신접종에 따른 이상육 발생 회피용 피내접종법	구제역백신의 돼지 피내접종용 무침주사기 제작 및 접종프로그램 개발

[표 254] 우리나라 가축전염병 대응 기술개발 현황

한국의 선진국 대비 구제역·AI 대응 기술 수준은 발생 예방 67%(일본 대비 6.7년 기술격차), 확산방지 및 사후관리 73%(일본, 5.6년), 백신국산화 62%(영국, 7.2년), 동물약품 및 방역장비 82%(영국, 4.5년) 수준이다. 우리나라는 예찰·예방기술, 백신, 동물용 의약품 개발을 중점으로 기술개발을 추진 중이며, 융복합 기술을 기반으로 한 연구는 다소 미흡한 실정이다.

구분	연구성과 및 기술수준
예찰·예방	○(국제협력) 아시아·태평양 수의역학 공조체계 구축(정보교류 등) * 야생 조류 AI 바이러스 전파 기전 규명(Science지 게재) 등 ○(국경검역) 축산종사자, 외국인 노동자 국경검역관리시스템 구축 운영
	○(차단방역) 양돈 및 가금(4종) 농가보급형 표준설계도 마련(정책사업 반영), 축종별 농장방역 매뉴얼 개발 중 ○(가금백신) 저병원성(H9N2) AI 백신(연 매출 70억원) 및 혼합백신(연 매출 20억원)
진단·치료	○(진단) 신속 진단기술 확립(6~10시간 내) 및 AI 간이키트 상용화(15분 가능) ○(동물용의약품) 항미생물제제(연매출 15억원) 항생제 대체제(연 매출 20억원) ○(방역장비) 소규모 대인소독기 개발(연 매출 11억원) 등
확산방지·사후관리	○(살처분·매몰) 살처분(이산화탄소 처리 등) 및 매몰처리(FRP, 호기 호열성 발효 미생물 처리 등) 표준화

[표 255] 선진국 대비 구제역·AI 대응 기술수준

4) 동물용의약품 산업 디지털 기술의 도래[271)

 디지털 기술 및 데이터는 최근 몇 년 동안 급속하게 발전하고 전 세계 다양한 산업과 개인의 일상에 깊은 영향을 미치고 있다. 그러나 동물약품 산업에서는 아직까지 디지털 기술과 데이터가 충분히 활용되지 않고 있다. 동물약품 산업은 이미 오랫동안 디지털 기술과 데이터를 활용하려는 개념이 존재했지만, 아직 디지털 시대에는 걸음마 수준에 머무르고 있다.

 그러나 최근 3~4년간 동물약품 산업에서는 디지털 기술과 데이터 활용이 가속화되어 반려동물, 가축 및 어류 양식 등 다양한 부문에서 급속한 발전이 이루어지고 있다.

가) 반려동물용 약품의 디지털 기술 및 데이터의 미래
(1) 라이프스타일 제품

 미국 기업인 Pebby는 반려동물 소유자를 위한 라이프스타일 제품에 주력하며 반려동물 기술 시장의 선두에 서 있다. 그들의 혁신적인 개발은 인간과 반려동물의 관계를 강화하기 위해 설계된 스마트 펫시터 시스템이다. 이러한 라이프스타일 제품의 성공 비결은 필수 건강 정보를 제공하는 동시에 반려동물과 인간 사이의 유대감을 강화하는 능력에 있다.

 Pebby의 스마트 목줄은 반려동물의 활동을 추적하고 반려동물의 행동과 전반적인 건강에 대한 귀중한 정보를 전달합니다. 목걸이에 의해 수집된 데이터는 스마트폰 애플리케이션으로 원활하게 전송되어 이들의 행동과 건강 상태를 스마트폰에서 모니터링 할 수 있다.

(2) 애플리케이션

 반려동물 건강 기술의 최전선에서 모바일 애플리케이션이 가장 발전 가능성이 높은 분야로 떠오르고 있다. 이러한 애플리케이션은 작업 흐름을 간소화하고 일상 업무를 향상시켜 수의사에게 권한을 부여하도록 설계되었다. 좋은 예는 JSI Group에서 개발한 rVetLink Referral App 추천 앱이다.

 rVetLink Referral App을 사용하면 수의사가 자신이 선호하는 사례에 맞는 참조 사례에 효율적으로 액세스하고 관리할 수 있다. 이 모바일 애플리케이션을 사용하여 수의사는 스마트폰이나 태블릿에서 귀중한 정보와 참조 자료를 빠르게 검색할 수 있다. 이 혁신적인 도구를 사용하면 정보에 입각한 결정을 내리고 환자에게 더 나은 치료를 제공하며 전문적인 진료를 최적화할 수 있다.

(3) 피부 센서

 페인트레이스 베트(Paintrace Vet)라고 불리는 특수 피부 센서는 수의 진료에서 통증 관리를

---

271) 글로벌 동물약품 디지털기술 동향보고서/동물용의약품 수출연구사업단

위해 개발되고 있다. 이 센서는 통증 수준과 위치를 비침습적으로 측정하여 생체 신호를 기반으로 그래프를 생성한다. 이 기술은 임상 및 연구 응용 분야에서 강력한 잠재력을 가지고 있지만 현재 개발이 미흡하다. 더 정교해지면 반려 동물의 통증 관리에 혁신을 일으키고 웰빙을 향상시킬 수 있다.

나) 축산 부분의 디지털화
(1) 가축관리 효율화 및 생산성 향상

최근 몇 년 동안 축산업은 농장 관리의 생산성과 효율성을 향상시키기 위한 첨단 AI 기술의 도입을 목격했다. 자동 사료 공급기, 돼지 선별기 등 노동력을 줄이기 위해 고안된 자동화 장치가 농장에 널리 도입되어 보다 정밀한 개체 관리와 생산성 향상이 가능해졌다. 그러나 이러한 발전에도 불구하고 돼지의 성장 및 건강 징후를 육안으로 검사하는 것은 여전히 농장 관리자의 몫이다.

하지만 최근 AI 기술의 통합으로 돼지 상태를 보다 직접적으로 모니터링하고 보고하는 새로운 솔루션이 등장했다.

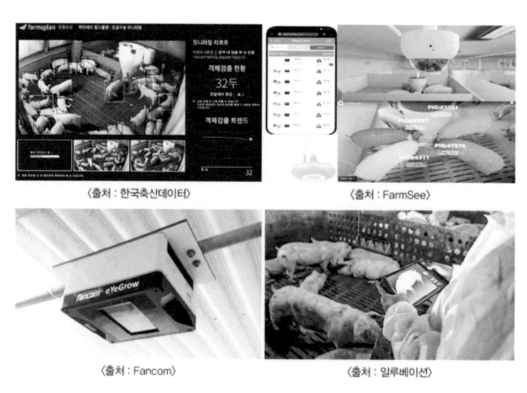

〈출처 : 한국축산데이터〉   〈출처 : FarmSee〉

〈출처 : Fancom〉   〈출처 : 일루베이션〉

[그림 318] 국내외 영상기반 체중측정 및 활용 기술 예시

이러한 기술 중 하나는 상을 기반으로 비육돈을 관리하는 기술이다. 체중은 돼지가 정상적으로 잘 크고 있는지를 확인할 수 있는 중요한 지표이다. 하지만 농장에서 비육기간 동안 수시로 체중계로 돼지의 체중을 측정하는 작업은 현실적으로 불가능하기 때문에 일반적으로는 농

장 관리자의 눈과 경험에 의한 판단에 의존하여 관리한다.

영상기반의 체중 측정 기술을 활용하면 매일 체중이 자동으로 측정되어 기록되기 때문에 돼지가 잘 크고 있는지 아닌지를 쉽고 정확하게 판단하고 관리할 수 있다. 또한 자동 수집되는 체중정보를 기반으로 이상개체 탐지, 출하돈 선별, 개체별 사료 전환시점 제안 등의 다양한 서비스가 생겨나고 있어 농장에 적합한 서비스를 잘 선택하여 활용한다면 비육돈 관리의 효율성 및 생산성을 높일 수 있을 것이다.

두 번째는 영상을 활용하여 모돈을 관리하는 기술이다. 모돈관리는 생산성과 직결되기 때문에 문제가 발생되지 않도록 많은 주의를 기울여야 한다. 하지만 관리자가 모돈을 24시간 모니터링하는 것이 현실적으로 불가능하기 때문에 교배적기나 분만사고 등을 놓치는 경우가 발생하고 이는 생산성 저하로 이어진다.

최근 인공지능을 활용하여 영상 모니터링을 통해 이러한 이상 상황을 탐지하고 알려주는 기술이 상용화되고 있다. 영상을 통해 모돈의 행동 모니터링으로 발정과 분만시기를 감지하는 기술이 있으며, 모돈의 분만시간, 난산여부, 분만간격, 초유 유효시간, 기립횟수, 총산자수 등 다양한 정보를 자동으로 모니터링하고 이상 상황이 발생하면 알람을 제공하는 기술도 상용화되었다.

이렇게 사람의 주의가 필요한 부분을 상시 모니터링하여 알려주는 시스템을 활용하면 이상 상황 발생 시 알람을 주기 때문에 관리자가 좀 더 빨리 문제상황에 대처할 수 있고 이를 통해 모돈관리의 효율성 및 생산성을 높일 수 있을 것이다.

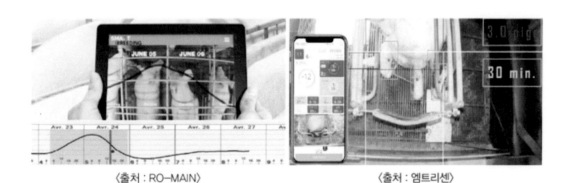

〈출처 : RO-MAIN〉　　　　　　　〈출처 : 엠트리센〉

[그림 319] 돼지 기침 모니터링 기술 예시

이미지 기반 기술 외에도 농장 관리 강화를 위해 음성에도 AI를 적용하고 있다. 호흡기 질환은 양돈장 생산성에 상당한 영향을 미치므로 조기 발견 및 개입이 필요하다. 기침은 호흡기 질환의 흔한 증상이지만, 돼지가 사람 앞에서는 기침을 하지 않는 경향이 있으므로 식별하기 어려운 경우가 많다. 이 문제를 해결하기 위해 기침 소리의 빈도를 모니터링하는 초기 솔루션이 개발되었다. 최근에는 기침 소리를 분석하고 다양한 유형의 호흡기 질환을 분류하여 성능을 향상시키기 위해 AI 기반 시스템이 연구되고 있다. 앞서 언급한 이미지 기반 기술과 결합하면 이러한 발전은 농장 관리 효율성과 생산성을 향상시키는 데 중요한 도구 역할을 할 것이다.

(2) 소의 번식 기술

소의 번식과 건강 관리는 기술 발전, 유럽의 할당량 철폐, 세계적인 규모의 소 사육 확대로 인해 상당한 변화를 겪고 있다. 전 Ghent 대학의 소 건강 조교수였던 Geert Opsomer 교수는 이러한 발전으로 인한 문제를 강조했다.

축산업에서 중요한 관심사 중 하나는 소의 성공적인 번식이다. 성공적인 번식은 암소의 발정 행동에 대한 세부적이고 정학환 측정에 달려 있다. 그러나 소의 열을 감지하는 과정은 시간이 많이 걸리고 특히 많은 가축을 다룰 때 사람의 실수가 발생하기 쉽다. 그러나 디지털 기술은 젖소 식별, 움직임 추적, 실시간 모니터링 및 센서 기반 시스템을 활용하여 젖소 활동 및 발정과 관련된 건강 지표를 빠르고 정확하게 평가하는 솔루션을 제공한다.

2014년에 설립된 아일랜드 기업 무콜(Moocall은 가축용 디지털 웨어러블 분야의 선구자로 떠올랐다. Moocall사는 귀 태그 외에도 소 꼬리에 부착하도록 특별히 설계된 웨어러블 장치를 개발했다. 이 장치는 센서를 사용하여 소가 언제 새끼를 낳을지 예측하고 문자 메시지를 통해 농부들에게 정보를 전달한다. 번식 보조제를 포함한 Moocall의 제품 라인업은 시장에서 인지도와 인기를 얻었다.

가축 산업의 많은 디지털 기술이 광범위한 건강 문제에 대한 데이터를 캡처하고 분석하는 데 중점을 두고 있지만 출산 및 분만 분야는 여전히 틈새시장이며 독자적인 시장의 관심을 모을 수 있다.[272]

(3) 디지털 축산 기술을 활용한 방역 강화

최근 축산업은 디지털 기술의 융합으로 눈부신 발전을 이루었다. 이러한 디지털 기술은 농가의 생산성을 높이는데 뿐만 아니라 방역체계를 강화하는 데에도 활용되고 있다. 양돈농가는 해마다 유행하는 구제역(FMD), 아프리카돼지열병(ASF) 등의 전염병 때문에 어려움을 겪는다. 이러한 전염병을 예방하기 위해서는 축산차량 출입이력 관리, 사육환경 관리, 농장단위 방역조치 강화 등이 필요하다.

정부에서는 가축 방역관리의 효율성과 효과성을 높이기 위해 디지털 가축방역 시스템인 국가가축방역통합시스템(KAHIS)을 구축하고, GPS를 통해 축산관련 차량의 축산관련 시설 출입정보를 실시간으로 모니터링하여 가축전염병 발생시 확산경로 추적에 활용하고 있다.

농가 단위에서는 차량번호 인식장치 등이 포함된 차단방역기를 활용하여 방역을 강화할 수 있다. 또한 디지털 축산 기술을 활용하면 사료급이, 환경관리, 가축상태 모니터링 등 많은 부분에서 자동화나 원격모니터링이 가능해져 돈사 내부 출입의 횟수가 줄어들 것이고, 이는 외부로부터의 오염물질이 돈사 내부로 들어갈 가능성을 줄여주어 간접적으로 방역강화의 효과를 얻을 수 있다.

---

272) 동물용의약품 수풀연구사업단 3차년도 동향보고서 (글로벌 동물약품 디지털기술)

농가에서는 디지털 기술을 잘 활용하고 연구소나 기업에서는 관련 기술을 계속 발전시키고 상용화시킨다면 디지털 축산이 방역 측면에서도 새로운 가치를 창출할 수 있을 것이다.

(4) 돼지건강의 복지 및 예방접종 주요 부문

많은 농장이 동물 복지 기준을 강화해야 한다는 압력에 직면함에 따라 디지털 기술은 더 많은 기회가 있을 것이다. 돼지 사육에서 디지털 기술은 열 스트레스 감지, 환경 요인 모니터링, 공격성 및 활동 수준과 같은 행동 패턴 평가와 같은 영역에서 중요한 역할을 할 수 있다. 이 분야에 대한 연구는 아직 초기의 연구단계들로 걸음마 단계이지만, 소 건강산업과 같이, 개별 및 그룹 수준의 건강에 대한 '큰 그림'을 제공하기 위해 이들 특징들을 상호 연계할 수 있는 플랫폼 기술이 시장에서 가장 유용하고, 큰 성공을 거둘 것으로 예상된다.

연구에 따르면 간단한 실시간 모델은 돼지의 정밀 농업 가축 모델에서 복잡한 동물 특성을 성공적으로 모니터링할 수 있다. 예를 들어, 벨기에 KU Leuven의 연구 프로젝트는 간단한 실시간 모델을 사용하여 동물 특성을 모니터링하는 유망한 결과를 보여주었다. 매개변수가 여러 개인 모델의 경우 실시간 측정이 불가능할 수 있지만 덜 복잡한 시스템은 여전히 효과적일 수 있다.

현재 널리 보급되지는 않았지만 디지털 기술이 돼지 건강에 도움이 될 수 있는 또 다른 영역은 백신 접종이다. 디지털 도구는 백신을 접종한 동물과 백신을 접종하지 않은 동물의 기록을 유지하고 백신 및 기타 약물 사용을 추적하며 적절한 백신 접종 계획을 세우는 데 도움이 될 수 있다. 이처럼 돼지 부문에 대한 디지털 기술의 잠재력에도 불구하고 이 분야의 신생 기업은 현재 소 산업에 비해 눈에 잘 띄지 않는다.[273]

---

273) 새로운 가치를 창출하는 디지털 축산/피그앤포크한돈

다. 동물용의약품 시장 동향
1) 세계 동향[274]

전 세계 동물 의약품 시장은 2019년 229억 7,306만 달러에서 연평균 성장률 4.6%로 증가하여, 2027년에는 296억 9,819만 달러에 이를 것으로 전망된다.

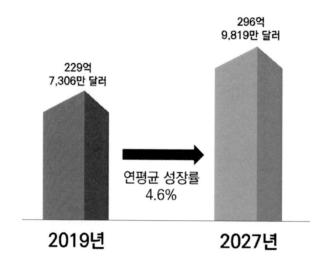

[그림 320] 글로벌 동물 의약품 시장 규모 및
전망

전 세계 반려동물용 특수 의약품 시장은 2019년 88억 7,652만 달러에서 연평균 성장률 4.71%로 증가하여, 2024년에는 111억 7,436만 달러에 이를 것으로 전망된다.

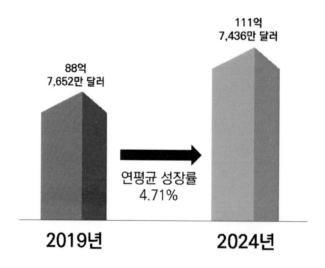

[그림 321] 글로벌 반려동물용 특수 의약품 시장
규모 및 전망

274) 동물 의약품 시장, 글로벌 시장동향보고서/연구개발특구진흥재단

가) 세부항목별 시장 규모

전 세계 동물 의약품 시장은 제품에 따라 약제, 백신, 약용 사료 첨가제로 분류할 수 있다. 약제는 2019년 123억 7,005만 달러에서 연평균 성장률 4.0%로 증가하여, 2027년에는 152억 7,440만 달러에 이를 것으로 전망되고, 백신은 2019년 56억 9,076만 달러에서 연평균 성장률 5.7%로 증가하여, 2027년에는 80억 120만 달러에 이를 것으로 전망된다. 마지막으로 약용 사료 첨가제는 2019년 49억 1,225만 달러에서 연평균 성장률 4.7%로 증가하여, 2027년에는 64억 2,259만 달러에 이를 것으로 전망된다.

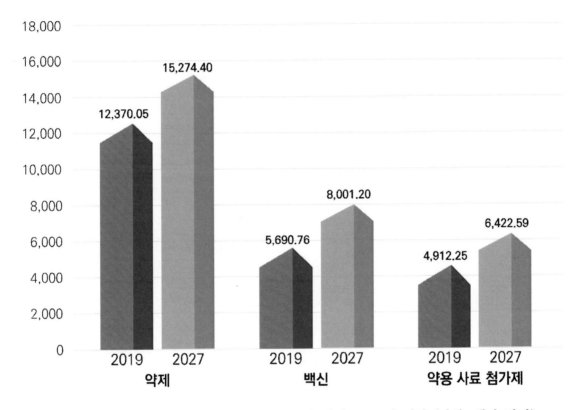

[그림 322] 글로벌 동물 의약품 시장의 제품별 시장 규모 및 전망 (단위: 백만 달러)

전 세계 동물 의약품 시장은 동물 종류에 따라 가축, 반려동물로 분류되며, 가축은 2019년 127억 5,290만 달러에서 연평균 성장률 4.2%로 증가하여, 2027년에는 159억 5,594만 달러에 이를 것으로 전망된다. 반려동물은 2019년 102억 2,016만 달러에서 연평균 성장률 5.1%로 증가하여, 2027년에는 137억 4,225만 달러에 이를 것으로 전망된다.

전 세계 동물 의약품 시장은 유통 채널에 따라 소매 동물 약국, 동물 병원 약국으로 분류할 수 있다. 소매 동물 약국은 2019년 129억 2,462만 달러에서 연평균 성장률 5.2%로 증가하여, 2027년에는 174억 7,398만 달러에 이를 것으로 전망되며, 동물 병원 약국은 2019년 100억 4,844만 달러에서 연평균 성장률 3.8%로 증가하여, 2027년에는 122억 2,421만 달러에 이를 것으로 전망된다.

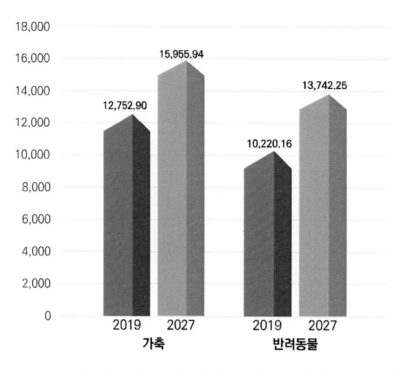

[그림 323] 글로벌 동물 의약품 시장의 동물 종류별 시장 규모 및 전망
(단위: 백만 달러)

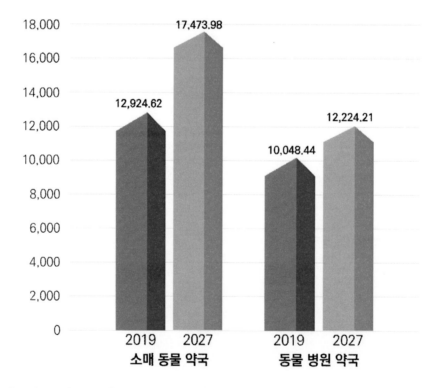

[그림 324] 글로벌 동물 의약품 시장의 유통 채널별 시장 규모 및 전망
(단위: 백만 달러)

나) 지역별 시장 규모

  전 세계 동물 의약품 시장을 지역별로 살펴보면, 2019년을 기준으로 북아메리카 지역이 41.3%로 가장 높은 점유율을 나타냈다. 북아메리카 지역은 2019년 94억 9,477만 달러에서 연평균 성장률 3.6%로 증가하여, 2027년에는 114억 707만 달러에 이를 것으로 전망된다. 유럽 지역은 2019년 66억 9,205만 달러에서 연평균 성장률 4.5%로 증가하여, 2027년에는 85억 8,872만 달러에 이를 것으로 전망되며, 아시아-태평양 지역은 2019년 42억 1,096만 달러에서 연평균 성장률 6.3%로 증가하여, 2027년에는 62억 692만 달러에 이를 것으로 전망된다. 마지막으로 라틴아메리카, 중동 및 아프리카 지역은 2019년 25억 7,528만 달러에서 연평균 성장률 5.2%로 증가하여, 2027년에는 34억 9,548만 달러에 이를 것으로 전망된다.

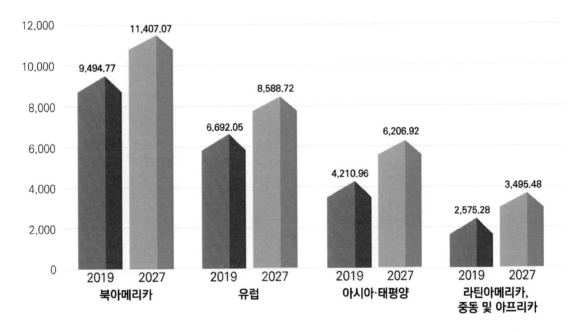

[그림 325] 글로벌 동물 의약품 시장의 지역별 시장 규모 및 전망 (단위: 백만 달러)

2) 국내 동향[275]

한국동물약품협회에서 '2022년 동물용 의약품 등 생산·수출·수입실적'을 분석한 결과를 발표하였다. 이에 따르면, 2022년 우리나라 동물용 의약품 시장규모는 1조 4,313억원으로 전년 대비 5.1% 증가하였다. 이 중 국내 생산규모는 10,284억원으로 전년 대비 9.1% 성장한 것으로 나타났다.

또한, 국내생산 중 내수 금액은 5,532억원, 수입완제 금액는 4,029억원으로 내수시장 규모는 전년 대비 3.6% 증가한 9,561억원을 기록했다.

지난해 국내 동물용의약품의 성장의 주요 요인을 분석한 결과 대사성약, 동물용의료기기, 동물용의약품 원료 등이 전년 대비 10% 이상 성장했다. 이에 반해 소화기계작용약은 전년 대비 9.8% 감소했다.

수입완제 규모는 전년 대비 0.5% 감소했는데 이는 환율상승이 그 원인으로 분석됐으며 특히 소화기계작용약이 전년 대비 15.1% 감소한 것으로 조사됐다. 환율 상승으로 대부분 수입품목이 마이너스 성장률을 기록한 것에 반해, 동물용의료기기 분야는 전년 대비 22.4% 크게 증가한 515억원을 기록했는데 이는 체외진단용 의료기기 수입 성장이 큰 역할을 한 것으로 분석됐다.

(단위 : 억원, %)

구 분		2018년	2019년	2020년	2021년	2022년
국내생산(A+B)		7,844	8,331	8,410	9,429	10,284
(내수, A)		4,647	4,832	4,911	5,177	5,532
(수출, B)	금액	3,197	3,499	3,499	4,252	4,752
	수출/국내생산(%)	41	42	42	45	46
수입완제(C)		3,407	3,709	3,838	4,052	4,029
내수시장(A+C)		8,054	8,541	8,749	9,229	9,561
전체규모 (A+B+C)		11,251	12,040	12,248	13,481	14,313

[그림 326] 연도별 동물약품 산업현황

수출시장은 달러 기준 전년 대비 약 1% 하락했으나 환율상승 등으로 한화 기준 약 11.7% 증가한 4,752억원을 기록했다. 동물용 의료기기, 화학제제, 원료 등은 증가하였으나 사료첨가제는 크게 감소했다.

---

275) 동물 의약품 시장, 글로벌 시장동향보고서/연구개발특구진흥재단

수출 국가는 지난 2020년보다 4개국 늘어난 119개국으로 네덜란드, 베트남, 브라질, 프랑스 순으로 가장 많이 수출했다. 또한 유럽의 경우 주요 수출 품목이 원료에 해당 되었다.

단위 : 억원

구 분		2021년		2022년		증감률
		금액	점유율	금액	점유율	
원료		1,850	43.5%	2,103	44.3%	13.7%
완제	화학제제	1,186	27.9%	1395	29.4%	17.6%
	생물학적제제	370	8.7%	354	7.4%	-4.3%
	사료첨가제	85	2.0%	64	1.3%	-24.7%
	의약외품	65	1.5%	67	1.4%	3.1%
	의료기기	696	16.4%	769	16.2%	10.5%
	소계	2,402	56.5%	2,649	55.7%	10.3%
합 계		4,252	100%	4,752	100%	11.8%

· US$ 기준 ('21년) 370백만$ ➡ ('22년) 367백만$ (전년 대비 약 1% 하락)

[그림 327] 2021~2022년 동물약품 수출 현황

우리나라의 동물 의약품 시장은 2019년 2억 4,845만 달러에서 연평균 성장률 3.8%로 증가하여, 2027년에는 3억 352만 달러에 이를 것으로 전망된다.

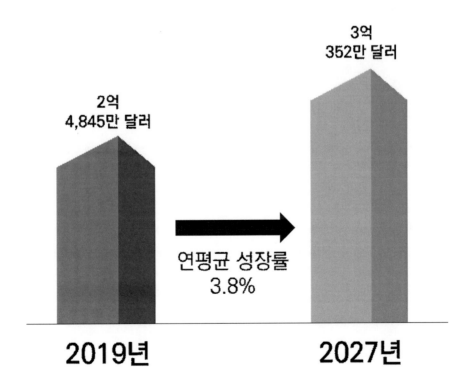

[그림 328] 우리나라 동물 의약품 시장 규모 및 전망

가) 세부항목별 시장동향

우리나라 동물 의약품 시장은 제품에 따라 약제, 백신, 약용 사료 첨가제로 분류된다. 약제는 2019년 1억 3,545만 달러에서 연평균 성장률 3.2%로 증가하여, 2027년에는 1억 5,803만 달러에 이를 것으로 전망되며, 백신은 2019년 6,059만 달러에서 연평균 성장률 4.9%로 증가하여, 2027년에는 8,067만 달러에 이를 것으로 전망된다. 마지막으로 약용 사료 첨가제는 2019년 5,241만 달러에서 연평균 성장률 4.0%로 증가하여, 2027년에는 6,482만 달러에 이를 것으로 전망된다.

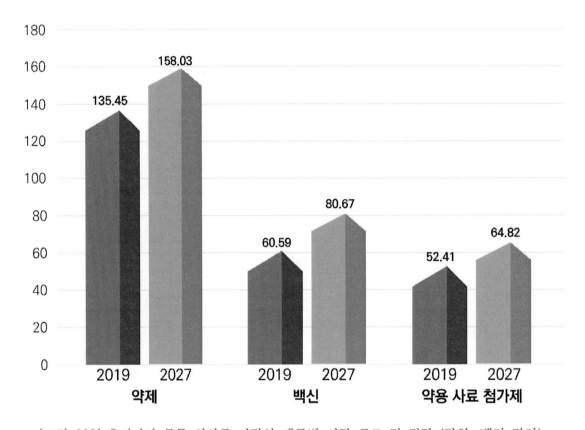

[그림 329] 우리나라 동물 의약품 시장의 제품별 시장 규모 및 전망 (단위: 백만 달러)

우리나라 동물 의약품 시장은 동물 종류에 따라 가축, 반려동물로 분류할 수 있다. 가축은 2019년 1억 3,771만 달러에서 연평균 성장률 3.4%로 증가하여, 2027년에는 1억 6,280만 달러에 이를 것으로 전망되며, 반려동물은 2019년 1억 1,074만 달러에서 연평균 성장률 4.3%로 증가하여, 2027년에는 1억 4,072만 달러에 이를 것으로 전망된다.

우리나라 동물 의약품 시장은 유통 채널에 따라 소매 동물 약국, 동물 병원 약국으로 분류할 수 있다. 소매 동물 약국은 2019년 1억 4,006만 달러에서 연평균 성장률 4.4%로 증가하여, 2027년에는 1억 7,890만 달러에 이를 것으로 전망되며, 동물 병원 약국은 2019년 1억 839만 달러에서 연평균 성장률 3.0%로 증가하여, 2027년에는 1억 2,462만 달러에 이를 것으로 전망된다.

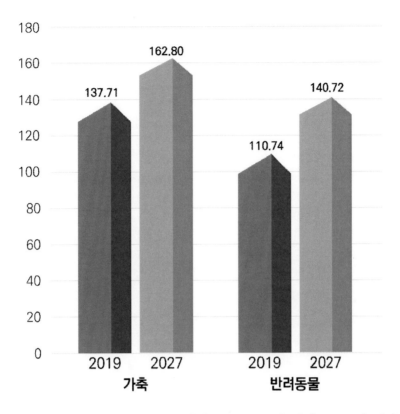

[그림 330] 국내 동물 의약품 시장의 동물 종류별 시장 규모 및 전망
(단위: 백만 달러)

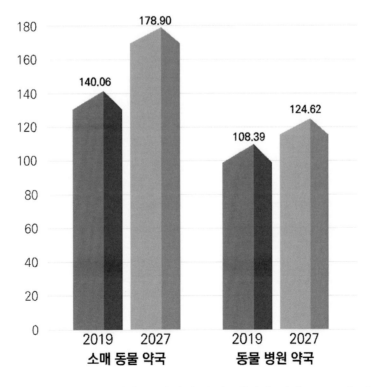

[그림 331] 국내 동물 의약품 시장의 유통 채널별 시장 규모 및 전망
(단위: 백만 달러)

3) 분야별 시장 동향
가) 백신 시장[276)]

전 세계 수의용 백신 시장은 2017년 65억 달러에서 연평균 성장률 5.9%로 증가하여, 2025년에는 102억 8,208만 달러에 이를 것으로 전망된다.

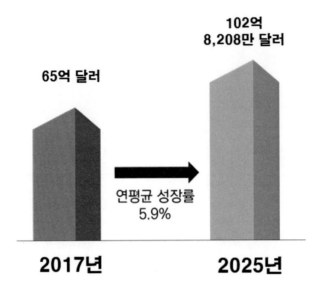

[그림 332] 글로벌 수의용 백신 시장 규모 및 전망

전 세계 동물 백신 시장은 2017년 57억 639만 달러에서 연평균 성장률 4.84%로 증가하여, 2025년에는 84억 1,264만 달러에 이를 것으로 전망된다.

---

276) 수의용 백신 시장/연구개발특구진흥재단

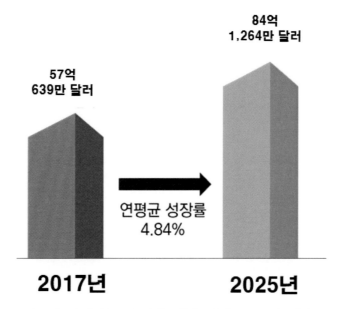

57억
639만 달러

84억
1,264만 달러

연평균 성장률
4.84%

2017년　　　**2025년**

[그림 333] 글로벌 동물 백신 시장 규모 및 전망

(1) 세부기술별 시장 규모

　전 세계 수의용 백신 시장은 종류에 따라 돼지용 백신, 가금류용 백신, 가축용 백신, 반려동물용 백신, 수산양식 동물용 백신, 기타 백신으로 분류할 수 있다.

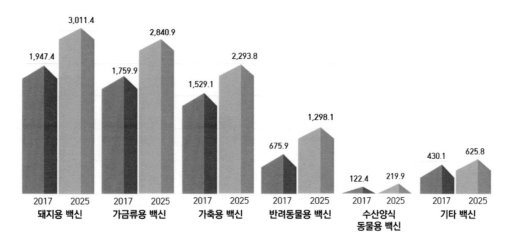

[그림 334] 글로벌 수의용 백신 시장의 종류별 시장 규모 및 전망 (단위: 백만 달러)

　돼지용 백신은 2017년 19억 4,740만 달러에서 연평균 성장률 5.6%로 증가하여, 2025년에는 30억 1,138만 달러에 이를 것으로 전망된다. 가금류용 백신은 2017년 17억 9,590만 달러에서 연평균 성장률 5.9%로 증가하여, 2025년에는 28억 4,086만 달러에 이를 것으로 전망된다.

　다음으로 가축용 백신은 2017년 15억 2,910만 달러에서 연평균 성장률 5.2%로 증가하여,

2025년에는 22억 9,383만 달러에 이를 것으로 전망되고, 반려동물용 백신은 2017년 6억 7,590만 달러에서 연평균 성장률 8.5%로 증가하여, 2025년에는 12억 9,813만 달러에 이를 것으로 전망된다. 수산양식 동물용 백신은 2017년 1억 2,240만 달러에서 연평균 성장률 7.6%로 증가하여, 2025년에는 2억 1,992만 달러에 이를 것으로 전망되며, 마지막으로 기타 백신은 2017년 4억 3,010만 달러에서 연평균 성장률 4.8%로 증가하여, 2025년에는 6억 2,583만 달러에 이를 것으로 전망된다.

 전 세계 가축용 백신 시장은 종류에 따라 소 백신과 소형 반추동물 백신으로 분류할 수 있다. 소 백신은 2017년 12억 4,250만 달러에서 연평균 성장률 5.3%로 증가하여, 2025년에는 18억 8,090만 달러에 이를 것으로 전망되며, 소형 반추동물 백신은 2017년 2억 8,660만 달러에서 연평균 성장률 4.6%로 증가하여, 2025년에는 4억 1,580만 달러에 이를 것으로 전망된다.

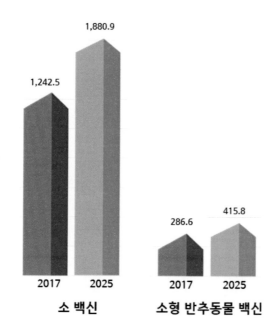

[그림 335] 글로벌 가축용 백신 시장의 종류별 시장 규모 및 전망
(단위: 백만 달러)

 전 세계 반려동물용 백신 시장은 종류에 따라 강아지 백신과 고양이 백신으로 분류할 수 있다. 강아지 백신은 2017년 4억 2,630만 달러에서 연평균 성장률 7.7%로 증가하여, 2025년에는 7억 7,168만 달러에 이를 것으로 전망되고, 고양이 백신은 2017년 2억 4,960만 달러에서 연평균 성장률 9.8%로 증가하여, 2025년에는 4억 6,063만 달러에 이를 것으로 전망된다.

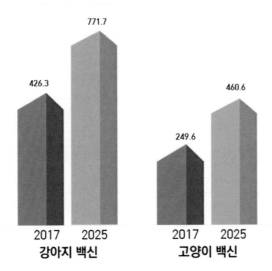

[그림 336] 글로벌 반려동물용 백신 시장의 종류별 시장 규모 및 전망
(단위: 백만 달러)

 전 세계 수의용 백신 시장은 기술에 따라 약독화 생백신, 불활성화 백신, 톡소이드 백신, 재
조합 백신, 기타 백신으로 분류할 수 있다.

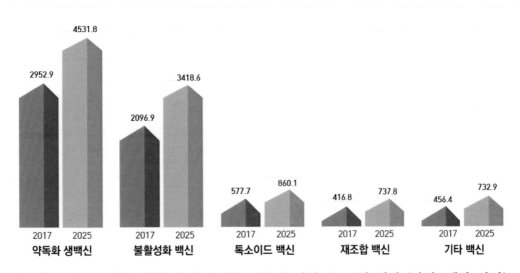

[그림 337] 글로벌 수의용 백신 시장의 기술별 시장 규모 및 전망 (단위: 백만 달러)

 약독화 생백신은 2017년 29억 5,290만 달러에서 연평균 성장률 5.5%로 증가하여, 2025년에
는 45억 3,187만 달러에 이를 것으로 전망되며, 불활성화 백신은 2017년 20억 9,690만 달러
에서 연평균 성장률 6.3%로 증가하여, 2025년에는 34억 1,8565만 달러에 이를 것으로 전망
된다.

톡소이드 백신은 2017년 5억 7,770만 달러에서 연평균 성장률 5.1%로 증가하여, 2025년에는 8억 6,005만 달러에 이를 것으로 전망되고, 재조합 백신은 2017년 4억 1,680만 달러에서 연평균 성장률 7.4%로 증가하여, 2025년에는 7억 3,783만 달러에 이를 것으로 전망된다. 마지막으로 기타 백신은 2017년 4억 5,640만 달러에서 연평균 성장률 6.1%로 증가하여, 2025년에는 7억 3,294만 달러에 이를 것으로 전망된다.

(2) 지역별 시장 규모

전 세계 수의용 백신 시장을 지역별로 살펴보면, 2017년 기준으로 유럽 지역이 32.4%로 가장 높은 점유율을 나타냈다.

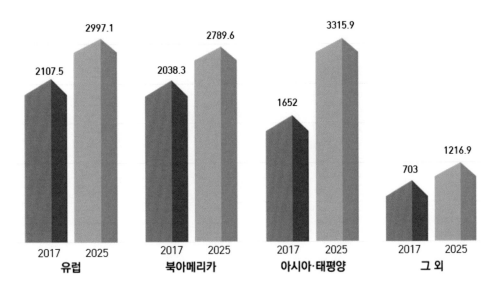

[그림 338] 글로벌 수의용 백신 시장의 지역별 시장 규모 및 전망 (단위: 백만 달러)

유럽 지역은 2017년 21억 750만 달러에서 연평균 성장률 4.5%로 증가하여, 2025년에는 29억 9,710만 달러에 이를 것으로 전망된다. 다음으로 북아메리카 지역은 2017년 20억 3,830만 달러에서 연평균 성장률 4.0%로 증가하여, 2025년에는 27억 8,955만 달러에 이를 것으로 전망되며, 아시아-태평양 지역은 2017년 16억 5,200만 달러에서 연평균 성장률 9.1%로 증가하여, 2025년에는 33억 1,595만 달러에 이를 것으로 전망된다.

마지막으로 그 외 지역은 2017년 7억 300만 달러에서 연평균 성장률 7.1%로 증가하여, 2025년에는 12억 1,694만 달러에 이를 것으로 전망된다.

나) 진단 시장[277]

 전 세계 동물 건강진단 시장은 2017년 19억 3,167만 달러에서 연평균 성장률 9.53%로 증가하여, 2025년에는 40억 127만 달러에 이를 것으로 전망된다.

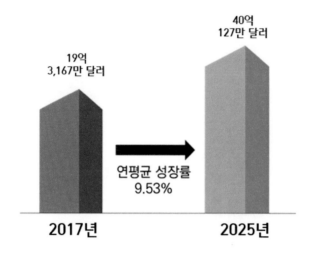

[그림 339] 글로벌 동물 건강진단 시장 규모 및 전망

(1) 세부기술별 시장 규모

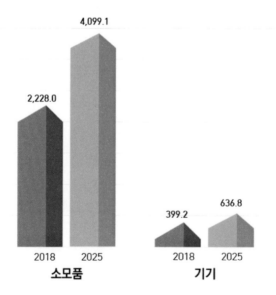

[그림 340] 글로벌 동물 진단 시장의 제품별 시장 규모 및 전망
(단위: 백만 달러)

---

277) 동물 진단 시장/연구개발특구진흥재단

전 세계 동물 진단 시장은 제품에 따라 소모품과 기기로 분류할 수 있다. 소모품은 2018년 22억 2,800만 달러에서 연평균 성장률 9.1%로 증가하여, 2025년에는 40억 9,909만 달러에 이를 것으로 전망되며, 기기는 2018년 3억 9,920만 달러에서 연평균 성장률 6.9%로 증가하여, 2025년에는 6억 3,684만 달러에 이를 것으로 전망된다.

전 세계 동물 진단 시장은 기술에 따라 면역진단, 임상 생화학, 분자진단, 혈액학, 요검사, 기타 수의학적 진단으로 분류할 수 있다. 면역진단은 2018년 9억 3,200만 달러에서 연평균 성장률 9.5%로 증가하여, 2025년에는 17억 1,470만 달러에 이를 것으로 전망되며, 임상 생화학은 2018년 8억 3,650만 달러에서 연평균 성장률 8.5%로 증가하여, 2025년에는 13억 3,447만 달러에 이를 것으로 전망된다.

분자진단은 2018년 3억 3,070만 달러에서 연평균 성장률 9.2%로 증가하여, 2025년에는 6억 842만 달러에 이를 것으로 전망되고, 혈액학은 2018년 2억 7,960만 달러에서 연평균 성장률 7.0%로 증가하여, 2025년에는 4억 5,192만 달러에 이를 것으로 전망된다. 요검사는 2018년 2억 950만 달러에서 연평균 성장률 8.6%로 증가하여, 2025년에는 3억 9,620만 달러에 이를 것으로 전망되며 마지막으로 기타 수의학적 진단은 2018년 3,900만 달러에서 연평균 성장률 8.2%로 증가하여, 2025년에는 7,375만 달러에 이를 것으로 전망된다.

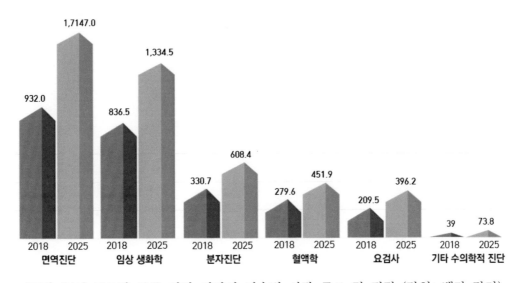

[그림 341] 글로벌 동물 진단 시장의 기술별 시장 규모 및 전망 (단위: 백만 달러)

전 세계 동물 진단 시장은 동물 종류에 따라 반려동물과 가축동물로 분류할 수 있다. 반려동물은 2018년 11억 9,120만 달러에서 연평균 성장률 11.0%로 증가하여, 2025년에는 24억 7,312만 달러에 이를 것으로 전망되며, 가축동물은 2018년 10억 3,680만 달러에서 연평균 성장률 6.7%로 증가하여, 2025년에는 16억 3,247만 달러에 이를 것으로 전망된다.

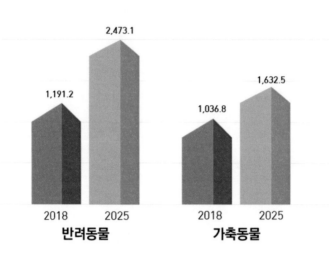

[그림 342] 글로벌 동물 진단 시장의 동물 종류별 시장 규모 및 전망
(단위: 백만 달러)

전 세계 동물 진단 시장은 최종사용자에 따라 표준실험실, 동물 병원&진료소, POC(POINT-OF-CARE)/원내 검사, 연구기관&대학으로 분류할 수 있다.

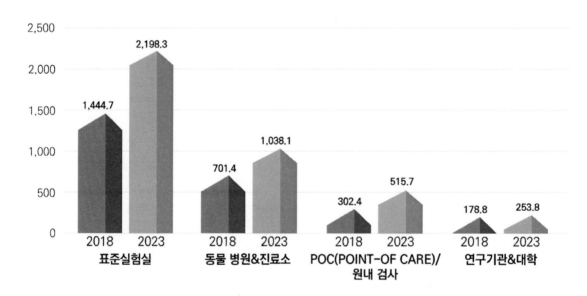

[그림 343] 글로벌 동물 진단 시장의 최종사용자별 시장 규모 및 전망 (단위: 백만 달러)

표준실험실은 2018년 14억 4,470만 달러에서 연평균 성장률 8.8%로 증가하여, 2023년에는 21억 9,830만 달러에 이를 것으로 전망되며, 동물 병원&진료소는 2018년 7억 140만 달러에서 연평균 성장률 8.2%로 증가하여, 2023년에는 10억 3,810만 달러에 이를 것으로 전망된다. POC(POINT-OF-CARE)/원내 검사는 2018년 3억 240만 달러에서 연평균 성장률 11.3%로 증가하여, 2023년에는 5억 1,570만 달러에 이를 것으로 전망되며, 마지막으로 연구기관&대학은 2018년 1억 7,880만 달러에서 연평균 성장률 7.3%로 증가하여, 2023년에는 2억 5,380만 달러에 이를 것으로 전망된다.

(2) 지역별 시장 규모

전 세계 동물 진단 시장을 지역별로 살펴보면, 2017년을 기준으로 북미 지역이 42.1%로 가장 높은 점유율을 나타냈다.

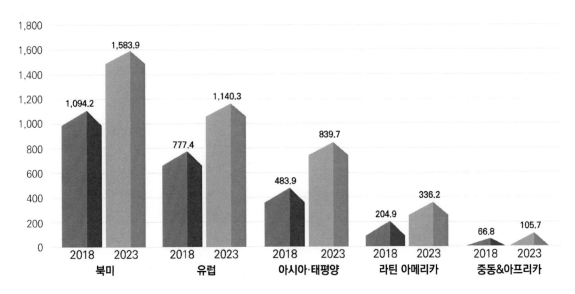

[그림 344] 글로벌 동물 진단 시장의 지역별 시장 규모 및 전망 (단위: 백만 달러)

북미 지역은 2018년 10억 9,420만 달러에서 연평균 성장률 7.7%로 증가하여, 2023년에는 15억 8,390만 달러에 이를 것으로 전망되며, 유럽 지역은 2018년 7억 7,740만 달러에서 연평균 성장률 8.0%로 증가하여, 2023년에는 11억 4,030만 달러에 이를 것으로 전망된다.

다음으로 아시아-태평양 지역은 2018년 4억 8,390만 달러에서 연평균 성장률 11.7%로 증가하여, 2023년에는 8억 3,970만 달러에 이를 것으로 전망되고, 라틴 아메리카 지역은 2018년 2억 490만 달러에서 연평균 성장률 10.4%로 증가하여, 2023년에는 3억 3,620만 달러에 이를 것으로 전망된다. 마지막으로 중동&아프리카 지역은 2018년 6,680만 달러에서 연평균 성장률 9.6%로 증가하여, 2023년에는 1억 570만 달러에 이를 것으로 전망된다.

(3) 반려동물 진단시장[278]

전 세계 반려동물 진단 시장은 2020년 18억 4,920만 달러에서 연평균 성장률 9.8%로 증가하여, 2025년에는 29억 5,230만 달러에 이를 것으로 전망된다.

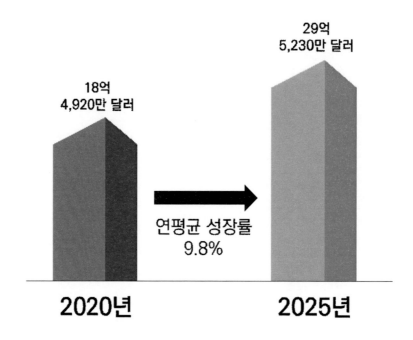

[그림 345] 글로벌 반려동물 진단 시장 규모 및 전망

(가) 세부항목별 시장 규모

전 세계 반려동물 진단 시장은 기술에 따라 면역진단, 임상 생화학, 혈액학, 요검사, 분자진단, 기타 기술로 분류할 수 있다. 면역진단은 2020년 7억 2,830만 달러에서 연평균 성장률 9.1%로 증가하여, 2025년에는 11억 2,430만 달러에 이를 것으로 전망되며, 임상 생화학은 2020년 6억 7,760만 달러에서 연평균 성장률 10.7%로 증가하여, 2025년에는 11억 2,390만 달러에 이를 것으로 전망된다.

혈액학은 2020년 1억 6,820만 달러에서 연평균 성장률 8.5%로 증가하여, 2025년에는 2억 5,350만 달러에 이를 것으로 전망되며, 요검사는 2020년 1억 5,330만 달러에서 연평균 성장률 9.9%로 증가하여, 2025년에는 2억 4,590만 달러에 이를 것으로 전망된다. 분자진단은 2020년 9,150만 달러에서 연평균 성장률 11.3%로 증가하여, 2025년에는 1억 5,620만 달러에 이를 것으로 전망되고, 마지막으로 기타 기술은 2020년 3,030만 달러에서 연평균 성장률 9.8%로 증가하여, 2025년에는 4,850만 달러에 이를 것으로 전망된다.

---

278) 반려동물 진단 시장/글로벌 시장동향보고서

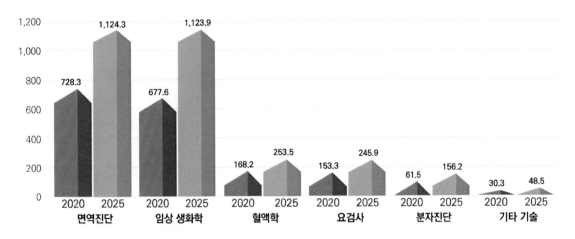

[그림 346] 글로벌 반려동물 진단 시장의 기술별 시장 규모 및 전망 (단위: 백만 달러)

전 세계 반려동물 진단 시장은 용도에 따라 임상 병리용, 세균용, 바이러스용, 기생충용, 기타용으로 분류할 수 있다. 임상 병리용은 2020년 7억 5,690만 달러에서 연평균 성장률 11.3%로 증가하여, 2025년에는 12억 9,170만 달러에 이를 것으로 전망되며, 세균용은 2020년 3억 5,670만 달러에서 연평균 성장률 9.2%로 증가하여, 2025년에는 5억 5,320만 달러에 이를 것으로 전망된다.

바이러스용은 2020년 3억 950만 달러에서 연평균 성장률 8.7%로 증가하여, 2025년에는 4억 6,910만 달러에 이를 것으로 전망되며, 기생충용은 2020년 2억 7,600만 달러에서 연평균 성장률 9.6%로 증가하여, 2025년에는 4억 3,600만 달러에 이를 것으로 전망된다. 마지막으로 기타용은 2020년 1억 5,020만 달러에서 연평균 성장률 6.1%로 증가하여, 2025년에는 2억 230만 달러에 이를 것으로 전망된다.

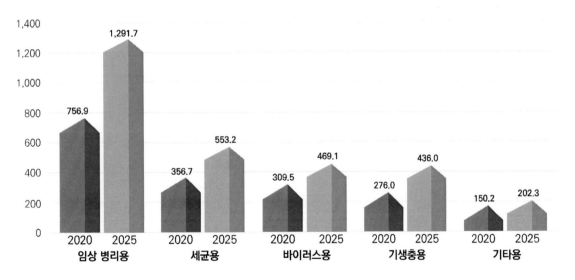

[그림 347] 글로벌 반려동물 진단 시장의 용도별 시장 규모 및 전망 (단위: 백만 달러)

전 세계 반려동물 진단 시장은 동물 종류에 따라 강아지, 고양이, 말, 기타 동물로 분류할 수 있다. 강아지는 2020년 10억 5,590만 달러에서 연평균 성장률 10.7%로 증가하여, 2025년에는 17억 5,330만 달러에 이를 것으로 전망되며, 고양이는 2020년 5억 9,490만 달러에서 연평균 성장률 9.2%로 증가하여, 2025년에는 9억 2,520만 달러에 이를 것으로 전망된다. 말은 2020년 1억 3,660만 달러에서 연평균 성장률 6.9%로 증가하여, 2025년에는 1억 9,060만 달러에 이를 것으로 전망되고, 마지막으로 기타 동물은 2020년 6,180만 달러에서 연평균 성장률 6.2%로 증가하여, 2025년에는 8,330만 달러에 이를 것으로 전망된다.

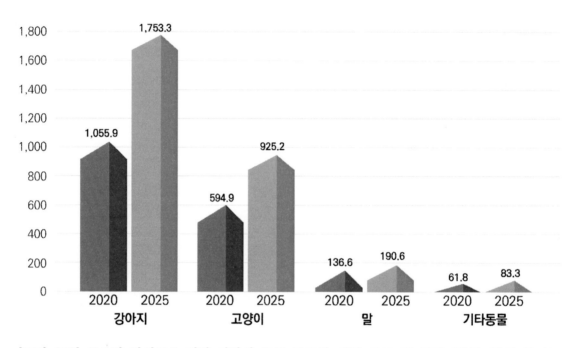

[그림 348] 글로벌 반려동물 진단 시장의 동물 종류별 시장 규모 및 전망 (단위: 백만 달러)

전 세계 반려동물 진단 시장은 최종사용자에 따라 진단 연구실, 수의 병원 및 클리닉, 연구 기관 및 대학, 홈케어로 분류할 수 있다. 진단 연구실은 2020년 10억 7,850만 달러에서 연평균 성장률 10.5%로 증가하여, 2025년에는 17억 7,300만 달러에 이를 것으로 전망되며, 수의 병원 및 클리닉은 2020년 5억 5,130만 달러에서 연평균 성장률 8.9%로 증가하여, 2025년에는 8억 4,330만 달러에 이를 것으로 전망된다.

연구기관 및 대학은 2020년 1억 5,690만 달러에서 연평균 성장률 7.3%로 증가하여, 2025년에는 2억 2,310만 달러에 이를 것으로 전망되며, 홈케어는 2020년 6,260만 달러에서 연평균 성장률 12.5%로 증가하여, 2025년에는 1억 1,290만 달러에 이를 것으로 전망된다.

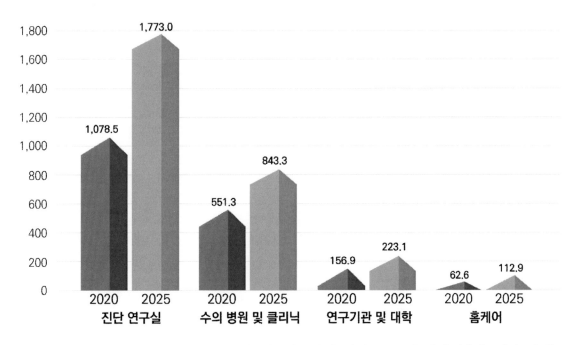

[그림 349] 글로벌 반려동물 진단 시장의 최종사용자별 시장 규모 및 전망 (단위: 백만 달러)

전 세계 동물 건강진단 시장은 유형에 따라 가축과 반려동물로 분류할 수 있다. 가축은 2019년 17억 달러에서 연평균 성장률 9.37%로 증가하여, 2024년에는 26억 6,000만 달러에 이를 것으로 전망되며, 반려동물은 2019년 12억 달러에서 연평균 성장률 9.97%로 증가하여, 2024년에는 19억 3,000만 달러에 이를 것으로 전망된다.

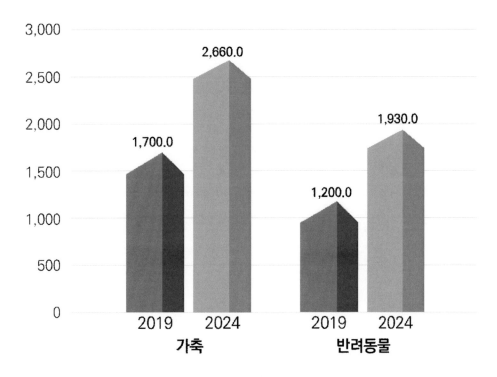

[그림 350] 글로벌 동물 건강진단 시장의 유형별 시장 규모 및 전망
(단위: 백만 달러)

(나) 지역별 시장 규모

전 세계 반려동물 진단 시장을 지역별로 살펴보면, 2018년을 기준으로 북아메리카 지역이 44.9%로 가장 높은 점유율을 나타냈다. 북아메리카 지역은 2020년 8억 2,410만 달러에서 연평균 성장률 9.0%로 증가하여, 2025년에는 12억 7,020만 달러에 이를 것으로 전망되며, 유럽 지역은 2020년 4억 9,590만 달러에서 연평균 성장률 9.4%로 증가하여, 2025년에는 7억 7,640만 달러에 이를 것으로 전망된다.

아시아-태평양 지역은 2020년 3억 3,970만 달러에서 연평균 성장률 11.5%로 증가하여, 2025년에는 5억 8,610만 달러에 이를 것으로 전망되며, 라틴 아메리카 지역은 2020년 1억 4,220만 달러에서 연평균 성장률 11.0%로 증가하여, 2025년에는 2억 4,010만 달러에 이를 것으로 전망된다. 아프리카 지역은 2020년 3,340만 달러에서 연평균 성장률 10.9%로 증가하여, 2025년에는 5,600만 달러에 이를 것으로 전망되고, 마지막으로 중동 지역은 2020년 1,390만 달러에서 연평균 성장률 11.0%로 증가하여, 2025년에는 2,350만 달러에 이를 것으로 전망된다.

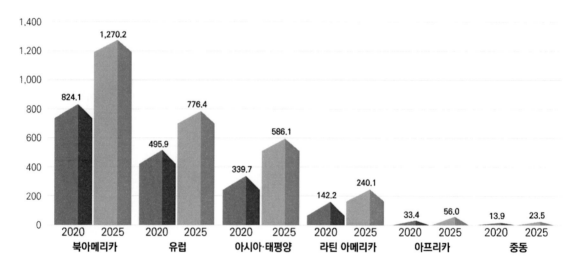

[그림 351] 글로벌 반려동물 진단 시장의 지역별 시장 규모 및 전망 (단위: 백만 달러)

(4) 수의용 현장 진단(PoC) 시장[279]

전 세계 수의용 현장 진단(PoC) 시장은 2019년 14억 2,500만 달러에서 연평균 성장률 8.9%로 증가하여, 2025년에는 23억 7,090만 달러에 이를 것으로 전망된다.

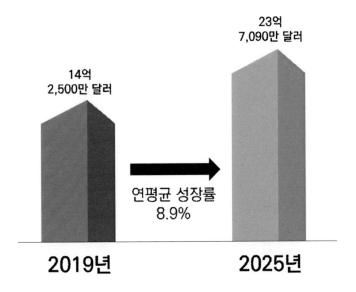

[그림 352] 글로벌 수의용 현장 진단(PoC) 시장 규모 및 전망

전 세계 수의용 진단기기 시장은 2019년 16억 1,748만 달러에서 연평균 성장률 8.51%로 증가하여, 2024년에는 24억 3,276만 달러에 이를 것으로 전망된다.

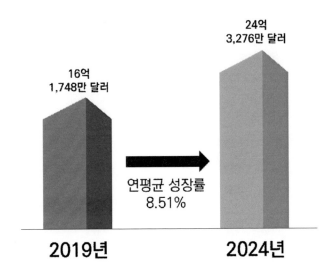

[그림 353] 글로벌 수의용 진단기기 시장 규모 및 전망

---

279) 수의용 현장 진단 (PoC) 시장, 글로벌 시장동향보고서, 연구개발특구진흥재단

(가) 세부항목별 시장 규모

전 세계 수의용 현장 진단(PoC) 시장은 제품에 따라 소모품, 기기로 분류할 수 있다. 소모품은 2019년 8억 9,850만 달러에서 연평균 성장률 9.7%로 증가하여, 2025년에는 15억 6,320만 달러에 이를 것으로 전망된다. 기기는 2019년 5억 2,650만 달러에서 연평균 성장률 7.4%로 증가하여, 2025년에는 8억 770만 달러에 이를 것으로 전망된다.

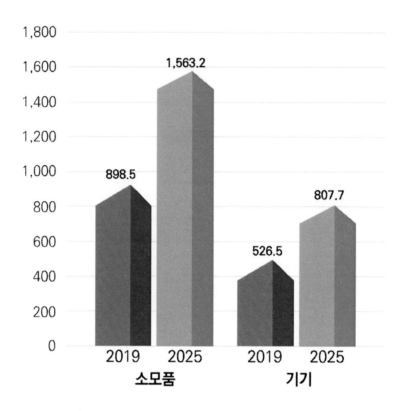

[그림 354] 글로벌 수의용 현장 진단(PoC) 시장의
제품별 시장 규모 및 전망 (단위: 백만 달러)

전 세계 수의용 현장 진단(PoC) 시장은 소모품 종류에 따라 키트 및 시약, 영상 시스템 시약으로 분류할 수 있다. 키트 및 시약은 2019년 7억 4,140만 달러에서 연평균 성장률 9.9%로 증가하여, 2025년에는 13억 940만 달러에 이를 것으로 전망되며, 영상 시스템 시약은 2019년 1억 5,710만 달러에서 연평균 성장률 8.3%로 증가하여, 2025년에는 2억 5,380만 달러에 이를 것으로 전망된다.

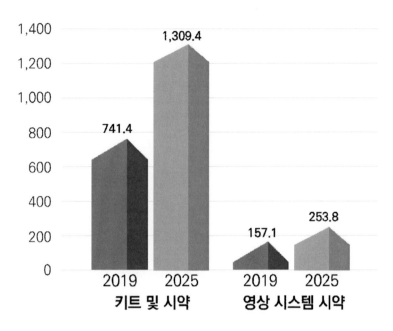

[그림 355] 글로벌 수의용 현장 진단(PoC) 시장의 소모품
종류별 시장 규모 및 전망 (단위: 백만 달러)

 전 세계 수의용 현장 진단(PoC) 시장은 기기 종류에 따라 영상 시스템, 분석기로 분류할 수
있다. 영상 시스템은 2019년 3억 6,600만 달러에서 연평균 성장률 7.3%로 증가하여, 2025년
에는 5억 5,970만 달러에 이를 것으로 전망되며, 분석기는 2019년 1억 6,050만 달러에서 연
평균 성장률 7.5%로 증가하여, 2025년에는 2억 4,800만 달러에 이를 것으로 전망된다.

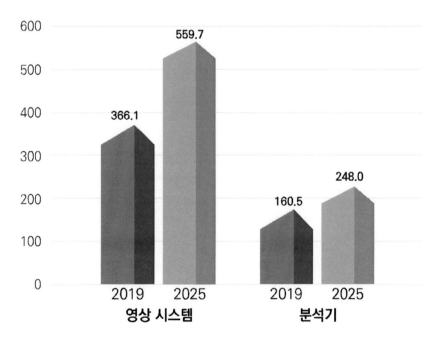

[그림 356] 글로벌 수의용 현장 진단(PoC) 시장의 기기 종류별 시장 규모 및 전망
(단위: 백만 달러)

전 세계 수의용 현장 진단(PoC) 시장은 키트 및 분석기 기술에 따라 임상 생화학, 면역진단, 혈액학, 요검사, 분자진단, 기타 기술로 분류할 수 있다. 임상 생화학은 2019년 3억 4,660만 달러에서 연평균 성장률 9.3%로 증가하여, 2025년에는 5억 9,100만 달러에 이를 것으로 전망되며, 면역진단은 2019년 3억 2,030만 달러에서 연평균 성장률 10.5%로 증가하여, 2025년에는 5억 8,200만 달러에 이를 것으로 전망된다.

혈액학은 2019년 1억 1,630만 달러에서 연평균 성장률 7.5%로 증가하여, 2025년에는 1억 8,000만 달러에 이를 것으로 전망되고, 요검사는 2019년 8,250만 달러에서 연평균 성장률 9.4%로 증가하여, 2025년에는 1억 4,160만 달러에 이를 것으로 전망된다. 분자진단은 2019년 2,270만 달러에서 연평균 성장률 10.1%로 증가하여, 2025년에는 4,030만 달러에 이를 것으로 전망되며, 마지막으로 기타 기술은 2019년 1,350만 달러에서 연평균 성장률 8.9%로 증가하여, 2025년에는 2,250만 달러에 이를 것으로 전망된다.

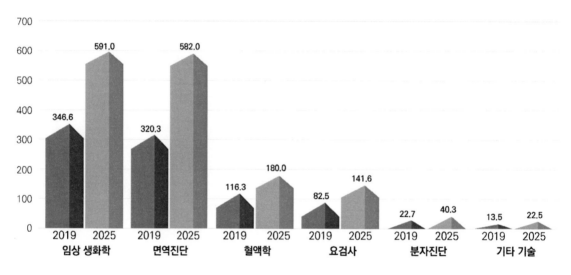

[그림 357] 글로벌 수의용 현장 진단(PoC) 시장의 키트 및 분석기 기술별 시장 규모 및 전망
(단위: 백만 달러)

전 세계 수의용 현장 진단(PoC) 시장은 키트 및 분석기 용도에 따라 임상 병리용, 세균용, 바이러스용, 기생충용, 기타용으로 분류할 수 있다. 임상 병리용은 2019년 3억 420만 달러에서 연평균 성장률 11.3%로 증가하여, 2025년에는 5억 7,880만 달러에 이를 것으로 전망되며, 세균용은 2019년 1억 8,890만 달러에서 연평균 성장률 9.3%로 증가하여, 2025년에는 3억 2,280만 달러에 이를 것으로 전망된다.

바이러스용은 2019년 1억 3,280만 달러에서 연평균 성장률 8.9%로 증가하여, 2025년에는 2억 2,120만 달러에 이를 것으로 전망되며, 기생충용은 2019년 1억 1,270만 달러에서 연평균 성장률 9.7%로 증가하여, 2025년에는 1억 9,670만 달러에 이를 것으로 전망된다. 마지막으로 기타용은 2019년 1억 6,320만 달러에서 연평균 성장률 6.5%로 증가하여, 2025년에는 2억 3,790만 달러에 이를 것으로 전망된다.

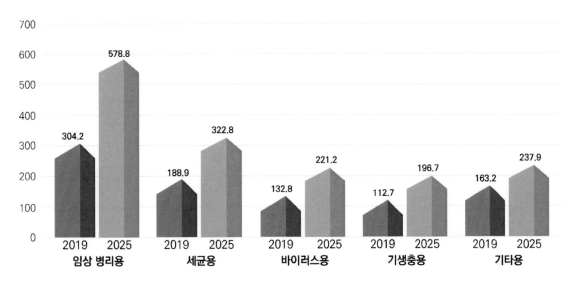

[그림 358] 글로벌 수의용 현장 진단(PoC) 시장의 키트 및 분석기 용도별 시장 규모 및 전망
(단위: 백만 달러)

전 세계 수의용 현장 진단(PoC) 시장은 영상 시스템 용도에 따라 정형외과 및 외상용, 부인과용, 종양용, 순환기용, 신경용, 기타용으로 분류할 수 있다. 정형외과 및 외상용은 2019년 1억 9,470만 달러에서 연평균 성장률 8.9%로 증가하여, 2025년에는 3억 2,480만 달러에 이를 것으로 전망되며, 부인과용은 2019년 1억 5,250만 달러에서 연평균 성장률 6.6%로 증가하여, 2025년에는 2억 2,380만 달러에 이를 것으로 전망된다. 종양용은 2019년 4,400만 달러에서 연평균 성장률 9.7%로 증가하여, 2025년에는 7,660만 달러에 이를 것으로 전망되며, 순환기용은 2019년 3,890만 달러에서 연평균 성장률 5.8%로 증가하여, 2025년에는 5,470만 달러에 이를 것으로 전망된다. 신경용은 2019년 2,880만 달러에서 연평균 성장률 7.9%로 증가하여, 2025년에는 4,550만 달러에 이를 것으로 전망되고, 마지막으로 기타용은 2019년 6,410만 달러에서 연평균 성장률 5.4%로 증가하여, 2025년에는 8,810만 달러에 이를 것으로 전망된다.

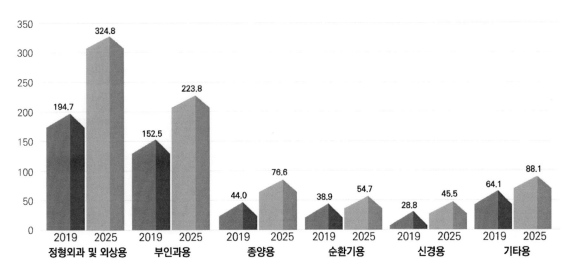

[그림 359] 글로벌 수의용 현장 진단(PoC) 시장의 영상 시스템 용도별 시장 규모 및 전망
(단위: 백만 달러)

전 세계 수의용 현장 진단(PoC) 시장은 최종사용자에 따라 진단 클리닉, 수의 병원 및 연구기관, 홈케어로 분류할 수 있다. 진단 클리닉은 2019년 8억 6,000만 달러에서 연평균 성장률 9.5%로 증가하여, 2025년에는 14억 8,000만 달러에 이를 것으로 전망되며, 수의 병원 및 연구기관은 2019년 3억 5,530만 달러에서 연평균 성장률 8.6%로 증가하여, 2025년에는 5억 8,140만 달러에 이를 것으로 전망된다. 마지막으로 홈케어는 2019년 2억 960만 달러에서 연평균 성장률 6.7%로 증가하여, 2025년에는 3억 960만 달러에 이를 것으로 전망된다.

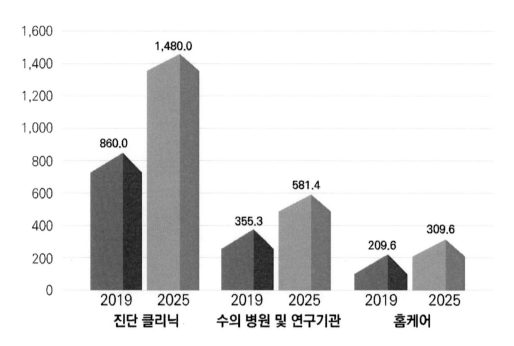

[그림 360] 글로벌 수의용 현장 진단(PoC) 시장의 최종사용자별 시장 규모 및 전망
(단위: 백만 달러)

(나) 지역별 시장 규모

전 세계 수의용 현장 진단(PoC) 시장을 지역별로 살펴보면, 2018년을 기준으로 북아메리카 지역이 45.4%로 가장 높은 점유율을 나타냈다. 북아메리카 지역은 2019년 6억 4,230만 달러에서 연평균 성장률 7.9%로 증가하여, 2025년에는 10억 1,460만 달러에 이를 것으로 전망된다.

유럽 지역은 2019년 4억 6,670만 달러에서 연평균 성장률 8.2%로 증가하여, 2025년에는 7억 5,070만 달러에 이를 것으로 전망되며, 아시아-태평양 지역은 2019년 2억 210만 달러에서 연평균 성장률 12.0%로 증가하여, 2025년에는 3억 9,780만 달러에 이를 것으로 전망된다. 다음으로 라틴 아메리카 지역은 2019년 7,300만 달러에서 연평균 성장률 10.8%로 증가하여, 2025년에는 1억 3,530만 달러에 이를 것으로 전망되고, 마지막으로 중동 및 아프리카 지역은 2019년 4,100만 달러에서 연평균 성장률 10.0%로 증가하여, 2025년에는 7,240만 달러에 이를 것으로 전망된다.

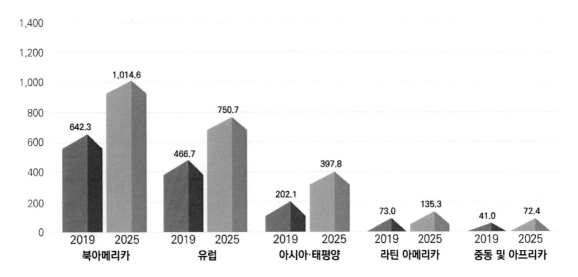

[그림 361] 글로벌 수의용 현장 진단(PoC) 시장의 지역별 시장 규모 및 전망
(단위: 백만 달러)

다) 성장 촉진제 및 증강제 시장[280)](#)

전 세계 동물용 성장 촉진제 및 증강제 시장은 2019년 139억 1,000만 달러에서 연평균 성장률 5.9%로 증가하여, 2024년에는 185억 5,000만 달러에 이를 것으로 전망된다.

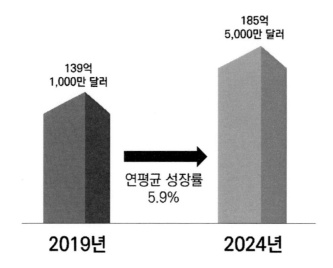

[그림 362] 글로벌 동물용 성장 촉진제 및 증강제 시장 규모 및 전망

전 세계 동물용 성장 촉진제 시장은 2019년 114억 8,000만 달러에서 연평균 성장률 6.23%로 증가하여, 2024년에는 155억 3,000만 달러에 이를 것으로 전망된다.

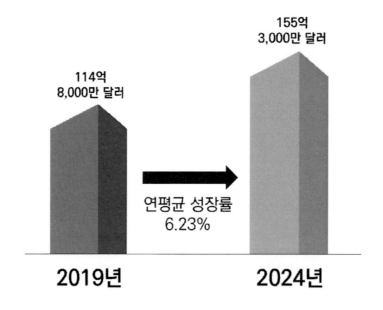

[그림 363] 글로벌 동물용 성장 촉진제 시장 규모 및 전망

---

280) 동물용 성장 촉진제 및 증강제 시장/연구개발특구진흥재단

(1) 세부기술별 시장 규모

전 세계 동물용 성장 촉진제 및 증강제 시장은 종류에 따라 비항생물질 성장 촉진제 및 증강제, 항생물질 성장 촉진제 및 증강제로 분류할 수 있다. 비항생물질 성장 촉진제 및 증강제는 2019년 102억 9,530만 달러에서 연평균 성장률 7.8%로 증가하여, 2024년에는 149억 6,790만 달러에 이를 것으로 전망되며, 항생물질 성장 촉진제 및 증강제는 2019년 36억 1,730만 달러에서 연평균 성장률 0.2%로 감소하여, 2024년에는 35억 7,970만 달러에 이를 것으로 전망된다.

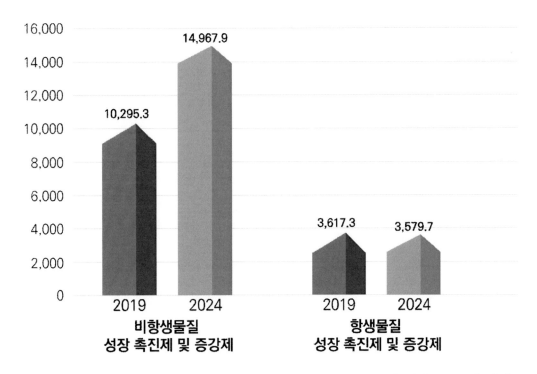

[그림 364] 글로벌 동물용 성장 촉진제 및 증강제 시장의 종류별 시장 규모 및 전망
(단위: 백만 달러)

전 세계 동물용 성장 촉진제 및 증강제 시장에서 비항생물질 성장 촉진제 및 증강제는 제품에 따라 프레바이오틱스 및 프로바이오틱스, 산성화제, 식물성 첨가물, 사료용 효소, 호르몬, 기타로 분류할 수 있다. 프레바이오틱스 및 프로바이오틱스는 2019년 33억 4,840만 달러에서 연평균 성장률 7.8%로 증가하여, 2024년에는 48억 8,290만 달러에 이를 것으로 전망되며, 산성화제는 2019년 30억 9,170만 달러에서 연평균 성장률 8.0%로 증가하여, 2024년에는 45억 4,870만 달러에 이를 것으로 전망된다. 식물성 첨가물은 2019년 15억 4,220만 달러에서 연평균 성장률 7.6%로 증가하여, 2024년에는 22억 2,550만 달러에 이를 것으로 전망되며, 사료용 효소는 2019년 13억 7,530만 달러에서 연평균 성장률 9.7%로 증가하여, 2024년에는 21억 8,600만 달러에 이를 것으로 전망된다. 다음으로 호르몬은 2019년 3억 4,950만 달러에서 연평균 성장률 0.4%로 증가하여, 2024년에는 3억 5,620만 달러에 이를 것으로 전망되고, 마지막으로 기타는 2019년 5억 8,820만 달러에서 연평균 성장률 5.5%로 증가하여, 2024년에는 7억 6,850만 달러에 이를 것으로 전망된다.

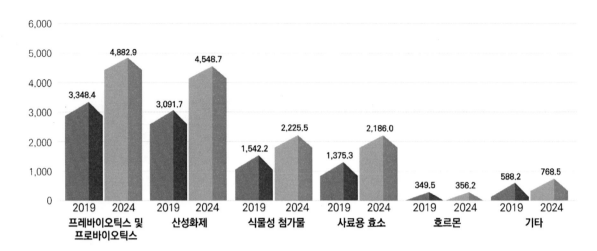

[그림 365] 글로벌 동물용 성장 촉진제 및 증강제 시장에서 비항생물질 성장 촉진제 및
증강제의 제품별 시장 규모 및 전망 (단위: 백만 달러)

전 세계 동물용 성장 촉진제 시장은 제품에 따라 항생제, 프레바이오틱스 및 프로바이오틱스, 사료 효소, 기타로 분류되며, 항생제는 2019년을 기준으로 57.40%의 점유율을 차지하였으며, 그 뒤를 프레바이오틱스 및 프로바이오틱스가 21.95%, 사료 효소가 15.24%, 기타가 5.40%로 뒤따르고 있다. 항생제는 2019년 65억 9,000만 달러에서 연평균 성장률 7.81%로 증가하여, 2024년에는 96억 달러에 이를 것으로 전망되며, 프레바이오틱스 및 프로바이오틱스는 2019년 25억 2,000만 달러에서 연평균 성장률 4.10%로 증가하여, 2024년에는 30억 8,000만 달러에 이를 것으로 전망된다. 사료 효소는 2019년 17억 5,000만 달러에서 연평균 성장률 4.11%로 증가하여, 2024년에는 21억 4,000만 달러에 이를 것으로 전망되고, 마지막으로 기타는 2019년 6억 2,000만 달러에서 연평균 성장률 2.75%로 증가하여, 2024년에는 7억 1,000만 달러에 이를 것으로 전망된다.

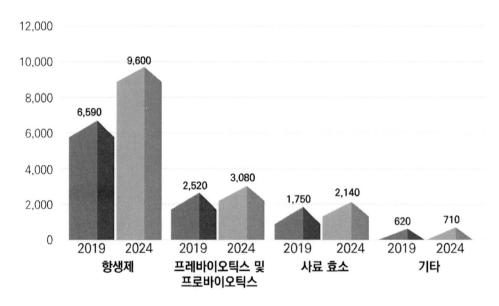

[그림 366] 글로벌 동물용 성장 촉진제 시장의 제품별 시장 규모 및 전망
(단위: 백만 달러)

전 세계 동물용 성장 촉진제 및 증강제 시장은 동물종류에 따라 가금류, 돼지, 가축, 수생 동물, 기타로 분류할 수 있다. 가금류는 2019년 42억 3,480만 달러에서 연평균 성장률 6.3%로 증가하여, 2024년에는 57억 3,580만 달러에 이를 것으로 전망되며, 돼지는 2019년 31억 120만 달러에서 연평균 성장률 5.5%로 증가하여, 2024년에는 40억 5,400만 달러에 이를 것으로 전망된다.

가축은 2019년 41억 3,460만 달러에서 연평균 성장률 6.6%로 증가하여, 2024년에는 56억 7,970만 달러에 이를 것으로 전망되고, 수생 동물은 2019년 15억 1,920만 달러에서 연평균 성장률 5.7%로 증가하여, 2024년에는 20억 250만 달러에 이를 것으로 전망된다. 마지막으로 기타는 2019년 9억 2,280만 달러에서 연평균 성장률 3.1%로 증가하여, 2024년에는 10억 7,560만 달러에 이를 것으로 전망된다.

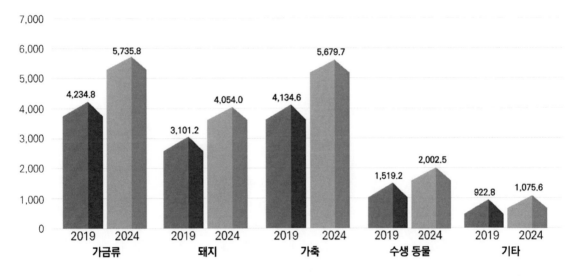

[그림 367] 글로벌 동물용 성장 촉진제 및 증강제 시장의
동물종류별 시장 규모 및 전망 (단위: 백만 달러)

(2) 지역별 시장 규모

　전 세계 동물용 성장 촉진제 및 증강제 시장을 지역별로 살펴보면, 2018년을 기준으로 아시아-태평양 지역이 36.7%로 가장 높은 점유율을 차지하였고, 북미 지역이 26.1%, 유럽 지역이 21.5%, 기타 지역이 15.6%로 나타났다. 아시아-태평양 지역은 2019년 51억 5,020만 달러에서 연평균 성장률 6.5%로 증가하여, 2024년에는 70억 6,290만 달러에 이를 것으로 전망된다. 북미 지역은 2019년 35억 9,830만 달러에서 연평균 성장률 5.2%로 증가하여, 2024년에는 46억 3,490만 달러에 이를 것으로 전망되며, 유럽 지역은 2019년 30억 1,780만 달러에서 연평균 성장률 6.8%로 증가하여, 2024년에는 41억 8,780만 달러에 이를 것으로 전망된다. 마지막으로 기타 지역은 2019년 21억 4,630만 달러에서 연평균 성장률 4.4%로 증가하여, 2024년에는 26억 6,200만 달러에 이를 것으로 전망된다.

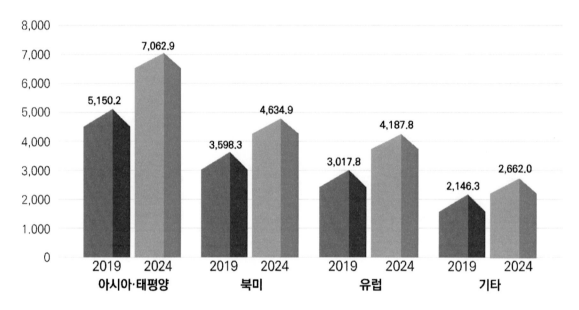

[그림 368] 글로벌 동물용 성장 촉진제 및 증강제 시장의 지역별 시장 규모 및 전망
(단위: 백만 달러)

　전 세계 동물용 성장 촉진제 시장을 지역별로 살펴보면, 2019년을 기준으로 아시아-태평양 지역이 51.31%로 가장 높은 점유율을 차지하였고, 유럽 지역이 10.28%, 북미 지역이 26.31%, 남미 지역이 7.84%, 중동-아프리카 4.27%로 나타났다.

　아시아-태평양 지역은 2019년 58억 9,000만 달러에서 연평균 성장률 6.76%로 증가하여, 2024년에는 81억 7,000만 달러에 이를 것으로 전망되며, 유럽 지역은 2019년 11억 8,000만 달러에서 연평균 성장률 4.92%로 증가하여, 2024년에는 15억 달러에 이를 것으로 전망된다. 다음으로 북미 지역은 2019년 30억 2,000만 달러에서 연평균 성장률 5.46%로 증가하여, 2024년에는 39억 4,000만 달러에 이를 것으로 전망되고, 남미 지역은 2019년 9억 달러에서 연평균 성장률 6.62%로 증가하여, 2024년에는 12억 4,000만 달러에 이를 것으로 전망된다. 마지막으로 중동-아프리카 지역은 2019년 4억 9,000만 달러에서 연평균 성장률 6.77%로 증가하여, 2024년에는 6억 8,000만 달러에 이를 것으로 전망된다.

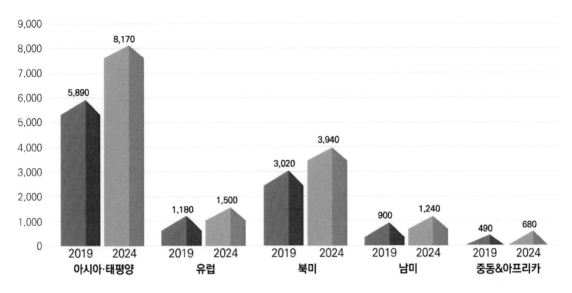

[그림 369] 글로벌 동물용 성장 촉진제 시장의 지역별 시장 규모 및 전망 (단위: 백만 달러)

라) 사료첨가물 시장[281]

전 세계 사료첨가물 시장은 2018년 220억 5,150만 달러에서 연평균 성장률 5.11%로 증가하여, 2023년에는 282억 8,954만 달러에 이를 것으로 전망된다.

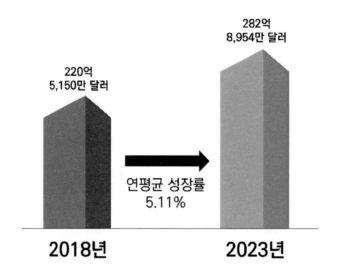

220억
5,150만 달러

282억
8,954만 달러

연평균 성장률
5.11%

2018년　　　　　　　**2023년**

[그림 370] 글로벌 사료첨가물 시장 규모 및 전망

(1) 세부기술별 시장 규모

전 세계 사료첨가물 시장은 종류에 따라 아미노산, 미네랄, 산성화제, 프로바이오틱스, 마이코톡신 해독제, 인산염, 향료&감미료, 산화방지제, 효소, 항생제, 비타민, 보존료, 비단백질 질소, 카로티노이드, 식물성 사료첨가물로 분류할 수 있다. 아미노산은 2018년 84억 7,650만 달러에서 연평균 성장률 8.0%로 증가하여, 2023년에는 124억 5,460만 달러에 이를 것으로 전망되며, 미네랄은 2018년 58억 9,670만 달러에서 연평균 성장률 5.1%로 증가하여, 2023년에는 75억 5,810만 달러에 이를 것으로 전망된다.

산성화제는 2018년 27억 3,150만 달러에서 연평균 성장률 5.1%로 증가하여, 2023년에는 34억 9,760만 달러에 이를 것으로 전망되고, 프로바이오틱스는 2018년 27억 3,150만 달러에서 연평균 성장률 8.0%로 증가하여, 2023년에는 39억 6,390만 달러에 이를 것으로 전망된다. 다음으로 마이코톡신 해독제는 2018년 24억 230만 달러에서 연평균 성장률 3.6%로 증가하여, 2023년에는 28억 6,380만 달러에 이를 것으로 전망되며, 인산염은 2018년 22억 4,990만 달러에서 연평균 성장률 3.7%로 증가하여, 2023년에는 26억 9,550만 달러에 이를 것으로 전망된다.

향료&감미료는 2018년 12억 7,570만 달러에서 연평균 성장률 3.5%로 증가하여, 2023년에는 15억 1,310만 달러에 이를 것으로 전망되고, 산화방지제는 2018년 12억 4,020만 달러에서 연평균 성장률 5.0%로 증가하여, 2023년에는 15억 8,250만 달러에 이를 것으로 전망된다. 다

---

281) 사료첨가물 시장/연구개발특구진흥재단

음으로 효소는 2018년 11억 8,070만 달러에서 연평균 성장률 7.0%로 증가하여, 2023년에는 16억 5,600만 달러에 이를 것으로 전망되고, 항생제는 2018년 9억 9,080만 달러에서 연평균 성장률 3.2%로 증가하여, 2023년에는 11억 5,980만 달러에 이를 것으로 전망된다. 비타민은 2018년 10억 8,510만 달러에서 연평균 성장률 7.1%로 증가하여, 2023년에는 15억 2,900만 달러에 이를 것으로 전망되며, 보존료는 2018년 8억 750만 달러에서 연평균 성장률 8.9%로 증가하여, 2023년에는 12억 3,450만 달러에 이를 것으로 전망된다. 비단백질 질소는 2018년 7억 1,620만 달러에서 연평균 성장률 4.7%로 증가하여, 2023년에는 9억 140만 달러에 이를 것으로 전망되고, 카로티노이드는 2018년 5억 9,860만 달러에서 연평균 성장률 3.4%로 증가하여, 2023년에는 7억 890만 달러에 이를 것으로 전망된다. 마지막으로 식물성 사료첨가물은 2018년 6억 3,140만 달러에서 연평균 성장률 8.8%로 증가하여, 2023년에는 9억 6,250만 달러에 이를 것으로 전망된다.

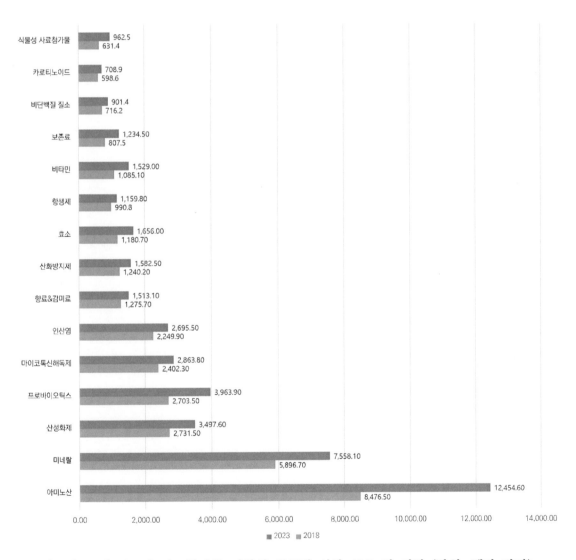

[그림 371] 글로벌 사료첨가물 시장의 종류별 시장 규모 및 전망 (단위: 백만 달러)

전 세계 사료첨가물 시장은 가축에 따라 가금류, 반추동물, 돼지, 수생 동물, 기타 가축으로 분류할 수 있다. 가금류는 2018년 144억 8,420만 달러에서 연평균 성장률 6.5%로 증가하여, 2023년에는 198억 6,790만 달러에 이를 것으로 전망되고, 반추동물은 2018년 83억 1,980만 달러에서 연평균 성장률 5.5%로 증가하여, 2023년에는 108억 8,870만 달러에 이를 것으로 전망된다.

돼지는 2018년 83억 1,810만 달러에서 연평균 성장률 6.1%로 증가하여, 2023년에는 111억 7,350만 달러에 이를 것으로 전망되고, 수생 동물은 2018년 8억 5,650만 달러에서 연평균 성장률 5.6%로 증가하여, 2023년에는 11억 2,370만 달러에 이를 것으로 전망된다. 마지막으로 기타 가축은 2018년 10억 800만 달러에서 연평균 성장률 4.0%로 증가하여, 2023년에는 12억 2,750만 달러에 이를 것으로 전망된다.

[그림 372] 글로벌 사료첨가물 시장의 가축별 시장 규모 및 전망 (단위: 백만 달러)

전 세계 사료첨가물 시장은 형태에 따라 고체 형태와 액체 형태로 분류할 수 있다. 고체 형태는 2018년 246억 390만 달러에서 연평균 성장률 6.3%로 증가하여, 2023년에는 333억 4,130만 달러에 이를 것으로 전망되고, 액체 형태는 2018년 83억 8,270만 달러에서 연평균 성장률 5.5%로 증가하여, 2023년에는 109억 4,000만 달러에 이를 것으로 전망된다.

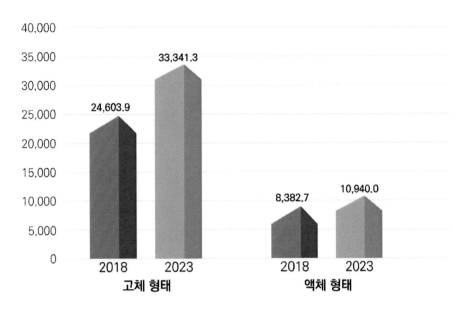

[그림 373] 글로벌 사료첨가물 시장의 형태별 시장 규모 및 전망
(단위: 백만 달러)

전 세계 사료첨가물 시장은 원료에 따라 합성 원료와 천연 원료로 분류할 수 있다. 합성 원료는 2018년 230억 3,870만 달러에서 연평균 성장률 6.2%로 증가하여, 2023년에는 311억 2,230만 달러에 이를 것으로 전망되고, 천연 원료는 2018년 99억 4,800만 달러에서 연평균 성장률 5.8%로 증가하여, 2023년에는 131억 5,900만 달러에 이를 것으로 전망된다.

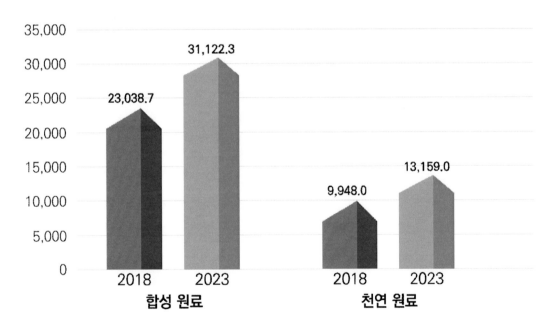

[그림 374] 글로벌 사료첨가물 시장의 원료별 시장 규모 및 전망
(단위: 백만 달러)

(2) 지역별 시장 규모

전 세계 사료첨가물 시장을 지역별로 살펴보면, 2017년을 기준으로 아시아-태평양 지역이 35.5%로 가장 높은 점유율을 나타냈다.

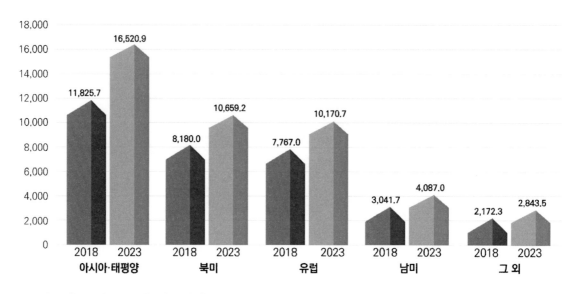

[그림 375] 글로벌 사료첨가물 시장의 지역별 시장 규모 및 전망 (단위: 백만 달러)

아시아-태평양 지역은 2018년 118억 2,570만 달러에서 연평균 성장률 6.9%로 증가하여, 2023년에는 165억 2,090만 달러에 이를 것으로 전망되며, 북미 지역은 2018년 81억 8,000만 달러에서 연평균 성장률 5.4%로 증가하여, 2023년에는 106억 5,920만 달러에 이를 것으로 전망된다.

유럽 지역은 2018년 77억 6,700만 달러에서 연평균 성장률 5.5%로 증가하여, 2023년에는 101억 7,070만 달러에 이를 것으로 전망되고, 남미 지역은 2018년 30억 4,170만 달러에서 연평균 성장률 6.0%로 증가하여, 2023년에는 40억 8,700만 달러에 이를 것으로 전망된다. 마지막으로 그 외 지역은 2018년 21억 7,230만 달러에서 연평균 성장률 5.5%로 증가하여, 2023년에는 28억 4,350만 달러에 이를 것으로 전망된다.

마) 동물용 의료기기[282)

[그림 376] 국내 동물용 의료기기 시장 규모

동물용 의료기기 산업은 주로 다품목 소량 생산의 형태로 발전하여, 인체용 의료기기에 비해 성장이 쉽지 않았다. 그러나 첨단인체용 의료기기르 포함하여 다양한 종류의 의료기기들이 강아지, 고양이 등의 반려동물과 말, 소, 돼지 등을 포함한 가축, 야생동물의 질병 진단 및 치료에 활용되고 있다.

최근 MZ세대를 중심으로 반려동물을 가족처럼 여기는 펫팸(PET+FAMILY)족이 확산되며 반려동물 관련 시장의 트렌드로 빠르게 변화하고 있다. 반려동물의 헬스케어도 하나의 콘텐트로 자리 잡으며 반려동물관련 의료서비스의 질적 요구 수준이 높아졌고, 이에 전문화·고도화된 동물 진단 및 의료기기의 픽르요성과 활용도가 증가되고 있다.

국내 동물용 의료기기 및 소모품 시장은 2018년 16.3억 달러에서 2023년 24.01억 달러로 연평균 8% 성장할 것으로 예상되며, 북아메리카(42.8%)와 유럽(39.9%)이 세계 시장의 80% 이상을 차지하고 있다. 해당 시장의 성장은 반려동물 연관 시장의 발전과 동물 건강에 대한 지출 및 반려동물 보험에 대한 수요 증가로 볼 수 있다.

동물용 의료기기는 용도에 따라 중환자 치료 용품, 마취 장비, 유체 관리기기, 온도 관리기기, 환자 모니터링 장비, 연구용 장비, 구조 및 소생 장비로 구분할 수 있다. 중환자 치료 용품이 69.4%의 가장 큰 점유율을 차치했는데, 이는 동물의 질병 발생률이 증가함에 따라 모니터링과 치료에서 소모품 사용이 증가한 것으로 예측된다.

동물용 의료기기를 사용하는 동물의 유형별로 살펴보면, 강아지, 공야이 등의 소형 반려동물이 전체의 65%를 차지하고 있으며, 연평균 8.7%로 2018년 10.67억 달러에서 2023년 16.18

---

282) 동물용 의료기기 시장/한국과학기술정보연구원

억 달러가 될 것으로 예측된다. 이는 가족으로 여기는 강아지, 고양이 등 소형 반려동물들의
건강에 대한 지출이 증가하기 때문이다.

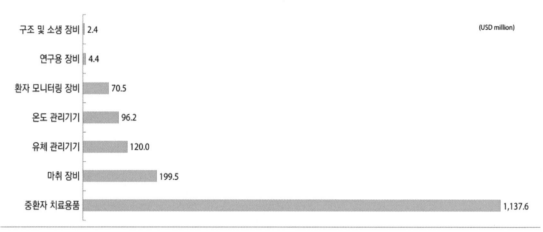

출처 : Veterinary equipment and disposables market(2018), marketsandmarkets에서 KISTI 재가공.

[그림 377] 용도에 따른 동물용 의료기기 및 소모품 시장 규모

동물 유형	2016년	2017년	2018년	2023년	CAGR(2018~2023)
소형 반려동물	902.6	981.2	1,066.5	1,618.1	8.7%
대형 동물	389.2	415.1	442.7	610.6	6.6%
기타	105.5	113.2	121.5	173	7.3%

출처 : Veterinary equipment and disposables market(2018), marketsandmarkets에서 KISTI 재가공.

[그림 378] 동물 유형별 동물용 의료기기 및 소모품 시장 규모 및 전망

라. 동물용의약품 기업 동향

1) 해외 기업283)284)

가) Zoetis (미국)285)

[그림 379] Zoetis(조에티스)

조에티스(Zoetis)는 동물용 의약품 시장 점유율 1위의 기업이다. 조에티스는 1952년 화이자의 농업부서로 시작했다. 처음엔 가축용 의약품으로 이름을 알리다가 반려동물 시장이 커지면서 이 분야 실적도 성장하고 있다. 2013년 화이자에서 인적 분할해 상장했으며 백신, 항감염제, 구충제, 기타 의약품, 피부과, 약용 사료 첨가제, 반려동물 및 가축에 대한 동물건강진단 등의 300개 이상의 제품을 보유 중이다.

조에티스는 세계 100여 개국에 진출해 가축 백신, 반려동물 의약품 및 의료기기를 판매하고 있다. 2022년 반려동물 의약품 시장에서 조에티스의 점유율은 27%로 세계 1위를 차지했다. 조에티스 매출의 70%가량이 해당 사업에서 나오고 있다.

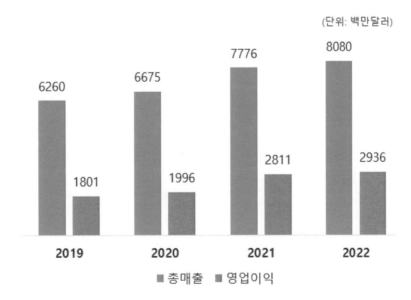

[그림 380] Zoetis 매출 추이

---

283) 동물 의약품 시장, 글로벌 시장동향보고서/연구개발특구진흥재단
284) 수의용 백신 시장/연구개발특구진흥재단
285) 반려동물 의약품 독점…"조에티스 주목"/한경 글로벌마켓

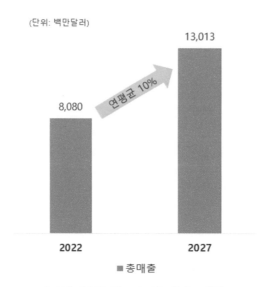

(단위: 백만달러)

8,080
13,013

연평균 10%

2022   2027

■ 총매출

[그림 381] Zoetis의 매출 전망

조에티스는 2019년 6,260백만 달러에서 2022년 8,080백만 달러로 연평균 8.88%로 성장했으며, 5년간 연평균 10.5%씩 성장할 것으로 예상된다. 이는 반려동물 시장이 커지면서 반려동물 의료 지출도 증가하고 있어서다. 코로나19가 퍼진 뒤 재택근무가 도입되면서 반려동물을 입양하는 가구가 늘어났다. 포브스에 따르면 지난해 미국에서 반려동물을 처음 입양한 가구 중 78%가 코로나 팬데믹을 계기로 동물을 키우기 시작했다. 영국과 호주에서도 코로나19를 기점으로 반려동물을 키우는 인구가 각 200만 명, 100만 명 늘어났다.

조에티스는 항생제, 백신, 기생충제, 의약품 사료 첨가제, 기타 의약품 및 기타 비의약품 등 6가지 주요 부문을 통해 다양한 동물 헬스케어 제품을 제공하고 있다. 고양이, 말, 가금류 및 돼지 등의 동물을 대상으로 다양한 수의 진단 및 유전 제품을 제공하고 있으며, ELISA(enzyme-linked immunosorbent assay), RIM(rapid immuno migration) 및 AGID(agar gel immunodiffusion) 검사와 같은 기술을 활용하는 가축 및 동물용 면역진단 제품을 폭넓게 제공하고 있다.[286]

내/외부 구충제
revolution   Simparica   ProHeart SR-12

백신
VANGUARD   BRONCHICINE CAe   DEFENSOR 3   FELOCELL

피부
apoquel (oclacitinib tablet)   CYTOPOINT   MALASEB-F   Aloveen

항구토제
Cerenia (maropitant citrate)

항생제
convenia cefovecin sodium   CLAVAMOX

NSAID
RIMADYL (carprofen)

진정 및 마취
DOMITOR   ANTISEDAN (atipamezole hydrochloride)

기타
LYPROFLEX   OTI-CLENS

[그림 382] Zoetis의 반려동물 제품

---

286) 동물 진단 시장/연구개발특구진흥재단

제품명	특징
레볼루션 	• 개와 고양이의 심장사상충 예방과 내외부 기생충 예방 및 치료에 사용 • Revolutionary Safe! FDA가 검증한 안전성으로 경구 독성이 낮아 임신, 수유 시에도 사용 가능
아포퀠 	• 개의 참을 수 없는 가려움을 위한 JAK(Janus Kinase) 억제 치료제 • 급성 혹은 만성 피부 소양증을 스테로이드에 비해 빠르고 안전하게 개선
사이토포인트 	• 개의 아토피성 피부염을 위한 단클론항체 치료제 • 1회 투약으로 개의 아토피성 피부염에 의한 가려움증을 4~8주 동안 조절할 수 있는 주사제 • 표적치료로 안전하고 효과적으로 사용 가능

[표 256] Zoetis의 반려동물 주요 제품 특징

[그림 386] Zoetis의 축산동물 제품

제품명	특징
드랙신 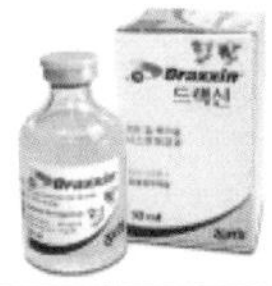	지속성 항균제 • 돼지: 흉막 폐렴, 파스튜렐라 폐렴, 마이코플라즈마성 폐렴과 관련된 각종 돼지 호흡기 질병예방 및 치료 • 소: 맨헤미아 폐렴, 파스튜렐라 폐렴, 헤모필러스 폐렴, 마이코플라즈마성 폐렴, 전염성각결막염 등과 관련된 소 호흡기 질병 예방 및 치료
스커가드4K 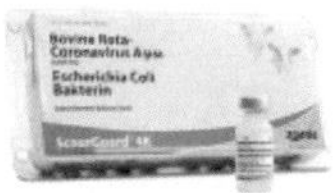	설사 종합 예방백신 (나라장터 등록 품목) • 소: 임신우에 접종하여 로타바이러스, 코로나바이러스, 대장균 K99에 의한 송아지의 설사 및 폐사 예방 또는 경감
포울백 이콜라이 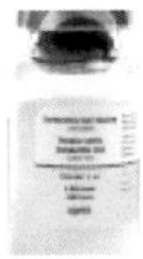	양계 백신 • 양계: 조류 병원성 대장균증 감염 예방

[표 257] Zoetis의 축산동물 주요 제품 특징

나) Merck&Co (미국)

[그림 390] MSD Animal Health

MSD Animal Health 는 머크앤컴퍼니(Merck&Co)의 계열회사로 미국에서 1891년에서 설립되어 현재 뉴저지에 본사가 위치하고 있다. 머크앤컴퍼니(Merck&Co)는 의약품, 백신, 소비자 관리 제품, 동물 건강 제품, 동물 치료제 등을 통해 혁신적인 의료 솔루션을 제공하며, 동물약품 사업부는 1969년에 시작되었으며 전세계에 약60개 지사를 가지고 있다.

제품명	특징
노비박 (Nobivac)	개와 고양이 전용의 불활화 광견병 예방 백신
브라벡토 (Bravecto)	개와 고양이의 외부기생충약
파나쿠어 (Panacur)	펜벤다졸 성분의 개와 고양이용 광범위 내부기생충 예방약
포실리스 (Porcilis)	써코바이러스 2형(PCV2), 돼지 생식기 호흡기 증후군(PRRS) 및 돼지 인플루엔자 바이러스(SIV)를 포함한 돼지 질병 예방 백신
Bovilis	소 호흡기 세포융합 바이러스(BRSV), 전염성 소 비기관염(IBR), 소 바이러스성 설사 바이러스(BVDV) 등
Aquavac	박테리아, 바이러스 및 기생충 병원균으로 인한 질병으로부터 어패류를 보호
주프레보 (Zuprevo)	마크로라이드계 틸디프로신 주사용 항생제

[표 258] MSD Animal Health의 주요 제품 제공 현황

다) Boehringer Ingelheim International (독일)

[그림 391] Boehringer Ingelheim International

베링거인겔하임(Boehringer Ingelheim International)은 독일의 다국적 제약회사로 동물 및 사람의 건강을 위한 처방 의약품, 소비자 건강 관리 제품과 함께 의약품을 제조 및 판매하는 기업이다. 선도적인 수의용 백신 제조업체로, 처방 의약품, 소비자 헬스케어, 동물 건강, 바이오 의약품 및 산업 고객 등 5가지 사업 부문을 통해 다양한 제품과 서비스를 제공하고 있다.

베링거인겔하임 동물약품은 2016년 말 프랑스의 사노피로부터 메리알을 인수하여 제품 포트폴리오를 확장함으로써 동물용 의약품 분야에서 전세계 시장 점유율 2위를 차지하는 거대한 회사가 되었다.

제품명	특징
넥스가드 스펙트라	개의 심장사상충질환의 예방 및 위장관선충의 감영의 치료와 동시에 벼룩과 진드기 감염 치료
하트가드 플러스	오리지날 심장사상충 예방약
프론트라인	강아지와 고양이의 구충제
베트메딘®(Vetmedin®)	반려견 심혈관 치료제
인겔백 써코플렉스 (Ingelvac CircoFLEX®)	돼지 써코바이러스 관련 질환(PCVAD) 예방
인겔백® 피알알에스 생독 (Ingelvac® PRRS MLV)	돼지 생식기 호흡기 증후군(PRRS) 예방 생독백신
라백 스타프 (Lavac®Staph)	유방염 예방 백신

[표 259] Boehringer Ingelheim International의 주요 제품 제공 현황

라) Elanco Animal Health (미국)

[그림 392] Elanco Animal Health

 엘랑코(Elanco Animal Health)는 반려동물 및 가축을 위한 제품을 제조 및 판매하는 동물 건강 분야에서 세계적인 선도적인 기업이다. 동물 헬스케어 관련 기업으로, 인간 제약과 동물 건강 등 두 가지 사업 부문을 통해 다양한 제품을 제공하고 있다. Elanco는 주로 백신, 항균 및 항균제와 같은 수의용 의약품을 제공하고 있다.

제품명	특징
세레스토 (Seresto)	참진드기를 예방해 주는 목걸이형 구충제
임프로뮨 (Impromune)	특허받은 반려동물 프리미엄 면역 영양제
아토케어 스팟-온 (Atocare spot-on)	민감하고 연약한 개, 고양이의 맞춤 피부 케어 앰플
엔테로-크로닉 (Entero-chronic)	개, 고양이의 장세포 재생 영양제
프로-엔테릭 (Pro-enterice)	특수 코팅 공법으로 장까지 살아가는 개, 고양이의 유산균

[표 260] Elanco Animal Health의 주요 제품 제공 현황

마) Ceva Santé Animale (프랑스)

[그림 393] Ceva Santé Animale

세바 상떼 아니멀(Ceva Santé Animale)는 프랑스 리부른에 본사를 둔 다국적 회사로 1999
년에 설립되었다. 세바는 백신, 항생제, 항감염제, 대사 촉진제, 생식 및 관련 치료제를 개발
및 제조하는 수의학 제약 기업이다. Ceva Santé Animale는 수의용 의약품을 제공하고 있으
며 가금류 백신 접종 분야를 선도하고 있으며, 주로 반려동물, 가금류, 반추동물, 돼지를 위한
의약품과 제품을 제공하고 있다. 세바는 2000년 이후 매년 평균 12%의 성장률을 기록할 정
도로 날로 발전하면서 어느 틈엔가 전세계 5위 대열에 합류하였다.

제품명	특징
세박 에스 갈리나룸	가금티푸스 백신
비고진	대사촉진제
써코백	돼지의 써코바이러스 백신
하이오젠	돼지 마이코플라즈마에 의한 유행성 폐렴 예방 백신
코글라픽스	돼지 흉막 폐렴의 예방 백신

[표 261] Ceva Santé Animale의 주요 제품 제공 현황

바) IDEXX Laboratories (미국)[287]

[그림 394] IDEXX Laboratories

아이덱스 래버러토리즈(IDEXX Laboratories)는 동물 진단분야에서 세계 1위의 기업으로 동물 진단 시장을 위한 진단 및 정보 기술 기반의 제품과 서비스를 제공하는 기업으로, 주로 가축 및 가금류 진단 사업부에서 소, 양, 염소, 돼지 및 가금류에 대한 진단 제품을 제공하고 있다. 특히, IDEXX Laboratories는 우유 품질 및 안전성(유제품) 제품과 휴먼 포인트 케어 의료 진단 시장(OPTI Medical) 제품을 제공하고 있다.

IDEXX Laboratories는 반려동물 그룹(CAG), 가축, 가금류 및 유제품(LPD), 수질 제품(물), 기타 사업 부문 등 네 가지 사업 부문을 통해 운영되고 있다. IDEXX Laboratories는 반려동물 그룹(CAG) 부문을 통해 화학, 혈액학, 면역검사, 소변 분석기, 응고 분석기 등 사내 임상 진단 솔루션과 수의사들을 위한 클라우드 기반 통합 진단 정보 관리 플랫폼을 제공하고 있다. 또한, 레퍼런스 실험실 진단 및 컨설팅 서비스를 제공하고 있다.[288]

---

287) 동물 진단 시장/연구개발특구진흥재단
288) 반려동물 진단 시장/글로벌 시장동향보고서

카테고리	하위카테고리	제품
In-house Analyzers	Chemistry Analyzers	• Catalyst One • Catalyst Dx • VetTest
	Hematology Analyzers	• ProCyte Dx • LaserCyte Dx
	Urinalysis Analyzers	• SediVue Dx • IDEXX VetLab UA Analyzer
	Additional Analyzers	• SNAP Pro Analyser • Coag Dx Analyzer • VetStat Electrolyte Blood Gas Analyzer • SNAPshot Dx Analyzer
SNAP Test	Pancreatic Tests	• SNAP cPL • SNAP fPL
	Infectious Diseases	• SNAP 4Dx Plus • SNAP Feline Triple • SNAP Heartworm RT • SNAP FIV/FeLV Combo • SNAP Lepto
	Cardiac Tests	• SNAP Feline proBNP
	Fecal Tests	• SNAP Giardia • SNAP Parvo
	Equine Tests	• SNAP Foal IgG Test • SNAP Total T4

[표 262] IDEXX Laboratories의 주요 제품 제공 현황

사) Qiagen N.V. (네덜란드)[289]

[그림 395] Qiagen N.V.

퀴아젠(Qiagen N.V.)는 분석 장비, 소모품 및 검출 기술을 제조 및 판매하는 기업으로, 분자 진단 실험실, 수의학 실험실, 식품 안전 센터, 법의학 연구소, 다양한 정부 및 개인 실험실, 학술 및 연구기관에 서비스를 제공하고 있다.

Qiagen N.V는 특히, 진단 키트, PCR 증폭 키트 및 사람과 동물을 위한 DNA 시퀀싱 키트를 포함하여 500종 이상의 소모품과, 핵산 샘플 준비, 분석 설정, 표적 탐지 및 게놈 정보 해석과 같은 여러 실험실 프로세스를 수행하는 완전 자동화된 기기를 제공하고 있다.

일자	분야	제품
2016.11	Microbiome Profiling	A metagenomics analysis plugin for the QIAGEN Microbial Genomics Pro Suite and CLC Genomics Workbench
2014.12	Virus Testing	Ready-to-use virotype Influenza A RT-PCR Kit

[표 263] Qiagen N.V.의 주요 제품 출시 현황

---

289) 동물 진단 시장/연구개발특구진흥재단

아) Thermo Fisher Scientific (미국)[290]

ThermoFisher
S C I E N T I F I C

[그림 396] Thermo Fisher Scientific

써모피셔사이언티픽(Thermo Fisher Scientific, Inc.)는 분석 장비, 세포 분석 장비, 시약 및 유전자 분석 소프트웨어를 개발 및 제조하는 기업으로, 인간 및 동물 응용 분야를 위한 진단 테스트 키트, 시약, 배양 배지 및 기기 등을 제공하고 있다.

써모피셔사이언티픽은 국내 물류서비스 통합 운영을 위해 인천 영종도에 물류센터를 신규 오픈했다. 전용 면적 약 3천 평으로 기존 장지 물류센터 대비 3배가량 넓어진 규모의 영종 물류센터는 국내 고객을 위한 물류 허브로 삼기 위해 마련됐다.

써모피셔사이언티픽은 새 물류센터 통해 생명과학을 비롯한 분석 장비, 진단 및 의약품 개발, 실험실 장비에 이르는 다양한 포트폴리오 제품을 보다 안정적으로 공급할 수 있게 됐다. 또 장지 물류센터를 비롯해 전국 소규모 물류센터를 영종 물류센터 한 곳으로 통합시켜 물류 운영을 관리하게 된다.

일자	분야	제품
2015.06	ELISA Test	BOVIGAM TB Kit
2014.01	Microbial Detection and Identification Kit	VetMAX-Gold Trich Detection Kit

[표 264] Thermo Fisher Scientific의 주요 제품 출시 현황

---

290) 동물 진단 시장/연구개발특구진흥재단

자) Neogen Corporation (미국)[291]

[그림 397] Neogen Corporation

네오젠(Neogen Corporation)은 식품 및 동물 안전 관련 제품을 개발, 제조 및 판매하는 기업으로, 식품 안전 부문에서 식품 생산자와 식품 가공업자를 위한 진단 키트와 보완 제품을 제공하여 식품 및 동물 사료에서 식품 매개 병원균, 부패 유기체, 식품 알레르기 유발 물질, 천연 독성 물질, 의약품 및 기생체 또는 살충제 잔류물과 같은 의도하지 않은 유해 물질을 탐지할 수 있도록 한다.

네오젠은 동물 안전 부문에서 의약품, 설치류, 생물학, 소독제, 백신, 수의학, 진단 제품 및 유전자 테스트 서비스의 개발, 제조 및 마케팅에 참여하고 있다.

일자	분야	제품
2015.08	Genomic Test	The Igenity-Elite dairy genomic test
2015.11	ELISA Test	ELISA test for dermorphin, equine-specific diagnostics product
2015.11	Genomic Profiler	GGP Bovine LD v4, a low-density genomic profiler
2016.06	Test of Dairy Cattle	MAP test, a test for the detection of Mycobacterium avium ssp. paratuberculosis (MAP), causing Johne's disease (a.k.a.,paratuberculosis) in dairy cattle
2016.10	Genomic Profiling Test	The GeneSeek Genomic Profiler Ultra-Low Density (GGP uLD)
2017.02	DNA Test	a GeneSeek Genomic Profiler Bovine 50K (GGP 50K)
2017.02	DNA Test	Igenity Brangus Profiler
2017.11	Genomic Profiler	Angus GS

[표 265] Neogen Corporation의 주요 제품 출시 현황

---

291) 동물 진단 시장/연구개발특구진흥재단

차) Heska Corporation (미국)[292]

[그림 398] Heska Corporation

헤스카(Heska Corporation)은 동물 진단 관련 제품을 개발, 제조, 판매 및 판매하는 기업으로, Core Companion Animal Health(CCA) 부문에서 혈액 검사 기기와 소모품, 디지털 영상 제품, 소프트웨어 및 서비스, 심장병 진단 테스트, 심장사상충 예방 제품, 알레르기 면역 치료 제품, 카누와 파이프라인을 위한 알레르기 테스트와 같은 단일 사용 제품 및 서비스를 제공하고 있다.

헤스카은 기타 백신, 제약 및 제품 부문(OVP)에서 소와 작은 포유류를 포함한 다른 동물들을 대상으로 한 개인 레이블 백신과 의약품을 제공하고 있다.

카테고리	제품
Chemistry Analyzers	- Element DC - DRI-CHEM 4000 - DRI-CHEM 7000
Hematology Analyzers	- HemaTrue - Element HT5
Blood Gas-Electrolyte Analyzer	- Element POC
Immunodiagnostic Analyzer	- Element i
Specialty/Integrated Analyzer	- Element COAG
Lateral Flow Immunoassay Heartworm Tests	- Solo Step CH Cassettes - Solo Step FH Cassettes - Solo Step CH Batch Strips

[표 266] Heska Corporation의 주요 제품 제공 현황

---

292) 동물 진단 시장/연구개발특구진흥재단

카) Cargill Inc (미국)293)

[그림 399] Cargill

카길(Cargill)은 식품 및 농업 산업뿐만 아니라 금융 및 일반 산업 제품 및 서비스의 여러 측면에 관여하는 글로벌 기업으로 확립된 브랜드를 통해 신뢰할 수 있는 고품질의 제품을 제공하고 있다.

현재 카길은 동물용 성장 촉진제 및 증강제 시장에서 동물 생산자, 사료 제조 업체 및 소매 업체에 혁신적인 솔루션을 제공하고 있다.

구분	제품	
돼지 (사료 첨가제)	• Cinergy • Cinergy FIT • Prohacid • Enzae • CinergyFIT 3S	• Cinergy Life B3 • ProHacid Classic & ProHacid • Proviox • Nectarom
사료 첨가제	• Valido • Intella	• Cinergy • Proviox
가금류 (맞춤식 사료 솔루션)	• Biacid • Provimax • Proviox	• Enzae • Intella FIT • Intella FIT Plus

반추 동물	• NutriTek
	• I.C.E
	• Proviox
		• Diamond V Original products
		  - Original XPC
		  - XPC Green
		  - XPC LS

양식업	• Proviox	

[표 267] Cargill Inc의 제품 현황

---

293) 동물용 성장 촉진제 및 증강제 시장/연구개발특구진흥재단

카길은 동물 영양소로는 가금류, 돼지, 소고기 및 유제품 브랜드 홍보를 통해 사료첨가물을 제공하고 있으며, 프로바이오틱스, 효소, 항생제 및 마이코톡신 해독제 등의 제품을 제공하고 있다.[294]

제품	가축	종류
Notox	돼지, 가금류, 반추동물, 수산 양식	마이코톡신 해독제
Valido	반추동물	
Intella FIT	가금류	
Intella FIT Plus	가금류	
CinergyFIT 3S	돼지	프로바이오틱스
Cinergy Life B3		
Cinergy IGP 5/10	가금류, 돼지, 반추동물	
Proviox	돼지, 가금류, 반추동물, 수산양식	산화방지제
Enzae	가금류	효소
Nectarom	돼지	향료&감미료
ProHacid	돼지	산성화제
Provimax	가금류	
Amaferm	반추동물	프로바이오틱스
AOX	가금류, 돼지, 반추동물	식물성 사료첨가물
Trasic SeY	가금류, 돼지, 반추동물	미네랄
Defusion 501	가금류, 돼지, 반추동물	보존료
Defusion Prime	돼지	
Defusion Plus	돼지	
Defusion VAC-60	반추동물	
Valido Choline RP	젖소	비타민

[표 268] Cargill의 주요 제품 제공 현황

294) 사료첨가물 시장/연구개발특구진흥재단

타) Royal DSM N.V. (네덜란드)[295]

[그림 400] Royal DSM N.V.

　로열 DSM NV(Royal DSM N.V.)는 인간 영양, 동물 영양, 퍼스널 케어, 아로마, 의료기기, 친환경 제품 및 애플리케이션, 이동성 및 연결성을 위한 솔루션을 제공한다. 현재 Royal DSM N.V.는 반추 동물, 수생 동물 및 돼지를 포함한 다양한 동물 유형을 대상으로 하는 제품을 제공하고 있으며, 경쟁 기업에 비해 양식업을 위한 강력한 제품 포트폴리오를 보유하고 있다.

구분	제품	
양식업	• RONOZYME WX • ROVIMAX NX • Optimum Vitamin Nutrition (OVN) • RONOZYME Phytases • DHAgold	• ROVIMIX STAY-C 35 • ROVIMAX NX • ROVIMIX E50 • CAROPHYLL Pink • Vitamin C
가금류	• CRINA Poultry Plus • RONOZYME • CYLACTIN • Hy-D • RONOZYME ProAct • RONOZYME NP	• RONOZYME HiPhos • MaxiChick • Optimum Vitamin Nutrition (OVN) • CAROPHYLL red • CAROPHYLL yellow • Balancius
반추동물	• ROVIMIX Biotin • Optimum Vitamin Nutrition (OVN) • ROVIMIX ß-Carotene • CYLACTIN	• CRINA Ruminants • RONOZYME RumiStar • ROVIMIX Biotin • CRINA Ruminants
돼지	• Hy-D • PureGro • RONOZYME HiPhos • RONOZYME WX • CRINA Piglets	• CRINA Finishing Pigs and Sows • CYLACTIN • Optimum Vitamin Nutrition (OVN) • ROVIMIX E50 • VevoVitall

[표 269] Royal DSM N.V.의 제품 현황

---

295) 동물용 성장 촉진제 및 증강제 시장/연구개발특구진흥재단

파) ADM (미국)[296]

[그림 401] ADM

아처 대니얼스 미들랜드(ADM, Archer Daniels Midland Company)은 식음료 성분, 사료 성분, 산업 성분 및 바이오 연료를 생산하는 기업으로, 자회사인 ADM Animal Nutrition, Inc.(미국)를 통해 사료첨가물 제품을 제공하고 있다. 특히, 동물 건강을 위한 특수 성분, 프리믹스&블렌딩 및 사료 제품을 제공하고 있다.

제품	가축	종류
L-Lysine	돼지, 가금류, 반추동물, 펫 다이어트	아미노산
L-Threonine		
Tryptophan		
Isoleucine		
Valine		
Emprical	가금류, 돼지	효소
Biuret	반추동물	비단백질 질소
DHA Natur	-	산성화제
Nova E	-	비타민
Citric acids	-	산성화제
Enertia	-	
Anco FIT and Anco FIT Poultry	가금류	프로바이오틱스

[표 270] ADM의 주요 제품 제공 현황

---

296) 사료첨가물 시장/연구개발특구진흥재단

하) BASF (독일)[297]

[그림 402] BASF

바스프(BASF)는 화학 제품 제조업체로, 화학 제품, 성능 제품, 기능성 소재&솔루션, 농업 솔루션, 석유&가스 등의 시장 부문에서 사업을 운영하고 있다. BASF는 식품 및 사료 성분의 주요 공급 업체 중 하나이며 영양 및 건강 관리 제품 사업 부문을 통해 비타민, 카로티노이드, 미네랄 및 효소 등을 제공하고 있다.

제품	가축	종류
Natugrain	돼지, 가금류	효소
Natuphos		
Natuphos E		
Copper-Glycinate	돼지, 가금류	글리시네이트
Iron-Glycinate		
Manganese-Glycinate		
Zinc-Glycinate		
Lucantin Pink	어류	카로티노이드
Lucantin CX 10% NXT	가금류	
Lucantin Red	가금류	
Lucantin Yellow	가금류	
Lucarotin	돼지, 가금류, 반추동물	
Amasil	돼지, 가금류	산성화제
Lupro-Cid	돼지, 가금류	
Lupro-Grain	돼지, 가금류, 반추동물, 수산 양식	
Lupro-Mix	돼지	
Luprosil	돼지, 가금류	

[표 271] BASF의 주요 제품 제공 현황

---

297) 사료첨가물 시장/연구개발특구진흥재단

제품	가축	종류
Lutavit A NXT	돼지, 가금류	비타민
Lutavit B2 SG 80		
Lutavit E		
Lutavit A Calpan 98%		
Vitamin A Palmitate		
Vitamin A Propionate		
Vitamin E-Acetate		
Novasil Plus	돼지, 가금류	클레이 제품 (마이코톡신 해독제)
Novasilect AF		
Lutalin	돼지, 반추동물	공액리놀레산
Lutrell		

[표 272] BASF의 주요 제품 제공 현황

거) Adisseo (프랑스)[298]

[그림 403] Adisseo

아디세오(Adisseo)는 동물 영양을 위한 영양 첨가물 제조 관련 기업으로, 효소, 메티오닌, 유기셀레늄 소스, 비타민, 프로바이오틱스 첨가물과 같은 다양한 첨가물 제품을 제공하고 있다.

제품	종류
Rhodimet AT88	아미노산
MetaSmart	
Smartamine	
Rhodimet NP99	
Rovabio excel	효소
Rovabio Advance	
Rovabio Advance PHY	
Alterion	프로바이오틱스
Selisseo	미네랄
AdiSodium	
Microvit	비타민
Nutri-Meth 50C	
Nutri-Chol 25C	
Nutri-PP 50C	
Nutri-B Complex 25C	
TOXY-NIL	마이코톡신 해독제
UNIKE PLUS	
MOLD-NIL	

[표 273] Adisseo의 주요 제품 제공 현황

---

298) 사료첨가물 시장/연구개발특구진흥재단

제품	종류
APEX	식물성 사료첨가물
SANACORE	항생제
ADIMIX	프로바이오틱스
ULTRACID	산성화제
OPTISWEET	향료&감미료
KRAVE	
MAXAROME	
Nutri-Ferm	프로바이오틱스
Nutri-Ferm Prime	
Nutri-Pass	보존료
Nutri-MFM	
NUTRI-MIX	
OXY-NIL	산화방지제
EVACIDE	산성화제
BACTI-NIL	
SALMO-NIL	
NUTRI-BIND	카로티노이드
NUTRI-GOLD	

[표 274] Adisseo의 주요 제품 제공 현황

2) 국내 기업
가) 중앙백신[299]

[그림 404] 중앙백신

　중앙백신(중앙백신연구소)는 1968년 12월 중앙가축전염병연구소로 설립된 후, 1994년 10월 법인전환 한 동물용 생물학적제제 전문기업이다. 중앙백신은 동물약품 단일사업을 영위하고 있으며, 동물질병 예방을 목적으로 하는 동물용 백신의 제조 및 판매와 사료첨가제, 구충제, 소독제 등의 상품판매, 생물학적제제의 연구 및 질병 검사 등의 용역을 통해 매출을 시현하고 있다.

　중앙백신은 다국적기업과 치열한 경쟁을 벌이며, 주력 축종인 돼지 관련 백신의 매출을 극대화하고, 닭 백신의 신제품 출시 및 기존제품 성능을 개선하여 매출 증대에 노력하고 있다. 이를 통해 외국계 기업이 선점하고 있는 제품군에 대한 점유를 점차 확대해 나가려 하고 있다. 중앙백신의 동물용백신 개발은 20명 내외의 전문가 그룹 주도하에 연구개발이 진행되고 있다. 중앙백신은 다양한 동물백신 개발을 위한 플랫폼을 직접 연구·개발하였고, 이를 기반으로 다양한 가축에 대한 백신을 개발하였다. 이러한 연구개발을 통해 획득한 기술은 국내외 주요 국가에 특허권을 등록함으로써 기술장벽을 구축하고 있다. 중앙백신은 현재 31건의 특허권을 가지고 있으며, 27건의 상표권을 보유하고 있다.

특허명	특허 번호
돼지 설사병 백신용 섬모 및 독소를 대량 생산하는 형질전환 대장균 및 이에 의해 생산되는 섬모 및 독소를 항원으로 포함하는 돼지 설사병 예방용 백신 조성물	10-1842130
무혈청배지 부유배양에 적용된 광견병 바이러스 생산 세포주	10-2011632
신규 약독화 PEDV 균주 및 이를 포함하는 백신	10-2049147
신규한 약독화 PRRS 바이러스 균주 및 이를 포함하는 백신 조성물	10-1885375
돼지 써코바이러스 관련 질환을 예방하기 위한 PCV-2의 전체 바이러스를 포함하는 혼합백신	10-1484469
돼지 인플루엔자 예방을 위한 세포 기원 불활화 백신 및 그의 제조방법	10-1093510

외 등록 특허권 28건 및 등록 상표 25건 보유

[그림 405] 중앙백신의 지식재산권 현황

　중앙백신은 꾸준한 연구개발을 통하여 다양한 신제품을 지속적으로 시장에 선보이고 있다. 최근 주요 연구개발 실적을 살펴보면, 돼지 생식기·호흡기 증후군 바이러스 불활화백신(국내 최초), 국내 최초 고양이 3종 혼합백신, 국내 최초 저병원 조류 인플루엔자 사독백신, 돼지 써코바이러스 백신(기술 특허등록), 우결핵 항체 다이렉트 엘라이자(진단용키트), 어류용 연쇄상

---

299) 중앙백신(072020)/한국IR협의회

구균 백신, 조류백신용 백신보조제(Adjuvant) 등을 개발 보고하였다.

 이 가운데 기술특허로 등록된 돼지 써코바이러스 백신은 다국적 기업인 베링거의 써코바이러스 백신에 비하여 우수한 효과를 입증하였으며, 가격 경쟁력 면에서 좋은 평가를 받았다. 또한, 중앙백신은 국내 자체 기술개발을 통해 안정성이 증대된 'Water-in-Oil(W/O)' 타입의 백신보조제(Adjuvant)를 개발하였다. 새로이 개발된 백신보조제는 다양한 오일과 계면활성제 가운데 최적의 구성성분과 조성비를 발굴하였고, 수상인 항원과 에멀전 조건을 확립하였다. 특히 해당 백신보조제는 국내 독자 기술로 개발완료한 것에 의미가 있으며, 기존의 W/O 타입 백신보조제에 비해 점성은 낮고 안정성은 높은 특징이 있다.

 중앙백신은 제품 제작을 통해 최종 안정성(stability) 및 효능성(efficacy), 안전성(safety)을 모두 확인했고, 동물용 백신 산업에 유화기술로써 적용할 수 있으며, 특히 가금 불활화 혼합 백신에 적용이 가능하다고 보고하였다. 중앙백신은 외산 백신보조제의 점유율이 높은 국내 실정 감안 시 상당한 수준의 수입대체효과가 기대된다.

 연구개발과 더불어 기업의 기술력을 평가할 수 있는 주요요소는 제품의 품질관리(QC; Quality control)가 얼마만큼 잘 유지되고 있는지 확인하는 것이다. 중앙백신은 실제 2015년에 품질관리의 문제로 대규모 제품 폐기 사태를 겪은 바 있다. 현재는 기존 설비 보완을 통하여 폐기율을 급격히 줄였지만 근본적인 해결을 위하여 지속적인 품질관리(제품 생산을 위한 가동라인의 자동화, 신규시설의 국제규격화 등)에 투자를 아끼지 않고 있다. 해외 기업들의 GMP 평가 기준이 강화되면서 중앙백신도 이에 맞추어 신규설비 등에 모두 엄격한 규정을 정하여 지켜가고 있다. 2018년 완공된 논산 공장은 GMP시설을 완벽히 구축하였고, 한층 강화된 품질관리 규정을 보완 및 제정하여 각종 기준서, 방법서, 표시서 등을 정비하고 철저한 QC 과정을 통하여 품질을 보증할 수 있는 체계를 적용하고 있다. 이외 이미 구축된 시설들도 지속적인 품질관리를 위하여 설비 및 시설 강화를 계속해서 해나가고 있다.

 중앙백신은 현재 142건의 백신제조 허가를 취득하였으며, 83건의 백신을 생산 중에 있다. 중앙백신은 가축의 각 적응증에 맞게 개발한 다양한 백신을 판매 중에 있으며, 주요 파이프라인은 다음과 같다.

제품명	목적질병	특징
PED-X	• 돼지 유행성 설사병	• 모돈 및 후보돈에 접종 • 최신 야외 분리주를 이용한 고역가 사독 백신 • 설사 감소, 이유자돈수 정상화, 이유체중 정상화 등 • 연매출 40억 원
QX Flu-5	• 뉴캐슬병 • 전염성 기관지염 • 산란저하증 • 저병원성인플루엔자	• 산란계, 종계, 토종닭에 접종 • 4종의 질병을 예방하는 불활화 백신 • 8~12주령 1차 접종 후 14~18주령 보강접종 • 연매출 12억 원
K-5	• 개디스템퍼 • 전염성간염 (아데노 바이러스 2형) • 파보바이러스 • 파라인플루엔자	• 파보백신 개발자 Dr 카마이클 박사 오리지널 항원 • 애견용 종합백신 • 1차(6~7주령), 2차(8~9주령), 3차(11~14주령) 접종 후 매년 1회 보강접종
ROCO	• 로타바이러스 • 감염증 • 코로나바이러스 • 감염증	• 송아지 설사를 일으키는 로타, 코로나 바이러스 예방 • 넓은 범위의 면역력 형성, 주사, 경구투여 모두 가능 • 임신우 분만 6주전 1차, 분만 4주전 2차 접종 • 신생 송아지 초유 섭취전에 접종

[표 275] 중앙백신 주요 파이프 라인

동물용백신제조 기술은 백신 제조에 있어 백신접종 종(species), 투여경로, 면역유지기간, 면역유도경로, 백신 항원의 종류, 백신보조제의 사용 등에 따라 효능과 부작용에 직접적인 영향을 미치게 된다. 중앙백신의 기술력은 그동안 축적된 기술을 바탕으로 각각의 축종에 최적화된 백신을 개발 시장에 출시하고 있다. 중앙백신은 박테리아, 이스트, 곤충, 포유류 및 바이러스 기반의 벡터 시스템을 갖추고 있으며 지속적인 품질개량 및 신기술 개발을 계획하고 있다. 이를 통하여 산업동물 바이러스성 백신, 형질전환 미세조류를 위한 재조합백신 대량생산기술, 재조합백신 제품화, 바이러스 증식 및 전파 억제물질의 제품화에 대한 노력을 계속하고 있다. 또한 농림식품기술기획 평가원에서 주관한 아프리카돼지열병(african swine fever; ASF)백신 개발을 위한 국제 공동연구에 주관연구기관으로 2019년 08월에 선정되었으며, 국립수의과학검역본부, 서울대학교, 경북대학교, 충남대학교, 한국생명공학연구원, 동남아에 있는 대학교와 같이 연구를 진행하고 있다.

나) 이글벳300)

[그림 406] 이글벳

이글벳은 1970년 이글케미칼공업사로 설립 후 동물의약품 제조, 판매 등을 영위하여 2000년 11월 코스닥에 상장되었다. 주요 사업은 양돈, 양계, 축우, 반려동물 등을 위한 동물의약품 사업이다.

이글벳은 동물의약품 순수 제조, 판매만을 영위하다 1980년 초반부터 외국의 유명제품을 수입, 판매하기 시작했다. 이후 성숙기에 접어든 국내 동물의약품 시장을 벗어나 해외로 뻗어나가기 위해 1990년 호주와 동남아 일대에 수출을 시작, 사우디아라비아, 터키, 요르단, 나이지리아, 케냐, 에티오피아, 베트남, 파키스탄, 아프리카 등 해외 20여 개국에 관련 제품들을 유통, 판매하고 있다.

특히, 케냐, 우간다, 르완다 등 경제적·사회적 환경이 빠르게 성장하고 있는 아프리카 시장 맞춤형 제품을 개발하여 제공하고 있으며, 2004년 100만 불 수출의 탑, 2009년 300만 불 수출의 탑에 이어 2017년 12월 500만 불 수출의 탑을 수상하는 등 매년 300만 불 이상의 실적을 유지하고 있다.

이글벳은 약 51년간 각종 치료제, 영양제, 소독제 등 동물의약품을 제조해왔으며, 양돈, 양계, 축우, 양어 등 축산 부문 그리고 반려동물에 걸친 포트폴리오를 구축하였다. 시장에서 인정받은 기존 제품과 함께 진보된 성능을 갖춘 신규 제품을 출시하고 있으며, 대표적인 제품으로는 이글 롱피에스 주가 있다. 이글 롱피에스 주는 지속성 광범위 항생 주사제로 모돈과 자돈에 문제를 일으키는 질병 예방 및 치료 효과가 있으며, 특히 각종 화농성 질환에 가장 많이 사용된다. 1회 주사로 3일간 효과가 있으며, 2종의 페니실린과 스트렙토마이신의 복합처방이 가능하여 광범위한 항균 스펙트럼 및 강력한 상승효과를 지니는 등의 특징이 있다.

이글벳은 꾸준한 품질관리를 기반으로 첨가제, 수용산제, 주사제, 액제까지 모든 제형의 제품을 제조하고 있으며, 그 중 주사제와 액제 그리고 첨가제는 KVGMP(Good Manufacturing Practice for Veterinary Pharmaceutical in Korea, 품질 우수 관리업체)인증서를 기반으로 생산, 관리하는 등의 노력으로 2018년 12월 검역본부장상인 품질관리 자율점검 우수상 수상 이력을 보유하고 있다.

---

300) 이글벳(044960)/한국IR협의회

이와 함께 최첨단 자동화 설비를 구축하는 등 2년여간 EU GMP(Good Manufacturing Practice, 우수 의약품 제조· 관리 기준) 승인을 획득하기 위해 노력해온 결과 2017년 11월 국내 동물 약품 업계 최초로 무균주사제 생산시설에 대한 EU GMP 인증을 획득했다. EU GMP는 제조공장의 구조·설비를 비롯해 원료의 구매부터 제조, 품질관리·보증, 포장, 출하에 이르기까지 생산공정 전반에 걸쳐 요구되는 기본 규정으로, 독일 식약청에서 전문가들의 실사를 통해 글로벌 시설 및 품질관리 역량을 검증했다는 인증이다. 해당 공장은 주사제 랍스(RABS; Restricted Access Barrier System, 최첨단 오염방지시스템)시스템, 수용성 산제 제조를 위한 Bin Blender 등 고가의 전문 장비와 교차 오염을 방지할 수 있는 자동 바이알 세척기, 터널 멸균기 등을 기반으로 생산성과 효율성을 극대화한 공장이다. 이로써 이글벳은 안정적인 동물 약품 생산이 가능해졌으며, 해당 승인으로 유럽 제약사로부터 수탁 생산을 통한 매출성장이 가능해질 것으로 전망된다.

이글벳은 2010년 1월부터 한국산업기술진흥협회에서 인증받은 기업부설연구소((주)이-글벳 R&D CENTER)를 공장에 설치, 운영하고 서울사무소에 별도의 학술기획팀을 두어 꾸준한 투자 및 연구지원에 주력하고 있다. 송아지와 자돈(새끼돼지)의 콕시듐증(조류 및 포유동물의 원충성 질병으로 설사와 장염, 혈변을 특징으로 하는 원충에 의한 기생충성 질병) 치료 및 예방제인 이글콕시졸, 송아지의 장기능을 개선해주는 닥터이레아, 약액용기용 액체 이송장치인 스피드트랜스 등 다수의 특허를 기반으로 제품을 생산하고 있다.

특허명	특허 번호
병원성 세균에 의한 질병의 예방 및 치료용 수의학적 조성물	10-2199185
백신 접종 동물의 스트레스 완화용 수의학적 조성물	10-2177631
발효공법을 이용한 아로니아 함유 기능성 복합 사료첨가제의 제조방법	10-1936620
열 안정성이 강화된 효모를 이용한 정장효능이 있는 동물 경구 투여용 의약품 주입제 조성물 및 그 제조방법	10-1893736
열 안정성이 강화된 효모를 이용한 정장효능이 있는 산제 동물용 의약품 조성물 및 그 제조방법	10-1893735
액상배양액의 제조방법	10-1952758
상심자 추출박을 이용한 면역증강용 사료첨가제	10-1907135
은행잎 추출박과 마늘 발효물을 포함하는 사료첨가제의 제조방법	10-1833823
케토코나졸 정제의 제조방법	10-1665970
생균수가 증가된 배지조성에 의한 발효사료의 제조방법 및 그 발효사료	10-1705320
약액용기용 액체 이송장치	10-1197494
콕시듐 치료 및 예방을 위한 조성물의 제조방법	10-1242535
송아지의 장기능 개선용 조성물 및 이의 제조방법	10-1185738

[표 276] 이글벳 보유 특허

또한, 양돈의 장기능 개선 및 면역력 향상, 육계의 출하일령 단축, 육질 개선 그리고 산란계 계란 품질의 향상, 산란율 증가 등 양돈, 육계, 산란계의 생산성 개선을 위한 '숙성마늘 발효제를 이용한 생산성 개선'과제에 참여한 실적을 보유했다. 또한, 국내 및 해외 시장의 동물용 개량신약 개발을 통한 제품 경쟁력 확보를 위한'동물용 항생제 개량신약 개발'과제에 참여할 계획을 보유하는 등 지속적인 연구개발로 신규 성장원동력을 확보하기 위해 노력하고 있다.

다) 옵티팜[301]

[그림 407] 옵티팜

옵티팜은 의료용품 및 기타 의약 관련 제품 제조업을 목적으로 2000년 7월 아비코아생명공학연구소로 설립되었으며, 2006년 9월 동물병원 허가 및 2006년 11월 농림축산식품부로부터 가축병성감정기관으로 지정되어 동물 질병 진단 분야에 진출하였다.

옵티팜은 올해 1분기 매출액 39억원, 영업손실 13억원, 당기순손실 9억원을 기록했다. 전년 동기 대비 매출액은 11.43% 증가하고 영업손익과 당기순손익은 각각 적자지속했다. 옵티팜 측은 전사 매출액 성장이 지속됐으며 1분기 매출액으로는 최고 실적을 달성했다고 전했다.

옵티팜은 2006년 11월 가축병성감정기관으로 지정된 이후 현재까지 동물 질병 진단을 수행하고 있으며, 기술 중심의 용역서비스 특성상 가장 중요한 기술과 경험이 풍부한 인적 자원을 확보하고 있다. 또한, 기관 최초로 웹 기반의 병성감정 시스템을 도입하여 71,000여 건의 누적 데이터를 확보해 효율적인 고객관리가 가능하고, 자체 진단제품 개발을 통해 독자적인 진단 및 검사 시스템을 구축하고 있다.

동물 약품 부문 관련해서는 동물 약품 공급업체 중 유일하게 약품의 효능검정, 동물실험, 질병진단, 연구기관이 있는 업체이며, 목적 동물에 대한 동물 약품의 효능검사, 함량검사, 항생제 내성검사 등의 확보된 데이터를 통하여 효능이 입증된 동물 약품을 공급할 수 있어 일반적인 동물 약품을 공급하는 업체와 차별성을 보인다.

세균을 숙주로 삼아 오직 세균만을 제거하기 때문에 동물 세포와 유익균에 영향을 미치지 않고 유해균만을 제거할 수 있는 특징이 있는 박테리오파지 관련해서는 살모넬라균, 병원성 대장균, 포도상구균 등 다양한 동물 질병 균에 특이적인 사멸능을 갖는 박테리오파지를 다수 개발하여 보유하고 있으며, 대상에 따라 다양한 형태로 제품화가 가능한 것은 물론 목표 적응증에 대한 적합한 제형 개발기술을 보유하고 있다. 메디피그 및 이종장기 관련해서 미국의 싱클레어연구센터로부터 미니돼지를 도입한 이후 국내 유일의 유전적으로 고정된 미니피그를 보유하고 있으며, 이의 생산 및 관리를 위한 기술을 보유하고 있다.

---

301) 옵티팜(153710)/한국IR협의회

또한, 이종장기 관련 인간과의 유사성을 높이고 면역거부반응 등을 극복하기 위해 ZFN(Zinc Finger Nuclease), TALEN(Transcriptor Activator-Like Effector Nucleases), CRISPR(Clustered Regularly Interspaced Short Palindromic Repeats)/Cas(CRISPR-associated sequences)과 같은 유전자 편집기술, 상동 유전자 재조합 기술 등을 이용하여 형질전환동물을 생산하고 있다. VLP 백신 관련해서는 저렴하면서도 효능이 높은 백신 제품에 대한 연구개발에 주력하고 있다. 일반적으로 대장균, 배큘로바이러스, 효모를 이용한 발현시스템이 상용화되어 있는데 옵티팜은 배큘로바이러스-곤충세포 발현시스템을 2011년부터 자체 적용하여 대상선정에서부터 시드 확보까지 6개월 이내 백신 개발이 가능하도록 시스템을 구축해 생산성 향상 및 개발 기간을 단축함으로써 차별화를 도모하고 있다.

옵티팜은 질병의 예방, 진단, 치료의 관점에서 사업 부문별 제품, 상품, 용역 제공 등을 통해 매출을 시현 중이거나 연구개발을 지속 중에 있다. 먼저 동물 질병 진단 부문의 경우 동물의 질병 진단을 통한 재화와 용역 제공함으로써 매출을 시현 중으로 농림축산검역본부로부터 84개 질병, 212개 검사항목을 지정받아 동물 질병 진단 분야에서 선두 역할을 하고 있다. 또한, 동물 진단에 대한 노하우를 바탕으로 동물용 진단제품(swine oral fluid collection kit, Opti ASFV qPCR kit)에 대한 품목허가 및 사업화를 이루고 있다.

동물 약품 부문은 동물의 각종 질병의 예방, 진단, 치료를 위한 약품을 유통함으로써 매출을 시현 중으로 목적 동물에 대한 약품의 효능검사, 함량검사, 항생제 내성검사 등의 데이터를 통해 효능이 검증된 약품 300여 개 품목을 공급하고 있다. 박테리오파지 부문은 동물 질병 예방용 사료 첨가제인 옵티케어를 제조해 납품함으로써 매출을 시현 중이며, 프로브박의 성분 등록 및 관련 제품인 프로브박FD를 개발하였다. 377여 종의 박테리오파지 확보해 동물용 항생제 대체재, 인체 의약품, 식품 첨가제 등 다양한 범위의 활용을 위해 연구개발을 수행 중이다.

메디피그 부문은 실험동물용 미니돼지의 사육 및 판매, 동물실험대행, 사료를 유통함으로써 매출을 시현 중으로 Yucatan, Sinclair, Hanford 등의 미니피그를 보유하고 있으며, 체계적인 병원균제어시설(DPF, Designated Pathogen Free)이 갖춰진 실험동물시설을 확보하여 철저한 차단방역시설 안에서 국내에서 가장 위생도 높은 돼지를 생산하고 있다.

이종장기 부문은 장기이식을 위한 바이오 인공장기를 개발하는 것으로 연구개발단계에 있으며, 메디피그 부문에서 파생되는 사업 부문이다. 형질전환을 통해 확보된 메디피그를 이용해 각막, 피부, 신장, 간, 심장 등에 기초연구에서부터 비 임상 진행 등을 통해 사업성 등을 검토하였으며, 현재는 췌도에 선택과 집중을 통해 시제품 개발을 완료하고 국내외 이종장기 분야 최고 권위자들과 유효성 및 안전성 검증을 위해 영장류 이식을 추진하고 있다.

VLP 백신 부문 역시 연구개발단계에 있으며, 돼지 써코바이러스 2형, 구제역 바이러스 등에 대한 동물용 예방백신과 인유두종바이러스 등에 대한 인체용 예방백신을 개발 중이다.

라) 진바이오텍[302]

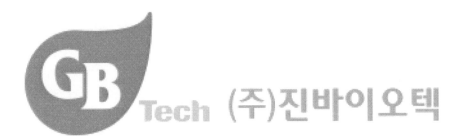

[그림 408] 진바이오텍

진바이오텍은 동물용 사료첨가제 제조 및 판매를 주된 목적으로 2000년 3월 설립되었으며, 2006년 4월 코스닥 시장에 상장하였다. 진바이오텍은 동물용 기능성 사료첨가제 개발 및 제조 전문업체로 다양하고 차별화된 핵심기술을 기반으로 친환경적 사료첨가제 및 동물약품을 개발하여 제조하고 있다.

진바이오텍은 2000년대 고체발효기술 노하우를 지속적으로 축적하여 사료 및 식품의 원료 시장을 기반으로 국내외 사업영역을 구축하는데 성공하였다. 2010년대에 들어 고체발효 기술을 적용한 천연생리활성 물질에 대한 연구를 지속하여 효소제, 발효어분 펩타이드, 종균, 항생제 대체 천연소재 등 고부가가치의 신제품을 개발하였으며, 해외 생산 거점을 중심으로 세계화 전략을 추진하고 있다.

더불어 동물용 의약품 관련 기술개발을 통하여 경구용 백신, 질병 억제제, 기능성 펩타이드 등 고부가가치 천연제제 분리동정 기술을 내재화할 예정이며, 식품뿐만 아니라 의약품 영역까지 사업의 다각화를 시도하고 있다.

진바이오텍은 설립 후, 기술 중심의 사업화를 위하여 자체적인 연구뿐만 아니라 다양한 과제를 통한 연구를 지속해오고 있다. 동사는 2000년 09월부터 기업부설연구소를 인증받아 운영하고 있으며, 박사 및 석사 인력 포함 전체 인력 대비 연구개발 인력이 약 30%에 이르는 연구개발 중심의 인력 구조를 보유하고 있다.

진바이오텍은 2001년부터 20건 이상의 과제를 다년간 수행해오고 있는 것으로 확인되며, 국내외 대학 연구진과 연구소, 기업과 함께 다양한 연구를 수행하였다. 특히, 2010년 이후, 제품의 대량생산 관련 연구와 함께 구제역, 조류독감(Avian Influenza, AI)과 같은 국가 통제 전염병의 예방 및 확산 방지를 위한 연구를 수행하는 등 동물용 치료제 개발에 앞장서고 있다.

---

302) 진바이오텍(086060)/한국IR협의회

제품명	특징
펩소이젠	순수 식물성 단백질 사료 첨가제
스피드킬	아프리카돼지열병 바이러스에 대한 소독제
비타민/미네랄 프리믹스	배합사료에 사용되는 미량 원료인 비타민과 미네랄을 사료에 첨가가 요이하도록 프리믹스 형태로 제공

표 277 진바이오텍 주요제품 제공 현황

진바이오텍의 주요 사업 분야는 크게 동물용 사료첨가제와 동물약품 제제로 구분할 수 있다. 동물용 사료첨가제는 기능성 펩타이드, 발효균주, 복합효소제로 구분되며, 주요제품은 가축의 소화흡수를 돕는 식물성 펩타이드 사료첨가제인 펩소이젠(PepSoyGen), 한국 전통 된장으로부터 분리한 특허균주인 황국균을 이용하여 고농축 고체 발효기법으로 생산한 생균제인 나투포멘(Naturfermen), 성장을 촉진하고 질병을 감소시키며 악취발생 원인 물질을 감소기키고 축사환경을 개선시키는 효과를 가진 친환경 복합 생균제인 락토케어(Lactocare) 등이 있다. 동물약품 제제는 항균/항생제, 항원충-구충제, 영양/면역촉진대사성제, 주사제, 생균/효소제, 소독제로 구분되며, 주요제품으로 아세트펜 30액, 슈퍼솔 등이 있다.

진바이오텍의 기술은 기존의 액상(액체상태)의 발효기술을 대체하는 고상(고체상태)의 발효기술이 핵심이다. 고체발효기술은 기존 액상발효기술에 비해 생산비용이 매우 낮고 생산수율이 훨씬 높아 대량생산이 가능하고, 그에 따라 조업률을 크게 높일 수 있는 장점이 있다. 또한 진바이오텍은 원료의 입고부터 배치, 멸균, 종균접종, 발효, 가공, 제품 출고에 이르는 모든 공정을 자동화하여 건강기능식품, 일반식품원료와 특수사료원료, 기능성 물질 등을 다양한 수요에 맞게 대량생산할 수 있는'고체발효시스템'도 완성하여 가동시키고 있다. 진바이오텍은 지속적인 연구개발을 통하여 동물용 사료 및 의약품 개발 및 제조에 적용할 수 있는 5가지의 핵심기술을 개발하였다.

① 기능성 펩타이드(Peptide) 대량 생산기술

진바이오텍은 아밀라제(Amylase) 생성능이 우수한 아스퍼질러스 오리재(Asperigillus oryzae) GB-107(KCTC 10258BP) 균주를 발효하여 동물용 사료로 많이 사용되는 대두박에 포함된 탄수화물을 미생물의 성장에 필요한 에너지원으로 이용하게 함으로써 대두박 속의 상대적 단백질 함량을 농축하고, 항영양인자인 올리고당, 트립신저해인자(Trypsin inhibitor)를 제거하는 생물학적 발효를 이용한 기능성 펩타이드 대량 생산기술을 개발하였다.

해당 기술을 활용하여 제조된 대두 펩타이드는 발효과정을 통해 고분자 단백질이 저분자 펩타이드로 변환된 것으로 동물의 체내 용해도가 매우 높고 가축이 소화 흡수하기에 용이하여 가축의 설사를 예방하고 성장을 촉진하는 뛰어난 효과를 지녔다

② 탄수화물의 젤라틴화(Gelatinization) 최적화 기술

동물용 사료는 주로 곡물을 사용하는데 최근 곡물의 재배환경 및 기후 온난화에 의한 식량 수급 불안정 등으로 곡물가의 상승이 이어지고 있으며, 생산성의 개선을 위한 보다 효율적 기능을 갖는 원료의 요구가 늘어나는 추세이다. 진바이오텍은 기존의 원료용 곡물을 대신하면서도 곡물의 특성에 맞춘 발효 조건을 최적화하여 가공함으로써 난소화성 탄수화물이 함유된 곡물의 탄수화물 간의 젤라틴화를 최적화하였다. 해당 기술은 사료로써의 가치가 현저히 낮은 곡물을 직접적으로 원료사료로 사용하거나 기존의 사료와 함께 배합하여 기능성 탄수화물로 사용할 수 있도록 하는 것으로 기술의 가치가 대단히 높다.

대표적으로 진바이오텍은 라이신(Lysine)의 함량이 높고, 면역증강물질인 베타글루칸(beta-glucan)의 함량이 높아 섭취 후, 스트레스, 설사 및 폐사를 예방해주는 효과가 있는 귀리의 난소화성 탄수화물을 분해하며, 젤라틴화를 최적화할 수 있는 공정을 적용하여 사료원료로 사용할 수 있도록 개발하였다

③ 생물정보학(Bioinformatics) 기술

생물정보학 기술은 생물체의 유전정보를 기반으로 응용하는 기술로 진바이오텍은 해당 기술을 활용하여 특정 대사효소를 대량 발현시키는 시스템을 개발하였으며, 극한환경에서 생존 가능한 미생물 발현 시스템을 개발하여 환경개선, 분뇨 및 폐수처리 등에 응용하고자 하는 노력을 기울이고 있다. 또한, 곰팡이 독소를 제어하는 효소에 대한 연구를 수행하는 등 다양한 분야에 해당 기술을 응용하고 있다. 세부적으로 균주 유전자 검색 기술, 유전자원 탐색 기술, 변형/개량 기술, 유전자 재조합 기술, 제제화 기술 및 분리 정제 기술 등 다양한 생물정보학 기술을 내재화하고 있다.

대표적으로 진바이오텍은 대장균 유래 파이타제1(phytase)를 코딩하는 핵산 서열을 효모 유래의 프로모터에 작동 가능하게 연결시켜 만든 재조합 발현 벡터를 대장균으로 형질전환 시키고 대장균을 배양하여 파이타제를 대량으로 생산하는 기술을 개발하였다

④ 의약품 재조합 항원 발현시스템

특이 질환의 면역성을 유발하는 유전자를 미생물 유전자에 재조합하여 해당 항원 단백질을 발현시키는 시스템으로 동물을 대상으로 주사용 백신 및 경구용 의약품 개발에 응용 가능한 기술이다. 진바이오텍은 가금티푸스를 유발하는 유전자(SSP1, SSP2)를 살모넬라 갈리나룸(Salmonella gallinarum)으로부터 선별하고, 이를 대장균 발현 시스템에 재조합하여 생합성된 유전자 재조합 단백질을 발현시키는 시스템을 개발하였다.

해당 시스템을 통하여 제조된 단백질을 산란계에 근육주사 또는 경구투여하여 가금티푸스에 대한 방어효과가 있음을 확인하였다

⑤ 약물전달시스템(Drug Delivery System, DDS) 기술

최근 축산농가에서 항생제의 내성에 대한 문제로 활용도가 낮아졌으며, 국가적으로 무항생제 축산물 인증제도를 도입함으로써 안전축산물 생산을 위한 생균제 시장이 확대되고 있다. 진바이오텍은 천연의약품의 전달 효율성을 개선하여 천연 유래 물질이면서도 약리 효능을 나타내

는 생균제를 개발하였다.

진바이오텍은 가금류의 질병(가금티푸스, 식중독, 조류 독감 등)에 대한 치료 효능을 가지는 락토바실러스 플랜타럼(Lactobacillus plantarum) No. 6-5 균주의 genomic DNA를 분리하여, 16S rRNA 유전자를 증폭하여, 염기서열을 분석하였다. 또한, 해당 서열을 가지는 생균이 병원성균 Salmonella enteritidis(SE)에 대한 항균효과를 가진다는 것을 검증하였으며, 산란계 생체 내 투입 연구를 통하여 가금티푸스에 대한 방어 효능을 가진다는 것을 확인하였다. SE균($5 \times 10^{7.0}$ cfu/㎖/수)을 구강으로 공격 접종하고 3주 후(21 dpc) 맹장에서 SE 양성 수수/분을 확인 하였을 때 SE 양성수수가 현저히 감소한 것을 확인하였다.

마. 동물용의약품 정책 동향
1) 동물용 의약품 및 의약외품 관리 법규[303]
가) 세계 동향
(1) 미국

미국의 법전에서 동물용 의약품과 관련 있는 주제는 TITLE 7-AGRICULTURE와 TITLE 21-FOOD AND DRUGS에 있다. TITLE 7-AGRICULTURE에는 115개의 Chapter가 존재하며, TITEL 21-FOOD AND DRUGS는 모든 식품류와 의약품류를 분류하여 규정하고 있고, 27개의 Chapter로 구성되어 있다. TITLE 21의 CHAPTER 9-FEDERAL FOOD, DRUG, AND COSMETIC ACT에서 식품, 의약품, 동물용 의약품, 의료기기를 모두 규정하고 있고, CHAPTER 19-PESTICIDE MONITORING IMPROVEMENTS와 CHAPTER 26-FOOD SAFETY에서 의약품(특히 살충제) 관련 잔류분석에 관한 사항을 다루고 있다.

미국 동물용 의약품은 'TITEL 21-FOOD AND DRUGS'의 CHAPTER 9-FEDERAL FOOD, DRUGS, AND COSMETIC ACT에 의해 관리되며, 법명에서 알 수 있듯이 식품, 의약품, 화장품을 총괄하여 다루고 있다. 이는 금지행위에 대한 벌칙, 식품·의약품·화장품에 관한 적용 범위, 권한 부여 등 한국의 '약사법'보다 세밀하고 많은 법적 근거를 제공하고 있다.

(2) 유럽연합

EU의 동물용 의약품 관리에 대한 법률은 "Regulation (EC) No 726/ 2004 of the European Parliament and of the Council of 31 March 2004 laying down Community procedures for the authorisation and supervision of medicinal products for human and veterinary use and establishing a European Medicines Agency"가 있다.

식품 내 잔류 기준에 대한 사항은 'Regulation (EC) No 396/2005 of the European Parliament and of the Council of 23 February 2005 on maximum residue levels of pesticides in or on food and feed of plant and animal origin and amending Council Directive 91/ 414/ EECText with EEA relevance.' 등을 통해 이루어진다.

(3) 호주

호주의 동물용 의약품 관련 법은 "Agricultural and Veterinary Chemicals Act 1994" 이며 세부 규정은 "Agricultural and Veterinary Chemicals Code Act 1994"에 명시되어 있다. 이 법률은 동물용 의약품뿐만 아니라 농약류도 같이 포함되어 있으며, 동물용으로만 사용되는 약품을 제외한 일반의약품은 'Therapeutic Goods Act 1989'을 통해 관리된다. 식품 내 잔류에 관한 관리 감독은 'Food Standards Australia New Zealand Act 1991'을 바탕으로 시행된다.

---

303) 동물용 의약품 및 의약외품의 관리체계, 이규하, BRIC View 동향리포트

나) 국내 동향

한국의 동물용 의약품에 관한 법률은 "약사법 제85조 동물용 의약품 등에 대한 특례"로 관리된다. 동물용 의약품을 관리하는 세부 조항에 관한 법률은 따로 존재하지 않고, "약사법 제85조 동물용 의약품 등에 대한 특례"의 하위에 위치하는 법으로 대통령령인 "동물 약국 및 동물용 의약품 등의 제조업 수입자와 판매업의 시설 기준령"과 농림축산식품부령인 "동물용 의약품 취급 규칙"으로 구성되어 있다.

"동물용 의약품 취급 규칙"은 동물용으로만 사용하는 의약품 및 의약외품을 관리한다. 식품에서 유해한 물질의 잔류에 관한 사항은 "식품위생법" 제7조의3(농약 등의 잔류허용기준 설정 요청 등)에서 다루고 있으며, 잔류물질에 해당하는 제초제, 살균제, 살충제 등은 "농약관리법"에서 다루고 있다.

관리대상	동물용 의약품 등	의약외품 및 농약 등	식품 내 잔류
한국	농림축산식품부(축산용), 해양수산부(수산용)	농림축산식품부(축산용), 해양수산부(수산용)	보건복지부 (식품의약품안전처)
미국	The Department of Health and Human Services (FDA)	Environmental Protection Agency (EPA)	The Department of Health and Human Services (FDA), Environmental Protection Agency (EPA)
유럽연합	European Medicines Agency (CVMP)	European Chemicals Agency	Medicines
호주	Australian Pesticides and Veterinary Medicines Authority	Australian Pesticides and Veterinary Medicines Authority	Australian Pesticides and Veterinary Medicines Authority

[표 278] 국가별 동물용 의약품, 의약외품 및 안정성 검사 시행기관

2) 동물용의약품 법적 분류[304)

가) 세계 동향

(1) 미국

미국에서는 한국의 동물용 의약품 등에 포함되는 부분은 SUBCHAPTER V-DRUGS AND DEVICES Part A-Drugs and Devices에서 규정하며, Section 354. Veterinary feed directive drugs와 Section 360b. New animal drugs에서 자세하게 기술하고 있다. 한국의 사료 첨가제에 해당하는 부분이 Section 354에 기술되어 있으며, 동물용 의약품은 Section 360b에 해당한다. 미국의 동물농장은 대단위로 운영되어 개체 치료의 개념이 없으며 집단치료에 포함되는 사료에 섞어주는 사료 첨가제를 우선으로 관리하고 있다. 그 밖의 의약품은 New animal drug에 분류하여 관리하고 있다.

한국의 동물용 의약외품에 해당하는 부분은 용도에 상관없이 살충제로 구분하여 해당 성분의 잔류 분석을 모니터링한다. 다시 말해 의약외품이라고 따로 정하지 않고 살충용 물질들을 살충제라는 범위 안에 포함되어 예외적으로 분류되었던 new animal drug에는 포함되지 않음이 명시되어 있다. 또한, 소독제는 살충제 개념으로 포함되지 않고 Title 21-FOOD AND DRUGS의 CHAPTER 9-FEDERAL FOOD, DRUG, AND COSMETIC ACT에서 정의되어 있다.

(2) 유럽연합

유럽에서는 동물용 의약품에 대하여 Directive 2001/ 82/ EC of the European Parliament and of the Council of 6 November 2001 on the Community code relating to veterinary medicinal products에 정의되어 있다. Directive는 Regulation의 하위 법령으로 Directive 2001/ 82/ EC에서는 동물용 의약품에 대하여 분류하여 정의하고 있다. 여기에 따르면 동물용 의약품은 동물의 질병 방지를 위한 모든 제품을 포함한다. 따라서 한국의 동물용 의약품과 의약외품까지 포함된다. 하지만 한국과 달리 모든 제품이 포함되어 동물용으로 사용되는 약품만 규정하고 있는 한국의 범위보다 더 포괄적인 정의라 볼 수 있다. 그 외 사료 첨가제에 해당하는 부분은 따로 규정하고 있다.

(3) 호주

호주에서는 "Agricultural and Veterinary Chemicals Act 1994"라는 상위의 법이 존재한다. 이는 식품의 생산단계에 중점을 두고 관리하는 법체계라고 볼 수 있다. 식품을 생산하는 축산업과 농업에 사용되고 있는 화학물질을 모두 관리하여 식품의 원료에 사용되고 있는 화학물질 전체를 관리하기에 유리하다. 또한, 농약과 동물용 의약품을 모두 포함하여 관리하기 때문에 부·처에서 농약의 오남용과 동물용 의약품의 오남용을 모두 관리할 수 있다.

---

304) 동물용 의약품 및 의약외품의 관리체계, 이규하, BRIC View 동향리포트

특히 동물용 의약품의 경우 동물에 직·간접적으로 적용하는 모든 물질을 포함하기 때문에 한국의 의약외품에 해당하는 항목도 포함이 된다. 사료 첨가제, 보조제 역시 veterinary chemical product에 포함된다. 다만 수의사의 처방에 따라 준비된 약은 포함되지 않는다는 예외사항이 있다.

나) 국내 동향

한국은 "동물용 의약품 등 취급 규칙 2조"에서 동물용 의약품, 동물용 의약외품, 동물용 의료기기, 사료 첨가제, 이 네 가지 큰 범주로 분류되어 정의된다. 또한, 의약외품은 의료용품, 소독제, 구충제 등을 의미한다. 2017년 달걀 살충제 파동에서 논란의 중심이 됐던 살충제(피프로닐) 또한 의약외품의 범위에 포함된다. 피프로닐의 경우 사용 목적이 닭에 발생하는 진드기 제거용으로서 닭에게 직접 적용되며, 용도를 명확히 따지면 동물용 의약품에 속해야 하며 관리대상에 포함되어야 한다.

동물용의 목적으로만 사용하는 의약품 또는 의약외품을 동물용 의약품 또는 동물용 의약외품이라고 정의하기 때문에, 일반의약품은 동물용으로 사용이 가능하지만, 휴약기간 등의 법적 규제의 적용대상에서 제외된다. 규칙 제2조 1항 6호는 사료 첨가제에 대하여 정의하였으나, 2항의 예외 사항에 관한 규정을 불분명하게 신설해 두었다. 현실적으로 사료 첨가제로 분류되는 물질을 전부 모니터링할 규정도 없을 뿐만 아니라 예외 사항을 신설한 것은 법의 실효성이 낮아진 것이라고 할 수 있다.

관리대상	동물용 의약품 등	의약외품 및 농약 등	식품 내 잔류
한국	약사법	약사법, 농약관리법	식품위생법
미국	U.S. code Title 21-FOOD AND DRUGS (Title 21의 CHAPTER 9-FEDERAL FOOD, DRUG, AND COSMETIC ACT)	U.S. code TITLE 7-AGRICULTU RE (CHAPTER 6-INSECTICIDES AND ENVIRONMENT AL PESTICIDE CONTROL)	U.S. code Title 21-FOOD AND DRUGS (CHAPTER 19-PESTICIDE MONITORING IMPROVEMENTS)
유럽연합	Regulation (EC) No 726/2004 (procedures for the authorization and supervision of medicinal products for human and veterinary use and establishing a European Medicines Agency)	Regulation (EU) No 528/2012 (concerning the making available on the market and use of biocidal products Text with EEA relevance)	Regulation (EC) No 396/2005 (maximum residue levels of pesticides in or on food and feed of plant and animal origin)
호주	Agricultural and Veterinary Chemicals Code Act 1994	Agricultural and Veterinary Chemicals Code Act 1994	Food Standards Australia New Zealand Act 1991

[표 279] 국가별 동물용 의약품, 의약외품 및 안정성 관리 법규

07

참고문헌

7. 참고문헌

1) LG화학

2) 그린바이오 국내 동향 및 시사점, 박수철, BioIN, 2019

3) 마이크로바이옴이 몰고 올 혁명, 삼정 KPMG, 2020.01

4) 차세대 염기서열 분석법(NGS): 대량으로 한꺼번에 유전체의 염기 서열 정보를 얻는 방법 (Massive parallel sequencing)으로 하나의 유전체를 작게 잘라 많은 조각으로 만든 뒤, 각 조각의 염기 서열을 읽은 데이터를 생성하여 이를 해독하는 것

5) 오믹스(Omics): 전체를 뜻하는 말인 옴(~ome)과 학문을 뜻하는 익스(~ics)가 결합한 합성어. 생물학을 총체적으로 이해하고 유전자, 전사물, 단백질, 대산물 등 각 부분들의 관련성으로부터 새로운 지식을 대량으로 창출하는 새로운 연구 방법론

6) 마이크로바이옴이 몰고 올 혁명, 삼정 KPMG, 2020.01

7) 상재균은 숙주에 정상적으로 존재하는 세균, 공생균은 숙주에 질병을 유발하지 않고 함께하는 미생물, 병원균은 동식물에 기생해서 병을 일으키는 능력을 가진 세균

8) 장내미생물의 재발견 :마이크로바이옴, 생명공학정책연구센터, 2019.10

9) 마이크로바이옴 연구 시작하기:연구 현황 및 방법, 김병용, 천랩, 한국간재단

10) 마이크로바이옴 연구 시작하기:연구 현황 및 방법, 김병용, 천랩, 한국간재단

11) 피부 마이크로바이옴 기반 화장품 및 치료제 산업 동향, 한국바이오협회, 2020.11

12) 한국의과학연구원

13) 구강 마이크로바이옴 연구 동향, BRIC View 동향, 2021

14) 마이크로바이옴 연구개발 동향 및 농식품 분야 적용 전망, 농림식품기술기획평가원, 2017.12

15) 출처 : Front in Plant Sci <2019>

16) 유전체 연구 및 활용기술, BT기술동향보고서, 2007

17) 인프라 : 유전체학 관련 R&D를 수행할 때 활용하게 되는 자원, 생물정보학적인 도구, 기술적인 지원 조직 등(예 : 조직은행, microarray core 등)

18) 원천기반기술 : 유전체학의 여러 응용 R&D를 수행함에 있어서 공통적으로 활용되는 기술 (예 : DNA chip 제작기술)

19) 단일세포 유전체 분석기술 특허분석 보고서, KPIPC, 2017.11

20) 단일세포 시퀀싱 분석 기술, NRF R&D Brief, 2020.12.14.

21) Next Generation Sequencing 기반 유전자 검사의 이해(심화), 식품의약품안전평가원

22) Next Generation Sequencing 기반 유전자 검사의 이해(입문), 식품의약품안전평가원

23) 천랩, 한국IR협의회, 2020.04.09

24) 마이크로바이옴이 몰고 올 혁명, 삼정 KPMG, 2020.01

25) 한국과학기술정보연구원 ASTI MARKET INSIGHT 2022-053

26) 식의약 R&D 이슈 보고서 2022.07

27) 과기정통부, 제36회 생명공학종합정책심의회 개최|작성자 국무조정실 규제혁신

28) 식의약 R&D 이슈 보고서 2022.07

29) 피부 마이크로바이옴 기반 화장품 및 치료제 산업 동향, 한국바이오협회, 2020.11

30) 소낙스 신제품 에어컨/히터 탈취제 출시…"프로바이오틱스로 공기도 건강하게" / 파이낸

스 투데이

31) "North America Microbiome Market by Product (Consumables, Instruments, Sequencing & Services), Application (Therapeutic, Diagnostic), Disease (Infectious Disease, Cancer), Technology (Sequencing, Microbial Culturing), Country - Forecast to 2028"

32) Mordor Intelligence, "Europe Microbiome Market - Growth, Trends, COVID-19 Impact, and Forecasts (2021 - 2026)"

33) "Asia-Pacific Microbiome Market Forecast to 2027 - COVID-19 Impact and Regional Analysis by Product ; Application ; Type ; Disease ; Research Type, and Country"

34) 마이크로바이옴 시퀀싱 (Microbiome Sequencing) 산업 현황, 한국바이오경제연구센터, 2017.06

35) 미국의 Handelsman 박사가 처음 사용한 용어로 '환경 시료에 존재하는 모든 유전체의 집합'을 일컬음

36) 구강 마이크로바이옴 연구 동향, BRIC View 동향, 2021

37) 프로바이오틱스의 진실과 허구, BRIC View, 2020

38) 구강 마이크로바이옴 연구 동향, BRIC View 동향, 2021

39) 피부 마이크로바이옴 기반 화장품 및 치료제 산업 동향, 한국바이오협회, 2020.11

40) 마이크로바이옴 연구개발 동향 및 농식품 분야 적용 전망, 농림식품기술기획평가원, 2017.12

41) 작물을 한 개의 생물체로 보지 않고 작물과 주변 미생물 군집의 연합체로 간주해 연합체의 유전체정보 간 상호작용을 통해 작물의 기능이 조절될 수 있다는 개념

42) 바이오마커(Biomarker): 소위 단백질, DNA(유전체) RNA(전사체), 대사물질 등을 이용해 신체 내의 변화를 알아낼 수 있는 지표로 많은 과학 분야에 이용됨. 의약품에서 바이오마커는 건강과 장기의 기능을 검사하는 데 사용되는 추적 가능한 물질을 의미함

43) 마이크로바이옴이 몰고 올 혁명, 삼정 KPMG, 2020.01

44) 마이크로바이옴이 몰고 올 혁명, 삼정 KPMG, 2020.01

45) 마이크로바이옴이 몰고 올 혁명, 삼정 KPMG, 2020.01

46) [Mint] 미끌거려 오염물질 안묻는 미역에서 아이디어 "자체 세정 기술 상용화", 조선일보, 2021.02.05

47) 마이크로바이옴이 몰고 올 혁명, 삼정 KPMG, 2020.01

48) 랑콤이 15년간 연구했다는 '마이크로바이옴', 의학계+뷰티 업계가 주목하는 키워드, 마켓뉴스, 2019.08.14

49) 마이크로바이옴이 몰고 올 혁명, 삼정 KPMG, 2020.01

50) '마이크로바이옴'에 관심 보이는 제약사들…'잠재력' 살펴보니, 메디파나뉴스, 2019.03.23

51) 마이크로바이옴이 몰고 올 혁명, 삼정 KPMG, 2020.01

52) 글로벌 제약사 '마이크로바이옴' 치료제 개발 임박…국내 현황은?, 이코노믹리뷰, 2018.11.19

53) 지놈앤컴퍼니, 독일머크・화이자와 마이크로바이옴 면역항암제 'GEN-001' 두번째 공동개발, 프리미어비즈니스포털, 2021.03.09

54) 마이크로바이옴이 몰고 올 혁명, 삼정 KPMG, 2020.01

55) CJ제일제당, NH투자증권, 2021.01.04

56) 마이크로바이옴이 몰고 올 혁명, 삼정 KPMG, 2020.01

57) CJ제일제당 '마이크로바이옴' 탑재...5조 건기식 시장 포문, 서울경제, 2020.12.02

58) '마이크로바이옴 의약품'… 제약사 미래 먹거리로 '요리 중' / 메디소비자뉴스

59) CJ제일제당, NH투자증권, 2021.01.04

60) 잡코리아

61) "100조 시장 잡아라"…뷰티업계 '菌의 전쟁', 이윤재, 매일경제, 2019.12.02

62) "유산균, 이젠 피부에도 바르세요", 이영욱, 매일경제, 2021.02.01

63) 코스맥스, NH투자증권, 2020.05.28

64) 코스맥스, 세계 최초 항노화 마이크로바이옴(Microbiome) 화장품 개발, 코스맥스, 2019.04.08.

65) 코스맥스, '2세대 피부 마이크로바이옴' 발견…세계 최초 이어간다 / 팜뉴스

66) 코스맥스, 마이크로바이옴-피부 노화 상관성 첫 규명, 허강우, 코스모닝, 2021.02.23

67) 동아제약, 마이크로바이옴 기술로 시장 개척 나선다, 양영구, 메디컬옵저버, 2019.08.19

68) 동아제약 파티온, 리뉴얼 '하이-시카 바이옴 카밍 컨디션 패드' 출시 / 메디소비자뉴스

69) 유한양행, 마이크로바이옴 연구기업 '지아이이노베이션'과 MOU 체결, 뉴스핌, 2019.08.26

70) "유한양행, 마이크로바이옴·렉라자로 성장 기대", 한국경제, 2021.02.25

71) 유한양행이 선택한 메디오젠, 가치 증명할까?, 이데일리, 2021.02.26

72) 유한양행 투자사 에이투젠, 마이크로바이옴 치료제 호주 임상1상 개시 / 이데일리

73) 녹십자, NH투자증권, 2020.10.14

74) 천랩, GC녹십자와 '마이크로바이옴 신약 개발' 가속도, 바이오스펙테이터, 2019.07.05

75) 대변 검사로 질병 위험 예측한다…헬스케어 산업 꿈틀, 뉴시스, 2021.01.14

76) 종근당바이오, 한국투자증권, 2019.10.18

77) 마이크로바이옴 약 개발 위한 종근당의 야심, 히트뉴스, 2019.09.21

78) 종근당바이오, 세브란스에 마이크로바이옴 공동연구센터 열어 / 연합뉴스

79) 고바이오랩, SK중소성장기업분석팀, 2021.01.04

80) [BioS]고바이오랩, '마이크로바이옴' UC "국내 2상 IND 제출" / 이투데이

81) 천랩, 한국IR협의회, 2020.04.09

82) 지놈앤컴퍼니, 키움증권, 2021.01.26

83) "FIPCO 꿈꾸는 지놈앤컴퍼니, 마이크로바이옴·항체 신약개발 도전" / 히트뉴스

84) 쎌바이오텍, 한국IR협의회, 2020.12.03

85) 제노포커스, 한국 IR협의회, 2021.03.04

86) 비피도, 한국 IR협의회, 2020.06.18.

87) 세계최초 마이크로바이옴신약 임상3상 성공...마이크로바이옴 파이프라인 주목↑ / 파이낸 셜 뉴스

88) 마이크로바이옴이 몰고 올 혁명, 삼정 KPMG, 2020.01

89) 식의약 R&D 이슈 보고서 / nifds 2022.07

90) https://inspection.canada.ca/food-safety-for-industry/food-chemistry-and-microb iology

91) 日, '제5차 산업혁명' 추진… 주목받는 바이오산업. 바이오인

92) 오사카·고베·교토에'재생의료클러스터'…산-학-병-연손잡고기초연구에임상까지",한국경제

93) 세계 푸드테크 산업의 동향과 전망, 장우정, Journal of the Korea Convergence Society Vol. 11. No. 4, pp. 247-254, 2020

94) 세계 스마트폰 사용자 53억명 돌파...세계 인구의 67%, Korea IT TIMES

95) 세계 푸드테크 산업의 동향과 전망, 장우정, Journal of the Korea Convergence Society Vol. 11. No. 4, pp. 247-254, 2020

96) [전문가의 눈] 식품산업 신성장동력 푸드테크 육성을, 농민신문, 2020.07.27

97) [지식정보] 푸드테크 산업, 리테일온, 2021.02.04

98) 차세대융합기술연구원 네이버 블로그 '글로벌 종자 시장 이제 K-종자가 접수한다!'

99) 올 상반기 3개 축산물도매시장에 온라인경매시스템적용, foodnews

100) 세계 대체육류 개발 동향, 세계 농식품산업 동향, 2018

101) 미래 먹거리 주목된 대체식품 투자동향, ceonews. 2022.04.08

102) 배양육 역사, 나무위키

103) 우주식량 '배양육'을 아시나요? [우리가 몰랐던 과학 이야기] (248), 세계일보

104) 세포배양 식품의 세계 현황과 발전 방안, 식품음료신문

105) 세계 대체육류 개발 동향, 세계 농식품산업 동향, 2018

106) 배양육 값 대폭 하락, 아이티데일리

107) 실험실서 태어난 '배양육' 서서히 상용화로 접어들어, 뉴스튜브

108) 배양육, 나무위키

109) 세계 대체육류 개발 동향, 세계 농식품산업 동향, 2018

110) 세계 대체육류 개발 동향, 세계 농식품산업 동향, 2018

111) 미래 축산과 대체육 국내외 현황, 축산경제신문

112) 식물기반 단백질 배양육 시장의 현황과 미래 전망, 한국농촌경제연구원

113) 세계 대체육류 개발 동향, 세계 농식품산업 동향, 2018

114) 대체식품 현황과 대응과제, KREI 농정포커스

115) 대체육(代替肉), 기술동향브리프, 2021

116) 214조 원 '식물성 식품 시장' 놓고 선점 경쟁, 식품외식경제

117) 2019년 미국 내 식물성 고기 판매 2등 업체(소매점 기준, 1등 Beyond Meat)

118) 214조 원 '식물성 식품 시장' 놓고 선점 경쟁, 식품외식경제

119) "대체단백질=식품업계 반도체"…핵심 소재로 산업화를, 식품음료신문(

120) 한국 배양육 개발 스타트업 7, 현직자의 푸드테크 시장 분석

121) 도전적이고 혁신적인 기술 개발을 지원하는 사업(1단계(최대 2억원 이내/년), 2단계(5억 원 이내/년), 3단계(50억원 이내/년) 지원)

122) 대체육(代替肉), 기술동향브리프, 2021

123) 세계 대체육류 개발 동향, 세계 농식품산업 동향, 2018

124) 식육 및 육가공 산업에서의 육류 대체 식품 및 소재의 활용, 축산식품과학과 산업, 2018

125) 대체육(代替肉), 기술동향브리프, 2021

126) 세계 대체육류 개발 동향, 세계 농식품산업 동향, 2018

127) 식육 및 육가공 산업에서의 육류 대체 식품 및 소재의 활용, 축산식품과학과 산업, 2018

128) 대체육(代替肉), 기술동향브리프, 2021

129) 세계 대체육류 개발 동향, 세계 농식품산업 동향, 2018

130) 식육 및 육가공 산업에서의 육류 대체 식품 및 소재의 활용, 축산식품과학과 산업, 2018

131) 대체육(代替肉), 기술동향브리프, 2021

132) 근육위성세포로, 근육줄기세포 등으로도 불린다.

133) 세포, 성장 인자 등 각종 생체 재료가 함유된 젤 형태의 잉크

134) Beyond Meat, 삼성증권, 2020.07.10

135) [밥상 위 혁명 푸드테크②] 대체육 바람~ 임파서블 푸드.비욘드미트는 어떻게 성공했나, 푸드투데이, 2020.05.28

136) 한투의아침, 한국투자증권, 2019.05.28.

137) [IF] 배양육만 있나? 배양생선도 있지!, 조선일보, 2020.06.04

138) '풀무원 베팅' 美 스타트업 블루날루, 6000만 달러 투자 유치, The GURU, 2021.01.21

139) [PRNewswire] Ynsect, 네덜란드 농업기술 기업 Protifarm 인수로 국제적 확장 도모, 연합뉴스, 2021.04.13

140) Ynsect.com

141) [PRNewswire] Ynsect, 시리즈 C 자금조달 라운드로 3억7천200만 달러 유치, 연합뉴스, 2020.10.09

142) [FI창간1주년특집Ⅱ-미래식량: 배양육]② 멤피스 미트(Memphis Meats)-세포 기반 배양육 만들어 2016년 미트볼 첫 선, 푸드아이콘, 2018.12.04

143) 대체 단백질, 배양육 소재의 최신 연구 동향, 최정석, 식품산업과 영양 24(2), 15~20, 2019

144) 고기없는 육식시대…3~4년 내 '실험실 고기 버거' 팔린다, 매일경제, 2020.05.18.

145) 대체육 코로나19로 소비자 접점 확대는 성장 기회, 교보증권, 2020.05.13

146) [변화를 주목하라] 부상하는 글로벌 '대체육' 시장…한국은?, 이코노믹리뷰, 2019.06.27

147) 동원F&B · 투썸플레이스, 식물성 대체육 샌드위치 2종 선봬, 이투데이, 2021.02.24

148) 사명 바꾼 롯데푸드, 뉴스웨이, 2023.04.07

149) 롯데웰푸드, 새 브랜드 '비건푸드' 재도약 발판될까, the bell, 2023.04.05

150) 롯데웰푸드, 새 브랜드 '비건푸드' 재도약 발판될까, the bell, 2023.04.05

151) 네이버 증권

152) 중소벤처기업부에서 지원하는 민간투자주도형 기술창업지원 프로그램

153) 줄기세포 배양육 '셀미트', 프라이머 등에서 투자유치.. "비켜!! 식물성 대체육", wowtale, 2020.01.10

154) 셀미트, 4억여원 투자 유치… 배양육 생산기술 개발 착수, 전자신문, 2020.01.10

155) 독도새우 배양육 만든 셀미트, 투자금 총 174억원 확보, 헤럴드경제, 2023.05.24

156) 셀미트, 독도새우 이어 '캐비아' 배양육도 개발 성공, 뉴스웨이브

157) 배양육 생산기술 개발 회사 '셀미트', 50억원 규모 프리 A 투자 유치, platum, 2021.01.25.

158) [인터뷰] 다나그린 "푸드테크 '배양육' 분야의 마켓리더 될 것", 바이오타임즈, 2020.08.25

159) [푸드테크]다나그린, 배양육으로 글로벌 푸드테크 '게임 체인저' 될까.., 식품외식경영, 2020.05.15

160) [라이징 스타트업]'육식주의자'의 식탁을 바꾸는 지구인컴퍼니, 블로터, 2021.04.03

161) 식물성 대체육 '주목'...지구인컴퍼니, '언리미트' 론칭 "글로벌 진출 목표", 위키리스크한국, 2019.10.17

162) [FFTK2020 인터뷰] 민금채 지구인컴퍼니 대표 "비건 시장 지속 확대…'언리미트'로 지구를 건강하게", 메트로신문, 2020.06.29

163) 언리미트, 식물성 페퍼로니·프랑크소시지·떡갈비 등 신제품 출시, 한국경제TV, 2023.06.08

164) 지구인컴퍼니, 대체육 분야 최초 英 GEP 선정, 이데일리, 2023.05.23.

165) 대체육(代替肉), 기술동향브리프, 2021

166) 배양육 연구 동향:FDA의 최근 행보와 시사점, Bioin

167) 우리나라 기업, 대체육 시장 선도할 수 있을까?, 헬스조선, 2023.06.01

168) 일본 사회에 구현될 새로운 기술과 중요한 개념에 대한 규칙(법률, 산업 표준, 자율 규제 지침 등)을 설계하는 싱크탱크

169) 현대 사회 문제 해결을 목표로 고위험, 혁신적인 기술을 개발하여 혁신을 촉진하는 국가 연구 개발기구

170) 3년 이내에 지속가능한 수익을 달성하는 사업 계획, 탄탄한 재무 계획, 목표를 달성할 수 있는 조직 능력을 갖춘 기업을 지원

171) 기술 수준(TRL)이 1~3인 연구를 대상으로 지식 생성을 촉진하고 초기 단계의 혁신 촉진을 목표로 하며, 유망기술과 상업적 잠재력이 높은 프로젝트는 다른 프로그램에 후속 참여를 하여 지속 개발을 장려

172) 싱가포르, 공기로 만든 대체 단백질 판매 허가, 헤럴드, 2022.11.20

173) 네덜란드는 어떻게 대체육 산업의 선봉장이 됐나, chosun Media

174) Food Valley Business Network로 플랫폼 역할을 수행

175) 밀웜, 슈퍼밀웜, 귀뚜라미, 메뚜기, 동애등에 유충, 번데기, 장구벌레, 파리유충

176) 2022년 곤충산업 육성 지원사업 대상자 최종 선정, 한국농수산식품유통공사

177) 2020 해외 우수 식품특허 트렌드북I, 농업기술실용화재단, 2020

178) 2018 가공식품 세분시장 현황, 특수의료용도등식품 시장, 농림축산식품부, 2018

179) Food for special medical purposes, 특정의료용도식품

180) 2018 가공식품 세분시장 현황, 특수의료용도등식품 시장, 농림축산식품부, 2018

181) RTH: Ready To Hang의 약어로 세균오염을 최소화하기 위해 멸균 처리된 포장된 제품을 그대로 주입하는 방법을 의미함

182) 2022 가공식품 세분시장 현황, 특수의료용도등식품 시장, 농림축산식품부, 2022

183) 2021 해외 우수 식품특허 트렌드북I, 농업기술실용화재단, 2021

184) 2022 가공식품 세분시장 현황, 특수의료용도등식품 시장, 농림축산식품부, 2022

185) 2021 해외 우수 식품특허 트렌드북I, 농업기술실용화재단, 2021

186) 2018 가공식품 세분시장 현황, 특수의료용도등식품 시장, 농림축산식품부, 2018

187) 2020 해외 우수 식품특허 트렌드북I, 농업기술실용화재단, 2020

188) aTFIS와 함께 읽는 식품시장 뉴스레터, 특수의료용도등식품 , 2021

189) 2018 가공식품 세분시장 현황, 특수의료용도등식품 시장, 농림축산식품부, 2018

190) 2018 가공식품 세분시장 현황, 특수의료용도등식품 시장, 농림축산식품부, 2018

191) 인간의 아미노산 필요와 소화하는 능력 모두에 기초하여 단백질의 품질을 평가하는 방법으로 1의

PDCAAS 값이 가장 높고, 0이 가장 낮다.

192) 2020 해외 우수 식품특허 트렌드북I, 농업기술실용화재단, 2020

193) 2018 가공식품 세분시장 현황, 특수의료용도등식품 시장, 농림축산식품부, 2018

194) 식품 R&D 이슈보고서 2 메디푸드 및 고령친화식품 동향 보고서

195) Frequently Asked Questions About Medical Foods, Food and Drug Administration, 2016.05

196) FDA'S Policy on Medical Foods, EAS CONSULTING GROUP, 2018.01.24

197) 미국 FDA가 인정하는 의약품 품질관리 기준

198) 식품위생법, 2017.12.19. 일부개정

199) 식품등의 표시기준, 식품의약품안전처고시 제2018-32호, 2018.4.26. 일부개정 (시행 2020.1.1.)

200) 한국식품산업협회(www.kfia.or.kr)

201) 식품위생법, 식품위생법 시행규칙

202) 식품이력관리시스템

203) 2020 가공식품 세분시장 현황 –고령친화식품, 한국농수산식품유통공사, 2020

204) 2020 가공식품 세분시장 현황 –고령친화식품, 한국농수산식품유통공사, 2020

205) aTFIS와 함께 읽는 식품시장 뉴스레터, 고령친화식품 , 2020

206) 2021 해외 우수 식품특허 트렌드북I, 농업기술실용화재단, 2021

207) "초고령사회 성큼…한국형 고령친화식품 판 키운다" / 전업농신문

208) 식품 R&D 이슈보고서 2 메디푸드 및 고령친화식품 동향 보고서

209)) 통계청(2019.03). 장래인구특별추계:2017~2067

210) 식품의약품안전처(2020.10.01.).식품공전,보건복지부(2021.03.09.).고령친화산업진흥법시행령

211) 전업농신문

212) 차세대 농작물 신육종기술 개발사업, 한국과학기술기획평가원, 2018.12

213) 식물(종자)분야 특허, BRIC View 동향리포트, 2020

214) 종자산업의 도약을 위한 발전전략, 한국농촌경제연구원, 2013.12

215) [농수산 수출시대]② 국가 경쟁력 된 '종자주권'…'현대판 노아의 방주' 씨앗은행은 어떤 곳? / 조선비즈

216) 우리나라 작물육종 성과와 발전 방안, 고희종, Korean J. Breed. Sci. Special Issue:1-7(2020. 4)

217) 식물 품종보호 출원건수 12,668개 품종 돌파 / 국립종자원

218)국산 종자 자급률 채소류 90.1%, 과수는 17%대로 저조 / 팜인사이트

219) 식물(종자)분야 특허, BRIC View 동향리포트, 2020

220) 식물(종자)분야 특허, BRIC View 동향리포트, 2020

221) 신육종기술(NPBTs), KISTEP 기술동향브리프, 2018

222) 농우바이오(054050), 한국 IR협의회, 2021.01.21

223) 아시아종묘(154030), 한국 IR협의회, 2021.04.01.

224) 종자산업 강국 네덜란드 TOP3 토종 종자기업, KOTRA, 2020.04.24

225) 지속 성장이 예상되는 중국 종자 시장 / CSF 중국전문가포럼

226) 농업농촌부, 국가통계국, 중국농업과학원, 국가현대농업산업기술 시스템

227) 일본 야채 씨앗 시장동향 / 코트라 해외시장뉴스

228) 야노경제연구소 자료를 바탕으로 KOTRA오사카무역관에서 작성

229) KOTRA 모스크바 무역관

230) 신육종기술(NPBTs), KISTEP 기술동향브리프, 2018

231) 농우바이오(054050), 한국 IR협의회, 2021.01.21

232) 아시아종묘(154030), 한국 IR협의회, 2021.04.01

233) [Issue+] 2020농산업 결산, 농수축산신문, 2020.12.23

234) [농수산 수출시대]② 국가 경쟁력 된 '종자주권'…'현대판 노아의 방주' 씨앗은행은 어떤 곳? / 조선비즈

235) 전통 작물육종과 유전자변형기술, 박효근, 2010

236) 식량 및 원예작물의 육종 기술 현황 및 최신 연구 동향, BRIC View, 2018

237) 식량 및 원예작물의 육종 기술 현황 및 최신 연구 동향, BRIC View, 2018

238) 차세대 농작물 신육종기술 개발사업, 한국과학기술기획평가원, 2018.12

239) 식량 및 원예작물의 육종 기술 현황 및 최신 연구 동향, BRIC View, 2018

240) 한국 돌연변이육종 연구의 역사와 주요 성과 및 전망, 강시용, Korean J. Breed. Sci. Special Issue:49-57(2020. 4)

241) 식물 디지털 육종 기술의 발전과 미래의 종자산업 / BIO ECONOMY BRIEF 170호

242) 우리나라 작물육종 성과와 발전 방안, 고희종, Korean J. Breed. Sci. Special Issue:1-7(2020. 4)

243) 우리나라 작물육종 성과와 발전 방안, 고희종, Korean J. Breed. Sci. Special Issue:1-7(2020. 4)

244) 신육종기술(NPBTs), KISTEP 기술동향브리프, 2018

245) 신육종기술(NPBTs), KISTEP 기술동향브리프, 2018

246) 2027년까지 국내 시장 1.2조, 종자 수출액 1.2억 불로 확대 / 농기자재신문

247) 신육종기술(NPBTs), KISTEP 기술동향브리프, 2018

248) 종자산업 강국 네덜란드 TOP3 토종 종자기업, KOTRA, 2020.04.24.

249) 종자산업 강국 네덜란드 TOP3 토종 종자기업, KOTRA, 2020.04.24

250) 종자산업 강국 네덜란드 TOP3 토종 종자기업, KOTRA, 2020.04.24

251) 아시아종묘(154030), 한국 IR협의회, 2021.04.01

252) [특징주] 아시아종묘, 정부 2조 투자 종자산업 육성 계획에 강세 / 머니S

253) 농우바이오(054050), 한국 IR협의회, 2021.01.21.

254) 농우바이오, 지난해 영업이익 110억…전년比 61.38%↑ / 뉴시스

255) 동물용 의약품 등 편람, 2001; 동물용 의약품 등 약효성분 분류집, 2004

256) 동물 의약품 시장, 글로벌 시장동향보고서/연구개발특구진흥재단

257) 수의용 백신 시장/연구개발특구진흥재단

258) 중앙백신(072020)/한국IR협의회

259) 동물 진단 시장/연구개발특구진흥재단

260) 동물용 성장 촉진제 및 증강제 시장/연구개발특구진흥재단

261) 사료첨가물 시장/연구개발특구진흥재단

262) 동물용 백신의 현황, 박종명/대한수의사회지

263) 동물 분자 진단 시장의 동향, 박창은, 박성하, Korean J Clin Lab Sci.

2019;51(1):26-33

264) 가축전염병/한국과학기술기획평가원

265) BHK-21 : 구제역 백신 핵심 세포주

266) 유전공학 백신 : recombinant vaccine, vector vaccine, VLP vaccine, oral vaccine, conjugate vaccine, subunit vaccine, DNA vaccine

267) EMPRES : Emergency Prevention System for Tansboundary Animal and Plant Pests and Diseases

268) RADAR : Rapid Analysis and Detection of Animal-related Risks

269) 국민건강 주의 알람 서비스 : 건강보험공단의 DB와 SNS 정보를 연계하여 홍역·조류독감· SAS 등 감염병 발생을 예측

270) Lab on a chip : 극미량의 샘플이나 시료로 기존의 실험실에서 할 수 있는 실험이나 연구과정을 신속하게 대체할 수 있도록 만든 칩(차세대 진단장치)

271) 글로벌 동물약품 디지털기술 동향보고서/동물용의약품 수출연구사업단

272) 동물용의약품 수풀연구사업단 3차년도 동향보고서 (글로벌 동물약품 디지털기술)

273) 새로운 가치를 창출하는 디지털 축산/피그앤포크한돈

274) 동물 의약품 시장, 글로벌 시장동향보고서/연구개발특구진흥재단

275) 동물 의약품 시장, 글로벌 시장동향보고서/연구개발특구진흥재단

276) 수의용 백신 시장/연구개발특구진흥재단

277) 동물 진단 시장/연구개발특구진흥재단

278) 반려동물 진단 시장/글로벌 시장동향보고서

279) 수의용 현장 진단 (PoC) 시장, 글로벌 시장동향보고서, 연구개발특구진흥재단

280) 동물용 성장 촉진제 및 증강제 시장/연구개발특구진흥재단

281) 사료첨가물 시장/연구개발특구진흥재단

282) 동물용 의료기기 시장/한국과학기술정보연구원

283) 동물 의약품 시장, 글로벌 시장동향보고서/연구개발특구진흥재단

284) 수의용 백신 시장/연구개발특구진흥재단

285) 반려동물 의약품 독점…"조에티스 주목"/한경 글로벌마켓

286) 동물 진단 시장/연구개발특구진흥재단

287) 동물 진단 시장/연구개발특구진흥재단

288) 반려동물 진단 시장/글로벌 시장동향보고서

289) 동물 진단 시장/연구개발특구진흥재단

290) 동물 진단 시장/연구개발특구진흥재단

291) 동물 진단 시장/연구개발특구진흥재단

292) 동물 진단 시장/연구개발특구진흥재단

293) 동물용 성장 촉진제 및 증강제 시장/연구개발특구진흥재단

294) 사료첨가물 시장/연구개발특구진흥재단

295) 동물용 성장 촉진제 및 증강제 시장/연구개발특구진흥재단

296) 사료첨가물 시장/연구개발특구진흥재단

297) 사료첨가물 시장/연구개발특구진흥재단

298) 사료첨가물 시장/연구개발특구진흥재단

299) 중앙백신(072020)/한국IR협의회

300) 이글벳(044960)/한국IR협의회
301) 옵티팜(153710)/한국IR협의회
302) 진바이오텍(086060)/한국IR협의회
303) 동물용 의약품 및 의약외품의 관리체계, 이규하, BRIC View 동향리포트
304) 동물용 의약품 및 의약외품의 관리체계, 이규하, BRIC View 동향리포트

초판 1쇄 인쇄 2021년 7월 02일
초판 1쇄 발행 2021년 7월 19일
개정판 발행 2023년 7월 24일

편저 비피기술거래 비피제이기술거래
펴낸곳 비티타임즈
발행자번호 959406
주소 전북 전주시 서신동 780-2
대표전화 063 277 3557
팩스 063 277 3558
이메일 bpj3558@naver.com
ISBN 979-11-6345-460-1(93470)
가격 450,000원

이 도서의 국립중앙도서관 출판예정도서목록(CIP)은 서지정보유통지원시스템홈페이지
(http://seoji.nl.go.kr)와국가자료공동목록시스템 (http://www.nl.go.kr/kolisnet)에서 이용하
실 수 있습니다.